国家出版基金资助项目

材料与器件辐射效应及加固技术研究著作

半导体材料及器件辐射缺陷与表征方法

CHARACTERIZATION METHODS FOR RADIATION INDUCED DEFECTS IN SEMICONDUCTOR MATERIALS AND DEVICES

李兴冀 杨剑群 徐晓东 应 涛 等编著
郝 跃 主审

哈爾濱工業大學出版社
HARBIN INSTITUTE OF TECHNOLOGY PRESS

内 容 简 介

空间辐射诱导缺陷是导致电子元器件性能退化的重要原因，然而辐射诱导缺陷的形成、演化和性质与半导体材料本身物理属性、器件类型及结构密切相关。全书共分为4章，系统阐述了辐射诱导半导体缺陷的相关理论、数值模拟方法、表征技术及应用。

本书可供从事航天技术研究的专业人员和相关应用领域的科技人员参考，也可作为高等院校航空宇航科学与技术、空间科学、材料物理和集成电路学科的研究生教材。

图书在版编目(CIP)数据

半导体材料及器件辐射缺陷与表征方法/李兴冀等编著.—哈尔滨:哈尔滨工业大学出版社,2023.7

(材料与器件辐射效应及加固技术研究著作)

ISBN 978-7-5767-0544-7

Ⅰ.①半…　Ⅱ.①李…　Ⅲ.①半导体材料—研究②半导体器件-研究　Ⅳ.①TN304

中国国家版本馆CIP数据核字(2023)第027123号

半导体材料及器件辐射缺陷与表征方法

BANDAOTI CAILIAO JI QIJIAN FUSHE QUEXIAN YU BIAOZHENG FANGFA

策划编辑　许雅莹　杨　桦
责任编辑　李长波　宋晓翠
封面设计　卞秉利　刘　乐
出版发行　哈尔滨工业大学出版社
社　　址　哈尔滨市南岗区复华四道街10号　邮编150006
传　　真　0451—86414749
网　　址　http://hitpress.hit.edu.cn
印　　刷　辽宁新华印务有限公司
开　　本　720 mm×1 000 mm　1/16　印张25.5　字数500千字
版　　次　2023年7月第1版　2023年7月第1次印刷
书　　号　ISBN 978-7-5767-0544-7
定　　价　128.00元

前 言

随着航天工程技术的快速发展，电子元器件在空间的应用越来越多，其质量直接影响航天事业的发展。在空间应用电子元器件时，极端的辐射环境会使半导体材料与绝缘介质材料产生不同种类且结构复杂的缺陷，导致器件性能退化甚至功能失效。深刻认识辐射诱导缺陷的形成、演化及性质，有利于揭示器件辐射损伤机理和提升器件可靠性。因此，针对辐射诱导缺陷进行准确表征分析十分必要。

目前，国内外有关材料及器件辐射缺陷与表征方法的著作有限，特别是缺乏缺陷形成及演化表征方法相关内容。作者结合多年从事电子元器件辐射效应及缺陷表征研究的经验，较为系统地阐述了半导体材料和器件辐射缺陷的基本理论和跨尺度模拟方法，以及半导体材料和器件中不同类型缺陷的试验表征原理和技术途径。本书可为宇航用电子元器件在应用过程中的性能退化、损伤机理及可靠性评估提供理论指导与技术支撑。

本书共分为 4 章：第 1 章为半导体物理基础，重点介绍缺陷相关理论；第 2 章介绍半导体材料器件与原始缺陷；第 3 章在辐射物理基础上，介绍了辐射诱导缺陷形成与演化、缺陷性质等模拟仿真方法及应用；第 4 章介绍半导体材料与器件缺陷表征与分析的常用方法。

本书第 1 章由李兴冀、应涛撰写；第 2 章由徐晓东、李伟奇撰写；第 3 章由李兴冀、杨剑群、徐晓东撰写；第 4 章由李兴冀、杨剑群、应涛撰写。感谢对本书进行审阅的董尚利教授和高波教授。

特别感谢郝跃院士的认真审查，并提出细致且有建设性的修改意见，使得本书的专业性和严谨性得到提升。

由于作者水平有限，书中疏漏及不足之处在所难免，请广大读者批评指正。

作　者

2023 年 4 月

目　录

第1章

半导体物理基础

1.1 概　　述

人们通常把物质分为3类：把导电、导热性比较好的金属材料（如金、银、铜、铁、锡等）称为导体；把导电、导热性差的材料（如塑料、橡胶、陶瓷、金刚石、人工晶体、琥珀等）称为绝缘体；把介于导体与绝缘体之间的材料称为半导体。半导体主要包括以单晶硅和多晶硅及其外延材料为代表的第一代晶体；以砷化镓（GaAs）和磷化铟（InP）为代表的第二代半导体材料；以氮化镓（GaN）、碳化硅和氧化锌为代表的宽带隙耐高温第三代半导体材料，以及限域半导体材料，即纳米半导体材料；以敏感陶瓷为代表的陶瓷半导体材料，以及有机半导体材料；等等。

半导体种类繁多，分类方法也不尽相同，几种常见的分类方法如下：

（1）按化学成分分类可分为元素半导体和化合物半导体等。

（2）按体内是否掺杂杂质分类可分为本征半导体和掺杂半导体等。

（3）按导电类型分类可分为n型半导体和p型半导体等。

（4）按材料类型分类可分为晶体半导体、陶瓷半导体和有机半导体等。

半导体是一种电子一空穴导电体，在室温下其电阻率介于导体和绝缘体之间，为$10^{-4}\sim10^{8}\ \Omega\cdot m$。半导体的主要特点不仅表现在其电阻率与导体和绝缘体的差别上，在导电特性上也具有两个显著的特点：

（1）半导体的电导率对材料纯度极为敏感。例如，百万分之一的硼含量就能使纯硅的电导率成万倍地增加。如果所含杂质的类型不同，则导电类型也不同（如电子导电或空穴导电）。

（2）电阻率受外界条件（如热、光等）的影响很大，温度升高或受光照射时均会使电阻率迅速下降。一些特殊的半导体在电场或磁场的作用下，电阻率也会发生变化。

利用半导体对热、磁、力、光等物理量敏感的性能，可制作各种物理量的传感器，如热敏电阻、磁敏电阻、力敏电阻、光敏电阻及光电池等；利用半导体的载流子受电场和光的影响等特性，可制作晶体二极管、晶体三极管及集成电路和光电子器件等。因此，半导体材料在电子工业中具有极为重要的地位，它曾促使电子工业产生巨大的变革，并且随着新材料、新功能的不断开发，必将获得更为广泛的应用。

1.2 半导体的晶体结构与价键模型

1.2.1 晶格

导体、半导体和绝缘体是制造半导体集成电路的材料。固体物质在集成电路中扮演着至关重要的角色。从几何形态上，固体分为非晶（无定型）、多晶和单晶三种基本类型，如图 1.1 所示，它们的基本差异在于有序化区域的大小不同，即原子在周期性晶格位置上偏离的程度不同。周期性空间点阵是一个三维点阵，单晶材料具有几何上有序的周期性。当单晶中出现杂质、位错和缺陷时，会使晶体发生畸变，周期性遭到破坏。单晶中出现的人为或非人为引入的其他元素原子是杂质。

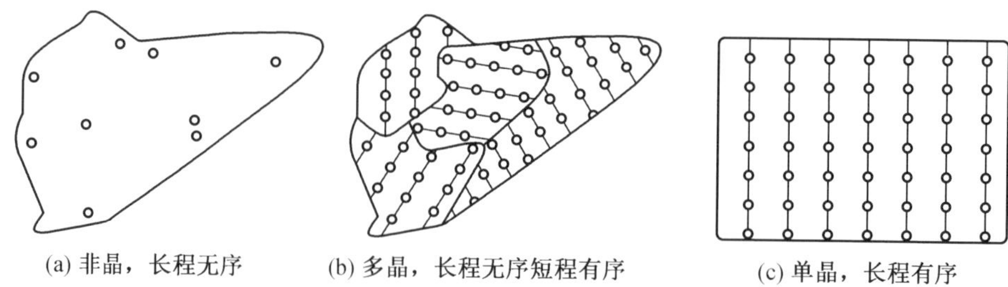

(a) 非晶，长程无序
(b) 多晶，长程无序短程有序
(c) 单晶，长程有序

图 1.1 固体的三种几何类型示意图

晶体就是单晶，它的原子是一种周期性分布的点阵，这就是空间点阵，又称为晶格或者正格子。晶体是固体物质的主要存在形式，晶体与非晶体的主要区别在于它们是否具有点阵结构。换言之，晶体与非晶体之间的本质区别是晶体

结构中的质点在三维空间做有规律的重复。晶体的各种性质，包括物理性质、化学性质和几何性质等，都与其周期性的内部结构相关。

在了解晶体的内部结构之前，人们将具有规则几何外形的天然矿物均称为晶体。实际上这种认识是不全面的，因为物体的外形是其内部结构及其生长环境的综合反映。一般来说，在适宜的条件下，具有规则内部结构的晶体自由生长，最终都可以形成具有规则几何外形的晶体，在这种情况下，人们最初给晶体下的定义是正确的。但当生长条件不能充分满足晶体自由生长的需要时，晶体最终的外形将是不规则的，此时就不能简单地依据外形来定义。非晶体由于不具有规则的内部结构(严格来说应为长程有序结构)，不能自发地生长成规则的几何外形，因此也称为无定形体。随着科学的发展，人们已认识到，晶体与非晶体或定形体与无定形体之间的界限已越来越无法严格划分。性质介于晶体与非晶体之间的物态不断被发现。例如，液态晶体(简称液晶)结构基元的排列具有一维或二维近似长程有序；准晶具有特定的对称性和原子排列规律，含有一般晶体所不可能有的5次、8次、10次、12次等对称轴，而且介于准晶与晶态之间的物质，如一维准晶、二维准晶等陆续被合成出来。即使对于晶体，其结构基元的排列也并非理想的、完整的长程有序，而是或多或少地存在不同类型的结构缺陷，使长程有序结构在不同程度上被破坏，也使实际晶体的各种性质在一定程度上偏离了理想晶体。但结构缺陷不会从根本上破坏长程有序的特点，晶体的各种性质也不会发生根本的改变。

由于结构上具有长程有序的特点，晶体具有如下的共同特性：

①均匀性。晶体不同部位的宏观性质相同。

②各向异性。晶体中不同方向上具有不同的物理性质。

③自限性。晶体具有自发形成规则的几何外形的特点。

④对称性。晶体在某几个特定方向上所表现出的物理、化学性质完全相同以及具有固定熔点等。

点阵是为了集中反映晶体结构的周期性而引入的一个概念，它所表示的是处在相同环境条件下的一组点。在晶体学中，对于不同的晶体结构，都可以抽象出一个相应的空间点阵。晶体内部结构中的质点(原子、分子和离子或由它们组成的原子团、分子团和离子团)的周期性排列就是以点阵来描述。这些阵点的重复规律，可以由一系列不同方向的行列和面网来表征，把整个空间中的阵点连接起来，便形成了空间格子。因此，结点、行列、面网和平行六面体构成了空间格子的四要素。它们具有如下特点和规律：

(1)结点。

空间点阵中的阵点称为结点或格点，它代表晶体结构中的相当点(种类相同、环境相同的点)。在实际晶体中，结点的位置可以为同种质点所占据，但就结点本身而言，它只具备几何意义，不代表任何质点。

(2)行列。

分布在同一直线上的结点构成行列。显然，任意两结点可决定一个行列。在同一行列中相邻两个结点间的距离为该行列上的结点间距。结点间距反映了结点在该行列方向上的最小重复周期。在一个空间格子中，可以有无穷多不同方向的行列，同一行列的结点间距相同；相互平行的行列，结点间距相同；不同方向的行列，结点间距一般不同。

(3)面网。

在同一平面上分布的结点即构成了面网。空间格子中不在同一行列的任意3个结点可以决定一个面网的方向，即任意两相交的行列可构成一个面网。面网上单位面积内的结点数为面网密度。相互平行的面网，面网密度相同；互不平行的面网，面网密度一般不同。任意两个平行面网之间的垂直距离为面网间距。

(4)平行六面体。

空间格子中可以划分出的最小重复单位即为平行六面体，它是由3对互相平行的面组成的几何体。对于整个空间格子，可以将其划分成无数相互平行叠置的平行六面体，因此，整个空间格子可以看成是单位平行六面体在三维空间平行的、毫无间隙的堆砌。

如果在晶体结构中引入平行六面体划分单位，一般简称为晶胞。单位平行六面体的选择原则为，所选取的单位平行六面体应能反映格子构造中结点分布的固有对称性，并且棱与棱之间的直角最多，平行六面体体积最小。在空间格子中，按照选择原则选择出来的平行六面体，即为单位平行六面体。单位平行六面体的3条棱长及棱之间的交角是表征其形状、大小的一组参数，称为单位平行六面体参数，即晶胞参数。

在几何学及晶体学中，布拉维晶格(又译布拉维点阵)(Bravais lattices)是为了纪念法国物理学家奥古斯特·布拉维而命名的。晶格是三维空间中由一个或多个原子所组成的基元所形成的无限点阵，每个晶格点上都能找到这样同样的基元，或者说定向移动整数倍到另一个点时也能找到同样的基元，因此晶格在任何一个晶格点上看起来都完全一样。空间晶格的坐标系由所选择的单位平行六面体决定，单位平行六面体的3条交棱即为3个坐标轴的方向。棱的交角α、β、γ是坐标轴之间的交角，棱长a、b、c是坐标系的轴单位。因此，单位平行六面体参数也是表征空间格子中坐标系性质的一组参数。实际上，从晶体外形上正确作出的晶体定向，应与晶体结构中的单位平行六面体对应一致，也就是3个结晶轴的方向应当就是单位平行六面体的3组棱的方向，晶体几何常数则应与单位平行六面体参数一致，其中轴角就是α、β、γ，轴率等于3条棱长之比。单位平行六面体的3条棱长a、b、c是绝对长度，而轴率$a:b:c$只是相对的比值。由于单位

平行六面体的对称性必须符合整个空间格子的对称性，因此它必然与相应晶体结构及其外形上的对称性相一致。对应于晶体的 7 个晶系，单位平行六面体的形状也有 7 种不同类型（表 1.1），它们的晶胞参数特点如下：

（1）三斜晶系：$a\neq b\neq c$；$\alpha\neq\beta\neq\gamma\neq 90^\circ$。

（2）单斜晶系：$a\neq b\neq c$；$\alpha=\gamma=90^\circ$，$\beta>90^\circ$。

（3）斜方晶系（正交晶系）：$a\neq b\neq c$；$\alpha=\beta=\gamma=90^\circ$。

（4）四方晶系：$a=b\neq c$；$\alpha=\beta=\gamma=90^\circ$。

（5）三方晶系（棱方晶系）：$a=b=c$；$\alpha=\beta=\gamma\neq 90^\circ$、$60^\circ$、$109^\circ 28' 16''$。

（6）六方晶系：$a=b\neq c$；$\alpha=\beta=90^\circ$，$\gamma=120^\circ$。

（7）等轴晶系（立方晶系）：$a=b=c$；$\alpha=\beta=\gamma=90^\circ$。

每种晶系又可依中心原子在晶胞中的位置不同再分成 6 种晶格：

（1）简单（P）：晶格点只在晶格的 8 个顶点处。

（2）体心（I）：除 8 个顶点处有晶格点外，晶胞中心还有一个晶格点。

（3）面心（F）：除 8 个顶点处有晶格点外，在六个面的中央还有一个晶格点。

（4）底心（A、B 或 C）：除 8 个顶点处有晶格点外，在晶胞的一组平行面（A、B 或 C）的每个面中央还有一个晶格点。

7 种不同晶系与每种晶系的 6 种不同晶格共有 $7\times 6=42$ 种组合，但是有些组合是相同的。例如，单斜晶系的体心晶格可以通过单斜晶系的底心（C）晶格选择不同的晶轴得到，所以这两种其实是同一种；所有底心（A）、底心（B）晶格都相当于底心（C）晶格或简单（P）晶格。因此，去除相同的组合，可以得到 14 种不同的布拉维晶格，见表 1.1。

表 1.1　三维布拉维晶格

晶系	布拉维晶格			
	简单（P）	底心（C）	体心（I）	面心（F）
三斜晶系	γ, α, β, a, b, c			
单斜晶系	β, a, b, c	β, a, b, c		

续表1.1

晶系	布拉维晶格			
	简单(P)	底心(C)	体心(I)	面心(F)
斜方晶系 (正交晶系)	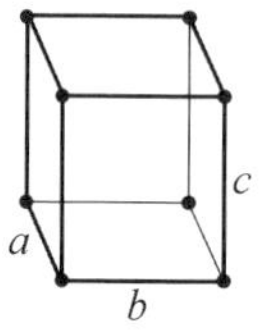	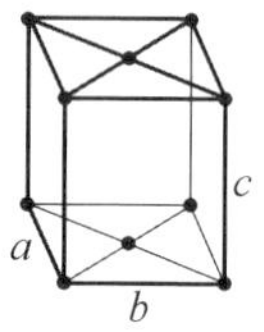	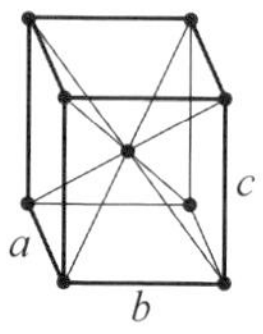	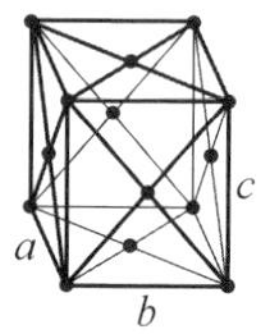
四方晶系	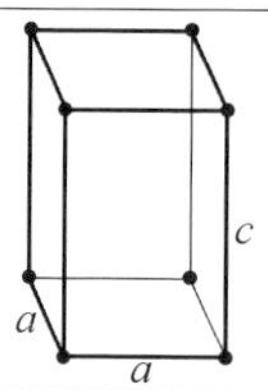		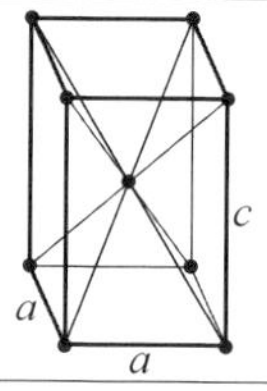	
三方晶系 (棱方晶系)	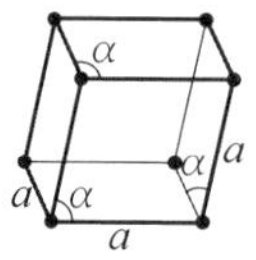			
六方晶系	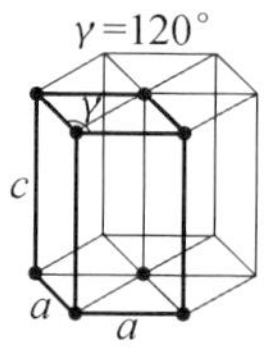			
等轴晶系 (立方晶系)	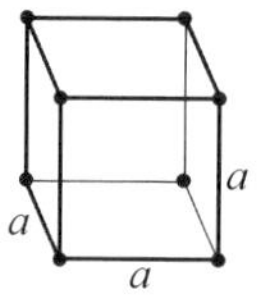		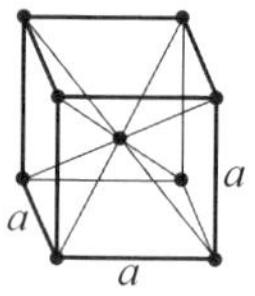	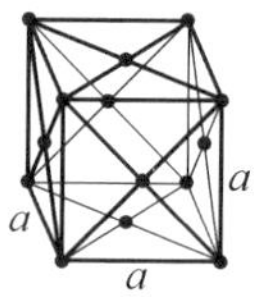

1.2.2 原子价键

1. 原子结构

晶体结构是结构基元在三维空间有规律的分布。结构基元之间存在相互作用力,称为键力,是由原子的核外电子相互作用引起的。根据晶体不同的键合方式可划分为不同的键型,如离子键、共价键、金属键、范德瓦耳斯力和氢键等。不同晶体,其基元间的键力性质和大小不同,键力直接影响着结构基元的结合方

式，从而对晶体的物理、化学性质都有重要影响。结构基元间的键力与原子结构直接相关，因此必须先清楚地了解原子结构。半导体晶体的键合方式主要是共价键。共价键的形成是由于原子在相互靠近时，原子轨道相互重叠，变成分子轨道，原子核之间的电子云密度增加，电子云同时受到两个核的吸引，因而使体系的能量降低。共用电子的数目通常是成双的，如单键、双键和三键。但也有共用 1 个或 3 个电子的，称为单电子键或三电子键。由两个以上原子共用若干个电子构成的共价键称为多原子共价键。由共价键结合结构基元所组成的晶体称为共价晶体。

原子由原子核和核外电子组成。原子核由带正电的质子和不带电的中子组成。虽然原子核直径只有 $10^{-12}\sim10^{-13}$ cm（原子直径约为 10^{-8} cm），但原子的质量几乎都集中于原子核。原子核的正电荷数（质子数）等于其核外电子的负电荷数，等于原子的原子序数 Z。核外电子围绕着原子核做圆周运动。原子的核外电子对原子的键合起重要的作用。从经典力学角度，电子运动只能属于波动性或粒子性中的一种。玻尔（Bohr）从经典力学的角度首先提出了原子结构的行星模型（玻尔行星模型）：

（1）氢原子中电子以圆形轨道绕核运动，其特定轨道上的电子在运动时不辐射能量，这种状态称为稳定态。

（2）电子辐射或吸收能量表示稳定态的轨道间跃迁。

（3）稳定态电子的运动服从牛顿运动定律。

（4）能量较高稳定轨道上电子的角动量是最低稳定轨道上电子角动量的整数倍。

可见，原子核外电子在与原子核距离不等的轨道中运动，轨道能量称为能级，为不连续的值，与原子核越远（n 越大）的轨道能量越大。能量最低的状态称为基态，电子从低能级跃迁到较高能级上，称为激发态。跃迁所需能量称为激发能。从量子力学的角度，Bohr 模型必须进行修正，因为电子的运动实际上具有波粒二象性。电子的质量相当于氢原子质量的 1/1 838，即 9.107×10^{-28} g；电子的运动速度 $v\approx\sqrt{5}\times10^{8}$ cm · s^{-1}，为光速的一半。电子的动量 $p=mv$，反映了电子的粒子性；电子的波动性可通过电子衍射试验证实，而且 $p=h/\lambda$，h 为普朗克常量，λ 为电子波波长。电子的粒子性和波动性可由下式相联系：

$$\lambda=\frac{h}{p}=\frac{h}{mv}=4.85\ \text{nm} \tag{1.1}$$

玻尔将原子中的电子描写成在简单的轨道上运动，即在任一瞬时，电子都有确定的坐标位置和确定的动量。根据测不准原理，这种情况实际上是不存在的。

$$\Delta x\cdot\Delta p\geqslant\frac{h}{2\pi},\quad \Delta x\geqslant\frac{h}{2\pi m\Delta v} \tag{1.2}$$

式中，Δx、Δp 为位置和动量的不确定度；m 越大，Δx、Δv 越小，位置和速度越准。质量 m 很小的电子的运动状态必须用量子力学中的波函数描述，可通过薛定谔方程求解。对薛定谔方程无须进行复杂的具体求解，但需要了解用来确定该方程求解波函数的一套参数，即量子数。

将薛定谔方程中粒子坐标改用球坐标表示，即 $\psi(x,y,z)=\psi(r,\theta,\varphi)$，变量分离后可表示为

$$\psi(r,\theta,\varphi)=R(r)Y(\theta,\varphi) \tag{1.3}$$

式中，$R(r)$ 为径向部分，$Y(\theta,\varphi)$ 为角度部分。角度部分可进一步分离成

$$Y(\theta,\varphi)=\Theta(\theta)\Phi(\varphi) \tag{1.4}$$

因此

$$\psi(r,\theta,\varphi)=R(r)\Theta(\theta)\Phi(\varphi) \tag{1.5}$$

得到 3 个只含一个变量的常微分方程。解 $R(r)$ 方程引入参数 n；解 $\Theta(\theta)$ 方程引入参数 l；解 $\Phi(\varphi)$ 方程引入参数 m。换句话说，3 个量子数 n、l、m 决定了电子的运动状态 $\psi_{n,l,m}$。n 称为主量子数，它决定体系的能量，同时也表示电子在空间运动时所占有的有效体积和周期表中的周期位置；l 称为角量子数，它决定体系的角动量，同时也标志着轨道的分层（亚层轨道）数；m 称为磁量子数，它决定体系的角动量在磁场方向的分量，同时也表示原子轨道在空间的伸展方向（每种类型轨道的取向和数目）。参数 n、l、m 之间的关系如下：

$$n=1,2,3,\cdots$$

$$l=0,1,2,3,\cdots,(n-1)$$

$$l=|m|,m=0,\pm1,\pm2,\pm3,\cdots$$

可见每一套量子数 n、l、m 表示一个电子的运动状态或电子绕原子核运动的一个轨道。习惯上，主量子数 n 常用大写字母 K、L、M、N 等主层符号来代表，角量子数 l 常用小写字母 s、p、d、f 等分层符号代表。n、l、m 所表征的电子轨道列在表 1.2 中。

表 1.2　3 个量子数（n、l、m）所表征的电子轨道

序号	n	l	分层符号	m	分层中的轨道数	主层中的轨道数
1	K	0	1s	0	1	1
2	L	0	2s	0	1	4
		1	2p	−1,0,+1	3	
3	M	0	3s	0	1	9
		1	3p	−1,0,+1	3	
		2	3d	−2,−1,0,+1,+2	5	

续表1.2

序号	n	l	分层符号	m	分层中的轨道数	主层中的轨道数
4	N	0	4s	0	1	16
		1	4p	−1,0,+1	3	
		2	4d	−2,−1,0,+1,+2	5	
		3	4f	−3,−2,−1,0,+1,+2,+3	7	
…	…	…	…	…	…	…

每一主层中轨道的个数等于 n^2。每个特定的原子轨道都可用一套 n、l、m 量子数描述。泡利(Pauli)不相容原理规定,每个轨道最多只能占据两个自旋方向相反的电子,因此第 n 层中最多只能容纳 $2n^2$ 个电子,如 $n=4$ 的 N 层中最多只能容纳 32 个电子。原子中的电子除绕核运动外,还做自旋运动,自旋运动的角动量 P_s 为

$$P_s=\frac{m_s h}{2\pi} \tag{1.6}$$

式中,m_s 为自旋量子数,等于 $\pm\frac{1}{2}$,表示两个电子自旋方向相反(这一结果并非由薛定谔方程导出,但已被试验所证实)。

综上所述,决定电子运动状态的有 n、l、m、m_s 四个量子数。量子力学已经证明,在同一个原子中,不可能有四个量子数完全相同的电子或其运动状态。

电子是具有波动性的粒子,因而它服从测不准关系,即不能同时有确定的坐标和动量,它的某个坐标被确定得越准确,则相应的动量就越不准确,反之亦然。测不准关系只说明波动性粒子不服从经典力学,但不等于没有规律。相反,测不准关系说明微观体系的运动有更深刻的规律在起作用,这就是量子力学。比如,电子在空间某点(r,θ,φ)的出现就可以用概率密度表示,它与$|\psi(x,y,z)|^2$ 的数值大小成正比,即$|\psi(x,y,z)|^2$ 值越大,电子出现的概率越大。电子的这种分布特征形象地称为电子云。电子云的密度与电子出现的概率成正比。$\psi(x,y,z)$是坐标 x、y、z 的函数。图 1.2、图 1.3 分别为基态电子云的角度分布和径向分布情况。

2. 原子的电离能

多电子原子的核外电子数等于其原子序数 Z,Z 个核外电子的排布遵循以下三条原则:

(1)能量最低原理。在不违反泡利(Pauli)不相容原理的条件下,电子的排布尽可能使体系的能量最低,因此能量最低的轨道首先被电子占据。

(2)泡利不相容原理。同一原子的同一轨道最多只能被两个自旋方向相反

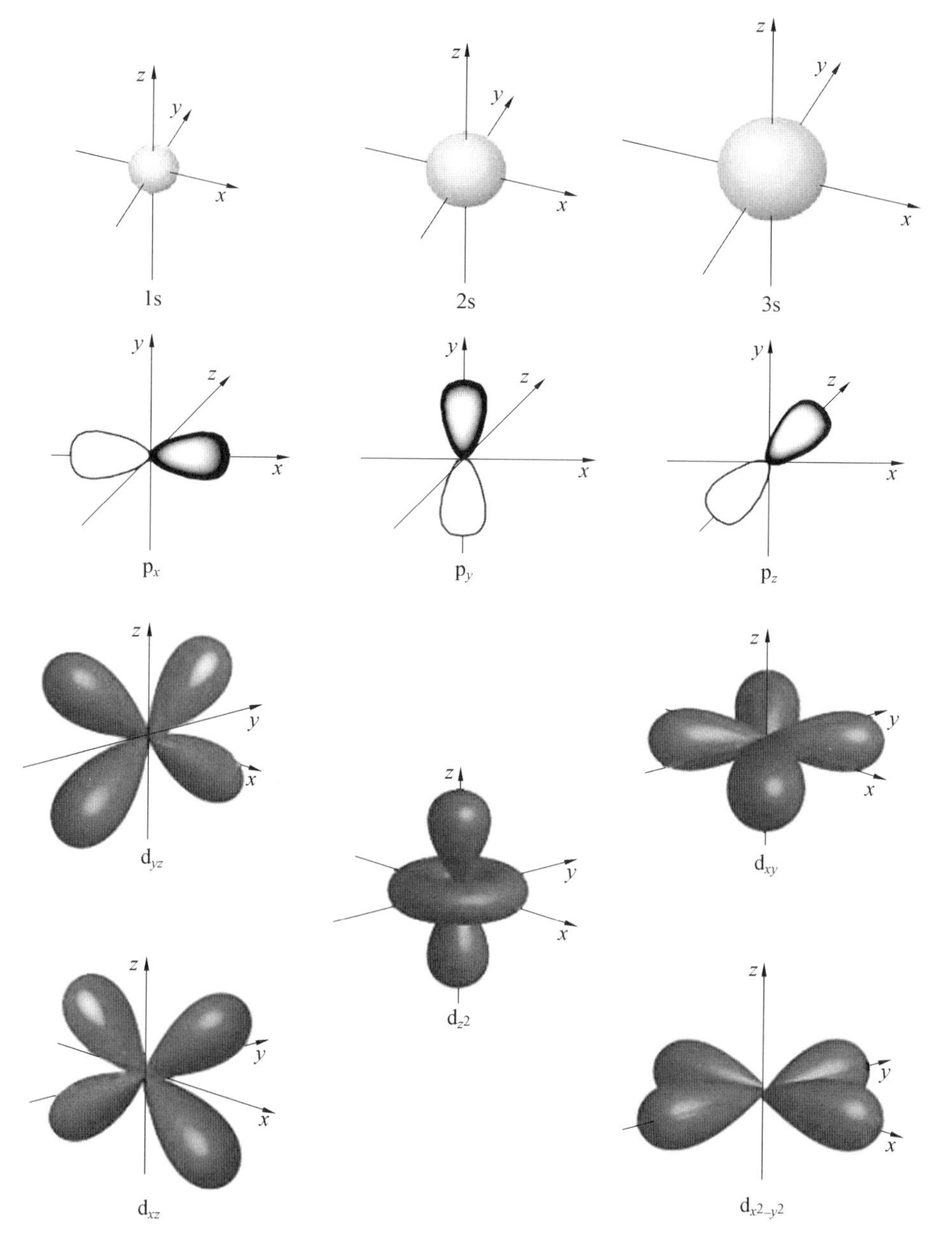

图 1.2 原子的 s、p、d 基态电子云的角度分布示意图

的成对电子占据。

(3)洪德(Hund)规则。在 p、d 等能量相等的简并轨道中,电子将尽可能占据不同的轨道,而且自旋相互平行。但当简并轨道中的等价轨道为全充满、半充满或全空时的状态是比较稳定的。

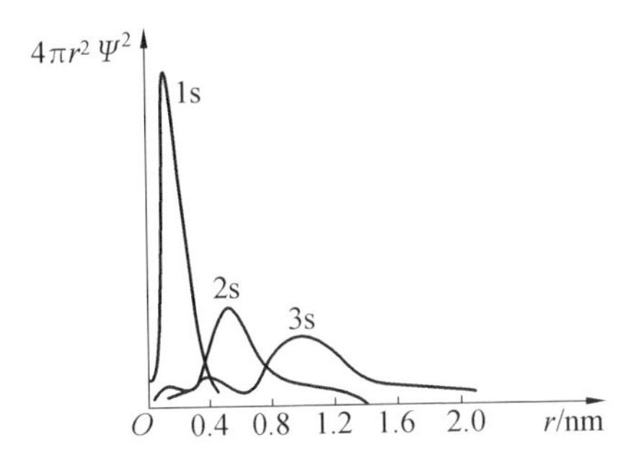

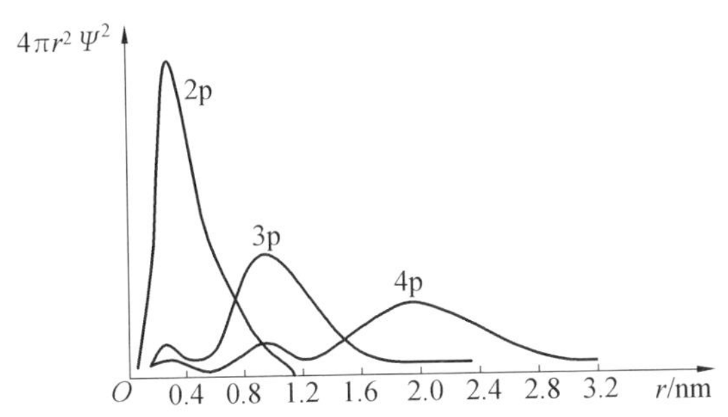

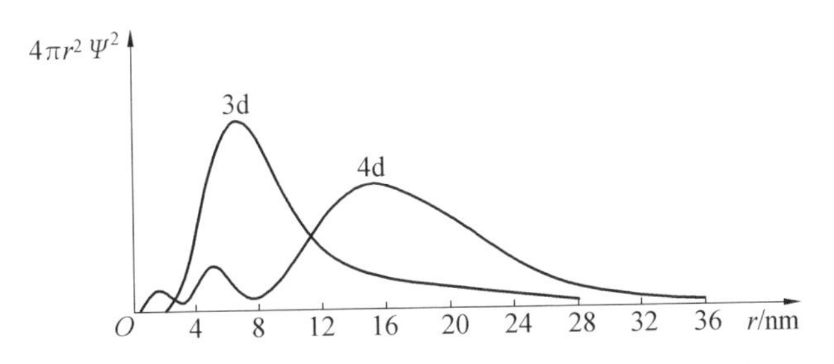

图 1.3 原子的 s、p、d 基态电子云的径向分布示意图

一般地，n 相同，l 越大，能级 E 越大；l 相同，n 越大，能级 E 越大。例如，$E(3d)>E(3p)>E(3s)$，$E(4s)>E(3s)$。如果 n 和 l 都不同，如何判别能级 E 的大小呢？例如，$E(4s)$ 与 $E(3d)$ 哪个大？此时可根据如下原则：

(1)对于原子的外层电子来说，$n+0.7l$ 越大，则能量越高。

(2)对于离子的外层电子来说，$n+0.4l$ 越大，则能量越高。

(3)对于原子或离子较深层的电子来说，能级的高低取决于主量子数 n。根据以上原则，电子填充原子轨道的顺序是 1s、2s、2p、3s、3p、4s、3d、4p、5s、4d、5p、6s、4f、5d、6p、7s、5f、6d、7p 等，如图 1.4 所示。

电离能指气态原子失去电子变为气态离子所需要的能量。失去一个电子形成一价正离子所需能量称为第一电离能 I_1，即 $A(g)+I_1 \longrightarrow A^+(g)+e^-$，g 表示气态。依此类推，可有第二电离能 I_2、第三电离能 I_3 等。第一电离能与原子的原子序数 Z 有关。惰性气体的第一电离能最大，碱金属原子的第一电离能最

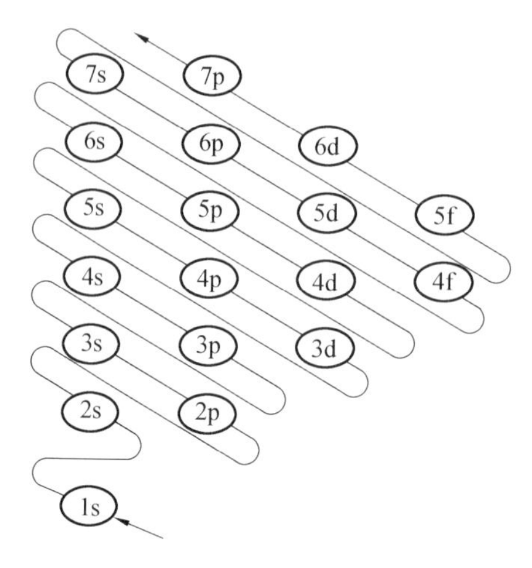

图 1.4　电子填充原子轨道示意图

小。对于同一原子，电离能的大小顺序总是 $I_1 < I_2 < I_3 < \cdots < I_n$。

气态原子获得一个电子成为一价负离子时，所放出的能量称为电子亲和能 E(eV)，即 $A(g) + e^- \rightarrow A^-(g) + E$。电子亲和能一般随原子半径减小而增加，因为半径减小，核电荷对电子的吸引力增加。原子的电负性(Pauling 提出)指分子中一个原子将电子吸向自己的能力。在 AB 双原子分子中电负性大的原子成为负离子，电负性小的原子成为正离子。原子的电负性 X 可用原子的第一电离能 I_1 和电子亲和能 E 之和来衡量，$X = I_1 + E$。原子的电负性概念对判断键的性质、键型以及键的极性十分有用。

3. 共价键

共价键源于价键理论，其基本内容是分子是由原子之间相互成键组成的。假定原子轨道未发生杂化前，含有未成对的电子，且如果这些未成对的电子自旋相反，则两个原子间的两个自旋相反的电子可以互相耦合构成电子对，每一个耦合就形成一个共价键。所以价键理论也称为电子配对理论(或电子配对法)，其要点为：①自旋相反的成单电子相互接近时，可形成稳定的化学键；②一个电子与另一个电子配对后，就不能再与第三个电子配对(共价键有饱和性)；③电子云最大重叠原理：电子云重叠越多，键能就越大，共价键越牢固(共价键有方向性)；④如果 A 有两个未成对电子，B 只有一个，则 A 可与两个 B 化合形成 AB_2。

根据电子云最大重叠原理，可推断出不同的原子轨道具有不同的成键能力，即 s 电子的成键能力 $f_s = 1$；p 电子的成键能力 $f_p = \sqrt{3}$；d 电子的成键能力 $f_d = \sqrt{5}$；f 电子的成键能力 $f_f = \sqrt{7}$。成键能力大，形成的共价键就牢固。对于主量子数 n 相同的原子轨道形成的共价键来说，p—p 键一般要比 s—s 键稳固。

根据电子云最大重叠原理，两个原子为了形成一个稳定的键，必须使用相对

于键轴具有相同对称性的原子轨道。例如，对于成单 s 与 p 电子的原子来说，能形成共价键的原子轨道为 s—s、p_x—s、p_x—p_x、p_y—p_y、p_z—p_z。构成共价键的电子云（或配对电子）处于两个原子中间（两个原子相同）时，偶极矩为零，称非极性键；电子云偏离中点时，偶极矩不为零，称极性键。前者是纯粹的共价键，后者是以共价键为主的混合键，但习惯上仍称共价键。共价键中的共用电子对通常由两个原子提供，但也可以由一个原子单独提供，这种共价键称共价配位键，以A→B表示。形成共价键的分子中不存在离子而只有原子，因此共价键也称原子键。共价键结合力的本质是电子耦合，而不是静电相互作用。

对于一些多原子分子，价键理论有时出现理论与事实的矛盾。比如，金刚石(C)中碳的外层电子构型为 $2s^2 2p_x^1 2p_y^1$，只有两个未成对电子，所以只能构成两个共价键。显然与金刚石中 C 为四次配位的事实不符。即使把一个 2s 电子激发到 $2p_z$ 上去，即 C 的外层电子构型成为 $2s^1 2p_x^1 2p_y^1 2p_z^1$，有 4 个未成对电子，可形成四个共价键，但这 4 个共价键中有 3 个由 p_x、p_y、p_z 轨道形成的共价键相互垂直而且稳定和有方向性，由一个 s 电子参与形成的共价键相对不够稳定且无方向性。这与金刚石中存在的 4 个等性，交角为$109°28'$的化学键的事实也不符。为了解决理论与事实的矛盾，鲍林(Pauling)和斯莱特(Slater)在 1931 年提出了杂化轨道理论。这个理论认为，原子轨道在成键过程中不是一成不变的，同一原子中能级相近的各原子轨道可以线性组合产生新的原子轨道，新原子轨道成键能力更强。能量相近的原子轨道组合产生新轨道的过程称为原子轨道的“杂化”，所得到的新的原子轨道称为杂化原子轨道或杂化轨道。只有形成分子过程中才会形成杂化轨道（孤立原子不会形成杂化轨道），只有能量相近的轨道才能杂化。

常见的杂化轨道有 sp、sp^2、sp^3 型，元素周期表中第一、二周期元素的杂化轨道均属以上类型。第三周期及以后的一些元素，由于 d、f 轨道参加杂化，因此出现了 dsp^2、dsp^3、d^2sp^3 等类型杂化轨道（在络合物中）。杂化轨道的成键能力顺序为 $sp < sp^2 < sp^3 < dsp^2 < dsp^3 < d^2sp^3$。

影响共价键键能的因素如下：①原子轨道重叠越多，键能越大；②原子半径越小，键能越大；③孤对电子间的引力，可能超过键与键的作用，特别是在原子半径很小的情况下更加显著；空轨道可以容纳相邻原子的孤对电子，从而减少了孤对电子的相互作用；④随着键的极性增大，键能也逐渐增大。除键能外，在具有共价键的半导体晶体结构中，键与键之间的夹角称为键角。键角主要取决于各原子轨道或电子云分布的方向性。

1.2.3 典型半导体晶体结构

1. 金刚石型结构

重要的半导体材料硅、锗(Ge)等在化学元素周期表中都属于第ⅣA 族元素，原子的最外层都具有4个价电子。由硅、锗原子共价结合形成的晶格结构与碳原子形成的正四面体晶格都属于金刚石型结构。这种结构的特点是:每个原子周围都有4个最近邻的原子,组成一个如图1.5(a)所示的正四面体结构。这4个原子分别处在正四面体的顶角上,任一顶角上的原子和中心原子各贡献一个价电子为该两个原子所共有,共有的电子在两个原子之间形成较大的电子云密度,通过它们对原子的引力把两个原子结合在一起。这样,每个原子和周围4个原子组成4个共价键。上述四面体的4个顶角原子又可以各通过4个共价键组成4个正四面体。如此推广,将许多正四面体累积起来就得到如图1.5(b)所示的金刚石型结构。

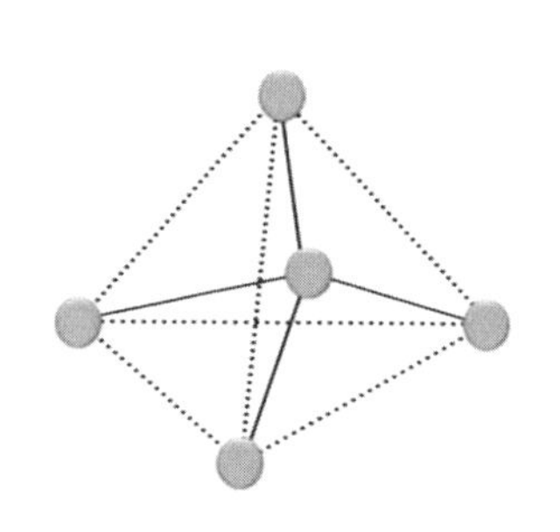

(a) 正四面体结构

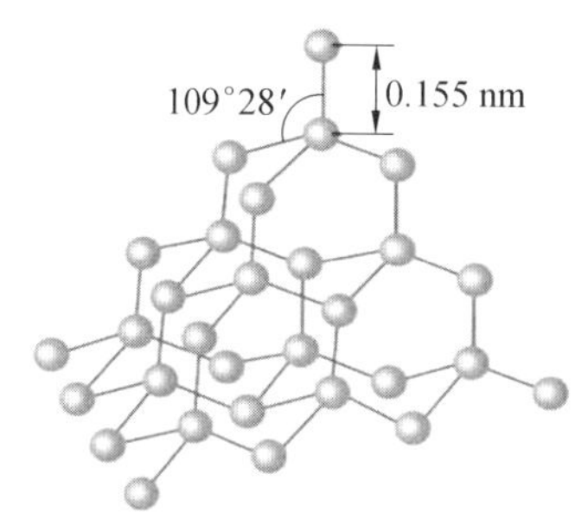

(b) 金刚石型结构

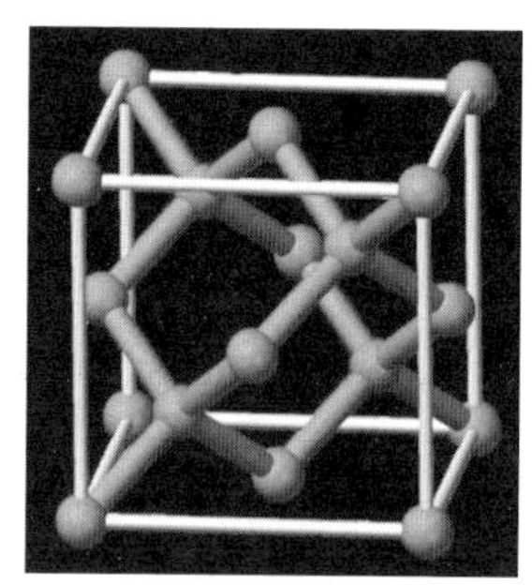

(c) 金刚石型结构的晶胞

图1.5　硅的金刚石型结构

在四面体结构的共价晶体中,四个共价键并不是以孤立原子的电子波函数为基础形成的,而是以s态和p态波函数的线性组合为基础,构成了“杂化轨道”,即以1个s态和3个p态组成的sp^3杂化轨道为基础形成的,它们之间具有相同的夹角为109°28′。金刚石型结构的结晶学原胞如图1.5(c)所示,它是立方对称的晶胞。这种晶胞可以看作是两个面心立方晶胞沿立方体的空间对角线相对移动了1/4的空间对角线长度套构而成。原子在晶胞中排列的情况是:8个原子位于立方体的8个角顶上,6个原子位于6个面中心上,晶胞内部有4个原子。立方体顶角和面心上的原子与这4个原子周围情况不同,所以它是由相同原子构成的复式晶格。其原胞和面心立方相同,差别在于前者每个原胞中包含两个原子,后者只包含一个原子。

2. 闪锌矿型结构

由化学元素周期表中的ⅢA族元素铝、镓、铟和ⅤA族元素磷、砷、锑合成的ⅢA－ⅤA族化合物,都是半导体材料,它们绝大多数具有闪锌矿型结构,与金刚石型结构类似,不同的是前者由两类不同的原子组成。图1.6(a)表示闪锌矿型结构的晶胞,它是由两类原子各自组成的面心立方晶格,沿空间对角线相对移动1/4空间对角线长度套构而成。每个原子被4个异族原子包围,例如,如果角顶

上和面心上的原子是ⅢA族原子，则晶胞内部4个原子就是ⅤA族原子，反之亦然。角顶上8个原子和面心上6个原子可以认为共有4个原子属于某个晶胞，因而每一晶胞中有4个ⅢA族原子和4个ⅤA族原子，共有8个原子。它们也是依靠共价键结合，但有一定的离子键成分。

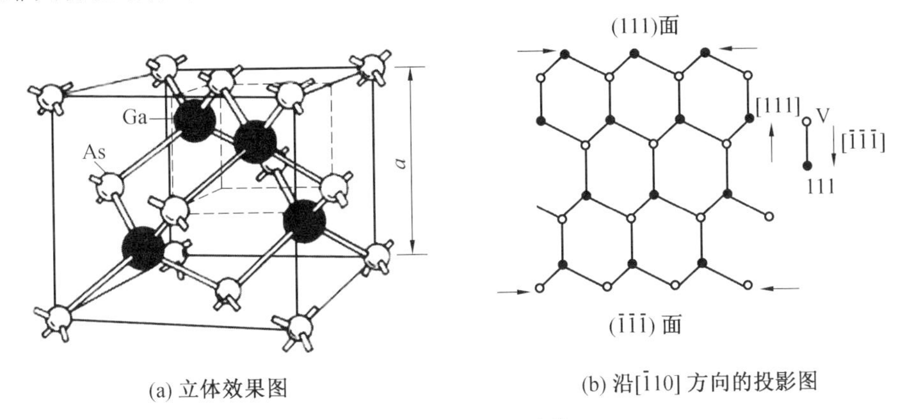

(a) 立体效果图　　(b) 沿[$\bar{1}$10]方向的投影图

图 1.6　闪锌矿型结构

与ⅣA族元素半导体的情况类似，这类共价性的化合物半导体中，共价键也是以 sp^3 杂化轨道为基础的。但是，与ⅣA族元素半导体相比有一个重要区别，就是在共价性化合物半导体中，成键特征具有不同程度的离子性，通常称这类半导体为极性半导体。例如，ⅢA－ⅤA族化合物半导体材料砷化镓，相邻原子所共有的价电子实际上并不是均匀地分配在砷和镓的附近。由于砷具有较强的电负性，成键的电子更集中地分布在砷原子附近，因而在共价化合物中，电负性强的原子平均来说带有负电，电负性弱的原子平均来说带有正电，正负电荷之间的库仑作用对结合能有一定的贡献。在共价键占优势的情况下，这种化合物倾向于构成闪锌矿型结构。

在垂直于[111]方向看闪锌矿型结构的ⅢA－ⅤA族化合物时，可以看到它是由一系列ⅢA族原子层和ⅤA族原子层构成的双原子层堆积起来的，如图1.6(b)所示。显然，每一个原子层都是一个(111)面，由于ⅢA－ⅤA族化合物有离子性，因而这种双原子层是一种电偶极层。通常规定由一个ⅢA族原子到一个相邻的ⅤA族原子的方向为[111]方向，而一个ⅤA族原子到一个相邻的ⅢA族原子的方向规定为[$\bar{1}\bar{1}\bar{1}$]方向(图1.6(b))，并且规定ⅢA族原子层为(111)面，ⅤA族原子层为($\bar{1}\bar{1}\bar{1}$)面。因而，ⅢA－ⅤA族化合物的(111)面和($\bar{1}\bar{1}\bar{1}$)面的物理、化学性质有所不同。

闪锌矿型结构的ⅢA－ⅤA族化合物和金刚石型结构一样，都是由两个面心立方晶格套构而成，称这种晶格为双原子复式格子。如果选取只反映晶格周期性的原胞，则每个原胞中只包含两个原子，一个是ⅢA族原子，另一个是ⅤA族原子。由化学元素周期表中的ⅡA族元素锌、镉、汞和ⅥA族元素硫、硒、碲合成的ⅡA－ⅥA族化合物，除硒化汞、碲化汞是半金属外都是半导体材料，它们大部分也都具有闪锌矿型结构，但是其中有的也可具有六角晶系纤锌矿型结构。

3. 纤锌矿型结构

纤锌矿型结构和闪锌矿型结构相接近，它也是以正四面体结构为基础构成的，但是它具有六方对称性，而不是立方对称性。图1.7为纤锌矿型结构示意图，它是由两类原子各自组成的六方排列的双原子层堆积而成，但只有两种类型的六方原子层。它的(001)面规则地按ABABA…顺序堆积，从而构成纤锌矿型结构。硫化锌、硒化锌、硫化镉、硒化镉等都可以用闪锌矿型和纤锌矿型两种方式结晶。试验测得纤锌矿型结构的硫化镉晶格常数为$a=0.4136$ nm，$c=0.6714$ nm。

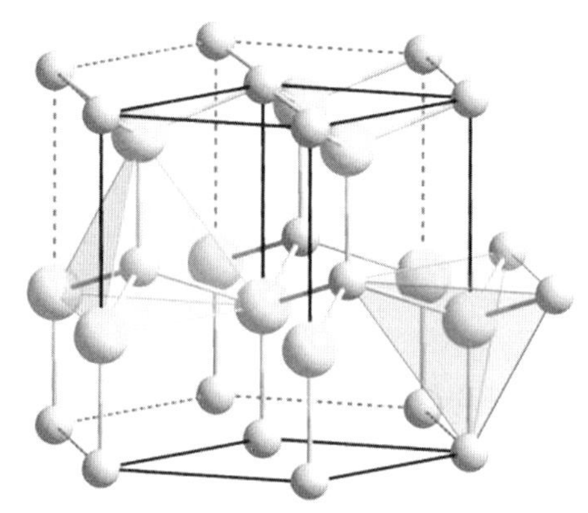

图1.7 纤锌矿型结构

与ⅢA－ⅤA族化合物类似，这种共价性化合物晶体中，其结合的性质也具有离子性，但这两种元素的电负性差别较大，如果离子性结合占优势，就倾向于构成纤锌矿型结构。纤锌矿型结构的ⅡA－ⅥA族化合物是由一系列ⅡA族原子层和ⅥA族原子层构成的双原子层沿[001]方向堆积起来的，每一个原子层都是一个(001)面，由于它具有离子性，通常也规定由一个ⅡA族原子到一个相邻的ⅥA族原子的方向为[001]方向，反之，为[001]方向。ⅡA族原子层为(001)面，ⅥA族原子层为(00$\bar{1}$)面，这两种面的物理化学性质也有所不同。

还有一些重要的半导体材料不是以四面体结构结晶的，如ⅣA－ⅥA族化合物硫化铅、硒化铅、碲化铅，它们都是以氯化钠型结构结晶的，如图1.8所示，这里不再详述。

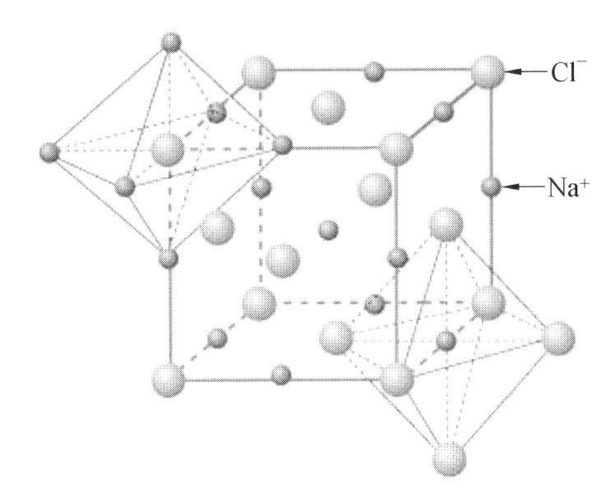

图 1.8　氯化钠型结构

1.3　半导体能带

1.3.1　孤立的原子能级

对于一个孤立原子而言，电子的能级是分立的。例如，孤立氢原子的能级符合玻尔模型(Bohr model)：

$$E_H = -\frac{m_0 q^4}{8\varepsilon_0^2 h^2 n^2} = -\frac{13.6}{n^2}\ \text{eV} \tag{1.7}$$

式中，m_0 是自由电子质量；q 是电子电荷量；ε_0 是真空介电常数(vacuum permittivity)；h 是普朗克常数(Plank constant)；n 是正整数，称为主量子数；eV 是能量单位，相当于一个电子穿越 1 V 电位所增加的能量，它等于 1.6×10^{-19} C 与 1 V 的乘积，即 1.6×10^{-19} J。

由玻尔模型可得，孤立氢原子中电子能级包括能量为 −13.6 eV 的基态能级($n=1$)，能量为 −3.4 eV 的第一激发态($n=2$)，等等。当主量子数高时($n\geqslant2$)，能级将根据角量子数($l=0,1,2,\cdots,n-1$)的不同而分裂。

考虑彼此距离很远的两个相同原子，对于一个确定的主量子数(如 $n=1$)而言，其能级为双重简并(degenerate)，即两个原子具有相同的能量。但当它们彼此靠近时，由于两原子间的相互作用，双重简并能级一分为二。这种分裂可用泡利不相容原理(Pauli exclusion principle)解释，即在一个给定的系统中，同一能态上不能同时容纳超过两个电子。当 N 个原子互相靠近并结合成固体时，不同原子的外层电子的轨道发生交叠且相互作用。这种相互作用包括任意两个原子间的引力和斥力。与只有两个原子时的情形类似，这种相互作用也将造成能级的移动。区别在于，当只有两个彼此靠近的原子时，其能级只是一分为二；而当

N 个原子结合成晶体后，其能级将分裂成 N 个彼此接近的能级。当 N 很大时，这些能级实际上将形成连续的能带。视晶体内原子间距的不同，这 N 个能级形成的能带可能延展至几个电子伏特。这些电子不应再视为仅属于它们的母原子，而应作为一个整体，属于整个晶体。图 1.9 为能级分裂效应示意图，其中参数 r_0 代表平衡状态下晶体原子的间距。可以看到，能量越低的能带越窄，能量越高的能带越宽。这是因为，能量最低的能带对应原子中最内层电子的能态，这些电子受原子核的束缚更大，共有化运动弱，能级分裂得窄，所以相应能带就比较窄。外层电子属于能量较高的电子轨道，共有化运动强，能级分裂得更宽，这样也就容易形成宽的能带。

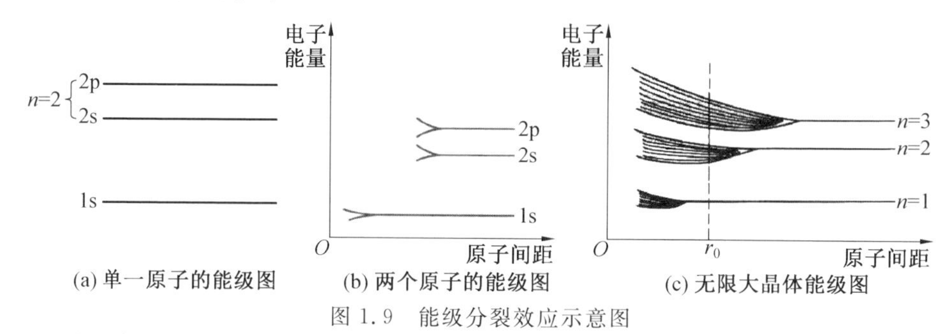

图 1.9　能级分裂效应示意图

半导体中实际的能带劈裂要复杂得多。图 1.10 是拥有 14 个电子的孤立硅原子电子排布示意图。其中，10 个电子占深层能级，它们的轨道半径比晶体中的原子间距小得多。其余 4 个价电子的结合较弱，可以参与化学反应。因为 2 个内层轨道被完全占据，且被原子核紧密束缚，只需考虑最外层($n=3$ 能级)的价电子。每个原子的 3s 亚层(即 $n=3$，且 $l=0$)有 2 个允许的量子态。$T=0$ K 时，3s 亚层将容纳 2 个价电子；而 3p(即 $n=3$，且 $l=1$)亚层则有 6 个允许的量子态。对于硅原子而言，3p 亚层将容纳剩下的 2 个价电子。

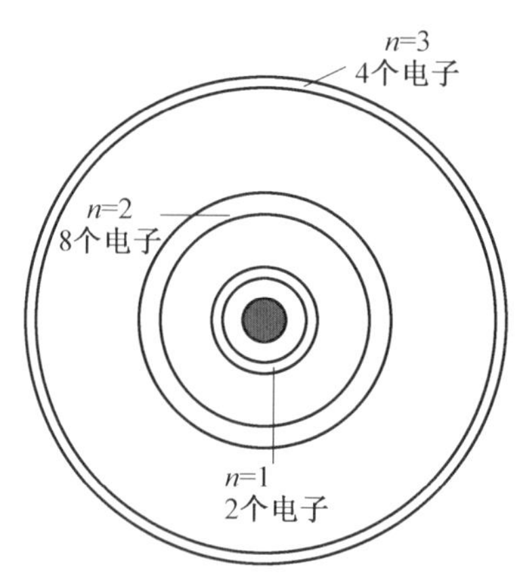

图 1.10　孤立硅原子电子排布示意图

图 1.11 是 N 个孤立硅原子形成硅晶体的示意图。当原子间距减小时，N 个硅原子的 3s 及 3p 亚层将发生相互作用和交叠，以形成能带。随着 3s 和 3p 能带不断扩展，最终将融合成一个包含 $8N$ 个量子态的能带。在由能量最低原理所确定的平衡态原子间距下，能带将再度劈裂，在较低能带有 $4N$ 个量子态，而在较高能带也有 $4N$ 个量子态。在绝对零度时，电子占据最低能态，因此较低能带(即价带)的所有能态将被电子填满，而较高能带(即导带)的所有能态都未被占据。导带的底部称为 E_C，价带的顶部称为 E_V。导带底部与价带顶部之间没有能级，称为禁带(forbidden gap)，其宽度(E_C-E_V)称为禁带宽度 E_g(bandgap energy)，如图 1.11 最左边所示。从物理意义上看，E_g 代表将半导体中价键断裂，从而释放一个导带电子，并在价带中留下一个空穴所需的能量。

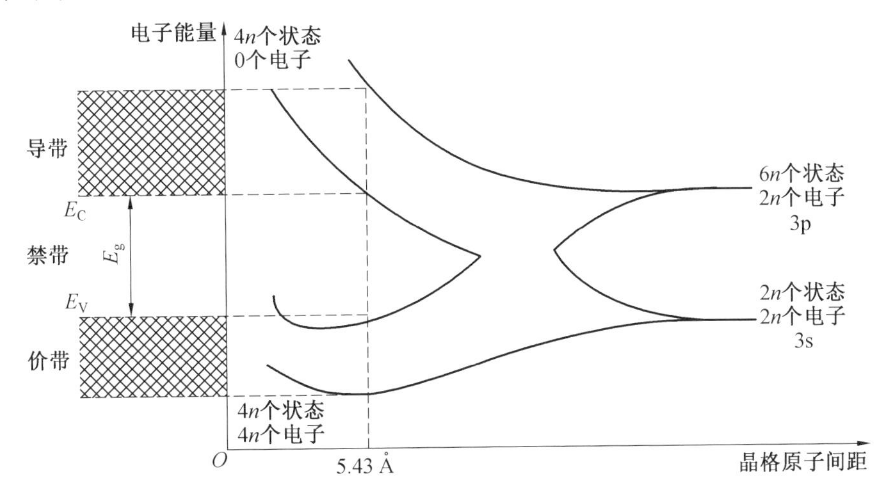

图 1.11　N 个孤立硅原子形成硅晶体的示意图(1 Å$=10^{-10}$ m)

1.3.2　能量—动量关系

一个自由电子的能量为

$$E=\frac{p^2}{2m_0} \tag{1.8}$$

式中，p 为动量；m_0 为自由电子的质量。

如图 1.12 所示，能量与动量的关系曲线呈抛物线状。在半导体晶体中，导带中的电子类似自由电子，可在晶体中自由移动。但因为晶体的周期性电势，式(1.8)不再适用。其中的自由电子质量须换成有效质量 m_n(下标符号 n 表示带负电荷的电子)，即

$$E=\frac{p^2}{2m_n} \tag{1.9}$$

电子有效质量决定于半导体的特性。假使已知式(1.9)所示的能量与动能

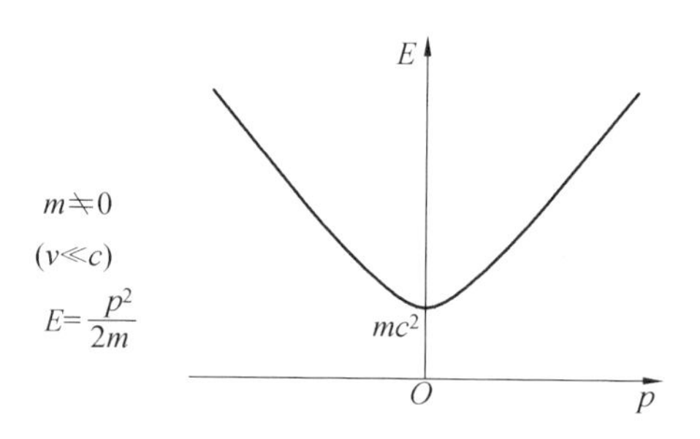

图 1.12　自由电子的能量(E)与动量(p)的抛物曲线图

关系,则由 E 对 p 的二次微分可以得到有效质量为

$$m_n \equiv \left(\frac{d^2E}{dp^2}\right)^{-1} \tag{1.10}$$

因此,抛物线的线形越狭窄,对应的二次微分越大,则有效质量越小。空穴也可用类似的方法表示(其有效质量为 m_p,下标符号 p 表示带正电的空穴)。引入有效质量的概念非常有用,可以将电子与空穴事实上处理为经典的带电粒子。电子能量越往上方越大,而空穴能量越往下方越大。如图 1.11 所示,两抛物线在 $p=0$ 时的间隔为禁带宽度 E_g。

硅和砷化镓的实际能量与动量关系式(也称为能带图)更为复杂。在三维空间中,它们的能量与动量关系是一个曲面。图 1.13 仅绘出了其中两个晶向的能带图。由于大多数情况下,不同晶向上的晶格周期不一样,因此其能量与动量关系也不一样。以金刚石或闪锌矿晶格为例,价带顶和导带底位于 $p=0$ 处或沿着图 1.13 所示的两个晶向之一。如果导带底位于 $p=0$ 处,这意味着晶体中电子的有效质量在每个晶向上都是相同的。同时,这也表明电子的运动情况与晶向无关。如果导带底位于 $p\neq0$ 处,那么晶体中电子的特性在不同晶向上是不同的。一般来说,极性(含部分离子键特性)半导体中,导带底倾向于出现在 $p=0$ 处,这与晶格结构以及价键的离子性成分所占比例有关。

首先,价带的能带图比导带的简单,而且对大多数半导体而言,价带结构定性上是相近的。这是因为基于金刚石结构和闪锌矿结构的类似,空穴在共价键中输运的环境是类似的。导带底与价带顶之间存在着禁带 E_g。在导带底或价带顶附近,曲线实际上为抛物线。对于硅而言,图 1.13(a)中价带顶位于 $p=0$ 处,而导带底则位于沿[100]方向的 $p=p_c$ 处。因此,当硅中的电子从价带顶转移到导带底时,不仅需要能量($\geqslant E_g$),还需要动量($\geqslant p_c$),所以硅被称为间接带隙半导体(indirect gap semiconductor)。而对于砷化镓,如图 1.13(b)所示,价带顶与导带底位于相同动量处($p=0$)。因此,当电子从价带转移到导带时,不涉及动量的变化,所以砷化镓被称为直接带隙半导体(direct gap semiconductor)。直接带隙与间接带隙的结构差异对于发光二极管与半导体激光器来说相当重要。这些

器件需要直接带隙半导体高效地产生光子。

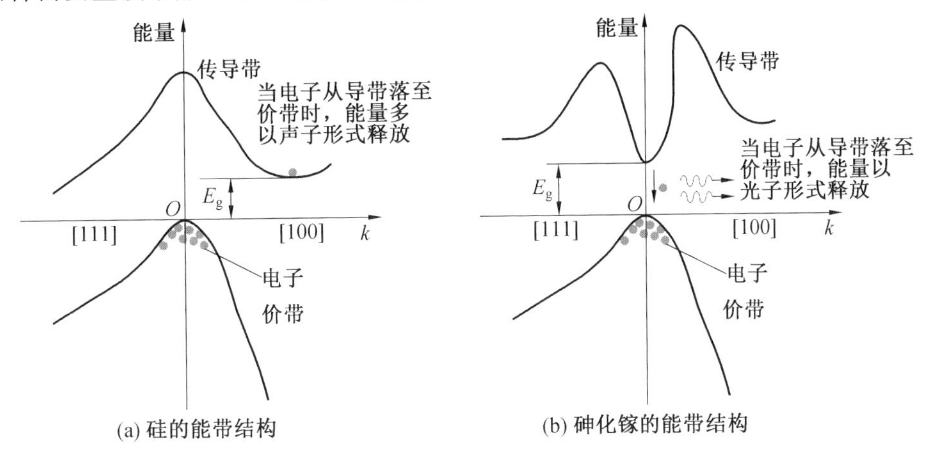

图 1.13　硅及砷化镓的能带结构

1.3.3 半导体传导

从能带角度对绝缘体、导体和半导体三种固体物质进行分析。对于二氧化硅(SiO_2)等绝缘体，如图 1.14(a)所示，价电子形成相邻原子之间的强共价键。这种共价键非常稳定，不易被破坏，这也是导带和价带之间禁带宽度比较大的原因。而且，价带中所有能级都被电子占据，而导带中则没有电子，所有能级是空的。价带中最外层电子在加热和外部电场的作用下也不会轻易跃迁到导带中去，没有自由电子参与导电。

相对于绝缘材料，半导体晶体中相邻原子之间的共价键只有中等强度。因此，热振动效应就能够破坏一些共价键。当某一共价键被破坏掉后，就会出现一个自由电子，还有一个相应的空穴。图 1.14(b)所示是一个半导体的能带情况，可以观察到价带和导带之间禁带的宽度要小于图 1.14(a)中绝缘体的禁带宽度。如二氧化硅的禁带宽度约为 9 eV，硅的禁带宽度比二氧化硅低近 8 eV，约为 1 eV。因此，一些电子可以从价带移动到导带，在价带中留下空穴，在晶体中产生自由电子。当施加电场时，导带中的电子和价带中的空穴将获得动能发生定向移动，并参与导电。

在金属等导体中，导带则是部分填满甚至与价带重叠，如图 1.14(c)所示。因此，导带和价带之间的禁带宽度非常小，在某些情况下可以近似认为没有带隙。对导体材料来说，能带中部分填充导带中的外层电子或者价带顶部的电子，在获得足够动能的情况下，能够移动到下一个更高的能级上去。这种能量可以是来自于热能或者外加电场的能量。

从上面的分析可以看出，从导带的最下端到价带的最上端之间的能量差值，

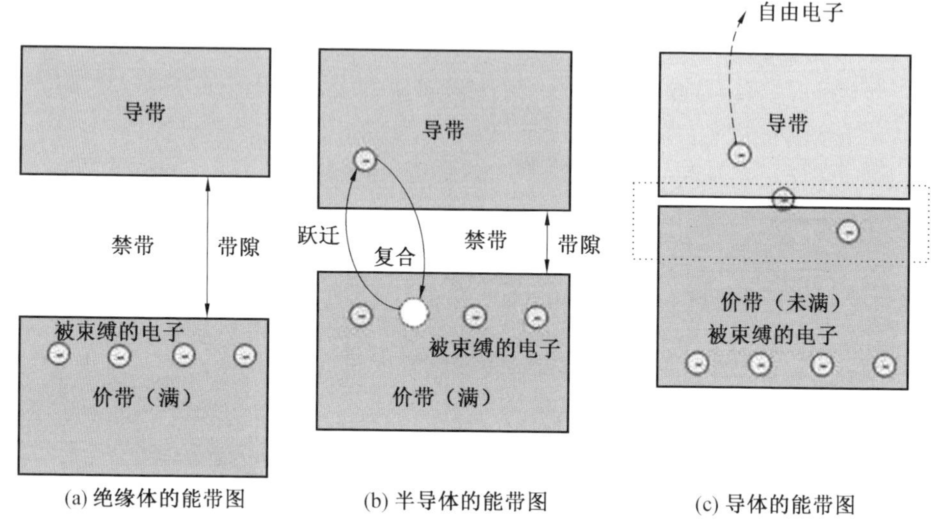

图 1.14　绝缘体、半导体和导体三种固体物质的能带图

就是禁带的带隙宽度，这个能量差值是半导体材料的一个重要参数。从理论上讲，它也是一个电子从价带跃迁到导带所需要从外界吸收或获取的最小能量值；否则，这个电子不会产生跃迁现象，也就不会产生自由电子。如硅晶体价带中的电子要想跃迁到导带中去参与导电，它需要从外界获取的最小能量应为 1.12 eV，这由硅的禁带宽度决定，同时，在价带中产生空穴，空穴在价带中也参与导电。

1.4　热平衡载流子

本节将对本征与非本征半导体的性质建立基本的认识。尽管所讨论的大部分内容是基于硅材料，但其基本内涵也适用于锗材料和 GaAs、InP 及其他化合物半导体。通常所说的本征硅是指理想的、无缺陷的硅单晶，它没有任何的杂质或晶体缺陷(例如位错和晶粒边界)。在温度高于绝对零度的条件下，晶格中的硅原子将按照某种能量分布产生振动。这种振动的平均能量一般低于$3kT$(k 为玻尔兹曼常数，T 为绝对温度)，振动着的硅原子通常不会破坏彼此之间的价键，然而某些区域的局域晶格振动却可能具有足够的能量，使硅原子之间的价键断裂。某两个硅原子之间的价键一旦被破坏，就会产生一个“自由电子”，它在晶体中做无规则运动，且可在电场的作用下参与导电过程。这种受到破坏的硅原子键失去了一个电子，从而使体系带正电。在键位中由于失去电子而留下的空位被称为空穴。邻近价键的电子能够容易地隧穿到这种断键处并填充空穴，于是有效

地产生了空穴向隧穿电子原来所占位置的转移。因此,通过邻近价键电子的隧穿,空穴也可以自由地在晶体中做无规则运动,并可在外加电场作用下参与导电。在本征半导体中,热激发产生的自由电子数等于空穴数。

非本征半导体是指在半导体中添加了杂质,杂质可以提供额外的电子或空穴。例如在硅中掺砷或磷时,每个砷或磷原子在硅晶体中起施主的作用,可为晶体提供一个自由电子。因为这种自由电子不是来自断裂的硅键,非本征半导体中电子与空穴的数目是不相等的。掺砷或磷的硅中将具有过量的电子。这种自由电子过量的硅晶体称为 n 型硅,主要是由电子的运动产生导电过程。如果掺杂(例如掺硼)使空穴的浓度超过自由电子的浓度,所得到的硅晶体称为 p 型硅。

1.4.1 本征载流子

本征半导体的一个重要参数为热平衡状态下的本征载流子浓度,即给定温度下的稳定状态,且无任何外来扰动,如光照、压力或电场。在给定温度下,持续的热扰动造成电子从价带被激发到导带,同时在价带留下等量的空穴。当半导体中的杂质数量远小于由热激发产生的电子和空穴时,这种半导体称为本征半导体(intrinsic semiconductor),此时半导体处于热平衡状态。当某个硅原子位于其他硅原子附近时,能级相互作用而出现电子轨道的重叠,并产生新的杂化轨道。一个硅原子可以与 4 个相邻的硅原子键合,每个 Si—Si 键对应一个轨道,每一个轨道具有两个自旋的电子,因而轨道是满的。邻近的 Si 原子还可以与其他 Si 原子形成共价键,因此可形成三维 Si 原子网络。每个硅原子与周围四个相邻的硅原子形成共价键,呈现体心正四面体型分布,所形成的硅晶体具有金刚石结构。硅晶体价键分布的二维简化图和绝对零度下的能带图分别如图 1.15(a)和(b)所示。能带图的纵坐标表示晶体中电子的能量。价带(C_V)包含了与价键轨道重叠对应的电子状态。硅晶体中所有的价键轨道都被价电子填满。在绝对零度的温度条件下,价带被价电子填满,而导带呈现空电子状态。导带(C_B)包含了更高能量的电子状态,这些状态与非束缚轨道的重叠相对应。导带与价带被能隙 E_g 分隔,E_g 又常称为带隙或禁带宽度。价带的顶部标记为能级 E_V;导带的底部标记为 E_C。从 E_C 到真空能级的距离,即导带的宽度,称为电子的亲和能χ。图1.15(b)所示的能带图结构适用于所有的晶体半导体,不同的材料只是电子能量分布需做适当的变化。

通常,硅晶体的导带中存在许多空的能级。导带中填充的电子可以在晶体内自由运动,也可以对外加的电场做出响应。导带中的电子能够很容易地从电场得到能量并移动到更高的能级。价带中电子的激发需要的最小能量为 E_g。当外界作用到半导体的能量大于 E_g 时,通过光子或热等形式,可以激发价带中的电子。为了便于理解,假定价带中电子吸收入射光子(此时不是热平衡本征状

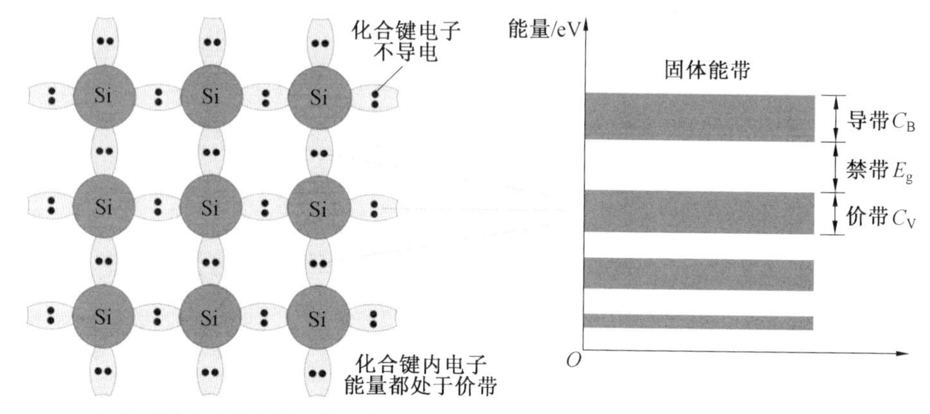

图 1.15 硅晶体价键分布的二维简化图和绝对零度条件下的能带图

态,但便于理解自由载流子的产生)。若价带电子获得足够超过禁带宽度 E_g 的能量,则成为自由电子并到达导带,如图 1.16(a)所示。其结果是产生了一个电子和一个空穴,如图 1.16(b)所示。这对应于在价带中失去了一个电子。在诸如硅和锗这样的某些半导体中,吸收光子的过程还会涉及晶格振动(Si 原子的振动),这在图 1.16(b)中没有表示出来。

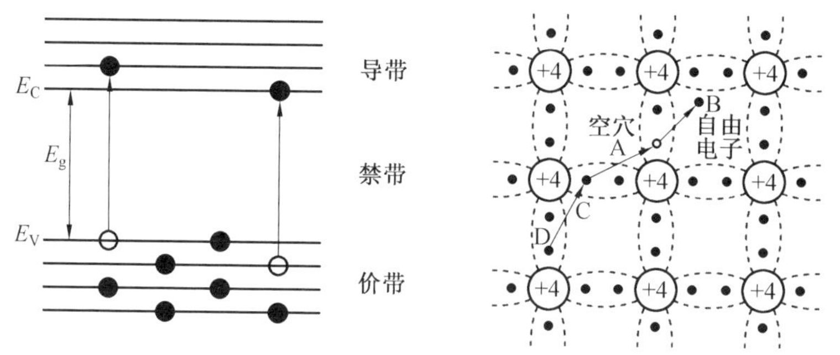

图 1.16 电子的激发与 Si—Si 键的破坏

下面考虑热自由载流子的产生。与上述光作用相类似,热能量大于 E_g 时,也可由热的作用诱发电子一空穴对。在热能的作用下,晶体中的原子不停地振动,导致 Si 原子之间的价键周期地变形。若某个区域的原子在某瞬间出现异常振动,可使得其价键过度伸展,如图 1.17 所示。这种过度伸展的价键有可能破裂,并因此释放电子到导带(电子获得了"自由",成为自由电子)。价带中失去电子留下的空电子状态称空穴。在图 1.17 中,自由电子和空穴分别以 e^- 和 h^+ 表示。导带中的自由电子可以在晶体中无规则地运动,也可以在外加的电场中定向运动提供电导。价带中空穴周围的区域带正电荷,因为电子 e^- 已将负电荷从

晶体的电中性区域带走。空穴可以在晶体中自由地漫游，原因是邻近价键的电子可以“跳跃”（即隧穿）而进入空穴，填充该位置的价电子态，以致在电子原来所在的位置产生一个空穴。实际上，这种电子的隧穿与空穴以相反的方向移动是等效的，如图1.18(a)所示。这种载流子的单步转移可以再次发生，引起空穴进一步被转移。其结果是空穴就像正电荷实体，可以在晶体中自由移动，如图1.18(a)～(d)所示。相对于最初电子的运动，空穴的运动是相对独立的。在外加电场的作用下，空穴会沿电场方向漂移而提供电导。很明显，在半导体中存在两种类型的电荷载流子：电子与空穴。空穴实际上是价带中的空电子态，它的性能如同正电荷粒子，能够独立地对外加电场做出响应。

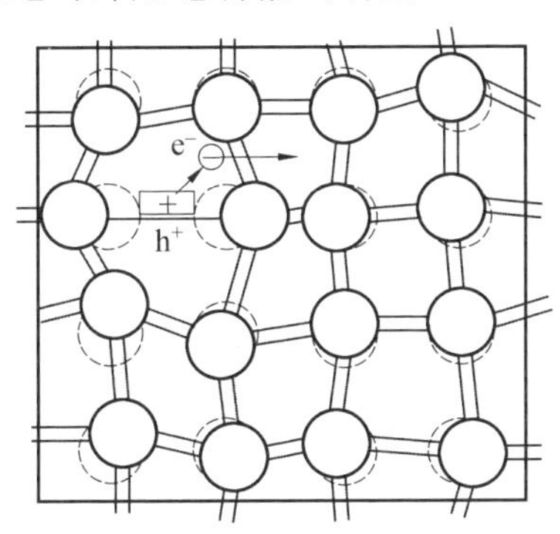

图1.17 原子的热振动可以破坏价键而产生电子一空穴对

如果导带中一个漫游的电子遇到价带中的一个空穴，该电子就会占据空穴，如图1.18(e)和图1.18(f)所示。这种电子从导带落入价带的现象称为复合，引起导带的电子与价带的空穴相互湮灭(annihilation)。电子从导带落入价带过程中，多余的能量在直接带隙半导体（例如GaAs和InP）中以光的形式发射，而在硅和锗等间接带隙半导体中耗散于晶格振动（热）。

如何确定本征半导体热平衡时电子浓度n和空穴浓度p？按照图1.18(a)～(d)所示的过程，将态密度乘某个态被占据的概率，然后在整个导带中对E积分（对电子）及在整个价带中对E积分（对空穴）。定义$N(E)$为导带的态密度，即单位能量、单位体积中的状态数。在能量为E的某个态，电子占据的概率由费米一狄拉克函数$f(E)$界定。通过$N(E)f(E)$可求得导带(C_B)中单位能量、单位体积的电子数$n_E(E)$，则单位体积内能量在E到$E+dE$范围的电子数为

$$n_E dE = N(E)f(E)dE \tag{1.11}$$

对式(1.11)从导带底(E_C)到导带顶($E_C+\chi$)积分，得到电子浓度n（导带中每单位体积的电子数），如下式所示：

$$n=\int_{E_C}^{E_C+\chi} n_E(E)dE=\int_{E_C}^{E_C+\chi} N(E)f(E)dE \tag{1.12}$$

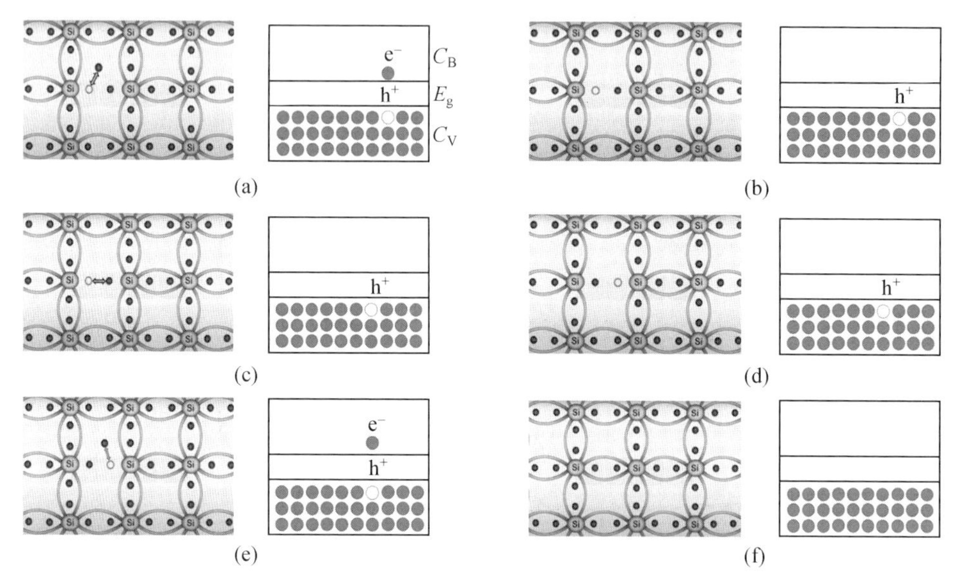

图 1.18　价带中空穴的形成、漫游及复合图解
（由于邻近价电子的隧穿与空穴在晶体中漫游）（彩图见附录）

式中，n 的单位为 cm^{-3}；$N(E)$ 的单位为 $(cm^3 \cdot eV)^{-1}$。

一个电子占据能量为 E 的能态的概率 $f(E)$ 可由费米—狄拉克分布函数（Fermi—Dirac distribution function，也称为费米分布函数）得出：

$$f(E)=\frac{1}{1+e^{\frac{E-E_F}{kT}}} \tag{1.13}$$

式中，k 是玻尔兹曼常数；T 是以开尔文（Kelvin）为单位的绝对温度；E_F 具有能量的量纲，称为费米能级（Fermi level）。

费米能级是电子占据率为 1/2 时的能级能量。图 1.19 是不同温度时的费米分布函数。由图可知，$f(E)$ 在费米能级 E_F 附近呈对称分布。在能量高于或低于费米能量 $3kT$ 时，式(1.13)的指数部分会大于 20 或小于 0.05，费米分布函数可以近似成

$$\begin{cases} f(E)\approx e^{-\frac{E-E_F}{kT}}, & E-E_F>3kT \\ f(E)\approx 1-e^{-\frac{E-E_F}{kT}}, & E-E_F<3kT \end{cases} \tag{1.14}$$

图 1.20 从左到右分别为本征半导体的能带图、态密度 $N(E)$、费米分布函数及载流子浓度。电子有效质量一定的条件下，态密度 $N(E)$ 随 $\sqrt{E}$ 改变。利用式(1.12)，可由图 1.20 求得载流子浓度，即由图 1.20(b)中的 $N(E)$ 与图 1.20(c)中的 $f(E)$ 的乘积即可得到图 1.20(d)中的 $n(E)$ 随 E 变化的曲线（上半部的曲线）。图 1.20(d)上半部阴影区域面积对应于电子浓度。

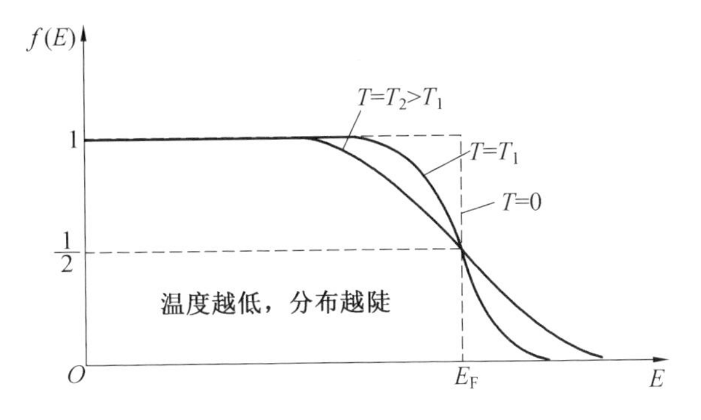

图 1.19　不同温度时的费米分布函数

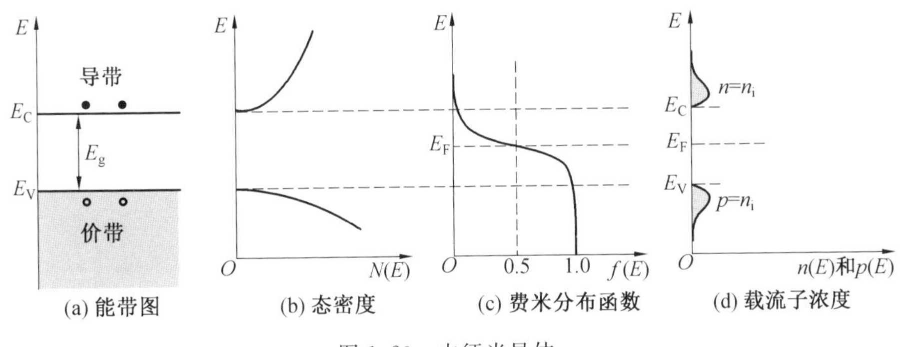

图 1.20　本征半导体

然而,对本征半导体而言,导带中不会有太多的电子。因此,这些能态被电子占据的概率很小。同时,在价带也存在大量允许的能态,但这些能态绝大部分被电子占据。因此,在价带中这些能态被电子占据的概率几乎为 1。少数未被电子占据的能态,就是价带的空穴。从图 1.19 可以看出,$T=0$ K 时,所有电子都在价带中,而导带中没有电子。费米能级 E_F,即被电子占据的概率为 0.5 的能级,位于价带和导带的中间。在有限温度下,导带中的电子数等于价带中的空穴数。载流子分布在费米能级 E_F 附近是对称的。如果导带和价带的态密度相同,那么,为了确保电子和空穴浓度相等,费米能级必须位于带隙中央。换句话说,对于本征半导体而言,E_F 是与温度无关的。由此可见,费米能级的位置接近禁带的中间。

对于半导体材料而言,为计算导带和价带的电子和空穴浓度,需要知道态密度 $N(E)$,即单位体积、单位能量间隔内可容许的能态数[单位为:能态数/(eV·cm^3)],可由德布罗意粒子波概念推导出三维半导体材料态密度为

$$N(E)=4\pi\left(\frac{2m_n}{h^2}\right)^{\frac{3}{2}}E^{\frac{1}{2}} \tag{1.15}$$

将式(1.15)与式(1.14)代入式(1.12),可得

$$n=\frac{2}{\sqrt{\pi}}N_C\,(kT)-\frac{3}{2}\int_{E_C}^{E_C+\chi}E^{\frac{1}{2}}\,e^{-\frac{E-E_F}{kT}}\,dE \tag{1.16}$$

其中，对硅而言

$$N_C\equiv 12\left(\frac{2\pi m_n kT}{h^2}\right)^{\frac{3}{2}} \tag{1.17}$$

对砷化镓而言

$$N_C\equiv 2\left(\frac{2\pi m_n kT}{h^2}\right)^{\frac{3}{2}} \tag{1.18}$$

假如令 $x\equiv\frac{E}{kT}$，式(1.16)变成

$$n=\frac{2}{\sqrt{\pi}}N_C e^{\frac{E_F}{kT}}\int_{E_C}^{E_C+\chi}x^{\frac{1}{2}}\,e^{-x}\,dx=\frac{2}{\sqrt{\pi}}N_C\exp\left(\frac{E_F}{kT}\right)\int_{E_C}^{\infty}x^{\frac{1}{2}}\,e^{-x}\,dx \tag{1.19}$$

式(1.19)中的积分为标准形式且等于$\frac{\sqrt{\pi}}{2}$。因此式(1.19)变成

$$n=N_C\exp\left(-\frac{E_C-E_F}{kT}\right) \tag{1.20}$$

式(1.17)和式(1.18)中所定义的 N_C 是导带的有效态密度。在室温下(300 K)，对于硅和砷化镓，N_C 分别为 $2.86\times10^{19}\,cm^{-3}$ 和 $4.7\times10^{17}\,cm^{-3}$。

类似地，可求得价带中空穴的浓度如下：

$$p=\int_0^{E_V}p_E(E)\,dE=\int_0^{E_V}N(E)[1-f(E)]\,dE \tag{1.21}$$

如果 E_F 比 E_V 高几个 kT，则式(1.21)的积分可简化为

$$p=N_V\exp\left(-\frac{E_F-E_V}{kT}\right) \tag{1.22}$$

$$N_V\equiv 2\left(\frac{2\pi m_p kT}{h^2}\right)^{\frac{3}{2}} \tag{1.23}$$

式中，N_V 是价带带边的有效状态密度。在室温下(300 K)，对于硅和砷化镓，N_V 分别为 $2.66\times10^{19}\,cm^{-3}$ 和 $7.0\times10^{18}\,cm^{-3}$。

对于本征半导体而言，导带中每单位体积的电子数与价带中每单位体积的空穴数相同；换句话说，自由电子浓度与空穴浓度相等，即 $n=p=n_i$，n_i 为本征载流子浓度。电子与空穴的这种相等关系如图 1.20(d)所示。由图中可看出，价带与导带中的阴影区域面积是相同的。由式(1.20)与式(1.22)的相等关系，可求得本征半导体的费米能级为

$$E_F=E_i=\frac{E_C+E_V}{2}+\frac{kT}{2}\ln\frac{N_V}{N_C} \tag{1.24}$$

在室温下，第二项比禁带宽度小得多。因此，本征半导体的本征费米能级 E_i

相当靠近禁带的中央。在确定了自由电子浓度 n 和空穴浓度 p 的一般基础上，可进一步求得两者乘积 np 的通用表达式为

$$np=n_i^2=N_C N_V \exp\left(-\frac{E_C-E_V}{kT}\right)=N_C N_V \exp\left(-\frac{E_g}{kT}\right) \tag{1.25}$$

式中，$E_g=E_C-E_V$ 是禁带宽度(或带隙)。

式(1.25)右端 $N_C N_V \exp(-E_g/kT)$ 是依赖于温度和材料性质的常量，它与费米能级的位置无关。对于本征半导体的特殊情况，自由电子浓度与空穴浓度相等，即 $n=p$。若以 n_i 表示本征半导体载流子浓度，可将式(1.25)右端表征为 $N_C N_V \exp(-E_g/kT)=n_i^2$，从而得到式(1.25)是热平衡条件下的通用公式，它不包括存在外部激发(如光生效应)的影响。该式说明，乘积 np 是与温度有关的常量。如果由于某种原因，电子浓度增高，则会降低空穴浓度。常量 n_i 具有特殊的意义，它代表了本征半导体中自由电子和空穴的浓度。本征半导体是电子浓度和空穴浓度相等且纯净的半导体晶体。“纯”是指晶体中没有任何杂质。本征半导体也不涉及晶体缺陷，原因在于晶体缺陷可以捕获某种电荷载流子而引起电子浓度与空穴浓度不相等。“净”是指通过跨越禁带的热激发成对地产生电子与空穴。式(1.25)是普遍有效的，可适用于本征半导体与非本征半导体。图 1.21 为常用半导体材料本征载流子浓度随温度的变化关系。由图 1.21 可见，室温 300 K 时，对于硅和砷化镓，n_i 分别为 $9.65\times10^9\ \text{cm}^{-3}$ 和 $2.25\times10^6\ \text{cm}^{-3}$。正如预期，禁带宽度越大，本征载流子浓度越小。

1.4.2　非本征载流子

在纯净的半导体(如单晶硅)中掺入少量的杂质，可使一种极性的载流子在数量上超过另一种极性载流子。此时，非本征半导体由于掺杂而形成杂质能级。图 1.22(a)为一个硅原子被带有 5 个价电子的磷原子所取代的示意图。这个磷原子与邻近的 4 个硅原子形成共价键，而其第 5 个电子具有相对小的束缚能，能在适当温度下被电离成传导电子。通常说这个电子被“施给”了导带，磷原子因此被称为施主(donor)。由于带负电的载流子的引入，硅变成了 n 型半导体。同样，图 1.22(b)为一个带有 3 个价电子的硼原子取代硅原子的示意图。这个硼原子需要“接受”一个额外的电子，以便与邻近的硅原子形成 4 个共价键，从而在价带中产生一个带正电的空穴。硅成为 p 型半导体，而硼原子则被称为受主(acceptor)。杂质原子成为晶格中的缺陷，破坏了晶格的周期性，带隙内出现了之前被禁止的能级。换句话说，掺杂原子在带隙中引入一个或多个能级，是改变半导体中电子和空穴浓度的有效方式。

如果将少量的周期表ⅤA 族的 5 价元素或ⅢA 族的 3 价元素引入纯净的硅晶体中，就可产生类氢原子模型，如图 1.23 所示。例如，每百万个主体硅原子中

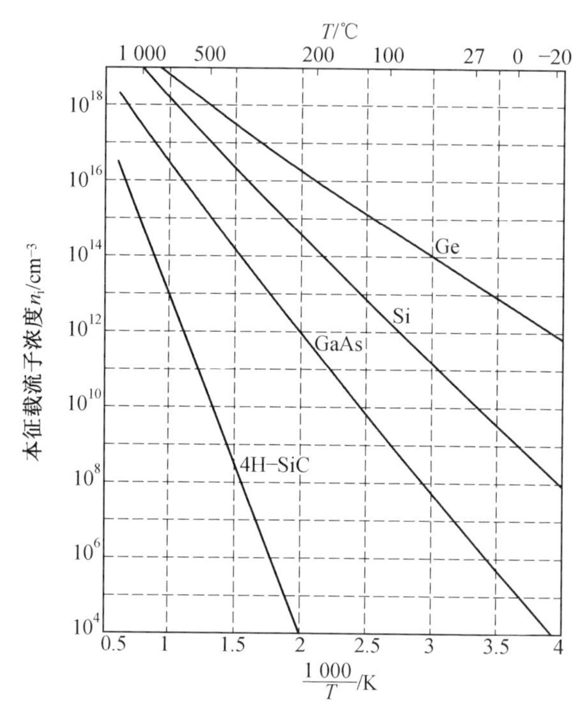

图 1.21　常用半导体材料本征载流子浓度随温度的变化关系

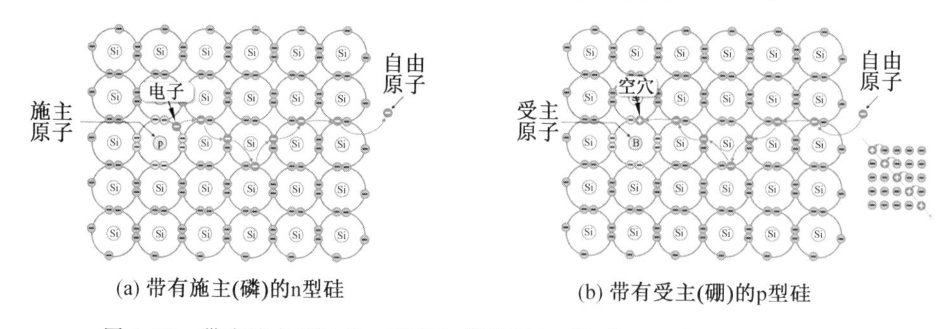

图 1.22　带有施主(磷)的 n 型硅和带有受主(硼)的 p 型硅的价键示意图

仅掺杂一个磷原子，便可使每一个磷原子被数以百万计的硅原子包围，从而迫使磷原子按照相同的金刚石结构与硅原子结合。磷原子有 5 个价电子，而硅原子只有 4 个价电子。当一个磷原子与 4 个硅原子组合价键时，磷原子有一个电子未能组成价键。该电子没有键合的机会，便离开磷原子，并在围绕磷原子的轨道上运行，如图 1.23(a)所示。在这种情况下，P^+ 中心与沿轨道运行的一个电子一起，就像在硅环境中的一个“氢原子”。

可以按照“类氢原子模型”，计算使这个电子离开磷原子(即电离磷杂质)所需要的能量。假如这个“氢原子”处于自由空间，把一个电子从基态(处于$n=1$)

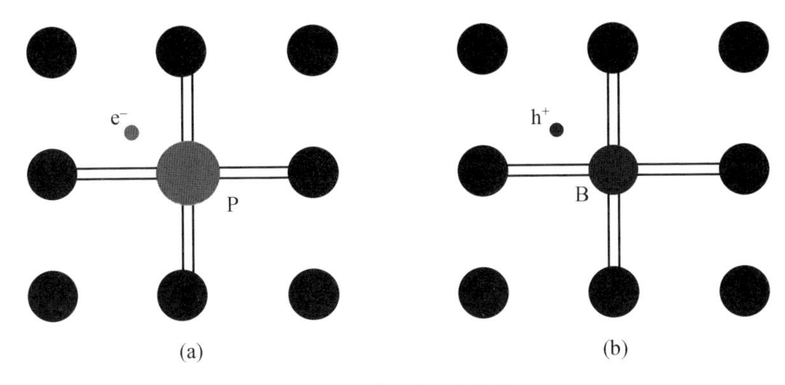

图 1.23　类氢原子模型

移动到远离原子中心位置所需要的能量为 $-E_n(n=1)$，则在“氢原子”中电子的结合能，由公式(1.7)可推导为

$$E_b = -E_1 = \frac{m_0 e^4}{8\varepsilon_0^2 h^2} = 13.6\ \text{eV} \tag{1.26}$$

式中，m_0 为自由电子质量；e 为电子的电荷；ε_0 为真空介电常数；h 为普朗克常数。

若针对硅晶体环境中 P^+ 核周围的电子应用式(1.26)计算，则需要以 $\varepsilon_0\varepsilon_r$ 替代 ε_0（这里的 ε_r 是硅的相对介电常数），同时还应以硅晶体中电子的有效质量 m_n 替代 $m_0 m_e$。因此，硅晶体中“类氢”电子与 P^+ 核的结合能为

$$E_b^{Si} = \frac{m_n e^4}{8\varepsilon_0^2 \varepsilon_r^2 h^2} = \frac{m_n}{m_0}\frac{1}{\varepsilon_r^2}E_H \tag{1.27}$$

对于硅晶体，$\varepsilon_r=11.9$，$m_n \approx \left(\frac{1}{3}\right)m_0$，可得 $E_b^{Si}=0.032\ \text{eV}$。该数值可与室温下原子振动的平均热能约 $3kT$（约 0.07 eV）相比较。这样，由于晶格的热振动，易于使磷原子在 Si 的环境条件下释放未参与键合的价电子。这种释放出来的电子在半导体中是“自由”的，即处于导带中。所以，激发该电子到导带所需的能量是 0.032 eV。添加磷原子时可在其附近引入局部的电子态，具有“类氢”的局域波函数。这种状态的能量 E_d 为 E_C 之下 0.032 eV，该能量就是使电子离开磷原子而进入导带所需要的能量。室温下晶格振动的热激发足以使磷原子电离，即激发电子从 E_d 到导带。这个过程会产生自由电子和不可移动的 P^+ 离子，如图 1.24 中 n 型硅半导体的能带图所示。磷原子向导带贡献电子，因此被称为施主原子。E_d 是施主原子周围电子的能量，在数值上与 E_C 很靠近，源自掺杂的施主元素，便于向导带贡献电子所致。如果 N_d 是晶体中施主原子的浓度，且 $N_d \gg n_i$（n_i 为本征半导体载流子浓度），则室温下施主向导带提供的电子数 n 接近 N_d，即 $n \approx N_d$。在这种情况下，空穴浓度将变为 $p=n_i^2/N_d$，远低于本征载流子浓度。

导带中大量电子的一部分将与价带中的空穴复合，以便维持 $np=n_i^2$。

在低温条件下，不是所有的施主原子都产生电离，需要针对施主求得每个能量为 E_d 的状态中存在一个电子的概率，记为 $f_d(E_d)$。该概率函数与费米－狄拉克函数 $f(E_d)$类似，只是指数项需乘系数 1/2，即

$$f_d(E_d)=\frac{1}{1+\frac{1}{2}\exp\frac{E_d-E_F}{kT}} \tag{1.28}$$

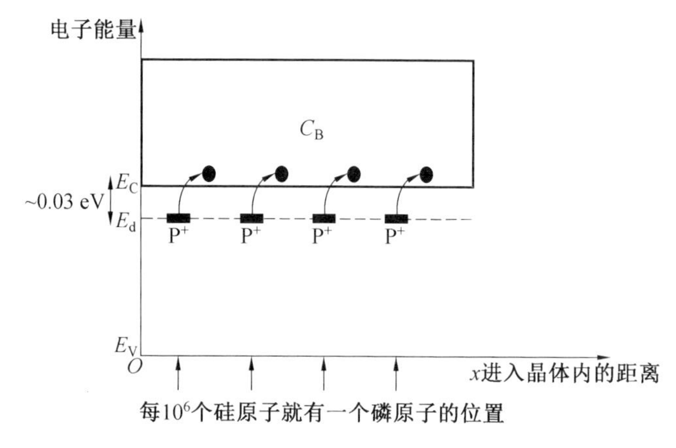

图 1.24　磷掺杂 n 型硅的能带图(掺杂浓度为 1×10^{-6})

在式(1.28)中，系数 1/2 是基于施主的电子态只能容纳具有自旋方向向上或向下的一个电子，而不能容纳两个电子(施主能级一旦被一个电子占据，第二个电子便不能再进入)。因此，在温度 T 的条件下，被电离的施主原子数目为

$$N_d^+=N_d\times[1-f_d(E_d)]=\frac{N_d}{1+2\exp\frac{E_F-E_d}{kT}} \tag{1.29}$$

上述分析表明，硅晶体中引入 5 价原子会出现 n 型掺杂。施主原子的第 5 个价电子不能进入价键，并可由于热激发从施主逸出而进入导带。通过类似的推导可以预期，用 3 价原子(例如 B、Al、Ga 或 In)对硅晶体进行掺杂将得到 p 型硅晶体。以少量硼元素掺杂硅的情况如图 1.25 所示。硼原子只有 3 个价电子，在与邻近的 4 个硅原子共享电子时，硅原子将有一个价键缺少一个电子。在这种组成共价键的过程中出现的电子空缺就是空穴。邻近的电子可以通过隧穿进入该空穴，并且该空穴可进一步转移，而离开硼原子。当空穴离开后，原来的硼原子带负电并吸引空穴，使空穴在 B^- 的周围运行，如图 1.25(b)所示。类似于 n 型硅的情形，这种空穴与 B^- 的结合能可以利用“类氢原子模型”进行计算，所得的结合能计算结果约为 0.05 eV，数值上也是非常小的。因此，常温下晶格的热振动便可以使空穴摆脱 B^- 而成为自由空穴。在能带图上，自由空穴位于价带。

空穴从 B^- 的束缚中逃逸涉及两个过程：①硼原子接受来自邻近 Si—Si 价键的电子(从价带中)，这实际上是产生可被转移的空穴；②空穴在价带中获得自由而最终逃逸。引入硅晶体中的硼原子起着接受电子的作用，因此称为受主杂质。被硼原子接受的电子来自邻近价键。在能带图中，该电子离开价带并被硼原子接受，使硼原子带负电。该过程将在价带中留下空穴，且可以不受约束地在价带漫游，如图1.26所示。

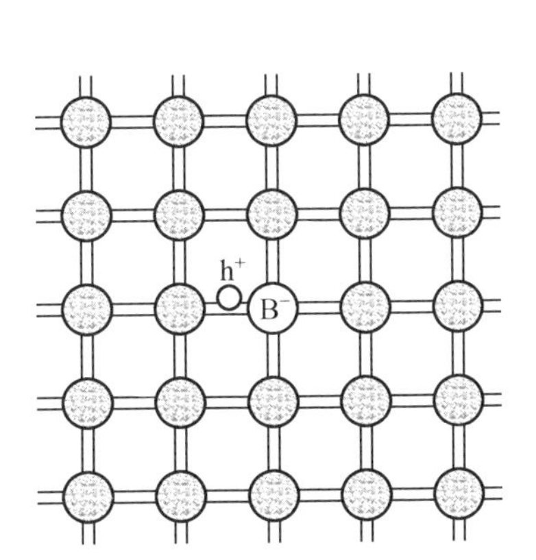

(a) 硼只有3个价电子，当它取代硅原子时，会有一个价键缺少一个电子，因而产生一个空穴

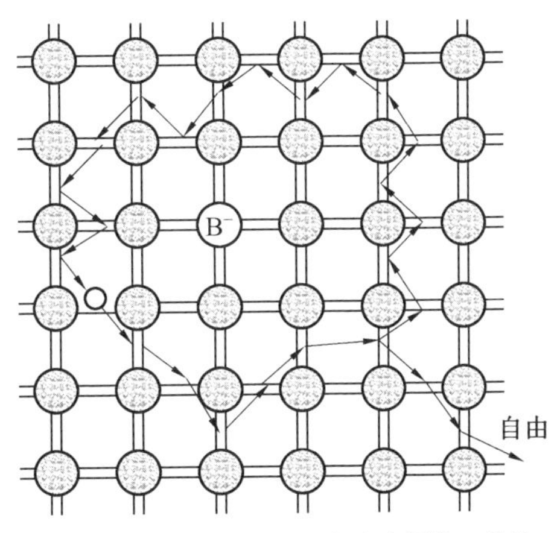

(b) 邻近价键的电子隧穿，使空穴围绕B⁻晶格点运行，热振动的硅原子提供足够的能量，最终使空穴摆脱B⁻的束缚而进入价带

图 1.25　掺杂硼的硅单晶体中自由空穴的形成

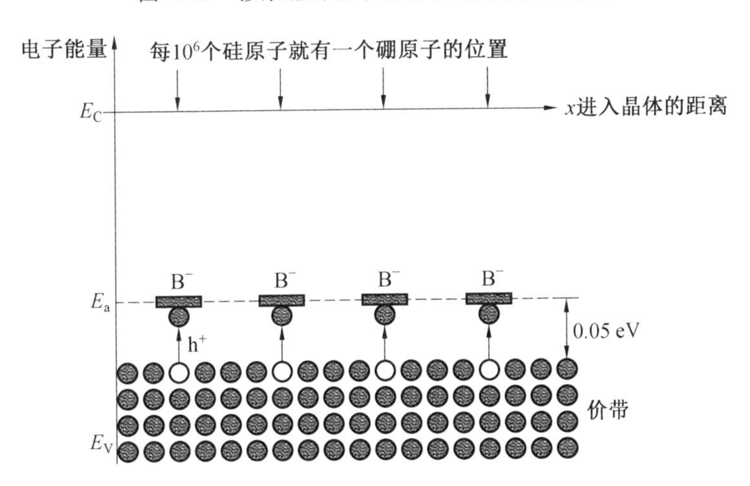

图 1.26　硼掺杂 p 型硅的能带图(掺杂浓度为 1×10^{-6})

很明显，以 3 价杂质掺杂的硅晶体产生 p 型材料。如果受主杂质的浓度 N_a 远大于本征浓度 n_i，即 $N_a \gg n_i$，可使室温下所有的受主原子均电离。因此，p 型

Si 晶体中空穴浓度大体上与受主杂质浓度相当，即 $p \approx N_a$；电子浓度远低于本征浓度，可由浓度作用定律确定，即 $n = n_i^2 / N_a$。

1.5 载流子输运现象

在 1.4 节中，重点针对平衡半导体，分别讨论了导带与价带中电子和空穴的浓度。这对于理解双极器件的电学特性十分必要。在半导体中电子和空穴的净流动将产生电流。载流子的这种运动过程称为输运。本节将主要涉及半导体晶体中的两种基本输运机制，包括：(1)漂移运动，即由电场引起的载流子运动；(2)扩散运动，即由浓度梯度引起的载流子流动。此外，半导体的温度梯度也能引起载流子运动。但是，由于半导体器件尺寸变得越来越小，该种效应通常可以忽略。载流子的输运是确定器件电流—电压特性的基础。本节主要针对热平衡状态讨论载流子输运过程的特点，并假设输运过程中有电子和空穴的净流动，不会对热平衡状态产生干扰。

1.5.1 载流子的漂移运动

在导带和价带中有空的能量状态时，半导体中的电子和空穴在外加电场的作用下将产生净加速度和净位移。这种电场力作用下的载流子运动称为漂移运动。载流子电荷的净漂移形成漂移电流。

如果密度为 ρ 的正电荷以平均漂移速度 v_d 运动，则漂移电流密度可由下式计算：

$$J_{drf} = \rho v_d \tag{1.30}$$

式中，J_{drf}的单位是 $C/cm^2 \cdot s$ 或 A/cm^2。

若体电荷是带正电的空穴，则有

$$J_{drf,p} = qpv_{d,p} \tag{1.31}$$

式中，$J_{drf,p}$表示空穴漂移形成的电流密度；q 表示电子电荷；p 表示空穴浓度；$v_{d,p}$ 表示空穴的平均漂移速度。

在电场力 F 的作用下，空穴的运动方程为

$$F = m_p a = qE \tag{1.32}$$

式中，q 为电子电荷；m_p 为空穴的有效质量；a 为空穴漂移加速度；E 为电场强度。

如果电场恒定，空穴漂移速度应随着时间线性增加。但是，半导体中的载流子会与电离杂质原子和热振动的晶格原子发生碰撞。这类碰撞或散射会改变粒子的速度特性。在电场的作用下，晶体中的空穴获得加速度，导致其速度增加。当载流子同晶体中的原子相碰撞时，载流子粒子将会损失其大部分或全部能量。

然后，粒子将重新开始加速并且获得能量，直到下次受到碰撞或散射。这种过程不断重复发生。因此，在整个过程中空穴将具有平均漂移速度。在弱电场情况下，空穴的平均漂移速度与电场强度成正比，如下式所示：

$$v_{d,p}=\mu_p E \tag{1.33}$$

式中，$v_{d,p}$ 为空穴平均漂移速度；μ_p 为比例系数，称为空穴迁移率。

迁移率是半导体的一个重要参数，用于描述载流子在电场作用下的运动能力。迁移率的单位通常为 $cm^2/(V\cdot s)$。此时，空穴漂移电流密度可由下式计算：

$$J_{drf,p}=qpv_{d,p}=q\mu_p pE \tag{1.34}$$

式中，空穴漂移电流方向与外加电场方向相同。

同理，可给出电子的漂移电流密度为

$$J_{drf,n}=\rho v_{d,n}=(-qn)v_{d,n} \tag{1.35}$$

式中，$J_{drf,n}$ 为电子漂移形成的电流密度；$v_{d,n}$ 为电子的平均漂移速度；负号表示电子带负电荷。

弱电场情况下，电子的平均漂移速度也与电场强度成正比。由于电子带负电，电子的运动与电场方向相反，故得

$$v_{d,n}=-\mu_n E \tag{1.36}$$

式中，μ_n 为电子迁移率，是正值。

电子的漂移电流密度为

$$J_{drf,n}=(-qn)(-\mu_n E)=q\mu_n nE \tag{1.37}$$

虽然电子运动的方向与电场方向相反，但是电子漂移电流的方向与外加电场方向相同。电子和空穴的迁移率是温度与掺杂浓度的函数。表 1.3 给出几种半导体材料在 $T=300$ K 时，低掺杂浓度下的典型迁移率。

表 1.3　$T=300$ K 时，低掺杂浓度下的典型迁移率

材料	$\mu_n/(cm^2\cdot(V\cdot s)^{-1})$	$\mu_p/(cm^2\cdot(V\cdot s)^{-1})$
Si	1 350	480
GaAs	8 500	400
Ge	3 900	1 900

电子和空穴对漂移电流都有贡献。总漂移电流密度 J_{drf} 是电子漂移电流密度与空穴漂移电流密度之和，可由下式给出：

$$J_{drf}=q(\mu_n n+\mu_p p)E \tag{1.38}$$

迁移率反映了载流子的平均漂移速度与电场之间的关系，是半导体的重要参数。空穴漂移加速度与外力如电场力 F 之间的关系可表达为

$$F=m_{p}a=m_{p}\frac{dv}{dt}=qE \tag{1.39}$$

式中，m_p 为空穴的有效质量；v 为空穴在电场作用下的漂移速度，不包括随机热运动速度；q 为电子电荷；t 为时间。

如果电场和空穴的有效质量均为常数，且假设初始漂移速度为零，则对式(1.39)积分可得

$$v=\frac{qEt}{m_{p}} \tag{1.40}$$

图 1.27(a)给出无外加电场的情况下，半导体中电子的随机热运动示意模型。如果外加一个较小的电场，空穴将在电场 E 的方向上发生漂移，如图 1.27(b)所示。空穴的漂移速度仅是其随机热运动速度的微小扰动量，平均碰撞时间 τ_p 不会显著变化。如果把时间 t 替换为平均碰撞时间 τ_p，则碰撞或散射前空穴的平均最大速度为

$$v_{d,peak}=\frac{q\tau_{p}}{m_{p}^{*}}E \tag{1.41}$$

空穴平均漂移速度 $\langle v_d \rangle$ 为最大速度 $v_{d,peak}$ 的一半，所以有

$$\langle v_{d}\rangle=\frac{1}{2}\frac{q\tau_{p}}{m_{p}}E \tag{1.42}$$

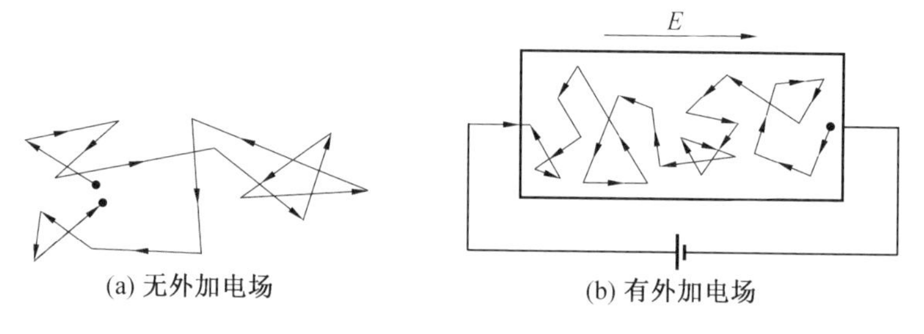

(a) 无外加电场　　(b) 有外加电场

图 1.27　半导体中电子的随机运动

实际的碰撞过程并不像上述模型那样简单，但是该模型已经具有了统计学性质。在考虑了统计分布影响的精确模型中，将没有因子 1/2。空穴迁移率可以表示为

$$\mu_{p}=\frac{q\tau_{p}}{m_{p}} \tag{1.43}$$

类似地，对电子进行类似的分析，可得电子迁移率为

$$\mu_{n}=\frac{q\tau_{n}}{m_{n}} \tag{1.44}$$

在半导体中主要存在两种散射机制影响载流子的迁移率：晶格散射（声子散射）和电离杂质散射。当温度高于绝对零度时，半导体晶体中的原子具有一定的

热能,可在其晶格位置上做无规则热振动。晶格振动破坏了理想周期性势场。固体的理想周期性势场允许电子在整个晶体中自由运动,而不会受到散射。但是,热振动会破坏势函数,导致载流子(电子、空穴)与振动的晶格原子发生相互作用。这种晶格散射也称为声子散射。图 1.28 显示了硅中电子和空穴的迁移率一温度曲线。在轻掺杂半导体中,晶格散射是主要散射机制,载流子迁移率随温度升高而减小。

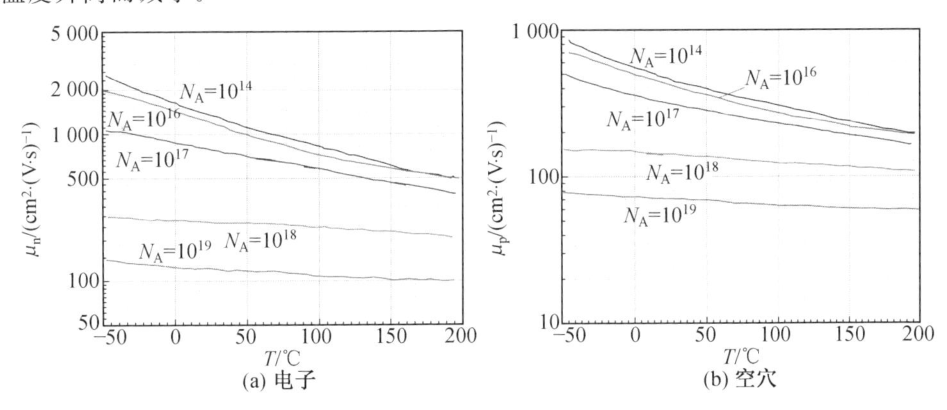

图 1.28　不同掺杂浓度下,硅中电子和空穴的迁移率一温度曲线

另一种影响载流子迁移率的散射机制称为电离杂质散射。掺入半导体的杂质原子可以控制或改变半导体的性质。室温下杂质原子已经电离,电子或空穴与电离杂质原子之间存在库仑作用。库仑作用引起的碰撞或散射也会改变载流子的速度特性。图 1.29 给出了 $T=300$ K 时,锗、硅和砷化镓中载流子迁移率与杂质浓度的关系。更准确地说,应为迁移率与电离杂质浓度的关系曲线。当杂质浓度增加时,杂质散射中心数量增多,载流子迁移率变小。

1.5.2　载流子的扩散运动

除了漂移运动外,还有另一种输运机制能在半导体中产生电流。经典的物理模型如图 1.30 所示。一个容器被薄膜分隔为两部分,左侧有某温度的气体分子,右侧为真空。气体分子不断进行着无规则热运动。当薄膜破裂后,气体分子会流入右侧容器。这种气体分子从高浓度区流向低浓度区的运动过程称为扩散运动。如果气体分子带电,电荷的净流动将形成扩散电流。

首先简单分析半导体中的扩散过程。假设电子浓度是一维变化的,如图 1.31所示。若各处的温度相等,则电子的平均热运动速度与距离 x 无关。为了求得电子一维扩散产生的电流,先计算单位时间内通过 $x=0$ 处的单位横截面上的净电子流。在图 1.31 中,若电子的平均自由程即电子在两次碰撞之间走过的平均距离为 $l(l=v_{th}\tau_n)$,那么 $x=-l$ 处向右运动的电子和 $x=+l$ 处向左运动的

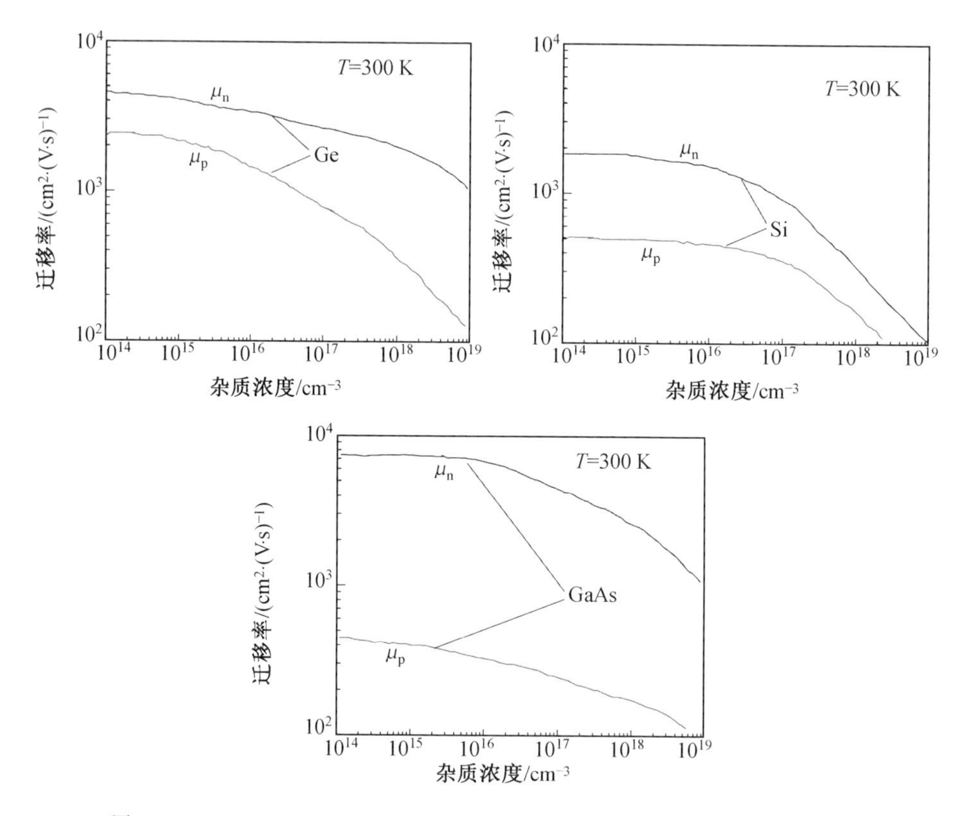

图 1.29　$T=300$ K 时，锗、硅及砷化镓中载流子迁移率与杂质浓度的关系

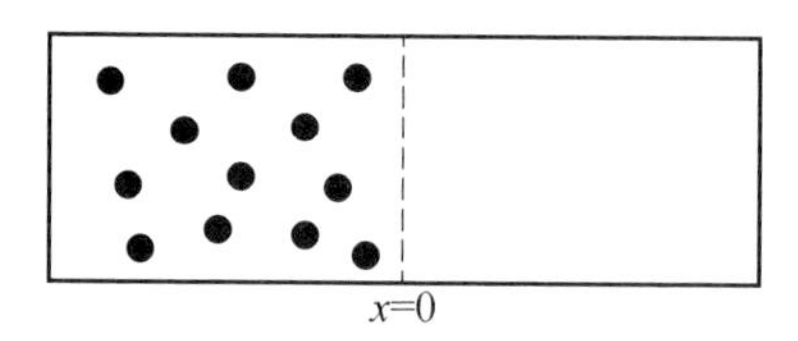

图 1.30　薄膜分隔开的容器（其左侧充满气体分子）

电子都将通过 $x=0$ 处的截面。在任意时刻，$x=-l$ 处有一半的电子向右流动，$x=+l$处有一半的电子向左流动。在 $x=0$ 处，沿 x 正方向的电子通量 F_n 为

$$F_n=\frac{1}{2}n(-l)v_{th}-\frac{1}{2}n(+l)v_{th}=\frac{1}{2}v_{th}[n(-l)-n(+l)] \tag{1.45}$$

如果将电子浓度按照泰勒级数在 $x=0$ 处展开，并保留前两项，则式(1.45)可改写为

$$F_n=\frac{1}{2}v_{th}\left\{\left[n(0)-l\frac{\mathrm{d}n}{\mathrm{d}x}\right]-\left[n(0)+l\frac{\mathrm{d}n}{\mathrm{d}x}\right]\right\}=-v_{th}l\frac{\mathrm{d}n}{\mathrm{d}x} \tag{1.46}$$

因电子电荷电量为$-q$，可得电流密度为

$$J=-qF_n=qv_{th}l\frac{\mathrm{d}n}{\mathrm{d}x} \tag{1.47}$$

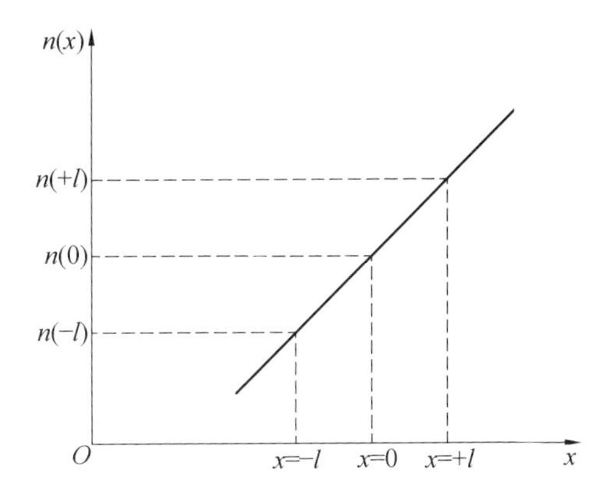

图 1.31　电子浓度与距离的关系

式(1.47)所描述的是电子扩散电流，它与电子浓度的空间导数即浓度梯度成正比。在图 1.30 所示的情况下，电子从高浓度区向低浓度区扩散沿负 x 方向进行。因为电子带负电荷，电子扩散电流方向应沿正 x 方向，如图 1.32(a)所示。对此一维情况，可以将电子扩散电流密度表示为

$$J_{\mathrm{diff,n}}=qD_{\mathrm{n}}\frac{\mathrm{d}n}{\mathrm{d}x} \tag{1.48}$$

式中，D_{n} 为电子扩散系数，其值为正，单位为 $\mathrm{cm^2/s}$。如果电子浓度梯度为负，电子扩散电流方向将沿负 x 方向。

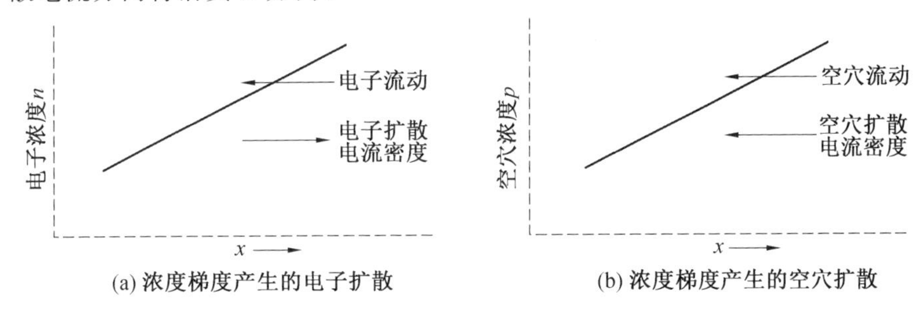

图 1.32　载流子浓度梯度与扩散距离的关系

图 1.32(b)所示为半导体中空穴浓度与扩散距离的函数关系。空穴从高浓度区向低浓度区的扩散运动沿负 x 方向进行。因为空穴带正电荷，扩散电流方向也沿负 x 方向。空穴扩散电流密度与空穴浓度梯度和带电量成正比，则对于一维情况有

$$J_{\mathrm{diff,p}}=-qD_{\mathrm{p}}\frac{\mathrm{d}p}{\mathrm{d}x} \tag{1.49}$$

式中，D_{p} 为空穴扩散系数，其值为正，单位为 $\mathrm{cm^2/s}$。如果空穴浓度梯度为负，则空穴扩散电流方向将沿正 x 方向。

综合上述分析，半导体中会产生 4 种相互独立的电流，它们分别是电子漂移

电流和扩散电流，以及空穴漂移电流和扩散电流。总电流密度应为四者之和。对于一维情况，可得

$$J=qn\mu_{\mathrm{n}}E_x+qp\mu_{\mathrm{p}}E_x+qD_{\mathrm{n}}\frac{\mathrm{d}n}{\mathrm{d}x}-qD_{\mathrm{p}}\frac{\mathrm{d}p}{\mathrm{d}x} \tag{1.50}$$

推广到三维情况时，则有

$$J=qn\mu_{\mathrm{n}}E+qp\mu_{\mathrm{p}}E+qD_{\mathrm{n}}\nabla n-qD_{\mathrm{p}}\nabla p \tag{1.51}$$

可见，半导体中总电流的表达式包括 4 项。多数情况下，针对半导体的某些特定条件，通常只需要考虑其中一项。载流子的迁移率适用于表征半导体中电子在电场力作用下的运动特性。而载流子的扩散系数是描述半导体中电子在浓度梯度作用下运动的特性参数。电子的迁移率和扩散系数是相关的；同样，空穴的迁移率和扩散系数也不是相互独立的。因此，载流子的迁移率和扩散系数可通过下述关系式相互关联：

$$\frac{D_{\mathrm{n}}}{\mu_{\mathrm{n}}}=\frac{D_{\mathrm{p}}}{\mu_{\mathrm{p}}}=\frac{kT}{q} \tag{1.52}$$

该式称为爱因斯坦关系式。

1.6 非平衡载流子

1.4 节中讨论了热平衡状态下半导体物理中载流子的行为特征，主要涉及平衡本征半导体和非本征半导体。当半导体器件外加一定电压或存在一定电流时，半导体处于非平衡状态。如果半导体受到外部的激励，会在热平衡浓度之外，促使导带和价带中分别产生过剩的电子和空穴。过剩电子和空穴的运动并非相互独立运动，而是在扩散、漂移及复合等行为上表现出一定的相互关联性，导致电子和空穴具有相同的有效扩散系数、漂移迁移率和寿命。这种现象称为双极输运。过剩载流子是半导体材料和器件工作的基础，可以通过分析过剩载流子产生的不同状态来了解双极输运现象。

1.6.1 载流子的产生和复合

载流子的产生是指电子和空穴的生成过程；而复合是电子和空穴消失的过程。半导体中热平衡状态的任何偏离都可能导致电子和空穴浓度的变化。例如，温度的突然增加，会在热能的作用下使电子和空穴产生的速率增加，从而导致它们的浓度随时间变化，直至达到一个新的平衡值。一个外加的激励，比如光辐射，也会产生电子和空穴，从而使半导体中的载流子出现非平衡状态。为了理解载流子的产生和复合过程，首先考虑直接的带间产生与复合，然后讨论禁带出

现允许电子能量状态的现象，即陷阱或复合中心。经受空间辐射损伤后，陷阱或复合中心将会对半导体材料和电子器件性能演化产生较大影响。

在热平衡状态下，电子和空穴的浓度与时间无关。然而，由于热学过程具有随机的性质，电子会不断地受到热激发而从价带跃入导带。同时，导带中的电子会在晶体中随机移动，当其靠近空穴时就有可能落入价带中的空状态。这种复合过程将导致电子和空穴湮没。热平衡状态下的净载流子浓度与时间无关，会使电子和空穴的产生率与复合率相等。

首先令 G_{n0} 和 G_{p0} 分别为电子和空穴的产生率，单位是 #/(cm^3 · s)。对于载流子的直接禁带产生而言，电子和空穴成对出现，故有

$$G_{n0}=G_{p0} \tag{1.53}$$

再令 R_{n0} 和 R_{p0} 分别为电子和空穴的复合率，单位仍是 #/(cm^3 · s)。对于直接禁带复合来说，电子和空穴成对消失，因此一定有

$$R_{n0}=R_{p0} \tag{1.54}$$

在热平衡状态下，电子和空穴产生和复合的概率相等，于是会有如下关系：

$$G_{n0}=G_{p0}=R_{n0}=R_{p0} \tag{1.55}$$

假设有一个高能光子射入半导体时，会导致价带中的电子被激发跃入导带。此时不只是在导带中产生 1 个电子，价带中也会同时产生 1 个空穴，结果便生成了电子一空穴对。这种额外产生的电子和空穴分别称为过剩电子和过剩空穴。外部的辐射作用会产生特定比例的过剩电子和过剩空穴。令 G_n 为过剩电子的产生率，G_p 为过剩空穴的产生率，单位均为 #/(cm^3 · s)。对于直接禁带产生的载流子而言，过剩电子和过剩空穴是成对出现的，因此一定会有如下关系：

$$G_n=G_p \tag{1.56}$$

当产生了非平衡的电子和空穴后，导带中的电子浓度和价带中的空穴浓度就会高于它们在热平衡状态下的值，可以分别写为

$$n=n_0+\Delta n \tag{1.57}$$

$$p=p_0+\Delta p \tag{1.58}$$

式中，n_0 和 p_0 分别为电子和空穴的热平衡浓度；Δn 和 Δp 分别为过剩电子和空穴的浓度。

图 1.33 所示为过剩电子一空穴对的产生过程及其引起的载流子浓度变化。这表明载流子的状态受到了外部环境作用的扰动，半导体不再处于热平衡状态。此时，在非平衡状态下，载流子的浓度存在如下关系：

$$np\neq n_0p_0=n_i^2 \tag{1.59}$$

过剩电子和空穴的稳态产生并不会使载流子的浓度持续升高。在热平衡状态下，导带中的电子可能会“落入”价带中，从而引起过剩电子一空穴的复合过程。图 1.34 显示了这一过程。过剩电子的复合率用 R_n 表示，过剩空穴的复合

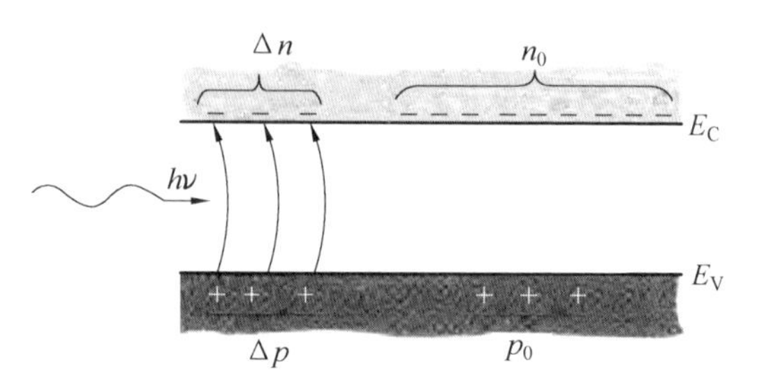

图 1.33　过剩电子和空穴的产生

率用 R_p 表示，单位均为 #/(cm^3 · s)。过剩电子和过剩空穴成对复合。因此，两者的复合率相同，可以写为

$$R_n = R_p \tag{1.60}$$

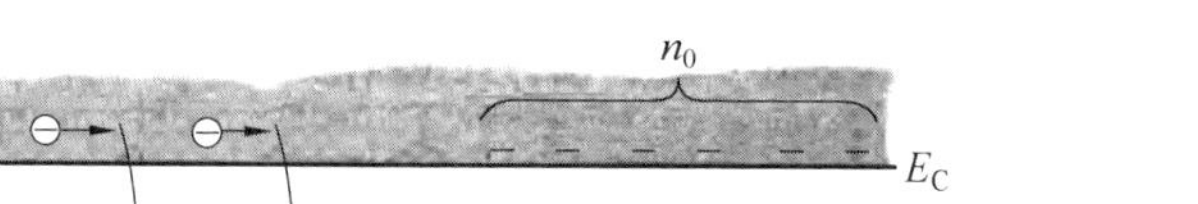

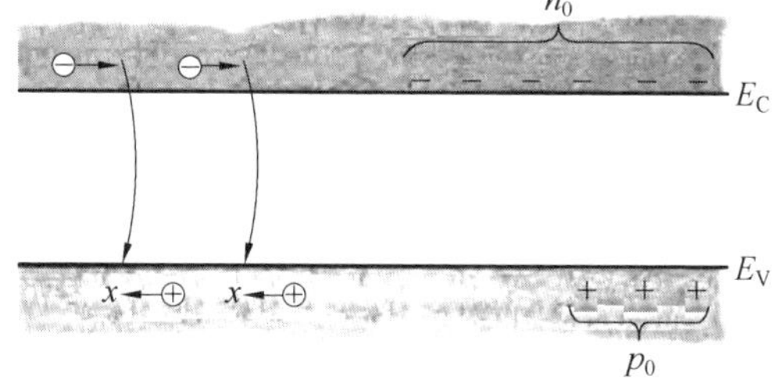

图 1.34　过剩载流子复合

由于直接带间复合是一种自发行为，复合的概率必须同时与电子和空穴的浓度成比例。如果没有电子或空穴，也就不可能产生复合。电子浓度随时间 t 的变化率为

$$\frac{\mathrm{d}n(t)}{\mathrm{d}t} = \alpha_r [n_i^2 - n(t)p(t)] \tag{1.61}$$

其中

$$n(t) = n_0 + \Delta n(t) \tag{1.62}$$

$$p(t) = p_0 + \Delta p(t) \tag{1.63}$$

上述公式中，n_0 和 p_0 分别为热平衡电子和空穴的浓度（与时间无关，通常也与位置无关）；n 和 p 分别为总电子和空穴的浓度（可能是时间或位置的函数）；α_r 为单位时间载流子变化的比例系数。式(1.61)中右端的第一项 $\alpha_r n_i^2$ 是热平衡状态的生成率。由于过剩电子和过剩空穴成对地产生和复合，必然会有 $\Delta n(t) = \Delta p(t)$（非平衡电子和空穴的浓度变化率相等，后面将使用过剩载流子作为两者的总称）。热平衡状态下，n_0 和 p_0 与时间无关，式(1.61)可变为

$$\begin{aligned}\frac{\mathrm{d}\Delta n(t)}{\mathrm{d}t} &= \alpha_r \{n_i^2 - [n_0 + \Delta n(t)][p_0 + \Delta p(t)]\} \\ &= -\alpha_r \Delta n(t)[(n_0 + p_0) + \Delta n(t)]\end{aligned} \tag{1.64}$$

在小注入条件下，式(1.64)很容易求解。小注入时，过剩载流子浓度的数量级与热平衡状态的载流子浓度相比十分有限。在n型掺杂材料中，通常有 $n_0 \gg p_0$；在p型掺杂材料中，通常有 $p_0 \gg n_0$。小注入意味着过剩载流子的浓度远远小于热平衡多数载流子的浓度。相应地，当过剩载流子的浓度接近或者超过热平衡多数载流子的浓度时，发生的就是大注入条件。

现在考虑小注入($\Delta n(t) \ll p_0$)条件下的p型($p_0 \gg n_0$)材料，式(1.64)变为

$$\frac{\mathrm{d}\Delta n(t)}{\mathrm{d}t} = -\alpha_r p_0 \Delta n(t) \tag{1.65}$$

式(1.65)的解是最初非平衡浓度的指数衰减函数，即

$$\Delta n(t) = \Delta n(0) \mathrm{e}^{-\alpha_r p_0 t} = \Delta n(0) \mathrm{e}^{-t/\tau_n} \tag{1.66}$$

式中，$\tau_n = (\alpha_r p_0)^{-1}$ 是小注入时的一个常量。

式(1.66)描述了过剩少数载流子电子的衰减规律。在p型半导体中，τ_n 通常代表过剩少数载流子电子的寿命。过剩少数载流子电子的复合率 R_n 定义如下：

$$R_n = -\frac{\mathrm{d}\Delta n(t)}{\mathrm{d}t} = \alpha_r p_0 \Delta n(t) = \frac{\Delta n(t)}{\tau_n} \tag{1.67}$$

当直接带间复合发生时，过剩多数载流子空穴具有与电子(少子)相同的复合率，故对于p型材料有

$$R_n = R_p = \frac{\Delta n(t)}{\tau_n} \tag{1.68}$$

相应地，对于小注入($\Delta n(t) \ll n_0$)条件下的n型($n_0 \gg p_0$)材料，少数载流子空穴的衰减时间常量为 $\tau_p = (\alpha_r n_0)^{-1}$。在n型半导体材料中，$\tau_p$ 通常代表过剩少数载流子空穴的寿命。多数载流子电子与少数载流子空穴具有相同的复合率，因此有

$$R_n = R_p = \frac{\Delta n(t)}{\tau_p} \tag{1.69}$$

一般情况下，过剩载流子的产生率与复合率是空间坐标和时间的函数。

1.6.2　过剩载流子的性质

过剩载流子的产生率与复合率是两个很重要的参数。特别是，过剩载流子在有电场和浓度梯度存在的状态下，如何随时间和空间变化至关重要。前面已经述及，过剩电子和空穴的运动并不是相互独立的，它们的扩散和漂移具有相同的有效扩散系数和相同的有效迁移率。这种现象称为双极输运。于是，有必要首先回答什么是过剩载流子的有效扩散系数和有效迁移率。由此，需要讨论连续性方程和双极输运方程。

1. 过剩载流子连续性方程

首先讨论连续性方程。图 1.35 示出一个微分体积元，一束一维空穴粒子流在 x 处进入该微分体积元，从 $x+\mathrm{d}x$ 处穿出。参数 $F_{\mathrm{p}x}^{+}$ 为 x 方向空穴的通量，单位为 #/(cm² · s)。对于 x 方向的空穴流密度，有如下方程：

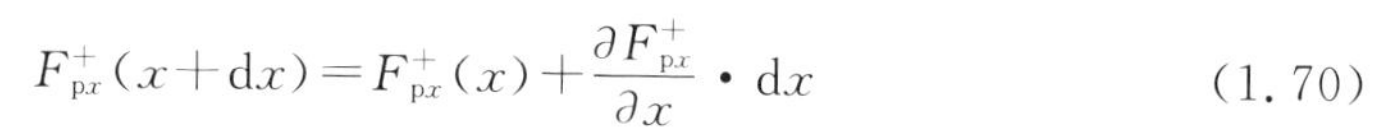

$$F_{\mathrm{p}x}^{+}(x+\mathrm{d}x)=F_{\mathrm{p}x}^{+}(x)+\frac{\partial F_{\mathrm{p}x}^{+}}{\partial x}\cdot \mathrm{d}x \tag{1.70}$$

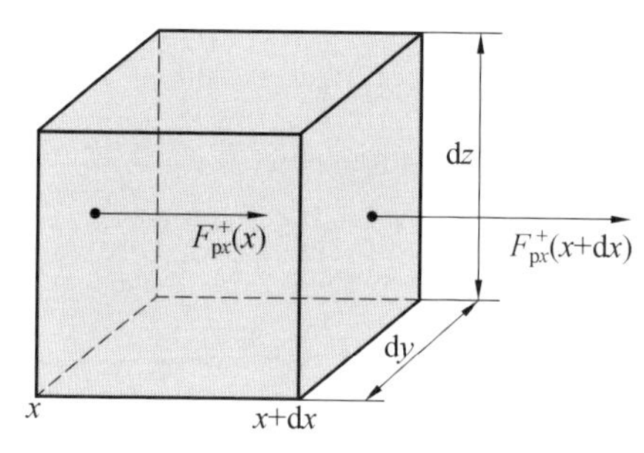

图 1.35　微分体积元中 x 方向的空穴流

该式是 $F_{\mathrm{p}x}^{+}(x+\mathrm{d}x)$ 的泰勒展开式，其中微分长度 $\mathrm{d}x$ 很小，故只需要展开式的前两项。微分体积元中，单位时间内由 x 方向的空穴流产生的空穴净增加量为

$$\frac{\partial p}{\partial t}\mathrm{d}x\mathrm{d}y\mathrm{d}z=[F_{\mathrm{p}x}^{+}(x)-F_{\mathrm{p}x}^{+}(x+\mathrm{d}x)]\mathrm{d}y\mathrm{d}z=-\frac{\partial F_{\mathrm{p}x}^{+}}{\partial x}\mathrm{d}x\mathrm{d}y\mathrm{d}z \tag{1.71}$$

如果 $F_{\mathrm{p}x}^{+}(x)>F_{\mathrm{p}x}^{+}(x+\mathrm{d}x)$，微分体积元中的空穴数量会随时间而增加。空穴的产生率(G_{p})和复合率(R_{p})也会影响微分体积元中的空穴浓度。参数$F+p$为不同方向空穴的总通量。只考虑一维情况时，微分体积元中单位时间空穴的总增加量为

$$\frac{\partial p}{\partial t}\mathrm{d}x\mathrm{d}y\mathrm{d}z=-\frac{\partial F_{\mathrm{p}}^{+}}{\partial x}\mathrm{d}x\mathrm{d}y\mathrm{d}z+G_{\mathrm{p}}\mathrm{d}x\mathrm{d}y\mathrm{d}z-\frac{p}{\tau_{\mathrm{pt}}}\mathrm{d}x\mathrm{d}y\mathrm{d}z \tag{1.72}$$

式中，p 为空穴浓度；G_{p} 为空穴的产生率；p/τ_{pt} 表示空穴的复合率 R_{p}，τ_{pt} 包括热平衡载流子寿命以及过剩载流子寿命。式(1.72)右边的第一项是单位时间内空穴流引起的空穴增加量，第二项是单位时间内产生的空穴增加量，最后一项是单位时间内复合导致的空穴减少量。根据式(1.72)，单位时间内空穴浓度净增加量可由如下连续性方程给出：

$$\frac{\partial p}{\partial t}=-\frac{\partial F_{\mathrm{p}}^{+}}{\partial x}+G_{\mathrm{p}}-\frac{p}{\tau_{\mathrm{pt}}} \tag{1.73}$$

同理，电子流的一维连续性方程如下：

$$\frac{\partial n}{\partial t}=-\frac{\partial F_{\mathrm{n}}^{-}}{\partial x}+G_{\mathrm{n}}-\frac{n}{\tau_{\mathrm{nt}}} \tag{1.74}$$

式中，参数 F_{n}^{-} 为电子的通量，单位为 #/(cm^2 · s)。

根据 1.5 节中的一维空穴和电子的电流密度，综合考虑漂移方程和扩散方程，则可将空穴和电子的电流密度分别用如以下两式表示：

$$J_{p}=qp\mu_{p}E_{x}-qD_{p}\frac{\partial p}{\partial x} \tag{1.75}$$

$$J_{n}=qn\mu_{n}E_{x}+qD_{n}\frac{\partial n}{\partial x} \tag{1.76}$$

如果将空穴流密度 J_{p} 除以 $+q$，而将电子电流密度 J_{n} 除以 $-q$，可分别得到空穴流和电子流的通量表达式如下：

$$\frac{J_{p}}{+q}=F_{p}^{+}=p\mu_{p}E_{x}-D_{p}\frac{\partial p}{\partial x} \tag{1.77}$$

$$\frac{J_{n}}{-q}=F_{n}^{-}=-p\mu_{n}E_{x}-D_{n}\frac{\partial p}{\partial x} \tag{1.78}$$

将式(1.77)和式(1.78)分别代入式(1.73)和式(1.74)给出的连续性方程，可得

$$\frac{\partial p}{\partial t}=-\mu_{p}\frac{\partial(pE)}{\partial x}+D_{p}\frac{\partial^{2}p}{\partial x^{2}}+G_{p}-\frac{p}{\tau_{pt}} \tag{1.79}$$

$$\frac{\partial n}{\partial t}=\mu_{n}\frac{\partial(nE)}{\partial x}+D_{n}\frac{\partial^{2}n}{\partial x^{2}}+G_{n}-\frac{p}{\tau_{nt}} \tag{1.80}$$

需要强调的是，这里是只限于一维空间分析所建立的连续方程。上述两式右端的乘积导数项可以展开如下：

$$\frac{\partial(pE)}{\partial x}=E\frac{\partial p}{\partial x}+p\frac{\partial E}{\partial x} \tag{1.81}$$

若将该导数乘积分别代入式(1.79)和式(1.80)，可得

$$\frac{\partial p}{\partial t}=D_{p}\frac{\partial^{2}p}{\partial x^{2}}-\mu_{p}(E\frac{\partial p}{\partial x}+p\frac{\partial E}{\partial x})+G_{p}-\frac{p}{\tau_{pt}} \tag{1.82}$$

$$\frac{\partial n}{\partial t}=D_{n}\frac{\partial^{2}n}{\partial x^{2}}+\mu_{n}(E\frac{\partial n}{\partial x}+n\frac{\partial E}{\partial x})+G_{n}-\frac{p}{\tau_{nt}} \tag{1.83}$$

该两式分别是空穴和电子的连续性方程，均与时间有关。由于空穴的浓度 p 和电子的浓度 n 都包含过剩载流子浓度，上述两式可用于描述过剩载流子的空间和时间状态。热平衡浓度 n_{0} 和 p_{0} 不是时间的函数。在均匀半导体的特殊情况下，n_{0} 和 p_{0} 也与空间坐标无关。此时，上述两式可以写成如下连续方程的形式：

$$\frac{\partial(\Delta p)}{\partial t}=D_{p}\frac{\partial^{2}(\Delta p)}{\partial x^{2}}-\mu_{p}\left(E\frac{\partial(\Delta p)}{\partial x}+p\frac{\partial E}{\partial x}\right)+G_{p}-\frac{p}{\tau_{pt}} \tag{1.84}$$

$$\frac{\partial(\Delta n)}{\partial t}=D_{n}\frac{\partial^{2}(\Delta n)}{\partial x^{2}}+\mu_{n}\left(E\frac{\partial(\Delta n)}{\partial x}+n\frac{\partial E}{\partial x}\right)+G_{n}-\frac{n}{\tau_{nt}} \tag{1.85}$$

2. 双极输运方程

上面重点讨论了过剩载流子连续性方程的表达式，可作为分析双极器件工作原理的基础。下面着重分析双极输运现象。如果在具有外加电场的半导体中，某个特殊位置产生了过剩电子和空穴的脉冲，过剩电子和空穴就会分别向相反方向漂移。然而，电子和空穴都是带电粒子，任何分离都会在两者之间感应出内建电场。这种内建电场会对电子和空穴分别产生吸引力，如图 1.36 所示。连续性方程中的电场将由外加电场和内建电场共同组成，可以表示为

$$E = E_{\mathrm{app}} + E_{\mathrm{int}} \tag{1.86}$$

式中，E_{app} 为外加电场；E_{int} 为感应内建电场。

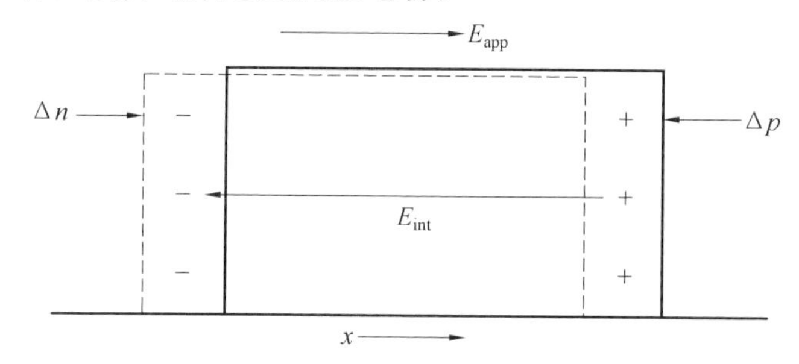

图 1.36　随着过剩电子和空穴的分离而导致内建电场的产生

由于内建电场对电子和空穴产生了引力，可分别将过剩电子和空穴保持在各自的位置上，导致带负电的电子和带正电的空穴能够以相同的迁移率或扩散系数一起漂移或扩散。这种现象称为双极扩散或双极输运。

为了将过剩电子和空穴的浓度与内建电场相联系，有必要借助于泊松方程：

$$\nabla E_{\mathrm{int}} = \frac{q(\Delta p - \Delta n)}{\varepsilon_{\mathrm{r}}} = \frac{\partial E_{\mathrm{int}}}{\partial x} \tag{1.87}$$

式中，ε_{r} 为半导体材料的介电常数。

通过适当地简化处理，可以看到，实际上只需要很小的内建电场就可以维持过剩电子和空穴一起漂移和扩散。因此，不妨假设

$$|E_{\mathrm{int}}| \ll |E_{\mathrm{app}}| \tag{1.88}$$

式中，$|E_{\mathrm{int}}|$ 和 $|E_{\mathrm{app}}|$ 分别为内建电场和外加电场强度的绝对值。

式(1.87)中的 ∇E_{int} 项尚不能忽略。按照限定电荷中性的条件，应假设任意空间和时间条件下过剩电子浓度都可被相等数量的空穴浓度平衡掉。如果该假设成立，则不会有内建电场来保持过剩电子和空穴共同运动。因此，为了维持使过剩电子和空穴一起漂移和扩散的内建电场，所需的过剩电子和空穴的浓度之间仅有很小的差别。

假定电子和空穴的产生率相同，复合率也相同，加上电中性条件($\Delta p = \Delta n$)，则连续性方程可表示为如下形式：

$$\frac{\partial(\Delta n)}{\partial t}=D_{\mathrm{p}}\ \frac{\partial^{2}(\Delta n)}{\partial x^{2}}-\mu_{\mathrm{p}}\left(E\ \frac{\partial(\Delta n)}{\partial x}+p\ \frac{\partial E}{\partial x}\right)+G-R \tag{1.89}$$

$$\frac{\partial(\Delta n)}{\partial t}=D_{\mathrm{n}}\ \frac{\partial^{2}(\Delta n)}{\partial x^{2}}+\mu_{\mathrm{n}}\left(E\ \frac{\partial(\Delta n)}{\partial x}+n\ \frac{\partial E}{\partial x}\right)+G-R \tag{1.90}$$

式中，G 和 R 分别表示过剩载流子的产生率和复合率。

为了消除∇E项，可将式(1.89)乘 $\mu_{\mathrm{n}}n$，式(1.90)乘 $\mu_{\mathrm{p}}p$，并把两式相加。若将相加之后的方程除以 $\mu_{\mathrm{n}}n+\mu_{\mathrm{p}}p$，则方程变为

$$\frac{\partial(\Delta n)}{\partial t}=D'\frac{\partial^{2}(\Delta n)}{\partial x^{2}}+\mu' E\ \frac{\partial(\Delta n)}{\partial x}+G-R \tag{1.91}$$

其中

$$D'=\frac{\mu_{\mathrm{n}}nD_{\mathrm{p}}+\mu_{\mathrm{p}}pD_{\mathrm{n}}}{\mu_{\mathrm{n}}n+\mu_{\mathrm{p}}p} \tag{1.92}$$

$$\mu'=\frac{\mu_{\mathrm{n}}\mu_{\mathrm{p}}(p-n)}{\mu_{\mathrm{n}}n+\mu_{\mathrm{p}}p} \tag{1.93}$$

式(1.91)称为双极输运方程，用来描述过剩电子和空穴在空间和时间中的状态。参数 D'称为双极扩散系数，μ'称为双极迁移率。根据爱因斯坦关系式，可将双极扩散系数表示为

$$D'=\frac{D_{\mathrm{n}}D_{\mathrm{p}}(n+p)}{D_{\mathrm{n}}n+D_{\mathrm{p}}p} \tag{1.94}$$

上述双极扩散系数 D'和双极迁移率 μ'均为电子浓度 n 和空穴浓度 p 的函数。n 和 p 都是涉及过剩载流子浓度的参量，故双极输运方程中的系数不是常数。

1.6.3　掺杂及过剩载流子小注入的约束条件

在掺杂半导体和小注入条件下，双极输运方程可适当简化和线性化。扩散系数可以写为

$$D'=\frac{D_{\mathrm{n}}D_{\mathrm{p}}[(n_{0}+\Delta n)+(p_{0}+\Delta n)]}{D_{\mathrm{n}}(n_{0}+\Delta n)+D_{\mathrm{p}}(p_{0}+\Delta n)} \tag{1.95}$$

式中，n_0 和 p_0 分别为热平衡电子浓度和空穴浓度；Δn 为过剩载流子浓度。对于p型半导体，有 $p_0\gg n_0$。当其处于小注入条件下时，就意味着过剩载流子浓度远小于热平衡多数载流子浓度，即 $\Delta n\ll p_0$。假设 D_{n} 和 D_{p} 具有相同的数量级，则上式所示的双极扩散系数可简化如下：

$$D'=D_{\mathrm{n}} \tag{1.96}$$

类似地，$\mu'=\mu_{\mathrm{n}}$。对于小注入的p型掺杂半导体，很重要的一点是，可以将双极扩散系数和双极迁移率归结为少数载流子电子的恒定参数。于是，可以将双极输运方程归于具有恒定系数的线性微分方程。

同样，对于小注入条件下的 n 型半导体，$D'=D_p$，$\mu'=-\mu_p$。由此表明，这些双极参数可归结为少数载流子空穴的恒定参数。需要注意的是，对于 n 型半导体，双极迁移率应为负值。在双极输运方程中，双极迁移率项与载流子漂移有关，因此漂移项的符号是由载流子的带电极性决定的。这表明 n 型半导体中，等效的双极载流子是带负电的。

再次，考虑双极输运方程中的产生率和复合率。对于电子和空穴的双极输运方程，分别可以写为如下形式：

$$G-R=G_n-R_n=G_n-\frac{\Delta n}{\tau_n} \tag{1.97}$$

$$G-R=G_p-R_p=G_p-\frac{\Delta p}{\tau_p} \tag{1.98}$$

双极输运时，过剩电子的产生率应等于过剩空穴的产生率，则有 $G_n=G_p=G$。同样，可以确定小注入状态下少子的复合率和寿命也是常量。这样，双极输运方程的 G 项和 R 项就可以写成少子参数的形式，即以少子的特性参数表征。

对于小注入条件下，p 型半导体的双极输运方程可以写为

$$\frac{\partial(\Delta n)}{\partial t}=D_n\frac{\partial^2(\Delta n)}{\partial x^2}+\mu_n E\frac{\partial(\Delta n)}{\partial x}+G-\frac{\Delta n}{\tau_n} \tag{1.99}$$

式中，Δn 为过剩少子（电子）的浓度；τ_n 为小注入少子（电子）的寿命；其他参数也均为少子（电子）的参数。同样，小注入时 n 型半导体的双极输运方程可以写为

$$\frac{\partial(\Delta p)}{\partial t}=D'\frac{\partial^2(\Delta p)}{\partial x^2}+\mu' E\frac{\partial(\Delta p)}{\partial x}+G-\frac{\Delta p}{\tau_p} \tag{1.100}$$

式中，Δp 为过剩少子（空穴）的浓度；τ_p 为小注入少子（空穴）的寿命；其他参数也均为少子（空穴）的参数。

需要注意的是，上述两式中的输运参数和复合参数都变成了少子参数，将过剩少子的漂移、扩散和复合过程都用空间和时间的函数描述。按照前面提到的电中性条件，过剩少子的浓度等于过剩多数载流子的浓度。过剩多子的漂移和扩散与过剩少子同时进行。这样过剩多子的状态就可由少子的参数来决定。这种双极现象在电子器件物理中非常重要，它是描述电子器件特性和状态的基础。

1.6.4 准费米能级

热平衡状态下，电子和空穴的浓度均为费米能级的函数。可以分别写成如下形式：

$$n_0=n_i\exp\frac{E_F-E_i}{kT} \tag{1.101}$$

$$p_0=n_i\exp\frac{E_i-E_F}{kT} \tag{1.102}$$

式中，E_F 和 E_i 分别为费米能级和本征能级；n_i 为本征载流子浓度。

若半导体中产生了过剩载流子，则半导体就不再处于热平衡状态，而且费米能级也会改变。针对非平衡状态，可以定义电子和空穴的准费米能级。若 Δn 和 Δp 分别为过剩电子浓度和空穴浓度，则有

$$n_0 + \Delta n = n_i \exp \frac{E_{Fn} - E_i}{kT} \tag{1.103}$$

$$p_0 + \Delta p = n_i \exp \frac{E_i - E_{Fp}}{kT} \tag{1.104}$$

式中，E_{Fn} 和 E_{Fp} 分别为电子和空穴的准费米能级。总电子和空穴的浓度是准费米能级的函数。

图 1.37(a)和(b)分别为热平衡状态和非平衡状态下，n 型半导体的费米能级与能带图。在小注入状态下，多数载流子(电子)的浓度没有很大的变化。此时，多子(电子)的准费米能级与热平衡时的费米能级相比差别不大，而少子(空穴)的准费米能级与热平衡态费米能级相比有明显的差别。这说明了少子(空穴)的浓度发生了很大的变化。由于多子(电子)的浓度稍许增加，因此多子(电子)的准费米能级稍微靠近导带。

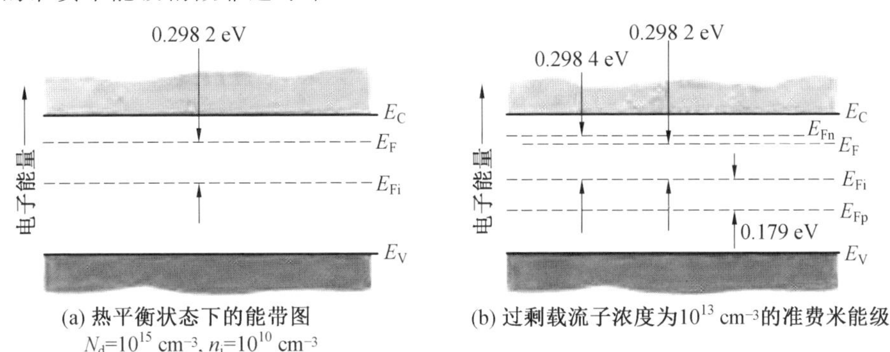

图 1.37　n 型半导体的费米能级与能带图

1.6.5　过剩载流子的寿命

过剩电子和空穴的复合率是半导体的重要参数，会影响到器件的许多特性。理想半导体的电子态不存在于禁带中。这种理想的状态只能存在于具有理想周期性势函数的完美单晶材料内。在实际的半导体中，晶体存在缺陷而破坏了完整的周期性势函数。特别是，空间辐射环境会在半导体单晶中引入大量的缺陷。如果缺陷的密度较小，会在禁带中产生分立的电子能态。这种能态会对平均载流子寿命产生严重的影响。下面将基于肖克莱—里德—霍尔(Shockley－Read－Hall，SRH)复合理论，确定平均载流子寿命。

1. SRH 复合理论

若禁带中出现复合中心能级，就好像为电子与空穴的复合提供了一个“台阶”，可使电子一空穴的复合分两步走。这种复合过程称为间接复合。第一步，导带电子落入复合中心能级；第二步，该电子再落入价带与空穴复合。复合中心能级恢复了原来空着的状态，又可以再去完成下一次的复合过程。显然存在上述两个过程的逆过程。所以，SRH 复合仍旧是一个统计性的过程。对于复合中心能级 E_t 而言，会涉及如图 1.38 所示的 4 个微观跃迁过程：

① 俘获电子过程，复合中心能级 E_t 从导带俘获电子。

② 发射电子过程，复合中心能级 E_t 上的电子被激发到导带（①的逆过程）。

③ 俘获空穴过程，电子由复合中心能级 E_t 落入价带与空穴复合，也可视为复合中心能级从价带俘获了一个空穴。

④ 发射空穴过程，价带电子被激发到复合中心能级 E_t 上，也可以看成是复合中心能级向价带发射了一个空穴（③的逆过程）。

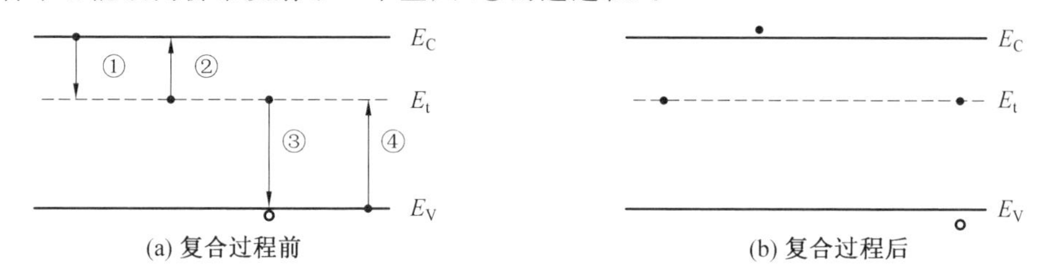

图 1.38 电子与空穴间接复合的 4 个跃迁过程

为了求出非平衡载流子通过复合中心复合的复合率，首先需要对上述 4 个基本跃迁过程做出确切的定量描述。设 n 和 p 分别表示导带电子和价带空穴的浓度，复合中心浓度为 N_t，n_t 表示占据复合中心能级的电子浓度，则 $N_t - n_t$ 便是未被电子占据的复合中心浓度。

在①过程中，通常把单位体积、单位时间被复合中心俘获的电子数称为电子俘获率（#/(cm^3 · s)）。显然，导带电子越多，空的复合中心越多，电子碰到空复合中心而被俘获的概率就越大。所以，电子俘获率与导带电子浓度 n 和空复合中心浓度（$N_t - n_t$）成比例，即

$$R_{cn} = C_n n(N_t - n_t) \tag{1.105}$$

式中，R_{cn} 为电子的俘获率；C_n 为电子的俘获系数。

过程②是过程①的逆过程。用电子产生率代表单位体积、单位时间内向导带发射的电子数（#/(cm^3 · s)）。显然，只有已被电子占据的复合中心能级才能发射电子。所以，电子产生率 R_{en} 和 n_t 成比例。这里可以认为导带基本是空的，因而电子产生率 R_{en} 与导带电子浓度 n 无关。电子产生率可写成

$$R_{en} = E_n n_t \tag{1.106}$$

式中，R_{en} 为电子的发射率；E_n 为电子的激发概率，只要温度一定，便为确定的值。

热平衡状态下，①和②这样两个互为反向的微观过程会相互抵消，即电子产生率等于电子俘获率，故有

$$C_n n_0 (N_t - n_{t0}) = E_n n_{t0} \tag{1.107}$$

式中，n_0 和 n_{t0} 分别为平衡时导带电子浓度和复合中心能级 E_t 上的电子浓度，这两个参数可分别由以下两式给出：

$$n_{t0} = N_t f(E_t) = \frac{N_t}{1 + \exp\frac{E_t - E_F}{kT}} \tag{1.108}$$

$$n_0 = N_C \exp\frac{E_F - E_C}{kT} \tag{1.109}$$

由此，可得出

$$E_n = C_n N_C \exp\frac{E_t - E_C}{kT} = C_n n_1 \tag{1.110}$$

式中

$$n_1 = N_C \exp\frac{E_t - E_C}{kT} \tag{1.111}$$

此处，n_1 恰好等于费米能级 E_F 与复合中心能级 E_t 重合时导带的平衡电子浓度。所以，电子的产生率为

$$R_{en} = C_n n_1 n_t \tag{1.112}$$

从该式可以看到，电子产生率包含着电子俘获系数。这反映出电子俘获和发射两个对立过程之间存在着内在联系。

对于过程③，只有被电子占据的复合中心能级才能俘获空穴，空穴俘获率 R_{en} 应和占据复合中心能级的电子密度 n_t 成正比。当然，R_{en} 也和价带空穴浓度 p 成正比。因此，可以得出

$$R_{cp} = C_p p n_t \tag{1.113}$$

式中，C_p 为空穴的俘获系数。

过程④是过程③的逆过程，价带中的电子只能被激发到空的复合中心能级上去。这些意味着，只有空着的复合中心才能向价带发射空穴。类似前面的讨论，空穴的产生率可写成如下形式：

$$R_{ep} = E_p (N_t - n_t) \tag{1.114}$$

式中，E_p 为空穴的激发概率。

在平衡状态下，③和④这两个反向过程必然相互抵消，故得

$$C_p p_0 n_{t_0} = E_p (N_t - n_{t0}) \tag{1.115}$$

代入热平衡状态下的 p_0 和 n_{t0} 值，可得

$$E_p = C_p p_1 \tag{1.116}$$

式中

$$p_1 = N_V \exp\frac{E_V - E_t}{kT} \tag{1.117}$$

此处，p_1恰好等于费米能级 E_F 与复合中心能级 E_t 重合时价带的平衡空穴浓度。

至此，分别求出了描述 SRH 复合 4 个基本跃迁过程的数学表达式。通过这些表达式可求出非平衡载流子的净复合率。在稳定复合情况下，①～④这 4 个过程应保持复合中心上的电子数不变，即 n_t 为常数。①、④两个过程可使复合中心能级上的电子数量累积，而②、③两个过程会造成复合中心上电子数量减少。因此，要维持 n_t 不变，必须满足如下稳定条件：①＋④ ＝ ②＋③。

将上述①至④过程的表达式代入此稳定关系式可得

$$n_t = N_t \frac{C_n n + C_p p_1}{C_n(n+n_1) + C_p(p+p_1)} \tag{1.118}$$

式(1.118)表明，单位体积、单位时间内导带减少的电子数与价带减少的空穴数相等。导带每损失一个电子，同时价带也损失一个空穴，电子和空穴通过复合中心成对地复合。因而，净复合率为

$$R \equiv R_n = R_p = R_{cn} - R_{en} = \frac{C_n C_p N_t (np - n_i^2)}{C_n(n+n_1) + C_p(p+p_1)} \tag{1.119}$$

式中，R 为过剩载流子的复合率，即

$$R = \frac{\Delta n}{\tau} \tag{1.120}$$

式中，Δn 和 τ 分别为过剩载流子的浓度和寿命。

2. 非本征掺杂和小注入条件

对载流子小注入的 n 型半导体，可有如下关系存在：

$$n_0 \gg p_0, \quad n_0 \gg \Delta p, \quad n_0 \gg n_1, \quad n_0 \gg p_1$$

式中，Δp 为过剩少子空穴的浓度。$n_0 \gg n_1$ 和 $n_0 \gg p_1$ 的设定使陷阱接近禁带的中央，以致 n_1 和 p_1 都接近本征载流子浓度。根据该假设，净复合率变为

$$R = C_p N_t \Delta p \tag{1.121}$$

n 型半导体的过剩载流子复合率是参数 C_p（过剩少子空穴的俘获系数）的函数，而 C_p 与少子空穴的俘获截面有关。与上述双极输运参数可归结为少子的参数一样，过剩载流子复合率也取决于少子的参数。复合率与少子的平均寿命有如下关系：

$$R = \frac{\Delta n}{\tau} = C_p N_t \Delta p = \frac{\Delta p}{\tau_p} \tag{1.122}$$

$$\tau_p = \frac{1}{C_p N_t} \tag{1.123}$$

若陷阱浓度增加，则过剩载流子的复合率也会增加，从而使过剩少子的寿命降低。对小注入下的p型半导体也可得出相类似的结论，即随着陷阱浓度增加，过剩少子(电子)的寿命降低。

1.7 缺陷对载流子输运性质的影响

在任何温度下晶体的原子排列都不会是完整的点阵，把晶体中原子偏离完整晶体周期性的区域称为缺陷。如上所述，没有杂质和晶格缺陷的半导体材料，通常被称作本征半导体材料。在本征半导体材料中，导带中电子的浓度等于价带中空穴的浓度。当半导体材料本身出现了缺陷或杂质时，称为非本征半导体材料。如果这些缺陷或杂质是有意引入，一般会形成非本征载流子，这是实现材料和器件功能和性能指标的关键。然而，半导体材料和器件中除了存在这些有意的、可控的引入缺陷或杂质外，还存在大量的非故意掺杂缺陷或杂质。这些缺陷或杂质会分布在半导体器件不同的区域。其中，对半导体器件功能和性能影响较大的区域为半导体功能区、介电材料及其界面。

这些区域中的缺陷会影响载流子的产生和复合(对过剩载流子寿命的影响机制如1.6节所述)，导致半导体器件性能随着缺陷数量的增加而降低。MOS工艺和双极工艺器件的栅介质或氧化物绝缘体及其界面处的缺陷，会影响产品的可靠性和功能；当氧化物层及其界面的缺陷数量足够高时，MOS工艺器件的隔离氧化物层泄漏电流将会导致器件的功能失效；在双极工艺器件中，氧化物层及其界面的缺陷会导致载流子复合率增加，致使基极电流升高，造成器件电流增益降低。与氧化物层和界面缺陷的影响机制不同，半导体材料的缺陷属性，最终能够改变半导体器件中有源区半导体块的电学和光学性质。

1.7.1 氧化物层和界面缺陷

半导体器件氧化物层缺陷主要是氧化物俘获电荷，而界面缺陷主要是界面态。半导体器件中的绝缘体是宽禁带、低载流子密度、低载流子迁移率的材料。在电子器件中，最常见的绝缘体材料是二氧化硅氧化物层，它用于形成MOS晶体管的栅，并在MOS和双极工艺中作为钝化隔离材料。氧化物层中有很多空穴和电子陷阱(trap)。其中，氧化物层中的氧空位是空穴的天然陷阱中心，是由工艺状态引起的。在室温条件下，这些氧空位形成的空穴陷阱，能够有效地俘获住空穴，不会导致空穴被释放出来。氧化物层中的氧空位俘获的空穴，是MOS工艺与双极工艺器件氧化物俘获正电荷积累的主要原因。

对半导体器件进行光照、加电以及辐射作用时，均会促使氧化物层俘获正电荷的形成，以及导致形成界面态，最终影响器件的功能和性能指标。图 1.39 给出了 MOS 器件氧化物介质材料中氧化层中过剩载流子的输运状态，以及氧化物电荷和界面态的形成过程。图中给出了电场影响情况下的氧化物层能带，说明了电离辐射诱导产生的过量电荷，以及随后在氧化层中的输运及俘获状态。图中横轴表示距离(或深度)，纵轴表示电子能。能量越大的电子在图中出现的位置越高，正的电压可将能带拉下来。正偏置显示在多晶硅(或金属)栅极的左边，中间是绝缘层，最右边是半导体。绝缘体能带是由栅极和硅电极形成的倾斜电场。入射辐射粒子损失的能量通过电子一空穴(e一h)对的形成被吸收到绝缘体中。氧化物中每一对电子一空穴对的产生大约需要 17 eV 的能量。过量电荷的产生一般发生在飞秒时间尺度上。

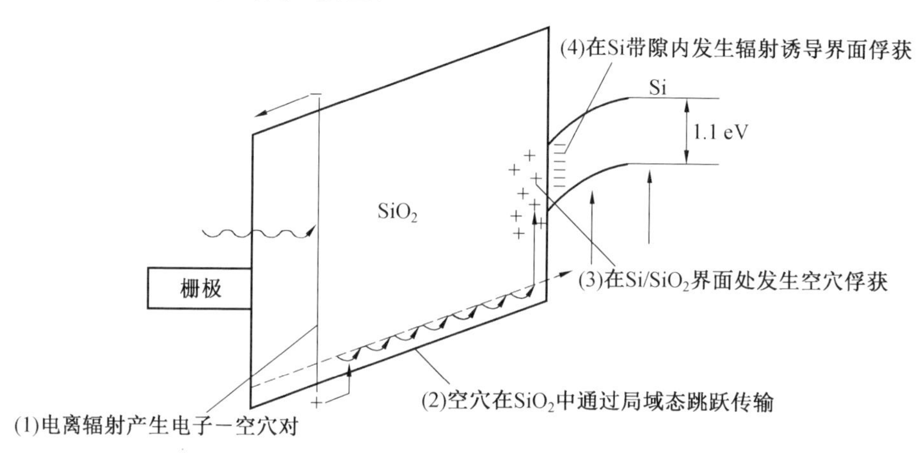

图 1.39 MOS 器件氧化物介质材料中过剩电荷产生和输运过程

辐射诱导产生的过剩载流子的初始浓度降低，因为电子一空穴(e一h)对在形成后立即开始重新复合。如果这些电荷的位置是固定的，所有产生的电子一空穴对都会在输运之前重新复合，不会导致氧化物层中额外的俘获电荷。然而，在氧化物中，电子迁移率比空穴高得多，因此通过扩散的传输——尤其是在电场存在的情况下的漂移——将迅速从氧化物层中除去多余的电子。在皮秒内，所有剩余的电子都被从氧化物中除去，因此有效阻止了因复合而进一步的电荷损失。电子被移走后剩余的未复合的空穴电荷(称为产率)与栅氧化层中辐射类型和电场状态有关。

在强电场存在时，MOS 器件中的总电离剂量(TID)效应通常会加剧，因为这会使电荷产率增加，如图 1.40 所示。还需要注意的是，γ 射线辐射由于其较高的产率，对 TID 效应损伤最明显。第二类最有效的辐射是 X 射线，其次是电子和轻离子，重离子是对 TID 效应效果最差的粒子。

产率与氧化物内产生的电荷密度成反比，主要是因为电子一空穴复合率与

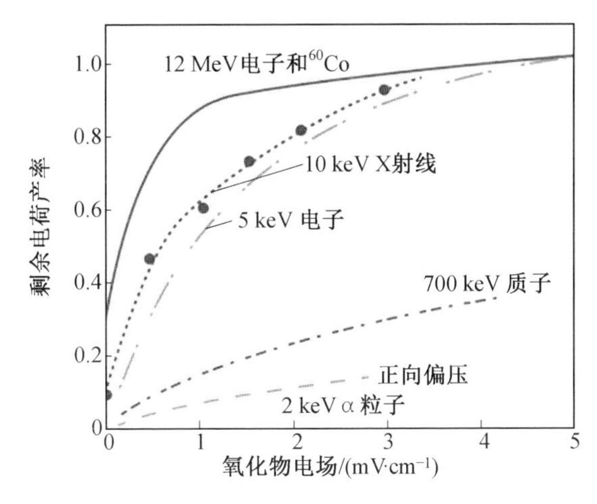

图 1.40 不同类型电离辐射的氧化物电场的电荷产率函数

过量电荷量多少有关。更重、更强的带电粒子在单位距离产生更多的电荷，因为它们有更高的线性能量传递密度(LET)值。与光子和电子相比，离子的复合率大大提高，产生的电子一空穴对中有很大一部分在辐射发生后重新结合。

这意味着在 MOS 结构中，用 γ 射线光子测试实际上会产生最严重的 TID 响应。从氧化物中迅速除去高速移动的电子会留下大量的带正电荷的空穴。这些空穴本身实际上会在其周围的绝缘体键合结构中产生局部扭曲。这些局部结构变形称为极化子。由于极化子的形成，空穴有效地俘获在氧化物中。空穴通过迁移和扩散而移动，但相对缓慢，从价带中相邻的浅陷阱进行"跳跃"，并在移动时携带极化子。跳跃过程会破坏化学键，释放被困的质子(H^+)。这些质子可以自由扩散或"迁移"到与空穴相同的方向。空穴和质子向氧化物界面的迁移需要几秒钟的时间。随着空穴向界面移动，一部分空穴被氧空位陷阱俘获，形成氧化物俘获正电荷；或者被界面本身捕获，在界面处创造了正、中性或负的界面状态。在氧化物层中，深能级陷阱一般距离 SiO_2/Si 界面的一个或多个原子间距。

从硅衬底中注入的隧穿或热电子可中和氧化物层中的俘获空穴电荷。在这种情况下，空穴可以与注入的电子重新复合并永久去除正电荷。氧化层中的键合结构被重新建立到一个未占据的氧空位，该过程为氧化物俘获正电荷的"退火效应"。在其他情况下，空穴和电子不会重新复合，而是形成可以极化的偶极子对，通常被称为界面陷阱，这些氧化物陷阱可与硅衬底交换电荷，并且可以伪装成一个中性电荷、正电荷或负电荷。这些复杂的电荷态形成及演化状态，可以解释电子器件辐射损伤后的某些"反弹行为"，诸如，TID 引起的阈值电压漂移不稳定。

即使在最佳工艺条件下生长的二氧化硅，在氧化物和硅之间的界面处也有一定密度的表面结构缺陷。在硅材料中，每个硅原子都以共价键与4个最接近的硅原子相结合。在纯硅材料和二氧化硅之间的过渡层，氧空穴区形成在氧化物的一面。在硅与氧化物接触的实际表面，硅原子只与其他3个硅原子结合，留下一个悬挂的键，形成不稳定的三价硅复合物。这种悬挂键具有电活性，可以与界面附近硅衬底中的载流子发生交互作用。在正常的电子器件制备过程中，工艺中的杂质氢会与这些键形成较稳定的键，以掩盖这些缺陷。在空穴传输过程中被释放的质子到达界面，使成键的氢失去作用，重新形成悬挂键，这些键再次变得具有电活性。

在 Si/SiO_2 界面上，辐射诱导的界面陷阱引起电压阈值的偏移程度，取决于氧化物层上偏压的正负方向，与对氧化物层空穴的作用机制一致。此外，这些界面缺陷增加了表面复合率，同时降低了载流子的迁移率。在 MOS 和双极器件中，氧化层俘获正电荷和界面态电荷，都会导致器件性能退化，这与辐射吸收剂量密切相关。

对于常规 MOS 器件，由于栅氧较厚且电场比较强，器件性能参数（阈值电压）对辐射损伤敏感、辐照后极易发生缺陷退火和恢复过程，导致其阈值电压逐渐恢复。图1.41给出了 NMOSFET 器件阈值电压 V_T 随辐照及退火时间演化规律。如图所示，阈值电压 V_T 变化包含氧化物俘获正电荷引起的电压变化 ΔV_{OT} 和界面态电荷引起的电压变化 ΔV_{IT}。并且，该试验在常温（虚线）和100 ℃（实线）两种不同的退火温度下进行退火试验。在辐照过程中，界面态电荷和氧化物俘获正电荷逐渐积累。辐照开始后，氧化物俘获正电荷起主导地位，导致 NMOS 器件的 V_T 逐渐降低，晶体管更容易被打开。辐照后的退火过程中，在栅极正偏条件下，来自硅衬底的电子通过隧穿进入氧化物，会中和氧化物俘获正电荷，使典型的负界面态电荷占主导地位，从而导致 NMOS 器件的 V_T 逐渐增加。器件的退火幅度和斜率取决于退火温度。升高退火温度可以增强氧化物俘获电荷的退火，但对界面态退火的影响不明显。

1.7.2 半导体材料缺陷

半导体器件的性能和功能都基于半导体材料（如硅）的电学特性。大多数硅工艺技术所基于的硅衬底是单晶材料，经过专门生长和加工，单位体积和表面的缺陷密度都极低。晶体中的缺陷会引起晶体结构或晶格的局部不对称。这些不对称改变了电子一空穴对的交互作用方式，从而导致载流子寿命改变，并会影响迁移率的变化，致使缺陷附近半导体的电/热/光学特性发生极大改变。如果足够多的这些缺陷在硅单晶材料中积累，硅的宏观性质就会发生变化，导致硅器件性能或功能丧失。

温度、电场及粒子辐射均会使半导体材料引入缺陷。以粒子辐射为例，当入

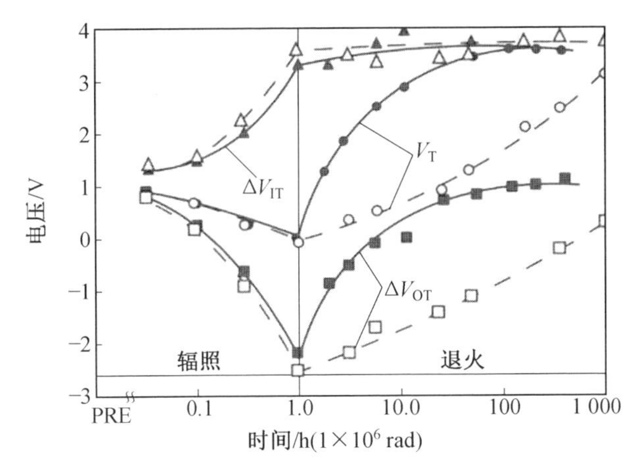

图 1.41　NMOSFET 器件阈值电压 V_T 随辐照及退火时间演化规律

射粒子将硅原子核从正常晶格移开时，会增加硅单晶材料的位移缺陷，如图 1.42 所示。出现这种情况的前提是，入射粒子传递到硅原子核的能量足够大，超过硅原子的结合能，可使硅原子核从晶格位置释放出来。这时就会产生了一个局部的、低流动性的空位；硅原子核可以成为硅单晶材料的间隙原子，或者是在晶格中继续移动的硅原子核。硅空位和硅间隙原子都具有电活性，会在硅带隙中产生缺陷能级。虽然单个缺陷一般不会影响器件宏观性质，但就像掺杂一样，若单位体积内积累大量的缺陷就会影响半导体材料的关键性质，如载流子复合、生成和输运性质。

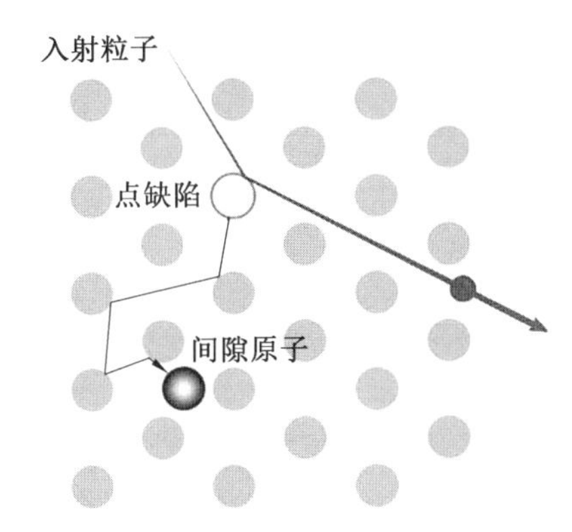

图 1.42　高能粒子在硅晶格中产生的空位(浅灰色)和间隙原子(深灰色)

在双极器件中，基区内载流子复合率的增加，会提高给定集电极电流所需的基极电流，从而降低电流增益。MOS 器件一般对位移损伤不敏感。当位移吸收剂量或等效注量足够高时，位移损伤会导致迁移率降低，减少自由载流子，最终降低 MOSFET 器件驱动能力和开关速度。辐射粒子与物质交互作用的主要体现之一是器件单位体积内缺陷的产生。在材料中产生的位移缺陷数量和分布状态,与位移吸收注量或等效注量、辐射粒子类型及其能量、粒子入射轨迹和材料特性密切相关。入射粒子在物质中的能量损失机制可以分为两大类:产生电荷(电离)和不产生电荷(非电离),即导致电离损伤和位移损伤。通过这两种能量损伤,会减少辐射粒子的能量。由于辐射诱导非平衡电荷的迁移和扩散能力强,单次电离效应作用时间相对较短,通过过剩电荷的重新复合,电离损伤状态消失。相反,非电离过程作用时间相对较长,会造成某种程度的永久性损伤,位移缺陷的退火温度大约是 900 ℃。

大多数情况下,辐射诱导的位移缺陷会存在于整个电子器件有源区,会对器件的整体参数造成影响,而不是像电离损伤局限于表面或界面区域。产生位移损伤的主要辐射源是高能电子、质子和中子。重离子也可以产生位移损伤,但它们在空间辐射环境中的数量较少,不足以产生相当大量的缺陷。高能光子(在 MeV 能量范围内),如 γ 射线或高能 X 射线,也会产生能量足够高的二次电子,进而引起位移损伤。

与大多数辐射粒子直接产生电离形成鲜明对比的是,由粒子辐射造成的晶体损伤大多是间接的,涉及的核碰撞截面比直接电离小。此外,通过位移损伤形成空位所需的能量(硅中约 15 eV)比形成电子一空穴对(硅中约 3.6 eV)要大很多。由粒子辐射造成的入射粒子能量损失仅占电离造成能量损失的 0.1%左右。

在某些特殊情况下,局部能量的大量吸收可导致硅的局部区域熔化。当这种情况发生时,半导体电学性质完全改变,因为曾经是单晶硅的区域已经转变为非晶硅,具有不同的能带结构和缺陷状态。这些缺陷团簇对载流子产生/复合有很大的影响,如果它们发生在器件有源区(如 MOSFET 沟道区或 BJT 基区),会导致显著的器件性能退化。

事实上,高能粒子与物质会发生多次碰撞,产生额外的二次反应,每次都因下次碰撞而失去能量。如材料吸收掉入射粒子的所有能量,则该粒子会“停止”在材料内。随着输运碰撞状态的增加,“级联缺陷树”结构形成,产生多个独立的位移(点缺陷)和间隙原子,以及更大的缺陷团簇,如图 1.43 所示。电子器件服役环境中特定的中子或质子注量可用于揭示位移效应特征,注量的单位为 #/cm^2。这些影响是基于对具体环境和任务周期的估计。

半导体中辐射诱导的位移损伤会导致半导体块陷阱的形成。随着位移损伤剂量的增加,位移缺陷的数量和位移缺陷对体载流子输运性能的影响逐渐增大。图 1.44 给出了硅能带图中各种位移陷阱。这些位移缺陷创造了新的俘获载流子的“路径”,可显著改变半导体的自由载流子特性,并显著改变器件性能和功能。图 1.44 中影响载流子复合和产生的深能级或中带缺陷,可直接影响自由载流子密度。

深能级缺陷 E_G 与导带(E_C)底和价带(E_V)顶的能级位置,在很大程度上决

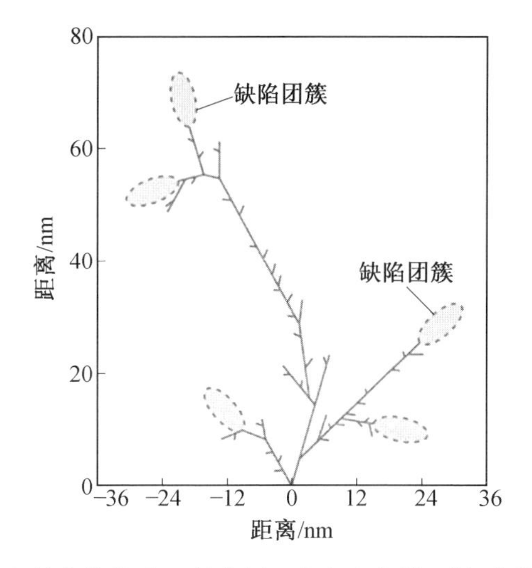

图 1.43　入射高能粒子（x 轴位置 0 点向上入射）引起的“损伤级联”

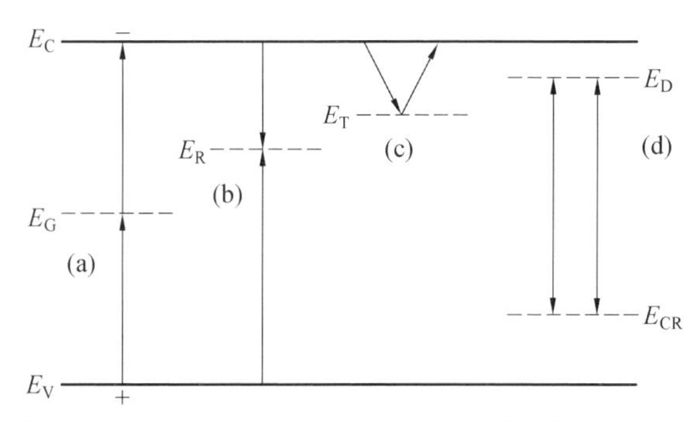

(a) 载流子产生　(b) 载流子复合　(c) 载流子俘获和发射　(d) 缺陷对

图 1.44　硅能带图中各种位移陷阱

定了载流子俘获和发射的横截面。靠近导带（E_C）边缘的浅能级缺陷（E_R，E_T）增加了载流子的俘获概率，潜在地会增强载流子复合，而缺陷对（E_D，E_{CR}）对载流子浓度会起到补偿作用。

如上所述，由于基区和发射结耗尽区的少数载流子浓度控制着双极晶体管的主要行为，而又对位移损伤缺陷极为敏感，这些缺陷会增加产生特定集电极电流所需的输入基极偏置电流，从而导致基区载流子复合增加，BJT 电流增益降低。横向双极晶体管的基区面积更大，因此纵向器件更敏感。已经观察到，PNP 晶体管通常比 NPN 器件对位移更敏感，这与 PNP 器件中的基区掺杂比 NPN 器件低得多有关。对于双极器件，一般需要同时考虑位移损伤和电离损伤的影响。

其他对位移损伤剂量高度敏感的器件包括图像传感器、发光二极管、光电二极管、太阳能电池和光电晶体管。图 1.45 显示了 PNP 器件对位移损伤的敏感性，由于电离损伤诱发的输出电压降低幅度很小(约2%)，但质子辐射导致的输出电压降低幅度很大(约12%)，说明该器件对位移损伤非常敏感。

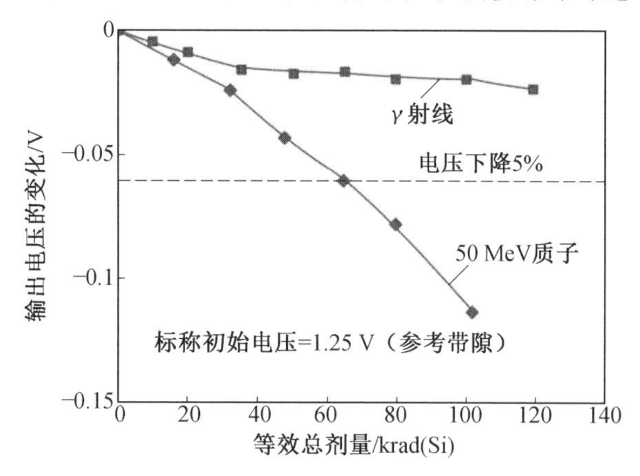

图1.45　PNP器件中γ射线和质子辐射损伤比较

与双极器件和光学器件相比，MOSFET器件对位移损伤剂量的敏感性要低得多，通常能够耐受更高粒子辐照剂量。MOSFET在位移损伤剂量环境中不易受到影响的主要原因有：

①MOSFET是多子器件，在正常工作条件下，器件的多子浓度足够大，要对其造成影响需要更多的损伤。

②MOSFET器件的有源区是源区和漏区之间的沟道，该沟道区非常薄，因此有源电流流过的实际体积非常小。因此，需要非常高的总位移吸收剂量，才能使沟道中有足够的位移缺陷数量来影响MOSFET器件的特性。沟道区位移缺陷的载流子复合会降低MOSFET器件的驱动电流。

1.8　缺陷结构和性质的理论模拟

点缺陷和杂质严重影响材料的物理性能，并对其应用性能产生决定性影响。半导体材料电学性能调控的本质是对材料中杂质与缺陷能级进行操控。在半导体器件工艺达到一定水平之后，针对材料内部引入杂质的来源与种类以及抑制途径的研究就显得尤为重要。浅掺杂剂是具有较小电离能的不等价杂质，容易将载流子释放到主体材料中，可使材料具有n型或p型导电性。这种导电性可以通过补偿中心的存在来抵消，补偿中心的形式可以是本征点缺陷或杂质。这些中心还可以引入深能级，从而影响载流子复合速率并导致光吸收或发光。常见的半导体缺陷类型包括以下几种：当晶体内部的温度高于绝对温度时，原子会发

生热运动,其中有些原子的能量较大,导致其能够跨越能量势垒而离开原平衡晶格点阵位置,从而形成的缺陷称为热缺陷。热缺陷进一步可分为弗伦克尔缺陷和肖特基缺陷两类;由杂质原子占据晶格格点位置或者间隙位置而形成的缺陷形式称为杂质缺陷;当半导体的化学组成比例受到周围环境情况或压力的影响,导致其偏离原组成比例时,将形成非化学计量缺陷。真实晶体中存在着点缺陷,造成导带含有负电荷,而价带含有正电荷(即电子空穴),过剩的电子或正电荷将被束缚在晶格的缺陷位置上,构成一个额外的电场,导致晶体内部出现周期性势场畸变,引发晶体的不完整性,这类缺陷称为电荷缺陷。在很多情况下,缺陷不仅可以孤立存在,还可以形成复合缺陷,例如,由于氢原子半径小,反应活性高,它很容易和杂质原子或空位形成复合缺陷。

1.8.1 缺陷形成能的计算

缺陷形成能决定了缺陷在材料中形成的难易程度,缺陷的掺杂浓度,以及缺陷的跃迁能级等性质。基于第一性原理,对点缺陷及杂质的形成能与缺陷转变能级的研究已经成为缺陷调控和材料设计的重要手段。目前计算缺陷形成能的方法主要有超胞法和团簇法两类。

超胞法是在一个足够大的晶胞里引入缺陷或杂质,通过计算形成能和离化能级等性质,判断材料的电学性质在一个无缺陷体系中,形成一个电荷态为 q 的点缺陷 α 所需要的能量,即缺陷形成能,表示为

$$\Delta H_{\mathrm{f}}(\alpha, q)=E(\alpha, q)-E(\text{host})+\sum n_{\mathrm{i}}(\Delta\mu_{i}+\mu_{i}^{0})+q(E_{\mathrm{F}}+\varepsilon_{\mathrm{VBM}})+\Delta E_{\mathrm{corr}} \tag{1.124}$$

式中,$E(\alpha, q)$为含缺陷体系的总能量;$E(\text{host})$为无缺陷体系的总能量;μ_i^0 为构建缺陷的元素 i 在单质状态(固体或气体分子)下具有的能量;$\Delta\mu_i$ 为构建缺陷的元素 i 在无缺陷体系中与其在单质中的能量差,因此,$\sum n_{\mathrm{i}}(\Delta\mu_{i}+\mu_{i}^{0})$ 代表在无缺陷体系中引入(或移除)缺陷 α 时,体系的能量变化;q 代表缺陷 α 的电荷态,即缺陷能级上移除或加入电子的数量;$\varepsilon_{\mathrm{VBM}}$代表无缺陷体系的电子化学势,通常选取价带顶(VBM)的能量;ΔE_{corr}为能量修正项。

复合缺陷形成能的定义方式与本征缺陷的定义方式相同。复合缺陷的另一个关键量是它们的结合能,即复合物形成能与其独立缺陷形成能之和之间的能量差,表示为

$$E_{\mathrm{b}}=E^{\mathrm{f}}[\mathrm{A}]+E^{\mathrm{f}}[\mathrm{B}]-E^{\mathrm{f}}[\mathrm{AB}] \tag{1.125}$$

正结合能意味着产生孤立缺陷的能量高于形成缺陷复合物的能量,即缺陷 A 和 B 之间的相互作用是有吸引力的,缺陷复合物的形成在热力学上是有利的。然而,正的结合能仅表明理论上可以形成复合缺陷,而不表明它们将以相当大的浓

度出现。原因是一对孤立缺陷的构型熵与一个复合体的构型熵可能截然不同。需要注意的是，在计算中复合缺陷(AB)与孤立缺陷(A 和 B)相比组分没有变化，因此计算结果与化学势无关。

半导体和绝缘体中的缺陷经常会在带隙或带边附近引入新的能级。这些缺陷能级决定材料或器件的电学性质，也是实验检测或识别缺陷的基础。原则上，当缺陷的电荷状态保持不变时，可以发生缺陷的内部激发。然而，更常见的是，载流子与半导体主体材料交换，并发生不同电荷状态的转变。这些不同的电荷状态可能对应于非常不同的局域晶格构型。因此，无法通过能带计算结果和实验结果直接比较来确认缺陷结构。相反，必须考虑电荷态跃迁前后体系的总能。热力学跃迁能级 $\varepsilon(q_1/q_2)$ 的定义是在 q_1 和 q_2 态形成能相等的费米能级的位置，即

$$\varepsilon(q_1/q_2)=\frac{E^{\mathrm{f}}(X^{q_1};E_{\mathrm{F}}=0)-E^{\mathrm{f}}(X^{q_2};E_{\mathrm{F}}=0)}{q_2-q_1} \tag{1.126}$$

式中，$E^{\mathrm{f}}(X^q;E_{\mathrm{F}}=0)$ 是费米能级在价带顶($E_{\mathrm{F}}=0$)时，X 缺陷处于带电态 q 时的形成能。如图 1.46 所示，费米能级在 $\varepsilon(q_1/q_2)$ 以下时，q_1 态是稳定的，费米能级在 $\varepsilon(q_1/q_2)$ 以上时，q_2 态是稳定的。

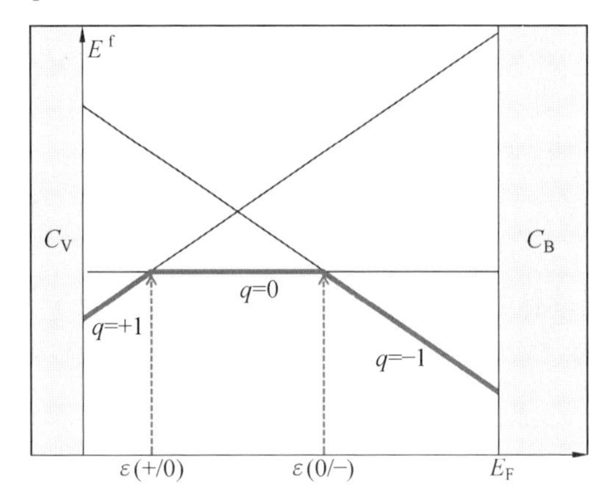

图 1.46　缺陷跃迁能级示意图(加粗线为对应化学势最稳定电子态)

在实验中可以利用深部能级瞬态光谱(DLTS)观察到热力学跃迁能级。转换能级对应于热电离能。照惯例，如果按照跃迁能级的位置，缺陷可在室温下热电离，这个跃迁能级称为浅能级；如果它不太可能在室温下电离，则称为深能级。

下面分别对影响缺陷形成能的几种因素进行讨论。

1. 化学势的影响

体系热力学量主要包括体系的内能(U)、焓(H)、吉布斯自由能(G)。通过这几个量，就可以推出许多被关注的物理量，即形成能、杂质的吸附能、溶解能、缺

陷形成能等重要的热力学量。

内能是电子的总能。不考虑温度影响时，内能 U 表示为电子相互作用与零点能（ZPE）的和。

焓 $H=U+PV$，在缺陷体系的计算中，因为 P 通常很小，所以通常不考虑 PV 的影响，此时体系的内能等于焓。

吉布斯自由能对于预测材料和分子不同状态的相对稳定性至关重要，也是众多物理和化学现象的基础。然而，原子模拟中的自由能计算往往在技术上具有挑战性，计算要求很高。因此，在许多情况下，尤其是涉及固相的情况下，用给定状态的局部最小构型的势能简单代替。吉布斯自由能 $G=U-TS$，这就需要计算一个量熵 S。很多情况下，体系的熵是由几部分组成。而最主要的组成有结构熵（构型熵）S^{conf}、声子振动熵 S^{vib} 以及电子对熵的贡献 S^{elec}。

（1）电子熵（Electronic entropy）。计算缺陷体系自由能的出发点是自由能 Born－Oppenheimer 近似，它是标准 Born－Oppenheimer 近似的热力学扩展。通过将体系自由能在原子平衡位置进行泰勒展开，可以得到不同部分的贡献：

$$F^{\mathrm{el}}(\{R_I\})=F_0^{\mathrm{el}}+\frac{1}{2}\sum_{k,l}u_k u_l\left[\frac{\partial^2 F^{\mathrm{el}}}{\partial R_k \partial R_l}\right]_{\{R_I^0\}}+O(u^3) \tag{1.127}$$

这里零阶项 $F_0^{\mathrm{el}}(V,T)=F^{\mathrm{el}}(\{R_I^0\},V,T)$ 为所有原子在平衡位置时体系的自由能，平衡位置指的是在将点缺陷引入完美体系放松原子直到相应力为零后获得的原子几何结构。由于力与展开式中的一阶项有关，该项从上述公式中消失。在公式的第二项中，k 和 l 是系统的所有核的三维坐标，$u_k=R_k-R_k^0$ 是原子偏离平衡位置的位移。高阶项对应于振动贡献。式中的零级项与电子熵有关。如果在有限温度下进行 DFT 计算，则电子自由能如下所示：

$$F_0^{\mathrm{el}}(V,T)=E^{\mathrm{el}}(\{R_I^0\},V,T)-TS^{\mathrm{el}}(\{R_I^0\},V,T) \tag{1.128}$$

式（1.128）右侧第一项是由于电子在 KS 能级占据对 T 依赖性产生的贡献，右侧第二项是由于混乱度增加产生的电子熵，可由下式计算得到：

$$S^{\mathrm{el}}(\{R_I^0\},V,T)=-k_{\mathrm{B}}\sum[(1-f_i)\ln(1-f_i)+f_i\ln f_i] \tag{1.129}$$

其中，求和覆盖所有电子态，费米－狄拉克占据权重为 $f_i=f(T,\varepsilon_i)$。

为了方便地处理温度依赖关系，将零温电子能 E_0^{el} 从 F_0^{el} 中按照下式分离出来：

$$F_0^{\mathrm{el}}(V,T)=E_0^{\mathrm{el}}(V)+\widetilde{F}_0^{\mathrm{el}}(V,T)$$

式中，$\widetilde{F}_0^{\mathrm{el}}(V,T)$ 是温度对电子自由能的影响。

对于费米能级上连续的态密度，$\widetilde{F}_0^{\mathrm{el}}(V,T)$ 具有以下形式：

$$\widetilde{F}_0^{\mathrm{el}}(V,T)=-\frac{1}{2}TS^{\mathrm{el}}+O(T^3) \tag{1.130}$$

(2)构型熵 S^{conf}。构型熵起源于晶体结构本身的无序。要处理点缺陷的构型熵,包括它们之间的相互作用,需要一种通用而严格的方法,如结合蒙特卡洛模拟的簇扩展技术。如果 n 是特定类型的点缺陷的数量,N 是晶格位点的数量,则不同缺陷排布方式的微观状态数可以用下式计算:

$$W=\frac{(gN)!}{(gN-n)!\ n!}\approx\frac{(gN)^n}{n!} \tag{1.131}$$

这里 g 是一个简并因子,用于解释内部点缺陷的自由度。例如,$g=1$ 表示简单单空位,但 bcc 结构中四面体间隙缺陷的 $g=6$。假设相同类型的原子和点缺陷无法区分,同时考虑到一个缺陷的产生会减少下一个缺陷的组态空间。构型熵可由下式计算:

$$S^{\mathrm{conf}}=k_{\mathrm{B}}\ln W \tag{1.132}$$

将式(1.131)代入式(1.132)可得

$$S^{\mathrm{conf}}(n,N)=k_{\mathrm{B}}[n-n\ln(n/N)+n\ln g] \tag{1.133}$$

进一步可将原子数转变为浓度的表达形式,$c=n/N$,可得

$$S^{\mathrm{conf}}(c)=k_{\mathrm{B}}(c-c\ln c+c\ln g) \tag{1.134}$$

当考虑到形成缺陷的能量 $cE^{\mathrm{f}}[X^q]$,含缺陷的构型熵可写成

$$F^{\mathrm{conf}}(c)=E^{\mathrm{conf}}(c)-TS^{\mathrm{conf}}(c)=cE^{\mathrm{f}}[X^q]-Tk_{\mathrm{B}}(c-c\ln c+c\ln g) \tag{1.135}$$

(3)振动熵。一个材料体系,可以将其看作是由声子和电子组成。材料体系的总能是电子总能与声子总能之和。电子总能包括电子间的相互作用能、原子核对电子的作用。声子总能包括声子的内能及声子的振动熵对能量的贡献,ZPE 是声子总能的一部分。第一性原理的计算软件通常只能够计算出声子的本征振动模(振动频率 ω),而声子的 ZPE 及吉布斯自由能需要结合统计力学的知识处理得到。

对原子间的相互作用势能取简谐近似,并引入简正坐标消除势能交叉项,得到 $3N$(N 是体系中原子的个数)个谐振子的振动方程。根据谐振子的振动方程,求得谐振子的能量本征值为

$$\varepsilon_{n_{\omega_i}}=(n_{\omega_i}+\frac{1}{2})*\hbar\omega_i\quad(i=1,2,3,\cdots,3N;n_{\omega_i}=0,1,2,\cdots,\infty) \tag{1.136}$$

i 等于 $3N$,表示 $3N$ 个谐振子。$3N$ 个谐振子对应 $3N$ 个声子,声子的频率分别为 $\omega_1,\cdots,\omega_{3N}$。将每个声子所有本征态看作一个独立的热力学系统,则这个声子本征态服从玻尔兹曼统计。

频率为 ω 的声子对应的热力学系统的配分函数 Z_1 为

$$Z_1=\sum_n \mathrm{e}^{-\beta\varepsilon_n}=\sum_n \mathrm{e}^{-\beta(n+1/2)\hbar\omega_i}=\mathrm{e}^{-\beta\hbar\omega_i/2}\sum_n \mathrm{e}^{-\beta n\hbar\omega_i} \tag{1.137}$$

由 $\sum_n \mathrm{e}^{-\beta n\hbar\omega_i}=\frac{1}{1-\mathrm{e}^{-\beta\hbar\omega_i}}(n_{\omega_i}=0,1,2,\cdots,+\infty)$,式(1.137)可写作

$$Z_1=\frac{\mathrm{e}^{-\beta\hbar\omega_i/2}}{1-\mathrm{e}^{-\beta\hbar\omega_i}}$$

取对数得

$$\ln Z_1=-\frac{\beta\hbar\omega_i}{2}-\ln(1-\mathrm{e}^{-\beta\hbar\omega_i})\tag{1.138}$$

频率为 ω 的声子的内能 U_i 为

$$U_i=-N\frac{\partial}{\partial\beta}\ln Z_1=N\left(\frac{\hbar\omega_i}{2}+\frac{\hbar\omega_i\mathrm{e}^{-\beta\hbar\omega_i}}{1-\mathrm{e}^{-\beta\hbar\omega_i}}\right)\tag{1.139}$$

$3N$ 个声子的内能 U 为

$$\begin{aligned}U&=\sum_{i=0}^{3N}U_i=\sum_{i=0}^{3N}\left(\frac{\hbar\omega_i}{2}+\frac{\hbar\omega_i}{\mathrm{e}^{\beta\hbar\omega_i}-1}\right)\\&=\sum_{i=0}^{3N}\frac{\hbar\omega_i}{2}+\sum_{i=0}^{3N}\frac{\hbar\omega_i}{\mathrm{e}^{\beta\hbar\omega_i}-1}\end{aligned}\tag{1.140}$$

其中第一项与温度无关，称为零点能；第二项由温度决定，代表声子体系的平均热能。

频率为 ω 的声子的吉布斯自由能 G_i 为

$$G_i=U_{i0}-TS_i\tag{1.141}$$

$$G_i=-N\frac{\partial}{\partial\beta}\ln Z_1-N(kT)\left(\ln Z_1-\beta\frac{\partial}{\partial\beta}\ln Z_1\right)\quad(N=1,1\text{ 个声子})\tag{1.142}$$

$$\begin{aligned}G_i&=-\frac{\partial}{\partial\beta}\ln Z_1-kT\left(\ln Z_1-\beta\frac{\partial}{\partial\beta}\ln Z_1\right)\\&=-\frac{\partial}{\partial\beta}\ln Z_1-kT\ln Z_1+(kT)\beta\frac{\partial}{\partial\beta}\ln Z_1\\&=-kT\ln Z_1\\&=-kT\left[-\frac{\beta\hbar\omega_i}{2}-\ln(1-\mathrm{e}^{-\beta\hbar\omega_i})\right]\\&=\frac{\hbar\omega_i}{2}+kT\ln(1-\mathrm{e}^{-\beta\hbar\omega_i})\end{aligned}$$

$3N$ 个声子的吉布斯自由能 G 为

$$\begin{aligned}G&=\sum_{i=0}^{3N}G_i=\sum_{i=0}^{3N}\left[\frac{\hbar\omega_i}{2}+kT\ln(1-\mathrm{e}^{-\beta\hbar\omega_i})\right]\\&=\sum_{i=0}^{3N}\frac{\hbar\omega_i}{2}+\sum_{i=0}^{3N}kT\ln(1-\mathrm{e}^{-\beta\hbar\omega_i})\end{aligned}\tag{1.143}$$

写成积分的形式为

$$G=\int_0^{\infty}G_i g(\omega)\mathrm{d}\omega\tag{1.144}$$

式中，$g(\omega)$是声子态密度。

目前，DFT 已经成为一种计算电子结构的标准工具。但是，该理论的计算结果是基于温度为 0 K 而获得的，这与真实环境还有一定差别，为了精确地描述温度和气体压强的效应，第一性原理热力学方法逐渐被发展起来。这种方法结合 DFT 计算和热力学理论，能够将 DFT 计算的结果推广到有限温度和气压的情况。自由能 G 计算的一种方法是通过热力学积分计算系统的“绝对”自由能。可以沿着物理路径执行，例如，沿着温度或压力，或者通过参数 λ 在物理系统和参考系统之间进行切换。另一种方法，可以将参数化哈密顿量视为 $H(\lambda)=(1-\lambda)H_{ref}+\lambda H$，此处 H 为真实系统哈密顿，H_{ref} 是参考系统的哈密顿，例如，晶体的 Helmoltz（亥姆霍兹）自由能利用这种方式从 Einstein 晶体获得，可以写成解析表达式的形式，与晶体缺陷（如空位、位错、晶界、表面等）自由能对于预测晶体材料的微观结构和性能都很重要。计算与缺陷相关的自由能是一个特别具有挑战性的问题，这揭示了标准自由能方法的许多缺点。确定引入或破坏晶体内部缺陷的物理或虚拟过渡路径通常很复杂。当扩散和非谐行为占主导地位时，使用谐波参考对 λ 进行热力学积分通常会导致高温下的发散。由于自由能计算中存在这些困难，缺陷自由能通常仅由缺陷势能或谐波近似来代替。最近，许多研究表明，由于熵效应，层错自由能的温度依赖性显著。研究还表明，高温下空位形成能受非谐性的强烈影响。

2. 交换关联泛函的影响

尽管 LDA 和 GGA 近似对材料的许多性质的计算都有较好的结果，但是它们经常会低估半导体的带隙，甚至有的时候会算出负值。这主要是由于这些定域势倾向于把材料的价带顶算得偏高，而把材料的导带底算得偏低。自洽计算方法（Self-Interaction Correction，SIC）显式地移除自相互作用项，但对于一般半导体而言，自洽解的轨道并不局域化，导致得到与原始的 Kohn－Sham 方法相同的带隙值。针对自相互作用项，发展的 meta－GGA 方法利用动能密度构造更加复杂的交换关联能，在一些情况下该方法确实能够扩展带隙值，但是它的广泛适用性还有待证明。目前，计算缺陷性质应用较多的是杂化泛函，如 HSE06 等方法，将一部分精确的 Hartree－Fock 交换作用与 LDA 或者 GGA 混合，计算出来的缺陷能级也相较于 LDA 和 GGA 更为准确。杂化泛函对于缺陷计算准确性的提升有较大的帮助，主要体现在以下两方面：(1)传统的 GGA/LDA 计算由于带边位置算得不准确，所以计算的缺陷转变能级也相对不准确。因此需要添加“带边修正”，把价带与导带的带边修正到正确的位置，同时也相应地修正缺陷能级。(2)GGA/LDA 泛函在做含缺陷体系的原子位置弛豫时，不容易发生明显的结构畸变。这就会使得本来可能是一个深能级的缺陷，经过 GGA/LDA 计算之后成为浅能级。但是这些泛函都是基于经验参数的，如果相同的参数用于不同的系

统，可能会导致不准确的计算结果。最新发展的SCAN泛函（Strongly Constrained and Appropriately Normed Semilocal Density Functional）是基于约束构建的非经验半局域泛函，对SCAN泛函的系统测试表明，此泛函在计算各种固体的各种性质（尤其是能量相关性质）中比LDA和GGA有很大的改进，几乎达到了杂化泛函的水平，但是比杂化泛函要大大节约时间，计算量保持在半局域泛函水平。用SCAN泛函代替HSE06，或者将两者结合形成的杂化方法（由SCAN进行缺陷结构优化，HSE06提供精确能带结构），最近也被广泛应用。

目前为止，最准确的带隙计算方法是基于多体微扰理论的GW近似（G表示单电子格林函数，W表示动力学屏蔽库仑相互作用）方法。GW方法依据其不同的自洽计算方式分为G_0W_0（一次自洽计算迭代）、GW_0（部分自洽计算迭代）、GW（全自洽计算迭代）。基于准粒子格林函数的多体微扰理论（GW）方法，以计算量较小的LDA泛函计算结果为基础，获得基组，通过戴森方程进行自洽迭代可以得到自能，交换和关联效应包含在自能算符中，可以有效解决LDA和GGA泛函中低估带隙所带来的误差。对于大部分半导体材料的带隙计算，G_0W_0会得到比实验值略小的结果，GW_0会得到与实验值相接近的结果。总体而言，GW方法能够比传统DFT计算方法获得更加准确的带隙预测值，但是GW方法的计算代价非常大。

局域密度近似是基于单电子的图像，无法考虑电子之间的关联效应。为了解决这个问题，人们提出了几种计算方法，包括LDA+U、LDA+DMFT和LDA+Gutzwiller。对于含有d和f轨道的过渡金属氧化物系统，采用DFT+U方法能够消除部分自相互作用能，能够打开许多过渡金属氧化物的带隙值，但是参数U取决于经验参数，导致DFT+U方法难以准确运用到预测未知系统的带隙值。基于标准密度泛函理论DFT方法早期计算ZnO半导体中N取代O杂质缺陷N_O得出的受体电离能值0.4 eV。然而，局部密度或广义梯度近似LDA或GGA产生非定域和低受主态的倾向，其根源在于它们无法产生能量$E(N)$相对于电子数N的物理正确的分段线性行为。为了解决离散傅里叶变换对浅解的偏差，可以通过势能矫正匹配Koopmans条件解决$E(N)$非线性问题。例如，ZnO中n掺杂缺陷，由电子相关效应，空穴态原子轨道（O－p和N－p）的势可以写成以下形式：

$$V_{hs}=\lambda_{hs}(1-n_{m,\sigma}/n_{ref}) \tag{1.145}$$

式中，$n_{m,\sigma}$为阴离子p轨道的占据数，$0<n_{m,\sigma}<1$；n_{ref}为参考占据数，由主体材料没有缺陷情况下V_{hs}(O－p)和替位掺杂后N_O^-的V_{hs}(N－p)共同决定；λ_{hs}为满足Koopmans条件的参数：$E(N+1)-E(N)=e_i(N)$或$E(N-1)-E(N)=-e_i(N)$。

将上述Koopmans条件的两个式子整理到一起

$$E(N+1)-E(N)=e_i(N)+\Pi_i+\Sigma_i \tag{1.146}$$

式中，$\Pi_i=0$ 是波函数被约束在初始状态下电子进入轨道 i 时的能量；$\Sigma_i<0$ 是由于波函数弛豫产生的能量贡献。

最初的 Koopmans 定理是为了论证 Hartree－Fock 理论，其中 $\Pi_i=0$ 严格成立，只有当弛豫影响很小时它才是一个很好的近似。然而，在固体中，(负)弛豫能量与 $\Sigma_i<0$ 通常是不可忽略的，尤其因为介电屏蔽伴随有电子增加而导致显著的电荷重排(需要波函数松弛)。需要强调，原始 Koopmans 定理仅适用于 Hartree－Fock 理论。相反，这里使用等式作为在存在轨道弛豫和一般屏蔽效应情况下要满足的条件，因此称为“广义库普曼条件”，作为分数电子数 N 的函数，它可用于恢复能量 $E(N)$正确的线性关系。

3. 在利用超胞方法计算缺陷形成能时需要考虑的修正

(1)能带填充效应(band-filling effect)。对于浅能级的缺陷，如果采用多 k 点对布里渊区进行积分，那么这类缺陷能级就会像半导体的带边一样具有很大的色散和带宽，并且在某些 k 点处与价带或导带融合在一起，此时缺陷的“能级”就变成了“能带”。然而这类效应完全是由计算时超胞的尺寸效应导致的，与物理上真实的缺陷能级并不相符，所以有必要进行修正。如果在计算缺陷的时候使用单 k 点，则可以确保缺陷能级正确的占据情况，因此一般无须做额外的修正。

(2)静电势对齐(potential alignment)。在缺陷形成能公式中，费米能级是以价带顶的本征值 $\varepsilon_{\mathrm{VBM}}$ 为参考零点并相应变化的。然而对于一个含缺陷超胞的计算，无论是价带顶还是导带底，都没有办法唯一确定，这是因为与缺陷态相邻的占据态和未占据态都受到了缺陷态的微扰作用。第一种方法是分别计算含缺陷的超胞与无缺陷的超胞在实空间分布的 Hartree 势，然后在 xOy 平面内求出平均的 Hartree 平面势后，输出随 z 变化的一维势 $V(z)$。在 z 方向找到离缺陷坐标最远的位置计算两个体系的 Hartree 势之差。第二种方法是分别计算两个体系所有原子的芯能级，找到整个超胞内离缺陷最远的那个原子，求出该原子在两个体系的芯能级之差，即为静电势对齐项。

(3)镜像电荷修正(image charge correction)。由于在真实半导体中缺陷浓度很低，一般在 $10^{15}\sim10^{18}\,\mathrm{cm}^{-3}$，上百万个原子中可能仅存在一个点缺陷，常见的计算方法是将感兴趣的缺陷嵌入周期超胞中，然而，这种方法受到缺陷形成能相对于超晶格常数 L 的缓慢收敛的阻碍。其根源在于，缺陷与其周期图像之间的非物理静电相互作用。相互作用能可以从具有中和背景的点电荷阵列的马德隆能量估计，即

$$E^{\mathrm{MP}}=-\frac{\alpha q^2}{2\varepsilon L} \tag{1.147}$$

式中，α 表示晶格类型相关的马德隆常数；q 表示缺陷电荷；ε 表示宏观介电常数。

Makov 和 Payne 证明，对于孤立离子，四极矩 Q 会产生类似 qQL−3 的另一项标度。然而，对于凝聚系统中的实际缺陷，这种修正并不总是能改善收敛性。作为纯粹的经验方法，ε 和 Q 可视为自由参数，通过拟合一系列超晶胞计算获得。这种方法需要大的超晶胞，并且总是包括物理意义不明确的高阶项。一些学者尝试在计算静电势本身的过程中截断或补偿库仑势的长程尾部，以消除不必要的相互作用。不幸的是，将这些方案应用于固体时，忽略了超晶胞外的极化，也会造成误差。

为了得到缺陷一缺陷相互作用的可计算表达式，将带电缺陷的产生分为三个步骤。首先，通过从缺陷态添加或移除电子，为单个缺陷引入电荷 q，而所有其他电子被冻结（没有极化）。这一步与未屏蔽电荷密度有关

$$q_d(\boldsymbol{r})=q|\Psi_d(\boldsymbol{r})|^2 \tag{1.148}$$

第二步，电子被允许屏蔽引入的电荷。所得到的电子分布引起静电势 V_{defect} 相对于中性缺陷的变化。

$$V_{q/0}=V_{\text{defect},q}(\boldsymbol{r})-V_{\text{defect},0}(\boldsymbol{r}) \tag{1.149}$$

第三步，添加一个补偿均匀背景电荷 $n=q/\Omega$（Ω 是超晶胞的体积）。对于这最后一步，可以合理地假设线性响应行为。由此产生的电势是电势 $V_{q/0}(\boldsymbol{r}+\boldsymbol{R})$ 的叠加，直到一个附加常数，其中 $\boldsymbol{R}$ 是晶格矢量。傅里叶变换后可得到周期静电势为

$$\widetilde{V}_{q/0}(\boldsymbol{r})=\frac{1}{\Omega}\sum_{\boldsymbol{G}\neq\boldsymbol{0}}V_{q/0}^{\text{rec}}(\boldsymbol{G})\mathrm{e}^{\mathrm{i}\boldsymbol{G}\cdot\boldsymbol{r}} \tag{1.150}$$

式中，$\boldsymbol{G}$ 为倒易晶格矢量。

现在关注 $R=0$ 处的缺陷，并假设未屏蔽的缺陷电荷 q_d 完全包含在 $R=0$ 超晶胞中。周期性产生的赝静电势由 $\widetilde{V}_{q/0}-V_{q/0}$ 给出，缺陷的相互作用能为

$$E^{\text{inter}}=\frac{1}{2}\int_{\Omega}\mathrm{d}^3\boldsymbol{r}[q_d(\boldsymbol{r})+n][\widetilde{V}_{q/0}(\boldsymbol{r})-V_{q/0}(\boldsymbol{r})] \tag{1.151}$$

其中，前面因子 1/2 说明重复计算，并且积分限于超晶胞。但是方程没有考虑到的另一项来自背景电荷与参考超晶胞内部缺陷的相互作用。

$$E^{\text{intr}}=\int_{\Omega}\mathrm{d}^3\boldsymbol{r}nV_{q/0}(\boldsymbol{r})=-q\left(\frac{1}{\Omega}\int_{\Omega}\mathrm{d}^3\boldsymbol{r}V_{q/0}(\boldsymbol{r})\right) \tag{1.152}$$

注意到远距离处的孤立缺陷势 $|r|\to\infty$ 由宏观屏蔽的库仑势决定

$$V_{q/0}(\boldsymbol{r})\longrightarrow V_q^{\text{lr}}(\boldsymbol{r})=\frac{1}{\varepsilon}\int\mathrm{d}^3\boldsymbol{r}'\frac{q_d(\boldsymbol{r}')}{|\boldsymbol{r}-\boldsymbol{r}'|} \tag{1.153}$$

这样，缺陷带电后静电势的变化，可分离为两部分，即

$$V_{q/0}(\boldsymbol{r})=V_q^{\text{lr}}(\boldsymbol{r})+V_{q/0}^{\text{sr}}(\boldsymbol{r}) \tag{1.154}$$

短程周期势可写作

$$\widetilde{V}^{sr}_{q/0}(\boldsymbol{r}) = \sum_{R} V^{sr}_{q/0}(\boldsymbol{r}+\boldsymbol{R}) + C \tag{1.155}$$

引入常数 C 是为给定 $\widetilde{V}_{q/0}$ 的绝对位置。其值取决于 $\widetilde{V}^{lr}_{q/0}$ 和 $\widetilde{V}^{sr}_{q/0}$ 所采用的对齐方案。如果 $V^{sr}_{q/0}$ 在超晶胞外部基本为零,则可简化为

$$\widetilde{V}^{sr}_{q/0}(\boldsymbol{r}) \approx V^{sr}_{q/0}(\boldsymbol{r}) + C \quad (\boldsymbol{r} \in \Omega)$$

这样总的相互作用能可以写作两项之和,$E^{inter} + E^{intra} = E^{lat}_q - q\Delta_{q/0}$。其中 $E^{lat}_q = \int_{\Omega} d^3\boldsymbol{r}\left[\frac{1}{2}[q_d(\boldsymbol{r}) + n][\widetilde{V}^{lr}_q(\boldsymbol{r}) - V^{lr}_q(\boldsymbol{r})] + nV^{lr}_q(\boldsymbol{r})\right]$ 为补偿背景的 q_d 的宏观屏蔽晶格能。

$$\Delta_{q/0} = \frac{1}{\Omega}\int_{\Omega} d^3\boldsymbol{r} V^{sr}_{q/0}(\boldsymbol{r})$$

$$V^{sr}_{q/0}(\boldsymbol{r}) = \widetilde{V}_{q/0}(\boldsymbol{r}) - \widetilde{V}^{lr}_{q/0}(\boldsymbol{r}) - C$$

上式中所有的量都可以从第一性原理计算中获得。

在实际计算中,为了确定对准常数 C,要求短程电势 $V^{sr}_{d/b}$ 在远离缺陷处衰减到零。实际上,对 xOy 平面上的电势进行平均,并将该平均值绘制为 z 的函数,如图 1.47 所示。

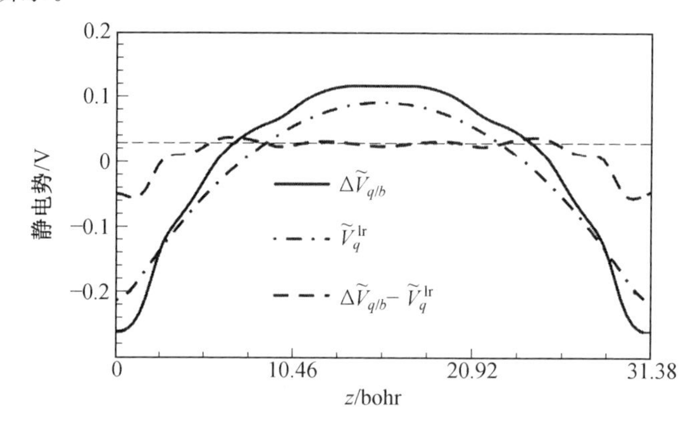

图 1.47　超胞体系中一个带电缺陷静电势的示意图

空位位于 $z=0$,q_d 由宽度为 1 bohr 的高斯近似。远离缺陷时,$\widetilde{V}_{q/b}$(实线)呈现抛物线形状。抛物线来自均匀背景,是 xy 平均 $V(z)$ 的一维泊松方程的解,缺陷之间的差值(虚线)$\widetilde{V}_{q/b} - \widetilde{V}^{lr}_{q}$ 达到平台 $C \approx 0.03$ eV(细虚线)。平台的出现表示所用方法成功地分离了长程和短程效应。这种校正方案的优点是易于利用第一性原理在软件中实现,是准确的,并且不需要经验参数或拟合过程,减少计算缺陷形成能的不确定性。

4. 嵌入团簇方法计算缺陷性质

密度泛函理论研究固体电子结构，常见的模型方法有超胞模型方法、嵌入团簇模型方法。嵌入团簇和无相互作用团簇模型方法的物理图像的本质区别可以从两个方面来看：在对固体系统的分立点阵结构的处理方面，两者采用的近似模型不同，无相互作用团簇模型考虑了固体点阵结构的分立性，而嵌入团簇模型则强调了分立点阵结构的连续性，二者实际上是两种极限情况。考虑到缺陷在体块材料中，embedding 是常用的研究周期性体系中局部结构和性质的方法，embedding 中文可译作“嵌入”，在理论化学里一般指把一个高级的理论嵌入一个低级的理论，即让量子力学(Quantum Mechanics，QM)和分子力学(Molecular Mechanics，MM)结合在化学过程的建模之中。量子力学计算方法可以用来预测电子结构和化学反应机理，精确度很高，但只能用来计算较小的体系。而分子力学的优势在于计算简便，虽然可以用来计算较大的复杂体系，但精确度不够高。

广义来说，在嵌入团簇方法中，具有单点缺陷的系统，无论是晶态的还是非晶态的体系，都被分为几个区域，如图 1.48 所示。以感兴趣位置为中心的球状区域Ⅰ包括：①经量子力学处理的团簇(QM 团簇)；②连接 QM 团簇和以经典方式处理的其余固体的界面区；③围绕 QM 团簇并包括多达数百个原子的经典区域。第Ⅰ区被一个有限的第Ⅱ区包围，第Ⅱ区也是原子化的，包含多达数千个原子。在计算过程中，Ⅰ区原子的所有位置都被完全优化，而Ⅱ区的原子保持在与完美晶体或非晶态结构相对应的位置上。它们的目的是在Ⅰ区提供正确的静电势，并为Ⅰ区和Ⅱ区边界的原子提供适当的边界条件。Ⅰ区和Ⅱ区结合在一起形成一个半径为几纳米的有限区域，称为纳米团簇。最后，为了解释从Ⅰ区和Ⅱ区的边界直到无限远的固体的极化，引入了Ⅲ区。它是在可极化连续统的近似下处理的，并且在几何上符合Ⅰ区和Ⅱ区之间的边界。整个方法在本质上类似于经典的 Mott－Littleton 方法。

系统的总能量包括：①由于经典环境而产生的 QM 团簇和界面原子在外部静电势中的能量；②用原子间相互作用势计算Ⅰ区和Ⅱ区经典原子之间的相互作用；③用经典原子间势的短程部分计算经典原子和界面原子与 QM 团簇原子的短程相互作用，以及对Ⅲ区极化的 Mott－Littleton 修正。在典型设置中，后者的修正约为 0.3 eV，并且在所有单电荷空位的计算中保持不变。通常分别用壳模型和刚性原子模型描述Ⅰ区和Ⅱ区的经典原子。通过计算相应的矩阵元素并将它们添加到 QM 势能矩阵中，在量子力学水平上考虑了它们与界面以及与 QM 团簇原子的静电相互作用。计算 QM 离子和经典离子的总力，因此可以同时最小化关于 QM 离子和经典离子的电子坐标和位置的系统总能量，从而避免使用耗时的“自洽”过程。

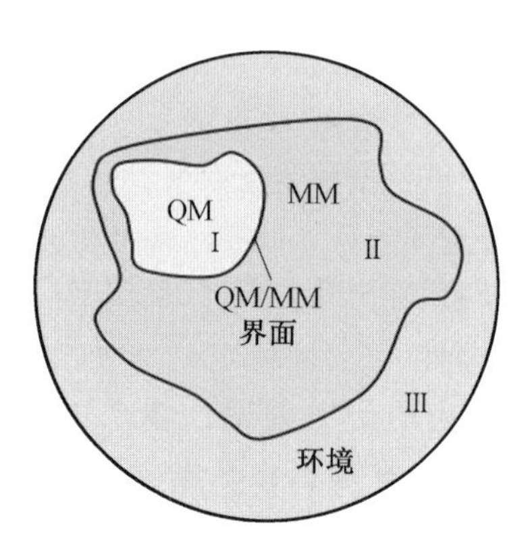

图 1.48 “嵌入团簇”方法示意图

利用嵌入团簇方法进行模拟时,体系的总能可由下式进行计算:

$$E=E_{QM}+E_{MM}+E_{QM-MM} \tag{1.156}$$

式中,E_{QM}和 E_{MM}分别为单独 QM 和 MM 部分的能量;E_{QM-MM}为两个区域的耦合项。

原理上任何的量子力学方法都可以用来处理 QM 部分,但是在文献中报道的一般都是 DFT 和半经验理论计算的结果。QM 区域电荷密度和 MM 区域电荷模型之间的静电势耦合作用,可以在不同的计算水平下进行,主要的区别是 QM 和 MM 区域相互极化的作用范围。目前常用的有以下 3 种处理静电势相互作用的方法。

(1)机械嵌入。ONIOM 模型是应用机械嵌入方案来处理 QM 与 MM 区域间的静电耦合典型例子。但是由于这种方法外层的电荷不与 QM 区域的密度相互作用,QM 部分不能直接被静电势环境所影响;因此,QM 区域的密度没有被极化。这将导致势能面的不连续。此外,MM 的电荷模型依靠其他的力场参数,这就意味着最后产生的构型是平衡态的描述,而不是重新产生的真实电荷分布。

(2)静电场嵌入。在此方法中,MM 区域电荷分布对 QM 区域所产生的极化作用,可以看作是 QM 区域电子结构计算的一部分,因此能够克服机械嵌入方法的缺点。在静电场嵌入方法中,内层区域的电子结构可以适应环境电荷的变化,并且被环境所极化。这里的静电势是在 QM 水平下计算的,相对于机械嵌入方法,明显提高了精度,当然计算的代价也会更大。

(3)极化嵌入。此种方法在静电场嵌入的基础之上,又包含了 QM 区域电荷分布对 MM 区域所产生的极化影响。尽管极化嵌入是最精确的方法,但是对于它的应用范围,仍然是非常有限的。主要的问题在于还没有建立起适合复杂体系的极化力场。

计算得到的体系自由能可以与实验得到的数据相比较,因此体系自由能的

计算是 QM/MM 组合方法中的一个重要环节。在描述化学反应的过程中，自由能计算充分考虑了研究体系的涨落(fluctuation)情况，比静态的电子结构计算获得的相对能量值更具有物理意义。在 QM/MM 计算水平下，为了得到体系的自由能曲线，常用的方法一般有两种：自由能微扰和热力学积分。在处理近过渡态区域的分子构象时，通过正常的非限制性 QM/MMMD 方法可能找不到高能区域的构象。因此，在研究复杂体系，如非晶、表面内的缺陷性质和化学反应过渡态时也经常被用到。

1.8.2　缺陷浓度的计算

在计算完缺陷形成能和转变能级后，可以根据带电缺陷与自由载流子所满足的电中性条件，自洽地求解某化学势条件下费米能级的位置，并根据费米能级求出此时载流子与各缺陷的浓度。带电量为 q 的缺陷 X 的浓度，可表示为

$$n[X^q]=N_{\text{sites}}g_q\mathrm{e}^{-\frac{E^f[X^q]}{k_\mathrm{B}T}} \tag{1.157}$$

式中，N_{sites} 表示单位体积内缺陷可能产生的个数；g_q 是缺陷态的简并因子；$E^f[X^q]$是缺陷形成能。

电子和空穴载流子的浓度可以表示为

$$n_0=\int_{\varepsilon_\mathrm{C}}^{+\infty}g_\mathrm{C}(E)f(E)\mathrm{d}E \tag{1.158}$$

$$p_0=\int_{-\infty}^{\varepsilon_\mathrm{V}}g_\mathrm{V}(E)(1-f(E))\mathrm{d}E \tag{1.159}$$

式中，$g_\mathrm{C}(E)$和 $g_\mathrm{V}(E)$分别表示导带与价带的态密度；$f(E)$表示 Fermi－Dirac 分布函数。

根据电中性的平衡条件

$$p_0+\sum n[X^{q>0}]=n_0+\sum n[X^{q<0}] \tag{1.160}$$

可自洽地求解出费米能级。假设一个缺陷的所有价态的总浓度是根据生长温度确定的，并保持不变，而其各个价态的浓度则根据室温下的 Fermi－Dirac 占据重新分布。

1.8.3　电声耦合计算载流子复合和俘获过程

半导体中杂质或缺陷是电荷的俘获中心，依赖于电子态的局部晶格畸变，这种现象常称为晶格弛豫。固体中的晶格弛豫是局域电子态的一项基本特征，与许多重要的物理过程密切相关。在局域态的吸收和发射光谱中，包括多声子辅助的光跃迁和不同电子态之间的无辐射跃迁，其中的能量变化完全由多声子的发射或吸收来补偿。多声子跃迁是指在固体中电子跃迁过程中，同时发射或吸收多个声子。由于电子跃迁是发生在晶体晶格中，而晶格则一直处于波动状态，

晶格整体振动波的量子化即是声子。因此,电子的跃迁自然会受到晶格波动的影响。也就是说,在考虑电子在晶格波动状态下的跃迁时,就必须考虑声子的作用。但是在用量子跃迁理论来处理有电子一声子互作用下的电子跃迁时,数学上处理多体问题还是相当复杂和困难的。比如,晶格振动波函数和电子波函数及它们之间耦合之后的波函数等难以准确求解,尤其是在存在晶格缺陷以及需要考虑激子(电子一空穴耦合对)效应的情况下,问题的处理变得更加复杂和困难。黄昆等人以电子一声子作用和简谐近似的晶格模型为基础,提出了多声子的光跃迁理论和多声子的无辐射跃迁理论。

按照量子理论,电子发生跃迁的概率与初态和末态间的矩阵元的平方成正比。计算矩阵元时,必须考虑初态和末态的振动波函数。由于在晶体中电子处于初态和末态,局部晶格结构弛豫,在这两个状态,振动的原子平衡位置是不同的,所以,它们的振动波函数之间不存在严格的正交关系。由于晶格弛豫,在电子跃迁过程中,原则上可以有任意数目声子的增减即多声子跃迁。

电子和晶格相互作用的系统,其总的哈密顿量一般可以写为

$$H = H_e + H_{eL} + H_L \tag{1.161}$$

式中,H_e、H_{eL}、H_L 分别表示电子的、电子一声子相互作用的以及晶格振动的哈密顿量。采用绝热近似方法处理电子一晶格耦合系统。总的波函数可以写成电子波函数和晶格振动波函数的乘积的形式,即

$$\Phi_{in}(x,Q) = \varphi_i(x,Q)\chi_{in}(Q) \tag{1.162}$$

其中,电子波函数 $\Phi_{in}(x,Q)$ 是下列波动方程的本征函数:

$$\{H_e(p,x) + H_{eL}(x,Q)\}\varphi_i(x,Q) = W_i(Q)\varphi_i(x,Q) \tag{1.163}$$

在这个方程中,晶格坐标 Q 仅起一个可变参数的作用,所求得的本征函数 φ_i 和本征值 W 是依赖于参数 Q 的函数。对于晶格的运动,有

$$\{H_L(P,Q) + W_i(Q)\}\chi_{in}(Q) = W_i(Q)\chi_{in}(Q) \tag{1.164}$$

式中,i 和 n 分别代表电子态和晶格振动的量子数。$W_i(Q)$ 反映电子对晶格的影响。在简谐近似范围内,晶格振动的哈密顿量一般可以写成

$$H_L = \sum_s \frac{1}{2}\left\{-\hbar^2 \frac{\partial^2}{\partial Q_s^2} + \omega_s^2 Q_s^2\right\} \tag{1.165}$$

电子一声子相互作用,$H_{eL}(X,Q)$ 将假设为 Q_s 的线性函数;线性的电子一声子相互作用具有下列形式:

$$H_{eL} = \frac{1}{\sqrt{N}}\sum_s u_s(x)Q_s \tag{1.166}$$

电子态的本征值函数可以写成

$$W_i(Q) = W_i^0 + \frac{1}{\sqrt{N}}\sum_s \omega_0^2 \Delta_{is} Q_s \tag{1.167}$$

式中，$\omega_0^2\Delta_{is}$ 是 Q_s 的系数；ω_0 是振动频率。

$$\omega_0^2\Delta_{is}=\int\varphi_i^*(x)u_s(x)\varphi_i(x)\mathrm{d}x \tag{1.168}$$

代入晶格振动的波动方程，有

$$\left\{W_i^0+\sum_s\frac{1}{2}(-\hbar\frac{\partial^2}{\partial Q_s^2}+\omega_0^2Q_s^2)+\frac{1}{\sqrt{N}}\omega_0^2\Delta_{is}Q_s\right\}\chi_{in}(Q)=E_{in}\chi_{in}(Q) \tag{1.169}$$

引进原点位移 $Q_{is}=Q_s+\frac{1}{\sqrt{N}}\Delta_{is}$，可得

$$\left\{W_i^0-\frac{1}{N}\sum_s\frac{1}{2}\omega_0^2\Delta_{is}^2+\sum_s\frac{1}{2}(-\hbar^2\frac{\partial^2}{\partial Q_{is}^2}+\omega_0^2Q_{is}^2)\right\}\chi_{in}(Q)=E_{in}\chi_{in}(Q) \tag{1.170}$$

本征态可以写成

$$\chi_{in}(Q)=\prod_s\chi_{n_s}(Q_{is})=\prod_s\chi_{n_{s0}}(Q_s+\frac{1}{\sqrt{N}}\Delta_{is}) \tag{1.171}$$

右侧的χ函数表示简谐振子波函数，n 为各模的量子数，相应的本征值为

$$E_{in}=W_i+\sum_s(n_s+1/2)\hbar\omega_s \tag{1.172}$$

现在考虑 i 和 j 两个电子态之间的光跃迁，如 $W_j>W_i$，由 j 到 i 发射光子 $E=\hbar\omega$ 的概率基本上决定于以下的“谱函数”：

$$F(E)=\underset{n}{Av}\sum_{n'}|\langle ii'\mid M\mid jn\rangle^2\delta(E-(E_{jn}-E_{in'}))| \tag{1.173}$$

在上式中，M 由下式给出：

$$\int\varphi_i(xQ)M\varphi_j(xQ)\mathrm{d}x=M_{ij} \tag{1.174}$$

采用绝热近似，可以将核和电子波函数分离，则有

$$F(E)\cong|M_{ij}|^2A_n v\sum_{n'}\prod_s\left[\int\chi_{n's}(Q_s+\frac{\Delta_{is}}{\sqrt{N}})\chi_{n_s}(Q_s+\frac{\Delta_{js}}{\sqrt{N}})\mathrm{d}Q_s\right]^2\times$$
$$\delta(E-W_{ji}-\hbar\omega_0\sum_s(n_s-n'_s)) \tag{1.175}$$

其中为了简化符号，引入了电子能级差 $W_{ji}=W_j-W_i$。由式(1.175)可见，发射光谱将包含能量为

$$E=W_{ji}-p\hbar\omega_0 \tag{1.176}$$

的一系列谱线，p 为正或负的整数。很明显 p 代表跃迁中净发射(如 p 为负值，代表吸收)的声子数，发射的声子数 p 越大，发射的光子能量也将相应地越低。

用 $Q_s+\Delta_{is}/\sqrt{N}$ 代替 Q_{is}，振动重叠积分可写为 $\int\chi_{n'}(Q_s+\frac{\Delta_{js}}{\sqrt{N}})\mathrm{d}Q_i$，进一步

进行级数展开后得

$$\int \chi_n (Q_s + \frac{\Delta_{js}}{\sqrt{N}}) \mathrm{d}Q_i = \int \chi_n \cdot \chi_n \mathrm{d}Q + \frac{\Delta_{ji}}{\sqrt{N}} \int \chi_{n'} \frac{\partial}{\partial Q} \chi_n \mathrm{d}Q + \frac{1}{2}\left(\frac{\Delta_{ji}}{\sqrt{N}}\right)^2 \int \chi_{n'} \frac{\partial^2}{\partial Q^2} \chi_n \mathrm{d}Q + \cdots \tag{1.177}$$

对于声子数 $n \to n$ 的跃迁，展开式中第一项，只有各个模的声子数 n_s 变化为 ± 1 时才对跃迁概率有贡献。重叠积分的最低次项为

$$\begin{aligned} &\left| \prod_s \int_{n_s} (Q_s) \chi_{n_s} (Q_{is} + \frac{\Delta_{jis}}{\sqrt{N}}) \mathrm{d}Q_{is} \right|^2 \\ &= \left[\frac{\omega_0}{2\hbar}\left(\frac{\Delta_{jis_1}}{N}^2\right)\right]\left[\frac{\omega_0}{2\hbar}\left(\frac{\Delta_{jis_2}}{N}^2\right)\right]\cdots \\ &\quad \left[\frac{\omega_0}{2\hbar}\left(\frac{\Delta_{jis_p}}{N}\right)\right] \times \left\{\prod_s \left[1 - \frac{1}{2}\left(\frac{\omega_0}{2\hbar}\right)\frac{\Delta_{jis}^2}{N} + \cdots\right]\right\} \end{aligned} \tag{1.178}$$

p 声子跃迁的总贡献：

$$F(E = W_{ji} - p\hbar\omega_0) = |M_{ij}| \mathrm{e}^{-S}\left(\frac{S^p}{p!}\right) \tag{1.179}$$

式中，$S = \frac{1}{N}\sum_s \left(\frac{\omega_0}{2\hbar}\right)\Delta_{jis}^2$，该式也被称为黄一里斯因子。$S$ 因子有鲜明的物理意义，在理论阐释固体色心光谱、多声子非辐射复合跃迁等物理过程中有重要作用，它通常被用来划分电子一声子耦合的几种状况。当 $S \gg 1$ 时，电子一声子耦合被定性为强耦合状况；当 $S \ll 1$ 时，被定性为弱耦合状况。在绝大多数处理中，S 因子被当成一个经验参数，因为包含 Condon approximation 等多重近似在推导中被引入。不少国外理论学者试图对黄一里斯因子进行更深入和细致的量子理论处理，在不使用康登近似的情况下，对固体中电子的多声子非辐射复合跃迁进行了量子力学计算，发现使用康登近似可能会低估了多声子非辐射复合跃迁概率。

任何对 N 个坐标 Q_{is} 的正交变换都将保持 $\sum_s \frac{1}{2}[-\hbar^2 \frac{\partial^2}{\partial Q_{is}^2} + \omega_0^2 Q_{is}^2]$ 的形式不变。这样 H_i 和 H_j 可以用坐标 $\bar{Q}$ 表示，$\bar{Q} = \dfrac{\frac{1}{\sqrt{N}}\sum_s \omega_0^2 \Delta_{jis} Q_{is}}{\left[\sum_s \left(\frac{\omega_0^2 \Delta_{jis}}{\sqrt{N}}\right)^2\right]^{1/2}}$。

$$H_j = W_j + \frac{1}{N}\sum_s \frac{1}{2}\omega_0^2 \Delta_{jis}^2 + \sum_s \frac{1}{2}\left[-\hbar^2 \frac{\partial^2}{\partial Q_{is}^2} + \omega_0^2 Q_{is}^2\right] \tag{1.180}$$

在有限温度下，初态声子数可以不为零，所以必须考虑既有声子增加，又有声子减少的各种跃迁。光子能量为 $\hbar\omega = W_{ji} - ph\omega_0$。

典型的跃迁将是有 $v+p$ 个模的声子数加 1，另有 v 个模的声子数减 1。把所有符合这一要求的跃迁贡献加起来，其结果将包含各个模的初态声子数 n_s。按统计概率进行平均，最后可以得到

$$F(E=W_{ji}-p\hbar\omega_0)=|M_{ij}|^2\mathrm{e}^{-S(2\bar{n}+1)}\sum_{v}\frac{[S(\bar{n}+1)]^{v+p}[S\bar{n}]^v}{(v+p)!\ v!}$$

$$=|M_{ij}|^2\left(\frac{\bar{n}+1}{\bar{n}}\right)^{p/2}\mathrm{e}^{-S(2\bar{n}+1)}I_{\mathrm{p}}(2S\sqrt{\bar{n}(\bar{n}+1)})\tag{1.181}$$

处于激发态的载流子通过辐射跃迁的方式回到基态的速率可表示为

$$r=\frac{\mathrm{e}^2 n_r}{3m^2\varepsilon_0\pi c^3\hbar^2}|\langle\psi_i|p|\psi_f\rangle|^2\Delta(\hbar\omega)\tag{1.182}$$

对于无辐射跃迁，由于晶格弛豫，杂质（或缺陷）上的电子发生跃迁时，原则上可以发射或吸收任意数目的声子，这样，在跃迁中电子能量的变化就可以完全由多声子的吸收或发射来补偿。这样的跃迁一般称为多声子无辐射跃迁。多声子无辐射跃迁的理论一般也是以绝热近似为基础的。按照绝热近似，跃迁初态和末态等定态是用绝热近似波函数描述的，它们仅仅是总的哈密顿量式（1.160）的近似本征态，所以哈密顿量在它们之间的矩阵元

$$\langle in'\mid H\mid jn\rangle=\int\varphi_i(x,Q)\,\chi_{in'}(Q)H\varphi_j(x,Q)\,\chi_{jn}(Q)\mathrm{d}x\mathrm{d}Q\tag{1.183}$$

并不为零。按照一般微扰理论推导跃迁概率的方法，很容易证明，以上哈密顿量的矩阵元起着跃迁矩阵元的作用；换句话说，从电子态 j 到电子态 f 的多声子无辐射跃迁的概率可以表示为

$$W=\frac{2\pi}{\hbar}\underset{n}{A v}\sum_{n'}|\langle in'\mid H\mid jn\rangle|^2\delta(E_{in'}-E_{jn})\tag{1.184}$$

计算无辐射跃迁概率，首先需要把非绝热性算符

$$L_{ij}(Q)=-\frac{\hbar^2}{2}\sum_s\int\varphi_i(x,Q)\frac{\partial^2}{\partial Q_s^2}-\varphi_j(x,Q)\mathrm{d}x-$$

$$\hbar^2\sum_s\left[\int\varphi_i(x,Q)\frac{\partial}{\partial Q_s}\varphi_j(x,Q)\mathrm{d}x\right]\frac{\partial}{\partial Q_s}\tag{1.185}$$

具体化，关键就是要知道电子波函数具体如何依赖于晶格坐标 Q。最简单的近似是取电子哈密顿量 H_{e} 的本征态 $\varphi_j^0(x)$ 作为零级近似，把电子—声子相互作用 H_{eL} 作为微扰，取一级微扰近似波函数

$$\varphi_i(x,Q)=\varphi_i^0(x)+\sum_k\frac{\langle k|H_{\mathrm{eL}}|i\rangle}{W_i^0-W_k^0}\varphi_k^0(x)\tag{1.186}$$

作为计算非绝热性算符的基础。对于线性的电子—声子互作用 H_{eL}，显然这个电子波函数也将是 Q 的线性函数，代入非绝热性算符，第一项为零，第二项除外，系数是不再依赖于 Q 的常数。这样的近似也称为“康登近似”。但是，由于康登近

似实质上是把跃迁计算中的一级微扰和实际上包含了各高级微扰的晶格弛豫效应混合并用,因此不能得到有意义的结果。"静态耦合"理论的基本观点是把电子一声子相互作用按电子哈密顿的本征态分成对角的部分和非对角部分。在一般处理晶格弛豫的近似范围内,晶格弛豫只涉及相互作用的对角部分(振子原点位移由相互作用的对角矩阵元决定),所以只要能避免对于对角的相互作用做微扰处理,那么在微扰计算上自相矛盾的问题就可以消除,实际上这是很容易做到的,只需在求电子波函数时,把电子一声子相互作用的对角部分分出来,并吸收在零级哈密顿量之内,这样做并不改变零级电子波函数,因为

$$\left\{H_{\mathrm{e}}+\sum_{k}|k\rangle\langle k|H_{\mathrm{eL}}|k\rangle\langle k|\right\}\varphi_{i}^{0}(x)=[W_{i}^{0}+\langle i|H_{\mathrm{eL}}|i\rangle]\varphi_{i}^{0}(x) \tag{1.187}$$

在这个基础上,仍按一级微扰方法写出近似的绝热电子波函数:

$$\varphi_{i}^{0}(x,Q)=\varphi_{i}^{0}(x)+\sum_{k}\frac{\langle k|H_{\mathrm{eL}}|i\rangle}{\widetilde{W}_{i}(Q)-\widetilde{W}_{k}(Q)}\varphi_{k}^{0}(Q) \tag{1.188}$$

把电子波函数代入非绝热性算符得到

$$L_{ij}(Q)=-\frac{\hbar^{2}}{2}\sum_{s}\frac{\partial^{2}}{\partial Q_{s}^{2}}f_{ij}(Q)-\hbar^{2}\sum_{s}\left[\frac{\partial}{\partial Q_{s}}f_{ij}(Q)\right]\frac{\partial}{\partial Q_{s}} \tag{1.189}$$

为了简便,上式引入了符号

$$f_{ij}(Q)=\frac{\langle i|H_{eL}|j\rangle}{\widetilde{W}_{j}(Q)-\widetilde{W}_{i}(Q)} \tag{1.190}$$

在绝热近似理论中,无辐射跃迁概率决定于跃迁矩阵元:

$$\langle in'|L_{ij}(Q)|jn\rangle=\int\chi_{in'}(Q)\left\{-\frac{\hbar^{2}}{2}\sum_{s}\left(\frac{\partial^{2}}{\partial Q_{s}^{2}}f_{ij}(Q)\right)-\hbar^{2}\sum_{s}\frac{\partial f_{ij}(Q)}{\partial Q_{s}}\right\}\chi_{jn}(Q)\mathrm{d}Q \tag{1.191}$$

经过进一步简化,可以得到静态耦合理论中的跃迁矩阵元公式:

$$\begin{aligned}\langle in'|L_{ij}(Q)|jn\rangle&=\int\chi_{in}(Q)\langle i|H_{\mathrm{eL}}|j\rangle\chi_{jn}(Q)\mathrm{d}Q\\&=\int\varphi_{i}^{0}(x,Q)\chi_{in'}(Q)H_{\mathrm{eL}}\varphi_{j}(x)\chi_{jn}(Q)\mathrm{d}Q\end{aligned} \tag{1.192}$$

非辐射载流子俘获速率为

$$\begin{aligned}C_{\mathrm{p}}=Vr=Vg\frac{2\pi}{\hbar}\sum_{k}|\langle\psi_{i}|\partial H/\partial Q_{k}|\psi_{f}\rangle|^{2}\cdot\\\sum_{m}p_{m}\sum_{n}|\langle\chi_{im}|Q_{k}-Q_{0}|\chi_{fn}\rangle|^{2}\delta(E_{im}-E_{fn})\end{aligned} \tag{1.193}$$

关于跃迁矩阵元重叠积分的计算通常有以下两种方法。

(1)基于声子谱计算电声耦合矩阵。

首先要对含缺陷的超胞进行声子谱的计算,由于计算量较大,可以先改写电

声耦合矩阵元的形式：

$$\langle \psi_i \mid \partial H/\partial Q_k \mid \psi_f \rangle = \sum_{\alpha} \langle \psi_i \mid \frac{\partial H}{\partial R} - \frac{\partial R}{\partial Q_k} \mid \psi_f \rangle = \sum_{\alpha} \frac{\mu_k(\alpha)}{m_\alpha^{1/2}} \langle \psi_i \mid \partial H/\partial R \mid \psi_f \rangle \tag{1.194}$$

利用一阶微扰近似，可得如下形式：

$$\langle \psi_i \mid \partial H/\partial R \mid \psi_f \rangle \approx (\varepsilon_f - \varepsilon_i) \langle \psi_i \mid \frac{\partial \psi_f}{\partial R} \rangle \tag{1.195}$$

式中，ε_f 和 ε_i 分别是末态与初态的本征值。

基于此形式，可以利用差分代替微分，对每个原子分别在 x、y、z 方向添加一个小的微扰 ΔR 后计算出对应的末态波函数，再与无微扰的初态波函数相乘并累加。处理含 $3N$ 支声子贡献的振动重叠积分，首先需要采用“初态近似”，假设载流子跃迁前后的声子谱不发生变化。使用载流子跃迁前的平衡态结构，进行含缺陷超胞的声子谱计算，可以得到 $3N$ 个不同声子的频率 ω_k 与本征矢量 μk。再把振动能级的积分改写成时间域的无穷积分形式，即

$$\sum_m p_m \sum_n \left| \langle \chi_{im} \mid Q_k - Q_0 \mid \chi_{fn} \rangle \right|^2 \delta(E_{im} - E_{fn})$$
$$= \int_{-\infty}^{\infty} \int_{-\infty}^{\infty} \langle Q \mid Q_k \mathrm{e}^{-\mathrm{i}tH_f/\hbar} Q_k \mathrm{e}^{-(\beta-\mathrm{i}t)H_i/\hbar} \mid Q \rangle \mathrm{d}Q \mathrm{e}^{\mathrm{i}t\Delta E_{if}/\hbar} \mathrm{d}t \tag{1.196}$$

采用数值积分即可求解。

(2)基于一维近似计算电声耦合矩阵。

在一维振动近似下，$\langle \psi_i | \partial H/\partial R | \psi_f \rangle$ 和 $\langle \chi_{im} | Q_k - Q_0 | \chi_{fn} \rangle$ 都是一维的。因此可以定义出一支有效的声子，用来代替所有 $3N$ 支声子的贡献。单支有效声子模式对应的结构变化量为

$$\Delta Q_{1D} = \sum_{\alpha} m_\alpha^{1/2} \Delta R(\alpha) \mu_{1D}(\alpha) \tag{1.197}$$

式中，$\mu_{1D}(\alpha) = C[R_{q=0}(\alpha) - R_{q=+1}(\alpha)]$，$C$ 表示归一化系数。

沿着这支特殊声子的方向，在哈密顿量展开的 Q_0 处左右分别做一些小的微扰，便可以得到以 Q_0 为中心的一系列 Q 点。利用

$$\langle \psi_i | \partial H/\partial Q | \psi_f \rangle \approx (\varepsilon_f - \varepsilon_i) \langle \psi_i | \frac{\partial \psi_f}{\partial Q} \rangle \tag{1.198}$$

计算每个 Q 点初末态波函数的耦合并求出耦合项关于 Q 的一阶导数，即可求出电声耦合矩阵元的大小。

本章参考文献

[1] 黄昆，谢希德. 半导体物理学[M]. 北京：科学出版社，1958.

[2] HALLIDAY D, RESNICK R. Fundamentals of physics[M]. 2nd ed. New

York：Wiley,1981.
[3] 周世勋.量子力学[M].上海：上海科学技术出版社,1961.
[4] PAULING L. the nature of the chemical bond application of results obtained from the Quantum mechanics and from a theory of paramagnetic susceptibility to the structure of molecules[J]. Journal of the American Chemical Society,1931,53(4):1367-1400.
[5] SLATER J C. Directed valence in polyatomic molecules[J]. Physical Review,1931,37(5):481-489.
[6] ZANIO K. Semiconductors and semimetals, Vol. 13[M]. New York：Academic Press,1978.
[7] ASPNES D E. GaAs lower conduction band minima：Ordering and properties[J]. Physical Review B,1976,14(12):5331.
[8] ALTERMATT P P,SCHENK A,HEISER G,et al. The influence of a new band gap narrowing model on measurements of the intrinsic carrier density in crystalline silicon[C]. International Photovoltaic Science and Engineering Conference. 1999.
[9] MOLL J L. Physics of Semiconductors[M]. New York：McGraw-Hill,1964.
[10] BEADLE W F,TSAI J C C,PLUMMER R D. Quick reference manual for silicon integrated circuit technology[M]. New York：Wiley,1985.
[11] SHOCKLEY W,READ W. Statistics of the recombinations of holes and electrons[J]. Physical Review,1952,87(5):835-842.
[12] YAN Y,LI,WEI S H,et al. Possible approach to overcome the doping asymmetry in wideband gap semiconductors[J]. Physical Review Letters,2007,98(13):135506.
[13] FREYSOLDT C,GRABOWSK B,HICKEL T,et al. First-principles calculations for point defects in solids[J]. Reviews of Modern Physics,2014,86(1):253-307.
[14] KONING M D,ANTONELLI A. Einstein crystal as a reference system in free energy estimation using adiabatic switching[J]. Physical Review E Statistical Physics Plasmas Fluids & Related Interdisciplinary Topics,1996,53(1):465.
[15] STAMPFL C,WALLE D,VOGEL D,et al. Native defects and impurities in InN：First-principles studies using the local-density approximation and self-interaction and relaxation-corrected pseudopotentials[J]. Physical

Review B,2000,61(12):R7846-R7849.

[16] ZHAO Y, TRUHLAR D G. A density functional that accounts for medium-range correlation energies in organic chemistry[J]. Organic Letters,2006,8(25):5753-5755.

[17] HEYD J,SCUSERIA G E,ERNZERHOF M. Hybrid functionals based on a screened Coulomb potential[J]. The Journal of Chemical Physics,2006, 124(18):8207-8215.

[18] BARTÓK A P,YATES J R. Regularized SCAN functional[J]. The Journal of Chemical Physics,2019,150(16):161101.

[19] 谢希德,方俊鑫. 固体物理学:上册[M]. 上海:上海科学技术出版社,1961.

[20] FREYSOLDT C,NEUGEBAUER J,WALLE V D. Fully Ab inito finite-size corrections for charged-defect supercell calculations[J]. Physical Review Letters,2009,102(1):016402.

[21] 黄昆. 晶格弛豫和多声子跃迁理论[J]. 物理学进展,1981,1:55.

[22] NEAMEN D A. 半导体器件导论[M]. 北京:电子工业出版社,2015.

[23] 马特瑞. 半导体缺陷电子学[M]. 北京:科学出版社,1987.

[24] 刘恩科,朱秉升,罗晋生. 半导体物理学[M]. 7 版. 北京:电子工业出版社,2011.

[25] 谭昌龙. 半导体物理与测试分析[M]. 哈尔滨:哈尔滨工业大学出版社,2012.

[26] 刘诺. 半导体物理与器件实验教程[M]. 北京:科学出版社,2015.

[27] 吴雪梅. 材料物理性能与检测[M]. 北京:科学出版社,2012.

[28] 林理彬. 辐射固体物理学导论[M]. 成都:四川科学技术出版社,2004.

[29] 廖立兵. 晶体化学及晶体物理学[M]. 3 版. 北京:科学出版社,2021.

[30] 黄维刚,薛冬峰. 材料结构与性能[M]. 上海:华东理工大学出版社,2010.

第2章

半导体材料器件与原始缺陷

2.1 半导体材料概述

固态物质是大自然中最常见的一种物质。根据不同的分类方法，固态物质可以划分为不同类别的物质。按照晶体状态分类，可以分为单晶、多晶、非晶态材料；按照化学组分分类，可以分为金属、非金属、高分子、复合材料和高分子复合材料；按照材料尺度分类，可以分为零维、一维、二维及三维材料；按照应用领域分类，可以分为电子材料、电工材料、光学材料、感光材料、信息材料、能源材料、宇航材料和生物材料等。

在电子器件与材料领域，依据固态物质导电特性的不同对其进行分类，则是一种最常用的分类方法。根据电导率的不同，固态材料通常被分为绝缘体、半导体和导体材料，如图 2.1 所示。

从图 2.1 中可看到，绝缘物质的电导率主要分布在 $10^{-18}\sim10^{-8}$ S/cm 之间，如石英、玻璃、硫等固态物质都分布在这个区间；导体物质的电导率一般大于 10^{3}，如铁、铝、铜、银、金等金属都处于这个区间；半导体材料是电导率在 $10^{-8}\sim10^{3}$ S/cm 之间，介于绝缘体和导体之间的固态物质，如锗、硅、硒、硼、锑、碲等。其电导率与温度、光照、电磁场等外界因素，以及半导体材料中掺杂浓度和种类有着密切关系。因此，作为半导体器件的载体，半导体材料的特性对物理器件的性能有着重要的影响。

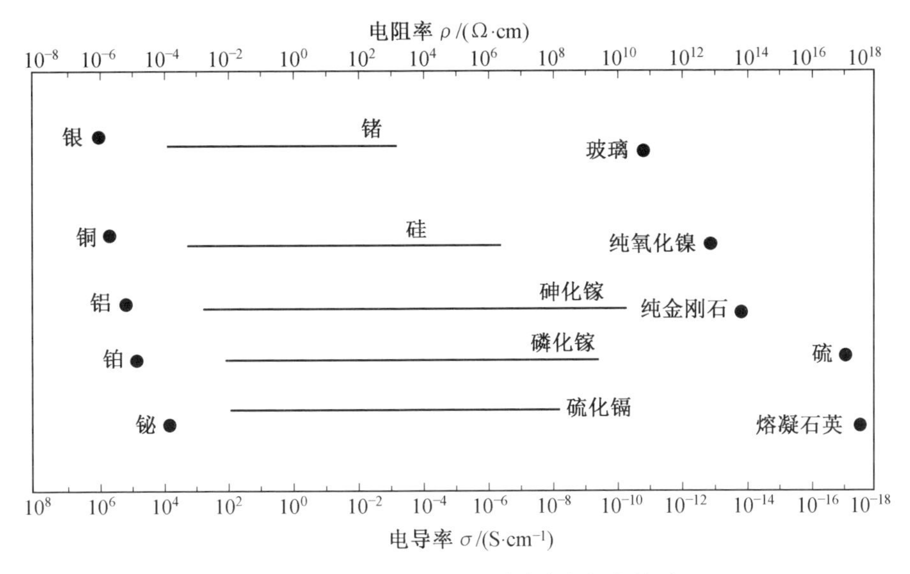

图 2.1　电导率与固态物质分类之间的关系

半导体材料及其特性的研究，可以追溯到 19 世纪 30 年代，英国巴拉迪最先发现硫化银的电阻随着温度变化，并且变化情况不同于一般的金属。一般情况下，金属的电阻随温度升高而增加，但巴拉迪发现硫化银材料的电阻是随着温度的上升而降低的，这也是半导体的热敏特性和负电阻率温度特性首次被发现。1839 年法国的贝克莱尔发现半导体和电解质接触形成的结，在光照下会产生电压，这就是人们熟知的光生伏特效应（或者光伏特性），也是半导体材料的第三个特性——光敏特性的首次发现。1874 年，德国的布劳恩观察到某些硫化物的电导与所加电场的方向有关，即它的导电有方向性，在它两端加一个正向电压，它是导通的；如果把电压极性反过来，它就不导电，这就是半导体的整流效应，也是半导体的第四个特性。同年，舒斯特又发现了铜与氧化铜的整流效应。半导体这个名词大概是在 1911 年才首次被考尼白格和维斯使用，而半导体材料的热敏特性、负电阻率温度特性、光敏特性、整流特性、掺杂特性等几个主要特性，一直到 1947 年 12 月才由贝尔实验室测试和总结完成。

经过两个多世纪的努力，目前已经有众多的元素半导体和化合物半导体材料被发现和应用。表 2.1 给出了元素周期表中的部分元素半导体，元素半导体由单一种类的原子组成，如硅（Si）和锗（Ge），可以在第ⅣA 族中找到。然而，大部分的半导体是由两种或多种元素组成的化合物半导体。例如，砷化镓（GaAs）为ⅢA－ⅤA 族化合物半导体，由位于第四周期的镓（Ga）和砷（As）化合而成。

表 2.1　与半导体材料相关的部分元素周期表

周期	族				
	ⅡA	ⅢA	ⅣA	ⅤA	ⅥA
2		B 硼	C 碳	N 氮	
3	Mg 镁	Al 铝	Si 硅	P 磷	S 硫
4	Zn 锌	Ga 镓	Ge 锗	As 砷	Se 硒
5	Cd 镉	In 铟	Sn 锡	Sb 锑	Te 碲
6	Hg 汞		Pb 铅		

在20世纪50年代双极型晶体管出现之前，半导体器件仅被用作光电二极管、整流器等双端口器件，而锗是主要的半导体材料。然而，锗的高漏电流特性使其在半导体器件应用中受到了很大的局限。此外，锗的氧化物(GeO_2)是水溶性物质，不适合于电子器件的制造。20世纪60年代，硅成为一种切实可行的替代品，现在则几乎取代了锗成为半导体制造的主流材料。这主要是因为：一方面，使用硅材料制备的半导体器件具有非常低的漏电流；另一方面，硅材料的氧化物二氧化硅是一种优良的绝缘材料。此外，硅是极为常见的一种元素，在地壳中是第二丰富的元素(25.7%)，仅次于第一位的氧(49.4%)。而且，硅材料的提取成本要远低于目前发现的其他半导体材料。因此，从器件制造成本的角度考虑，硅成为周期表中被研究得最多的元素之一，也使得硅技术成为目前最先进的半导体技术。

除硅、锗等元素半导体材料外，还有一类化合物半导体或复合半导体材料。这类半导体材料是由化合物构成的，它们通常由两种或两种以上元素组成。常见的二元化合物半导体有：由ⅢA族元素Al、Ga、In和ⅤA族元素N、P、As、Sb组成的GaAs、GaN、InAs等ⅢA－ⅤA族化合物半导体；ⅡA族元素Zn、Cd、Hg和ⅥA族元素S、Se、Te组成的ZnS、CdS、CdSe等ⅡA－ⅥA族化合物半导体；Si元素与C元素组成的SiC等ⅣA－ⅣA族化合物半导体；ⅤA族元素As、Sb与ⅥA族元素S、Se、Te组成的$AsSe_3$、$AsTe_3$、AsS_3、SbS_3等VA－ⅥA族化合物半导体；ⅣA族元素Ge、Pb、Sn与ⅥA族元素S、Se、Te组成的GeSe、SnTe、GeS、TbS等ⅣA－ⅥA族化合物半导体；还有像ZnO、CuO_2、SnO_2等金属氧化物。此外，还有三元化合物(如砷化铟镓(GaInAs))，甚至四元化合物(如磷化铝铟镓(AlInGaP))。这些化合物半导体有着硅所没有的一些电学以及光学特性，如砷

化镓(GaAs)具有可供光电应用的直接带隙能带结构，以及产生微波的谷间载流子输运和高迁移率等独特特性。

2.2　硅、锗及其外延材料

2.2.1　引言

仅由单一元素组成的半导体材料称为元素半导体。在周期表中，具有半导体性质的元素有硼、碳、硅、锗、锡、磷、砷、锑、硒、碲和碘等，其中最有用的是硅、锗和硒。在半导体材料中，硅和锗是公认的最优材料。硅与锗在晶体结构和一般理化性质上颇为类似，它们的晶格结构都属金刚石型，只是晶格常数有所不同。这种结构可以看成是两个面心立方格子沿其空间对角线偏离 1/4 套合而成的。在这个结构中，每个原子周围有 4 个最邻近的原子，它们分别处于一个正四面体的四个顶角上，该原子则处于四面体的中心。硅和锗的主要物理性能列于表 2.2。

表 2.2　硅和锗的主要物理性能

项目	符号	单位	硅	锗
原子序数	Z		14	32
原子量	W_{at}		28.8	72.60
晶格常数	a	10^{-10}	5.421	5.657
密度	d	g/cm^3	2.329	5.323
熔点	T_m		1 417	937
热导率	k	W/(cm・℃)	1.57	0.60
禁带宽度(0 K)	E_g	eV	1.153	0.75
电子迁移率	μ_n	$m^2/(V \cdot s)$	0.135	0.39
空穴迁移率	μ_p	$m^2/(V \cdot s)$	0.048	0.19
电子扩散系数	D_n	m^2/s	0.003 46	0.01
空穴扩散系数	D_p	m^2/s	0.001 23	0.004 87
本征载流子浓度	$n_i=(np)^{1/2}$	(300 K 时)m^{-3}	1.5×10^{16}	2.4×10^{19}
本征电阻率	l_i	Ω・cm	2.3×10^5	46.0
介电常数	ε		11.7	16.3

从资源蕴藏的角度来看，硅要比锗丰富得多。硅是地壳外层含量仅次于氧的最普遍的元素，约占地壳的25%。但通常看不到游离硅，而主要以它的氧化物（如沙、石英、水晶、紫石英、玛瑙、燧石、蛋白石等）和硅酸盐（如花岗石、角闪石、石棉、长石、黏土、云母等）的形式存在于自然界。锗的存在较稀少而又分散（硫铜锗矿、闪锌矿、某些煤灰等）。在锗的原料中，含锗量之低甚至给锗的浓缩制备带来较大的困难。

电子工业用的半导体材料，其纯度要求很高，一般的冶金硅、锗是绝对不适合于制造半导体器件的。必须进一步精炼制得超纯材料，因为任何微量杂质的存在均会对半导体的性能造成极大的影响。在现今工业上，超纯硅和锗的制取有化学和物理两种方法。化学法主要是硅、锗卤化物的还原和热分解，如三氯氢硅（$SiHCl_3$）的氢还原法，四氯化硅（$SiCl_4$）和四氯化锗（$GeCl_4$）的锌还原法或镉、氢还原法，硅烷热分解法，四碘化硅（SiI_4）、四溴化硅（$SiBr_4$）的分解和氢还原等，纯度一般能达到99.99%。若采用多次碘化物热分解，纯度可达99.999 9%。应用最广泛和最有效的物理精炼法是区域熔化提纯法，它被认为是制取高纯度半导体材料的划时代工艺方法。通过以上方法所得的超纯硅和锗均是多晶体，仅能用于制作检波器等小电流整流器，这种整流器只是利用点接触表面阻挡层的整流作用。在大部分半导体器件中，都需要超纯度的单晶硅和单晶锗材料。在制备单晶硅和单晶锗的方法中，常用的工业方法是熔体抽制法和区域熔化法。

熔体抽制法制备单晶原理，是把区域熔化提纯法得到的高纯度半导体材料装入坩埚容器，用高频加热器加热到比材料熔点稍高的温度后保持炉温。将一个具有一定尺寸和预定取向的籽晶浸入熔融液内，不充分熔解时便开始慢慢地拉伸。最初，一方面以比较快的速度拉伸，另一方面利用颈缩法使直径收缩而不产生位错。接着，在较慢的拉伸速度下降温形成肩部。在达到规定的直径时，以一定的拉伸速度继续拉伸，使之生长成为具有一定长度和一定直径的单晶体。在抽制法制备单晶的过程中，根据预定的导电类型（n型或p型），要在多晶半导体原料中添加适当的掺杂剂，p型添加硼，n型添加磷、锑、砷等。区域熔化法是在多晶的硅或锗锭中的一端放置单晶晶种，先使晶体部分熔融，然后慢慢移动熔区使之逐渐结晶，制成硅或锗单晶。硅、锗单晶通常沿〈111〉、〈100〉、〈110〉三种晶向生长。晶体管采用沿〈111〉晶向生长的单晶，可得到平整的pn结面；MOS器件为了降低表面态，常采用沿〈100〉晶向生长的单晶。

如第1章所述，掺杂对半导体硅、锗性能影响极大，绝对没有杂质的本征情况在事实上是不存在的。实际应用的本征情况只是指当温度足够高，本征激发的载流子远远超过了杂质载流子浓度时的情况。对具体半导体器件而言，本征情况仅是一种参考标准，用以说明器件使用的温度限制。如pn结是靠n型和p型材料中电子和空穴浓度有很大差别而工作的，故一旦温度高到本征载流子浓

度可以和掺杂浓度相比时，器件就不能正常工作。表 2.3 中列出了几种不同掺杂浓度的硅和锗本征载流子浓度达到杂质浓度时的温度。由表可见，硅可比锗使用于更高的温度，其原因是硅有更宽的禁带，其本征载流子浓度比锗低得多。

表 2.3　硅和锗的掺杂浓度与极限温度

掺杂浓度/cm^{-3}	10^{14}	10^{15}	10^{16}
Si	450 K(180 ℃)	530 K(260 ℃)	600 K(330 ℃)
Ge	370 K(100 ℃)	430 K(160 ℃)	510 K(240 ℃)

当半导体晶体中掺有杂质时，便会在禁带内或两个能带（价带与导带）内引起附加的能级。若这些附加的能级出现在能带中，则对晶体的电学性能影响较小。然而当它们出现在禁带内，则即便数量很小，对晶体的性质也将有显著的影响。在硅、锗半导体中，常见的杂质及其能级如图 2.2 所示。如前所述，图中硼、铝、镓、磷、砷、锑等浅能级杂质是决定和控制单晶导电类型（电子或空穴）和电阻率的掺杂剂，而铜、金、铁等重金属杂质，其能级大多靠近禁带中心，称之为深能级杂质，一般起俘获中心的作用，会影响器件的性能和功能指标。

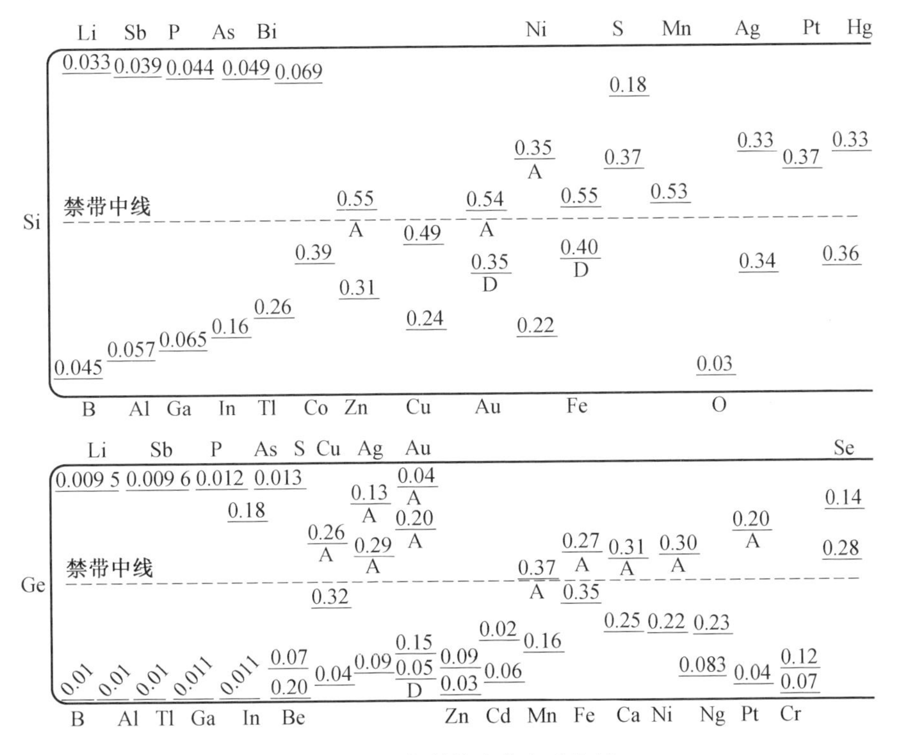

图 2.2　硅、锗单晶中的杂质能级

由于硅的禁带宽度比锗大，使用温度高，热导率比锗大，故适于制作大功率器件。锗的载流子迁移率高，故可用作高频低噪声器件和高速器件。在禁带中线以下的能级为受主能级，它们是从价带顶量起的，但图中注有“D”的为施主能级；在禁带中线以上的能级为施主能级，它们是从导带底量起的，但图中注有“A”的为受主能级。

2.2.2 硅材料

1. 单晶硅

(1)材料属性及制备技术。

硅有无定形(非晶硅)和结晶形两种同素异形体。无定形硅呈棕色粉末状，密度为 2.35 g/cm^3，化学性质活泼，不导电，用途较少。结晶形硅在固体时呈现灰色，并具有金属光泽，质坚且脆，其貌似金属。结晶硅可分为单晶硅和多晶硅两种。单晶是指整个晶体内原子都呈周期性的规则排列；多晶是指在晶体内各个局部区域里原子呈周期性的规则排列，但不同局部区域之间原子的排列方向并不相同。因此，多晶体也可看作是由许多取向不同的小单晶体组成的。

硅在元素周期表中属于ⅣA 族，原子序数为 14，相对原子质量为 28.085 5，核外电子的排布为 $1s^22s^22p^23s^23p^2$，化合价表现为四价或二价(四价化合物为稳定型)。因为晶体硅的每个硅原子与另外 4 个硅原子形成共价键，其 Si—Si 键长为 2.35 Å，成为正四面体型结构，与金刚石结构相近，所以硅的硬度大，熔点、沸点高。单晶硅具有优良的力学性质，其机械品质因数可高达 10^6 数量级，滞后和蠕变极小(几乎为零)，机械稳定性好。硅材料的质量轻，密度为不锈钢的1/3，而弯曲强度却为不锈钢的 3.5 倍，具有高强度密度比和高刚度密度比，是一种十分优良的 MEMS 材料。

根据能带理论，晶体中并非所有的电子或价电子都参与导电，只有导带中的电子或价带顶部的空穴才能参与导电。由于禁带宽度小于 2 eV，电子和空穴浓度都很低，因此本征硅的电阻率非常高。在室温状态(300 K)，硅的电阻率为$2.3\times10^5\ \Omega\cdot cm$。杂质对半导体的导电性能影响很大，例如，在单晶硅中掺入1/100 000的硼原子，就可使硅的导电能力增加 1 000 倍。这种掺入了杂质的半导体称为杂质半导体，它可分为 n 型和 p 型。在四价的硅单晶中掺入五价的原子(如磷等)称为 n 型半导体；在单晶硅中掺入三价原子(如硼等)称为 p 型半导体。杂质半导体的电阻率与其掺杂的浓度有直接的关系，一般都在 0.01 Ω·cm到上千Ω·cm。

半导体单晶硅材料是半导体器件和集成电路等电子工业的基础材料。在目前使用的半导体材料中，硅一直处于主导地位(98%的半导体器件是由硅材料制

造的)。集成电路和芯片是单晶硅最重要的产品。除此之外,还有传感器、光电阀、色敏电池等。单晶硅半导体材料的主要用途见表2.4。

表2.4　单晶硅半导体材料的主要用途

制作器件	主要用途
二极管、晶体管	通信、雷达、广播、电视、自动控制
集成电路	各种计算机、通信、广播、自动控制、电子钟表、仪表
整流器	整流
晶闸管	整流、直流输配电、电气机车、设备自控、高频振荡器、超声波振荡器
射线探测器	原子能分析、光量子检测
太阳能电池	太阳能发电

在过去的近半个世纪里,无论是直拉单晶硅(CZ—Si)的完整性、均匀性和纯度,还是直拉单晶硅锭的直径和长度,都得到了不断提高。尽管直拉单晶硅在现代微电子技术中所起的主导地位是不可置疑的,然而CZ—Si固有的高浓度间隙态过饱和氧、碳沾污,以及随着硅锭直径的进一步增大、长度加长可能导致的缺陷密度增高和掺杂剂的径向和纵向微区不均匀分布,已是制约CZ—Si单晶质量进一步提高的关键,特别是集成电路(IC)工艺过程中间隙氧的不均匀沉淀以及伴随其沉淀产生的缺陷,将严重限制硅IC集成度的提高。为了克服上述困难,常采用内吸除工艺或磁控拉晶(MCZ)、双液层拉晶法(DLCZ)和硅外延技术。利用磁控拉晶,特别是硅外延技术,不仅能有效地控制氧、碳等杂质沾污,提高硅的纯度,从而改进外延层大面积掺杂的均匀性,而且还易获得完整性和厚度均匀性好、界面质量高和过渡区小的 nn^+、pp^+ 和pn结结构,可用于甚大和超大规模的IC工艺制造,满足电力、电子等高频大功率器件和电路的需求。总之,从提高硅器件和集成电路成品率及降低成本来看,增大CZ—Si单晶的直径仍是今后CZ—Si单晶发展的总趋势;从进一步提高硅IC工艺的速度和集成度来看,研制适合硅深亚微米乃至硅纳米工艺所需的硅外延片将逐渐成为今后硅材料发展的主流。

①直拉法(CZ)。用直拉法制备单晶硅已是比较成熟的工艺。直拉法是生产单晶硅的主要方法,它的特点是成本低、直径大,并可制成无位错、无旋涡缺陷的单晶硅。

②区域熔化法(FZ)。用水平区域熔化法生长单晶硅,方法是将材料放在石英舟内或超纯的石墨舟内,先将籽晶和锭料与石英舟贴合,并在头部掺杂,然后进行区域熔化生长单晶。水平区域熔化法生长与直拉法相比较,水平区域熔化法由于受到容器的约束及热不对称的影响,容易产生晶体缺陷,晶体少数载流子

寿命较短，但可以用附加的后加热器来改善。此法的优点是设备简单，一个人可以照顾很多台设备，产量大，晶体的纵向均匀性好。

无坩埚区域熔化法制备单晶硅，通常用于生产电阻率大于 30 Ω·cm 的高阻材料，尤其是用于生产高电压器件的硅材料，如高压整流器、可控硅及一些特种的探测器。这种方法的优点是所得材料纯度高、电阻率纵向均匀性好，缺点是直径不可能做得很大、工艺操作困难。

③磁场拉晶法(MCZ 法)。单晶硅生产中的难点是电阻率分布不均、氧沉淀引起的微缺陷和氧沉淀分布不均，这些现象归因于晶体生长时固－液界面不平坦及熔体的热对流。于是导致人们对温度场和熔体流动场的研究。磁场拉晶方法正是利用了硅熔体是电的良导体，导体在磁场中做切割磁力线的运动会受到磁场的作用，从而减缓了熔体的流动，起到抑制热对流的作用。

CZ、FZ 和 MCZ 生产的产品各有其一定的电阻率范围，而不同电阻率的单晶又与不同品种的器件相对应，因此 MCZ 完全可以代替 CZ。

(2)缺陷与控制。

单晶硅中存在很多缺陷，具体介绍如下。

①原生缺陷。硅中的原生缺陷是指刚生长好的硅还未经任何工艺处理前所含有的缺陷，在此主要是指所含的体缺陷。两种主要硅材料 CZ 硅、FZ 硅中所含原生缺陷的情况是不相同的。

a. CZ 硅中原生缺陷的研究一般都受到人们的忽视，一个重要的原因就是 CZ 硅中的原生缺陷很少，以致不能通过腐蚀来观察到。另一个重要原因是，CZ 硅中碳和氧杂质含量较高。尤其是氧，它在工艺中很容易被诱发生成二次缺陷，这种二次缺陷几乎完全掩饰了 CZ 硅中原生缺陷的存在。

大多数 CZ 硅中的原生缺陷都分布在靠近边缘处，越靠近中心，其密度越小，形成一个或几个环形。CZ 硅片经高温氧化后，往往可观察到环形层错，用氧有关的间隙原子聚集只能解释层错的形成，却不能解释环形分布的原因，故一般认为这是在氧化之前就有环形分布的核存在的缘故。有些研究者认为，此核也就是原生缺陷。

b. FZ 硅的原生缺陷复杂得多。无位错 FZ 硅中的原生缺陷分为 A、B、C、D 四种。A、B 两种缺陷在硅片上的分布呈旋涡状，故称为旋涡缺陷。A 缺陷在〈111〉面上的腐蚀形状为三角坑。A 缺陷是硅自间隙原子聚集而成的，其形成机制仍在争论之中，其中液滴模型较有影响，它是固熔体回熔引起的。B 缺陷的尺寸远小于 A 缺陷的尺寸，据此可知它是硅间隙原子簇或更复杂的结构。

FZ 硅中原生缺陷可分为 S、I、V 三个区域，旋涡缺陷 A、B 分布在 S 区，D 缺陷分布在 V 区。目前，还缺乏对 C 缺陷的了解。D 缺陷尺寸极小，所以往往需要先用铜缀饰再观察。D 缺陷被认为是在晶体快速生长和低温梯度时生成的，其

性质尚无定论，可能是空位聚集而成的。现在有越来越多的研究者支持这一看法，并有不少间接支持这一结论的实验，如通过释放空位或注入间隙原子可以使D缺陷减少。

②热处理诱生缺陷。诱生缺陷是指生长好的单晶在以后的工艺中被诱生的缺陷，因此又被称为二次缺陷。器件制作过程中有许多工艺都会诱生缺陷，其中影响最大的是热处理工艺。热处理温度跨度大，如从镀金属膜和光刻中的烘烤等低温热处理，到外延生长、掺杂、氧化等高温工艺，各阶段都会遇到不同的热处理。杂质经热处理后被激活，变得具有活性，于是杂质之间互相反应形成各种复合物。许多在常温下很稳定的杂质都会在几百摄氏度的热处理下具有活性，从而生成种类繁多的复合物。这些复合物尺寸极小，不能用现有工具直接观测到，属点缺陷。这些复合物尺寸虽小，但它不仅使参与复合物的各组分失去原有电学特性，而且表现出新的电学特性。当某种杂质含量达 $1.0\times10^{12}\ cm^{-3}$ 以上时，就必须考虑由这种效应产生的影响；当这种效应明显时，甚至会造成材料改性。

低温热处理产生的影响可改变材料的电学特性，而中高温热处理时则会产生大的沉积物。这些沉积物缺陷可以通过腐蚀后用显微镜直接观察到，其腐蚀形状大多数为近圆形的腐蚀坑或小岛。很多研究表明，这些沉积物缺陷的组成是“杂质—硅间隙原子”或者“杂质—空位”的聚积。当热处理温度更高、时间更长时，则生成层错。层错的主要组分是硅间隙原子。综合现有的实验现象、结论，可总结出热诱生缺陷的形成过程如下：低温时，各种杂质相互反应，形成各种复合物；当温度升高到某一值时，这些复合物开始聚集。在这些过程中，值得注意的有以下几点：

a. 对不同的复合物，开始生长的阈值温度不同，如以氧为核心的复合物生长形成 TD(热施主)的温度只需要 300 ℃，而以铁为核心的复合物生长形成沉积物则需 700 ℃。

b. 同一种材料中往往某一种或几种复合物占主导地位，如在 CZ 硅中，氧核心的复合物占明显优势，故在热处理时，TD、ND(新施主)的形成十分明显；在 FZ 硅中，氧极少，常常是某种重金属杂质复合物占优势；当材料中无大的污染时，则可能是原生缺陷作为生长的核，或者由于无核而没有沉积物生成。

c. 这些沉积物中，硅自间隙原子(空位)是其组成的重要成分。可以想象，材料中不可能有如此之多的杂质，以致聚集起来形成众多的肉眼可见的沉积物缺陷。因此，沉积物中也必有硅本征缺陷的参与。至于通过何种机制形成众多的硅间隙原子还不太清楚，只有氧复合物生长过程迫使大量硅间隙原子生成并聚集的机理比较为大家认可，其他类型的复合物如何使硅间隙原子产生并聚集还需进一步研究。

另外，由于这些复合物生长都需要硅间隙原子，因此生长也是相互竞争的，只有一种或几种复合物的生长占优势。不同复合物形成沉积物的腐蚀形状有所不同，但是这些复合物的生长机制类似，都有硅间隙原子参与其中，故其腐蚀形状又有相同的一面。这就是沉积物的腐蚀形状既具有多样性，又具有同一性的缘故。当温度再升高，并且处理时间延长，部分沉积物可以继续生长形成堆垛层错。堆垛层错是由硅间隙原子构成的，最典型的例子是氧的沉积物生长成为氧化诱生层错(OSF)。但并不是所有种类的沉积物都可以生长成为 OSF。例如，以铁为中心的沉积物在热处理条件下一般不会生长成为层错，只是在适当条件下才有可能继续生长而形成层错(当有大量的硅间隙原子提供给这些沉积物时，就会以这些沉积物为中心生长为层错)。众所周知，氧化时会产生大量自间隙原子，于是高温氧化工艺可以作为提供硅间隙原子的适宜工艺。按此模型，用不同材料进行高温氧化处理时，则应生成以不同沉积物为核心的层错；当没有某种沉积物优势即材料无大的污染时，则会形成以原生缺陷或机械损伤为中心的层错(当材料特别好时就没有层错)。其实，此时的层错也就是氧化层错。氧化层错的核与氧沉淀、其他杂质、机械损伤等有关。

在层错贯穿到硅表面的地方，能引起部分杂质的增强扩散。例如，硼、磷在有氧化层错存在时，扩散加速。对此的解释是：一方面，由于硼、磷扩散是通过间隙机制扩散的，在能促进间隙原子生成的条件下，它们的扩散速率提高，而氧化层错是由间隙原子构成，故而使其增强扩散。另一方面，砷在硅中的扩散完全通过替代机制，因此观察不到扩散增强，这一事实也间接证实了氧化层错由间隙原子构成这一观点。

综上所述，热处理时形成的缺陷为：

a. 低温时生成的杂质复合物为点缺陷。

b. 高温时(含高温氧化)形成的 OSF 择优腐蚀形状为杆状。

c. 高温时，杂质复合物生长形成的沉积物择优腐蚀形状大多为近圆形。

③硅中氧诱生缺陷。

a. 低温工艺下氧诱生的缺陷。研究表明，在 800 ℃以下低温处理，会使 CZ 硅中生长热施主(TD)和新施主(ND)，其形成过程如下：

(a)成核过程。在 CZ 硅单晶生长的冷却过程中，单独的氧结合成二聚氧，其形成过程与氧的浓度及扩散系数有关。

(b)在 300～350 ℃时，二聚氧与其他杂质、缺陷结合形成其他类型的复合物及二聚氧捕获快速扩散核素形成旧热施主(OTD)两个过程同时进行，其地位几乎是相等的。

(c)在 350～450 ℃时，上述两个过程中后者占优势，同时逐步形成另一种热施主——新热施主(NTD)。

(d)在 450～600 ℃这一温度区域退火，使 OTD 逐渐消失，而 NTD 由于有较

好的稳定性，不会因退火而消失。

(e)在 600～800 ℃时，ND 形成与 NTD 有一定关系。

由此可以看出，在低温处理下，氧原子主要是形成一些施主类型的复合物，即 OTD、NTD 和 ND，它们的行为特性主要与退火温度、退火时间、含氧量等因素有关，而 TD、ND 的浓度一般与材料中的含氧量成正比。关于 TD 和 ND 与材料中的含氧量、退火时间、退火温度的关系，不仅对 CZ 硅适用，对进行了氧离子注入的 FZ 硅同样适合。

b. TD 和 ND 的结构及控制方法。虽然对 TD 和 ND 的工艺行为做了大量研究，但是关于 TD 和 ND 的具体结构仍不是很清楚。目前，比较公认的看法是：TD 和 ND 的结构为 Si_mO_n，在不同温度条件下热处理前 m、n 为不同值，于是成为 OTD、NTD、ND。由于结构的不同，其性质也不同，如 ND 的热稳定性好。

除去 TD 和 ND 的办法如下：

(a)在大于 1 100 ℃的温度下，进行短时间的退火处理，如在 1 150 ℃下对硅处理 30 s 就可彻底消除 ND 和 TD，电阻(R)完全恢复。

(b)进行预热前处理。当材料在 650～800 ℃下进行预热处理 30 min 后，其 TD 的生长速度最低。此法只适于消除 TD，对于 ND 并无太大影响。但此法对不适合进行高温处理的工艺是有价值的。

目前，检测 TD 和 ND 的常用方法有以下两种：

(a)选择适当的腐蚀液进行择优腐蚀，然后在显微镜下观察，TD 形状一般为小圆腐蚀坑(凹坑或小丘状凸起)。

(b)红外线吸收光谱。由于这两种热施主吸收了不同数量的电子，因此处于不同的激发态上，大于 700 cm^{-1} 的吸收带是负电态的 TD 形成的，小于 600 cm^{-1} 的吸收带则是中性的 TD 形成的。

这两种方法对研究 TD 的结构是有帮助的。

c. 高温工艺下氧诱生的缺陷及其结构。氧在大于 800 ℃的高温工艺下的行为特性和其在低温工艺下类似，也与热处理温度、热处理时间、氧浓度分布等有关。

氧的高温特性与热处理温度的关系也可以说是氧析出物从生成、发展到消亡的过程。首先，在 800～900 ℃的热处理中生成大量的氧析出物的微缺陷。实际上这种氧析出物的微缺陷在 600 ℃时就已开始渐渐生成，只是在 800～900 ℃时生长速度比 600 ℃时快得多。然后，在 900～1 000 ℃时热处理使析出物长大，并形成堆垛层错等位错复合体。随后，温度继续上升，达到 1 100 ℃以上后，晶体表面的氧扩散出晶体(外扩散)，于是氧析出物引起的微缺陷等复合物开始消除。若温度再升至 1 300 ℃以上，氧就溶解于硅中，成为间隙原子。众所周知的吸杂技术也就是利用氧的高温特性来吸收杂质和缺陷的，这就是氧的高温行为与热处理温度的关系。实际上，一般的工艺温度不会超过1 200 ℃。在800～1 000 ℃范围内的热处理，随着退火时间的增加，氧析出物不断生长。氧浓度越高，氧析出物的浓度也就越高。

对经高温(800～1 000 ℃)热处理过的硅片，选择适当的腐蚀液进行择优腐蚀，然后通过显微镜可以看到3种缺陷，即杆状缺陷、盘状腐蚀坑和Punchout位错。其中，盘状腐蚀坑与低温处理时形成的腐蚀小圆坑类似，只是体积更大。杆状缺陷在高温处理过程中还会变长，不断生长，很多实验都表明这些杆状缺陷的长度与退火时间的平方根呈线性关系。

一般认为是由于硅间隙原子聚集或非晶态二氧化硅聚集而形成杆状氧析出物。FZ硅受热后，其中的氧由于扩散而趋于均匀分布；CZ硅由于含氧量太高，高于氧在硅中的固熔度，故受热后不发生扩散，而引起非晶态SiO_2析出。因一个SiO_2分子占据两个硅原子的体积，所以多出一个硅原子处于晶格之间，形成间隙硅原子。随着氧析出增强，氧析出物不断聚集，硅间隙原子也不断聚集。一般认为，杆状缺陷实际上是一种堆垛层错，是由硅间隙原子聚集而成的，而盘状缺陷是由Si_mO_n为核心的氧析出物构成的，因此其腐蚀形状与ND的类似，但体积更大。

d.对氧的行为影响较大的杂质、缺陷。对氧的行为影响最大的杂质是碳。在热处理过程中，氧几乎与所有的杂质、缺陷反应生成各种复杂的复合物，碳、氢只是其中影响较大的杂质。点缺陷、空位是最有影响的缺陷。

碳会影响氧的热行为，而CZ硅中往往有大量的碳原子。当有碳参与时，TD、ND的形成过程要比没有碳参与时复杂得多。实验结果表明：碳的存在抑制了TD的形成，却促进了ND的形成，但尚无十分完善的模型解释这种现象。一般认为这种现象的成因可能是TD的结构为SiO_2，而碳存在时，参与其反应形成的复合物要求更多的氧加入，于是这种反应与生成TD核的反应相互竞争，导致TD浓度降低。另外，碳对ND的形成起促进作用，其影响之大甚至可与氧的作用相比。一些研究者的实验甚至表明：当碳的含量低于检测极限时，仍对ND的形成有影响。碳实际上起到一种高效催化剂的作用。

以前，人们一直把注意力放在氧或其他杂质对TD的影响上，对于氢与TD形成的关系研究得很少，只是到了20世纪80年代才开展了一系列研究。随着离子注入、等离子注入技术的应用，发现这些工艺以及薄膜沉积、腐蚀工艺都会在材料中引入氢，于是氢对TD形成产生的影响开始引起人们的重视。氢对氧的行为的影响主要是：加快TD的形成率以及与TD相结合，从而使氧、TD的扩散增强。

如图2.3所示，A段曲线是正常情况下的TD生长情况，B段曲线为经过氢粒子束注入样品的TD生长情况，C段曲线为退火炉中氢气气氛处理时TD的生

长情况。一般来说，硅材料中本身所含氢并不多，氢的引入主要是在氢气气氛中的热处理或由氢离子注入引起的。比较 A、B、C 三段曲线可见，当氢浓度最大时（离子注入），TD 的生长率明显提高。图 2.4 所示则是另一个例子，图中两条曲线分别是进行了离子注入和未进行离子注入样品的比较。由于采用的是同一硅片的不同位置，而且离子注入不易引起其他杂质掺入，因此从该实验可充分说明氢的影响。本例中，它使 TD 浓度提高了近 20 倍。

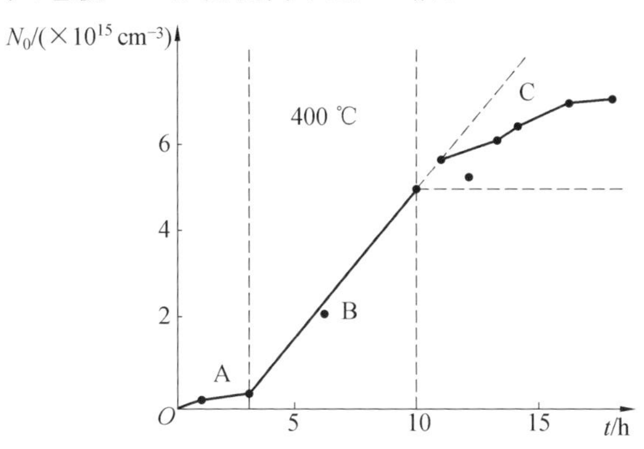

图 2.3　氢对 TD 的行为影响

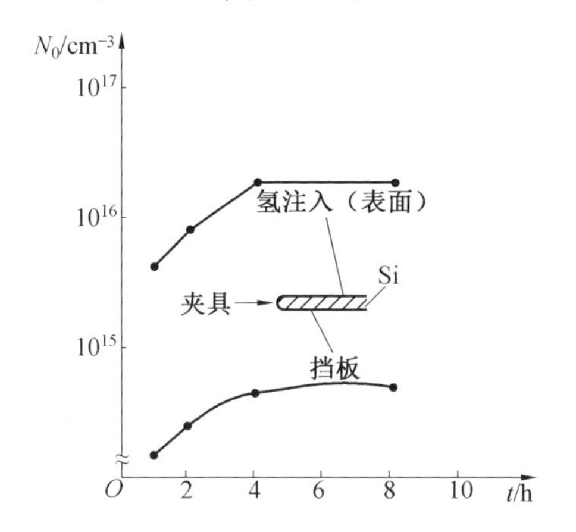

图 2.4　400 ℃时氢离子注入和未进行氢离子注入的 CZ 硅中 TD 的电子数（表面到挡板距离为 30 μm）

氢的这种效果是因为非电活性的 TD 核要转化为 TD，须要与一个可动元素结合，在一般情况下是和氧相结合形成 TD。而当氢存在时，由于氢是快扩散元素，能使 TD 核转化为 TD，所以氢促使 TD 的生长。氢还可与 TD 和氧相结合，从而使氧、TD 的扩散增强。

对氧的热行为影响较大的缺陷是空位。在对硅片进行辐照时（电子辐照、中子辐照、各种离子辐照……），会在材料中引入缺陷，这时引入的缺陷往往是空位点缺陷(V)。在CZ硅中，由于含氧量大，容易形成“氧一空位缺陷(O－V)”中心，O一V中心在退火过程中俘获一个氧原子，形成局域振动模(LVM)的复合体。辐照能量较高时，会形成大量空位，于是空位与间隙氧结合形成替位氧原子，替位氧原子只与邻近的两个硅形成键，具有C_{2v}构型，这种C_{2v}缺陷表现为深受主，所以也只有以高阻或p型材料为基质才能对C_{2v}进行精确测量。

e. 氧行为造成的其他缺陷。氧在热处理时，会形成热施主或氧析出物。例如，前面提到的利用预热前处理来控制TD的生长以及在某些工艺中采用预热前处理来减少氧诱生堆垛层错。

对于这种影响，Y. Matsushita提出了一个规律：预热前处理温度小于热处理温度，则氧沉积物密度急剧增加；预热前处理温度大于热处理温度，则氧沉积物密度显著降低。未经预热处理和在1 270 ℃下预热处理的样品在1 000 ℃下处理所诱发的缺陷，两者的差异是极显著的。为此，他还提出了一个假说来解释此规律：在单晶生长过程中，已形成了一些核，正是这些核导致了氧沉积的形成。图2.5(a)所示为这些核的尺寸一数目分布，每一温度对应一个临界尺寸，凡是大于此临界尺寸的核在该温度热处理就生长氧沉积物，而小于此临界尺寸的核在该温度热处理就会消融、变小。图2.5(b)所示为临界尺寸一温度示意图，由图可见，温度越高，对应的核临界尺寸越大，于是就可以定性解释预热前处理的影响了。图2.5(c)、(d)所示分别为更低温度和更高温度预热前处理对核引起的变化。

这一规律对于工艺设计有重要意义。据此，可以采取的措施是：一是合理安排各热处理工序的顺序；二是先进行一个高温热处理。这些都是可能降低氧沉积物的可行方案。

④有机杂质碳和氢缺陷。

a. 硅中的碳及相关缺陷的消除。碳在硅中有两种位置，处于间隙位或处于替代位，它们在常温下都属于良性杂质。硅中替代位的$^{12}C_s$、$^{13}C_s$和$^{14}C_s$，一般情况下是稳定的电中性，也有一些会附着一定电荷。硅中间隙位的$^{12}C_i$和$^{13}C_i$，可作为深施主、深受主或电中性，一般情况下是电中性的。

但是，含碳量较高的材料在一定的工艺条件下可能会诱生为各种活性的缺陷，甚至形成复杂的夹杂物。尤其是热处理和离子辐射处理工艺，使间隙碳原子(G)激活，从而可以和材料中存在的大多数杂质、缺陷反应。在众多的C_i相关缺陷中，最有影响的是被称作G中心的C_i-C_s和C中心的C_i-O_i。G中心让人感兴趣的原因是：

(a)G中心的形成过程中先要形成一个亚稳的前级缺陷，这与其他杂质对的形成方式有所不同。

(b)G中心在辐照下的行为解决了硅在被辐照时硅间隙原子到何处去了的

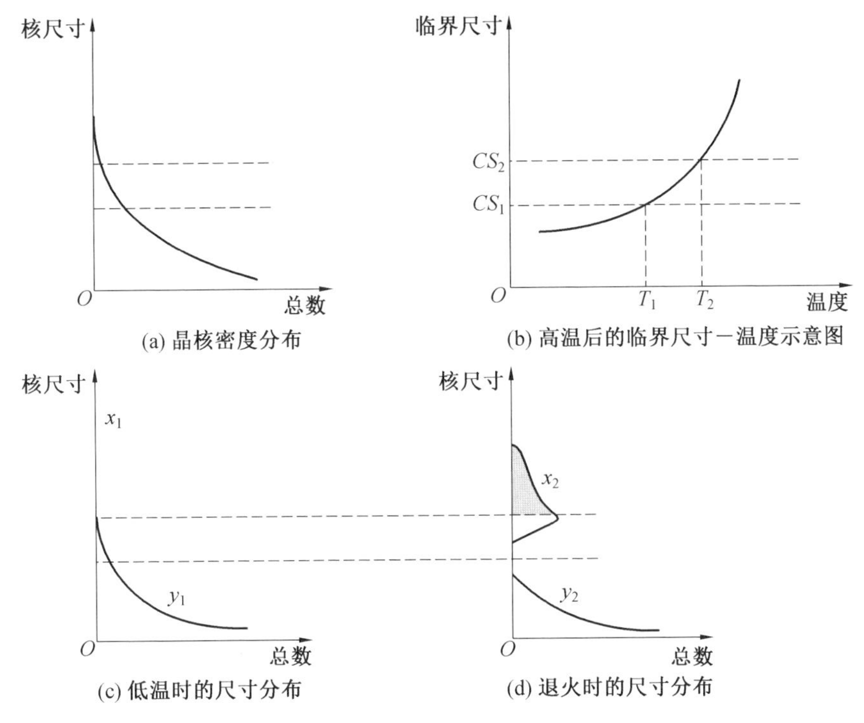

图 2.5　氧沉积的形成机理

问题。在硅被辐照时，会产生大量与空位相关的缺陷，这已为多种不同测量手段所证实。按理，有多少空位（空位相关缺陷），就应有等量的硅间隙原子存在，可是却没有检测到它的存在，那么硅间隙原子到何处去了呢？现在发现，G 中心和 C 中心在形成过程中都会俘获硅原子，于是 C、G 中心成为硅间隙原子的沉积核。

在 CZ 硅中，碳的含量一般为 $1.0\times10^{16}\ cm^{-3}$，氧的含量也很高。对于 FZ 硅，可以猜测，硅间隙原子也被某种复合物缺陷所俘获，具体是哪一种缺陷则有待研究。此外，碳存在时，对 TD 和 ND 形成所起的影响也有可能与 C 中心的 C_i-O_i 缺陷有关。与 C 相关的缺陷起了陷阱、复合中心的作用，它们的存在可以使少子寿命大大降低便是很好的证明。由于这些缺陷只具有一定的热稳定性（表 2.5），在热处理下，其数量可能有较大的变化，导致制作出的器件具有热不稳定性，所以应尽量抑制此类缺陷的形成。只要对样品进行一定的热处理，就可消除这些缺陷。实验证明，在热处理温度达 400 ℃时，所有缺陷都消失了。工艺中可利用它来消除碳相关缺陷。

b. 硅中氢的情况及钝化作用。一般情况下，氢吸附于其他元素，使其具有电活性，而生成各种“氢－杂质”复合对。在硅材料中，常温下最易形成的是硅－氢对。常温下形成的这两种化合物的内部束缚力较小，在热处理时往往分解，再形成其他更稳定、复杂的氢相关缺陷。

表 2.5　硼掺杂的 Si 中主要缺陷

项目	缺陷	能级	热稳定度/℃	项目	缺陷	能级	热稳定度/℃
H_1	V_2	0.21	300～350	H_4	B_iCs	0.29	400
H_2	C_i	0.27	70～100	mh_5	C_iC_s	0.09	250～300
h_3	C_iO_i	0.36	400～425	E_1	B_iO_i	0.26	150～250

与氢有关的缺陷是被 Hall 等人发现的。他们把氢气气氛下生长的超纯锗从 700 ℃骤冷，于是形成被称为 A(H、Si)、A(H、C)的氢诱生浅施主和可能是 CuH、CuH_2 的受主。之后，对 CZ 硅(p 型)做低剂量(300 kHz)质子注入，则产生空穴陷阱(28 eV)和电子陷阱(35 eV)，它们都与氢有关。两种与氢相关的电子陷阱(20 eV、35 eV)是在中子辐照过程中产生的，一般倾向于 20 eV 的结构是 2H—V，35 eV 的结构是 V—O—H，28 eV 的相应结构则为氢、氧的复合体。

在 A. Mesil 等人的实验中又发现被称为 H_1、H_2 的两个与氢有关的缺陷。在两个缺陷的深能级瞬态谱(DLTS)图中，其能级为 $E_V=+0.28$ eV 以及 $E_V=+0.50$ eV。分析其产生过程为：先进行氢离子注入，再在 500 ℃下处理，然后骤冷至室温。同样的材料，未掺氢，仅经热处理和骤冷得到的样品无此吸收峰。此外，用"硝酸煮沸"代替"氢离子掺杂"工艺所得的样品也有此峰，这足以证明这两个新发现的缺陷与氢有关。A. Mesil 等人的进一步实验揭示了与氢有关缺陷的生成条件：

(a)必须先对含氢的硅样品进行热处理，且处理温度需在约 500 ℃的很窄范围内时，才有可能生成此缺陷。

(b)热处理后的材料需经骤冷才能形成此缺陷，缓慢冷却时的样品中无此缺陷。

一般来讲，氢对一些有害的缺陷有钝化作用，同时对浅受主、施主也有钝化作用，使它们失去电活性而变为中性。

大量的实验表明，氢原子可以使空位中性化。采用经验及非经验计算法都得出同样的结论。总结上述以及其他类似工作所得的实验数据，可以得出一个结论：氢原子对空位的钝化发生在悬挂键上。其几何结构是正四面体结构，于是往往是 4 个氢原子与 1 个空位结合，而空位态(T_2)为电子占据，从而转化为共价键束缚。当受主能级(Q_1)从硅原子的最近邻空位中心分解出来后，移出了带沟，同时电子占据了对称的 T_2 能级，于是空位被钝化了。

ⅢA 族元素(B、Al、Ga)也是材料中很重要的电活性缺陷。关于利用氢原子来钝化ⅢA 族元素的问题，人们也做了大量的研究。这些研究的成功甚至可以建立一种新的工艺，通过各种掺氢手段以改变硅的电学特性来形成器件的结构。

这些研究表明：一个氢受主复合物具有〈111〉轴对称性，其能级不在带沟之

中。理论计算和实验都表明，H－Al 复合物的振动频率均为 2 000 cm^{-1}。采用半经验双原子重叠的修正忽略(MNDO)法以及其他一些方法计算的 H－Al 结构是符合的，是一个具有稳定几何结构的复合体。此结构中，ⅢA 族杂质原子(B、Al)处于 3 个硅原子形成的平面中，硅原子的自由键上可以结合 1 个氢原子。在卢瑟福背面散射实验中，发现ⅢA 族杂质原子会沿(111)方向滑移，滑移距离为 0.02～0.04 nm。计算表明，Si—H 键的长度为 0.145 nm，这种缺陷是非电活性的，这就是氢钝化铝的原因。同理，也可说明氢钝化硼的原因。实验还表明，这种结构在 500 ℃时就会分解。这也就是说，氢的钝化作用仅在温度小于500 ℃时才有效。

⑤骤冷缺陷。自从发现硅从高温下骤冷会诱生缺陷以来，人们做了大量的研究以弄清这种骤冷缺陷的结构。早期工作采用测其电学性质和光导性发现骤冷缺陷是施主，其离子能级约 0.4 eV，认为它是自间隙硅原子簇或空位簇，成因是由于骤冷产生的热应力。之后，在分析了铁扩散过程的单晶硅后，发现间隙铁原子能级(E_V)为 0.4 eV，与该缺陷的离子能相符。此外，铁的迁移能、结构焓也与该缺陷相符，于是认为这种缺陷是由占据间隙位的电中性铁原子构成的。进一步研究认为，铁原子先是在冷却过程中凝结在间隙位，并形成浅施主性质的复合物，再与材料中存在的一些浅受主如硼等相互反应形成骤冷缺陷。目前，认为骤冷与铁相关的理论占主导地位。

硅骤冷过程中，铁原子已经被有效地凝结在间隙位上，不参与形成骤冷缺陷。把热处理后的硅片投入冰水骤冷而形成骤冷缺陷，其热稳定性至少不低于 500 ℃就会与硼形成铁－硼对，在 150 ℃左右就会聚集成簇，在这一点上，两者性质不符合。更有说服力的是利用铁原子在 1 000 ℃以上会被 Si/SiO_2 界面俘获并沉积这一特性，降低了铁的污染之后再进行操作，仍然发现有骤冷缺陷的 DLTS 谱图。经过进一步的实验，认为 E_2 缺陷是与氧、碳有关的复合物，且缺陷可能是除铁之外的任何一种杂质污染所形成的，而 E_1 缺陷结构未知。

令人奇怪的是，不同研究者所报道的骤冷缺陷在某些特性上差别很大。例如，E_0、E_1、E_2 三个缺陷是用 DLTS 技术发现的，而有人却报道发现的骤冷缺陷没有 DLTS 信号。又如，有人发现的 E_1 缺陷，其热稳定能力在 100 ℃左右，这又与他人报道的热稳定性大于 500 ℃的不同。还有些研究者报道发现了新的骤冷缺陷，如有人报道了与铜或硅间隙原子有关的骤冷缺陷，并指出 3 MeV 的电子辐照或碱性液中抛光都可能诱生与骤冷缺陷相同的缺陷。

总结众多的实验结果，似乎可以得出骤冷缺陷形成的结论：在高温热处理时，骤冷缺陷的核心或是各种杂质，或是硅本征缺陷(空位、硅间隙原子，或兼而有之)。因为高温时固熔度高，所以这些缺陷溶解在硅中是随机分布的。在骤冷过程中，由于固熔度降低，这些杂质可能变得过饱和，也可能由于相互之间的作用力、骤冷产生的应力等综合作用的结果，于是形成骤冷缺陷的核并生长。尤其是硅间隙原子，极有可能在骤冷过程中被凝结在间隙位置来不及与空位结合，而成为骤冷缺陷的组分，甚至作为骤冷缺陷的核。由于材料的不同，所含杂质、缺陷的种类和数量也不同，则在热处理到骤冷过程中形成不同组分构成的骤冷缺陷具有不同的性质也就可以理解了。

⑥离子注入工艺引起的缺陷。离子注入的主要优点如下：

a. 能精确控制掺杂剂量。

b. 可精确控制掺杂深度。

c. 可引入纯度高的杂质原子。

因此，该工艺无论作为研究工具还是作为一种有竞争力的工艺都获得了很快的发展。了解该工艺引起的缺陷，对于进一步发展此工艺是有益的。

一个高能离子进入硅材料后，要与晶格原子多次碰撞。碰撞过程中，由于能量传给晶格，许多晶格原子移位，而移位原子往往具有相当高的能量，又使其他原子移位，导致级联碰撞。一般情况下，一个入射离子能使多个晶格原子移位，该过程产生 $10^3 \sim 10^4$ 个弗兰克尔原子对。

入射离子产生损伤的本质取决于入射离子是轻离子还是重离子。轻离子每次只转移一小部分能量，以较大散射角偏转，因移位的原子得到的能量少，本身很可能不引起进一步位移。所以，一个轻的入射离子造成的损伤具有分叉的位错网的形式。同时，轻离子的大部分能量通过电子阻止本领方式传给晶格，因此晶体损伤轻微。但它的射程远，损伤在材料中的扩展范围相对较大。重离子的效应则完全不同，每次碰撞转移大部分能量，以较小的散射角偏转，每一个位移原子在偏离入射离子的路径运动时，会有很大的位移。但它的射程短，大部分能量传给晶格，因此在较小体积内产生较严重的晶格损伤。在每一个入射离子周围都会形成一个无序区，区内缺陷密度极高，主要是空位、双空位、弗兰克尔原子对和位错。随着入射离子剂量的增大，孤立的无序区相互重叠，于是形成非晶层。以上这些由离子注入直接产生的缺陷可以称为一次缺陷。离子注入后要进行退火处理，退火处理的目的是：

a. 在适当温度、适当时间下退火，以部分或全部消除注入损伤。

b. 使注入离子复归间隙位置，呈现出电活性。

c. 在退火过程中有可能出现缺陷，把此时诱生的缺陷称为二次缺陷。

当离子注入剂量小、未形成硅非晶层时，退火处理往往形成杆状缺陷。如在一个典型实验中有以下结果：450 ℃退火的样品中隐约可见一个界面，此界面聚集了大量一次缺陷；600 ℃退火没有缺陷形成；温度超过 800 ℃后，一次缺陷生成典型的杆状缺陷，即二次缺陷。

另一种典型的二次缺陷是位错环，它随着退火时间的增加而逐步长大，其密

度却减小。

此外，在退火处理时，一次缺陷聚集的界面处会形成一薄层，当退火温度小于 600 ℃时，此薄层具有膨胀的性质；当退火温度大于 900 ℃时，此薄层具有收缩趋势。此薄层的形成与前面提到的两种二次缺陷有关。该层的区域大于二次缺陷聚集区域，可能是由于大量注入离子而引起的。

当离子注入剂量大、已形成非晶层时，采用退火处理原则上可使非晶层恢复。但事实上，具体退火工艺不能使非晶层完全晶化，仍会留下某种缺陷。退火工艺中非晶层晶化的效果受退火温度影响极大，同时也受注入离子类型的影响。其他一些实验表明，大多数离子注入损伤在退火温度下具有恢复效果，而硼离子注入引起的损伤恢复过程则慢很多。

离子注入形成的非晶层往往在晶体内部，非晶层的外部还有一层薄的晶体层。非晶层重新晶化为晶体的这一过程是从上、下两个晶体/非晶体界面同时开始的，上表面生长速度慢，下表面生长速度快。随着退火时间的延长，两个生长界面最终会相遇，在相遇处会有大量缺陷形成、聚集。

⑦其他缺陷。由于半导体工艺的复杂性，在制造器件过程中可能诱生某种缺陷。除前面提到的缺陷外，还有以下所述的工艺诱生缺陷：

a. 扩散工艺引起的缺陷。若往硅衬底扩散杂质原子，由于硅原子和杂质原子的共价半径不同，在扩散区域会形成局部应变场。当引入的杂质浓度非常高时，应变场超越硅衬底的弹性极限，在衬底产生高密度缺陷。这些缺陷中实际观察到的有：

(a)在硅晶体内部存在的微小缺陷中，因自间隙硅原子聚集而形成的堆垛层错。

(b)存在于表面小凹凸部分的位错。当这些缺陷形成浅 pn 结时，对器件电学特性的影响是致命的。

此外，如果在高温下扩散的杂质浓度太高，则有可能当温度下降时固熔度下降而处于过饱和，往往发生杂质析出，析出形式有原子聚集团和杂质－硅化合物。

b. 外延生长工艺引起的缺陷。外延层内会有不同类型的各种缺陷，有些在本质上是晶体学缺陷，导致晶体中晶格周期性的破坏；有些则是宏观缺陷，一般是由于操作及清洗方法不当造成的。硅外延膜中最重要的晶体学缺陷是层错，用腐蚀方法可在显微镜下检查：在〈111〉衬底生长的外延层表面上呈等边三角形或线段，三角形各边沿〈110〉方向，且与外延层厚度成正比；在(100)衬底上的层错一般为正方形，各边沿〈110〉方向，正方形边长与外延层厚度也成正比。因此，常用测量层错边长的方法来测量外延层厚度。层错本身并不能严重影响外延层的电学特性，但是它们引起杂质扩散的不均匀性，并作为金属沉淀的成核中心，对器件特性是有影响的。外延工艺还会引起角锥体缺陷,这是孪晶引起的。在〈111〉硅中,角锥体缺陷显示出三个金字塔的菊花状聚集,金字塔底边为六边形、沿〈110〉方向,这种缺陷不常见。

外延层生长时还会产生许多宏观缺陷,如坑斑、孔洞、锥突、橘皮状缺陷、雾片等,它们主要是由于系统漏气、外延生长有异物、生长前腐蚀不当造成的。

2. 多晶硅

(1)材料属性及制备技术。

多晶硅是其商品名称,实际上它是由许多硅原子及许多小的晶粒组合而成的硅晶体,各个晶粒的排列方向彼此不同,存在大量缺陷。多晶硅呈深银灰色,不透明,具有金属光泽,性脆,常温下性能不活泼;高温下能与氧、氮、硫等起反应;在一定的条件下极易与卤素反应,生成相应的卤化物;易溶解于熔融的镁、铜、铁、镍中,形成硅化物。多晶硅不溶于任何浓度的硫酸、盐酸和硝酸,但能溶解于硝酸与氢氟酸的混酸及气态或液态的氢氟酸中。

多晶硅是制备单晶硅和太阳能电池的原料,目前世界上制备多晶硅的方法很多,归纳起来主要有以下几种:

①氯代硅烷的氢还原法。此方法普遍采用的是三氯氢硅或四氯化硅的氢还原法,但用二氯氢硅代替三氯氢硅等进行氢还原的工艺已在某些方面显示出其明显的经济效果,大有取而代之的可能。

以三氯氢硅(或四氯化硅)氢还原法生产多晶硅的整个生产过程包括:粗三氯氢硅(或四氯化硅)的合成,粗三氯氢硅(或四氯化硅)的提纯,精三氯氢硅(或四氯化硅)的氢还原以及氢气和氮气的净化处理等。

上述两种原料中,以三氯氢硅的经济效益最好。其原因主要是三氯氢硅的分解温度较低、反应速度较快、成品率及产品质量均较高,因而其成本和各种原材料的消耗都较低,所以目前国内外大多采用此法。

②硅烷热分解法。此法中,主要是甲硅烷的热分解,其反应由下式表示:

$$SiH_4 \xrightarrow{1\,073\sim1\,273\text{ K}} Si+2H_2$$

硅烷在工业上大多采用氯化铵于液氨中分解硅化镁或用氢化铝锂还原四氯化硅而制得,然后经提纯、热分解等工艺过程制成多晶硅。

用此法制得的多晶硅的纯度较高。由于硅烷的热分解温度低,不需要还原剂,且分解效率高、含硅量较高,又没有腐蚀性,因而其消耗定额和生产成本都较低。同时,多晶硅的质量也较稳定,好控制。

此法的主要缺点是硅烷是一种有毒、易燃、易爆的气体,生产过程中危险性较大,因而对管线和设备的密封性要求较严,使其应用受到了一定的限制。

③浇铸法。1975 年,Wacker 公司首创了浇铸法制多晶硅材料。其后,许多

研究小组先后提出了多种铸造工艺。这些铸造工艺主要分为两种方式:一种是在一个石英坩埚内将多晶硅熔化,而后浇铸到石墨模具中;另一种是在同一个坩埚内熔化后采用定向凝固的方法制造多晶硅。后一种方式所制出的多晶硅质量较好。用定向凝固法制多晶硅的原理是:严格控制垂直方向上的温度梯度,使固液界面尽量平直,从而生长出取向较好的柱状多晶硅,其电学性能均匀。与单晶硅不同,铸造出的多晶硅呈长方体,除去极少量的边角料,再采用线切割,昂贵的材料损失就少多了,其成本自然降低。

为了避免浇铸法制多晶硅材料的缺点,研究者提出了两种改进方法:一是在坩埚内壁涂上 Si_3N_4膜层,采用这种坩埚可以十分有效地降低来自坩埚杂质的沾污。Kishore 等研究了使用 Si_3N_4涂层后氧、碳浓度的变化,发现多晶硅中的氧、碳浓度都降低了。同时,使用 Si_3N_4涂层后熔液和坩埚内壁不黏结,这样既可以降低应力,又能够多次使用坩埚,从而降低了成本。二是采用冷坩埚感应加热法,这种工艺的特点是:材料与坩埚不接触,显著地降低了杂质的沾污;坩埚不磨损,可以连续铸造,使成本进一步降低。

下面以现在国内普遍采用的三氯氢硅氢还原法为例,简单介绍多晶硅的生产过程,如图 2.6 所示。

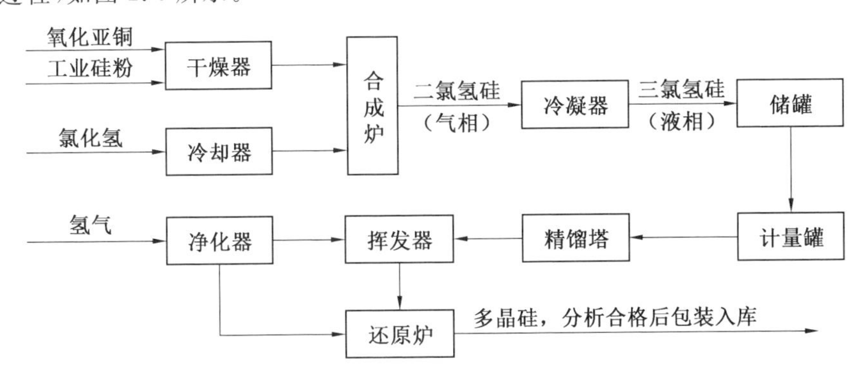

图 2.6 多晶硅生产流程框图

①粗三氯氢硅的合成。三氯氢硅是以工业硅粉和氯化氢气体为原料,以氯化亚铜为催化剂,在 598 K 左右的温度条件下,在内部装有换热装置的反应器(一般称为合成炉)内完成的。该过程主要发生以下化学反应:

主反应: $$Si+3HCl \xrightleftharpoons[Cu_2Cl_2]{598\ K} SiHCl_3+H_2+209.34\ kJ/mol$$

副反应: $$Si+4HCl \rightleftharpoons SiCl_4+2H_2+240.32\ kJ/mol$$

$$Si+2HCl \rightleftharpoons SiH_2Cl_2\text{(微量)}$$

由于三氯氢硅的合成是放热反应,所以应将反应热及时导出,以确保反应在规定的温度范围内,工业上一般都是以水蒸气或热水作为冷却介质的。为了保证生产过程正常进行和三氯氢硅的产量和质量，进入合成炉前的工业硅粉和氯化亚铜都要经过净化后的热氮气的干燥处理。氮气的温度一般在 623～673 K 之间，干燥时间一般在 8 h 以上。对氯化氢气体也要用冷冻法或分子筛吸附法进行脱水干燥处理。合成后的三氯氢硅气体经分离出固体杂质后，用冷冻盐水冷凝成液体粗三氯氢硅，收集在储罐内备用。

②粗三氯氢硅的提纯。合成的粗三氯氢硅中常常含有各种杂质（如硼、磷、碳、铁、锑、铬、锡、钛、砷、铅、锌、镍、银、钙等的氯化物），不能直接进行氢还原反应。在进行氢还原反应之前，必须最大限度地除去这些杂质。一般采用连续精馏的手段进行分离提纯，经提纯后的三氯氢硅（一般称为精三氯氢硅）的杂质含量（主要是硼、磷、铝、钛、铁）应在 10^{-10} 级以下，有的要求达到 10^{-13}（万亿分之一）级。精提纯后的三氯氢硅气体先冷凝成液体，收集在精三氯氢硅储罐中，以备还原用。

③精三氯氢硅的还原。精三氯氢硅的还原反应一般是在称为还原炉的反应器内完成的。精馏提纯后符合要求的三氯氢硅液体在进入还原炉之前，先将其放入挥发器内，然后借助已净化好的氢气的压力鼓泡、挥发夹带到还原炉内，进行气相还原反应。其反应方程式如下：

$$SiHCl_3 + H_2 \xrightarrow{1\ 273\sim1\ 373\ K} Si + 3HCl$$

在此过程中，氢气是还原剂，反应温度在 1 273～1 373 K 之间。反应后析出的硅沉积在炉内作为载体和热源的硅芯（也可用钼丝或铂丝）上，累积成为多晶硅棒，达到一定的直径后（一般根据用户的要求来确定棒的粗细）停炉、降温、出料。出炉后的多晶硅棒，先检查其外观（主要是看其表面颜色和光洁度情况），然后测其直径（取上、中、下直径的平均值），最后取 150～300 mm 长的多晶硅棒区熔一次成单晶，检验其电阻率、型号和寿命（氧含量），合格后包装入库。

④氢气（食盐电解法副产品）的净化。为了保证多晶硅的质量，除对三氯氢硅进行提纯外，对作为还原剂的氢气也要提前净化处理。一般是选用氢氧化钠水溶液除掉其中的二氧化碳，再用氯化钙盐水冷冻除去其中的水分和带入的水银（指用水银电解法生产的氢气），然后通过活性炭进一步除掉水银和一氧化碳等，接着进入专用分子筛，并由专用催化剂（如 105 催化剂）除掉氧和其他杂质，最后经金属过滤器进一步净化后，一部分氢气直接进入还原炉，另一部分氢气则进入挥发器后与三氯氢硅一同进入还原炉。

(2)浇铸法多晶硅缺陷与控制。

①多晶硅中的杂质。首先，由于制造多晶硅的原料主要为微电子工业剩下的头尾料，所以其体内的杂质含量很高。表 2.6 列出了铸造多晶硅中杂质的大致含量。其次，铸造过程中产生大量的应力，可能导致大量位错产生。还有，采

用这种工艺，坩埚只能用一次，生产成本增加，而且这些杂质的存在会显著地降低多晶硅材料的电学性能。

表 2.6　铸造多晶硅中杂质的大致含量

杂质	氧	碳	铜	镍	铁
浓度/cm^{-3}	$<1\times10^{18}$	$<4\times10^{17}$	$<1\times10^{12}$	$<1\times10^{12}$	$<3\times10^{15}$

a. 多晶硅中的氧。氧是多晶硅中一种非常重要的杂质，它主要来自于石英坩埚的沾污。在硅的熔点温度下，硅和二氧化硅发生以下反应：

$$Si+SiO_2 \longrightarrow 2SiO$$

一部分 SiO_2 从溶液表面挥发掉，其余的 SiO 在溶液里分解，反应如下：

$$SiO \longrightarrow Si+O$$

这样，在铸造多晶硅锭中，从底部到头部，从边缘到中心，氧浓度逐渐降低。虽然低于溶解度的间隙氧并不显电学活性，但是当间隙氧的浓度高于其溶解度时，就会有热施主、新施主和氧沉淀生成，进一步产生位错、层错，从而成为少数载流子的复合中心。在多晶硅吸杂时发现，当间隙氧的浓度低于 7×10^{17} cm^{-3} 时，磷吸杂效果十分显著；相反，高于此浓度时，吸杂效果不明显，甚至没有。

b. 多晶硅中的碳。碳为铸造多晶硅中的另外一种杂质，主要来源于石墨坩埚的沾污。处于替代位置上的碳对材料的电学性能并无影响，但是当碳的浓度超过其溶解度很多时，就会有 SiC 沉淀生成而诱生缺陷，导致材料的电学性能变差。在快速热处理时，Al—P 共同吸杂效果明显依赖于碳的浓度。同氧一样，碳在多晶硅中的行为十分复杂，有关它们对材料电学性能的影响需要进一步研究。

c. 多晶硅中的过渡族金属元素。在硅材料中，过渡族金属由于有着非常大的扩散系数(表 2.7)，所以除了从原材料带入这些杂质外，在以后的器件制作工艺中也不可避免地会引入。这些杂质中，铜和镍的扩散系数较大，即使淬火，也会形成沉淀而不溶解在硅晶格中；铁和铬的扩散系数相对较小，但是在慢速冷却热处理时依然有大部分会形成沉淀。这些元素在硅的禁带中形成深能级，从而成为复合中心，降低少数载流子的寿命。过渡族金属元素在硅中存在不同的能级，这些能级与它们在硅中的不同状态有关。关于其本质，目前仍然不清楚。

表 2.7　硅中部分过渡族元素的扩散系数

元素	扩散系数(1 100 ℃)/($cm^2\cdot s^{-1}$)	元素	扩散系数(1 100 ℃)/($cm^2\cdot s^{-1}$)
铜	1×10^{-4}	铁	4×10^{-6}
镍	4×10^{-5}	铬	2×10^{-6}

其他元素如氮，也对材料的电学性能有影响。在使用有 Si_3N_4 涂层的坩埚时，自然会引入氮，而高浓度的氮会在硅中形成氮化物，成为铸造多晶硅边角处

电学性能显著下降的原因之一。

②多晶硅中的缺陷。多晶硅中存在高密度的、种类繁多的缺陷，如晶界、位错、小角晶界、孪晶、亚晶界、空位、自间隙原子以及各种微缺陷。

a. 晶界。多晶硅与单晶硅材料的最大不同之处在于多晶硅中存在大量的晶界。然而对于晶界的认识有两种不同的意见；一种意见是洁净的晶界对少数载流子的寿命并无影响或只有很微小的影响，只是由于杂质的沾污、沉淀的形成才显著地降低少数载流子的寿命；另一种意见是认为晶界存在一系列界面状态，其界面势垒存在悬挂键，故晶界本身就有电学活性，而当杂质偏聚或沉淀于此时，它的电学活性会进一步增强，成为少数载流子的复合中心。对晶界共同的看法是杂质很容易在晶界处偏聚或沉淀。

b. 位错。在多晶硅铸造过程中，热应力的作用会导致位错的产生。另外，各种沉淀的生成过程中，晶格尺寸的不匹配也会导致位错的产生。这些位错本身就具有悬挂键，存在电学活性，降低少数载流子的寿命，而且金属在此极易偏聚，更易降低少数载流子的寿命。

③改进方法。

a. 吸杂工艺。金属杂质的偏聚或沉淀都是少数载流子的主要复合中心。如果将这些金属杂质从体内驱除掉，那么材料体内的电学性能将大为改善。吸杂工艺就是基于这种思想而产生的。研究认为，存在 3 种吸杂机制：松弛诱生吸杂、偏聚诱生吸杂、注入诱生吸杂。其中，松弛诱生吸杂是由晶体缺陷吸杂的；偏聚诱生吸杂是增加材料区域内的溶解度吸杂的；注入诱生吸杂是注入自间隙原子吸杂的。

改善材料整体的电学性能主要通过外吸杂来进行。目前，工业上所用的吸杂技术有磷吸杂、铝吸杂、硼吸杂以及氧化物吸杂。另外，用氢或氢离子注入形成微缺陷吸杂仍处于实验室水平。

在常见的吸杂技术中，磷吸杂的效果最为显著。在 900 ℃时，以 $POCl_3$ 作为扩散源热处理 6 h，在铸造多晶硅中就会得到高达 330 μm 的扩散长度，而原始多晶硅扩散长度为 50 μm。其作用机理被解释为：高浓度的磷进入硅中，一方面，在硅片表面形成 SiP 沉淀，由于 SiP 与基体 Si 在晶格尺寸上的不匹配，从而产生位错，形成杂质的沉淀位置；另一方面，大量的间隙硅原子被注入，由于踢出效应，过渡族金属被踢出原沉淀处而快速扩散到体表沉淀下来。同样的机理，铝和氧化物吸杂的效果就明显不如磷吸杂，这被认为是在多晶硅表面缺少足够的吸杂位置所致。

当然，这些外吸杂技术依然存在局限性。首先，如果多晶硅体内含有高密度的亚晶界或小角晶界，吸杂效果就很差；其次，存在一个临界氧浓度，高于此浓度，吸杂效果就不明显；最后，对于扩散速度较慢的金属元素如钛，吸杂效果也不

明显。

b. 钝化工艺。既然多晶硅中位错、晶界等这些扩展缺陷存在的悬挂键和金属杂质是少数载流子的复合中心，那么采用钝化手段来中和这些复合中心就成为提高材料性能的另一种有效途径。目前，采用两种钝化方式：氢钝化和氧化钝化。实验表明，在一定氢浓度的情况下，氢原子可以十分有效地提高材料的电学性能。引入氢原子的方式有离子注入、PECVD 等。值得注意的是，氢钝化必须在 400 ℃以下进行，如果高于此温度，氢同杂质或缺陷之间的键就会断裂，导致氢快速扩散到体外。氧化钝化对于提高材料的电学性能也有较好的效果，但是这种钝化仅局限在材料的表面，而且在钝化的同时也对材料进行了退火，会影响它在工业中的应用。

3. 多孔硅

多孔硅是一种具有海绵状疏松结构的硅材料。20 世纪中叶，人们就已经开始了对多孔硅的研究。但自从 Canham 于 1990 年首次报道了多孔硅在室温下可以发出高效率的可见光以来，多孔硅材料才逐渐为人们所重视，得到了广泛的研究。近几年，随着 MEMS(Micro Electro Mechanical System)技术的发展，多孔硅的一个崭新应用领域展现在人们面前，即可以作为 MEMS 技术中的功能结构层或牺牲层材料。

就其孔径尺寸来说，多孔硅可以分为三种类型：大孔硅、介孔硅和纳米孔硅。大孔硅的孔径尺寸在微米数量级，多呈孔状和柱状结构，可由低掺杂的 n 型硅获得；介孔硅的孔径尺寸在 10～500 nm 之间，可由重掺杂的 n 型和 p 型硅得到；纳米孔硅的孔径特征尺寸在几个纳米左右，由随机分布的纳米尺度的硅晶粒组成，呈现一种海绵状结构，可由低掺杂的 n 型和 p 型硅在一定光照条件下获得。

多孔硅具有高电阻率、低热导率、比表面积大以及很高的化学活性等特点，是一种具有应用价值的新材料。多孔硅的微观结构及其化学组成决定了其物理性质。多孔硅的化学组成是很重要的，因为其光学和电学性质决定于其化学成分和表面的钝化。氢、氟、碳、氧这四种元素存在于多孔硅中并已被实验所证实。氢是多孔硅中最常见的元素，第二种元素是氟，第三种元素是碳；氧是最重要的无机元素。多孔硅具有较好的光致发光和电致发光性能。多孔硅的光致发光性能不但与单晶硅片的导电类型(p 型或 n 型)、电阻率、阳极氧化的电流密度、时间和 HF 酸的浓度等条件有关，而且取决于后处理方法等。相对于光致发光机理的研究，人们对电致发光的研究较少。到目前为止，研究多孔硅的电致发光(EL)主要包括两方面：一是多孔硅/电解液电致发光；二是全固态电致发光。多孔硅主要可以应用于绝缘材料、敏感元件及传感器、照明材料及太阳能电池等方面。在多孔硅研究的早期阶段，由于对多孔硅的特性认识不够深入，仅限于多孔硅的绝缘性质。

早在1956年即制备并报道了多孔硅，随后其作为绝缘材料即应用于硅集成电路。多孔硅被认为是制作湿敏元件最理想的材料。多孔硅是由腐蚀晶体硅后形成的纳米尺度的硅柱线阵而得到的，所以在硅柱间存在大量孔隙，使硅柱表面能大量接触空气。由于硅柱表面呈耗尽状态，所以表面层电阻明显增加，当空气湿度增加时，硅柱表面出现水分子吸附，是极强的电介质。多孔硅层的电阻率降低。所以，在不同环境下由多孔硅的电流变化可检测环境的湿度。多孔硅薄膜是表面微机械加工技术中理想的牺牲层材料，具有以下特点：多孔硅薄膜形成的速率大，每分钟达几微米，且膜厚大于8 μm；多孔硅上可沉积应变膜，如多晶硅及各种金属膜等；由于选择性生长等特点，通过合适的掩膜可在特定区域内形成多孔硅；通过一定的掺杂，可以实现自限性刻蚀，与CMOS工艺兼容。

以多孔硅薄膜作为牺牲层可制成绝热式量热型传感器，它具有热响应时间短、热损失少、绝热效果佳、量热精确等优点。由于SOI结构的单晶硅岛被用作压阻材料，被多孔氧化硅所绝缘，一般pn结隔离的压力传感器工作温度大于120 ℃，而这种结构的传感器工作温度可达350 ℃以上且灵敏度极高。多孔硅在低温时发光会有几小时的延迟，即光致发光的疲劳现象，这与发光峰位置有关，因此用多孔硅的光致发光延迟几小时的性质即可用新颖的纳米材料研制出不用电的光源。多孔硅高绒面表面形貌可用来增强光的捕获。用多孔硅作为表面绒面来增强多晶硅太阳能电池性能，不像传统NaOH溶液的绒面腐蚀只能用于〈100〉取向的单晶硅衬底，多孔硅可以在任何取向的单晶、多晶或微晶硅的表面腐蚀制成。

(1)多孔硅的制备方法。

①电化学腐蚀法(阳极腐蚀法)。该方法是用p型硅或n型硅为材料，在以HF为主的电解液中，将铂(Pt)或石墨置于阴极，单晶硅置于阳极，加以适当的恒电流或恒电压，对单晶硅进行电化学腐蚀，即可在单晶硅表面生成一层多孔硅。当腐蚀n型硅时，应在光照下进行。

②化学腐蚀法。此方法是将硅片浸入氢氟酸和氧化剂(如硝酸、$NaNO_2$或CrO_3)的混合溶液中，室温下对硅片进行腐蚀，可以在c－Si(crystal－Si)表面形成薄膜。这种方法可以得到与阳极腐蚀法同样发光的样品。为了加快反应速度，可加以适当的光照。

③光化学腐蚀法。在激光器等光源的辅助作用下，浸泡在HF水溶液或HF乙醇溶液中的c－Si可以与HF反应，适当条件下可以得到发射可见光的样品。通过这种方法可以制备出表面光滑的样品。

④火花腐蚀技术。火花腐蚀是在室温下的空气中或干燥的高纯氮气中进行的，采用高压/低流特斯拉转换器，负电极也可采用相同的硅片材料，这样可避免

系统固有的污染。该方法可在暗态下进行样品制备。

⑤水热腐蚀法。水热体系是一种高压液相体系。制备过程是将硅片固定于高压水热釜的内衬里，加入含氟的腐蚀液，在 100～250 ℃水温下热处理 1～3 h，通过控制腐蚀液和硝酸的浓度分别可以制备出红光、蓝光和紫外光发射的多孔硅。采用该方法可获得大面积均匀的多孔硅，而且发光稳定，力学强度高。

(2)后处理方法。

在制得多孔硅样品后，为了提高多孔硅的孔隙率、稳定性或改变其发光特性，通常对多孔硅进行后处理。

①氧化处理。快速热氧化(Rapid Thermal Oxidized，RTO)是一种提高多孔硅稳定性的方法。在 RTO 过程中，覆盖在多孔硅表面的氢会被氧取代，并同时保持多孔硅中硅粒子成分和晶线的纳米尺寸不变。

还有其他对 PS(Porous Silicon)进行氧化处理的方法，如在酸、碱溶液中进行化学氧化或电化学氧化，用水煮、碱煮、酸煮或用某些氧化剂浸泡等。

②钝化处理。

a. 铁钝化。该方法是在水热腐蚀方法的溶液中加入一定比例的 $Fe(NO_3)_3$ 溶液，在多孔硅表面形成 Fe—Si 键。通过铁离子的钝化可以使晶体硅的腐蚀更均匀，使形成 nc－Si(nanocrystal－Si)的密度更高，从而提高其发光效率。稳定的 Fe—Si 键的形成和存在阻止了 Si 悬挂键的形成，使其发光强度不会降低，同时也防止 nc－Si 被氧化，从而使发光峰位保持不变。

b. 氧化铝(Al_2O_3)钝化。采用氯化铝无水乙醇和去离子水的混合溶液，加入少许硝酸铬作为催化剂，以硅衬底为负极加电压 18 V，处理时间为 0.5～2 h，然后对样品进行退火处理。退火时通入保护气体氮气，从而提高 Al_2O_3 的致密性。在后处理样品表面形成的 Al_2O_3 和 SiO_x 结构，增强了多孔硅的发光强度和稳定性。

c. 碳膜钝化。以含有胺基的正丁胺($CH_3CH_2CH_2—NH_2$)作碳源，采用射频辉光放电法。在等离子气氛中有胺基存在，正丁胺经氢氧化钠干燥并蒸发后，由高纯氢气携带进入反应室，正丁胺沉积在制备的 PS 上。这种处理方法在一定程度上提高了 PS 的发光强度并伴随发光波长的较大蓝移，其发光光谱随钝化温度和时间的变化有明显的改变。

4. 非晶硅薄膜

非晶硅(α－Si)薄膜是制备非晶硅太阳能电池、复印机鼓和摄像靶等光电器件的重要材料。常压化学气相淀积(APCVD)法适用于大规模工业生产，因为 CVD 法有较高的生长速度，且不需要高真空反应室。常压下 CVD 法制出的非晶硅薄膜具有独特的性质：①840～850 cm^{-1}的红外吸收带较狭窄，波峰很小，意味着膜中有较多的悬挂 H 键，基本没有 SiH_n($n>2$)，结构简单；②在 CVD 法制备过程中的衬底温度比在 GD 法制备过程中的高，因此 CVD 法的 α－Si∶H 热稳定性好；③CVD 法的 α－Si∶H 的带隙比含同样 H 的 GD 法的 α－Si∶H 低 0.1 eV，因此 CVD 法的 α－Si∶H 与太阳光谱更匹配。

20 世纪 70 年代以前，人们普遍采用真空蒸发法和溅射法来制备非晶硅薄膜，因当时制备的非晶硅薄膜的性质不佳，并没有特别受人注意。从 20 世纪 70 年代中期开始，发展了辉光放电分解沉积的非晶硅制备技术，由这一技术所制备的非晶硅薄膜具有十分引人注目的光学和电学性质。它和传统的非晶硅的区别在于，材料中含有一定量的氢，氢的引入大大地降低了材料中的缺陷态密度。α－Si∶H这一新材料的特点可归纳为：

(1)在可见光波段上光电灵敏性好，有很强的光电导和较大的光吸收系数。

(2)光电性质连续可控，不仅可通过掺杂改变导电类型，而且可通过控制沉积条件连续地调整材料的光电性质。

(3)能源消耗和材料消耗较少，便于大面积和大规模沉积。

CVD 法的 α－Si 薄膜质量与以下工艺参数有关：①衬底温度；②反应室内温度梯度；③淀积时间；④气相在衬底位置上的停留时间(由衬底位置、气体流量决定)；⑤反应室尺寸与形状。退火对薄膜质量影响同样值得讨论，虽然退火并非是薄膜淀积的一个重要参数，但它对材料的稳定性起着一定的作用。

人们在制备优质稳定的 α－Si∶H 的技术方面取得了一定进展，Shirai 等采用“化学退火”的方法形成了比较刚性的硅网络结构，从而明显地提高了材料的稳定性；Dalal 等则使用电子回旋共振(ECR)激发氢等离子体技术，并掺入了微量的杂质硼，也明显减小了材料的不稳定性；Williams 等使用分区(Remote) PECVD 技术制备出具有较高光敏性的掺硼补偿的 α－Si∶H 薄膜，在强光长时间照射下没有观察到光致退化效应；采用类似“化学退火”的 Layer by layer 淀积法，也取得了明显改善 α－Si∶H 薄膜稳定性的效果。然而，这些方法中存在工艺复杂、生长速率太低或光敏性和稳定性不够高等问题。而采用“不间断生长/退火”技术，并配之以微量硼补偿，却制备出了高性能的氢化非晶硅薄膜(α－Si∶H)。分析指出，高光敏性及稳定性可归因于带隙缺陷态的显著减少和微结构的明显改善，在诸多因素中，大量原子态氢的退火处理和微量的硼补偿起到了重要作用。

5. 硅外延材料

随着硅的直径增大，杂质氧等在硅锭和硅片中的分布也变得不均匀，这将严重地影响集成电路的成品率，特别是高集成度电路。为避免氧沉淀带来的问题，

可采用外延的办法解决。何为外延？即用单晶硅片为衬底，然后在其上通过气相反应方法再生长一层硅，如 2 μm、1 μm 或 0.5 μm 厚等，这一层外延硅中的氧含量就可以控制到 10^{16} cm^{-3} 以下，器件和电路就做在外延硅上，而不是原来的单晶硅上，这样就可解决由氧导致的问题。尽管该方法成本将有所增加，但集成电路的集成度和运算速度都得到了显著提高，这是目前硅技术发展的一个重要方向。

SOI 材料可有效消除 MOS 电路中的闩锁效应，减小漏源区的寄生电容，易形成浅结，能有效抑制 MOS 器件的小尺寸效应，在低压、低功耗电路中有明显的优势和潜力，预计在特征线宽小于 100 nm 的集成电路中有可能成为主流材料之一。

在绝缘体上生长单晶硅薄膜始于 20 世纪 60 年代初期。20 世纪 80 年代后期，SOI 的制备技术有了突破性的进展，开发了多种制备方法。最近几年，SOI 材料制备技术渐趋成熟，材料质量有较大的改善，下面简述各种 SOI 材料。

(1)蓝宝石上外延硅(SOS)。

SOS 是开发最早的绝缘体上硅材料，该材料通过硅烷热分解在蓝宝石单晶抛光片上外延生长一层硅膜。利用类似的技术，还可获得其他异质外延 SOI 材料，如在立方晶系氧化锆上生长硅。由于硅和蓝宝石的晶格失配和热失配，得到的 SOS 膜中存在压应力，缺陷密度高，有堆垛层错、微孪晶等，蓝宝石中的铝外扩散也可形成自掺杂。随着固相外延和双固相外延等技术的引入，SOS 硅膜的质量得到了改善，目前耐辐射性强的 SOS 片主要应用于军事、航天领域。

(2)横向覆盖外延材料(ELO)。

生长 ELO 材料首先在(100)硅片上制备 SiO_2 层，并刻出籽晶窗口，窗口边缘沿着〈010〉方向，然后进行外延生长。生长时外延层从籽晶开始，朝〈010〉方向横向扫过生成一层单晶硅膜。目前，该工艺生长薄的顶层硅膜比较困难，其应用领域主要是需要厚膜的抗辐射电路。另外，在三维立体电路方面也有潜力。

(3)注氧隔离 SOI 材料(SIMOX)。

SIMOX 是目前比较成熟的 SOI 材料制备技术，美国的 IBIS 公司及日本的新制铁和小松等公司利用这项技术批量生产 Advantox 片。氧离子注入，在硅表层下产生一个高浓度的注氧层。高温退火，注入的氧与硅反应，形成隐埋二氧化硅层，并消除离子注入引入的损伤。其顶部硅膜和埋层氧化膜(BOX)的厚度可通过选择合适的离子注入能量和注入剂量加以控制。其缺点是成本高，离子注入工艺易将缺陷和应力引入顶部硅层而产生位错。此外，BOX 层常出现针孔、硅包体等。

(4)键合硅片(BESOI)。

硅片键合方法首先由 IBM 公司的 Laskey 和东芝公司的 Shimbo 等用于制备 SOI 材料，其主要工艺过程如下：① 将两个硅抛光片(其中一个表面有热氧化层)贴合,在室温下通过表面分子或原子间的作用力直接连在一起,然后键合的硅片在氧气氛中热处理,键合变得很牢固。② 减薄器件有源区硅层到微米甚至亚微米厚,这样就得到了所需的 SOI 材料。硅片表面平整度、粗糙度及表面颗粒会影响键合的质量,会在界面产生空洞和应力。硅片表面状态也影响键合强度。

(5)智能剥离(SMART-CUT)SOI 材料。

法国的 SOITEC 公司已利用 SMART-CUT 技术批量生产出高质量的 Unibond SOI 片,主要包括以下 4 个步骤:①离子注入。室温下,以一定能量向硅片 A 注入一定剂量的 H^+,在硅表面层下产生一气泡层。②键合。将硅片 A 与另一硅片 B 进行严格的清洗处理后,在室温下键合。若硅片 A 的键合表面已用热氧化法生长了 SiO_2 层,则用以充当 SOI 结构中的隐埋绝缘层,B 片将成为 SOI 结构中的支撑片。③热处理。基本上分为两步:第一步热处理,使键合后的硅片在注入 H^+ 的高浓度层位形成气泡层,并发生剥离,剥离掉的硅层留待后用,余下的硅层作为 SOI 结构中的顶部硅层;第二步高温热处理,提高键合界面的结合强度以及消除 SOI 层中的注入损伤。进行化学机械抛光,降低表面粗糙度。

(6)外延层转移 SOI 材料(ELTRAN)。

外延层转移是日本佳能公司开发的制备 SOI 材料的技术,主要涉及:①阳极极化。硅片阳极极化形成多孔硅层。②外延和氧化。在多孔硅上生长高质量的外延单晶硅层,然后在外延层上热氧化形成一氧化层,阻止在键合界面的 C、B 等杂质扩散进入外延层,并减少 SOI 层底面的界面态。③键合。将器件片和支撑片清洗后在室温下贴合,在 1 180 ℃以上的温度下退火。④减薄。首先进行机械磨、抛,然后化学腐蚀。⑤氢退火。腐蚀后的 ELTRAN 片置于温度高于 2.3×10^5 Pa 氢气氛中退火。

2.2.3 锗材料

1. 材料属性及制备技术

锗具有视岩性和视硫性的化学性质,因而锗可存在于硅酸盐和硫化矿中,这也成为锗资源的主要来源。重金属硫化物矿含有较高品质的锗,因而在冶炼钢、铅、锌精矿的过程中,锗作为前产品回收。我国煤资源丰富,煤烟灰及煤渣中含锗很多,是一个值得利用的资源。锗的另一个来源是半导体加工中的废料。1952 年浦芳发明了区熔提纯,首先应用于锗的提纯,解决了半导体物理所要求的每 10^{12} 锗原子中只能含有一个离质原子的要求。20 世纪 50 年代到 60 年代,半导体材料的发展主要是锗,作为现代半导体物理的成就,锗起到了重要的奠基作用。为了排除多晶晶体的各向异性,使材料具有单晶结构,蒂尔和理特用直拉法生长了第一根锗单晶。20 世纪 50 年代末到 60 年代末的 10 年中,锗的生产技术

发展迅速，如在质量上，还原锗的电阻率为 7 Ω·cm，区熔锗的电阻率为 30～40 Ω·cm，1958 年还原锗的电阻率为 20 Ω·cm 以上，而区熔锗的电阻率达到 50 Ω·cm；高纯单晶锗的少数载流子寿命突破 150 μs，并生产了无位错单晶锗。锗材料研究的进展为锗器件的研究创造了有利条件，同时也为锗在其他领域的应用创造了物质基础。

生产锗大多是采用重金属硫化物矿以及铁精矿的冶炼副产品，以燃烧煤的烟灰、煤灰和工业中加工锗的废料为原料。大多数生产锗的企业均在冶炼主要金属过程中回收锗。俄罗斯和美国从重金属冶炼中提取锗，英国首先从燃烧煤的烟灰中回收锗，我国从事锗冶炼的工厂也不少。氯化蒸馏是生产锗的重要工艺之一。经冶金过程获得初步产物——锗精矿。在以浓盐酸为氧化剂的氯化蒸馏中，锗精矿中的锗经氧化浸出转化为氧化锗，利用其挥发性使之与杂质分离。

虽然 GeO_2 可用碳还原，但含碳杂质多，不易提纯，因而工业上多用氢还原生产锗粉。当温度超过 600 ℃时，氢还原 GeO_2 的反应快速；在氢气供量不足、还原条件又不做相应改变的情况下，当温度超过 700 ℃时，锗将以 GeO_2 的形态挥发，这影响了锗的回收率。GeO_2 的氢还原分为两个阶段，首先生成低价氧化物 GeO，然后由 GeO 还原为锗，还原温度控制在 650～675 ℃的范围内。对 GeO_2 氢还原的动力学研究表明，提高还原温度可增加还原速率。为了降低生产成本，在不增加 GeO 挥发量的基础上，调节工艺参数，以尽量提高还原温度为佳。20 世纪 70 年代，国外有人创立了 GeO_2 烧结成型的还原熔铸连续还原法，这是一种较好的工业生产方法，静止间歇 GeO_2 氢还原所得锗的最佳电阻率为 25 Ω·cm，而逆向通氢时在前进方向通入氮气、排除废气，则不如还原区接触的连续还原法，所得锗的电阻率为 24 Ω·cm。

2. 缺陷与控制

锗单晶材料的质量不仅对电参数有重要影响，而且对温度性能有着不可忽视的影响。单晶锗电阻率选得较低，则掺杂浓度较高，半导体表面的敏感程度相应降低，器件的稳定性得到改善，相应温度性能得到改善。

各种位错、层错及点缺陷构成了单晶材料的晶格缺陷，形成复合中心，影响器件的温度性能，同时使器件的 pn 结特性发生变化，所以在选取单晶材料时应尽可能选用低层错、位错。但位错密度过低，熔融的合金在锗片表面的铺伸面积大大增加。因此要求位错密度分布均匀。几年来的实践认为，结合一般锗器件的工艺，位错密度选在 1 000～1 500 cm^{-2} 为宜。

单晶锗中含氧量过高，对器件制造及温度性能影响较大。随着对锗热处理规范的不同，单晶材料的电阻率发生变化，从而器件出现温度不稳定性。由于含氧量高，在扩散、烧结后单晶表面容易出现氧偏析，引入二次缺陷。氧—晶体缺陷—快扩散重金属相互作用会引起器件的不稳定性。

单晶锗中的有害金属可分为重金属、碱金属、碱土金属等，铁、铜、银、金等重金属杂质易于形成复合中心，而碱金属和碱土金属等元素对器件的高温反向影响很大，从而影响器件的稳定性。一些杂质在锗中的分配系数列于表2.8。

表2.8　一些杂质在锗中的分配系数

杂质元素	分配系数	杂质元素	分配系数
B	17	Sn	0.02
Al	0.1	Cu	1.5×10^{-6}
Ga	0.1	Ag	$10^{-4}\sim10^{-6}$
In	0.001	Au	3×10^{-6}
Tl	4×10^{-5}	Ni	5×10^{-6}
P	0.12	Co	约 10^{-6}
As	0.04	Fe	$10^{-5}\sim10^{-6}$
Sb	0.003	Li	>0.01
Bi	4×10^{-5}	Zn	0.01

2.2.4　硅锗(SiGe)异质结构半导体材料

1.材料属性

在由间接带隙半导体材料组成的半导体合金中，电子和空穴无须声子的辅助也可以直接复合发光，这是由于合金成分的无规则分布破坏了晶体中完美的平移对称性，从而放松了对动量守恒的要求。在光致荧光光谱中，除了间接带隙半导体中通常出现的声子复合型谱线外，还出现了非声子(NP)参与的谱线，这种效应分别在弛豫的 $Si_{1-x}Ge_x$ 体材料中和应变的 $Si_{1-x}Ge_x$ 薄膜中以及应变的 $Si_{1-x}Ge_x$ 量子阱中观察到。这一发现，为SiGe合金可能应用于光电子领域带来了希望。

近年来，从硅的能带工程出发的SiGe应变层超晶格材料成为人们研究的热点。可是，淀积在Si衬底上的SiGe异质外延层与衬底之间不可避免地存在晶格失配和晶格应力，这必然伴随着失配位错和失配应力的出现，从而限制了该材料在电子和光电子器件方面的应用。正因为如此，20世纪80年代以来，人们加强了对SiGe体单晶的研究。除了希望用SiGe单晶衬底替代Si单晶衬底，实现SiGe同质外延生长外，人们还希望实现SiGe应力层和本征体单晶材料特性的比较。SiGe体单晶在其他方面的应用同样吸引着人们的注意，如它能应用于热电

池、光探测器、X 射线单色仪等。由于 SiGe 合金组分可变，人们希望把沿生长方向生长组分可变的梯度单晶材料用于 X 射线聚焦系统。

事实上，目前人们对 SiGe 体单晶的物理特性和它在微电子和光电子方面的应用研究仍很少，只是集中在单晶生长方面，探索任意组分 SiGe 体单晶的生长方法，以便生长出大直径、均匀性好、位错密度低（$<10^3 cm^{-2}$）的 SiGe 体单晶。目前，$Si_{1-x}Ge_x$/Si 异质结构材料主要有以下方面的应用：

①高速电子器件。具有代表性的是以 SiGe 应变层为基区的异质结双极晶体管（SiGe/Si HBT）。$Si_{1-x}Ge_x$ 与 Si 的价带界面带阶 ΔE_V 阻挡了基区空穴流向发射区，因而提高了注入比，增加了发射效率，增大了电流增益。同时，可以大幅度提高基区掺杂浓度，降低基区电阻，获得较高的频率响应。与普通 Si 双极晶体管相比，SiGe/Si HBT 有传输时间短、截止频率高、电流增益大和低温特性好等优点，目前达到了可与 GaAs 器件相媲美的水平。由于面临着前景广阔的无线电通信市场，因此把 SiGe/Si HBT 同微波元件集成的工艺越来越受重视。应用 $Si_{1-x}Ge_x$ 工艺的单片微波集成电路（MMIC）已经可以应用到 X 波段。用 SiGe HBT 制作的低噪声放大器已经达到了很高的水平，在 8～10 GHz 范围内噪声系数为 1.6 dB 和 3.3 dB。

②SiGe MODFET 和 MOSFET。Si/SiGe 内在的异质结构特性可以大大提高载流子的迁移率、载流子的饱和速度以及二维载流子气浓度，所以 SiGe 用于 MODFET 和 MOSFET 可以大大提高它们的性能。此外，还提出了一种把 SiGe 异质结构材料并入 CMOS 结构组成 HCMOS 结构的器件，其中电子沿 Si 应变层运动，空穴沿 SiGe 应变层运动。由于 HCMOS 比 CMOS 更具有优越性，如更高的迁移率、更高的饱和速度和更高的二维电子气或空穴浓度等，这些优点都会转化为更高的电导、更快的速度和更低的功耗。

集成电路设计线宽向纳米尺寸过渡将是一个不可逆转的发展趋势，面对未来新的挑战，半导体硅及硅基材料将以高质量和低成本为主要目标，以满足纳米集成电路的需求。然而，制备新型硅基材料是一个系统工程，需要在原辅材料、设备仪器、检测方法及集成电路等各方面进行共同的投资、研究，齐心协力攻克难关，在原子尺度上合成理想的硅基半导体功能材料，为今后信息产业的蓬勃发展奠定良好的基础。

2. 制备技术

尽管 SiGe 合金为连续固熔体，它在固态和液态是完全混熔的，但要将其拉制成单晶却十分困难。SiGe 体单晶生长遇到的最大问题是由组分的强烈偏析引起的，这常常导致组分过冷和多晶生长。由于 Si 和 Ge 之间熔点和密度相差较

大，必须考虑熔体中的临界分离。近年来，人们相继采用一些拉晶方法拉制 SiGe 体单晶，为的是得到任意组分、具有良好均匀性和低位错密度的大直径 SiGe 体单晶。这些方法的尝试，使得 SiGe 体单晶的研制向前迈进了一步。目前，拉制 SiGe 体单晶的方法主要有直拉(CZ)法、区熔(ZM)法、垂直布里奇曼(VBG)法和区域平均(ZL)法等。

①直拉法拉制 SiGe 体单晶在单晶直径、单晶组分和富 Ge 熔体单晶拉制时解决籽晶问题方面都取得了较大进展。1996 年，N. V. Abrosimov 等人在拉晶速率较低的情况下，采用电阻加热拉晶机自动控制直径，拉制了直径近 2 in (1 in=2.54 cm)的$Si_{1-x}Ge_x$体单晶，单晶中 Ge 含量达到了 0.15；1994 年，M. Kurten 等人采用 CZ 法拉制的 $Si_{1-x}Ge_x$ 体单晶，单晶中 Ge 含量达到了 0.21。一般来说，生长富 Ge 熔体 $Si_{1-x}Ge_x$ 单晶很困难，因为使用 Ge 籽晶实际上是不可能的，Ge 的熔点比 Si 的熔点低，拉晶时籽晶易于熔化，而使用纯 Si 籽晶通常不能进行富 Ge 的 SiGe 单晶生长，但对生长尺寸小的单晶却有例外。为解决富 Ge 熔体 SiGe 体单晶的籽晶问题，N. V. Abrosimov 等人 1997 年提出了 Czochralski，Si_xGe_{1-x} $(0<x<0.1)$体单晶制备方法，生长过程由晶体称量自动控制系统完成。

②区熔法拉制富 Si 溶体 SiGe 体单晶在单晶组分、单晶长度和特性研究方面取得较大进展。人们采用过冷温场来控制组分，对在较高拉速下生长的富 Si 熔体 SiGe 体单晶进行了研究。1996 年，J. Wollweber 等人采用射频加热悬浮区熔(FZ)法拉制了 $Si_xGe_{1-x}$$(0.78<x<0.965)$体单晶，$x=0.946$ 可做到无位错，单晶长度达到 140 mm，单晶中 Ge 含量最高可达 0.22；1997 年，D. Bliss 等人采用 $CaCl_2$ 作液封剂的液封区熔(LEZM)技术，在石英管中生长了 SiGe 体单晶，其目的是为了解决单晶生长中遇到的组分均匀性和熔体与容器黏附两个难题。电子束加热通常在液态区中部创造了最大温度分布和特征温度梯度。由于合适的温度条件下 SiGe 体单晶能在相当高的生长速率下由电子束加热悬浮区熔法生长，M. S. Saidov 等人采用该方法使用沿锭向具有预制 Ge 分布的多晶源生长了 SiGe 固熔体单晶。

③垂直布里奇曼法和区域平均法生长单晶时可以不用籽晶，这为富 Ge 熔体 SiGe 体单晶生长带来了方便。1997 年，Kenji Kadokura 等人采用 $CaCl_2$ 作液封剂的 VBG 法和 ZL 法生长了 $Si_xGe_{1-x}$$(0<x<0.4)$晶体。垂直布里奇曼法生长的 Si_xGe_{1-x}晶体在 0.4%范围内可以获得部分单晶生长，x 在 0.006%～0.05%范围内获得了单晶生长，区域平均法单晶部分长度为 90 mm。

2.3　化合物半导体材料

2.3.1　引言

由两种或两种以上元素组成，具有半导体特性的化合物称为化合物半导体。它包括晶态无机化合物（如ⅢA－ⅤA 族、ⅡA－ⅥA 族化合物半导体）及其固溶体、非晶态无机化合物（如玻璃半导体）、有机化合物（如有机半导体）和氧化物半导体等。通常所说的化合物半导体多指晶态无机化合物半导体。

与硅、锗、硒等元素半导体相比，研究化合物半导体的时间并不长，但发展却很快，尤其以砷化镓最为突出。因为这类半导体材料具有许多优良的特性，且这些特性是硅、锗等元素半导体难以达到的，所以利用这些特性，可用于研制硅、锗等无法实现的发光器件和高速器件。在激光、微波、探测、制冷等器件方面，以及光电器件、热敏电阻、温差电偶等方面，化合物半导体和用化合物半导体组成的固溶体，在理论和实践中都受到了重视。化合物半导体材料的物理性能见表 2.9。

表 2.9　化合物半导体材料的物理性能

类别	材料	晶格常数 a	熔点 T_m	密度 d	介电常数 ε	禁带宽度 E_g		电子迁移率 μ_n	空穴迁移率 μ_p
		10^{-10}	℃	g/cm^3	—	eV(300 K)	eV(0 K)	$cm^2/(V\cdot s)$	$cm^2/(V\cdot s)$
ⅢA－ⅤA 族	GaAs	5.65	1 237	5.32	11.1	1.4	1.5	8 500	400
	GaP	5.45	1 467	4.13	9	2.3	2.4	110	75
	GaSb	6.09	712.1	5.61	14.4	0.7	0.8	4 000	1 400
	AlSb	6.14	1 080	4.26	10.1	1.6	1.6	900	400
	InAs	6.06	943	5.67	11.8	0.4	0.4	3 300	460
	InP	5.09	1 062	4.79	9.5	1.3	1.4	4 600	150
	InSb	6.48	525.2	5.78	15.7	0.2	0.2	8 000	750

续表2.9

类别	材料	晶格常数 a	熔点 T_m	密度 d	介电常数 ε	禁带宽度 E_g		电子迁移率 μ_n	空穴迁移率 μ_p
		10^{-10}	℃	g/cm³	—	eV(300 K)	eV(0 K)	cm²/(V·s)	cm²/(V·s)
ⅡA—ⅥA族	CdS	5.83	1 750	4.84	5.4	2.6	2.3	340	18
	CdSe	6.05	1 350	5.74	10.0	1.7	1.9	600	
	CdTe	6.48	1 098	5.86	11.0	1.5	1.6	700	65
	ZnS	5.41	1 850	4.09	5.2	3.6	—	120	5
	ZnSe	5.67	1 515	5.26	8.4	2.7	2.8	530	16
	ZnTe	6.09	1 238	5.70	9.0	2.3	2.4	530	900
其他化合物半导体	SiC	—	2 830	3.21	6.7	2.6	3.1	300	50
	PbS	4.36	1 077	7.50	17.0	0.4	—	600	200
	PbSe	5.94	1 062	8.10	23.6	0.3	—	1 400	1 400
	PbTe	6.15	904	8.16	30.0	0.3	0.2	6 000	1 000
	Bi_2Te_3	6.46	580	7.70	—	0.2	—	10 000	400
	Sb_2Se_3	10.45	612	5.81	—	1.2	—	15	45
	Sb_2Te_3	11.68	620	6.50	—	0.3	—	—	270

由元素周期表中的ⅢA族元素和ⅤA族元素组成的半导体材料称为ⅢA—ⅤA族化合物半导体，其中研究和使用较多的是GaAs、GaP、InP、InSb和InAs。ⅢA—ⅤA族化合物的结构为闪锌矿结构，这种结构与金刚石结构相似，它含有两种原子。这两种原子（如砷化镓的砷或镓）分别组成两个面心立方格子，将这两个格子沿空间对角线偏离1/4长度套合，即成为闪锌矿结构。

以砷化镓（GaAs）和磷化铟（InP）为代表的化合物半导体材料具有发光效率高、电子迁移率高、适于在较高温度和其他条件恶劣的环境中工作等特点，特别适用于制备超高速、超高频、低噪声电路，能将微电子与光电子技术很好地结合或集成，进一步提高电路的功能和运算速度。

2.3.2 砷化镓

1. 材料属性及制备技术

（1）材料属性。

由ⅢA族元素镓与ⅤA族元素合成的ⅢA—ⅤA族化合物种类繁多，具有较高研究与应用价值的主要有GaAs和GaN等。GaAs是化合物半导体材料的代

表，GaN则是宽带隙耐高温化合物半导体材料。砷化镓是目前应用最广的ⅢA－ⅤA族化合物半导体，它是由As经升华通至1 237 ℃（GaAs的熔点）的Ga中，再经区域熔化法或拉制法而得到的一种单晶材料，在〈111〉方向具有明显的极性，解理面为{110}。与锗、硅相比，砷化镓具有以下一些特性：

①禁带宽度大。这是决定半导体器件最高工作温度的主要因素，砷化镓器件在450 ℃下仍能正常工作，适用于制造大功率器件。

②电子迁移率高。砷化镓的μ_n值约为硅的7倍，可用于制作场效应晶体管等器件，满足信息处理高速化、通信高频化等要求。

③电子有效质量小。砷化镓的电子有效质量为硅、锗的1/3以下，这使得杂质电离能减少，在极低的温度下仍可电离，保证了砷化镓器件能在极低的温度下工作，并使噪声减少。

④光电转换效率高。有利于制作激光器和红外光电器件。

⑤具有负阻效应。加以直流电压时，自零开始，电流随电压线性上升，但当外加电场超过0.3 MV/m以后，电场再增加，电子速度反而变慢，电流减小，呈负阻现象。

这是硅、锗半导体没有的特性，因此砷化镓可用来制作微波固体振荡器件。砷化镓也可制作微波集成电路、放大器件、逻辑器件、换能器件等。此外，砷化镓还可用作像镓砷磷、镓铝砷、铟镓磷等固溶体半导体或硒化锌等非ⅢA－ⅤA族化合物半导体的衬底。

(2)砷化镓的制备技术。

①直拉法。在GaAs晶体生长的过程中，应始终保持一定的蒸气压力。坩埚中放入合成的GaAs多晶锭料，在低温端放砷，并保持温度在610 ℃、容器压力为9.1×10^4 Pa的砷蒸气。因为磁拉法的磁铁也处在610 ℃的温度下，当然在反应器内的磁性材料必须是高居里点温度的合金（纯铁也可以），而外部磁铁可用电磁铁或固定磁铁。因为镓封法的温度在610 ℃时镓中溶入的As量很少，既不会结晶，镓液的蒸气压又很低，故可以用来拉制GaAs单晶。

②液体覆盖直拉法（LEC）。用LEC法拉制GaAs单晶，可以像Si一样将GaAs多晶料放在坩埚中，上面放一定量经脱水的B_2O_3，加热后拉制GaAs单晶，炉内气氛为Ar或N_2，气压为$(1.5\sim2)\times10^5$ Pa。这种方法所用的多晶料仍需在石英管内合成。为了降低单晶的生产成本，可用原位合成，即在单晶炉内合成GaAs并拉制单晶。原位合成还可分为两种：一种为注入法；一种为高压原位合成法。注入法是将除去氧化膜的Ga和脱去水分的B_2O_3装于坩埚中，单晶炉内充入N_2或Ar气体，在气压为$(1.5\sim2)\times10^5$ Pa时再加热到1 237 ℃，将细颈的装As的石英管插入Ga液中，使As管和Ga管连通，加热As管（也可利用单晶炉的辐照热），使As蒸气通入Ga合成GaAs熔体。合成过程要保持气压和温

度稳定，以防止熔体吸入 As 管造成结晶堵塞 As 蒸气出口而引起 As 管爆炸。待 As 全部溶入 Ga 液完成 GaAs 的合成后，即可拉制单晶。

③GaAs 液相外延生长（LPE－GaAs）法。LPE－GaAs 法是指在一定温度下，已经饱和的溶液随着温度下降产生过饱和结晶。在饱和溶液中放入 GaAs 单晶片作为衬底，当达到过饱和结晶时以单晶的方式沉积在 GaAs 衬底上，这种晶体生长的方式称为液相外延。这里的溶液是 Ga，溶质是 As，为了控制导电类型和载流子浓度，也可掺入一定量的杂质。液相外延生长的温度低，可以获得纯度较高、缺陷较少的 GaAs。用液相外延生长的薄膜广泛地用于光电子器件上，这是由于该类薄膜的无辐照复合较少，光量子效率较高的缘故。这种方法是目前制作红外发光管、pn 结注入式半导体激光器以及大面积 GaAs 太阳能电池等光电器件的主要手段。

④GaAs 晶体气相外延生长（VPE－GaAs）法。Ga 在 H_2 气氛下脱氧（870 ℃），将温度控制在 850 ℃，通入 $AsCl_3$ 使 Ga 源饱和；也可采用在 Ga 液中放入 GaAs，在不通 $AsCl_3$ 的情况下，将 GaAs 衬底移到高温区，当温度达到 800 ℃时处理 10～15 min，随后将衬底温度降至 750 ℃进行气相外延生长。在 $Ga-AsCl_3-H_2$ 系中，除了生长 GaAs 的反应外，还有与石英器皿反应会引起硅沾污。当将载气换成 N_2 或 Ar 时，可避免生成 HCl 引起的硅沾污，提高 GaAs 外延层的纯度。

⑤金属有机化合物气相化学沉积（MO－CVD）法。衬底经抛光和清洗处理后装入反应器，通 H_2 气体并加热，当温度超过400 ℃后通入 AsH_3（AsH_3 的流速随温度而改变，也与 AsH_3 稀释浓度有关），使反应器内 As 压力与该温度下 GaAs 离解压力接近。当温度达到 700 ℃时，同时通入 AsH_3 和 $Ga(CH_3)_3$ 以及所需的掺杂剂。生长完毕前先停止通入 $Ga(CH_3)_3$ 和掺杂剂，降低炉温，当温度低于 500 ℃方可停止通入 AsH_3。

⑥分子束外延（MBE）法。将各种外延物质放在热解 BN 坩埚内，在超高真空（10^{-8} Pa）条件下将物质蒸发出来沉积在衬底上，衬底的温度约为 500 ℃。液氮冷却室要避免被加热器放出的杂质沾污。随着超高真空技术的发展，已可用分子束外延的方法来生长 GaAs 或其他化合物半导体。它的优点是：生长温度仅为 400～500 ℃；控制厚度很精确，可以达到原子量级；改变组分和掺杂浓度很方便。

⑦化学束外延（CBE）法。化学束外延是由 MBE 方法发展而来的。由于 MBE 方法中蒸发器内装料的量很少及切换元素的种类有限，因而发展了 CBE 技术，以气体的金属有机化合物为气源。分子源用管道连接，金属有机化合物的装载量很大，便于连续化生产。采用了多头管道输入或截止，扩大了制备化合物材料的种类。外延设备中取消了蒸发源的高温、加热装置，避免了设备内的沾污，也节省了大量的液氮。

⑧原子层外延生长(ALE)。原子层外延生长是在 MO－CVD、MBE 和 CBE 技术基础上发展而来。ALE 技术与 MO－CVD、MBE 和 CBE 技术的主要区别是组成化合物半导体外延层的方式不同。MO－CVD、MBE 和 CBE 以化合物方式沉积于衬底片或衬底上，同时完成合成和沉积，而 ALE 技术是两种元素以原子的方式交替地沉积在衬底上。由于在衬底上的生长表面不同，各元素的黏附系数也不同，因而可实现其单原子层的生长。对化合物半导体而言，交替沉积后会化合成单层的化合物外延层。

⑨离子束外延生长(IBE)。离子束外延技术是由等离子体技术发展而来的，它包括了溅射、等离子体气相沉积及离子镀膜，由于上述介绍的技术存在一些缺点而发展了离子束外延技术或离子束薄膜沉积技术。元素在离子源内离化，经电场加速成为束流，并可用电或磁进行分选提纯，最后经减速沉积在衬底上。离子束外延生长可在比其他方法更低的温度下进行，其附着力强、覆盖性好。利用这种技术还可制得一些在热平衡条件下难以制备的材料。离子束外延技术现已有离子团束、单束低能离子束沉积法和离子束加分子束沉积。

2. 缺陷与控制

鉴于 GaAs 的上述特性，特别是电子迁移率高、易实现器件超高速与超高频性能，GaAs 实现了微波与毫米波、低噪声器件，减小了功耗和体积。此外，GaAs 是带间直接跃迁，发光效率高，在发光与激光器件中得到了广泛应用。单晶的直径大、面积利用率高、价格低，这是 20 世纪 90 年代的总趋势。目前，舟法生产的单晶仍以 2 in 为主，在实验室已研制出 4 in 的单晶。舟法生产的单晶的位错低，适用于光电器件。高压液封直拉法生产的单晶目前以 4 in 为主，在实验室里已研制出 6 in 的单晶，主要作为集成电路的基片。

表征 GaAs 单晶质量的参数仍是位错密度和碳含量、EL_2 深能级、均匀性及热稳定性。舟法生产的单晶的位错密度比高压液封直拉法生产的单晶低约一个数量级，后者采用热反射极和多温区等方法使温度梯度降低，可使位错密度降低。但是未被 B_2O_3 覆盖的一部分单晶表面由于长时间处于高温区，造成砷的离解，从而诱发出种种缺陷。不过，可在气氛中掺入砷以防止砷的离解。研究发现，金属栅场效应管较大的阈值电压分散性与位错群网结构有关。位错联成网的区域，阈值电压分布的标准偏差高，反之则低。阈值电压标准偏差过大，将使集成电路失效，成品率降低。单晶经退火后，电阻率的微区均匀性得到改善，阈值电压分散性得到改善，以满足大规模集成电路的要求。半导体 GaAs 单晶中的 EL_2 深能级吸引了众多人的研究，有人认为其本质是镓空位的络合物反位缺陷，并且 EL_2 与碳浓度成正比。为此，将单晶炉的石墨部件换成氮化硼材料，防止碳进入晶体。当碳在晶体中分布良好时，阈值电压也较一致，这是实现高集成度的重要前提。砷化镓半导体中常见的杂质及其能级如图 2.7 所示。

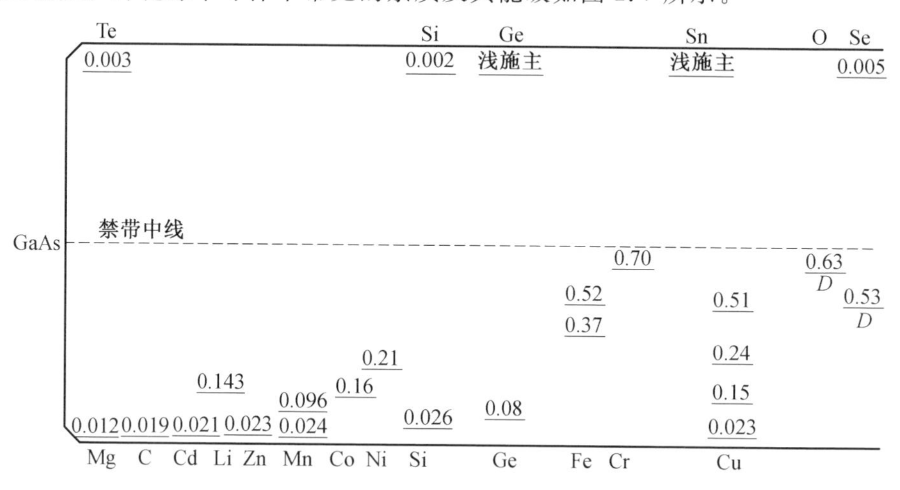

图 2.7 砷化镓半导体中常见的杂质及其能级

2.3.3 磷化铟

1. 材料属性

磷化铟单晶材料由于具有电子极限漂移速度高、耐辐照性能好、导热好以及可进行光化学反应刻蚀等优点，受到了高度重视。InP 自身具有优异的特性，与 GaAs 相比，击穿电场、热导率、电子平均速度均更高，而且在异质结 InAlAs/InGaAs 界面处存在着较大的导带不连续性、二维电子气密度大、沟道中电子迁移率高等优点，决定了 InP 基器件在化合物半导体器件中的重要地位。随着近几年对 InP 器件的大力开发和研制，InP HEMT 已成毫米波高端应用的支柱产品。InP HBT 有望在大功率、低电压等方面开拓应用市场，拓宽应用领域。所以，世界著名的几大公司都在竞相开发 InP 器件及电路，以争夺微电子领域的制高点。

InP HEMT 是目前毫米波高端应用最好的低噪声器件，它在 1987 年问世之后的几年里，工作频率已达到 W 波段，噪声性能已提高到令人惊奇的程度。但是，工作频率在 100 GHz 以上的 InP HEMT MMIC 低噪声放大器却很少，而且几乎被美国 TRW 公司一家所垄断。虽然 InP 器件比 GaAs 和 Si 器件更耐高压、电子速度更快，而且 InP 的热导率比 GaAs 大，但在一定的功耗下，允许的工作沟道温度却较低。

另外，沟道中较高的电子密度和较高的电子迁移率一起会导致较高的电流密度。尽管有这些优点，但至今对 InP HEMT 功率方面应用的研究仍很少。这主要是由于低噪声 InP HEMT 具有低的栅一漏击穿电压和低的肖特基势垒高

度。然而，通过恰当的器件结构层设计，有可能克服 InP HEMT 在功率领域应用的缺点。通过优化 InP HEMT 的层结构，已开发了在微波和毫米波频率下具有迄今最高功率性能的功率 HEMT。InP HBT 的优越性能，将使无线器件特别是功率放大器提高效率、降低尺寸和工作电压。InP HBT 基功率放大器与用 GaAs HBT 工艺和其他现有工艺技术制作的功率放大器相比，一般具有更小的尺寸和更高的效率，而且 InP HBT 比 GaAs HBT 具有更低的基极一发射极开关电压，可使功率放大器工作在更低的电源电压下，从而使光纤元器件也可工作在 3 V。

InP 主要特性如下：

(1) InP 的带隙为 1.35 eV，与其晶格匹配的 InGaAsP、InGaAs 的带隙正好相应于 1.3～1.6 μm 波段，这正是现代石英光纤通信中传输损耗最低的波段。这两种材料（即 GaInAsP/InP、GaInAs/InP）所制光源和探测器早在 20 世纪 80 年代初就已实用化，有力地促进了长距离光纤通信的发展。

(2) 高电场下（约 10^4 V/cm）InP 中电子漂移速度高于 GaAs，适于制备超高速器件。例如，TRW 公司已在 InP 衬底上制备出 HEMT，最高工作频率达 400 GHz；140 GHz 时增益为 7 dB。这一频率正好处于无线电频谱，它对将来智能式武器、深层空间通信、地球传感和成像等方面的应用都非常重要。美国通用电气公司所制的 0.15 μm 栅 InAlAs/InGaAs/InP HEMT，最高工作频率达 450 GHz以上，在功率放大方面性能也很好，60 GHz 时功率附加效率达 41%。

(3) InP 与 GaAs 一样，具有转移电子效应（体效应）。作为转移电子效应器件（TED）材料，InP 比 GaAs 更理想。InP、GaAs 作为 TED 材料基本参数见表 2.10。

表 2.10　InP、GaAs 作为 TED 材料基本参数

材 料	InP	GaAs	材 料	InP	GaAs
能源	1.35	1.43	电子峰值速度/($\times 10^7$ cm · s^{-1})	2.5	2.0
T—L 间隔	0.52	0.36	峰一谷比	3.5	2.2
T 极小电子有效质量	$0.08m_0$	$0.07m_0$	阈值电场	10.0	3.2
L 极小电子有效质量	$0.4m_0$	$0.4m_0$	惯性能量时间常数(PS)	0.7	1.5
低场迁移率/(cm^2 · V^{-1} · s^{-1})	4 750	8 000			

由表 2.10 可见，InP 器件的电流峰一谷比高于 GaAs，因此 InP 比 GaAs 有更高的转换效率；惯性能量时间常数小，只及 GaAs 的一半，故其工作频率极限比 GaAs 高出一倍，可达 200 GHz；InP 峰一谷比的温度系数比 GaAs 小，且热导率比 GaAs 高，更有利于制作连续波器件；InP 的 D/μ（D、μ 分别为电子扩散系数和

负微分迁移率)低,使 InP 器件有更好的噪声特性,在放大器应用中,InP 体效应器件(*Gunn* 器件)比 GaAs 器件低约 6 dB;在较高频率下,InP Gunn 器件有源层的长度是 GaAs 器件的 2 倍,故可简化制备工艺。

(4)InP 的热导率比 GaAs 高[分别为 0.10 W/(cm·K)、0.07W/(cm·K)],可有较大的功率输出。

(5)InP 局域态密度比 GaAs 小,易于形成 n 型反型层,适于制作高速 MISFET 器件。

(6)InP 的带隙为 1.35 eV,作为太阳能电池材料有较高的理论转换效率,尤其是 InP 的抗辐射性能比 GaAs、Si 都好,特别适于空间应用。按现代工艺水平,Si、GaAs、InP 太阳能电池的转换效率差别不大。但在辐射环境中情况就不同,如在地球同步轨道上运行 10 年,Si 电池要损失 25%的功率,GaAs 电池要损失 10%~15%,而 InP 电池则没有损失。同时,InP 电池很容易退火,经退火后抗辐射能力还可增强。InP 表面复合速度小,因而所制太阳能电池寿命较长。美国 NASA 已在 1991 年 5 月发射的卫星上使用 InP 太阳能电池。

(7)与 GaAs 类似,InP 可通过掺入适当的深受主(如 Fe、Ti)而获得半绝缘材料,近年来也已制出非掺杂半绝缘材料,这是制备高速器件、光电集成电路的重要衬底材料。

2. 制备技术

人们采用多种方法进行 InP 单晶的生长研究,主要有 LEC 法、改进的 LEC 法、VCZ 法、VGF/VB 法及 HB/HGF 法等。增大直径、提高晶片使用效率、降低成本、提高 InP 材料的质量、开发 InP 材料的各种潜能,一直是 InP 材料研究的目标和方向。

(1)LEC 法。

液封直拉(LEC)法一直是 InP 单晶生长的主要方法。因为磷的离解压在熔点时比较高,因此不能像硅那样直接采用 CZ 法生长单晶。人们找到一种惰性覆盖剂覆盖着拉制材料的熔体,并在单晶炉内充入惰性气体,使其压力大于熔体的离解压,这样就可以有效地抑制挥发性元素的蒸发损失。将要生长的材料放在一个合适的坩埚内,然后用电阻加热或感应加热坩埚使料熔化,接着调整溶解料的温度使熔体的中心温度在它的凝固点上,将籽晶放入熔体中,通过慢慢地收回籽晶开始晶体生长或“拉制”。控制合适的熔体温度,籽晶上就可以随着籽晶从熔体中的提拉开始结晶。拉制过程中调整熔体温度可以控制晶体的直径。当晶体达到理想长度时,将晶体迅速地从熔体表面提起,否则熔体的温度就会慢慢上升,从而使晶体的直径缩小。晶体离开熔体后,温度慢慢地降到室温,晶体就可以从生长设备中取出。LEC 技术的优势在于其晶体生长过程可以实时观察,由

于技术的不断成熟，通过程序进行自动化生长，InP 单晶已经基本实现。LEC 法生长 InP 单晶的示意图如图 2.8 所示。

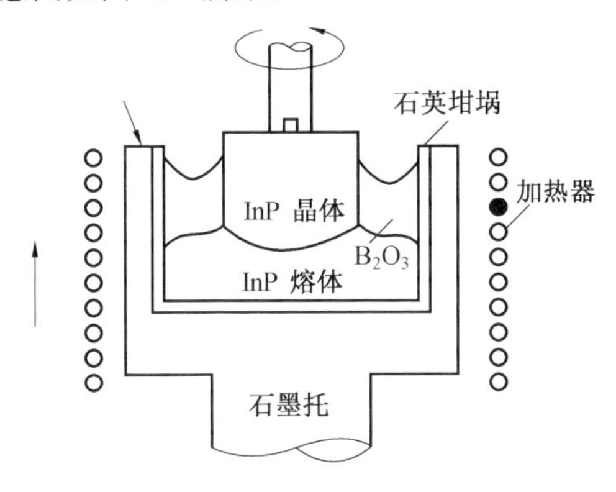

图 2.8　LEC 法生长 InP 单晶的示意图

(2)改进的 LEC 法。

为了减小传统 LEC 法的轴向温度梯度，改进的 LEC 法采用了热挡板(热罩)技术，这种方法即为改进的 LEC 法，称为 TB－LEC 技术，并且这种技术仍在不断改进。由于坩埚上部被热罩盖住，轴向和径向的温度梯度都被有效地减小。当轴向温度梯度被减小后，覆盖剂 B_2O_3 的表面温度增加，加速了从熔体中生长出 InP 晶体表面磷的离解。通过在热罩上方开小口的方式可以抑制磷的离解，如图 2.9 所示。

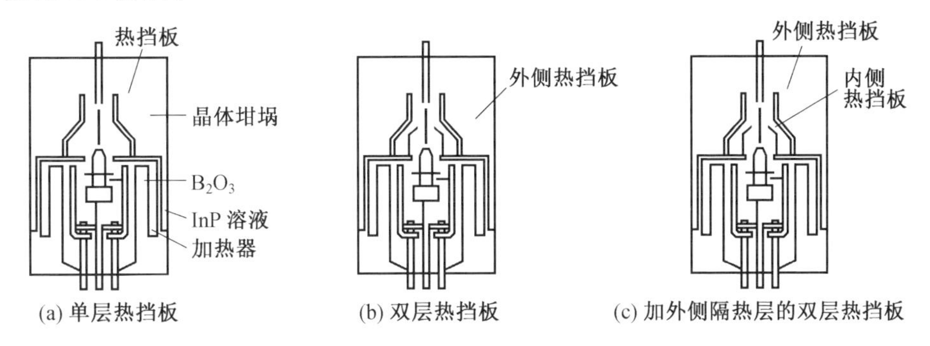

图 2.9　采用不同热罩结构的 TB－LEC 技术

(3)VCZ 法。

VCZ 法是在控制磷气氛的条件下进行 LEC 生长。该工艺的优点是，坩埚处于一闭合热壁小室中，使熔体中温度起伏减小，加之生长参数的最佳化，易于得到比较平坦的固液界面，这不仅有利于改善晶体均匀性，而且有利于减少孪晶。因为季晶起源于(111)面小面生长，它与固液界面偏离平面直接相关；小生长室中纵向和径向温度梯度都较低，在这样的热场中易于生长 EPD 低的晶体；又由于在磷气氛中生长，可抑制晶体表面的离解，保持晶体的化学配比，减少磷空位浓度，这又是降低 EPD 的一个有利因素。

(4) VGF/VB 法。

尽管液封直拉法工艺成熟，能拉制出大直径单晶，但传统直拉系统中高的轴向温度梯度和径向温度梯度会使单晶产生较大热应力，晶体在重力作用下会使晶体变形而产生机械应力，导致位错增加而降低单晶性能，故需在一定温度下经过长时间退火以消除应力，提高性能，并保持在加工时不易碎裂。所以，在开发气压控制直拉技术之前，美国贝尔实验室的 Monberg 等人在 20 世纪 80 年代中期首先将垂直梯度凝固(VGF)技术使用于ⅢA－VA 化合物半导体单晶的生长。该方法因为生长速度较慢，生长过程能保证 InP 单晶的化学配比，温度梯度很小，因此晶体所受应力较小，可以生长出位错密度非常低的晶体材料。垂直梯度凝固(VGF)技术和垂直布里奇曼(VB)技术的生长原理基本类似，不同的是 VGF 技术是通过设计特定的温度梯度使固液界面以一定的速度由下向上移动，使得晶体由下向上沿籽晶方向生长；VB 技术则是通过移动坩埚使得固液界面得以移动来形成特定的温度梯度进行晶体生长。VGF/VB 技术示意图如图2.10所示。

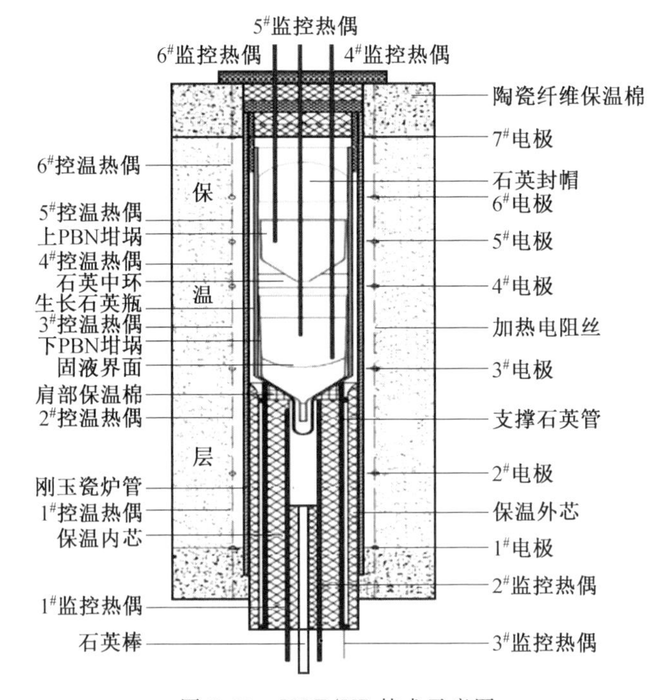

图 2.10　VGF/VB 技术示意图

(5) HB/HGF 法。

由于 LEC 法和 VGF 法的技术越来越成熟，相比而言，开展 HB/HGF 法生

长 InP 单晶的研究就很少进行了。Yoshida 等曾经成功地用 HGF 法合成 InP 多晶并生长出晶体,不过所生长的 40 mm×30 mm 大晶粒不是整锭单晶。Schafer 等在内径 22 mm 的石英安瓶内用 HGF 法生长了〈100〉晶向的 InP 单晶。在 HB/HGF 炉内,由于固液界面总是暴露在几十个大气压下,熔体内存在很大的温度波动和对流,因此采用这种方法很难生长单晶。

2.3.4　InP/GaAs 异质结构半导体材料

1. 材料属性

随着微波和光电集成技术的迅速发展,ⅢA－ⅤA 族化合物半导体,尤其是它们的异质结材料,得到了广泛的应用。近几年,为制备光集成电路和低成本高效太阳能电池,人们也对高晶格失配的异质外延做了大量的研究,并已得到许多有价值的结果。InP 和 GaAs 是ⅢA－ⅤA 族二元化合物中应用最广的两种材料,GaAs 具有直接带隙和双能谷结构、电子迁移率高、介电常数低等特点,是制作电器件的理想材料,并逐步在集成电路如单片微波集成中得到应用。InP 也具有直接带隙和双能谷结构,并有较高的峰谷比,且与环境温度无关。由于材料的峰谷比与体效应振荡器的效率直接相关,所以高温下 InP 微波二极管的性能退化小,而且 InP 的热导大,制作的直流大功率器件性能优于 GaAs 器件。此外,以 InP 单晶为衬底生长出的 InGaAsP 四元和 InGaAs 三元混晶外延层组分变化范围大、晶格匹配好,用它们制作的长波长激光器宜于在长距离光纤通信中应用。

在光电集成方面,也希望将 InP、InGaAsP/InP、InGaAs/InP 生长在 GaAs 上,因为 InGaAsP/InP/GaAs 结构适用于光纤通信所用的低损耗激光器或探测器,而且激发于 InGaAsP 有源层的激光束能透过 InP 和 GaAs,简化了 InGaAsP/InP/GaAs 光器件上的光纤耦合,而 GaAs 在制备高性能电器件方面占有优势,故这种材料又可解决光电集成技术中材料的共容性问题。InP/GaAs 单晶膜的外延生长存在很多困难:首先是晶格失配比较大(高达 3.8%),易形成大量的失配位错而影响外延层的质量;其次,InP 与 GaAs 热膨胀系数差异较大,在生长较厚外延层时会产生热应力而导致缺陷形成。所以,这种异质材料的外延生长技术条件要求苛刻。

有关 InP/GaAs 异质外延的工作始于 20 世纪 60 年代末,当时用 $In/PCl_3/H_2$ 体系首先实现了 InP/GaAs 生长,但外延层表面粗糙,迁移率为 2 100 $cm^2/(V \cdot s)$。此后,采用掺 Cr 的半绝缘 GaAs 衬底,(100)向〈110〉偏 2°得到形貌较好的外延层,载流子浓度为 $(1\sim3)\times10^{15}\ cm^{-3}$,但失配位错密度较高。1988 年,日本用 MOCVD 法在(100)GaAs 衬底上进行了两步生长 InP 膜的实验,外延层具有镜状表面,回摆曲线半峰宽较窄,测到了近带边激子峰的低温光致发光峰,表明其外延层质量很好。但 MOCVD 设备昂贵，纯金属有机化合物不易获得，且 PH_3 有剧毒。与之相比，氯化物 VPE 法设备简单、成本低，使用 $POCl_3$ 源较安全，也可生长出纯度很高的 InP 膜，易于广泛应用。

2. 制备技术

(1)低压 MOCVD 设备制备法。

实验用低压 MOCVD 设备为水平反应室，ⅢA 族源为 TMGa(−11 ℃)，ⅤA 族源为纯 AsH_3 和 PH_3，掺杂源为 H_2S，反应室压力为 13.3 Pa，总氢气流量为 $6\times10^3\ cm^3/min$，衬底为(001)取向偏(011)晶向 2°的 InP 掺 Fe 高阻衬底。为防止在 InP 衬底上直接生长较厚的 GaAs 外延层而引起较大的失配位错，采用如下的生长方法：在生长之前，首先在 680 ℃的 PH_3 气氛中保持 5 min，去除衬底的表面氧化物；接着生长 0.5 μm 厚的 InP 缓冲层，以得到清新的表面；然后生长过渡层。过渡层分两步生长：

①将衬底温度降至 450 ℃生长一层很薄的 GaAs 层，厚度小于 20 nm，形成第一过渡层。在异质外延中，根据 Volmer−Weber 模型，岛状生长总是存在的。但是，岛的尺寸随着温度的升高而增大，同时岛的数量减少。而在比较低的温度生长第一过渡层，使岛的尺寸比较小，有利于移动和取向。这样，在以后的顶层生长时，积累的应力容易在这一过渡层释放，不至于影响顶层的晶体质量。

②将温度升到 550 ℃以上，这时生长温度提高，由互扩散生成 InGaAsP 组分过渡层。当保持 AsH_3 流量不变时，TMGa 的流量在较低流速 FL 和较高流速 FH 两个流量中交替变换生长。调制 TMGa 的流量，实质上是调制了线性组分过渡层中 Ga 和 In 的比例，当 TMGa 的流量较大时，生长的过渡层要比 TMGa 流量小时生长的过渡层的晶格常数小，从而形成压应变和张应变交替变化的结构。根据位错运动的特性，处于压应变的原子层可以阻挡位错运动。这样，第二过渡层就起到了阻挡位错运动和为下一层的材料生长提供一晶体质量较好的衬底表面的作用，利用这种方法可以改善 GaAs 顶层的晶体质量。在过渡层生长结束后，生长 GaAs 顶层外延层 1 μm。

(2)氯化物制备 InP/GaAs 异质结构的方法。

在 GaAs 上外延生长 InP 时，使用的 GaAs 衬底为(111)、(110)、(100)及(100)向(110)偏离 4°的抛光片，入炉前处理，用 703 温度控制仪控制炉中温度，由于生长过程中衬底温度的稳定性对外延层的影响很关键，所以用可移动的热电偶来监测源区及沉淀区的温度。外延生长条件见表 2.11。

为防止磷残余物爆炸，开管时采用了氮气保护系统，并用气相 HCl 清洗反应管。

表 2.11 外延生长条件

生长参数	源温/℃	衬底温度/℃	PCL 瓶温度/℃	$H_2(PCl_3)$流量/(mL·min^{-1})
最佳条件	744	618	12	40
变化范围	740～760	600～630	0～15	30～100

(3)InGaAs/lnP 异质结构材料的 MOCVD 生长法。

材料生长采用 LP－MOCVD 设备,该设备利用碟阀来准确控制反应室压力,用质量流量计来控制气体流量,采用 RUN 和 Vent 两条气路及压力平衡器控制它们之间的压力差,这可以确保源进入反应室在中断时实现快速切换。整个外延过程采用计算机控制。其反应室在样品表面上方断切面面积为 8.5 cm^2,总气流为 8 L/min,反应室压力为 1.01×10^4 Pa 时,可以算出样品表面室温气体流速为 80 cm/s。

InGaAs 和 InP 的生长温度在 580～660 ℃之间,温度低于 580 ℃的外延材料很容易造成晶格质量不完整、光电特性变坏;温度高于 660 ℃,InGaAs 表面形貌不好控制,而且材料光电特性也变差。生长 InGaAs 的 V/ⅢA 族摩尔流量元素比为 60～70,对 InP 则为 250～300。考虑到 TMIn 为固态的特点,在整个外延过程中,不仅选用较高的源温,而且固定 TMIn 的流量为 10 μmol/min。对生长 $In_xGa_{1-x}As$,调整 TMGa 的流量,使外延 InGaAs 材料中 Ga 的含量达到需要的值。对于 10 μmol/min 的 TMIn 摩尔流量,对应 InP 生长速率约为 1 μm/h,而与 InP 匹配附近 InGaAs 的生长速率约为 2 μm/h,这两个生长速率分别相当于每秒钟一个和两个原子层,这一速率对生长量子阱结构是适合的。材料生长的具体过程:当衬底温度达到 350 ℃时,由于 InP 中 P 开始分解,此时把 PH_3 通进反应室对 InP 衬底进行保护。温度达到 660 ℃时,稳定 5 min,对衬底进行热处理,使在空气中热氧化的衬底表面分解而露出新鲜的表面,最后把温度降到所需温度,进行外延材料生长。

2.4 宽禁带半导体材料

2.4.1 引言

如今,硅是主要的半导体材料。随着微波器件及光电子器件的发展,ⅢA－ⅤA 族半导体如 GaAs、InP 等的研究和应用也有了长足的发展,但电子学的发展对器件提出了越来越高的要求,特别是需要大功率、高频、高速、高温以及在恶劣

环境中工作的器件。例如，高性能军用飞机及超音速飞机发动机的监控系统要求在 300 ℃下长期工作，而目前一般的器件只能在 100 ℃下正常运行；在星际航行方面，水星在接近太阳时表面温度为 370 ℃，而金星的表面温度更高，达 450 ℃，压力为 10^7 Pa，可是硅电池的最高工作温度仅 200 ℃，GaAs 电池虽可在 200 ℃以上工作，但效率大大下降；通信领域也要求更高的频率和更大的功率，所有这些都是现有的 Si 器件或 GaAs 器件所无法满足的。在宇宙飞船上，为使器件的温度降至 Si 器件所能容忍的 125 ℃，就必须配备冷却系统；如果器件能在 325 ℃下工作，除掉这一冷却系统就可使无人飞船的体积减小 60%。

对于高温半导体，目前并没有确切的定义。相对于 Si、GaAs 等一般半导体而言，高温半导体通常又称为宽禁带半导体，因为只有宽禁带材料才能在相当的高温下保持其半导体特性。宽禁带半导体的种类很多，目前最引人注目的是金刚石、SiC 和ⅢA 族元素氮化物。

2.4.2 碳化硅(SiC)

1.材料属性

碳化硅是半导体中最老的化合物半导体，长期以来被用作避雷器及可变电阻材料。由于它的禁带宽度大且通过掺杂容易进行 p 型和 n 型两种导电型的控制，将其用作可见发光(尤其是蓝色等短波长发光)器件材料具有很强的吸引力。另外，SiC 具有很好的耐热化学性能和很高的抗辐射损伤性能，故很早就被人们期望用作能在苛刻环境下使用的电子元器件材料。

结晶的 SiC，以 Si 和 C 原子间距 0.189 nm 的 SP^3 杂化轨道，由于电负度的差异，其离子性约占 12%，且原子最密充填时会产生重叠差。SiC 作为ⅣA 族元素中唯一的一种固态碳化物，是最先被发现的ⅣA－ⅣA 族化合物半导体。从结晶学分析，SiC 材料是一种同质多型体，即在相近的化学计量成分时具有不同的晶体结构。多型体之间的区别仅在于每一 Si—C 原子对的堆垛次序不同。每对 Si—C 原子以密排形式在原有 Si—C 原子层上堆垛时，相应位置只有三个，分别记作 A、B、C，从而构成了各种 Si—C 原子层堆垛周期结构的 SiC 多型体：如立方密堆积的闪锌矿结构、六角密堆积的纤维锌矿结构及菱形结构，分别记作 C、H、R。用该字母前的数字表示密排方向每一堆垛周期中 Si—C 层的数目，如 3C、4H、6H、15R 等。其中，3C 代表由 3 层 Si—C 原子层为一周期排列成立方结构；6H 表示由 6 层 Si—C 原子层为一周期排列成六角结构。一般把六角和菱形结构的多型体称为 α－SiC，把立方结构的 SiC 称为 β－SiC。较常见的典型结构有 3C－SiC(即 β－SiC)和 4H－SiC、6H－SiC、15R－SC(即 α－SiC)，如图 2.11 所示。图中的阿拉伯数字表示重叠的循环周期，后面的字母代表晶系，C 表示立方

晶，H 表示六方晶。表 2.12 给出的是典型多晶型物的物理参数。

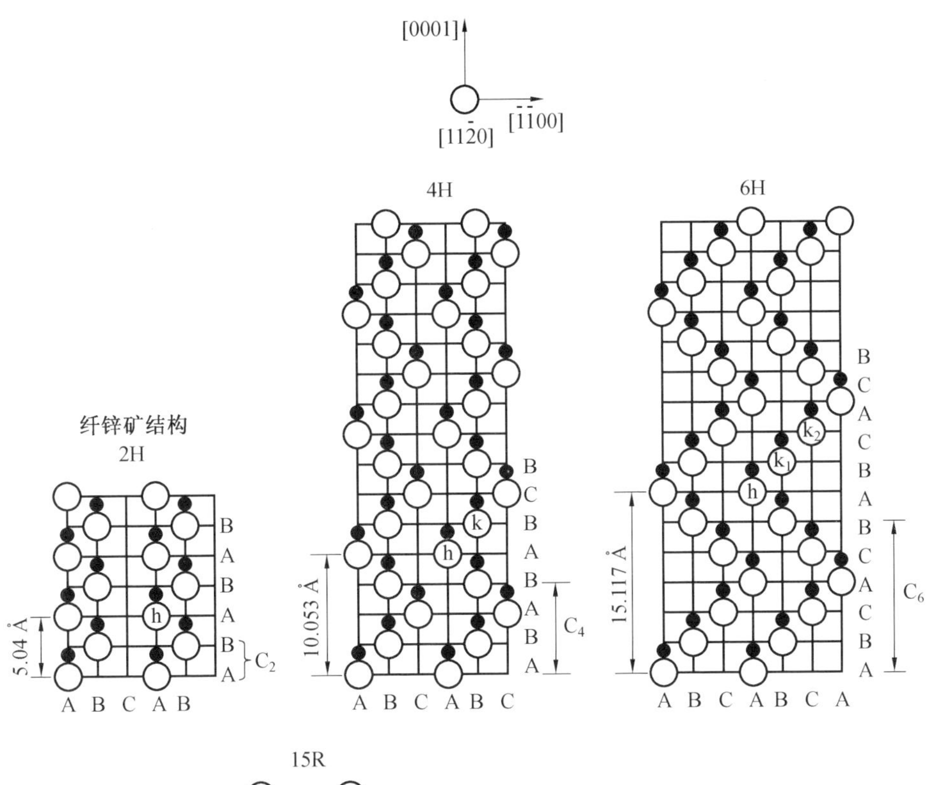

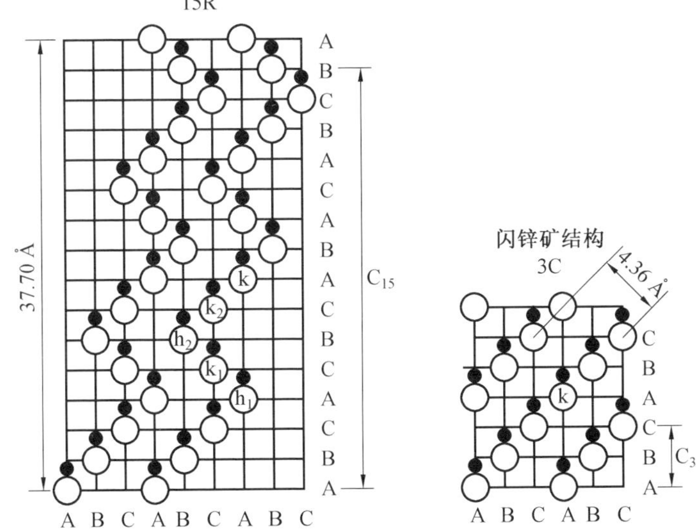

图 2.11　典型多晶型物

表 2.12　典型多晶型物的物理参数

晶型	3C	4H	6H	15R
结构	立方	六方	六方	三方
堆垛层次	ABC	ABCB	ABCACB	ABCACBCABACBC3A
晶格常数/Å	a=4.359 6	a=3.076,b=10.048	a=3.080 7,b=15.117 4	a=3.037,b=37.30
禁带宽度/eV	2.20(300 K)	3.28(0 K)	2.86(300 K)	3.02(0 K)
迁移率/[$cm^2\cdot(V\cdot s)^{-1}$]	>1 000	700	460	500

碳化硅电子漂移速度的饱和值 V_s 以及达到饱和值的临界电场 E_c 很大。V_s、E_c 大，可以使用于高频和大功率。SiC 用于 FET（场效应晶体管）和用于 IMPATT（碰撞雪崩及渡越时间二极管）比 Si 和 GaAs 好。6H－SiC 的 pn 结所获得的绝缘击穿电场为 $(2\sim3.7)\times10^8$ V/cm，计算出的 3C－SiC 的电子 V_s 为 2.7×10^7 cm/s，低电场下电子迁移率的实测值达 1 000 $cm^2/(V\cdot s)$，与此同时还具有很宽的禁带，可以说用作半导体材料是非常优异的。虽然是间接跃迁型半导体，但若添加适当的杂质，利用施主—受主对发光，则可成为良好的发光材料。因此，SiC 是一种很有前途的半导体，它具有 Si 及 GaAs 所不具备的特点。由于这种材料的热学、力学性能稳定，结晶生长就很困难。近年来，对单晶制作方法的研究有了很大的进步，带动了某些器件的开发研制。

半导体 SiC 材料具有较大的热导率、较高的临界击穿场强、宽禁带、较高的电子迁移率和饱和漂移速度，综合评价结果表明，其性能稍逊于金刚石，但远优于 Si、GaAs 等常规半导体材料。SiC 优异的特性在研制高温、高频、大功率、抗辐射器件以及紫外探测器、短波发光二极管等方面具有潜在的应用前景。SiC 材料和器件的研究工作首先在发光器件方面取得成果，目前已有商品化的蓝色发光器件。对其他器件的研制，主要受阻于晶体的生长技术。近年来，随着 SiC 体单晶生长技术的长足进步，以及化学气相淀积技术的日趋成熟并用于生长多层 N－SiC 和 P－SiC 器件结构，SiC 器件的研制工作取得了突破性进展。

SiC 材料是一种高稳定性的半导体，常压下不可能熔化，在高达 2 100 ℃的温度下会发生升华，分散为 C 和 Si 蒸气。在 3.5 MPa 下、温度在 2 830 ℃时发现了 SiC 的转熔点，质谱分析表明 Si—C 键能为 $(5.4\sim7.1)\times10^4$ J/mol，低于 1 500 ℃时 SiC 具有相当的高稳定性。SiC 的莫氏硬度为 9，稍低于金刚石(10)；其耐磨性(9.15)亦低于金刚石(10)。通常 SiC 表面会形成一薄层 SiO_2，防止进一步氧化。在高于 1 700 ℃的温度下，这层 SiO_2 会在熔化后迅速发生氧化反应。SiC 能溶解于熔融的 Na_2O_3 或 $NaCO_3-KNO_3$ 的混合物。在 900～1 200 ℃，SiC 能与 Cl_2 反应，亦能与 $CC1_4$ 反应，这两种反应都有石墨残留物生成；与氟在

300 ℃下亦能反应，但不存在任何残留物。在这些反应中，立方晶系的 SiC 较六方结构的 SiC 活泼。

不同结晶形态的 SiC 呈现出不同的颜色：立方结构透射和反射出黄色；六角结构无色，但掺入氮后呈绿色，掺入铝后变为蓝色。禁带宽度也与结晶形态有关，如 $E_{g(4H-SiC)}=3.28$ eV、$E_{g(2H-SiC)}=3.3$ eV、$E_{g(15R-SiC)}=3.02$ eV，3C－SiC、6H－SiC的 E_g 见表 2.13，但均大于 Si、GaAs 等材料的 E_g。这不仅保证了 SiC 器件能在较高的温度下安全地工作，且有良好的抗辐射加固能力，同时也是一种很有前途的短波可见光发光材料。

表 2.13　几种材料有关参数的比较

材料参数	Si	GaAs	GaP	SiC		金刚石
				3C－	6H－	
E_g/eV(300 K)	1.11	1.43	2.2	2.2	2.86	5.5
最高工作温度/℃	300	460	925	873	1 240	
熔点/℃	1 420	1 235	1 470	>2 100 ℃升华		晶格改变
μ_n/[cm^2 · (V · s)$^{-1}$]	1 350	8 500	350	1 000	400	2 200
μ_p/[cm^2 · (V · s)$^{-1}$]	600	400	100	40	10	1 600
击穿场强 E_c/(10^6 V · cm^{-1})	0.2	0.5	0.7	约 3	约 4	10
热导率/[W · (cm · K)$^{-1}$]	1.5	0.46	0.8	4.9	4.9	20
电子饱和漂移速度 v_s/(×10^7 cm · s^{-1})	1	2	—	2.5	约 2.5	约 2.7
介电常数 ε_r	11.9	12.8	11.1	9.7	10	5.5
少子寿命/s	2.5×10^{-3}	约 10^{-8}	—	(1～10)×10^{-9}	(1～10)×10^{-9}	约 10^{-9}

作为电子材料，由载流子的迁移率和饱和漂移速度决定的电子和空穴的输运特性也为人们所关注。SiC 的电子漂移速度为 2.5×10^7 cm/s，约是 Si 的 2 倍；介电常数仅高于金刚石，低于 Si、GaAs、GaP 等材料，这就决定了 SiC 器件具有微波特性，应用在高频器件中具有很大的潜力。SiC 具有较高的击穿场强和热导率，这两种特性的结合，使 SiC 器件的功率承受能力大大提高，在高温大功率领域中具有广阔的前景。宽禁带、高击穿场强和高位错能量使 SiC 器件具有很强的抗辐射能力。对给定的辐射剂量，宽禁带降低了产生的电荷数目，较高的击穿电压可提高掺杂浓度，高位错能量降低了晶格损伤。实验表明，SiC JFET 受 100 Mrad(Si)剂量中子辐照仍能正常工作。

2. 制备技术

人们对 SiC 制备技术的研究经历了 3 个时期：第一是采用升华法制作 SiC 单

晶来开发各种器件的建议时期；第二是 SiC 的外延生长等基础研究时期；第三是接近于相关领域应用要求的研发时期。通过这些研究，已总结出 SiC 具有以下特点和优异性能：

(1)SiC 是多型性晶体，其晶体中原子的排列方法有六方型、立方型和菱面型等，在六方型中又有 100 多种晶体形态。SiC 常见的典型结构有 3C、4H、9H、15R 等(C、H、R 分别表示立方体、六方体、菱面体结构，其前面的数字表示循环周期)。立方型晶体只有 3C 一种，也称 β－SiC；其他 4H－SiC、6H－SiC、15R－SiC 统称 α－SiC。SiC 晶体的多晶型导致其禁带宽度、折射率、介电常数等性能各异。

(2)具有优良的耐热性(其分解温度高于 2 800 ℃)和耐蚀性能，热导率大，硬度大(莫氏硬度为 9.2)。利用这些优良性能，SiC 已广泛应用于研磨材料、表面覆盖材料、切削车刀、耐火材料、高温发热体等方面。

(3)禁带宽度 E_g 大，故可作为可见光短波长区域的发光材料。例如，3C－SiC 的 $E_g=2.2$ eV、6H－SiC 的 $E_g=2.8$ eV，可以分别用作绿色、蓝色的 LED 材料。

(4)3C－SiC 的临界电场大($E_c=5\times10^8$ V/cm)，故可用作 FET、HBT(异质结双极晶体管)、IMPATT 等器件的材料。

大多数半导体单晶都可以从熔融状态或溶液中生长出来，但 SiC 本身的特性使得利用这两种方法都不能生长出它的单晶。根据 SiC 相图，按化学计量比熔化 C 和 Si 需要压力＞100 GPa、温度在 3 200 ℃以上才能实现。温度高于 1 700～1 750 ℃时，Si 的大量蒸发使生长过程变得不可能，通过加入其他金属到熔体里(如 Pr、Tb、Sc 等)，即使用助熔技术可使 C 的溶解度超过 50%，但目前还没有和这些熔体稳定存在的坩埚，而且溶剂的挥发也是个问题。另外，这些金属助熔剂停留在 SiC 晶片中的含量太高，不能用来做各种半导体器件。由于这些困难，制备 SiC 单晶必须采用其他方法。

(1)Acheson 法和 Lely 法。

Acheson 用细棒插入熔化的 C 和硅铝矿中，在细棒中间通入高流量的气体，发现细棒的周围有 SiC 单晶。后来这种方法经过改进，形成了 Acheson 法，即在两碳电极间放入石英砂和木屑、锯末等，通气、通电后，这些物质间会反应生成 SiC。Acheson 法从 20 世纪初开始用于工业生长摩擦材料 SiC 粉末，少量的 SiC 单晶是工业生长的副产品。Acheson 法的特点是自发成核、产率低、生成的 SiC 单晶尺寸小，但污染大。通过加热装满 SiC 颗粒的反应器至 2 550 ℃，并在反应器中不断通入 Ar 气，发现 SiC 在气相中成核并生长成晶体，这种生长 SiC 单晶的方法称为 Lely 法。Lely 法的特点是气相自发成核。与 Acheson 法相比，Lely 法产率高且污染少，其缺点是不能生长出大尺寸的 SiC 单晶。

(2)物理气相传输法(简称PVT法)。

Tairov和Tsvetkov对Lely法加以改进,生长出直径为8 mm、长为8 mm的6H-SiC单晶。该方法是将SiC晶种放在一个含SiC粉源的坩埚里,坩埚通过中频感应或电阻炉加热,使温度达到2 000 ℃以上,在源或晶种之间通过温度梯度引起Si或C样本传输到晶种的表面。这种方法称为PVT法或改进了的Lely法(M-Lely法)。在PVT法生长SiC单晶的过程中,源物质输运到晶种表面的机理为:SiC源在高温下分解成含Si和C的气体分子,这些气体分子再凝聚到较冷的晶种表面。气相中含有许多不同的化合物分子,主要有Si、Si_2C和SiC_2分子等。PVT法和Lely法的显著不同之处在于,PVT法使用了晶种,使晶体生长过程中可控制的因素较多,适用于生长大尺寸的SiC单晶。后来经过不断的改进,SiC单晶的生长取得了很大成功。1994年,Cree公司生长出了直径为50 mm的SiC单晶。迄今为止,PVT法仍是生长大尺寸、高质量SiC单晶的最好方法。

(3)外延生长法。

与其他半导体一样,制作SiC元件用的优质单晶也可利用外延生长法生长。另外,由于生长SiC晶体需要1 800 ℃以上的高温,并需要设法用可控制蒸气压的特别扩散炉来避免扩散中的升华,故几乎不采用其他半导体元件制作时的常用手段——杂质扩散法。因此,作为掺杂手段,外延生长法便成为很重要的方法。

①气相外延法(VPE)。用H_2、Ar等载运气体将含有SiC构成元素Si、C的原料气体导入反应管内,使SiC单晶在维持高温状态的基底上生长,即利用CVD法(化学气相沉积),用$SiCl_4$、$SiH-Cl_2$、SiH_4等作Si源原料气体,用CCl_4、C_2H_2、C_3H_8等作C源原料气体。

②液相外延生长法(LPE)。有人提出了一种6H-SiC的液相外延生长法,即在石墨坩埚内熔融Si,利用熔融Si的热对流将高温区中Si内熔化的C输运到低温区,在置于低温区的6H-SiC基底上使6H-SiC得到外延生长。该方法的缺点是:由于Si固化时的强应力,SiC生长层受到损伤,且不打破坩埚仅用蚀刻除去Si的结晶会取不出来,故不太适合于实用化。

(4)基底用SiC单晶的制作。

SiC的高纯度单晶是利用以高温升华法(2 500 ℃以上)为基础的Lely法生成的。在石墨坩埚和其内部放置的多孔性石墨空心圆筒间放入SiC粒,在Ar气氛中加热分解后输运到低温区,使其在低温区再结晶从而生成单晶,6 h左右即可获得最大直径为10 mm左右的薄板结晶(几乎都是6H-SiC)。但是,由于晶核发生是自然进行的,故形状不一致,大小亦有限度。改进后的Lely法,以上述方法为基础,用高温升华法在6H-SiC的晶种上生成单晶,形成晶块。生长开始时,提高炉内的压力,用1 800～2 000 ℃的温度抑制晶种上的沉积,控制籽晶。

然后调整压力，以 2 mm/h 的生长速度形成直径为 14 mm、长为 18 mm 的结晶块。目前，随着坩埚的大型化，已能形成直径为 30 mm、长为 13 mm 的大型晶块，也能进行掺杂。

(5)6H－SiC 块状单晶的升华生长法。

在制备半导体材料时，对原料的纯度和掺杂浓度有特别严格的要求。工业生产的 SiC 粉，因含有多种杂质，故不能用于半导体 SiC 单晶的生长。用纯度为 5N 的 Si 粉和 C 粉按 Si：C＝1～1.1(物质的量比)配制，经均匀混合后，放置在高纯致密石墨坩埚内，在 Ar 气氛中，经 1 600 ℃焙烧即能制得符合要求的 SiC 粉料。Si 粉和 C 粉的颗粒度对原料的合成有重要影响，颗粒度过细，容易使合成的 SiC 料结成块；颗粒度太粗，则不利于 Si—C 之间的充分反应。配料时也可掺入 Al 等杂质，制成预先掺杂的 SiC 粉料。

用升华法生长 SiC 单晶时，先从工业生产的 SiC 中选取较大的 6H－SiC 薄片作为晶种，以后再从生长出的晶锭中切取晶种。常用的生长取向为(0001)硅面或$(000\bar{1})$碳面。晶种表面先经机械研磨、抛光，然后进行化学清洗，再在 900 ℃的氧气氛中氧化处理，将表面机械加工造成的损伤层去除。氧化后硅面和碳面的色泽是不同的，很容易将(0001)面或$(000\bar{1})$面区分开来。

升华法生长 6H－SiC 单晶采用石墨发热体电阻加热方式，最高工作温度约为 2 400 ℃。坩埚由高纯致密石墨制成，原料室与生长室由多孔性高纯石墨相隔离，晶种平放在坩埚底部的籽晶座上，籽晶座与水冷的石墨杆相接。纯的 6H－SiC单晶是无色透明的；若在 Ar 气中掺入少量氮，则可生长出绿色的 n 型单晶；若在粉料中掺入铝，则可得到蓝色的 p 型单晶。

3. 缺陷

(1)残余载流子。

由于 3C－SiC 的晶体对称性好，故具有很高的迁移率。目前，在 Si 衬底上外延生长的 3C－SiC 的迁移率在逐年提高，即使 3C－SiC 迁移率高，但其残余载流子浓度约为 10^{16} cm^{-3}，具有 90%以上的高补偿度，这对器件应用是不利的。关于残余载流子的起因问题，至今已进行了多方面的研究。对于用 Lely 法生长的 SiC，采用光致发光测定的最初结果认为，非掺杂 3C－SiC 的残余载流子(施主)的起因是 N_2 杂质，但这种研究仍在深入进行。由 3C－SiC 外延膜的光致发光(PL)测量发现，在掺杂 N_2 与非掺杂的 3C－SiC 外延膜的 PL 光谱中，由捕捉 N_2 施主的激子引起的一串 PL 峰值不随生长 3C－SiC 时反应气体中的(N_2/Si)原子比的变化而变化；在这种 PL 峰值能量约低 8 eV 的低能一侧出现一串新的峰值，随(N_2/Si)原子比的增大而峰值强度增大，但是这种新的峰值变化在加大反应气体中的(C/Si)原子比时也可见到。可见，它不是单纯由 N_2 施主所产生的。

(2)残余应力。

在Si上异质外延的3C－SiC晶体，由于Si/SiC之间存在较大的晶格失配和热膨胀系数的差异，因此晶膜中存在很大的残余应力，这种应力影响到SiC晶体的各种物理性质。对3C－SiC异质外延晶膜进行拉曼散射测量，证明在Si衬底上的3C－SiC膜中存在100 MPa的拉伸应力。为了减小这种应力，一是必须降低外延生长的温度；二是可以采用6H－SiC作衬底。但是，目前大面积的Si衬底容易获得，故在应用上还不能放弃Si衬底。

(3)晶体缺陷。

采用透射电子显微镜、X射线形貌分析、卢瑟福背散射(RBS)等技术，对3C－SiC进行晶体缺陷研究，发现在Si衬底上异质外延生长的3C－SiC膜中存在着许多堆垛层错和位错；在SiC/Si界面上的SiC膜5个原子层处存在失配位错；在距界面2～3 μm处存在很多堆垛层错。

(4)辐射损伤和抗辐射特性。

SiC的抗辐射性能是十分优良的，从1954年起就有这方面的研究报告，20世纪60年代后半期关于SiC辐射损伤的报告急增。这些报告以研究α－SiC居多，在研究内容上包括：由辐射引起的晶格常数的变化、载流子浓度的变化、pn结的$I \sim V$特性的变化等。其结论是：对于用作中子线和荷电粒子的检测器而言，SiC检测器比Si检测器的抗辐射性能要提高1～2个数量级；对于3C－SiC外延膜，由中子辐射引起的损伤，经过350 ℃烘焙后，90%可以恢复特性；由电子辐射引起的损伤，约烘焙到800 ℃就可消除缺陷。

2.4.3 氮化镓(GaN)

1. 材料属性

GaN及其相关的ⅢA族氮化物材料包括：二元的InN、GaN、AlN，三元的InGaN、AlGaN和四元的InGaAlN等。通过调整合金组分，可以获得从1.9 eV(对InN来说是653 nm)到6.2 eV(对AlN来说是200 nm)的连续可调的带隙能。因此，ⅢA族氮化物能覆盖从紫外光到可见光这样一个很宽范围的频谱，这使得它在诸多领域有广泛的应用，其应用领域包括高亮度彩色LEDs、高性能紫外光电探测器、蓝激光二极管等。又由于GaN材料具有高热导率、高电子饱和漂移速度和大临界击穿电压等特点，因而成为研制高频大功率、耐高温、抗辐照半导体微电子器件和电路的理想材料，在通信、汽车、航空、航天、石油开采以及国防等方面有着广阔的应用前景。

GaN是由Johnson等人于1928年合成的一种ⅢA－ⅤA族化合物半导体材料，由于晶体获得较困难，所以对它的研究没有得到很好的进展。在20世纪60

年代，用ⅢA－ⅤA族化合物材料 GaAs 制成激光器之后，人们才又对 GaN 的研究产生了兴趣。1969 年，Maruska 和 Tietjen 成功制备出了单晶 GaN 晶体薄膜，给这种材料带来了新的希望。但在此后的很长时期内，GaN 材料由于受到没有合适的衬底材料、n 型本底浓度太高和无法实现 p 型掺杂等问题的困扰，进展十分缓慢。进入 20 世纪 90 年代以来，由于缓冲层技术的采用和 p 型掺杂技术的突破，对 GaN 的研究热潮在全世界蓬勃发展起来，并且取得了辉煌的成绩。

GaN 为无色透明的晶体，一般呈纤锌矿结构，晶格常数为 $a=0.318\ 9$ nm、$c=0.518$ nm。此外，能稳定存在的 GaN 也具有闪锌矿结构，$a=0.452$ nm。GaN 具有抗常规湿法腐蚀的特点。在室温下，它不溶于水、酸和碱，但能缓慢地溶于热的碱性溶液。虽然经过许多研究者的努力，但是目前尚未确立一种合适的湿法刻蚀工艺，现在主要用等离子体工艺进行刻蚀。GaN 室温禁带宽度为3.4 eV，是优良的短波长光电子材料，其发光特性一般是在低温（2 K、12 K、15 K 或 77 K）下获得的。通过在低温（2 K）下对高质量的 GaN 材料进行光谱分析，观察到 A、B、C 三种激子，它们分别位于（3.474±0.002）eV、（3.480±0.002）eV 和（3.490±0.002）eV。此外，许多研究人员还对 GaN 的 Raman 光谱、PL 光谱、CL 光谱和 EL 光谱等在不同温度及掺杂等条件下的变化进行了研究。表 2.14 给出了低温（77 K）时 GaN 的光学跃迁特性。

表 2.14　低温（77 K）时 GaN 的光学跃迁特性

激子	峰值能量/eV	激子	峰值能量/eV
自由激子	3.474	受主束缚激子	3.455
自由激子	3.480	Cd－受主束缚激子	3.454
自由激子	3.49	受主束缚激子 LO	3.364
自由激子 LO	3.385	受主束缚激子 2－LO	3.355
自由激子 2－LO	3.293	施主－受主	3.26
施主束缚激子	3.44～3.47	施主－受主 LO	3.17
施主束缚激子 LO	3.377	施主－受主 2－LO	3.08
施主束缚激子 2－LO	3.286	施主－受主 3－LO	2.99
施主束缚激子 TO	3.400		

GaN 的电学特性是影响器件的主要因素。未有意掺杂的 GaN 在各种情况下都呈 n 型，最好样品的电子浓度约为 $4\times10^{16}\ \mathrm{cm}^{-3}$。一般情况下，所制备的 p 型样品都是高补偿的。很多研究小组都从事过这方面的研究工作。MOCVD 沉积 GaN 层的电子浓度为 $n=4\times10^{16}\ \mathrm{cm}^{-3}$，未掺杂的载流子浓度可控制在 $10^{11}\sim10^{20}\ \mathrm{cm}^{-3}$ 范围内。另外，通过 p 型掺杂工艺和 Mg 的低能电子束辐照或热退火处

理，已经能够使掺杂浓度达到较高水平。

2. 制备技术

尽管人们对 GaN 体单晶材料的生长进行了许多积极的探索，但是由于 GaN 在高温生长时氮的离解压很高，且目前很难得到大尺寸的 GaN 体单晶材料，所以只能在其他衬底上进行异质外延生长。在各种生长技术中，卤化物气相外延（HVPE）、金属有机化学气相沉积（MOCVD）和分子束外延技术（MBE）已经成为制备 GaN 及其相关三元、四元合金薄膜的主流生长技术。此外，随着研究工作的深入，近年来一些新的生长方法也被开发出来。

（1）金属有机化学气相沉积（MOCVD）技术。

这种生长技术一般以 Ga 的金属有机物作为ⅢA 族源，以 NH_3 作为氮源，在高温下（通常＞1 000 ℃）进行 Ga 的金属有机物的生长。由于该方法使用了难于裂解且易于与 Ga 的金属有机金属有机物发生寄生反应的 NH_3 作为氮源，所以需要严格地控制生长条件，并改进生长设备。

（2）分子束外延（MBE）技术。

这种生长技术有两个分支：气源分子束外延（GSMBE）和金属有机分子束外延（MOMBE）。第一种方法直接以 Ga 的分子束作为ⅢA 族源，以 NH_3 作为氮源，在衬底表面反应生成氮化物。采用该方法可以在较低的温度下实现 GaN 的生长。但在低温下，NH_3 的裂解率低，与ⅢA 族金属的反应速率较慢，生成物分子的可动性差，晶体质量不高。为了提高晶体质量，人们研究了以 RF 或 ECR 等离子体辅助增强技术激发 N_2 作为氮源，并取得了较为满意的结果。第二种方法以 Ga 的金属有机物作为ⅢA 族源，以等离子体或离子源中产生的束流作为氮源，在衬底表面反应生成氮化物。采用该方法可以在较低的温度下实现 GaN 的生长，而且解决了 NH_3 在低温时裂解率低的问题，有望得到好的晶体质量。

（3）卤化物气相外延（HVPE）技术。

人们最早就是采用这种生长技术制备出了 GaN 单晶薄膜。这种生长技术以 $GaCl_3$ 为镓源、NH_3 为氮源，在 1 000 ℃左右的蓝宝石衬底上快速生长出质量极好的 GaN 薄膜，生长速度可以达到每小时几百微米，位错密度可以降到10^7 cm^2以下，可以和目前的体单晶材料质量相媲美（体单晶中的位错密度为10^9 cm^2左右）。采用这种技术可以快速生长出低位错密度的厚膜。用此作为其他方法进行同质外延生长的衬底体单晶 GaN 晶片的替代品。

（4）两步生长工艺。

由于 GaN 和常用的衬底材料的晶格失配度大，为了获得晶体质量较好的 GaN 外延层，一般采用两步生长工艺。首先在较低的温度下（500～600 ℃）生长一层很薄的 GaN 和 AlN 作为缓冲层，再将温度调整到较高值生长 GaN 外延层。

以 AlN 层作为缓冲层生长可以得到高质量的 GaN 晶体。AlN 能与 GaN 很好地匹配，而和蓝宝石衬底匹配不好，但由于它很薄，具有低温沉积的无定型性质，因此会在高温生长 GaN 外延层时成为结晶体，为 GaN 和蓝宝石晶格去耦，随后以 GaN 为缓冲层可以得到更高质量的 GaN 晶体。

(5)选区外延生长或侧向外延生长技术。

采用这种技术可以进一步减少位错密度，改善 GaN 外延层的晶体质量。首先在合适的衬底上(蓝宝石或碳化硅)沉积一层 GaN，再在其上沉积一层多晶态的 SiO_2 掩膜层，然后利用光刻和刻蚀技术，形成 GaN 窗口和掩膜层条。在随后的生长过程中，外延 GaN 首先在 GaN 窗口上生长，然后再横向生长于 SiO_2 条上。试验结果表明：生长于 SiO_2 条上的 GaN，其位错密度比 GaN 窗口上小几个数量级。目前该技术已经应用于蓝光 LDs，并获得了令人满意的结果。

(6)悬空外延技术。

采用这种方法可以大大减少由于衬底和外延层之间的晶格失配和热失配引发的外延层中的大量晶格缺陷，从而进一步提高 GaN 外延层的晶体质量。首先在合适的衬底上(6H－SiC 或 Si)采用两步工艺生长 GaN 外延层，再对外延膜进行选区刻蚀一直深入到衬底，这样就形成了 GaN/缓冲层/衬底的柱状结构和沟槽交替的形状，然后再进行 GaN 外延层的生长。此时生长的 GaN 外延层悬空于沟槽上方，是在原 GaN 外延层侧壁的横向外延生长。采用这种方法，不需要掩膜，因此避免了 GaN 和掩膜材料之间的接触，于是生长在沟槽上方的 GaN 外延层应该是无应力的。

3.缺陷与控制

ⅢA 族氮化物禁带宽、光电转换效率高，适用于制备高亮度发光二极管、半导体蓝紫光激光器、高灵敏度紫外探测器等从绿光到紫外线的光电子器件；它的击穿电场较大、热传导率高、饱和电子速度较快，适用于制备高温、大功率、高频微电子器件；它的化学稳定性好，适用于制备卫星、航空、军事、汽车、石油等在极端恶劣环境下工作的器件。由于ⅢA 族氮化物的熔点和饱和蒸气压高，故很难采用通常的体单晶生长方法制备晶体。20 世纪 70 年代初，科学家们采用外延方法生长出的 GaN 表面粗糙、晶体龟裂，无法用于器件的制备。20 世纪 80 年代末与 90 年代初，研究人员成功地改进了制备方法，在衬底与外延层之间低温生长缓冲层；用低能电子束辐照或热退火，用侧向过生长，使制备ⅢA 族氮化物器件成为可能。日本日亚化学工业株式会社率先生产出高亮度蓝光二极管、蓝光激光器，在蓝光光电子材料和器件的制备方面领先。目前，高亮度蓝光二极管已广泛应用于户外大屏幕全色信息显示、交通指示、白色照明；蓝光激光器则应用于高密度激光视盘存储、激光打印和彩色复印。

为了占有一定的市场份额，世界许多公司和研究机构也相继投入了大量的人力物力，对ⅢA 族氮化物及其器件进行开发和研究。然而，由于ⅢA 族氮化物仍没有可匹配的单晶衬底而采用大失配的其他材料，故外延层中的缺陷密度仍然较高，因此对该材料的研究实质上就成为对如何减少材料中缺陷的研究。对ⅢA 族氮化物中杂质缺陷的研究，迄今已有许多报道，主要集中在 GaN 中的穿透位错、纳米管、黄色发光带等杂质缺陷方面。对于黄色发光，最初的研究表明与外延层中的 C 杂质有关，也有人认为与扩展缺陷或结构缺陷有关，但是都缺乏有效的证据。由于最早的观察都显示出纳米管的中心有一纳米量级的孔，人们认为它起源于空心的螺位错。后来的研究发现，纳米管在外延层表面的露头处均有一由{10－11}小面围成的"V"形，因此认为其起源于"V"形缺陷。然而，该模型未能对形成管状缺陷进行解释。对于穿透位错的初步研究表明，多数穿透位错为刃位错，有部分为混合位错。用高分辨电子显微镜也观察到了纯刃位错芯的晶格结构，然而对混合位错芯的晶格结构及其形成机制仍不清楚。对于龟裂的初步分析，认为是外延层无法容纳与衬底间晶格失配所产生的应力所致，完全没考虑外延层中残留杂质的影响，故无法解释同样的晶格失配有不同程度龟裂的现象。对于残留 O 和 C 杂质的研究，人们也开展了一些工作，然而 O 和 C 的沉积物被忽视了。

2.4.4　氧化锌(ZnO)

1. 材料属性

随着信息技术的飞速发展，以光电子和微电子为基础的通信和网络技术成为高新技术的核心，由此对短波光学器件及高能、高频电子设备的需求也日益增长。宽带隙半导体材料如 6H－SiC(3.0 eV、2 K)和 GaN(3.5 eV)在近 10 年来一直活跃在最前线，而另一种宽带隙半导体材料 ZnO 也同样引起了人们的关注。1966 年，Nicol 发现在电子束的抽运下，体材料的 ZnO 在低温下会产生受激辐射。随着脉冲激光沉积(PLD)、分子束外延(MBE)和金属有机气相沉积(MOCVD)技术的发展，人们可以制备出结构更加完善的 ZnO 单晶外延膜。美国、日本以及中国香港地区的科学家先后报道了能产生紫外辐射的 ZnO 半导体激光器，著名的物理学家 Robert 认为 ZnO 极有可能取代蓝光激光器，有人预计，ZnO 与目前的 SiC 及 GaN 有同样的应用，将作为下一代光电材料。

由于 ZnO 在可见光区透明，有很大的机电耦合系数且某些气体分子能在其表面吸附一解析，因此多晶形态的 ZnO 曾得到了很广泛的应用，如表面声波器件(SAW)、光波导器件、声光媒质、导电气敏传感器、压电转换器、变阻器、荧光物质和透明导电电极等。由于其激子束缚能大、在室温下泵浦阈值很低、可调谐带宽范围为 2.8～4.0 eV、可以得到高质量的外延衬底，可根据同质外延的需要比较容易地解理等优良性能，因此 ZnO 今后有望在紫外、蓝光 LD 和 LED、异质外延和同质外延 pn 结、高峰值能量的能量限制器、大直径高质量的 GaN 衬底、5 GHz 之外的无线通信系统、高电场设备、高温高能电子器件等方面得到广泛的应用。

ZnO 是 6 mm 点群对称的六角晶系纤锌矿晶体，锌原子占据层与氧原子占据层交错排列，其有效离子电荷为 1～1.2，这样就产生了一个极性的 c 轴。ZnO 在常温下的稳定相是纤锌矿结构，空间群为 $P6_3mc$，$a=0.325\ 33$ nm、$c=0.520\ 73$ nm、$Z=2$。其中，(0001)面为 Zn 原子面，$(000\bar{1})$面为 O 原子面，无对称中心。

2. 制备技术

ZnO 晶体是一种熔融化合物，其熔点为 1 975 ℃。ZnO 不仅具有强烈的极性析晶特性，而且在高温下(1 300 ℃以上)会发生严重的升华现象，因此该晶体的生长极为困难。早在 20 世纪 60 年代，人们就已开始关注 ZnO 单晶的生长。尽管尝试了很多种生长工艺，但所得的晶体尺寸都很小，一般在毫米量级，没有实用价值。鉴于体单晶生长存在很大的困难，人们逐渐把注意力更多地集中于 ZnO 薄膜的生长研究方面，一度冷落了对体单晶生长工艺的进一步探索。近年来，随着 GaN、SiC 等新型光电材料产业的迅速发展，对高质量、大尺寸的 ZnO 单晶基片的需求也越来越大，而 ZnO 单晶目前的生长状况难于满足市场的需求，此时对 ZnO 单晶生长的研究才重新引起科学家的重视。目前，采用助熔剂法、水热法、气相生长法等方法已经获得了一定尺寸的 ZnO 体单晶，特别是水热法，已经生长出了高质量单晶，取得了突破性进展。

(1)助熔剂法。

助熔剂法是利用晶体的组分在高温下溶解于低熔点的熔剂中，形成饱和熔体，通过缓慢冷却或在恒定温度下蒸发熔剂，使熔体处于过饱和状态，以便晶体从熔体中不断析出。此方法常用来生长高熔点的晶体。

(2)水热法。

水热法是利用高温、高压的水溶液使那些在大气条件下不溶或者难溶于水的物质溶解或反应生成该物质的溶解产物，从而达到一定的过饱和度而进行结晶和生长的方法。水热法生长技术具有生长大尺寸和性能一致晶体的能力，在理想的生长条件下，晶体的数量和尺寸受培养体的数量、容器大小及籽晶数目等因素的影响。该方法还可防止在高温熔体生长中经常遇到的一些结构缺陷，如面纱、气泡、脱溶物及其他应变感生现象的形成。水热法是生长 ZnO 的重要方

法，但易使 ZnO 晶体引入金属杂质，还存在生长周期长、危险性高的缺点。操作中需要控制好碱溶液的浓度、溶解区和生长区的温度差、生长区的预饱和、合理的元素掺杂、升温程序、籽晶的腐蚀和营养料的尺寸等工艺。

(3)气相法。

气相法的原理是，利用蒸气压较大的材料在适当的条件下，使其蒸气凝结成晶体的一种方法，适合于生长板状晶体。该方法可以避免助熔剂法、水热法生长晶体时对原料的污染，提高晶体的纯度和质量。气相法作为 ZnO 单晶生长的一种常用方法，在生长时原料区的温度控制在 800～1 150 ℃，生长区和原料区的温度差控制在 20～200 ℃，常用的输运载体为 HCl、Cl_2、NH_3、NH_4Cl、$HgCl_2$、H_2、Br_2、$ZnCl_2$ 等。

3. 缺陷与控制

研究 ZnO 薄膜的发光特性非常有趣，因为它能给材料的质量和纯度提供许多有价值的信息。所有样品的 PL 谱均由两部分组成：峰值位于 378 nm (3.28 eV)的近带边 UV 发射和峰值位于 500 nm(2.48 eV)左右的深能级(DL)发射。UV 发射已被证实是来自自由激子的复合跃迁，光子能量的典型报道值为 3.26 eV。UV 发射峰的强度先随氧化温度的升高而增大，在 500 ℃时达到最大值，随后开始下降；深能级(DL)发射的强度却逐渐增大。对于在 700 ℃时氧化的样品，其 PL 谱中 DL 发射已处于主要地位。

众所周知，ZnO 通常展示出主要的 3 个发光带：近带边 UV 发射带(中心波长位于 380 nm 附近)、绿光发射带(中心波长位于 510 nm 左右)和红光发射带(中心波长位于 650 nm 附近)。UV 发射主要是来自激子的复合。对于 DL 发射(绿光和红光发射)的解释至今没有一个明确的答案，原因在于 ZnO 内部复杂的微缺陷能级，如氧空位、锌空位、锌间隙、氧错位、杂质离子等造成的缺陷能级都可能引起 ZnO 薄膜的深能级发射。但总体来说，对于非故意掺杂的 ZnO 薄膜，造成其 DL 发射的所有的结构缺陷都是源于薄膜中锌和氧的化学计量比失衡，主要是由于氧空位的存在。通过观察 PL 谱中的紫外发射与深能级发射的强度比(I_{UV}/I_{DL})，可以评价 ZnO 薄膜内的结构缺陷浓度。

当氧化温度超过 700 ℃以后，样品的 PL 谱发生了本质性的变化，DL 发射峰的强度超过了 UV 峰的强度。在 700 ℃和 800 ℃下氧化的样品的 I_{UV}/I_{DL} 值分别为 0.35 与 0.29，这是因为 ZnO 在加热时有失去氧的趋势。在高温下，即使在氧气环境中退火，仍会导致绿光发射峰的增强。随着氧化温度的升高，与 Zn 膜结合的氧原子由于受到高温作用，又被迫从薄膜中解析出来，使得样品中的氧空位不断增多，从而使 DL 发射强度增大，最终在 PL 谱中占据了主要地位。

2.5 其他半导体材料

2.5.1 限域半导体材料

限域半导体材料主要包括量子阱、量子线、量子点及其他新型半导体材料。由于此类材料正处于研究阶段，还未得到实际应用，故对一些概念性的理论还要做进一步介绍。限域半导体材料是指维数低于三维的半导体材料，其中包括量子点（QD）材料（零维材料）、量子线（QWW）材料（一维材料）和量子阱（QW）材料（二维材料）。主要半导体量子点、量子线和量子阱材料见表 2.15。

表 2.15 主要半导体量子点、量子线和量子阱材料

族	量子点材料	量子线材料	量子阱材料
ⅣA	Si，Ge	Si，碳纳米管	
ⅢA－ⅤA	GaAs，GaN，GaSb，InAs，InP，InGaAs，AlGaAs，InAlAs，InGaN	GaAs，InAs，GaN，InGaAs，AlGaAs，$(GaAs)_4$，$(AlAs)_2$，$(GaAs)_5$，$(AlAs)_5$	AlGaAs，GaInP，InGaAs，InGaAsP，InGaN，GaInAsSb，InAsP，GaInNAs
ⅡA－ⅥA	ZnTe，ZnSe，ZnS，CdSe，ZnO，CdTe		ZnCdSe，CdMnTe
ⅣA－ⅣA	SiC，SiGe	SiC	
ⅣA－ⅤA		$\alpha-Si_3N_4$，$\beta-Si_3N_4$	
ⅣA－ⅥA	PbSe		

目前，制备量子点的主要方法是自组织生长方法和 S－K 生长模式，即利用两种材料之间的晶格失配，在外延薄膜达到某一临界厚度时，在应力的作用下以成岛方式生长。制作量子线的主要方法有选择外延法、在有“V”形槽的衬底上外延生长法和在微倾斜的衬底上外延生长法。量子阱材料的生长方法有 MBE 法、MOCVD 法和 MOVPE 法等。

1. 量子阱

两种半导体 S_1 和 S_2 组成异质结，在异质结的 S_1 一侧再连接上一层就组成一个 $S_2—S_1—S_2$ 型的三层结构。如果中间的 S_1 层厚度小到量子尺度，而且 $E_{g1}<E_{g2}$，该体系的量子阱能带图如图 2.12 所示。显然，对于载流子来说，S_1 区犹如一口“阱”，处于其中的载流子如同掉进了阱里，无论向左还是向右离开 S_1 进入 S_2 都必须越过一个势垒。由于有关尺寸是量子尺度，故这样的体系称为量子阱（简

记为 QW)。在量子阱中,载流子的运动在平行于阱壁的方向上不受势垒的限制,可视为“自由”的,但在垂直于阱壁的方向上受势垒限制,阱宽为量子尺度,载流子在该方向上的运动表现出量子受限行为。或者说,该体系中的载流子只是在二维空间中可自由运动,这是一种二维体系。量子阱在一个方向上限制了载流子的运动,产生了许多新的量子效应,并具有许多新的应用,因而人们就想用各种方法在其他两个方向上也限制电子的运动,使之产生更强的量子约束效应,于是产生了量子线和量子点。

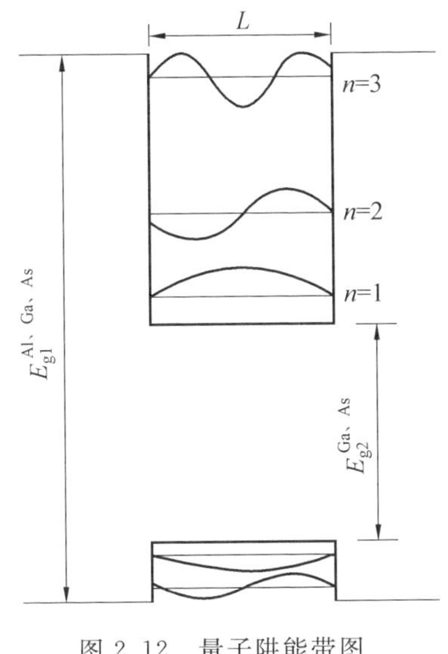

图 2.12　量子阱能带图

2. 量子线

图 2.13 所示为量子阱结构的三维立体示意图。若在量子阱平面内的一个方向上再加以限制,并使其尺寸也减小到量子尺度,则势阱成为线状,如图 2.13 所示。在其中的载流子只能在一个空间方向上自由运动,而在与之垂直的另外两个空间方向上都受到势垒的限制,这样的体系称为量子线(记作 QWW)。

3. 量子点

若再将量子线的长度也减小到量子尺度,则成为一个量子点(记作 QD),如图 2.13 所示。量子点是准零维体系,在其中的载流子在任何一个方向上都不能自由运动,表现出若干特别的量子尺寸受限行为。除半导体量子点外,还有金属和其他物质的量子点。量子点也被称为团簇或纳米团簇。根据材料不同,其生长方式和制备方法也多种多样。

量子点是纳米科技的重要研究对象。自从扫描隧道显微镜(STM)发明后,世界上便诞生了以 0.1～100 nm 的尺度(约 10^6 个原子构成的量子点)为研究对

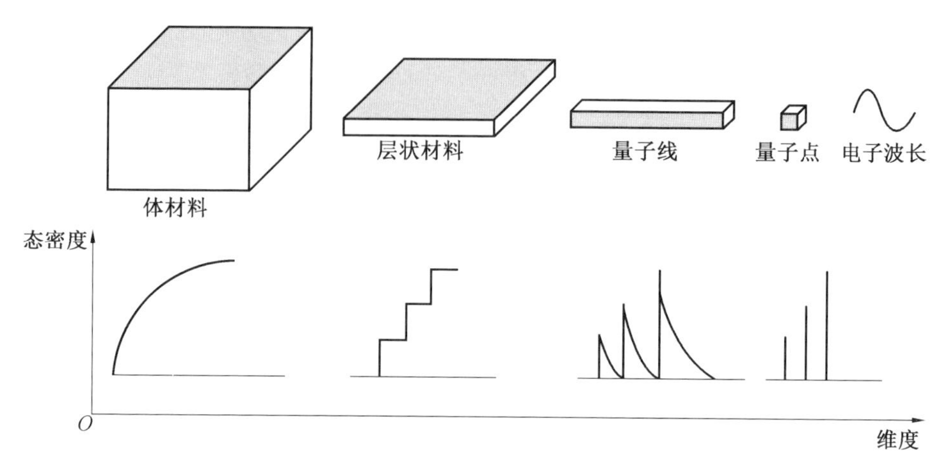

图 2.13　三维示意图

象的新科技，这就是纳米科技。纳米科技就是通过操纵原子、分子或原子团和分子团，使其重新排列组合，形成新的物质，制造出具有新功能的器件和仪器。微电子器件中的信号是百万个电子运动的结果，而纳米电子器件（也称纳电子器件）中的信号是由 1 个电子运动产生的。未来的纳米电子器件将取代现在的微电子器件，纳米科技将使人类生活的方方面面发生巨大变化。

4. 超晶格

1969 年，有人提出了一个全新的革命性概念：半导体超晶格（简记为 SL）。当时设想，如果用晶格匹配很好的两种半导体材料 A 和 B 交替生长，就可得到人工长周期的半导体晶格结构，周期长度小于载流子德布罗意波长，称为半导体超晶格。当时具体提出了两个实现方案：

(1)用两种晶格匹配的材料（如 GaAs 和 $Al_xGa_{1-x}As$）交替成层，得到周期变化的半导体人工长周期晶格结构，称为组分超晶格。若组成超晶格的两种基质之间晶格失配较大，在界面附近产生应变，则称为应变超晶格。

(2)用一种材料（如 GaAs）交替掺以 n 型和 p 型杂质，得到掺杂超晶格。

图 2.14 所示为这两类超晶格导带边和价带边的空间变化。超晶格设想的实现靠的是分子束外延技术的发展。

5. 二维电子气

二维电子气（简记为 2DEG）是一类重要的低维物理系统，有重要的理论和实验研究价值，著名的量子霍尔效应就是 2DEG 体系中观测到的一种物理效应。目前，实验上获得的 2DEG 体系主要有以下 3 种：

(1)液氦表面上吸附的单电子层存在一个超过 1 eV 的势垒，阻止电子透射进液氦中去，而镜像势又吸引电子于表面。

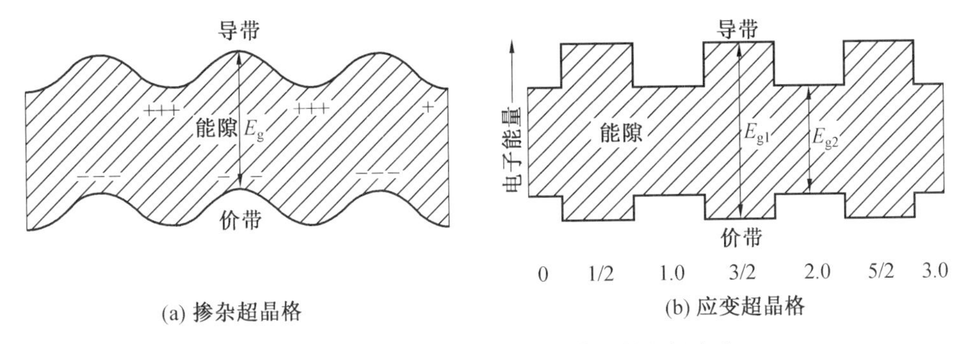

图 2.14　两类超晶格导带边和价带边的空间变化

(2)MOS 系统中的反型层厚度约为 10 nm 或更薄些。

(3)局限于两种半导体界面的 2DEG 系统，最受人们注意的是 GaAs—AlGaAs 异质结构中的 2DEG。AlGaAs 的禁带比 GaAs 的宽，主要在导带上形成一个约 0.3 eV 的台阶；AlGaAs 的导带电子流向 GaAs，在界面处形成空间电荷区及势阱，与 MOS 反型层类似，形成二维电子气。

在上述 3 种二维电子体系中，电子密度 n 相差很大：液氦表面的二维电子密度约为 $10^9\ cm^{-2}$；Si—MOS 结构中，调节栅极电压可以得到的电子密度典型值为 $10^{13}\ cm^{-2}$；GaAs—AlGaAs 异质结界面上的电子密度为 $10^{11}\ cm^{-2}$。

2.5.2　半导体陶瓷材料

半导体陶瓷材料简称半导瓷，就是使用陶瓷工艺制成的具有半导体特性的材料。与一般陶瓷材料相同的是，半导体陶瓷主要也是由离子键的金属氧化物多晶体构成的。但不同的是，一般离子键的氧化物都属于绝缘体，其禁带宽度很大，不具有导电性，而在半导体陶瓷的生产过程中，通过改变陶瓷的配方及工艺条件(如原料不纯、掺杂、烧结和冷却气氛、升温与降温速度、烧成温度、保温时间等)，半导体陶瓷的离子键氧化物多晶体中产生各种各样的缺陷，使晶体的周期势场发生畸变，形成各种施主或受主能级，使陶瓷呈现出 n 型或 p 型半导体的特性，大大增加了电导率。

半导体陶瓷是体积电阻率为 $10^{-5} \sim 10^{7}\ \Omega \cdot m$ 的材料，它的特点是导电性会随环境、条件的变化而改变。半导体陶瓷具有热敏、声敏、磁压敏、湿敏、气敏、光敏、色敏等敏感效应，在微电子技术中是制造各种敏感元件的理想材料，这类陶瓷材料统称为敏感陶瓷。敏感陶瓷能将外界环境信息敏感地转变为电信息，具有灵敏度高、响应快、尺寸小、稳定性好、结构可靠等优点，可以制成各种热敏温度计、电路温度补偿器、无触点开关等。高温半导体陶瓷是一种优异的电热材料。例如，氧化锡陶瓷可以用来制作玻璃电容的电极材料，烧结二氧化锗可以作为 1 273 K 以上的导电发热材料。

目前实现实用化的半导体陶瓷大致可以分为以下3类：利用晶体本身的性质，如负电阻温度系数(NTC)的热敏电阻、高温热敏电阻、氧气传感器；利用晶界的性质，如正电阻温度系数(PTC)的热敏电阻、晶界层半导体陶瓷电容器、ZnO系压敏电阻；利用表面性质，如表面层半导体陶瓷电容器 $BaTiO_3$ 系压敏电阻、气体传感器、湿度传感器。半导化是指在陶瓷禁带中形成施主或受主附加能级。该附加能级的产生主要有两个途径：不含杂质的氧化物主要通过化学计量比偏离来形成；含杂质的氧化物由异价杂质元素的代换来形成。

半导体陶瓷材料的制备通常要通过高温烧结阶段。在高温条件下，如果烧结气氛中含氧量较高，则在氧分压超过某一临界值时，气相中的氧将向瓷体内部扩散，在达到气一固平衡时，就会在晶体中产生超过化学计量比的氧过剩。在晶格中，这种氧过剩将通过金属离子空格点或形成填隙氧离子表现出来。半导体陶瓷的共同特点是：它们的导电性随环境因素而改变，当温度或电压改变时，或者当它们暴露于气体和水分中时，电阻就发生变化。因此，半导体陶瓷被广泛地用作传感器材料。与单晶半导体材料相比，半导体陶瓷制成的传感器元件(或敏感元件)具有较高的灵敏度、结构简单、使用方便、价格便宜等优点。随着半导体陶瓷技术的不断发展，半导体陶瓷的性能将提高，品种将日益增多，用途也将不断地扩大。

当氧化物晶体中固溶入另一种不同的化学成分的杂质时，如果杂质离子取代了原有离子的晶格位置，改变了氧化物晶体的微观结构状态，则必然会影响晶体的各种物理、化学性能。从电性能来看，特别是以异价金属离子替位的影响最为显著。少量异价金属离子的掺入，足以引起材料电性能的显著变化，这就提供了利用掺杂来控制电性能的可能性。在氧化物晶体中，异价金属离子的掺入，在禁带中引入的杂质能级与半导体单晶中引入杂质的原理相类似。即高价金属杂质的替位在材料禁带中提供施主能级，形成n型半导体；低价金属杂质的替位，在材料禁带中出现受主能级，形成p型半导体。例如，在钛酸钡陶瓷中，人们常常加入三价或五价杂质来取代 Ba^{2+} 或 Ti^{4+} 离子以形成施主，得到n型半导体。

2.5.3 有机半导体材料

提起半导体材料，人们自觉或不自觉地就会想起Si、Ge、GaAs、InP等晶体半导体。晶体半导体作为微电子工业的主导材料，已称霸半导体器件生产半个世纪有余。然而，随着新型半导体材料的不断问世，这种局面逐步起了变化，新型的半导体材料正在逐渐走向成熟，成为晶体半导体材料强有力的竞争对手。在这些新兴半导体材料中，最引人注目的是有机半导体材料，即有机高分子半导体材料、有机小分子半导体材料和有机晶体半导体材料。它们的出现及应用研究的不断深入发展，正越来越多地引起国际半导体科技界和产业界的高度关注，并

以其独特、新颖的特性在有源半导体器件的制备中崭露头角，呈现出强大的发展潜力和广阔的应用前景。

有机材料特别是有机高分子材料，其作为绝缘材料已应用多年。1974 年，日本化学家白川英树等人首次合成出聚乙炔薄膜，并于 1977 年与美国物理学家 M. MacDirmid 和 A. J. Heeger 等人合作，利用掺杂技术，制备出电导率为10^{-3}～$10^{5}(\Omega\cdot m)^{-1}$的聚乙炔。1977 年人们发现通过掺杂可以使聚乙炔薄膜的电导率提高 12 个量级，由绝缘体变成导体，由此掀起了有机半导体的研究热潮。其研究工作包括有机高分子材料、有机小分子材料和有机分子晶体材料的电学、光学等性质。例如，1987 年美国 Kodak 公司研究实验室 C. W. Tang 等用有机小分子薄膜材料研制成有机发光二极管，1990 年英国剑桥大学 Cavendish 实验室 J. H. Burroughes 等研制成功高分子有机发光二极管。这两项研究成果在全世界掀起了有机发光二极管(OLED)的研究热潮。

高分子材料，是指由单体聚合而成的有较大相对分子质量的化合物，通常有良好的绝缘性。由于某些高分子材料特殊的分子结构，通过掺杂能使它们出现可移动载流子，因而是可以导电的。其电导率的高低依赖于掺入杂质量的多少，表现出典型的半导体性质，有时也称这类材料为有机半导体。有机高分子材料价格低、质量轻、易加工，使用这种材料制成的器件有高的性价比；利用有机高分子材料的力学“柔软”性，可以制成柔韧可弯曲的器件；有机高分子材料不同于无机半导体的特性，将会产生某些特种器件。基于以上原因，有机高分子材料器件的应用研究进展很快。高分子材料的导电性主要是由其特殊结构所决定的，通常导电高分子材料是包含一价对阴离子的具有非局域 π—电子共轭体系的高分子材料，所以在这种结构中沿着高分子的分子链有大量的非局域电子，并能形成导电的能带。通过化学或电化学掺杂，带电载流子能容易地加入能带或从能带中抽出，以使其电导率发生巨大改变。常用的导电高分子材料的掺杂剂有卤素(碘、溴)、过渡元素阳离子(三价铁或四价锑阳离子)、有机氧化剂(四氯醌)和碱金属(钠、钾)。

2.6　二 极 管

2.6.1　基本结构

二极管器件又称晶体二极管器件，简称二极管。它是一种外部有两个电极的半导体电子器件，内部是采用 p 型和 n 型半导体材料制备的 pn 结。它的主要部分是一个 pn 结，而且 pn 结是研究和分析晶体二极管、晶体三极管和场效应晶体管等半导体器件的关键。二极管的出现可以追溯到 20 世纪 40 年代，研究人员将ⅢA、ⅤA 族杂质掺入 Si 材料中，制备了 p 型和 n 型 Si 材料，并用相应工艺制备出了第一个 Si 材料的 pn 结，发现了 Si 中杂质元素的分凝现象，以及施主和受主杂质的补偿作用。对于二极管的发现，多认为归功于美国物理学家 Russell Ohl 和贝尔实验室的研究人员。1948 年，贝尔实验室的威廉・肖克利发表了研究论文《半导体中的 pn 结和 pn 结型晶体管的理论》。

经过几十年的发展，二极管家族已经拥有了众多成员。按照制备器件的半导体材料，可分为 Ge 二极管和 Si 二极管。根据功能，可分为检波二极管、整流二极管、稳压二极管、开关二极管等。按照管芯结构不同，可分为点接触型二极管、面接触型二极管及平面型二极管。按照器件封装方式不同，可以分为直插式、贴片式、整流桥式等二极管。但是，这些二极管器件的基本结构都是 pn 结，都是由 p 型半导体材料和 n 型半导体材料构成，并将两者紧密结合在一起，在其交界面附近形成一个结，称为 pn 结，如图 2.15 所示。

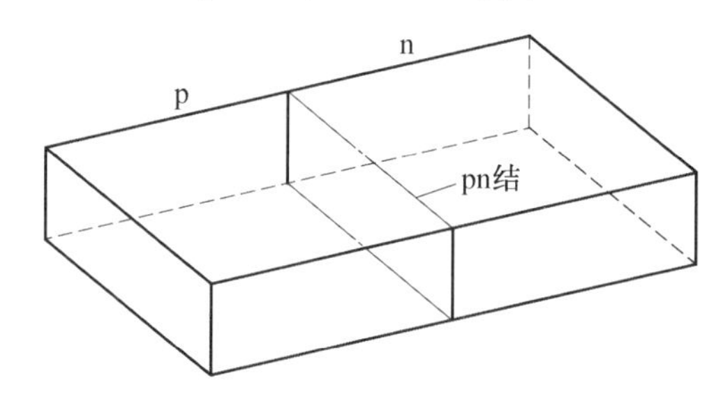

图 2.15　pn 结

由于二极管的几何结构、半导体材料、制备工艺等的不同，其特性、功能、用途等都将有所不同。下面对常见的点接触型、面接触型、平面型三种结构的二极管进行简单介绍。点接触型二极管如图 2.16(a)所示，是用一根很细的金属丝压在光洁的 Ge 或 Si 材料的单晶片表面上，通以脉冲电流，使触丝一端与晶片牢固地烧结在一起，形成一个 pn 结。由于点接触型器件二极管中两种掺杂材料的接触面积很小，所以允许通过的电流较小。由于其 pn 结的静电容量小，因此适用于高频小电流领域。但是，点接触型二极管正向特性和反向特性都差，不适合用在大电流和整流场合。面接触型二极管如图 2.16(b)所示，相比点接触型，pn 结具有比较大的接触面积，允许通过较大的电流(可以从几安到几十安)，结电容也比较大。因此，主要用于把交流电变换成直流电的“整流”电路中，也适用于大电流整流电路或脉冲数字电路中做开关管，由于其结电容较大，因而只能工作在低频条件下。平面型二极管如图 2.16(c)所示，它是在 pn 结表面覆盖了一层二氧化硅薄膜，避免了 pn 结表面被水分子、气体分子以及其他离子等沾污。这种器件不仅能通过较大的电流，而且性能稳定可靠，多用于开关、脉冲及高频电路中。

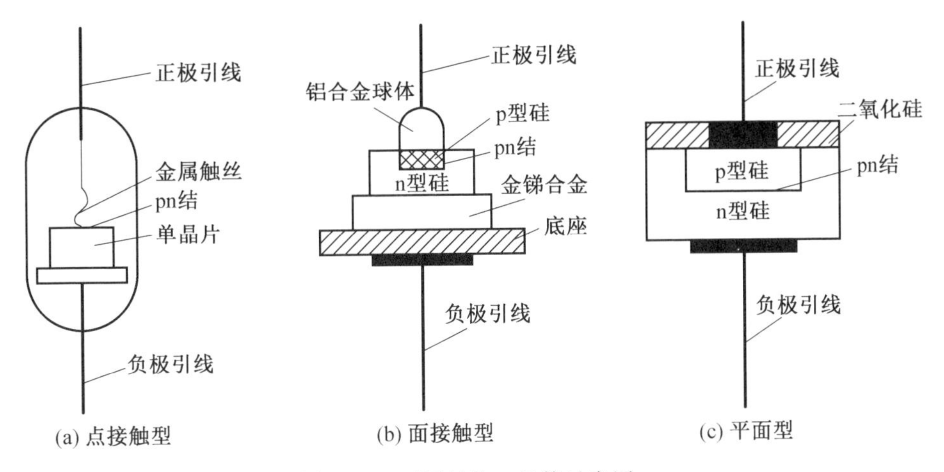

图 2.16　不同结构二极管示意图

2.6.2　平衡 pn 结

半导体材料单独存在时，对于 p 型半导体，空穴是多数载流子，电子是少数载流子；对于 n 型半导体，电子是多数载流子，空穴是少数载流子。但是，无论是 p 型还是 n 型半导体材料，它们都是电中性的。p 型和 n 型半导体材料两者结合形成 pn 结时，它们之间存在着载流子浓度差，导致了空穴从 p 区到 n 区、电子从 n 区到 p 区的扩散运动，如图 2.17(a)所示。对于 p 区，空穴离开后，留下了不可动的带负电荷的电离受主离子，这些带负电荷的电离受主离子没有相应的正电荷平衡。因此，在 pn 结交界面附近靠近 p 区一侧出现了一个负电荷区。同理，在 pn 结交界面附近靠近 n 区一侧出现了由电离施主离子构成的一个正电荷区。通常就把在 pn 结交界面附近的电离施主离子和电离受主离子所带的电荷称为空间电荷。它们所存在的区域称为空间电荷区，如图 2.17(b)所示。

空间电荷区中的电荷产生了从 n 区指向 p 区，即从正电荷指向负电荷的电场，称为自建电场。在自建电场作用下，载流子做漂移运动。自建电场作用下的漂移运动方向与载流子浓度差作用下的扩散运动方向相反。因此，自建电场有阻碍电子和空穴继续扩散的作用。伴随着这种扩散运动的进行，空间电荷区中的正负电荷逐渐增多，空间电荷区也逐渐扩展；同时自建电场强度也逐渐增强，载流子的漂移运动随之逐渐加强。在没有外加条件的情况下，载流子的扩散运动和漂移运动最终达到动态平衡。从 n 区向 p 区扩散过去多少电子，同时就将有同样多的电子在自建电场作用下返回 n 区。电子的扩散电流和漂移电流的大小相等、方向相反。对于空穴，其情况完全类似。因此，流过 pn 结的净电流为零，也可以说没有电流流过 pn 结。此时，空间电荷的数量保持动态平衡，空间电荷区不再继续扩展，维持在一定的宽度。所以，这种情况下的 pn 结通常也称为平衡 pn 结。在空间电荷区，根据电中性要求，交界面两侧的正、负电荷量相等，低掺杂一侧需要更大的空间才能拥有足够的电荷量。因此，空间电荷区的宽度主要在低掺杂一侧。

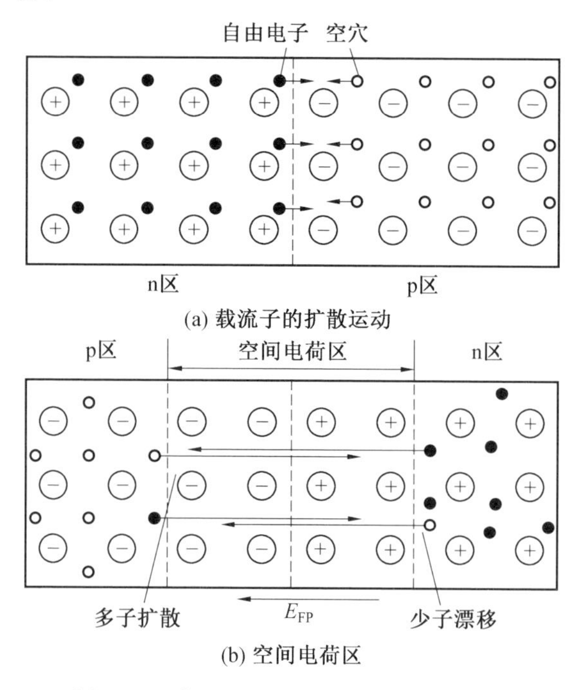

图 2.17　载流子的扩散运动和空间电荷区

p 型和 n 型半导体材料的能带如图 2.18 所示。其中，E_{Fp} 和 E_{Fn} 分别表示 p 型和 n 型半导体的费米能级。当两种半导体材料结合形成 pn 结时，依据费米能级的定义，电子将从费米能级高的 n 区流向费米能级低的 p 区，因而 E_{Fn} 不断下降，而 E_{Fp} 不断上升。直至 $E_{Fp}=E_{Fn}$ 为止，这时 pn 结中的费米能级 E_F 处处相等，pn 结处于平衡状态，其能带如图 2.19(a)所示。事实上，E_{Fp} 却是随着 p 区能带一起上升，E_{Fn} 则随着 n 区能带一起下降。这种能带的相对移动是 pn 结空间电荷区中自建电场作用的结果。自建电场使得 p 区电子能量增大，且相对 n 区增大 qV_D。所以，p 区能带相对 n 区上升，而 n 区能带相对 p 区下降，直至费米能级处处相等，能带才停止相对移动，pn 结达到平衡状态。pn 结中，能带上升的方向就是自建电场所指的电场方向，且电场越强，能带上升越快；在不存在电场的中性区内，能带保持平直。如图 2.19(b)所示，因能带弯曲，电子从势能低的 n 区向势能高的 p 区运动时，必须要具有一定的能量以越过这一势能“高坡”，才能到达 p 区；同理，空穴也必须越过这一势能“高坡”，才能从 p 区到达 n 区，这一势能“高坡”通常称为 pn 结的势垒，称作势垒高度，能量“高坡”所在空间即空间电荷区叫势垒区，相应宽度也叫势垒宽度。

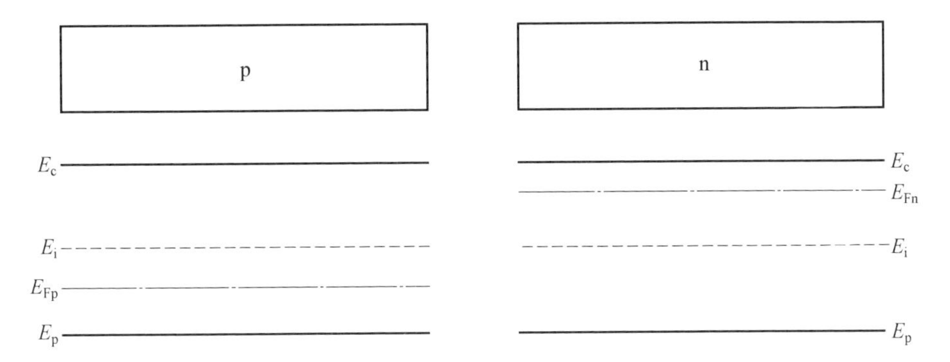

图 2.18 p 型和 n 型半导体的能带图

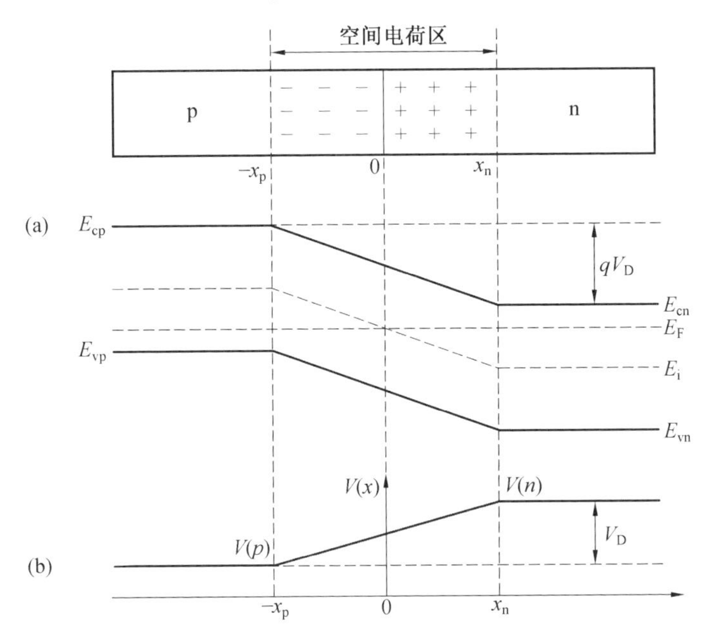

图 2.19 平衡 pn 结中载流子分布、能带图及电位分布

由上述内容可知，自建电场的存在使得 p 区和 n 区之间存在电势差。平衡 pn 结的空间电荷区两端间的电势差 V_D 称作 pn 结的接触电势差。由图 2.19 可知，势垒高度 qV_D 正好等于 p 区和 n 区的费米能级之差，使平衡 pn 结的费米能级处处相等，因此有

$$qV_D = E_{fn} - E_{fp} \tag{2.1}$$

对于理想突变结，杂质完全电离时，n 区平衡电子浓度为 $n \approx N_D$，则有

$$E_{Fn} - E_i = k_0 T \ln \frac{N_D}{n_i} \tag{2.2}$$

p 区平衡空穴浓度为 $p \approx N_A$，则有

$$E_i - E_{Fp} = k_0 T \ln \frac{N_A}{n_i} \tag{2.3}$$

由式(2.1)、式(2.2)与式(2.3)可得

$$E_{Fn} - E_{Fp} = k_0 T \ln \frac{N_D N_A}{n_i^2} = qV_D \tag{2.4}$$

所以,接触电势差为

$$V_D = \frac{k_0 T}{q} \ln \frac{N_D N_A}{n_i^2} \tag{2.5}$$

由式(2.5)可知接触电势差 V_D 和 pn 结的掺杂浓度、温度、材料的禁带宽度有关。在一定的温度下,n 区和 p 区的掺杂浓度越高,接触电势差 V_D 越大;禁带宽度 E_g 越大,则 n_i 越小,V_D 也越大;pn 结温度上升,但 n_i 增加得更快,因而 V_D 降低。如硅的禁带宽度比锗的禁带宽度大,当其他条件相同时,硅 pn 结的 V_D 比锗 pn 结的大。

pn 结中的载流子分布情况如图 2.19(b)所示。在空间电荷区靠近 p 区边界 $-x_p$ 处,电子浓度等于 p 区的平衡少子浓度 n_{p0},空穴浓度等于 p 区的平衡多子浓度 p_{p0};在靠区边界 x_n 处,空穴浓度等于 n 区的平衡少子浓度 p_{n0},电子浓度等于 n 区的平衡多子浓度 n_{n0}。在空间电荷区内,空穴浓度从 $-x_p$ 处的 p_{p0} 减少到 x_n 处的 p_{n0},电子浓度从 x_n 处的 n_{n0} 减少到 $-x_p$ 处的 n_{p0}。

空间电荷区内自由载流子的分布是按指数规律变化的,变化非常显著,绝大部分区域的载流子浓度远小于中性区域,即空间电荷区的载流子基本已被耗尽,所以空间电荷区也称为耗尽区。在 pn 结理论分析中,常采用耗尽层近似条件:一是空间电荷区内不存在自由载流子,只存在电离施主和电离受主的固定电荷;二是空间电荷区的边界是突变的,边界以外的中性区电荷突然下降为零。耗尽层近似假设不仅简化了问题的处理,而且由其得出的很多概念,物理概念清楚,并与实验结果基本符合,因此被大量使用。

2.6.3 偏压特性

二极管的偏压特性,其本质就是 pn 结的偏压特性。在平衡 pn 结中,存在着自建电场,具有一定宽度和势垒高度的势垒区;每一种载流子的扩散电流和漂移电流互相抵消,没有净电流通过 pn 结。当二极管加上正向偏压 V,即 pn 结的 p 型端接正极,n 型端接负极时,如图 2.20 所示。势垒区内的载流子很少,是个高阻区。因此,外加偏压 V 几乎全部加到势垒区。如图 2.20 所示,外加电压产生的电场与自建电场的方向相反,减弱了势垒区中的总电场,空间电荷相应减少,势垒区的宽度也随之减小,这时势垒高度由平衡时的 qV_D 下降为 $q(V_D - V)$。

势垒区电场的减弱,破坏了载流子的扩散运动和漂移运动之间的平衡。载

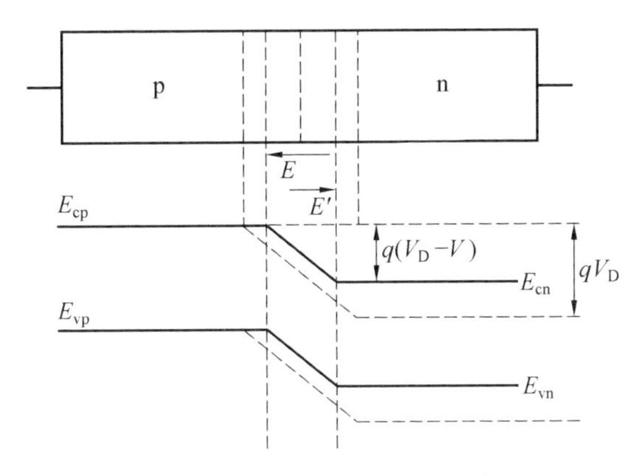

图 2.20 正偏条件下的 pn 结

流子的扩散运动将超过漂移运动，即扩散电流大于漂移电流，于是有一个净扩散电流从 p 区流入 n 区，这便是二极管的正向电流。n 区的电子和 p 区的空穴都是多数载流子，p 区的空穴扩散进入 n 区，成为 n 区的非平衡少数载流子，n 区的电子扩散进入 p 区，成为 p 区的非平衡少数载流子，这种由于外加正向偏压的作用使非平衡载流子进入半导体的现象称为非平衡少数载流子的注入。空穴经过势垒区到达 n 区的边界后，一边扩散，一边与 n 区的多子——电子复合，达到一定深度(非平衡少子空穴扩散长度，L_p)几乎完全复合。电子与之类似，到达非平衡少子电子扩散长度 L_n 后，几乎完全复合。在扩散过程中，由于复合，空穴的扩散电流不断转换为电子的漂移电流，电子的扩散电流不断转换为空穴的漂移电流。因此，空穴和电子的电流密度各处不同，然而两者的和是相等的，即 pn 结的电流是连续的。

在正向偏压下，pn 结的 n 区和 p 区都有非平衡少数载流子的注入。在非平衡少数载流子存在的区域，必须用电子的准费米能级 E_{Fn} 和空穴的准费米能级 E_{Fp} 取代原来平衡时的统一费米能级 E_F，在空间电荷区两者的差为 $qV=E_{Fn}-E_{Fp}$，如图 2.21 所示。当二极管加上反向偏压 V，即 pn 结的 p 型端接负极，n 型端接正极时，如图 2.22 所示。势垒区内的载流子很少，是个高阻区。因此，外加偏压 V 几乎全部加到势垒区。外加电压产生的电场与自建电场的方向相同，增强了势垒区中的总电场，空间电荷相应增加，故势垒区的宽度也增大，同时势垒高度由平衡时的 qV_D 上升为 $q(V_D+V)$，如图 2.22 所示。

势垒区电场的增强，破坏了载流子的扩散运动和漂移运动之间的平衡，载流子的漂移作用大于扩散作用。这时在空间电荷区内，n 区的空穴因势垒区的强电场向 p 区漂移，而 p 区的电子向 n 区漂移。当这些少数载流子漂移过去后，原处的少子浓度低于中性区的，中性区的少子向空间电荷区扩散，少子进入空间电荷区后，立刻被电场驱动，形成了反向偏压下的电子扩散电流和空穴扩散电流，这

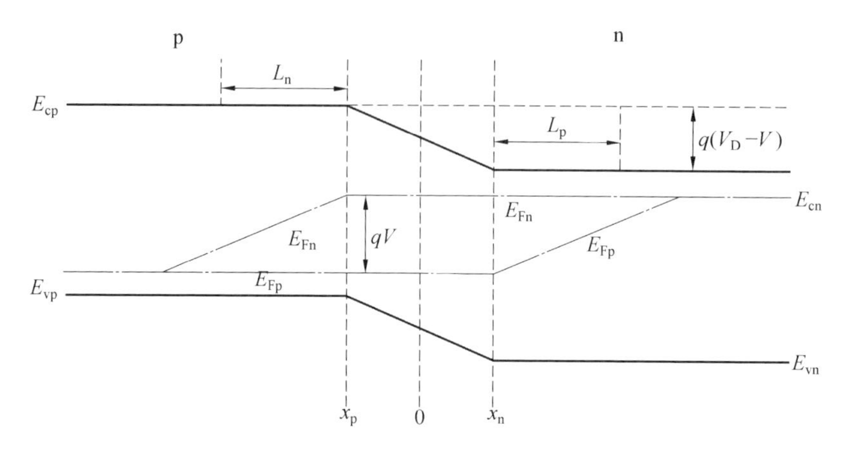

图 2.21　正偏条件下 pn 结能带图

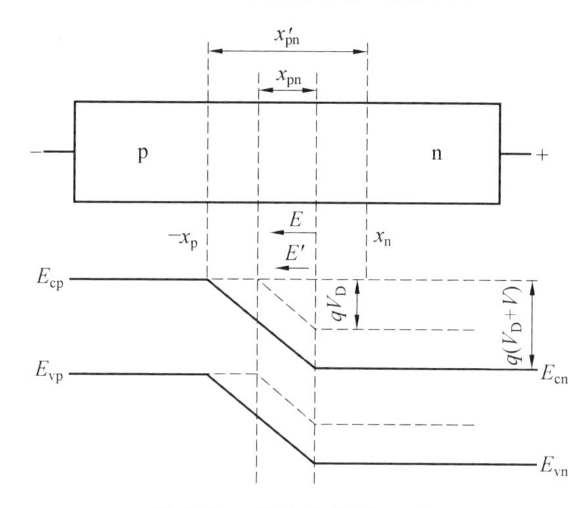

图 2.22　反偏条件下 pn 结

种情况好像少数载流子不断地被抽取出来，所以称为少数载流子的反向抽取。但少子的浓度很低，扩散长度基本不变，因此，电流很小而且基本不变。

p 区 L_n 范围内的少子电子向空间电荷区扩散，再在电场的作用下漂移到 n 区，n 区与之类似，两者构成 pn 结反向电流。同样，空穴和电子的电流密度各处不同，但两者的和是相等的，即 pn 结的反向电流是连续的。当二极管加上反向偏压时，在电子扩散区、势垒区、空穴扩散区中，电子和空穴的准费米能级和变化规律与正向偏压时基本相似，所不同的只是费米能级相对位置发生了变化。两者之差为 $qV=E_{Fp}-E_{Fn}$，如图 2.23 所示。

将二极管的正向特性和反向特性组合起来，就形成二极管的 $I-V$ 特性（电流—电压特性，或伏安特性）。图 2.24 显示的是硅二极管的 $I-V$ 特性曲线。可以看出，二极管外加正向偏压时，表现为正向导通；外加反向偏压时，表现为反向

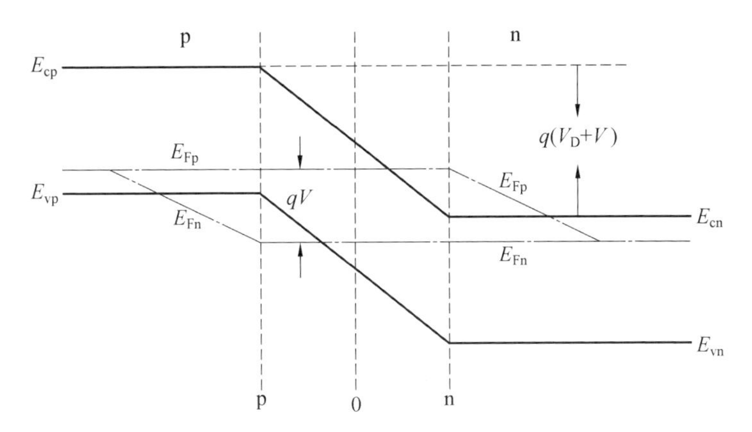

图 2.23 反偏条件下 pn 结能带图

截止,即二极管具有单向导电性或整流效应。

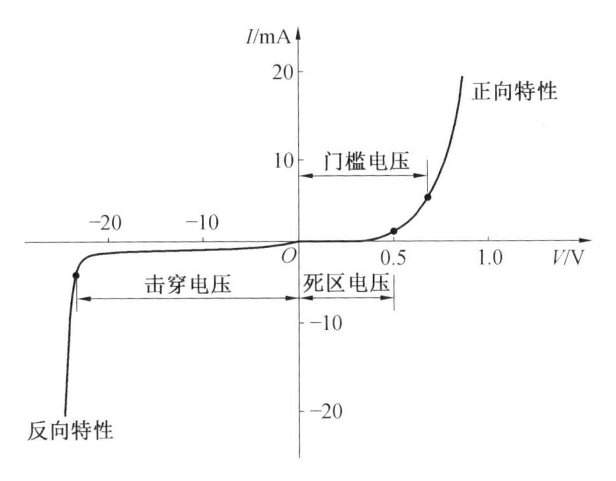

图 2.24 硅二极管的伏安特性曲线

从图 2.24 的 $I-V$ 特性曲线可以看出,在外加电压 V 较低时,正向电流很小,几乎为零;随着外加电压的增加,正向电流慢慢增大,只有当 V 大于某一值时,正向电流才有明显的增加。通常规定正向电流达到某一明显数值时所需外加的正向电压称为二极管的导通电压,也称为门槛或阈值电压,通常记为 V_T,即外加电压要大于 V_T后,正向电流才随着外加电压的增加急剧增加。室温下锗二极管的导通电压约为 0.2 V,硅二极管的导通电压约为 0.7 V。反向电流很小而且很快趋于饱和。二极管的这种单向导电特性是由正向注入和反向抽取所决定的。正向注入可以使边界少数载流子浓度增加很大,通常可以达到几个数量级,从而形成大的浓度梯度和大的扩散电流,而且注入的少数载流子浓度随正向偏压增加呈指数规律增加;而反向抽取使边界少数载流子浓度减少,随反向偏压增加很快趋于零,边界处少子浓度的变化量最大不超过平衡时少子浓度。这就是二极管正向电流随电压很快增大而反向电流很快趋于饱和的物理原因。

2.6.4 直流特性影响因素

1. 空间电荷区的复合电流和产生电流

在正向偏压条件下，空间电荷区内有非平衡载流子注入，载流子浓度高于平衡值，故复合率大于产生率，净复合率不为零，存在复合电流。在反向偏压条件下，由于载流子的反向抽取，空间电荷区内少子浓度低于平衡值，故复合率小于产生率，净产生率不为零，存在产生电流。空间电荷区的产生电流不像扩散电流那样会达到饱和值，而是随反向偏压增大而增大。这是因为 pn 结空间电荷区宽度随着反向偏压的增大而展宽，处于空间电荷区的复合中心数目增多，所以产生电流增大。

2. 表面效应

半导体表面对二极管直流特性有较大影响，特别对反向电流几乎有决定性影响。表面漏电流包括表面电流、表面沟道电流和表面漏导电流等。pn 结常用 SiO_2 层做保护膜，由于 SiO_2 保护膜中总存在正电荷，因此，存在表面电场。加上偏压后会在表面形成表面复合电流（正偏）和表面产生电流（反偏）。对于半导体器件来说，其表面积与体积之比很大，因此，表面电流较大。SiO_2 保护膜中总存在正电荷，当 p 区杂质浓度较低时，会使 p 型衬底表面感应生成 n 型反型层，而且反型层使 pn 结面积增大，反向电流增大。由于材料和工艺等原因，pn 结表面常被沾污，容易引起表面漏电流，使反向电流增大。

3. 串联电阻

二极管的串联电阻（体电阻和欧姆接触电阻）使实际加在空间电荷区上的电压降低，从而使正向电流随电压的上升变慢。

4. 大注入效应

正向偏压较大时，注入的非平衡少子浓度接近或超过多子浓度时的情况，称为大注入。在大注入条件下，二极管的电流一电压特性也将发生变化：外加电压不完全降落在势垒区中，而有一部分降落在了 n 区的扩散区内，正向电流随电压的上升变慢；扩散系数比小注入时增大一倍；空穴电流密度与 n 区杂质浓度无关。

5. 温度的影响

pn 结正、反向电流中的许多因素都与温度有关，它们随温度变化的程度各不相同，但其中起决定作用的是本征载流子浓度 n_i，从前面的知识可知

$$I_0 \propto n_i^2 \propto T^3 \exp\left(-\frac{E_g}{k_0 T}\right) \tag{2.6}$$

可见，随温度的升高，pn 结正、反向电流都会迅速增大。在室温附近，对于锗 pn 结，温度每升高 10 ℃，I_0 将增加 1 倍；对于硅 pn 结，温度每增加 1 ℃，I_0 将增加 1 倍。因温度升高，I_0 迅速增大，随着外加正向电压的增加，正向电流按指数规律增大，可见对于某一特定的正向电流值，随着温度的升高，外加电压将会减小，即 pn 结正向导通电压随着温度的升高而下降。在室温附近，温度每增加 1 ℃，对于锗 pn 结，正向导通电压将下降 2 mV；对于硅 pn 结，正向导通电压将下降 1 mV。

2.7　双极型晶体管

2.7.1　基本结构

1. 概述

双极型晶体管的出现及随后半导体电子工业的快速发展，逐步淘汰了体积大、功耗高、性能差的电子管器件，带来了“固态电子革命”，彻底改变了现代电子线路的结构，集成电路以及大规模集成电路也应运而生。它是一种由两种不同的载流子(电子和空穴)，同时参与导电的电流控制型半导体器件，其作用是实现基极电流对集电极电流的控制，可用作放大、无触点开关、稳压、振荡等电子器件。

双极型晶体管(Bipolar Junction Transistor，BJT)，也称为三极管或者晶体管，是最基本的半导体器件之一。在一块半导体基片上制作两个相距很近的 pn 结，两个 pn 结把整块半导体分成三部分，中间部分是基区，两侧部分分别是发射区和集电区，根据 p、n 区排列方式不同，晶体管有 pnp 和 npn 两种类型。

双极型晶体管的出现可以追溯到 20 世纪 40 年代。1947 年 12 月 23 日，在美国新泽西州的贝尔实验室，三位科学家 William Shockley、John Bardeen 和 Walter Brattain 用半导体晶体把声音信号放大进行实验。在实验过程中，三位科学家惊奇地发现，在他们发明的器件中通过的一部分微量电流，竟然可以控制另一部分大得多的电流，产生了“放大”效应。这个器件，就是在科技史上具有划时代意义的成果——双极型晶体管。当时恰逢西方的圣诞节前夕，而且双极型晶体管对人们随后的生产、生活产生了巨大的影响，所以后来人们也称其为“献给世界的圣诞节礼物”。这三位科学家，也因双极型晶体管荣获了 1956 年度的诺贝尔物理学奖。

双极型晶体管的种类很多，它的分类方法也有很多，常见的有按用途、频率、功率、材料等进行分类。按用途有高、中、低频放大管，低噪声放大管，光电管，开关管，高反压管，达林顿管和带阻尼的三极管等；按工作频率有低频三极管、高频三极管和超高频三极管；按功率有小功率三极管、中功率三极管和大功率三极管；按材料和 p、n 区结排列方式一般有硅材料 npn 与 pnp 三极管，锗材料 npn 与 pnp 三极管。其中，硅材料三极管的反向漏电流小、耐压高、温度漂移小，能在较高的温度下工作和承受较大的功率损耗；锗材料三极管的增益大，频率响应好，尤其适用于低压线路。按制作工艺有合金晶体管、合金扩散晶体管、平面晶体管和台面晶体管；按基区杂质分布有均匀基区三极管和缓变基区三极管；按封装材料的不同分为金属封装三极管、玻璃封装三极管、陶瓷封装三极管和塑料封装三极管等。

双极型晶体管的基本结构是由两个方向相反的 pn 结组成，分别称为发射结和集电结，两个 pn 结把晶体管划分为发射区、基区和集电区三个区。从三个区引出的电极分别称为发射极、基极和集电极，通常用字母 E、B、C 表示。晶体管可分为 pnp 型和 npn 型两种，器件结构及表示符号如图 2.25 所示。

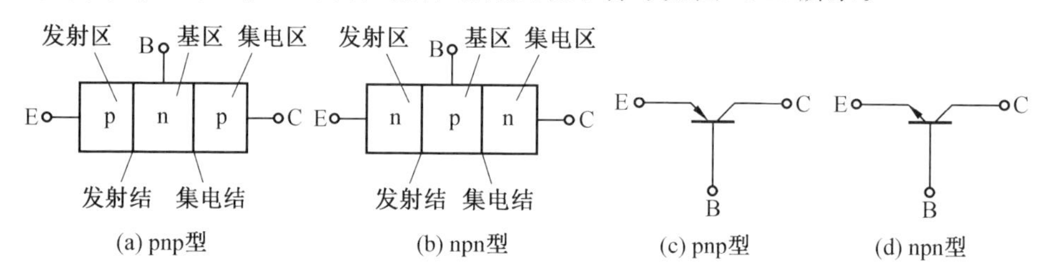

图 2.25　晶体管的基本结构和表示符号

一般从工艺角度上讲，双极型晶体管器件的基本结构具有基区很薄且掺杂浓度很低；发射区很厚，掺杂浓度比基区和集电区都要高得多；集电区比较厚，结面积很大等特点。双极型晶体管根据基本结构的实现工艺和管芯结构的不同，可以分为合金晶体管、合金扩散晶体管、平面晶体管和台面晶体管器件。

2. 合金晶体管

合金晶体管是 20 世纪 50 年代初期发展起来的一种双极型晶体管器件，其最初的结构是在 n 型锗片上，一边放受主杂质铟镓球(In，Ga)，另一边放铟球(In)，加热形成熔融液后，再使其冷却。冷却时，熔融液中的锗在晶片上再结晶。在结晶区中含大量的受主杂质铟镓或铟而形成 p 型半导体。其中，铟镓球一侧作发射极，铟球一侧作集电极，从而形成 pnp 结构，合金晶体管因其具有两个合金结而得名。

图 2.26 是合金晶体管的结构及其杂质分布。图 2.26(a)中 W_B 为基区宽度，x_{jE} 和 x_{jC} 分别为发射结和集电结的结深。合金晶体管中的杂质在 3 个区的分布

近似为均匀分布。其中，基区的掺杂浓度最低，发射区的掺杂浓度最高，集电区的掺杂浓度介于发射区和基区之间，如图 2.26(b)所示。另外，两个 pn 结都是突变结。合金晶体管的主要缺点是基区较宽，一般只能做到 10 μm 左右，而且它的频率特性较差，多用于低频电路。

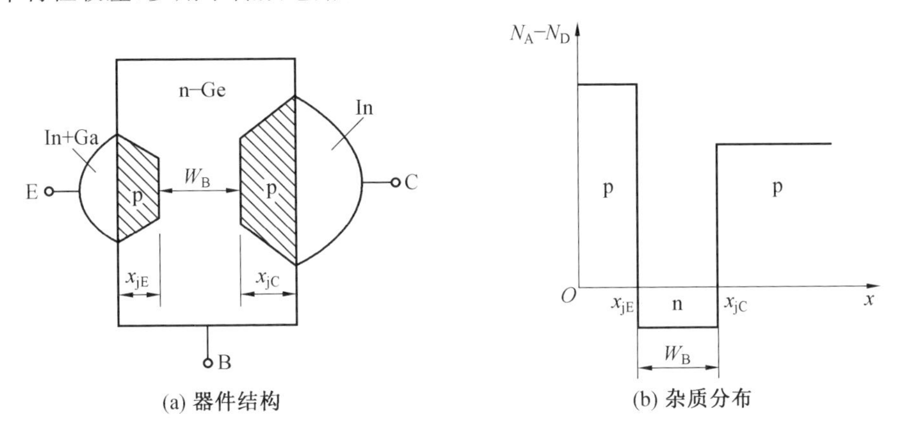

图 2.26　合金晶体管的结构及杂质分布

3. 合金扩散晶体管

由于合金晶体管频率特性局限，一般只能用在低频电路中，20 世纪中期科学家在合金晶体管的基础上，改进结构和工艺，得到合金扩散晶体管，使晶体管的工作频率提高了两个数量级。如图 2.27(a)所示，合金扩散晶体管器件是在 p 型锗片上，放置含有铟、镓、锑(In、Ga、Sb)的合金小球，高温烧结、冷却，由于受主杂质镓的掺杂浓度大大超过施主杂质锑的浓度，所以再结晶是 p 型半导体。但锑原子的扩散速度比铟、镓原子要快得多，所以在烧结过程中，在合金区下方出现了一层由锑原子扩散而形成的很薄的 n 型扩散层，在烧结过程中合金结与扩散结同时形成，发射结为合金结，集电结为扩散结，从而形成合金扩散晶体管器件。合金扩散晶体管器件发射区和集电区的杂质均匀分布，基区杂质缓变分布，发射结为合金结，集电结为扩散结，如图 2.27(b)所示。

4. 平面晶体管

在高掺杂的 n^+ 型半导体衬底上，生长一层 n 型的外延层，再在外延层上用硼扩散的方法制作 p 区，最后在 p 区上用磷扩散的方法形成一个 n^+ 区。如图 2.28(a)所示，其结构是一个 npn 型的三层式结构，上面的 n^+ 区是发射区，中间的 p 区是基区，底下的 n^- 区是集电区。平面晶体管的发射结和集电结都是用杂质扩散的方法制造的，平面晶体管的三个区的杂质分布是不均匀的。如图 2.28(b)所示，平面晶体管器件的杂质分布特点为：发射结和集电结均为扩散结，基区杂质缓变分布，发射区杂质浓度最高，基区次之，集电区最低。

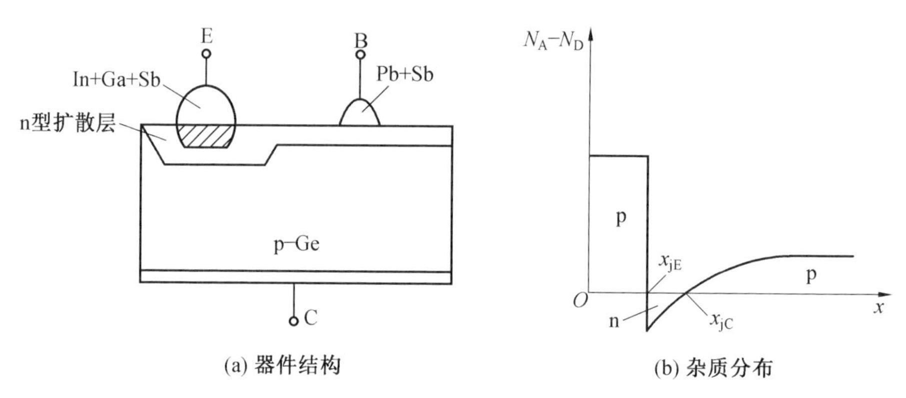

(a) 器件结构　　(b) 杂质分布

图 2.27　合金扩散晶体管的结构及杂质分布

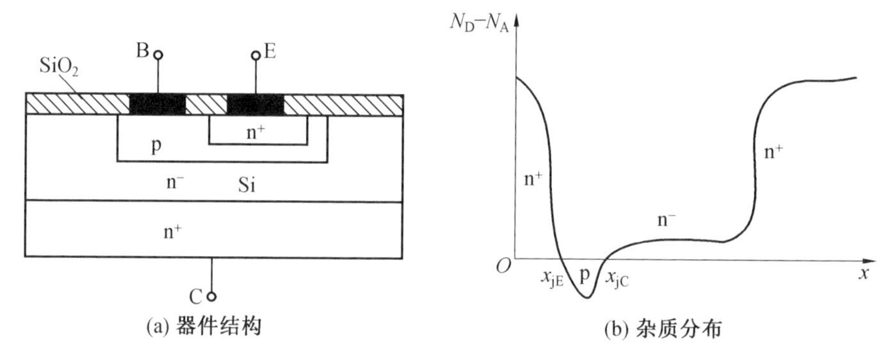

(a) 器件结构　　(b) 杂质分布

图 2.28　平面晶体管的结构及杂质分布

5. 台面晶体管

如图 2.29 所示，台面结构消除了平面结构中 pn 结面的弯曲部分，使得 pn 结面与半导体片侧表面垂直，pn 结的表面电场比较低，可以避免较容易的表面击穿，保证 pn 结击穿基本上是体内的雪崩击穿，从而提高了器件的耐压性能。在台面晶体管器件中，杂质分布特点为：集电结为扩散结，发射结为扩散结或合金结，基区杂质缓变分布。

从上述几种类型晶体管的基本结构及杂质分布可以看出，双极型晶体管的基区杂质分布有均匀分布（如合金晶体管）和缓变分布（如平面晶体管）两种形式。因此，从基区杂质分布角度可将晶体管分为均匀基区晶体管和缓变基区晶体管两类。均匀基区晶体管中，载流子在基区内的传输主要靠扩散进行，故也称为扩散型晶体管。缓变基区晶体管的基区内存在自建电场，载流子在基区内除了扩散运动外，还存在漂移运动，而且以漂移运动为主，所以又称为漂移型晶体管。

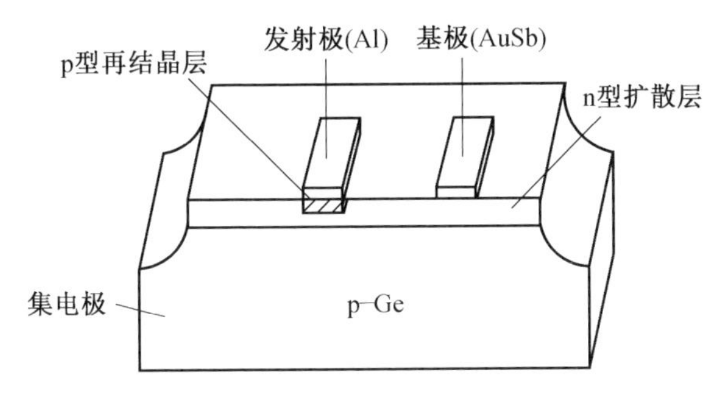

图 2.29　台面晶体管结构

2.7.2　放大特性

双极型晶体管器件中的两个 pn 结都有两种状态，即外加正向偏压(导通状态)和外加反向偏压(截止状态)，所以双极型晶体管一共可以有 4 种状态：第一种状态是发射结正偏、集电结反偏，基极电流很小的变化就会引起集电极电流很大的变化，存在电流放大作用，称为放大状态。第二种状态是发射结与集电结均正偏，当由状态一转变为状态二时，集电极电流基本上保持在某一常数不变，基极电流失去对集电极电流的控制，称为饱和状态。第三种状态是发射结与集电结均反偏，流过各个电极的电流值都近似为零，称为截止状态。第四种状态是发射结反偏、集电结正偏，将其与第一种状态相比较，可以看作是把 C、E 两极对调，该情况叫作三极管的倒置使用。而由于三极管结构的不对称性，此时没有电流放大作用。实际应用中，三极管不能倒置使用。因此，晶体管共有放大状态、饱和状态和截止状态 3 种工作状态。这里，主要讨论双极型晶体管的放大状态。

双极型晶体管器件最重要的作用就是电流放大，下面以均匀基区双极型 npn 晶体管为例，分析说明三极管内部载流子的传输。在没有外加偏压的情况下，双极型晶体管的能带图如图 2.30 所示，因为发射结和集电结势垒区都存在自建电场，所以 p 区能带相对于 n 区能带分别上移 qV_{DE} 和 qV_{DC}。另外，因为发射区的掺杂浓度大于集电区的掺杂浓度，所以发射区能带顶相对于基区能带顶的差的绝对值 $|qV_{DE}|$ 要大于集电区能带顶相对于基区能带顶的差的绝对值 $|qV_{DC}|$。但是，器件处于平衡时，费米能级 E_F 处处相等。

假定发射区、基区和集电区的杂质都是均匀分布，分别用 N_E、N_B、N_C 表示各区的杂质浓度，$N_E>N_B>N_C$，如图 2.31(a)所示，载流子的浓度分布如图 2.31(b)所示，X_E、X_C 分别表示发射结和集电结的势垒宽度。在发射区(n 型重掺杂区)，电子浓度 $n_{nE}=N_E$，空穴浓度 $p_{nE}=n_i^2/N_E$；在基区(p 型掺杂区)，空穴浓度 $p_{pB}=N_B$，电子浓度 $n_{pB}=n_i^2/N_B$；在集电区(n 型掺杂区)，电子浓度 $n_{nC}=N_C$，空穴浓度 $p_{nC}=n_i^2/N_C$。

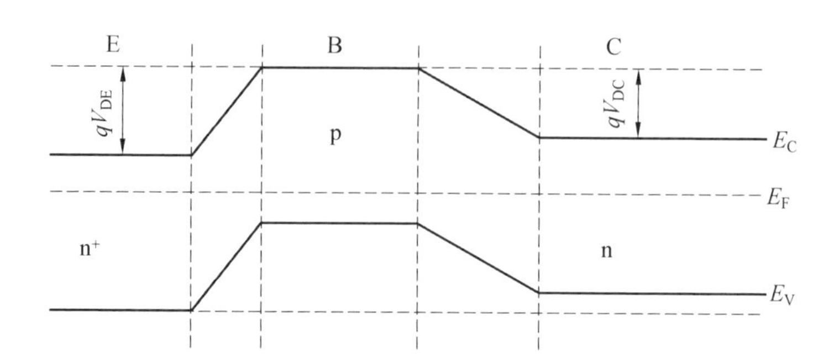

图 2.30　无偏压时双极型晶体管的能带图

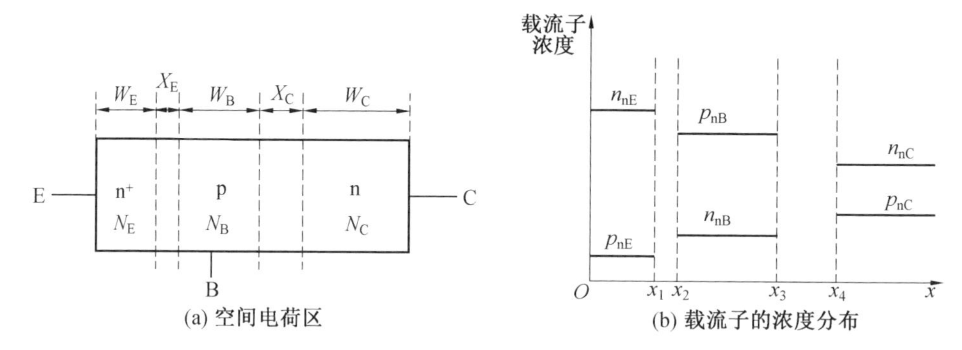

图 2.31　无偏压时晶体管中载流子的浓度分布

双极型 npn 晶体管发射结加正向偏压 V_E，集电结加反向偏压 V_C，如图 2.32(a)所示。发射结势垒由原来的 qV_{DE} 下降为 $q(V_{DE}-V_E)$，集电结势垒由原来的 qV_{DC} 升高为 $q(V_{DC}+V_C)$，如图 2.32(b)所示。npn 晶体管器件处于放大状态时，少数载流子分布如图 2.32(c)所示。发射结正偏有非平衡少数载流子的注入，发射区向基区注入基区非平衡少子，注入的少子电子在基区边界积累，并向基区内扩散，边扩散边复合，最后形成一稳定的分布，记作 $n_B(x)$。同时，基区也向发射区注入少子空穴，并形成一稳定的分布，记作 $p_E(x)$。

集电结加反向偏压，集电结势垒区对载流子起反向抽取作用。当反向偏压足够大时，在集电结的基区一侧，凡是能够扩散到集电结势垒边界的电子(扩散长度必在 L_{nB} 以内)，都被势垒区电场拉向集电区。因此，势垒区边界处电子浓度下降为零；同样，在集电区一侧，凡是能够扩散到势垒边界的空穴(扩散长度以内)，也被电场拉向基区。因此，此处空穴浓度也下降为零，集电区少子浓度分布为 $p_C(x)$。图 2.32(d)为晶体管中载流子输运过程示意图。发射结正偏，大量多子电子从发射区扩散进入基区，形成电子电流 I_{nE}。扩散到基区的电子继续向基区内部扩散，由于基区的宽度很窄，只有少量的电子与基区中的多子空穴复合，形成基区复合电流 I_{pB}。同时，发射结正偏，基区也向发射区注入空穴，形成空穴

电流 I_{pE}。空穴电流在发射区内边扩散边复合，经过扩散长度 L_{pE} 后基本复合消失。

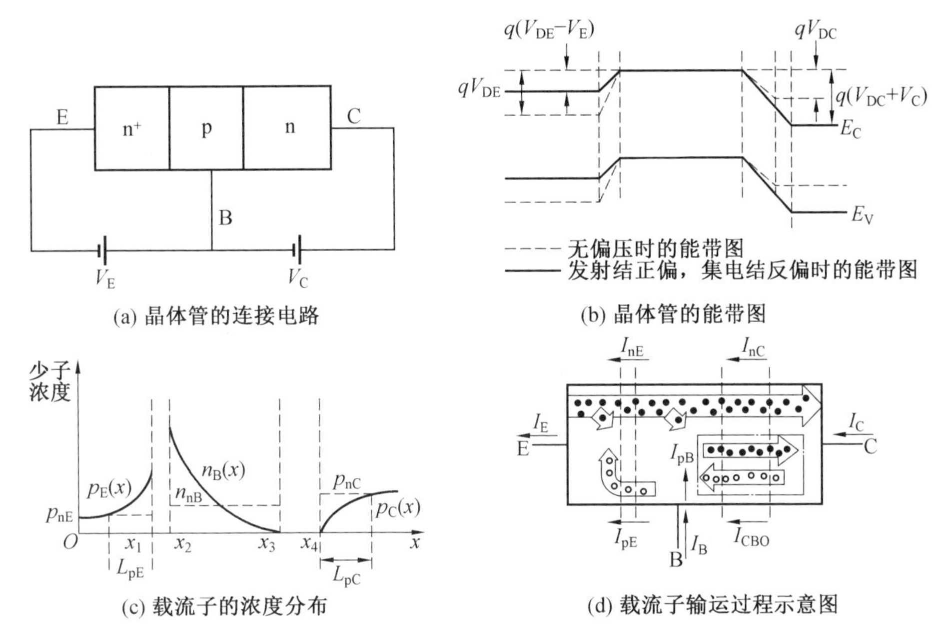

图 2.32　工作在放大状态下的外加偏压电路、能带、少子浓度分布及电流传输

集电结反偏，基区内靠近集电结的非平衡少子电子很容易被反向抽取，通过集电结进入集电区形成电子电流 I_{nC}，而且，它是集电极电流的主要组成部分。另外，在集电结处，集电结本身还有反向饱和电流 I_{CBO}。发射区形成的扩散电流大部分流入集电区成为集电极电流，从而对集电极电流进行控制。电子扩散电流在输运过程中有两次损失，一是在发射区，与从基区注入过来的空穴复合损失；二是在基区，与基区的空穴复合损失。若要提高双极型晶体管器件的电子输运效率，应尽量减少这两种损耗。

电流放大系数，也称为电流增益，它表示双极型晶体管放大电流的能力，是晶体管的主要参数之一。发射极电流包括发射极电子电流 I_{nE} 和发射极的反注入空穴电流 I_{pE} 两部分；集电极电流由集电极电子电流 I_{nC} 和集电极反向饱和电流 I_{CBO} 组成；基极电流由发射极的反注入空穴电流 I_{pE}、基区的复合电流 I_{pB} 和集电结的反向饱和电流 I_{CBO} 三部分组成。在实际电路中，器件的接法不同，放大系数也不同。以 npn 型晶体管为例，满足电流放大条件的有 3 种电路，共基极放大电路、共发射极放大电路和共集电极放大电路。

双极型晶体管器件在共基极放大电路中，集电极为输入端，发射极为输出端，基极为公共端。电流放大系数 α 为集电极输出电流 I_C 与发射极输入电流 I_E 之比，$\alpha<1$。通常基区宽度很窄($W_B \ll L_{nB}$)，使得 I_{NB} 在基区中的复合部分很小，

且在实际器件中 $\alpha \approx 1$。发射效率 γ 是注入基区的电子电流与发射极总电流的比值，描述发射极总电流在发射区的复合损失程度。注入基区的电子电流越大，从基区反注入发射区的空穴电流越小，则发射效率越大，即发射效率要求发射区掺杂浓度远大于基区掺杂浓度。基区输运系数 β^* 是到达集电结的电子电流与进入基区的电子电流之比，描述电子在基区输运过程中复合损失的程度。若电子在基区输运过程中复合损失很小，则 $I_{nC} \approx I_{nE}$，$\beta^* \approx 1$。可以看出，减小基区内复合电流是提高 β^* 的有效途径，而减小 I_{pB} 的主要措施就是减小基区宽度 W_B，使基区宽度远小于少子电子在基区的扩散长度 L_{nB}。所以，在晶体管生产中，必须严格控制基区宽度。

晶体管在共发射极放大电路中，基极为输入端，集电极为输出端，发射极为公共端。集电极输出电流 I_C 与基极输入电流 I_B 的比值为电流放大系数 β。实际三极管的 α 一般可以达到 0.95～0.995，则 β 值可以达到几十至几百。晶体管在共集电极放大电路中，基极为输入端，发射极为输出端，集电极为公共端。发射极输出电流 I_E 与基极输入电流 I_B 的比值为电流放大系数 η。为了进一步对双极型晶体管器件的放大特性进行说明，这里以晶体管器件基极、集电极和发射极三端电流之间的关系为例，进行说明。表 2.16 为各电极的电流。

表 2.16　各电极的电流

I_B/mA	0	0.02	0.04	0.06	0.08	0.10
I_C/mA	<0.001	0.70	1.50	2.30	3.10	3.95
I_E/mA	<0.001	0.72	1.54	2.36	3.18	4.05

由表 2.16 可以看出，三个电极电流之间的关系满足 $I_E = I_B + I_C$，而且多数情况下，$I_E > I_C \gg I_B$，$I_C \approx I_E$，$\Delta I_C \gg \Delta I_B$。双极型晶体管器件在共基极运用时，$\Delta I_C = \alpha \Delta I_E$。由于 α 接近于 1，当输入端电流 I_E 变化 ΔI_E 时，引起输出端电流 I_C 的变化量 $\Delta I_C \leqslant \Delta I_E$。所以起不到电流放大作用，但其可以进行电压和功率的放大。在共发射极运用时，$\Delta I_C = \beta^* \Delta I_B$。由于 $\beta^* \gg 1$，输入端电流 I_B 的微小变化将引起输出端电流 I_C 较大的变化 ΔI_C。因此，具有电流放大作用，同时具有电压放大作用和功率放大作用。在共集电极运用时的情况与共发射极时类似。

综上所述，双极型晶体管器件要具有较好的放大能力，必须满足以下条件：①内部条件。发射区掺杂浓度较高，基区掺杂浓度较低，$N_E \gg N_B$，以保证发射效率 $\gamma \to 1$；基区宽度 $W_B \ll L_{nB}$，减少复合损失，以保证基区输运系数 $\beta^* \to 1$；集电结面积很大，以利于经过基区的少子电子进入集电区。②外部条件。发射结正偏，集电结反偏，即在 npn 型晶体管中，$V_C > V_B > V_E$；在 pnp 型晶体管中，$V_C < V_B < V_E$。

2.7.3　特性曲线

双极型晶体管的特性曲线可以形象地表示出晶体管中各电极电流与电压的关系，反映出晶体管内部所发生的物理过程，以及晶体管的直流参数。所以，在器件生产和测试过程中经常用特性曲线来表征和判断晶体管质量的好坏。当然，双极型晶体管的接法不同，其特性曲线也会不同。下面，以共基极、共发射极接法为例，对双极型晶体管的特性曲线进行深入分析。

1. 共基极输入特性曲线

共基极输入特性曲线描述的是输出电压 V_{CB} 一定时，输入电流 I_E 与输入电压 V_{BE} 的关系曲线，即 $I_E - V_{BE}$ 关系曲线。如图 2.33(a)所示，发射结正向偏置，pn^+ 结的输入特性实际上就是正向偏置 pn 结的特性，即 I_E 随 V_{BE} 按指数规律增大。但实际上输入特性与单独 pn 结的有所差别，因为它还受到集电结反向偏置电压 V_{CB} 的影响。增大 V_{CB}，则集电结的势垒区变宽，并向基区扩展，有效基区宽度随 V_{CB} 增大而减小。而 W_B 减小又使得少子电子在基区的浓度梯度增大，引起发射区向基区注入的电子电流 I_{nE} 增大，从而导致发射极电流 I_E 增大。所以，输入特性曲线随 V_{CB} 增大而左移，如图 2.33(b)所示。

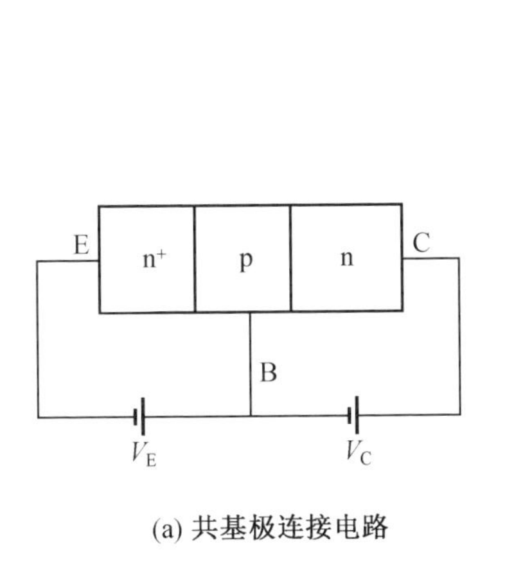

(a) 共基极连接电路

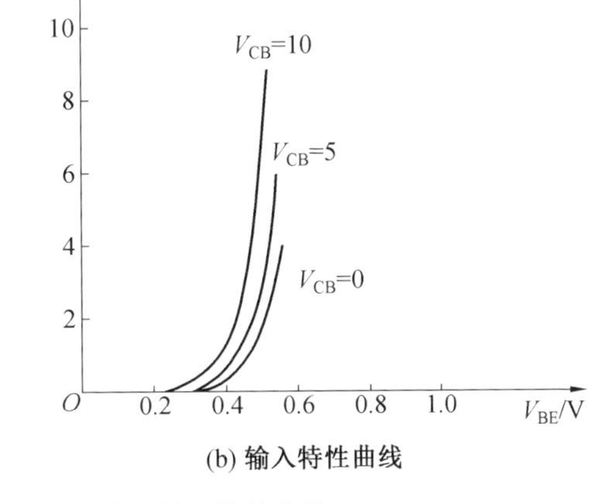

(b) 输入特性曲线

图 2.33　共基极特性测试回路及输入特性曲线

共基极输出特性曲线描述的是输入电流 I_E 一定时，输出电流 I_C 与输出电压 V_{CB} 的关系曲线，即 $I_C - V_{CB}$ 关系曲线。当 $I_E = 0$ 时，发射结无载流子输出，输出电流 $I_C = I_{CBO}$，这时的输出特性就是集电结的反向特性，即图 2.34 中 $I_E = 0$ mA 指向的曲线，它最靠近水平坐标且基本上平行于坐标轴。当发射结有载流子输出，即 $I_E \neq 0$ 时，随着 I_E 的增大，I_C 将按 αI_E 的规律增大。只要 I_E 取不同的数值，就能够得到一组基本上互相平行的 $I_C - V_{CB}$ 关系曲线，这就是共基极输出特性曲线。

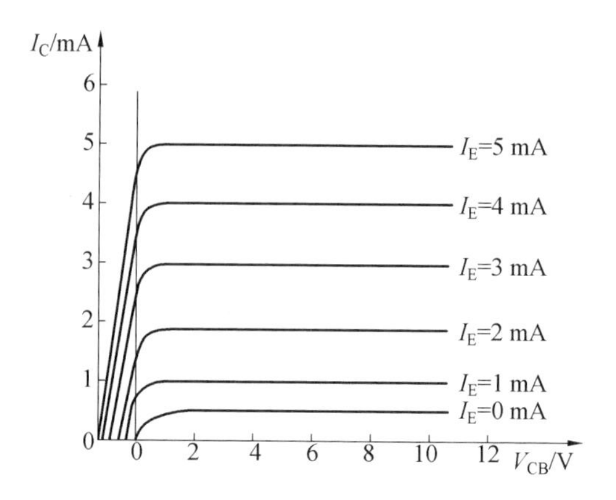

图 2.34　共基极特性输出特性曲线

2. 共发射极输入特性曲线

共发射极输入特性曲线是指当集电极与发射极之间的电压 V_{CE}一定时，输入电流 I_B与输入电压 V_{BE}的关系曲线，即 I_B-V_{BE}关系曲线。测试电路如图 2.35(a)所示，首先令 V_{CE}为某一常数，然后改变 V_{BB}的值，测量相应的 V_{BE}和 I_B值。根据所测数据绘制出输入特性曲线，如图 2.35(b)所示。

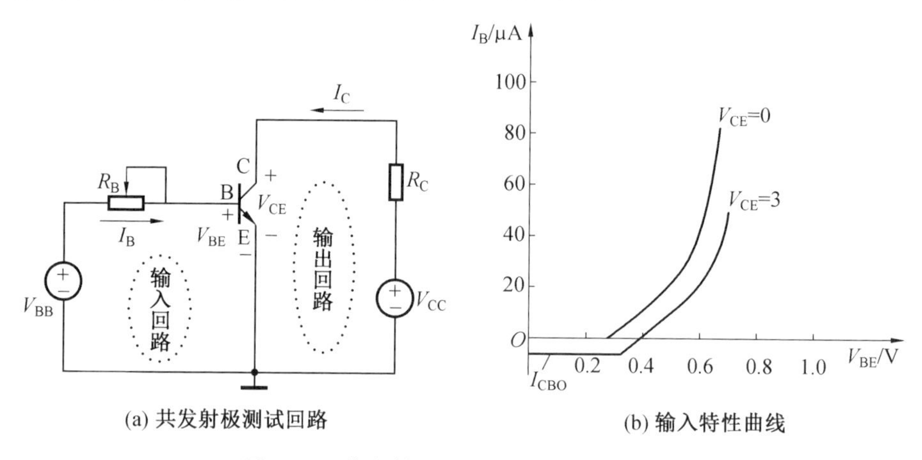

(a) 共发射极测试回路　　(b) 输入特性曲线

图 2.35　共发射极测试回路及输入特性曲线

发射结正偏，如果将输出端短路，即 $V_{CE}=0$，就相当于将发射结与集电结两个正偏 pn 结并联。此时，输入特性曲线与正偏 pn 结的伏安特性曲线相似，I_B曲线随 V_{BE}的增大按指数规律上升。增大 V_{CE}，则集电结反偏，从而使得基区宽度减小，基区内电子的复合损失减少，I_B也就减小，所以，特性曲线随 V_{CE}的增大而右移。而且，当 $V_{BE}=0$ 时，I_{pE}和 I_{nB}都等于零，$I_B=-I_{CBO}$；增大 V_{BE}，发射结有载流子注入基区，I_{pE}和 I_{nB}逐渐增大，且它们的方向与 I_{CBO}相反，则 I_B成为正向电流并且逐渐增大。由实验测得 V_{CE}大于 1 V 以后的曲线基本不随 V_{CE}的增大而变

化，因此，通常只要测试一条 $V_{CE}>1$ V 时的输入特性曲线就可以表示 $V_{CE}>1$ V 时所有的输入特性曲线。

共发射极输出特性曲线是指在基极电流 I_B 一定的情况下，晶体管的输出回路中，集电极电流 I_C 与电压 V_{CE} 的关系曲线。由 $I_C=\beta^* I_B+I_{CEO}$，在不同的 I_B 下，可测得不同的关系曲线，如图 2.36 所示。

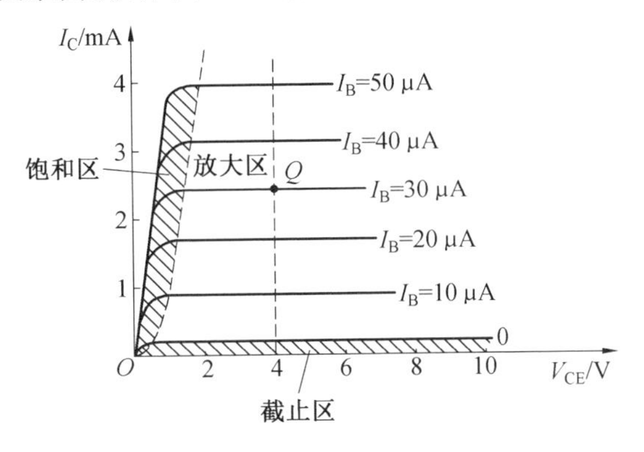

图 2.36　共发射极输出特性曲线

使基极开路，输出电压主要加在集电结上使集电结反偏，还有一部分下降主要发生在发射结上使发射结正偏，此时仍有微小的电流通过，即 $I_B=0$，得 $I_C=I_{CEO}$。当器件工作于截止区时，发射结、集电结都处于反向偏置。如图 2.36 所示，在 $I_B=0$ 曲线以下的区域称为截止区，此时基极开路或者接负电压，$I_C\leqslant I_{CEO}$，晶体管工作于截止状态。集电极到发射极只有很微小的电流，可近似认为晶体管集电极与发射极之间也开路，呈高阻态，没有放大作用。

当器件工作于放大区时，发射结正偏、集电结反偏。如图 2.36 所示，在 $I_B=0$ 曲线上方，$V_{BE}=V_{CE}$虚线右边的区域称为放大区。在放大区，$\Delta I_C=\beta^* \Delta I_B$，即 I_C 随 I_B变化，基极电流对集电极电流有很强的控制作用。由曲线可看出，放大区曲线有以下特点。(1)对应于同一个 I_B值，V_{CE}增大时，I_C 略有上升。说明集电极电压对集电极电流的影响很小。这是因为在 V_{CE}达到一定数值以后，集电极的电场已经足够强，能够使得发射区注入基区的绝大部分载流子到达集电区，V_{CE}的增大也只能增大很小的电流。(2)对应同一个 V_{CE}值，如果 I_B增大，则 I_C 显著增大，而且 ΔI_C 与 ΔI_B之比基本为一常数。说明 I_B可以有效地控制 I_C，且 $\Delta I_C\gg\Delta I_B$，晶体管具有很好的电流放大作用。

当器件工作于饱和区时，发射结与集电结都处于正偏。如图 2.36 所示，纵坐标与 $V_{BE}=V_{CE}$虚线之间的区域称为饱和区。晶体管工作在饱和区时，$V_{BE}>V_{CE}$，I_C 不仅与 I_B有关，而且明显地也随 V_{CE}的增大而增大。V_{CE}较小时，即在饱和区多条曲线的重合部分，对于确定的 V_{CE}，不同的 I_B却有相同的 I_C，I_B失去对 I_C 的控制。晶体管饱和时的 V_{CE}值称为饱和压降，用 V_{CES}表示。深度饱和时，硅

管 $V_{CES}\approx0.3$ V，锗管 $V_{CES}\approx0.1$ V，三极管的 C、E 两极之间接近短路。模拟电路中的晶体管主要工作在放大区，其具有很好的电流放大作用，常用来组成各种放大电路，起放大和振荡等作用；数字电路中的晶体管主要工作在饱和区和截止区，起开关作用。

2.8　MOS 场效应晶体管

2.8.1　基本结构

MOS 场效应晶体管，即金属－氧化物－半导体场效应晶体管（Metal－Oxide－Semiconductor Field－Effect Transistor，MOSFET）。MOS 场效应晶体管的核心是 MOS 结构，更一般的术语是金属－绝缘体－半导体（Metal－Insulator－Semiconductor，MIS）结构，其中的绝缘体不一定是二氧化硅，半导体也并非一定是硅。MOS 场效应晶体管是通过改变垂直于导电沟道的电场强度来控制沟道的导电能力而实现放大作用。在 MOS 场效应晶体管中，参与工作的只有一种载流子，因此又称为单极型晶体管。相比双极型晶体管，MOS 场效应晶体管具有如下特点：电压控制器件，通过栅源电压 V_{GS} 来控制漏源电流 I_{DS}；输入端的电流很小，输入电阻范围为 $10^{7}\sim10^{12}\ \Omega$；利用多数载流子导电，温度稳定性较好；在放大电路中，电压放大系数小于三极管；抗辐射能力强，且不存在杂乱运动的电子扩散引起的散粒噪声。此外，MOS 场效应晶体管在制造过程中，合格率高、成本低廉。同时，增强型 MOS 场效应晶体管的工作区与衬底绝缘性好，可使集成电路设计简单化。

在 MOS 场效应晶体管中，施加一个穿过 MOS 结构的电压，氧化物－半导体界面处的能带结构将发生弯曲。其中，氧化物－半导体界面处的费米能级相对于导带和价带的能级位置的变化是穿过 MOS 结构的电压函数。因此，适当的电压可以将半导体从 p 型转化为 n 型，也可以从 n 型转化为 p 型。MOS 场效应晶体管的工作特性均依赖于这种“反型”及由之产生的反型电荷而形成。阈值电压作为 MOS 场效应晶体管的一个重要参数，被定义为 MOS 结构半导体一侧形成强反型层所需要的电压。

MOS 场效应晶体管的基本结构一般是四端器件，如图 2.37 所示。在 MOS 场效应晶体管核心部分 MOS 结构中，剖面线绝缘层上的金属电极称为栅极 G。在栅极 G 上施加电压，电场穿过绝缘层进入半导体，控制半导体表面电场的强度可改变反型层的厚度，从而改变半导体表面沟道的导电能力。MOS 结构两侧的电极，分别是源极 S 和漏极 D。在正常工作状态下，载流子将从源极流入沟道，

从漏极流出。MOS 场效应晶体管的第四个电极是衬底电极 B，也称为背栅。在单管中，通常源极 S 与衬底电极 B 相连形成一个三端器件；在集成电路中，一般源极 S 不与衬底电极 B 相连而构成四端器件。

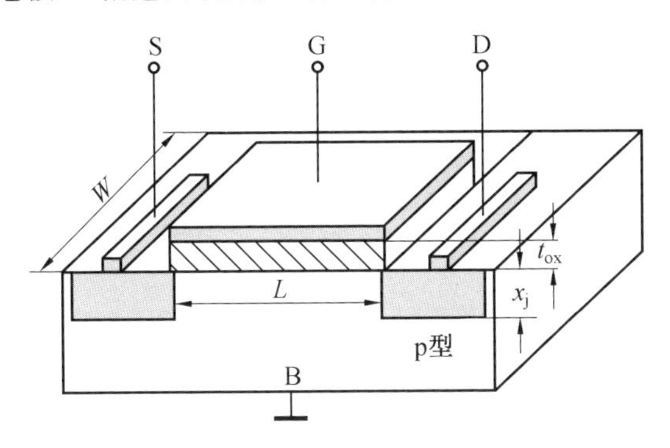

图 2.37 MOS 场效应晶体管的结构示意图

MOS 场效应晶体管的基本结构参数有沟道长度（即源区和漏区之间的距离）L、沟道宽度 W、栅绝缘层厚度 t_{ox}、漏区和源区的扩散结深 x_j、衬底掺杂浓度 N_A（P 沟道 MOS 场效应晶体管为 N_D）等。实际 MOS 场效应晶体管的结构多种多样，还有环形结构、条状结构和梳状结构等。MOS 场效应晶体管的基本工作原理是靠表面电场效应，在半导体中感生出导电沟道来。如图 2.38 所示，位于源区和漏区之间的 MOS 结构是 MOS 场效应晶体管的核心部分。若在栅极到源极、衬极之间加上一个栅源电压 V_{GS}，将产生垂直于 Si－SiO_2 界面的电场，在栅极下面的半导体一侧感应出表面电荷。随着 V_{GS} 的不同，表面电荷的多少不同。在 p 型衬底的 MOS 结构中，若 V_{GS} 往正的方向增加，半导体表面将逐步由耗尽状态进入强反型状态，强反型是指表面电子密度等于或超过衬底内部空穴的平衡态密度，这时在界面附近出现的与体内极性相反的电子导电层称为反型层，也称为沟道，反型层为电子导电的称为 n 型沟道。反之，在 n 型衬底的 MOS 场效应晶体管中，反型层为空穴导电的称为 p 型沟道。

在栅压 V_{GS} 为零的条件下，在漏极到源极之间加电压 V_{DS}，漏区 pn 结为反偏，导电沟道未形成时，漏极到源极之间只有很小的反向偏压 pn 结电流。但是，若在栅源电压 V_{GS} 控制下表面形成了导电沟道，漏区和源区连通，在 V_{DS} 作用之下将出现明显的漏源电流 I_{DS}，且 I_{DS} 的大小依赖于栅源电压 V_{GS}。MOS 场效应晶体管的栅极到漏、源区之间被氧化硅层阻隔，器件导通时只有从漏区经过沟道到源区这一条电流通路。MOS 场效应晶体管是一种典型的电压控制型器件，共源极工作时，栅源电压 V_{GS} 控制漏源电流 I_{DS}。若作为放大元件，叠加在栅源电压上的 ΔV_{GS} 将引起输出回路中的 ΔI_{DS} 响应。MOS 场效应晶体管也是良好的开关元件。当栅源电压 V_{GS} 小于某一特定电压时，MOS 场效应晶体管关断；反之，

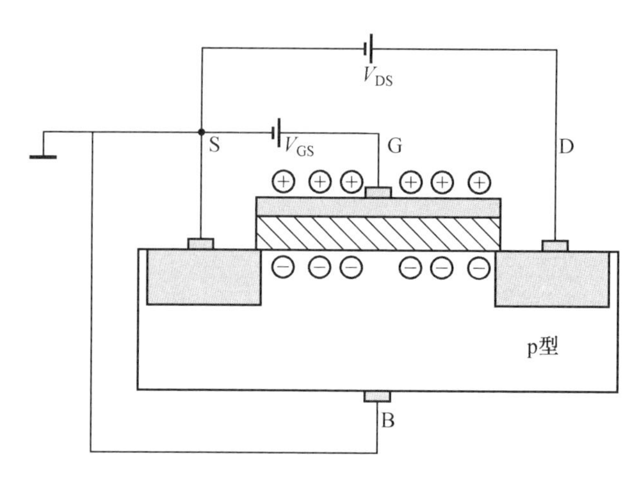

图 2.38　MOS 场效应晶体管的工作示意图

MOS 场效应晶体管导通。

2.8.2　阈值电压

在理想的 MOS 场效应晶体管中，当栅源电压 $V_{GS}=0$ 时，栅氧化层下面的半导体表面并不存在导电沟道，漏区和源区之间被背靠背的 pn 结二极管隔离，即使漏源电压 V_{DS}不等于零，漏源间也不存在电流，器件处于“正常截止状态”。这种当栅源电压为零处于截止状态，而只有外加栅源电压 V_{GS}大于阈值电压 V_T时才形成导电沟道的 MOS 场效应晶体管，称为增强型 MOS 场效应晶体管。实际 MOS 场效应晶体管，由于栅极金属和半导体间存在功函数差，SiO_2 层中存在表面态电荷 Q_{SS}等，即使在栅源电压 V_{GS}为零时半导体表面能带就已经发生弯曲，甚至在半导体表面出现反型层，器件处于导通状态。类似这种在零栅源电压下就处于导通状态的 MOS 场效应晶体管，称为耗尽型 MOS 场效应晶体管。阈值电压是指增强型 MOS 场效应晶体管的开启电压或耗尽型 MOS 场效应晶体管的夹断电压，通常用 V_T表示。

1. MOS 结构中的电荷分布

MOS 场效应晶体管的阈值电压是栅极绝缘层下半导体表面出现强反型时所需加的栅源电压 V_{GS}。强反型是指半导体表面积累的少子浓度等于甚至超过多数载流子浓度的状态，即能带弯曲至表面势等于或大于两倍费米势的状态，则有

$$V_S \geqslant 2\psi_F = \frac{2(E_i - E_F)}{q} \tag{2.7}$$

式中，E_i 和 E_F 分别为本征费米能级和费米能级；q 为电子电荷。

p 型衬底费米势为

$$\psi_{\mathrm{Fp}}=\frac{k_0T}{q}\ln\frac{N_{\mathrm{A}}}{n_{\mathrm{i}}} \tag{2.8}$$

式中，k_0 为玻尔兹曼常数；T 为热力学温度；n_{i} 为本征载流子浓度；N_{A} 为衬底掺杂浓度。

n 型衬底费米势为

$$\psi_{\mathrm{Fn}}=-\frac{k_0T}{q}\ln\frac{N_{\mathrm{D}}}{n_{\mathrm{i}}} \tag{2.9}$$

式中，N_{D} 为 n 型衬底掺杂浓度。

在 n 沟道 MOS 场效应晶体管出现强反型时能带和电荷的分布(图 2.39)中，坐标 x_1 的右边 $E_{\mathrm{i}}>E_{\mathrm{F}}$，半导体仍为 p 型；而在坐标 x_1 的左边，$E_{\mathrm{i}}<E_{\mathrm{F}}$，半导体变为了 n 型。因而，在半导体空间电荷区中感应出了 pn 结，这种 pn 结称为场感应 pn 结。当外加电压 V_{GS}撤出之后，反型层消失，pn 结也随之消失。

在栅源电压 V_{GS}作用下，Q_{m} 为栅极金属板上所产生的面电荷密度；Q_{SS}为存在于栅绝缘层中的固定电荷、可移动电荷和界面态，并将这些电荷用 Si—SiO$_2$ 界面处的电荷密度来等效的一种表面态电荷密度；Q_n 为反型层中单位面积上的导电电子的电荷密度；Q_{B}是半导体表面耗尽层中的空间电荷密度。若将 n 沟道 MOS 场效应晶体管的场感应结近似看作 pn$^+$ 单边突变结，则将 p 沟道 MOS 场效应晶体管的场感应结近似看作 p$^+$n 单边突变结。同时，假设场感应结上所加的反向偏压等于 $2\psi_{\mathrm{F}}$，最大耗尽层宽度可写为

$$X_{\mathrm{dm}}=\left[\frac{2\varepsilon_0\varepsilon_{\mathrm{rs}}\left|2\psi_{\mathrm{F}}\right|}{qN_{\mathrm{B}}}\right]^{1/2} \tag{2.10}$$

式中，N_{B} 为衬底杂质浓度；ε_0、$\varepsilon_{\mathrm{rs}}$分别为真空和硅的介电常数。

当表面耗尽层宽度达到最大值 X_{dm}时，表面耗尽层中单位面积上的电荷密度 Q_{B}也达到最大值 Q_{Bm}，则有

$$Q_{\mathrm{Bm}}=qN_{\mathrm{B}}X_{\mathrm{dm}}=\left[2q\varepsilon_0\varepsilon_{\mathrm{rs}}N_{\mathrm{B}}\left|2\psi_{\mathrm{F}}\right|\right]^{1/2} \tag{2.11}$$

按照 MOS 结构中电中性条件的要求，栅绝缘层的两边必须感应出等量且符号相反的电荷，即 MOS 结构中的总电荷代数和必须等于零。因此，出现强反型时为

$$Q_{\mathrm{m}}+Q_{\mathrm{SS}}+Q_{\mathrm{Bm}}+Q_{\mathrm{n}}=0 \tag{2.12}$$

刚达到强反型时，沟道反型层中的电子浓度刚好等于 p 型衬底内的空穴浓度，而且反型层电子 Q_{n} 只存在于极表面的一层，Q_n 远小于 Q_{Bm}，可以忽略。则式(2.12)可简化为

$$Q_{\mathrm{m}}+Q_{\mathrm{SS}}+Q_{\mathrm{Bm}}=0 \tag{2.13}$$

2. 理想 MOS 管阈值电压

当绝缘层内没有任何电荷且绝缘层完全不导电、能阻挡直流流过，且金属与

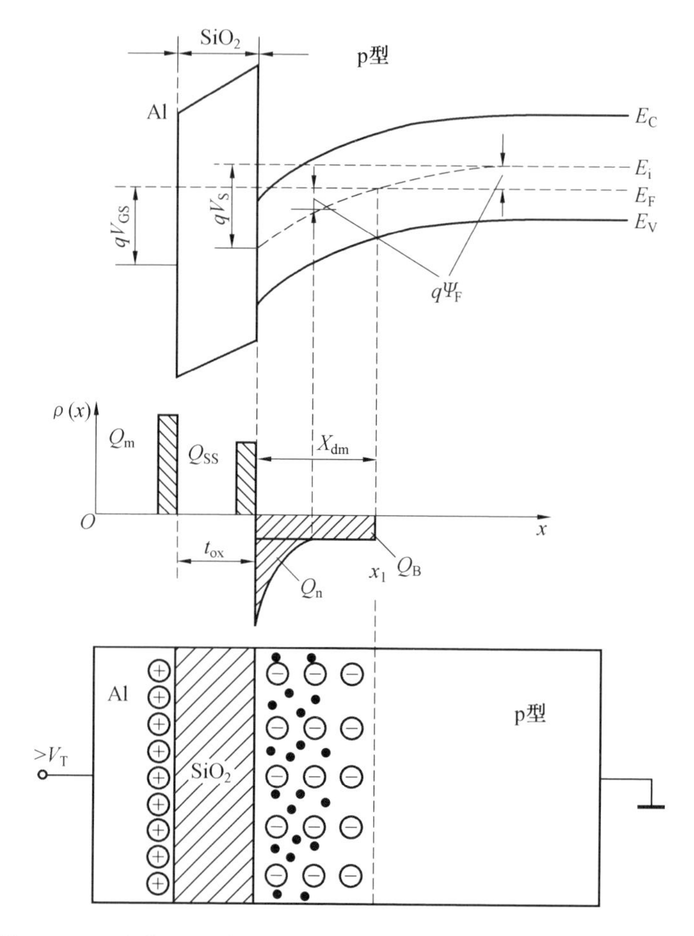

图 2.39　n 沟道 MOS 场效应晶体管强反型时的能带和电荷的分布

半导体之间的功函数差为零(二者有相同的费米能级)时,绝缘体与半导体界面处不存在任何界面态,即 MOS 结构为理想状态。此时,式(2.13)中的 Q_{SS} 可以忽略,则有

$$Q_m = -Q_{Bm} = -[2q\varepsilon_0\varepsilon_{rs}N_B\,|\,2\psi_F\,|\,]^{1/2} \tag{2.14}$$

由于理想 MOS 场效应晶体管中假定金属与半导体之间的功函数差为零,因此,在栅源电压 $V_{GS}=0$ 时,能带处于平直状态;只有施加了栅源电压 V_{GS} 以后,能带才发生弯曲。那么,在理想情况下,栅源电压 V_{GS} 为跨越氧化层的电压 V_{OX} 和半导体表面势 V_S 之和,即

$$V_{GS} = V_{OX} + V_S \tag{2.15}$$

当达到强反型时,栅源电压 V_{GS} 等于阈值电压 V_T,则有

$$V_T = V_{OX} + 2\psi_F \tag{2.16}$$

假设栅氧化层的单位面积电容为 C_{OX},则栅氧化层上的压降为

$$V_{OX}=\frac{Q_m}{C_{OX}}=-\frac{Q_{Bm}}{C_{OX}} \tag{2.17}$$

因此，理想 MOS 场效应晶体管的阈值电压为

$$V_T=-\frac{Q_{Bm}}{C_{OX}}+2\psi_F \tag{2.18}$$

3. 实际 MOS 管阈值电压

实际 MOS 场效应晶体管中存在表面态电荷密度 Q_{SS}，而且有金属－半导体功函数差导致的接触电势差 V_{ms}。因此，在栅源电压 $V_{GS}=0$ 时，由于 Q_{SS} 和 V_{ms} 的作用，表面能带已经发生弯曲。为了使能带恢复到平带状态，必须在栅极上施加一定的栅源电压 V_{GS}；所需要加的栅源电压 V_{GS} 称为平带电压 V_{FB}，则平带电压为

$$V_{FB}=-\frac{Q_{SS}}{C_{OX}}-V_{ms} \tag{2.19}$$

式中，$\frac{Q_{SS}}{C_{OX}}$ 为抵消表面态电荷的影响所需加的栅源电压。

因此，在实际 MOS 场效应晶体管中，必须用一部分栅压去抵消 Q_{SS} 和 V_{ms} 的影响，才能使 MOS 结构恢复到平带状态，达到理想 MOS 结构的状况，真正降落在栅氧化层和半导体表面上的电压只有 $V_{GS}-V_{FB}$。此时，栅源电压 V_{GS} 则为

$$V_{GS}=-\frac{Q_{Bm}}{C_{OX}}+2\psi_F+V_{FB} \tag{2.20}$$

n 沟道 MOS，衬底为 p 型半导体，空间电荷 Q_{Bm} 为负值，阈值电压为

$$\begin{aligned}V_{Tn}&=-\frac{Q_{Bm}+Q_{SS}}{C_{OX}}+2\psi_{Fp}-V_{ms}\\&=-\frac{Q_{SS}}{C_{OX}}+\frac{1}{C_{OX}}[2q\varepsilon_0\varepsilon_{rs}N_A\ |2\psi_{Fp}|]^{1/2}+\frac{2k_0T}{q}\ln\frac{N_A}{n_i}-V_{ms}\end{aligned} \tag{2.21}$$

p 沟道 MOS，衬底为 n 型半导体，空间电荷 Q_{Bm} 为正值，阈值电压为

$$\begin{aligned}V_{Tp}&=-\frac{Q_{Bm}+Q_{SS}}{C_{OX}}+2\psi_{Fn}-V_{ms}\\&=-\frac{Q_{SS}}{C_{OX}}-\frac{1}{C_{OX}}[2q\varepsilon_0\varepsilon_{rs}N_D\ |2\psi_{Fn}|]^{1/2}-\frac{2k_0T}{q}\ln\frac{N_D}{n_i}-V_{ms}\end{aligned} \tag{2.22}$$

2.8.3　直流特性

MOS 场效应晶体管的漏源电流 I_{DS} 大小，不仅依赖栅源电压 V_{GS} 的高低，而且受到漏源电压 V_{DS} 的影响。其中，漏源电流 I_{DS} 随栅源电压 V_{GS} 变化的曲线，称为 MOS 场效应晶体管的转移特性曲线。如图 2.40 所示，转移特性曲线可分为 $V_{GS}<V_T$ 的亚阈值区和 $V_{GS}>V_T$ 的线性区。在亚阈值区，漏源电流 I_{DS} 将不随漏

源电压 V_{DS} 的变化而发生改变。然而,在线性区,漏源电流 I_{DS} 将随漏源电压 V_{DS} 的增加而增大,且漏源电压 V_{DS} 增加至沟道夹断时,MOS 场效应晶体管进入饱和区。若继续增加漏源电压 V_{DS},当达到某一临界值时,将导致漏源电流 I_{DS} 突然增大,出现漏区 pn 结反向击穿现象。

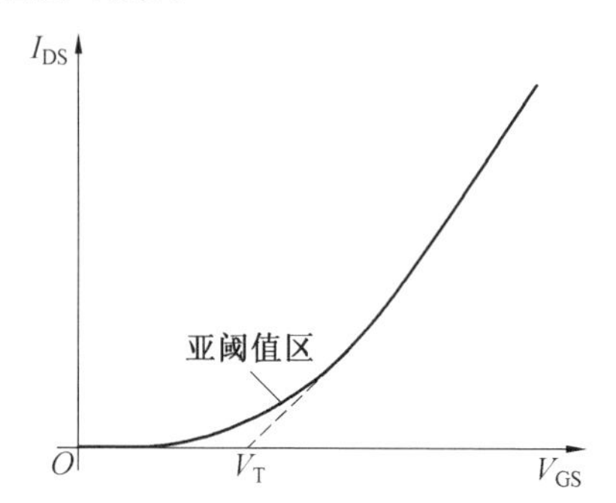

图 2.40　MOS 场效应晶体管的转移特性曲线

为探讨 MOS 场效应晶体管的直流特性,必须进行相应的假设:①忽略漏区和源区的电压降;②在沟道区不存在复合一产生电流;③长沟道近似和渐近沟道近似,即假设垂直电场和水平电场互相独立;④载流子在反型层内的迁移率为常数;⑤沟道与衬底间的反向饱和电流为零;⑥沟道内掺杂均匀。

在以上几个假设的基础上,以 n 沟道增强型 MOS 场效应晶体管为例,进行详细的定量分析。通常,在漏源电压 $V_{DS} \neq 0$ 的条件下,根据栅源电压 V_{GS} 的高低可将 MOS 场效应晶体管的工作状态分为截止状态和导通状态。在 MOS 场效应晶体管的导通状态,又可根据漏源电压 V_{DS} 的高低,分为线性状态、饱和状态和击穿状态 3 种。如图 2.41 所示,MOS 场效应晶体管的输出特性曲线分为截止区、线性区、饱和区和击穿区 4 种状态。

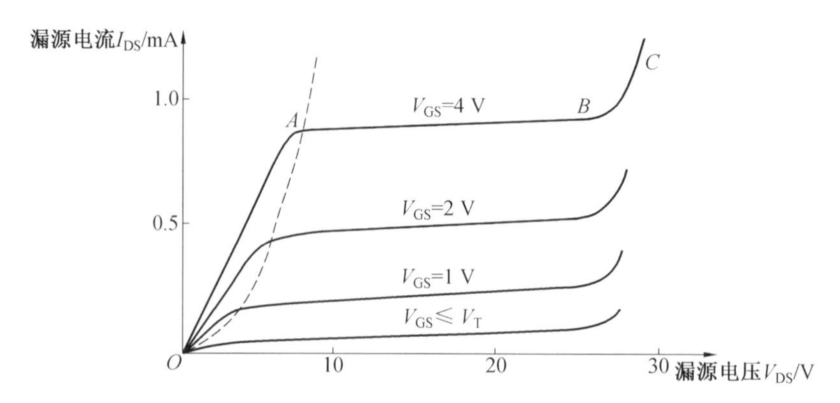

图 2.41　n 沟道增强型 MOS 场效应晶体管的输出特性曲线

1. 线性区特性

当栅源电压 $V_{GS}>V_T$ 后，半导体表面即形成强反型的导电沟道。此时，若在漏极和源极之间加上偏置电压 V_{DS}，载流子就会通过反型层导电沟道，从源区向漏区漂移，由漏极收集形成漏源电流 I_{DS}。当漏源电压 V_{DS} 不太高时，MOS 场效应晶体管工作在线性区。随着栅源电压 V_{GS} 的进一步增加，反型层的厚度也增加，输出特性曲线的 OA 段的斜率增加，如图 2.41 所示。在线性区，沟道从源区连续地延伸到漏区，如图 2.42 所示。假设沟道的长度为 L，随沟道长度变化而变化的沟道厚度为 $d(y)$，沟道的宽度为 W，取电子流动方向为 y 方向。在垂直于沟道的方向切出一个长度为 $\mathrm{d}y$ 的薄片，其微分电阻值为

$$\mathrm{d}R=\rho\frac{\mathrm{d}y}{Wd(y)} \tag{2.23}$$

式中，$d(y)$ 为反型沟道在 y 处的厚度；ρ 为电阻率。

该微分电阻上的电压降为

$$\mathrm{d}V=I_{DS}\times\mathrm{d}R=I_{DS}\times\rho\frac{\mathrm{d}y}{Wd(y)} \tag{2.24}$$

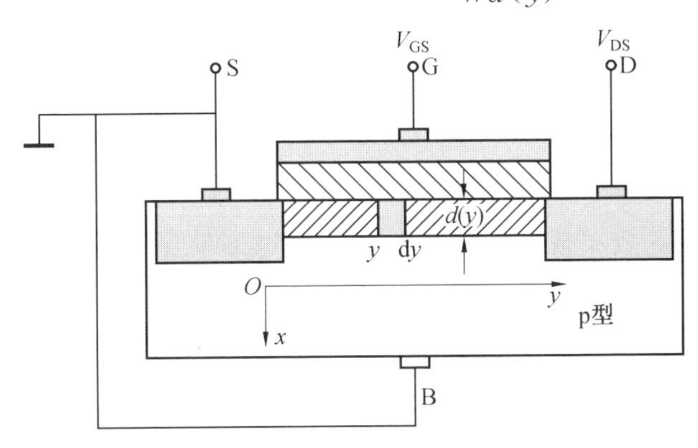

图 2.42　MOS 场效应晶体管沟道结构

假设沟道中电子的浓度为 n，电子的迁移率为 μ_n。那么，导电沟道的电阻率 ρ 为

$$\rho=\frac{1}{nq\mu_n} \tag{2.25}$$

将式(2.25)代入式(2.24)，则有

$$\mathrm{d}V=I_{DS}\times\frac{1}{nq\mu_n}\times\frac{\mathrm{d}y}{Wd(y)} \tag{2.26}$$

已知，y 处反型层单位面积电荷 $Q_n(y)=qnd(y)$，则有

$$\mathrm{d}V=\frac{I_{DS}\mathrm{d}y}{\mu_n WQ_n(y)} \tag{2.27}$$

根据沟道厚度远小于 SiO_2 层厚度的假定，若漏源电压 V_{DS} 在沟道 y 处的压降为 $V(y)$ 且栅源电压为 V_{GS}，则有 $Q_n(y)=[V_{GS}-V_T-V(y)]C_{OX}$，代入式(2.27)可得

$$I_{DS}dy=[V_{GS}-V_T-V(y)]C_{OX}\mu_n W dV \tag{2.28}$$

将式(2.28)从源区($y=0$)到漏区($y=L$)进行积分，相应的 $V(y)$ 值从 0 变为 V_{DS}，可得

$$I_{DS}=C_{OX}\mu_n \frac{W}{L}\left[(V_{GS}-V_T)V_{DS}-\frac{1}{2}V_{DS}^2\right] \tag{2.29}$$

式(2.29)为 MOS 场效应晶体管在线性区的直流特性方程。当漏源电压 V_{DS} 很小时，V_{DS} 的高次项可以忽略，可将式(2.29)简化为

$$I_{DS}=C_{OX}\mu_n \frac{W}{L}(V_{GS}-V_T)V_{DS} \tag{2.30}$$

式(2.30)表明，漏源电流 I_{DS} 与漏源电压 V_{DS} 呈线性关系。

2. 饱和区特性

当漏源电压 V_{DS} 增加至沟道夹断时，器件的工作进入饱和区。使 MOS 管进入饱和区所加的漏极电压为 $V_{DS(sat)}$，则有

$$V_{DS(sat)}=V_{GS}-V_T \tag{2.31}$$

将式(2.31)代入式(2.29)，得到漏源饱和电流 $I_{DS(sat)}$，近似为

$$I_{DS(sat)}\approx C_{OX}\mu_n \frac{W}{2L}(V_{GS}-V_T)^2 \tag{2.32}$$

然而，MOS 场效应晶体管进入饱和区后，继续增加漏源电压 V_{DS}，则沟道夹断点不断地向源极方向移动，在漏极将出现耗尽区，耗尽区的宽度 X_d 随 V_{DS} 的增大而不断变大，如图 2.43 所示，利用单边突变结的公式，得耗尽区宽度 X_d 为

$$X_d=L-L'=\sqrt{\frac{2\varepsilon_0\varepsilon_{rs}[V_{DS}-(V_{GS}-V_T)]}{qN_A}} \tag{2.33}$$

因此，饱和区的电流并不是一成不变，这时实际的有效沟道长度从 L 变为 L'，对应的漏源饱和电流 $I'_{DS(sat)}$ 为

$$I'_{DS(sat)}=C_{OX}\mu_n \frac{W}{2L'}(V_{GS}-V_T)^2=\frac{LI_{DS(sat)}}{L-\sqrt{\dfrac{2\varepsilon_0\varepsilon_{rs}[V_{DS}-(V_{GS}-V_T)]}{qN_A}}} \tag{2.34}$$

式(4.34)表明，当 V_{DS} 增大时，分母减小，漏源饱和电流 $I'_{DS(sat)}$ 将随之增加。这种漏源饱和电流 $I'_{DS(sat)}$ 随沟道长度的减小而增大的效应称为沟道长度调制效应，这种效应会使 MOS 场效应晶体管的输出特性曲线明显发生倾斜，导致其输出阻抗降低。

3. 亚阈值区特性

栅源电压 V_{GS} 稍微低于阈值电压 V_T 时，沟道处于弱反型状态，流过漏源电

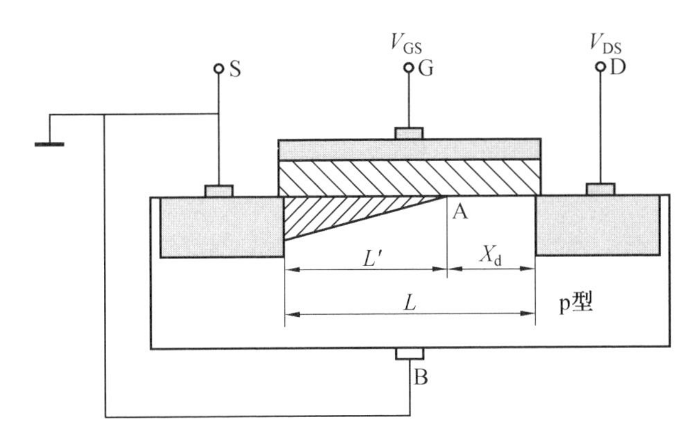

图 2.43　MOS 场效应晶体管饱和区的示意图

流 I_{DS}并不等于零，MOS 场效应晶体管的工作状态处于亚阈值区，流过沟道的电流称为亚阈值电流。对于工作在低压、低功耗下的 MOS 场效应晶体管，亚阈值区是重要的工作区。例如，当 MOS 场效应晶体管在数字逻辑及储存器中用作开关时，就是这种情况。

对于长沟道 MOS 场效应晶体管，在沟道弱反型时表面势可近似看作常数。因此，可将沟道方向的电场强度视为零，这时漏源电流 I_{DS}主要是扩散电流，并可采用类似于均匀基区晶体管求集电极电流的方法来求亚阈值电流，则有

$$I_{DS}=-qD_nA\frac{dn(y)}{dy} \tag{2.35}$$

式中，A 为电流流过的截面积；$n(y)$为在沟道方向 y 处的电子浓度。

假设在平衡时，没有载流子的产生和复合。根据电流连续性要求，电子浓度是随距离线性变化的，即有

$$n(y)=n(0)-\frac{n(0)-n(L)}{L}y \tag{2.36}$$

在源区($y=0$)处的电子浓度 $n(0)$为

$$n(0)=n_i\exp\frac{q(V_S-\psi_F)}{k_0T} \tag{2.37}$$

式中，V_S 为表面势；ψ_F 为费米势。

在漏极($y=L$)处的电子浓度 $n(L)$为

$$n(L)=n_i\exp\frac{q(V_S-\psi_F-V_{DS})}{k_0T} \tag{2.38}$$

因此，亚阈值电流可表示为

$$I_{DS}=-\frac{qD_nAn_i}{L}\exp\frac{q(V_S-\psi_F)}{k_0T}\left(1-\exp\frac{-qV_{DS}}{k_0T}\right) \tag{2.39}$$

由式(2.39)可看出，MOS 场效应晶体管在亚阈值区漏源电流 I_{DS}随着漏源电压 V_{DS}指数变化。又因为表面势 $V_S\approx V_{GS}-V_T$，因此，当 $V_{GS}<V_T$ 时，漏源电流 I_{DS}按指数降低。

4. 截止区特性

对于 n 沟增强型 MOS 场效应晶体管，当在栅源电压 V_{GS} 施加正电压并缓慢增加时，将在栅极氧化层中产生电场，其电力线由栅极指向半导体。外加栅源电压 V_{GS} 将在半导体表面产生感应负电荷。随着栅源电压 V_{GS} 的增加，半导体表面将逐渐形成耗尽层。当栅源电压 V_{GS} 小于阈值电压 V_T 时，因为耗尽层的电阻很大，流过漏源间的电流很小，即为 pn 结反向饱和电流，这种工作状态称为 MOS 场效应晶体管的截止状态。

本章参考文献

[1] 宋大有. 半导体硅材料进展[J]. 稀有金属，1995，19(1)：62-68.

[2] 赵建新. 多晶硅的性能及应用[J]. 材料工程，1989(1)：1-5.

[3] 饶瑞. 多晶硅薄膜材料与器件研究进展[J]. 材料导报，2000，14(7)：25-26.

[4] 屠海令，石瑛，海令，等. 纳米集成电路用硅基半导体材料[J]. 中国集成电路，2003(46)：105-110.

[5] 李鸿盼. 锗的制备及其应用概述[J]. 上海微电子技术与应用，1999(3)：46-52.

[6] 李长云. 锗薄膜的制备及特征研究[J]. 传感技术学报，1996(3)：18-22.

[7] 苏宇欢. SiGe 体单晶的研究进展[J]. 半导体情报，1999，36(6)：27-30.

[8] 施兆顺，陈庭金，苏红兵，等. 电化学制备 GaAs 薄膜工艺及性能研究[J]. 太阳能学报，2003，24(2)：257-262.

[9] 周晓龙，陈秉克，孙聂枫，等. InP 单晶材料现状与展望[J]. 电子工业专用设备，2005(10)：10-14.

[10] 邓志杰. InP 单晶的性能和生长技术[J]. 电子材料，1994(1)：8-9.

[11] 余云鹏，林爱辉，林璇英，等. 非晶硅薄膜厚度均匀性对其透射光谱影响[J]. 汕头大学学报(自然科学版)，2004，19(1)：50-53.

[12] 张蔷. 非晶硅薄膜在电子学领域的应用[J]. 世界电子之件，1997(5)：58-60.

[13] 李忠，魏芹芹，杨利，等. 氮化薄膜的研究进展[J]. 精细加工技术，2003(4)：39-43.

[14] 李效白. 氮化镍基电子与光电子器件[J]. 功能材料与器件学报，2001，6(3)：218-227.

[15] 湖礼中，王兆阳，赵杰，等. 热氧化法制备 ZnO 薄膜及其特性研究[J]. 电子工件与材料，2005，24(3)：40-42.

[16] 宋永梁，季振国，王泉香，等. 溶胶一凝胶提拉法制备 ZnO 薄膜及其性能研究[J]. 材料科学与工程学报，2004，22(1)：9-11.

[17] 张臣. 半导体量子阱材料[J]. 半导体情报，2001，38(6)：18-21.

[18] 章国峰，陈国鹰，花吉珍，等. 连续波工作高功率应变单量子阱半导体激光器

[J]. 固体电子学研究与进展，2003，23(4)：476-479.
[19] 张臣. 新型纳米材料——半导体量子线材料[J]. 电子元器件应用，2003，5(11)：48-51.
[20] 褚君浩，张玉龙. 半导体材料技术[M]. 杭州：浙江科技技术出版社，2010.
[21] 刘恩科，朱秉升，罗晋生. 半导体物理学[M]. 北京：电子工业出版社，2011.
[22] 曾云. 微电子器件基础[M]. 长沙：湖南大学出版社，2005.
[23] 施敏，伍国钰. 半导体器件物理[M]. 西安：西安交通大学出版社，2008.
[24] SCHRODER D K. Semiconductor material and device characterization [M]. New York：John Wiley and Sons，1990.
[25] 张屏英，周佑漠. 晶体管原理[M]. 上海：上海科学技术出版社，1985.
[26] 曹培栋. 微电子技术基础——双极、场效应晶体管原理[M]. 北京：电子工业出版社，2001.
[27] 武世香. 双极型和场效应型晶体管[M]. 北京：国防工业出版社，1981.
[28] 尼曼. 半导体物理与器件[M]. 北京：电子工业出版社，2013.
[29] 孟庆巨，刘海波，孟庆辉. 半导体器件物理[M]. 北京：科学出版社，2009.
[30] 安德森，田立林. 半导体器件基础[M]. 北京：清华大学出版社，2008.
[31] 文常保，南世广，李演明. 半导体器件原理与技术[M]. 北京：人民交通出版社，2016.
[32] 王占国，郑有炓. 半导体材料研究进展[M]. 北京：高等教育出版社，2012.
[33] 许振嘉. 半导体的检测与分析[M]. 2 版. 北京：科学出版社，2007.
[34] NEAMEN D A. 半导体器件导论[M]. 北京：电子工业出版社，2015.
[35] 施敏，李明逵. 半导体器件物理与工艺[M]. 苏州：苏州大学出版社，2014.
[36] 文常保，商世广，李演明. 半导体器件原理与技术[M]. 北京：人民交通出版社，2016.
[37] 杨序纲，吴琪琳. 材料表征的近代物理方法[M]. 北京：科学出版社，2013.
[38] 顾少轩. 材料结构缺陷与性能[M]. 武汉：武汉理工大学出版社，2013.
[39] 吕文中，汪小红，范桂芬. 电子材料物理[M]. 2 版. 北京：科学出版社，2017.
[40] 闫军锋. 电子材料与器件实验教程[M]. 西安：西安电子科技大学出版社，2016.
[41] 姜有根，郭晋阳，马广月. 电子电路识图与检测[M]. 2 版. 北京：机械工业出版社，2012.
[42] 庄奕琪. 电子设计可靠性工程[M]. 西安：西安电子科技大学出版社，2014.
[43] 王守国. 电子元器件的可靠性[M]. 北京：机械工业出版社，2014.
[44] 付桂翠. 电子元器件可靠性技术教程[M]. 北京：北京航空航天大学出版社，2010.

第3章

辐射诱导缺陷

3.1 辐射物理基础

3.1.1 概述

辐射诱导缺陷是辐射损伤的结果,辐射损伤涉及电离损伤和位移损伤。辐射诱导缺陷大多基于位移损伤,其定义是从入射粒子到材料器件的能量转移,以及能量转移完成后靶材原子的最终分布。辐射诱导缺陷实际上是由几个不同的过程组成的,这些过程及其发生顺序如下:① 入射粒子与晶格原子的相互作用;② 入射粒子动能转移到晶格原子上,从而产生初始撞出原子(PKA);③ 原子从晶格位置的位移;④ 被置换的原子穿过晶格并随之产生额外的撞击原子;⑤ 产生位移级联缺陷(由 PKA 创建的点缺陷的集合);⑥ 随 PKA 能量减少作为间隙原子停留在靶材中。辐射损伤的结果是在晶格中产生点缺陷(空位和间隙)的集合和这些缺陷的簇。值得注意的是,这整个事件链只消耗大约 10^{-11} s(表 3.1)。涉及点缺陷和缺陷簇的迁移以及附加簇或簇的溶解的后续事件被归类为辐射损伤效应。

表 3.1 辐照材料中产生缺陷的近似时间尺度

时间/s	事件	结果
10^{-18}	入射粒子的能量转移	初始撞出原子(PKA)的产生
10^{-13}	PKA 对晶格原子的位移	位移级联
10^{-11}	能量耗散、自发重组和聚集	稳定的弗兰克尔对(单间隙原子和空位)和缺陷团簇
10^{-8}	热迁移缺陷反应	SCA 和空位的重组,聚集,捕获,缺陷发射

为了理解和量化辐射损伤,首先需要知道如何描述粒子和产生位移的固体之间的相互作用;然后如何量化这个过程。最简单的模型是,当转移的能量足够高,使被撞击的原子脱离其晶格位置时,与位移发生的小球碰撞事件。除了硬球碰撞造成的能量转移外,运动的原子还因与电子的相互作用、附近原子的库仑场、晶格的周期性等而失去能量。问题可归纳如下,如果能够描述入射粒子的能量依赖通量和原子间碰撞的能量转移截面(概率),那么就可以在一个差分能量范围内量化 PKA 的产生,并利用它来确定位移原子的数量。

辐射是指从一个地方到另一个地方的能量传输,这种能量的"载体"是光子、离子、电子、μ 子和/或核子(中子或质子)。早在 20 世纪,人们就发现"粒子"和"波"的经典概念,但并没有在量子尺度完全描述粒子的特性。而且从本质上讲,这些粒子实际上表现出类似粒子或类似波的行为(波粒二象性),具体视情况而定。这种二象性的一个方面是,每个粒子都可以被视为具有一个特征波长,该波长与其动量(或者动能的平方根)成反比,根据以下方程(使用非相对论形式相对简单):

$$\lambda=\frac{h}{p}=\frac{h}{mv}=\frac{h}{\sqrt{2mE_k}} \tag{3.1}$$

式中,h 是普朗克常数;p 是粒子动量;m 是质量;v 是速度;E_k 是动能。

基本上,随着粒子能量的增加,其速度和动量也会增加,而其波长会变小。这是一个重要的性质,因为入射粒子的波长决定了与物质可能发生的交互作用类型。

这一定律的物理效应在光学上很容易证明。阿贝衍射极限(更复杂的形式称为瑞利标准)表示最小的限度是波长 λ 的一半,可用于分辨观察物体的特征尺寸。低于该极限波长,衍射现象占主导地位,无法形成清晰的聚焦图像。可见光的最小波长约为 400 nm(光谱中的紫色),因此可以光学分辨的最小物体约为 200 nm。事实上,光学显微镜可以很容易地形成细胞内细菌和结构的图像,但病毒、蛋白质等太小,如图 3.1 所示。

以类似的方式,如果使用电子探测物体,较高的加速电压允许分辨较小的特

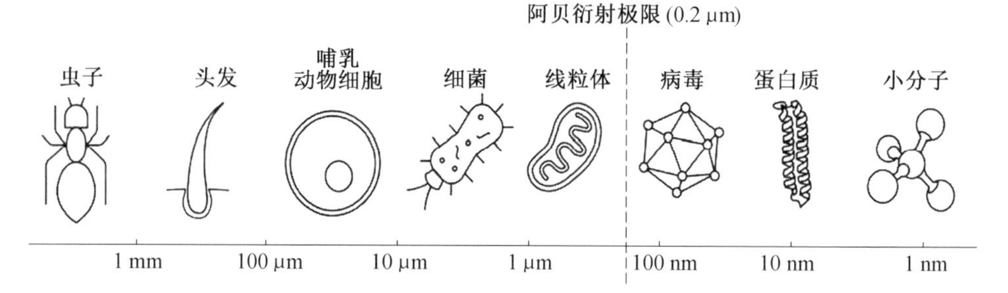

图 3.1　阿贝衍射极限可见光可分辨的最小特征

征，因为电子波长随着电子动能的增加而减小。典型的扫描电子显微镜(SEM)使用 1～20 keV 范围内的加速电压，可探测到半导体器件特征。在透射电子显微镜(TEM)中，电子被加速到数百 keV，可以达到原子级的分辨率，如图 3.2 所示。

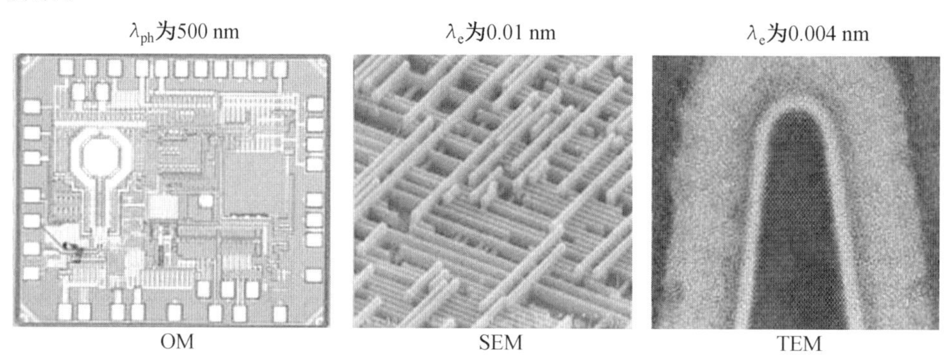

图 3.2　光学显微镜(OM)、SEM 和 TEM 获得的分辨率比较

同样的原理也适用于粒子加速器。近年来在粒子加速器中，电子或离子的能量一直在增加，可揭示深亚原子尺度的交互作用，从而能够发现夸克、轻子，以及最近发现的希格斯玻色子，它构成了物质的基本组成部分。

在真空环境中，辐射可以不受抑制地进行传播，这是航天器在空间遇到的辐射环境的一个重要原因。辐射粒子和物质之间的交互作用，最终在电子器件中会不可避免地产生各类辐射效应。当辐射粒子流入射到物质(或目标材料)上时，每个入射粒子将经历 3 种可能结果：

(1)粒子将穿过目标材料，不以任何方式交互作用，从材料的另一侧出现(没有方向变化或能量损失)。

(2)在穿过目标材料时，粒子将失去部分动能(通常是通过大量的小能量消耗交互作用)，其方向发生改变，动能降低。

(3)粒子将在目标材料中失去所有能量，并被材料吸收。

辐射有多种形式，包括电磁波和各种高能粒子辐射。

电磁波由 3 个物理特性定义：频率、波长和光子能量（光子是电磁能量的粒子）。波长与频率成反比；光子能量与频率成正比。因此，波长越长，频率越低，光子能量越低；而波长越短，频率越高，光子能量越高。物质的电磁辐射行为取决于其波长。

图 3.3 为按波长划分的电磁光谱，从无线电波到微波、红外、可见光、紫外线、X 射线，最后到高能伽马（γ）射线。从辐射损伤敏感度的角度来看，电子元器件在工业、医疗和国防应用中最典型的电磁辐射挑战是 X 射线和/或伽马射线辐照。射频和电磁干扰等辐射效应，可通过标准化的商业设计、布局和封装进行有效缓解。

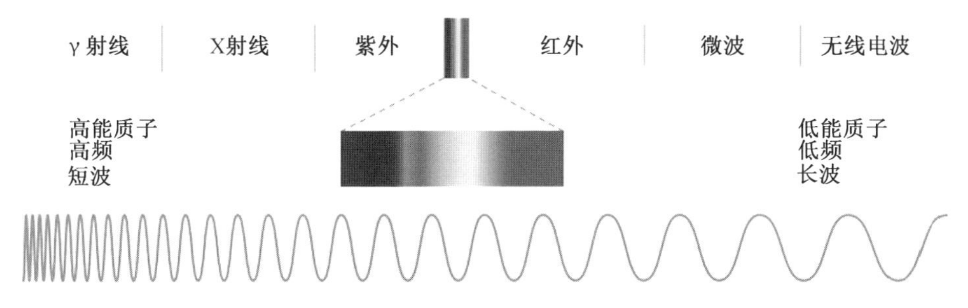

图 3.3　按波长划分的电磁光谱

除光子外，其他辐射粒子还包括自然、工业和国防环境中常见的不同原子和亚原子粒子，从最大到最小是重离子和轻离子（电离的原子）、核子（中子和质子）、电子和 μ 子。在宏观统计意义上，如果高能粒子入射到物质（目标材料）上，则有几种可能的结果，如图 3.4 所示。在某些情况下，特别是如果物质厚度相对于入射到该材料中粒子的典型射程小，则粒子可能在没有任何交互作用的情况下穿过目标材料，从而完全穿透。例如，中微子（无电荷和几乎无质量的亚原子粒子）与物质的交互作用很弱，大多数中微子将穿过大厚度的致密材料而根本不发生交互作用（图 3.4(a)）。因此，这些粒子通常不是电子元器件空间环境可靠性问题的来源，因为它们是在没有任何交互作用的情况下穿过设备。与此形成鲜明对比的是，放射性元素衰变产生的 α 粒子可被一张薄纸完全吸收（图 3.4(f)）。需要注意的是，这些 α 粒子可由芯片材料中天然存在的放射性铀和钍的衰变释放出来，如果不控制在非常低的水平，可能会导致电子器件严重的可靠性问题。因此，入射粒子与目标材料之间交互作用越强，越会导致电子元器件更显著的损伤效应。

从完全穿透到完全吸收，还有其他几种可能的结果，取决于入射粒子与目标材料中电子和原子核之间的交互作用。入射粒子能量通常会部分衰减；也就是说，从目标材料的相对表面射出的粒子数量将比入射的原始粒子数量减少。某

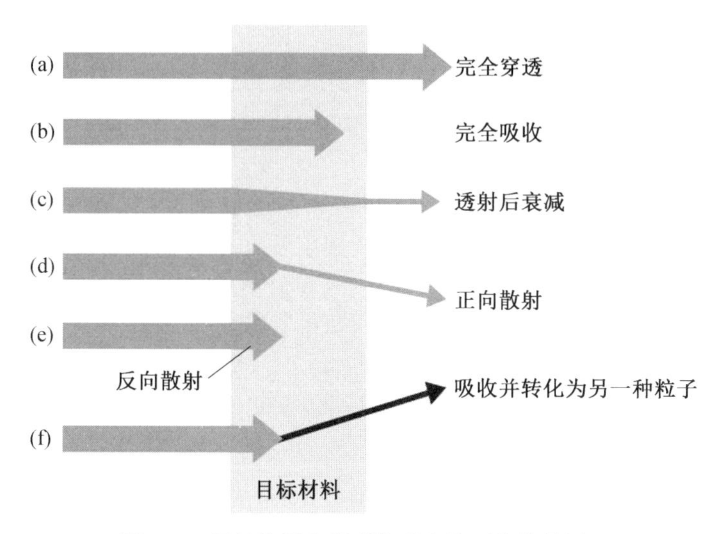

图 3.4　辐射粒子入射到物质上的可能结果图

些粒子的吸收或与目标材料中电子和原子核的碰撞会导致这种衰减，结果是导致一些粒子将被重定向或散射(图 3.4(b)～(e))。入射粒子散射的角度取决于许多参数(粒子能量、角度、材料类型等)。在一种非常基本的方式中，碰撞后反向运动的粒子被视为反向散射(图 3.4(e))，而那些偏离其原始路径但仍保持前进方向的被认为是正向散射(图 3.4(d))。在某些情况下，由于原始粒子吸收并转化为另一种粒子类型，会出现原始入射粒子以外的粒子(图 3.4(f))。

入射粒子可以在单个交互作用过程中被完全吸收，例如在某些交互作用中，光子产生电子—空穴对而被完全吸收。但对于入射离子、核子和电子，几乎所有可能的交互作用都将入射粒子动能的一部分转移到目标电子或原子核。换句话说，需要多次连续的交互作用来减缓并最终停止入射粒子(将其动能降至零)。粒子在每个连续交互作用之间移动的距离称为自由路径，所有交互作用之间的平均距离称为平均自由路径。

图 3.5 给出了入射粒子及其穿过物质的路径示意图，在穿过物质过程中会与电子和/或原子核发生多次连续碰撞。如果交互作用的概率增加，平均自由程将减小。因此，粒子将在较小的移动距离内消耗更多的能量，在材料中的射程将减小。这种情况类似于比较入射粒子在低密度材料与高密度材料中的输运路径(密度用于表示给定体积材料中交互作用位置的数量)。

随着材料密度的增加，粒子在移动特定距离时所受的交互作用也会增加，因此碰撞之间的平均自由程会减小，粒子在密度更大的材料中的射程也会减小。由于入射粒子的能量不是通过单个交互作用吸收的，而是通过与目标物质的核和电子的许多较小的交互作用吸收的，因此每个入射粒子的实际物理路径可能

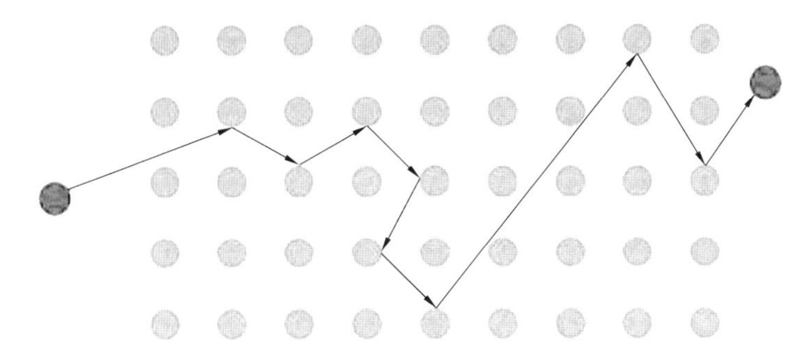

图 3.5　入射粒子及其穿过物质的路径示意图

不是唯一的。

离子入射路径可以蒙特卡洛模拟。图 3.6 给出了 1 000 个 50 MeV 铁离子入射到硅材料上。铁离子从左侧垂直入射到硅材料表面，并穿过硅材料向右移动。在这种情况下，调整硅材料的厚度和铁离子的能量，以使所有铁离子在硅材料内被吸收。换句话说，铁离子的射程小于它们所要穿过的目标硅材料的厚度。

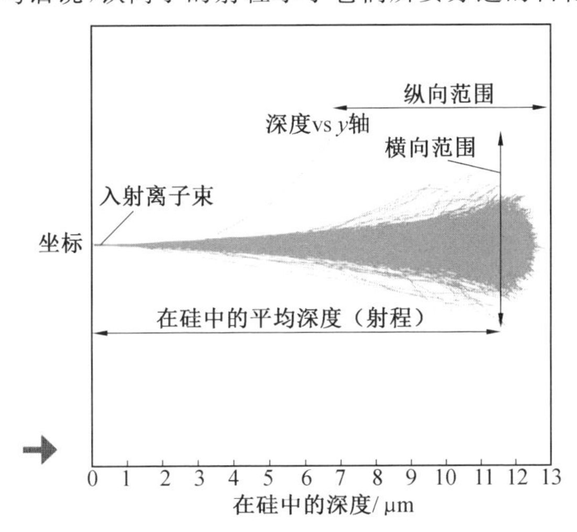

图 3.6　1 000 个 50 MeV 铁离子入射硅材料示意图

这一过程是随机的（概率的）。虽然是同一铁离子在同一块硅片上重复入射，但没有两条路径是相同的。在本例子中，入射铁离子的平均深度（射程）约为 12 μm，但路径的横向和纵向范围存在明显变化。发生这种“离散”行为是因为每个离子在深度上的交互作用的数量和类型不同。因此，遭遇更多散射型交互作用的离子更倾向于偏离其初始路径。

反应截面的概念可以根据特征交互作用区域来考虑，在特征交互作用区域之外，交互作用/碰撞概率降至零。由于物质在很大程度上是“空的空间”，想象一下反应截面由大量微小的反应区域组成，这些反应区域均匀地分布在更大的

惰性物质体积中。只有当粒子撞击其中一个小的反应区域时,才会发生交互作用。更大的横截面意味着更大的面积和更大的交互作用概率。横截面通常表示为σ,单位为面积量纲。

在某些情况下,就像中子和原子核之间的某些类型的反应一样,两个粒子只在接触时本质上才会交互作用。在这种情况下,横截面在很大程度上取决于目标物质的实际物理尺寸——原子核的横截面积。对于其他交互作用,力可以作用在一定距离的粒子上,作用距离更长,横截面将明显大于粒子的物理面积(就像带电粒子通过库仑力交互作用)。任何给定反应的概率与其反应截面成正比。

所有散射和吸收交互作用的核心是碰撞的概念。粒子碰撞是辐射与物质交互作用的基本机制。这些碰撞可以定义为弹性碰撞或非弹性碰撞。实际上,所有碰撞都涉及弹性和非弹性能量损失,但根据主要的能量损失机制将这一过程分为两类。

入射粒子和目标粒子之间的弹性碰撞结束时,两个粒子在碰撞后分离(碰撞过程中没有粒子产生、分裂或湮灭,也没有能量损失到激发中)。台球碰撞是硬物体弹性交互作用的经典物理例子。碰撞后,入射粒子和目标粒子拥有的动能和动量可能不同,但在弹性碰撞中,系统的总动能和动量必须守恒。

相反,在非弹性碰撞中,体系中的总能量不守恒。一部分动能转化为另一种形式的能量,总动能减少,碰撞是非弹性的。此外,在非弹性碰撞中,粒子可以被创建或销毁,因此入射和射出的粒子可能不同。这方面的一个例子是核反应,其中进入的中子或质子实际上被原子核吸收——当原子核分裂成碎片以释放多余能量时,核子的进入动能和质量转化为次级粒子。在这种情况下,激发或其他过程"消耗"了一些动能来产生粒子。

粒子与物质的交互作用都是关于从高能粒子到目标材料的能量损失。它们代表了许多独特和多样的路径,这些路径取决于粒子及其能量和它所交互的物质的性质。辐射通过这些交互作用过程在物质中损失能量。在某些情况下,单个粒子的能量在单个交互作用中被完全吸收。在其他情况下,需要多次连续的交互作用才能"释放"粒子的能量并使其静止(吸收)。粒子每单位距离损失的能量越多,其射程就越小。类似地,粒子的能量越大,它在给定材料中移动的距离就越远。此外,材料密度越大,每行驶一段距离发生的能量损失越大,因此粒子的射程越小。

电子元器件要考虑的关键问题是,从辐射中吸收的大部分能量转化为电荷的产生。由于电子元器件的正常操作是基于电荷的受控调制、存储和传输,因此由辐射事件沉积的局部能量产生的非平衡(过量)电荷可导致瞬变和/或准永久性充电,从而导致器件参数退化和功能故障。

3.1.2　交互作用过程

1. 光子

光子是电磁能量（辐射）的基本载体，在整个电磁光谱中，从低能到高能、从长波到短波的依次排列为：无线电波、微波、可见光、紫外线、X 射线和伽马射线。

光子没有电荷，避免了已经观察到的带电粒子与电子和原子核之间的许多交互作用过程。光子向物质损失能量的主要机制有 3 种，即光电效应、康普顿散射、电子对产生，如图 3.7 所示。如果入射光子有足够的能量将电子从价带或束缚态中释放出来，光子将被湮灭，全部能量被吸收，产生一个被激发的光电子，并留下一个带正电的空穴。在较高的光子能量下，光子可以激发一个紧密束缚的内部电子。在这种情况下，当外壳电子填充到原始光子吸收事件中产生的空穴时，会产生次级“特征”X 射线光子。就像指纹一样，每个元素的 L 壳层和 K 壳层电子之间都有一个唯一的能量。因此，发射的特征 X 射线能量是特定元素的特征。因此，这些特征 X 射线表现为非常清晰的光谱线。光电效应是非弹性的（因为所有入射能量都转换为激发），与光子频率成正比，频率越高的光子提供的能量越大。这种量子力学过程称为光电效应。在光子能量不足以产生电子－空穴对的情况下，光子穿过的材料是“透明的”，因为光子将不被吸收地通过材料。光电交互作用发生的概率在很大程度上取决于入射光子的能量与目标材料中电子的结合能。在硅材料中，从光学频率到高达 100 keV 的 X 射线，光电效应是光子与物质交互作用的主要方式。

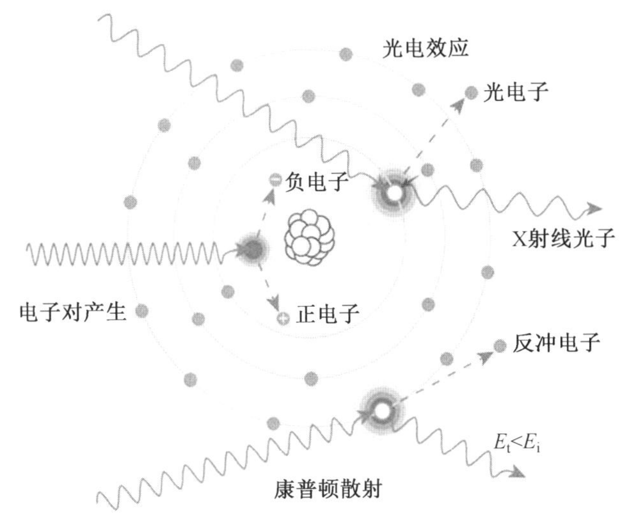

图 3.7　入射光子在物质中损失能量的 3 种主要机制示意图

在较高的光子能量下,另一种机制开始发生。在康普顿散射中,光子在与单个电子的碰撞中损失了一些能量。散射反应产生一个自由反冲电子和一个散射光子,该光子被转移到另一个方向,能量(频率)比碰撞前少。根据所转移的能量,电子或者被提升到更高的能量束缚态,或者在转移能量超过束缚能的情况下被释放动能,从而可以与其他电子和原子核交互作用。

在更高的光子能量下,电子对产生成为可能,并最终成为高能伽马射线的主要能量损失机制。在入射的伽马射线光子和原子核之间可以产生电子对,从而产生两个粒子:一个电子和一个正电子(带正电的电子)。要产生电子对,光子能量必须至少等于所产生的两个粒子的总静止质量。超出阈值的任何额外能量都将转换为两个新创建粒子的动能。在达到阈值能量之前,电子对产生的概率为零。在这个阈值以上,电子对的产生随着光子能量的增加而增加。电子对产生率大约随着原子序数的平方(原子中的质子数,或 Z)而增加;在不带电的原子中,也指目标的电子数。更重、密度更大的原子核更能吸收伽马射线。

这 3 种能量损失机制定义了入射光子束可以通过特定厚度目标材料的比例。光子束强度随目标厚度和衰减系数 μ 的乘积呈指数衰减,单位为 cm^{-1}。衰减系数取决于光子能量和目标材料,因为这将决定哪种吸收机制占主导地位。通常考虑质量衰减系数 μ 是比较方便的,μ 是线性衰减系数除以目标密度。图 3.8 将硅的质量衰减系数绘制为光子能量的函数,总响应由 3 种主要能量损失机制(光电效应、康普顿散射和电子对产生)定义。

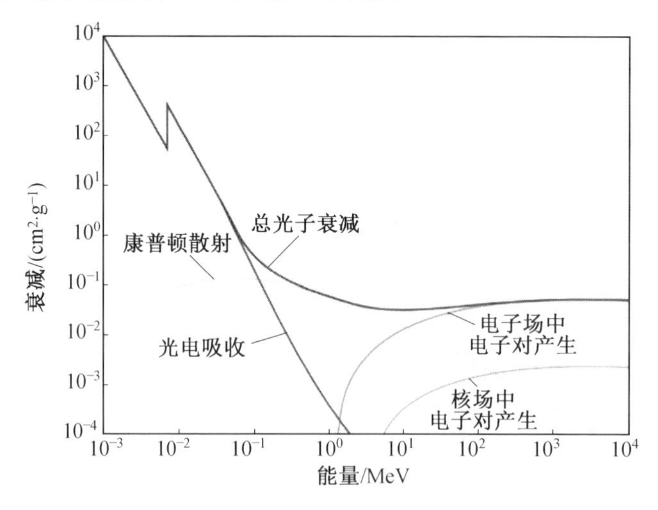

图 3.8　总质量衰减系数与能量的关系

由于大多数电子元器件会封装在不透明的封装材料中(塑料、陶瓷和/或金属),可见光谱中的光子通常不会造成影响。高能光子,如 X 射线和伽马光子,很容易穿透封装材料。因此从电子元器件的角度来看,高能光子是造成辐射损伤

的主要光子类型。在工业和医疗环境中,X射线或伽马射线是主要的辐射源,光子能量在10～1 000 keV的范围内,因此电荷产生主要以光电效应为主,而康普顿散射的影响较小;在陆地和空间辐射环境中,与其他辐射类型相比,X射线和伽马射线的影响通常不显著。

2. 电子影响

入射电子通过库仑力与目标物质中的电子和原子核发生交互作用。每次交互作用的结果总是一个重新定向电子的方向,以及伴随或不伴随光子的发射。在电子—电子交互作用的情况下,两个带负电荷的电子之间的排斥力随着它们之间距离的缩小而增大。这种力使入射电子偏离其初始轨道(假定目标电子停留在围绕原子核的轨道上),以不同的角度离开碰撞区。

在电子与原子核交互作用的情况下,带负电荷的电子和带正电荷的原子核之间的吸引力随着它们之间距离的缩小而增大。这种吸引力使电子减速并使其改变轨道(原子核受到的影响要小得多,因为它比电子大得多)。入射电子以不同的角度离开碰撞区。偶尔,电子会造成原子核位移,造成位移损伤,尽管电离能量损失更为普遍。这两个事件都被称为散射,电子散射的主要类型如图3.9所示。

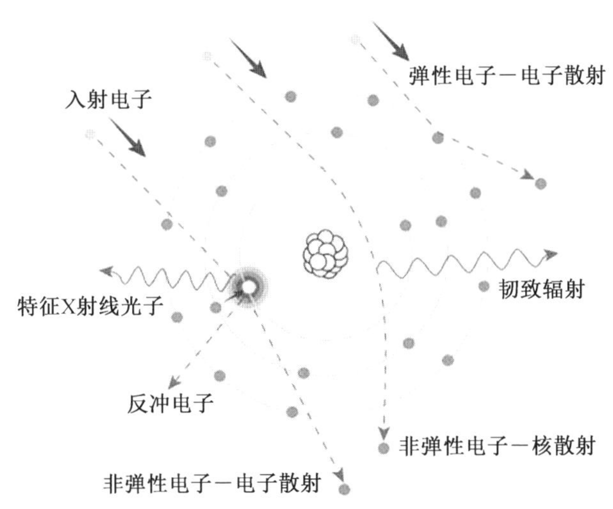

图3.9 电子与物质交互作用的3种主要机制示意图

两种最有可能的交互作用是电子和电子散射。电子—电子碰撞中的散射角(入射电子轨迹与碰撞后新轨迹之间的夹角)小于电子—原子核碰撞,因为涉及的质量较小。弹性电子散射通常导致较小的散射角,而电子—原子核交互作用导致较大的散射角并涉及非弹性过程。在电子—原子核碰撞中,散射角强烈依赖于目标材料的原子序数 Z。由于较高的 Z 原子往往具有较高的电子密度,因此此类材料中的电子散射效应较大。在非弹性电子—电子碰撞中，靶材束缚电子吸收部分或全部入射电子动能，并被激发到更高的能级。当一个内部电子与一个入射电子发生碰撞而被弹出时，它会留下一个空位。这一空位立即被来自更高能束缚态的电子所填补，同时发射光子，其能量由高能态和低能态之间的差异来定义。在高 Z 元素中，发射的光子是特征 X 射线。这种特征 X 射线类似于由于光电效应吸收光子时产生空位而发射的 X 射线。当电子—电子非弹性反应发生在弱束缚电子的较低(低 Z)原子序数中时，发射的光子在可见光谱中。在某些交互作用中，如果目标电子吸收更多的能量，它可能会变得“未束缚”或“自由”。如果它有足够的动能，被激发的电子会在失去能量并被重新捕获之前引起进一步电离(这种高能电子通常被称为 δ 射线)。

入射电子和原子核之间的非弹性交互作用导致光子的直接发射。当电子被吸引到原子核附近时，它的速度减小并改变方向。当带电粒子减速时，会发生韧致辐射。这种减速会导致电子失去动能，动能以韧致光子的形式发射出来。高速电子越接近原子核，静电引力越大，电子减速越大，发射光子的能量越大。发射光子的能量与电子和原子核发生交互作用时的距离成正比，且存在半无限多条可能的轨道。因此，韧致辐射的特点是光子能量是连续的，最大能量由入射粒子的最大动能决定。图 3.10 是将电子在硅和钨中的射程与能量关系绘制成曲线。

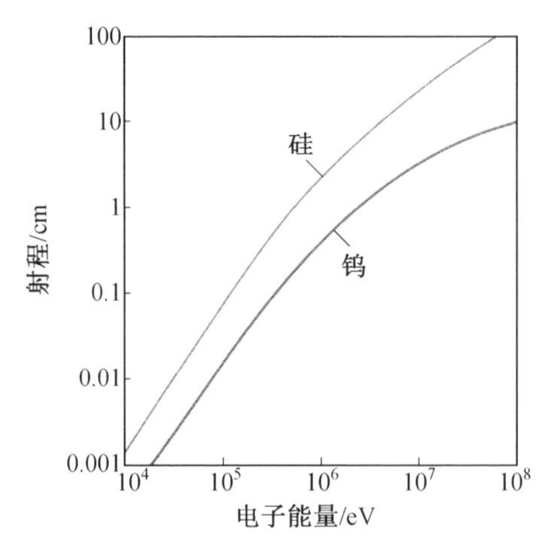

图 3.10　电子在硅和钨中的射程与能量的关系

由于大多数电子元器件封装在不透明封装材料(塑料、陶瓷和/或金属)中，只有动能超过约 300 keV 的电子才能穿透封装材料并到达芯片。在工业和医疗环境中，加速器产生的电子束或放射性同位素发射的 β 粒子，电子能量在 0.01～4 MeV 范围内。显然，在更高的能量下，电子能够穿透电子元器件封装并照射内部芯片。在地球自然环境中，通常不存在足够的高能电子(或 β 粒子)对电子元

器件的可靠性产生重大影响。在空间辐射环境中,电子通量和能量可能非常大。特别是,在地球辐射带附近,电子通量非常高,电子的能量在0.1～10 MeV范围内,能够穿透封装和壳体材料并引起总电离剂量效应(TID)。

3. 核子与核反应

核子是构成所有原子核的质子和中子,是原子核的组成部分。核子由胶子(强力的载体)结合在一起的3种特殊类型的夸克组成,但对于电子元器件中的辐射效应来说,仅需要研究质子和中子与物质的核反应。中子和质子的质量几乎相同。中子的质量为1.0 AMUs(原子质量单位),而质子的质量为0.998 6 AMUs。相比之下,电子的质量为原子质量的1/2 000,质量约为1/1 800。质子和中子之间的关键区别在于,中子是电中性的,而质子是带正电的。这种差异对与靶原子核和电子的交互作用类型有影响。

由于中子没有电荷,因此不会发生库仑交互作用,因此中子在穿过靶材料时无法直接产生电离效应。换句话说,中子在物质中损失能量的唯一途径是通过弹性和非弹性核反应(以及与未配对电子的罕见磁交互作用)。因此,中子穿透性很强,因为它们与物质的交互作用是有限的。中子可以有两种类型的核反应,弹性和非弹性,在弹性碰撞中,中子"反弹"到原子核上,产生反冲;在非弹性情况下,中子被吸收,导致原子核处于激发状态,如图3.11所示。

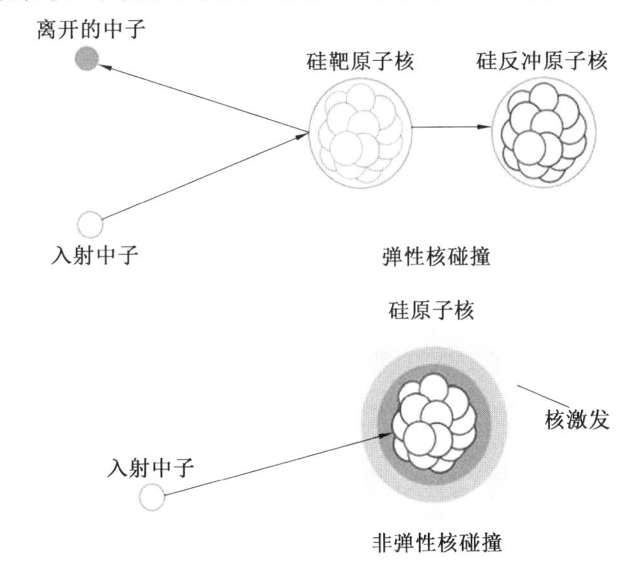

图3.11 高能入射中子与硅靶原子核之间的弹性(顶部)和非弹性(底部)核反应

4. 非弹性核碰撞

在弹性反应的情况下,中子与目标核碰撞,并将其部分动能转移到该原子核。然后中子以较少的动能离开碰撞现场。从电子元器件的角度来看,如果入射中子的动能足够多地转移到原子核(这通常发生在中子能量超过 100 keV 时),它将形成反冲原子核,并从目标内的正常位置移位。

在半导体器件中,中子引起的缺陷会引起器件电性能的剧烈局部变化。这些缺陷在重复的中子或质子事件中的累积产生位移损伤效应。此外,每个中子诱导的反冲核都是重离子,在远离碰撞位置时产生大量直接电离。因此,每个反冲核都有可能产生单粒子效应(SEE)。

非弹性核反应发生在中子被目标原子核吸收,即中子的质量和能量被转换为原子核的激发。释放过剩能量有几种途径,所有这些途径都会导致目标原子核发射二次辐射,这取决于原子核的类型和入射中子的动能,如图 3.12 所示。当入射中子的能量高达几十 keV 时,入射中子通常被吸收,多余的能量以伽马射线光子的形式释放。

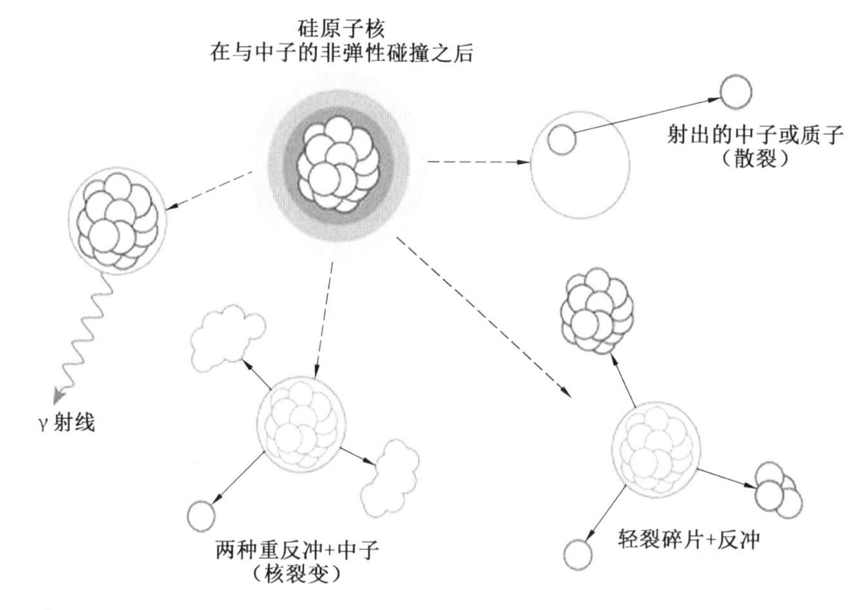

图 3.12　非弹性核反应后,原子核处于高激发状态,多余的能量以 4 条路径释放

在从 1 eV 到几十 MeV 的低能到中能段,通常的结果是俘获中子的能量在所有核子之间共享。原子核的反应是核碎裂,通常碎裂成一个或多个轻碎片(核子或轻离子)和较重的反冲核(也会发射伽马射线)。所有发射的碎片通常具有 MeV 范围内的能量,因此会直接产生电离损伤。这种二次辐射是电子元器件中中子单粒子效应的主要来源。

某些重核元素的原子核将分裂成两个质量几乎相等的反冲碎片,同时发射一个或多个中子。这种核反应被称为核裂变,是核反应堆的基础。在电子元器件技术中,由于重核元素比例较少,因此裂变不是 TID 或 SEEs 的重要来源。

当入射中子能量增加到 100 MeV 以上时，其波长减小，不再与整个原子核交互作用，而是将其大部分或全部能量转移到原子核内的单个核子上。这些高能反应的结果称为散裂。入射中子与核内的单个中子或质子交互作用，将其以高动能方式射出。然后，射出的核子在穿过靶材料时会继续进行并引起进一步的核反应。

尽管质子的质量和中子的质量几乎相同，但与中子在物质中的行为却不同，因为它们带有正电荷。除了诱发许多与中子相同的核反应外，质子还通过库仑力交互作用，因此可以直接电离材料。在典型的电子器件敏感体积内，质子产生的实际电荷相对较小，但在一些具有低临界电荷的先进数字集成电路中，已观察到质子直接电离产生的 SEE。质子会吸引电子，并被原子核的正电荷排斥。对于动能小于 50 MeV 的质子，库仑效应为主，在引起核反应之前质子将被排斥出核。在 50 MeV 以上，质子有足够的能量超过排斥库仑效应，这样将发生类似于中子诱导核反应。

核反应的最后一个重要方面是核反应截面的概念。横截面是当质子或中子穿过靶材料时发生特定核反应概率的度量，常以靶恩(barn)为单位。其中 1 barn＝10^{-28} m^2＝10^{-24} cm^2。靶恩基于典型的核物理半径（约 10^{-14} m）和横截面积（10^{-29} m^2）。

图 3.13 是入射到硅材料上的中子核截面与中子能量的关系。图中给出了总反应截面的弹性和非弹性部分。曲线中非常明显的共振是由于不同的量子化核态造成的。若入射粒子沉积的质量/能量与这些离散态相吻合，则更容易被捕获。这些共振揭示了原子核特定量子结构的各个方面。

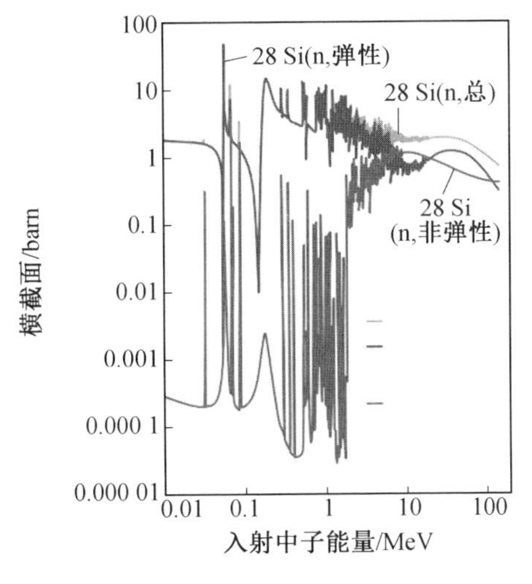

图 3.13　入射到硅材料上的中子核反应截面与能量的关系

对于电子元器件而言，横截面曲线很重要。因为根据入射到靶材料上中子或质子的能谱，由横截面参数可决定预期在靶材内发生的实际核反应数量。最终，这类信息有助于确定电子元器件中的单粒子效应错误率和敏感体积中的吸收剂量。质子是航天器在空间环境中遇到的主要辐射环境，其中相当一部分质子具有足够高的能量穿过屏蔽和封装材料，并在电子元器件芯片中沉积大量能量。因此，质子是SEE的主要来源。并且当其通量足够大时，还可能诱发TID和TNID效应。

5. 离子

高能离子带正电，使原子失去了部分或全部电子，携带动能高速运动。当高能离子穿过物质时，主要的能量损失机制是通过与原子核和电子相互作用。氙离子在硅靶材中的线性能量传递密度（LET值）与离子能量的关系如图3.14所示。由于电子效应（直接电离），离子能量越高，峰值越大；较低离子能量下的较小峰值是由于"核"阻止而产生的，即入射离子对目标原子核位移造成的能量损失。沿着穿过靶的轨迹，离子将不断地失去动能（速度减慢），从而与原子核和电子发生连续的弹性和非弹性交互作用。高能离子的正电荷将附近的电子逐出轨道（使其电离），在其尾迹中产生大量电子-空穴对。带有更多正电荷的重离子可更有效地引起直接电离。事实上，在任何给定能量下，离子越重，该离子轨迹上产生的电荷越多（LET越高）。

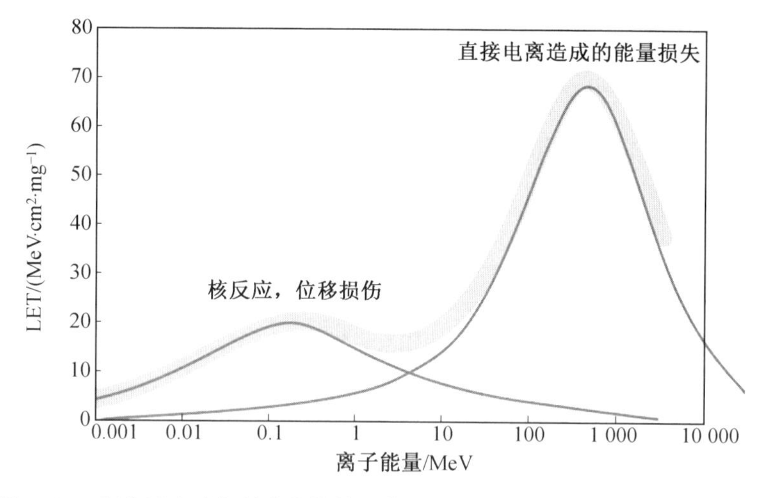

图3.14　氙离子在硅靶材中线性能量传递密度（LET值）与离子能量的关系

高能离子也与靶核交互作用。当一个正离子接近一个原子时，原子周围被束缚的电子屏蔽了正电荷，减少了离子与原子核之间产生的排斥力。当离子靠近原子核时，屏蔽力下降，产生完全的离子核库仑排斥力（与带有相同电荷极性的两个物体之间的距离成反比）。因此，入射离子会被打散或重新传入一个新的输运轨道。同时,在被打散的过程中失去动能。当离子通过与目标的多次交互而失去所有动能时,它在目标材料上处于停止状态,被目标材料所吸收。

与光子、电子和核子相比,高能离子能沉淀高密度的能量,在它们的尾部留下高度电离电荷的局部柱状分布。在图 3.15 中给出了不同辐射粒子在硅中所产生的 LET 值与入射粒子能量的关系。其中铁离子对材料最具破坏性,每微米的移动能产生约 10^{15} C(库仑)电荷;较轻的粒子和电子破坏性要小得多。这就是单粒子效应通常由重离子引起,而不是其他辐射源主导的原因之一。

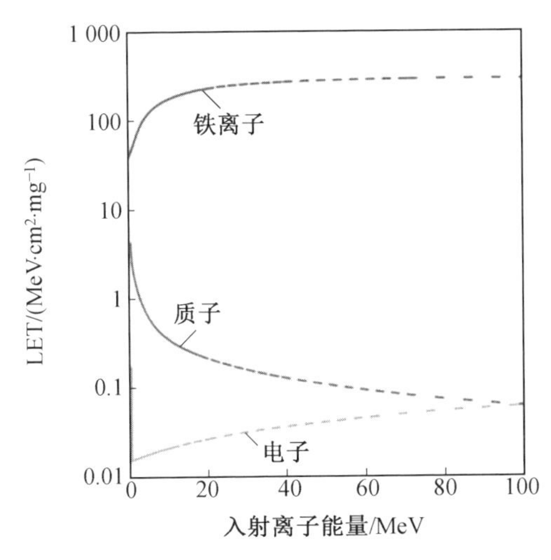

图 3.15 不同辐射粒子在硅中所产生的 LET 值与入射粒子能量的关系

非常小体积的硅会遭受非常大的过量电荷注入,特别是重离子辐照。与器件的动态响应时间相比,典型事件发生的持续时间非常短。一个高能离子在几十 fs 内穿过敏感体积的硅,并在 1 ps 内完全停止。从器件动力学的角度来看,除了最小和最快的器件技术,硅器件发生单粒子效应时,会在时间近似为零的时刻在敏感体积的路径上产生过量双极性电荷分布(电子一空穴对彼此接近,因此在电荷分离之前整体电荷扰动是准中性的)。离子通道产生的大量多余的电子一空穴对在复合完成前,迁移和扩散效应开始发生,电荷开始被分离和收集。

重离子单粒子事件可以被描述为在电子元器件中,产生瞬时柱状体积过量电荷的随机注入。这些柱状轨迹电荷的长度由目标材料中入射离子射程决定(几十或数百 μm),而半径通常在纳米量级。在低压器件技术中,瞬变电荷会引起虚假的电压和电流,从而破坏数字数据或引起模拟器件输出故障;在 CMOS 工艺及其相近的器件工艺中,注入电荷可以诱发寄生双极机制,并诱导产生单粒子闩锁效应(SEL);在高压电源和接口技术中,重离子辐照可引起结烧毁和栅极氧化层击穿。

除了通量较大的质子(氢离子)和 α 粒子外,较重的离子主要在空间环境遇到,主要来自太阳系外的宇宙射线。这些较重的离子具有足够的能量,可以轻松穿过屏蔽、封装材料,并沉积最多的能量(产生最多的电荷)。在空间环境中,重离子是单粒子效应的主要来源;由于它们非常高的 LET 特性,重离子可以诱导许多非破坏性和破坏性的单粒子效应。尽管如此,即使在空间环境中,重离子也相对稀少,在电子元器件中也不会以足够高的浓度产生 TID 和 TNID 效应。

3.1.3 线性能量传递密度

在处理粒子辐射损伤和电子元器件辐射效应时,最常见的术语之一是线性能量传递密度(LET 值)的概念。实质上,线性这个术语中,LET 值是一个提供单位长度能量损失的函数,并不意味着能量损失是粒子能量的线性函数。LET 值作为粒子能量的函数是强烈非线性的,单位是 $\mathrm{MeV\cdot cm^2/mg}$,或 MeV/mm。

另一个相关的能量损失机制称为阻止本领,同样是入射粒子在物质单位路径长度上的辐射能量的损失。但是用阻止本领描述实际上更精确一些,因为它考虑了所有的能量损失机制,包括辐射能量损失(韧致辐射)、电子射线(次级电子)和原子位移缺陷等。而 LET 值仅考虑了电子一空穴对的产生。实际上,这些术语在重离子辐射输运过程中几乎可以互换,因为这些类型粒子的 LET 值和电子阻止能力几乎相等。对物质中离子的阻止本领和能量损失的研究可以追溯到 1909 年。线性能量传递密度(LET 值)与阻止本领的转换关系为

$$\mathrm{LET}=-\frac{1}{\rho}\frac{\mathrm{d}E}{\mathrm{d}x} \tag{3.2}$$

式中,$\mathrm{d}E/\mathrm{d}x$ 是阻止本领;ρ 是材料密度。

阻止本领和 LET 通常在辐射效应领域互换使用,并隐含地假设能量损失率已经被式(3.2)中的 ρ 适当地调整了。LET 值描述了在特定的目标材料中,一个粒子由于电离过程随入射距离 $\mathrm{d}x$ 的增加而损失的增量 $\mathrm{d}E$。LET 值不是常数,而是辐射粒子属性(类型、原子序数和能量)及目标材料(元素组成、密度、晶格取向等)的函数。

离子的能量损失和半导体中的能量吸收过程导致了自由电子一空穴对(ehp)在近乎连续的路径上生成。产生自由电子一空穴对所需的能量可由式(3.3)近似计算:

$$E_{\mathrm{ehp}}=2.73E_{\mathrm{g}}+0.55\ \mathrm{eV} \tag{3.3}$$

式中,E_{g} 是禁带宽度,单位是电子伏特(eV)。

对于硅来说,生成一个热激发电子一空穴对所需要的能量约为 3.6 eV。

对于短路径长度 s,产生的电荷 Q 由式(3.4)给出:

$$Q_{\mathrm{gen}}=\frac{\mathrm{LET}\rho s}{E_{\mathrm{ehp}}} \tag{3.4}$$

式中，ρ 是材料的密度；E_{ehp} 是产生单个电子—空穴对所需的能量。小路径长度假设是必要的，因为 LET 值是离子能量的函数，而在长路径上离子的能量逐渐被周围的物质吸收而减少。

图 3.16 给出了基于 SRIM 程序模拟的铁离子在硅靶材中的 LET 值和射程与铁离子能量的关系。当入射的铁离子失去动能时，它移动得更慢，有更多的时间与物质产生更多的交互，进而产生更多的电荷。因此，从高能量入射离子到输运过程中的低能离子，入射离子的 LET 值在低能时达到峰值。一旦入射离子的动能降低到零，离子被认为停在目标材料中，从器件可靠性的角度来讲，它不再是一个问题。要阻止一个具有特定动能的离子，所需的是离子在材料中的射程。

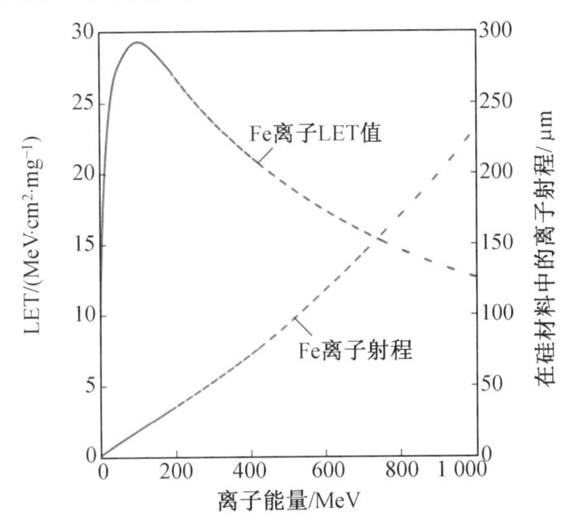

图 3.16 基于 SRIM 程序模拟的铁离子在硅靶材中的 LET 值和射程与离子能量的关系

参考图 3.16 中的射程曲线，1 GeV 的一个铁离子在硅靶材中的射程约为 230 μm。LET 值和射程在本质上都是统计的，因为入射离子的实际输运路径以及与靶材交互作用的次数和类型，会随着入射离子状态的不同而变化。LET 曲线中显著的峰值被称为布拉格峰。LET 的非线性性质意味着，除非屏蔽层的厚度足以完全阻挡入射粒子，否则会降低入射粒子的能量。随入射离子能量的降低，实际上会增加 LET 值，导致产生更多的辐射诱导电荷。这种效应在动态随机存储器(DRAM)中被发现，使用 5 μm 聚酰亚胺薄膜作为钝化层，减轻应力集中，并希望减少 α 粒子的辐射损伤。然而试验表明，屏蔽层并没有完全阻挡 α 粒子，实际上使它们在器件有源区的 LET 值更高，从而使 α 粒子产生的软错误比没有屏蔽时的更严重。

入射离子的大部分能量在产生电荷(所谓的电子阻止)过程中损失。对于电子元器件来说，LET 值是一种破坏器件功能和性能的重要参考指标。产生的电荷量可以通过在特定轨迹段内的能量损失、在材料中产生电子一空穴对所需的能量来确定。大多数电子元器件具有对电荷注入极其敏感的面积和体积。如果一个高能粒子接近或穿过一个或多个这样的敏感体积，电路就可能损坏或被破坏。电路响应敏感程度取决于其设计、布局、偏置和工艺，但实际上很大程度上是由入射粒子的 LET 值决定。SEE 很大程度上依赖于 LET 值。

离子一般分为轻离子和重离子，重离子意味着比碳原子序数大。但对某些工程人员来说，这个分界线是铁元素。关键在于，较重的离子具有更高的核电荷数 Z(更多的质子数)，会带更大的正电荷。入射离子越重，它携带的正电荷就越多，在通过目标材料时失去的能量就越多，产生的电离能量损失就越多。对于 LET 值来说，入射粒子的质量实际上没有其电荷重要，因为决定库仑力能量损失的是电荷而不是质量(粒子质量对于散射事件的能量损失很重要，特别是那些引起位移损伤的事件)。以下是一些关于 LET 值和物质中粒子射程的经验法则：

①粒子越重，核电荷数 Z 越多(越带电)，LET 值越大。

②相同的入射能量和相同的目标材料，较轻质量和较低核电荷数的粒子 LET 值较低。

③较轻的入射粒子比较重的入射粒子射程大。

④入射粒子属性相同，目标材料密度较大，LET 值越高，射程越短。

LET 与实际的离子轨道无关(忽略了诸如沟道等晶体效应)。然而，由于在大多数半导体器件中的有源层及其电荷敏感体积被限制在极薄表面层中，轨迹更接近表面的离子(轨迹在更高的入射角)将在靠近有源区域产生更多的电荷。因此，同样的 LET 值在产生干扰半导体器件的电荷时变得更有效。

为了解释这一效应，用下式表示有效 LET 的概念($\mathrm{LET_{EFF}}$)：

$$\mathrm{LET_{EFF}}=\frac{\mathrm{LET}}{\cos\theta} \tag{3.5}$$

式中，θ 为入射角(法向入射角为 0°)。

图 3.17 显示了两种相同的入射离子在靶材中的输运状态。图 3.17(a)中给出了不同类型入射离子的状态，一种是正常垂直入射(左)，另一种是倾斜 60°入射(右)。由于大部分能量在离子路径的末端丢失，倾斜入射的离子会在器件敏感区附近产生更多的电荷，对器件造成的单粒子效应更严重。图 3.17(b)给出了不同入射角度下有效 $\mathrm{LET_{EFF}}$ 与入射离子能量的关系。一般来说，当在描述 LET 值对电子器件的影响时，假设包含了入射角度项，即要考虑有效的 $\mathrm{LET_{EFF}}$。$\mathrm{LET_{EFF}}$ 是一种工程近似，对于非常小的几何形状或具有更高深度的敏感区域并不十分精确。

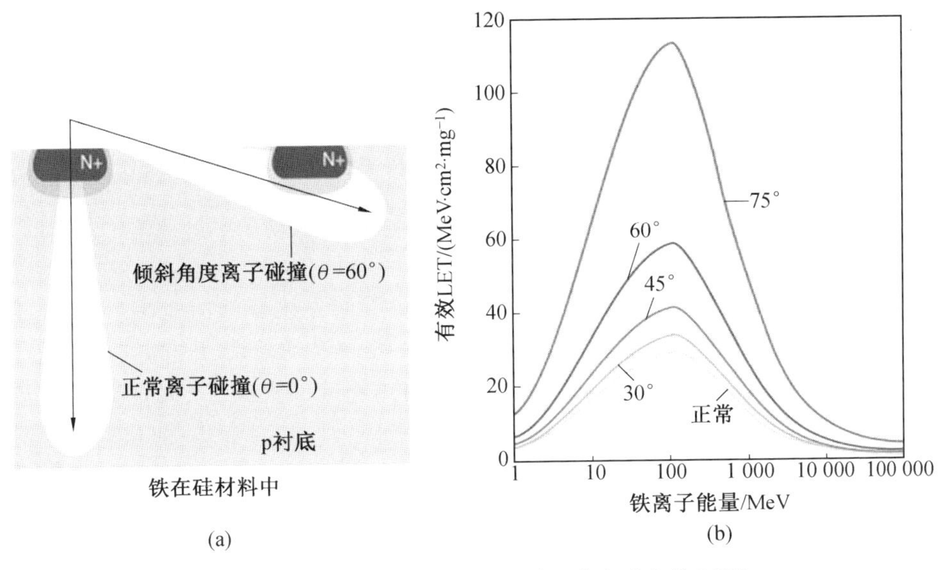

图 3.17　离子以不同角度入射时输运状态及有效 LET_{EFF}

3.2　原子位移

3.2.1　引言

能量为 T 的被撞出晶格原子，称为初始撞出原子或 PKA。该原子穿过晶格移动，遇到其他晶格原子。这种碰撞可能导致足够的能量转移，以使该晶格原子从其位置离位，从而生成两个离位的原子。如果此碰撞序列继续，则会产生一系列第三级连锁反应，从而导致级联碰撞。级联是在晶格的局部区域中作为间隙存在的晶格空位和原子的缺陷簇。这种现象会对材料器件的物理和机械性能产生重要影响，并随后逐渐显著。在这里，我们关心的是能够量化位移级联。也就是说，对于能量为 E_i 的入射粒子，碰撞晶格原子，将导致多少个晶格原子位移？为了量化原子位移，需求解以下方程：

$$R_d \equiv \frac{\#\,\text{displacements}}{\text{cm}^3\,\text{s}} = N\int_{\check{E}}^{\hat{E}} \phi(E_i)\sigma_D(E_i)\,\mathrm{d}E_i \tag{3.6}$$

式中，$\hat{E}$ 是入射粒子的最高能量；$\check{E}$ 是入射粒子的最低能量；N 是晶格原子密度；$\phi(E_i)$ 是与能量相关的粒子通量；$\sigma_D(E_i)$ 是能量相关的位移横截面。

位移横截面是入射粒子使晶格原子离位的概率，即

$$\sigma_D(E_i) = \int_{\check{T}}^{\hat{T}} \sigma(E_i, T) v(T) \mathrm{d}T \tag{3.7}$$

式中，$\hat{T}$ 是传递给靶材的最高能量；$\check{T}$ 是传递给靶材的最低能量；$\sigma(E_i, T)$是能量为 E_i 粒子将向后撞击的晶格原子赋予反冲能量 T 的概率；$v(T)$是由这种碰撞导致的位移原子数。

1. 位移概率

将 $P_d(T)$定义为撞击的原子在接收到能量 T 时发生位移的概率。显然，为了产生位移，必须传递一些最小的能量。将这种能量称为 E_d。E_d 的大小取决于晶格晶体结构、入射 PKA 的方向、晶格原子的热能等。根据 E_d 的定义，$T<E_d$ 的位移概率为零。如果 E_d 在所有条件下均为固定值，则 $T \geqslant E_d$ 的位移概率为 1。因此，简化的位移概率模型是一个阶跃函数(图 3.18)，如下式：

$$P_d(T) = \begin{cases} 0, & T<E_d \\ 1, & T \geqslant E_d \end{cases} \tag{3.8}$$

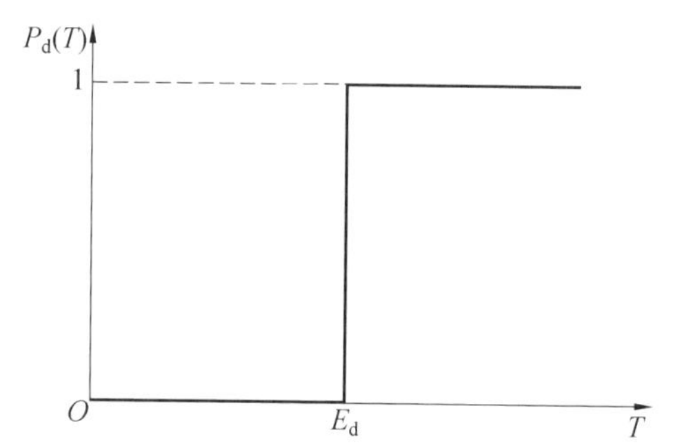

图 3.18　位移概率 $P_d(T)$晶格原子动能的函数

但是，E_d 对于所有碰撞不是恒定的。预期晶格原子振动的影响会降低 E_d 的值，或将 kT 阶的自然“宽度”引入位移概率。此外，结晶度也影响 E_d。实际上，图 3.18 仅适用于 0 K 的非晶态固体，更真实的表示如图 3.19 所示，并可表示为

$$P_d(T) = \begin{cases} 0, & T<E_{dmin} \\ f(T), & E_{dmin} \leqslant T \leqslant E_{dmax} \\ 1, & T>E_{dmax} \end{cases} \tag{3.9}$$

式中，$f(T)$是介于 0 和 1 之间的变化函数。

当位移概率确定时，需找到与传递能量有关的位移数。Kinchin 和 Pease 发展了一种简单的理论(K－P 模型)，确定给定的固体晶格中，由能量为 T 的 PKA 产生的初始位移原子的平均数：(1)级联是原子之间一连串的两体弹性碰撞产生的；(2)式(3.9)中 $T>E_d$ 的概率为 1；(3)当初始能量为 T 的原子碰撞后能量变

为 T'，并产生能量为 ε 的新反冲原子时，$T=T'+\varepsilon$；(4)由截止能量 E_c 确定电子阻止本领，能量小于 E_c 时，电子阻止本领忽略，只发生位移碰撞；能量大于 E_c 时，不发生位移碰撞；(5)能量传递截面由钢球模型给出；(6)固体中原子的排列是不规则的，可忽略晶体结构的影响。条件(1)是由孤立点缺陷组成的级联缺陷的理论基础；条件(2)忽略了结晶度和原子振动；稍后，将逐一讨论条件(3)～(6)。

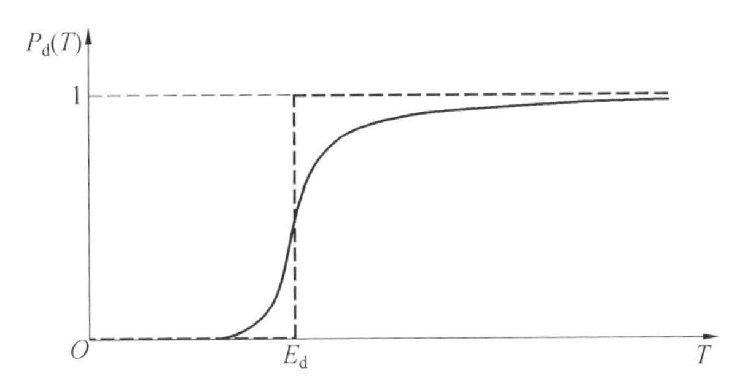

图 3.19 考虑原子振动时位移概率与晶格原子动能的函数

2. Kinchin 和 Pease 模型

考虑 PKA 第一次撞击靶材原子时的运动状态，碰撞后 PKA 的残余能量为 $T-\varepsilon$，被撞击的原子获得的能量为 $\varepsilon-E_d$，则

$$v(T)=v(T-\varepsilon)+v(\varepsilon-E_d) \tag{3.10}$$

式中，E_d 为移位能，也是碰撞反应消耗的能量。

根据上述假设条件(3)，由 E_d 与 ε 的相关性，如 $\varepsilon \gg E_d$，方程(3.10)变为

$$v(T)=v(T-\varepsilon)+v(\varepsilon) \tag{3.11}$$

式(3.11)不能确定 $v(T)$，因为能量传递 ε 是未知的。由于 PKA 和晶格原子相同，因此 ε 可以是 0 到 T 之间的任何能量。但是，如果知道在碰撞中转移能量的范围为(ε,dε)，则可以将式(3.11)乘此概率，并对所有 ε 的允许值进行积分。这将产生位移的平均数。

使用钢球假设条件(5)，能量传递截面为

$$\sigma(T,\varepsilon)=\frac{\sigma(T)}{\gamma T}=\frac{\sigma(T)}{T}(\text{原子}) \tag{3.12}$$

式中，γ 为系数，$\gamma=\dfrac{4M_1M_2}{(M_1+M_2)^2}$，若碰撞为原子，则 $\gamma=1$。能量为 T 的 PKA 传递能量范围为(ε,dε)的被撞出靶材原子的概率为

$$\frac{\sigma(T,\varepsilon)\mathrm{d}\varepsilon}{\sigma(T)}=\frac{\mathrm{d}\varepsilon}{T} \tag{3.13}$$

$\mathrm{d}\varepsilon/\mathrm{d}T$ 乘等式(3.11)的右边，并对之在 0 到 T 范围进行积分得到

$$\begin{aligned} v(T) &= \frac{1}{T}\int_0^T [v(T-\varepsilon) + v(\varepsilon)]\mathrm{d}\varepsilon \\ &= \frac{1}{T}\left[\int_0^T v(T-\varepsilon)\mathrm{d}\varepsilon + \int_0^T v(\varepsilon)\mathrm{d}\varepsilon\right] \end{aligned} \tag{3.14}$$

如果把式(3.14)中第一积分项中的 ε 看作是 $\varepsilon'=T-\varepsilon$，可得

$$v(T) = \frac{1}{T}\int_0^T v(\varepsilon')\mathrm{d}\varepsilon' + \frac{1}{T}\int_0^T v(\varepsilon)\mathrm{d}\varepsilon \tag{3.15}$$

可以看作是两个相同积分的和，因此

$$v(T) = \frac{2}{T}\int_0^T v(\varepsilon)\mathrm{d}\varepsilon \tag{3.16}$$

在求解式(3.16)之前，核查位移阈值 E_{d} 附近的 $v(\varepsilon)$ 特性。显然，当 $T<E_{\mathrm{d}}$ 时没有位移，且

$$v(T)=0,\quad 0<T<E_{\mathrm{d}} \tag{3.17}$$

如果 $E_{\mathrm{d}}<T<2E_{\mathrm{d}}$，将会有两种可能的结果。第一种情况是，被撞击的原子被移出其晶格位置，剩下的能量小于 E_{d} 的 PKA 落到了它的位置上。然而，如果原来的 PKA 不转移 E_{d}，被撞击的原子则保持在原地，没有发生位移。在任何一种情况下，能量在 E_{d} 和 $2E_{\mathrm{d}}$ 之间时总的位移只有一个 PKA，即

$$v(T)=1,\quad E_{\mathrm{d}}<T<2E_{\mathrm{d}} \tag{3.18}$$

联立式(3.17)和式(3.18)，可以将积分式(3.16)在 0 到 E_{d}、E_{d} 到 $2E_{\mathrm{d}}$、$2E_{\mathrm{d}}$ 到 T 进行分割：

$$v(T) = \frac{2}{T}\left[\int_0^{E_{\mathrm{d}}} 0\mathrm{d}\varepsilon + \int_{E_{\mathrm{d}}}^{2E_{\mathrm{d}}} 1\mathrm{d}\varepsilon + \int_{2E_{\mathrm{d}}}^{T} v(\varepsilon)\mathrm{d}\varepsilon\right] = \frac{2E_{\mathrm{d}}}{T} + \frac{2}{T}\int_{2E_{\mathrm{d}}}^{T} v(\varepsilon)\mathrm{d}\varepsilon \tag{3.19}$$

可以通过乘 T，并对 T 求导来求解式(3.19)，即

$$T\frac{\mathrm{d}v}{\mathrm{d}T}=v \tag{3.20}$$

其解为

$$v=CT \tag{3.21}$$

将式(3.21)代入式(3.19)得

$$C=\frac{1}{E_{\mathrm{d}}} \tag{3.22}$$

因此

$$v(T)=\frac{T}{2E_{\mathrm{d}}},\quad 2E_{\mathrm{d}}<T<E_{\mathrm{c}} \tag{3.23}$$

上限由 E_{c} 设定(假设条件(4))。当一个 PKA 原子能量大于 E_{c} 时，位移数为

$$v(T)=E_{\mathrm{c}}/2E_{\mathrm{d}},\quad E_{\mathrm{c}}<T$$

所以完整的 Kinchin－Pease(K－P)方程的结果应为

$$v(T)=\begin{cases}0, & T<E_d \\ 1, & E_d\leqslant T\leqslant 2E_d \\ \dfrac{T}{2E_d}, & 2E_d<T<E_c \\ \dfrac{E_c}{2E_d}, & T\geqslant E_c\end{cases} \tag{3.24}$$

需要注意，$T/2E_d$ 是平均值，因为位移数的范围可以从 0（没有超过 E_d 的能量传递）到 T/E_d-1（每个碰撞传递足够的能量），并且对于大的 T，v 接近 T/E_d。因此 $v(T)$ 的最大值为 $2(T/2E_d)=T/E_d$。由式（3.24）描述的全位移函数如图 3.20所示。

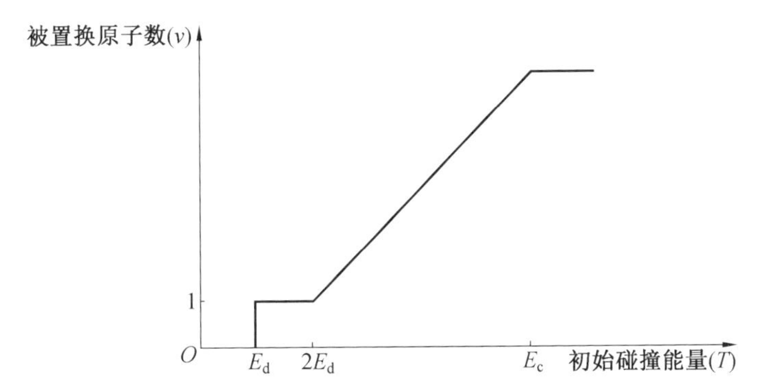

图 3.20　根据 Kinchin－Pease 模型的位移原子数量与 PKA 能量关系

3. 位移能

晶格原子在碰撞中必须接受最小能量，才能从其晶格位置移开，这个位移能量是位移阈值 E_d。如果传递的能量 T 小于 E_d，则被撞击的原子将在其平衡位置附近振动，但不会移动。这些振动将通过其势场的相互作用传递到相邻原子，并且能量将以热量的形式呈现。因此，晶格中原子的势场形成了一个障碍，被吸附的原子必须经过该障碍才能被置换，这就是位移阈值能量的来源。

对于晶体材料，围绕平衡晶格位点的势垒在所有方向上不均匀。实际上，在某些方向上，周围的原子将吸收被撞出原子的大部分能量，从而产生很高的势垒；而在其对称方向上，位移阈值能量则较低。由于反冲的方向是根据碰撞事件确定的，而碰撞事件本身就是一个随机过程，因此反冲的方向完全是随机的。在辐射损伤计算中，通常用位移能表示围绕平衡点阵位置的势垒的球面平均值。

大多数晶体材料的升华能量为 5～6 eV。由于从晶体表面除去原子仅破坏一半的键，如果在最小阻力方向、最大允许时间（绝热运动）上，将靶材原子从其晶格位置移动到间隙位置，最小需要 10～12 eV 的能量。由于实际上被撞击的原子并不总是沿最小阻力的方向移动，时间上也不允许相邻原子有足够的弛豫时间，因此需要更大的能量，E_d 一般为 20～25 eV。

如果已知晶格原子之间的相互作用势，可以通过在给定方向上移动原子，并沿移动原子轨迹对移动原子与邻近原子之间的相互作用求和，来准确确定位移能。当总势能达到最大值时，该位置对应于一个鞍状点，原子在鞍状点能量 E^* 与平衡位置能量 E_{eq} 之间的差，代表特定方向的位移阈值能量。由于这些碰撞中的相互作用能仅为几十 eV，因此应用 Born－Mayer 势最合适。

在立方晶格中，〈100〉、〈110〉和〈111〉三个晶体方向是原子容易发生位移的方向。特别是，fcc 晶格中的〈110〉密排方向，bcc 晶格中的〈111〉密排方向。图 3.21给出了原子如何在 fcc 晶格中沿这些方向位移。在每种情况下，被置换的原子 K 沿"势垒原子"B 的中点，确定了撞击方向 L。图 3.22 给出了 fcc 晶格中晶格原子沿 100 方向位移以及随其路径位置变化的原子能量。

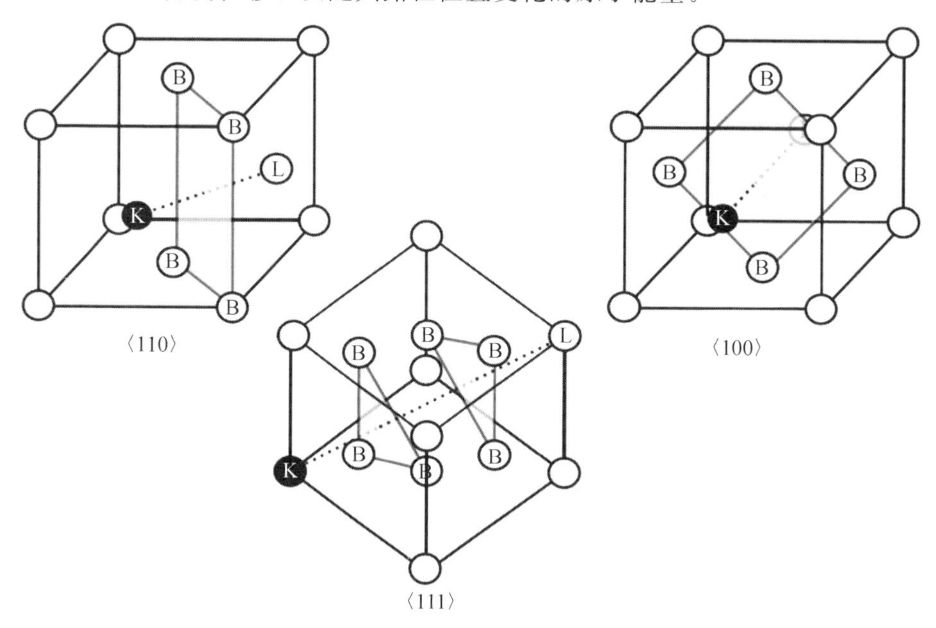

图 3.21　在 fcc 晶格中被撞击原子 K 和势垒原子 B 示意图

正常晶格位点中单个原子的能量为

$$E_{eq} = -12U \tag{3.25}$$

式中，U 是晶体的每个原子的能量。

由于在升华过程中只有一半的键断裂，因此这种能量就是

$$E_s \simeq 6U \tag{3.26}$$

E_s 为 4～5 eV，因此 U 约为 1 eV。

为了描述晶格原子在固体中被推到一起时的相互作用，使用简单的抛物线排斥力来代替 Born－Mayer 势：

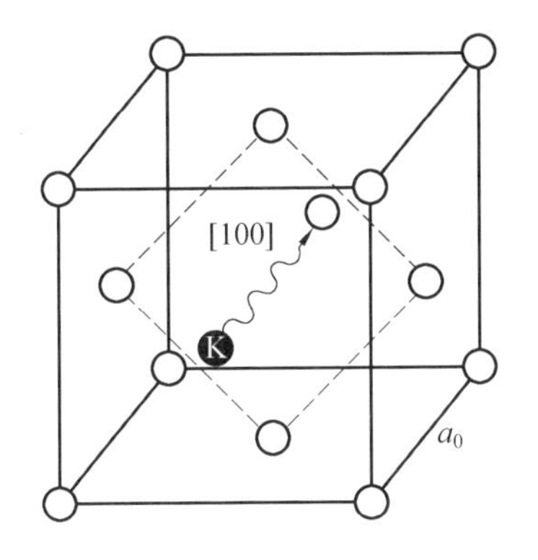

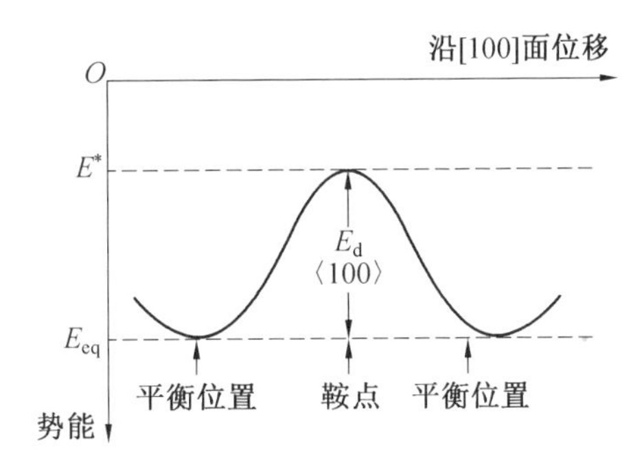

图 3.22　fcc 晶格中原子沿 100 方向位移以及随路径的能量变化

$$V(r)=-U+\frac{1}{2}k\ (r_{eq}-r)^2,\quad r<r_{eq}$$

$$V(r)=0,\quad r>r_{eq} \tag{3.27}$$

式中，k 是表示势的排斥位置的力常数：

$$ka^2=\frac{3v}{\beta} \tag{3.28}$$

式中，k 为力常数；a 为晶格常数；$v=a^3/4$ 为原子的比容；β 为压缩系数。在图3.22示例中，被撞击的原子与形成方形势垒的 4 个原子的平衡间距为 $r_{eq}=a/\sqrt{2}$。当原子在正方形的中心时，它与 $a/2$ 距离外的 4 个角的原子相互作用。因此，鞍状点处的能量为

$$E^*=4V\left(\frac{a}{2}\right)=4\left[-D+\frac{1}{2}(ka^2)\left(\frac{1}{\sqrt{2}}-\frac{1}{2}\right)^2\right] \tag{3.29}$$

则⟨100⟩晶向位移能为

$$E_d\langle 100\rangle=\varepsilon^*-\varepsilon_{eq}=8D+2(ka^2)\left(\frac{1}{\sqrt{2}}-\frac{1}{2}\right)^2 \tag{3.30}$$

4. 电子能量损失限制

基于上述可确定引起原子位移所需的能量下限 E_d，下面主要讨论能量的上限问题。对于 PKA 的能量较低时（$T<10^3$ eV），核阻止本领会大于电子阻止本领（$S_n\gg S_e$），此时可以假设 PKA 的所有能量损失均由弹性碰撞造成（图3.23）。但是，随着 PKA 能量的增加，由于电子激发和电离损伤，因此总电离能量损失的比例增加，直到超过交叉能量 E_x 为止，此时 $S_e>S_n$。因此，须对方程（3.24）中的 $v(T)$ 表达式进行修正，以解决可用于位移碰撞的动能变化。

由于不符合钢球碰撞模型，反冲原子获得的平均能量远低于$\frac{1}{2}\hat{T}$，这些能量对于电子激发可以忽略。为了获得 $v(T)$ 的近似值，PKA 在弹性碰撞中耗散的能

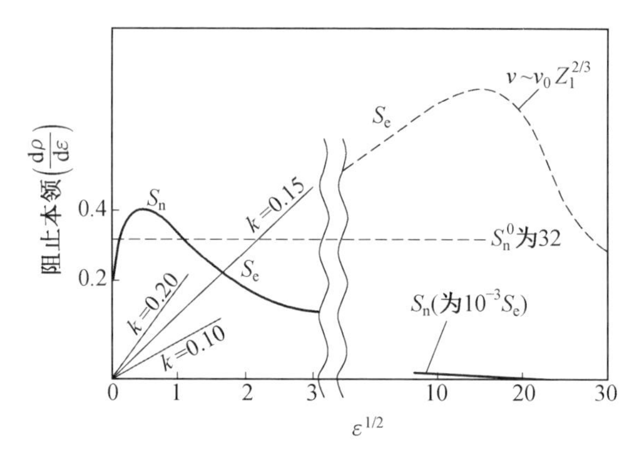

图 3.23 PKA 的电子和核阻止本领

量 E_c 为

$$E_c = \int_0^{\check{T}} \frac{(dE/dx)_n dE}{(dE/dx)_n + (dE/dx)_e} \tag{3.31}$$

$$\left(-\frac{dE}{dx}\right)_e = -8\sigma_e N\left(\frac{m_e}{M_1}\right)^{1/2} E^{1/2} = kE^{1/2} \tag{3.32}$$

$$\left.\frac{dE}{dx}\right|_n = NS_n(E_i) = N\int_{\check{T}}^{\gamma E_i} T \frac{\pi b_0^2}{4} \frac{\gamma E_i}{T^2} dT = \frac{N\pi b_0^2}{4}\gamma E_i \ln\left|\frac{\gamma E_i}{\check{T}}\right| \tag{3.33}$$

式中，$k=8\sigma_e N\left(\frac{m_e}{M1}\right)^{1/2}$；$b_0=\frac{Z_1 Z_2 \varepsilon^2}{\eta E_i}$；$\eta=\frac{M_2}{M_1+M_2}$；$\varepsilon^2=2a_0 E_R$；$a_0=0.529$ Å；E_R 为 Rydberg 能量；$\gamma=\frac{4M_1 M_2}{(M_1+M_2)^2}$；$N$ 为原子数密度；M_1 与 M_2 分别为入射粒子与靶材质量；m_e 为电子质量；σ_e 为运动原子与传导电子相互作用的截面。

把 $\widehat{T}=E_a$ 代入式(3.32)得到$(dE/dx)_e$，代入式(3.33)得到$(dE/dx)_n$。修正后的损伤函数为原式(3.24)，用 E_c 代替 T：

$$v(T)=\frac{E_c}{2E_d} \tag{3.34}$$

作为 E_c 的估计值，可以用一个位移原子(能量为 E)转移到一个电子的最大能量表示：

$$\frac{4m_e}{M}E \tag{3.35}$$

视其与目标原子中被撞击电子的电离能相等，可以得到

$$E_c=\frac{M}{4m_e}I \tag{3.36}$$

Kinchin 和 Pease 认为高于 E_c 的能量都在电子激发中消耗，而低于 E_c，由位移损伤消耗。图 3.24 给出了使用 Lindhard 的$(dE/dx)_n$ 计算的 $v(T)$。

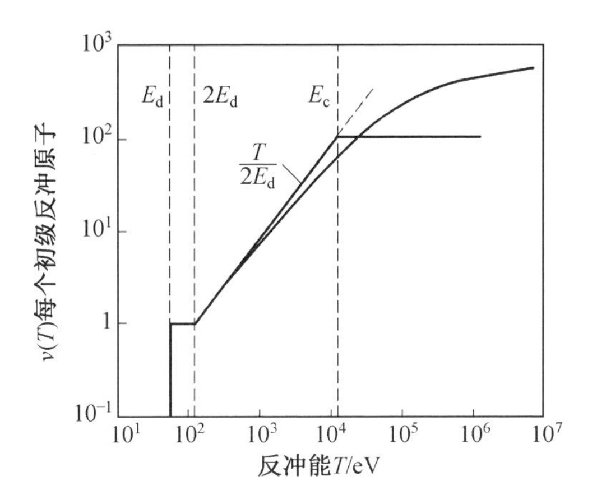

图 3.24　初级反冲位移原子数随反冲原子能量的变化

3.2.2　K－P 模型修正

1. 平衡态 E_d

Snyder 和 Neufeld 假设在每次碰撞中均消耗了能量 E_d，使用 3.1.3 节 K－P 模型的假设条件(3)的关系为

$$T=T'+\varepsilon+E_d \tag{3.37}$$

不管它们的能量有多小，两个原子在碰撞后都会移动。与 K－P 模型相比，由于增加了能量损失项，因此可以预期 $v(T)$会降低。但是，由于允许晶格原子以小于 E_d 的碰撞能量离开，因此 $v(T)$会增加。因为 $v(T)$的这两个变化几乎抵消了，所以结果与 K－P 模型非常相似：

$$v(T)=0.56\left(1+\frac{T}{E_d}\right),\quad T>4E_d \tag{3.38}$$

K－P 模型的弱点是钢球碰撞(假设条件(5))。实际上，可以使用更真实的能量传递横截面，同时仍保持式(3.24)的比例。Sanders 使用逆功率势(r^{-s})求解式(3.10)，得到

$$v(T)=s(2^{\frac{1}{s+1}}-1)\frac{T}{2E_d} \tag{3.39}$$

对于逆平方势，它变成

$$v(T)=0.52\frac{T}{2E_d} \tag{3.40}$$

使 Kinchin－Pease 计算数值降低为原来的 1/2。但是，使用此模型存在缺点，尤其是对级联缺陷造成较大的影响。多年以来，研究人员一直对式(3.24)高估晶体材料中 $v(T)$的 2～10 倍感兴趣，但仍试图在较大的能量范围内测量 $v(T)$的能量依赖性。

2. 电子激发能量损失

当能量 $E>E_c$ 时，PKA 与电子碰撞或原子核碰撞会存在竞争机制。这两个过程可独立处理，并且每个过程都可由单独的能量传递截面表示，是对电子激发能量损失的更真实的处理（假设条件(4)）。当 PKA 穿过固体的距离为 dx 时，可能会发生三种情况：(1)与电子碰撞；(2)与原子碰撞；(3)没有碰撞。PKA 与电子碰撞过程中，设 $p_e d\varepsilon_e$ 为在间隔 dx 距离内，PKA 将 $(\varepsilon_e, d\varepsilon_e)$ 范围的能量转移给电子的概率：

$$p_e d\varepsilon_e = N\sigma_e(T,\varepsilon_e)d\varepsilon_e dx \tag{3.41}$$

式中，$\sigma_e(T,\varepsilon_e)$ 是 PKA 传输到靶材电子能量的截面。

类似地，PKA 传递给靶材原子核的概率为

$$p_a d\varepsilon_a = N\sigma_a(T,\varepsilon_a)d\varepsilon_a dx \tag{3.41a}$$

在 dx 的距离内，什么都没有发生的概率为

$$\begin{aligned} p_0 &= 1 - \int_0^{\varepsilon_{e,\max}} p_e d\varepsilon_e - \int_0^{\varepsilon_{a,\max}} p_a d\varepsilon_a \\ &= 1 - Ndx[\sigma_e(T) - \sigma_a(T)] \end{aligned} \tag{3.42}$$

式中，$\varepsilon_{e,\max}$ 和 $\varepsilon_{a,\max}$ 分别是能量为 T 的 PKA 传递给靶材电子和原子的最大能量。

通过对 $v(T)$ 方程分别进行加权处理，从而重新得到

$$\begin{aligned} v(T) = &\int_0^{\varepsilon_{a,\max}} [v(T-\varepsilon_a) + v(\varepsilon_a)]p_a d\varepsilon_a + \\ &\int_0^{\varepsilon_{e,\max}} v(T-\varepsilon_e)p_e d\varepsilon_e + p_0 v(T) \end{aligned} \tag{3.43}$$

把 p_e、p_a 和 p_0 进行替代得到

$$\begin{aligned} [\sigma_a(T)+\sigma_e(T)]v(T) = &\int_0^{\varepsilon_{a,\max}} [v(T-\varepsilon_a) + v(\varepsilon_a)]\sigma_a(T,\varepsilon_a)d\varepsilon_a + \\ &\int_0^{\varepsilon_{e,\max}} v(T-\varepsilon_e)\sigma_e(T,\varepsilon_e)d\varepsilon_e \end{aligned} \tag{3.44}$$

由于传递给电子的最大能量与 T 相比非常小，因此 $\nu(T-\varepsilon_e)$ 可以展开为泰勒级数，并在第二项之后被截断

$$v(T-\varepsilon_e) = v(T) - \frac{dv}{dT}\varepsilon_e \tag{3.45}$$

式(3.44)的最后一项可写成

$$\begin{aligned} \int_0^{\varepsilon_{e,\max}} v(T-\varepsilon_e)\sigma_e(T,\varepsilon_e)d\varepsilon_e = &v(T)\int_0^{\varepsilon_{e,\max}} \sigma_e(T,\varepsilon_e)d\varepsilon_e - \\ &\frac{dv}{dT}\int_0^{\varepsilon_{e,\max}} \varepsilon_e\sigma_e(T,\varepsilon_e)d\varepsilon_e \end{aligned} \tag{3.46}$$

式(3.46)中右边的第一个积分是 PKA 与电子碰撞的总截面，并与式(3.44)中左边的相应项相消。式(3.46)右边的第二个积分是固体的电子阻止本领除以

原子密度。用式(3.45)代入式(3.46)，有

$$v(T)+\frac{(\mathrm{d}T/\mathrm{d}x)_{\mathrm{e}}}{N\sigma(T)}\frac{\mathrm{d}v}{\mathrm{d}T}=\int_0^{T_{\max}}[v(T-\varepsilon)+v(\varepsilon)]\frac{\sigma(T,\varepsilon)}{\sigma(T)}\mathrm{d}\varepsilon \tag{3.47}$$

式中，T 和 σ 的下标“a”被去掉，因为这些数量指的是原子核碰撞。式(3.47)可用钢球假设求解，但 $\left(\frac{\mathrm{d}E}{\mathrm{d}x}\right)_{\mathrm{e}}$ 由式(3.32)给出，如 $\left(\frac{\mathrm{d}E}{\mathrm{d}x}\right)_{\mathrm{e}}=kE^{1/2}$，因此

$$v(T)=\frac{2E_{\mathrm{d}}}{T}+\frac{2}{T}\int_{2E_{\mathrm{d}}}^{T}v(\varepsilon)\mathrm{d}\varepsilon-\frac{kT^{1/2}}{\sigma N}\frac{\mathrm{d}v}{\mathrm{d}T} \tag{3.48}$$

化简后的最终结果为

$$v(T)=\left[1-\frac{4k}{\sigma N(2E_{\mathrm{d}})^{1/2}}\right]\frac{T}{2E_{\mathrm{d}}},\quad T\gg E_{\mathrm{d}} \tag{3.49}$$

式中，k 是常数，取决于原子序数密度 N 和原子序数；σ 是与能量无关的硬球碰撞横截面。请注意，如果在基本积分方程中适当考虑了电子阻止本领，则可以忽略将电子能量从原子碰撞中分离出来的确定的能量 E_{c} 分离机制的整体概念。

然而，式(3.49)仍然受钢球假设限制。Lindhard 意识到，为了确保获得可靠的预测，必须使用实际的能量传递横截面。Lindhard 还认识到，参数 $v(T)$ 不必仅仅解释为每个 PKA 产生的位移数，而可以看作是原始 PKA 能量的一部分，该能量转移到晶格的原子上(而不是传递到晶格的原子上)。实际上，PKA 和原子核的碰撞与电子的碰撞竞争，这些过程可以视为独立事件，但是 $v(T)$ 的表达式需要重新构造。根据 Lindhard 的能量分配理论：

$$v(T)=\xi(T)\frac{T}{2E_{\mathrm{d}}} \tag{3.50}$$

式中

$$\xi(T)=\frac{1}{1+0.13(3.4\varepsilon_{\mathrm{T}}^{1/6}+0.4\varepsilon_{\mathrm{T}}^{3/4}+\varepsilon_{\mathrm{T}})} \tag{3.51}$$

ε_{T} 是 PKA 减少的能量：

$$\varepsilon_{\mathrm{T}}=\frac{T}{2Z^2\varepsilon^2/a} \tag{3.52}$$

a 为屏蔽半径，$a=\frac{0.8853a_0}{Z^{1/3}}$。

1975 年，Norgett、Robinson 和 Torrens 基于该思想计算位移的数量 N_{d}，如下：

$$N_{\mathrm{d}}=\frac{\kappa E_{\mathrm{D}}}{2E_{\mathrm{d}}}=\frac{\kappa(T-\eta)}{2E_{\mathrm{d}}} \tag{3.53}$$

式中，T 是 PKA 的总能量；η 是在级联碰撞过程中电子激发的能量损失；E_{D} 是弹性碰撞过程中产生原子位移的能量，被称为损伤能量；κ 是位移效率(为 0.8)，与 M_2、T 或温度无关。E_{D} 的量定义为

$$E_D = \frac{T}{1+k_N g(\varepsilon_N)} \tag{3.54}$$

非弹性能量损失按 Lindhard 方法，对通用函数 $g(\varepsilon_N)$ 进行数值近似计算：

$$\begin{cases} g(\varepsilon_N) = 3.400\ 8\varepsilon_N^{1/6} + 0.402\ 44\varepsilon_N^{3/4} + \varepsilon_N \\ k_N = 0.133\ 7Z_1^{1/6}\left(\frac{Z_1}{A_1}\right)^{1/2} \\ \varepsilon_N = \frac{A_2 T}{(A_1 + A_2)}\frac{a}{Z_1 Z_2 \varepsilon^2} \\ a = \left(\frac{9\pi^2}{128}\right)^{1/3} a_0 (Z_1^{2/3} + Z_2^{2/3})^{-1/2} \end{cases} \tag{3.55}$$

式中，a_0 为 Bohr 半径；ε 为单位电荷量。如果 E_d 为 40 eV，则 $N_d = 10E_D$，E_D 应达 keV 量级。

3. 结晶度影响

上述讨论都是基于原子随机排列在晶体中，没有考虑晶体结构的影响（假设条件(6)）。然而，当考虑晶体结构时，有两个重要因素必须考虑：聚焦效应和沟道效应。聚焦效应是近正面地沿一排原子碰撞来传递能量和/或原子；沟道效应是原子在晶体结构中沿开放方向（沟道）的长距离移动，在晶体结构中原子通过与沟道壁（即成排的原子）进行掠射碰撞而移动。这两个过程均可以导致在初始撞出原子 PKA 或级联碰撞过程中的间隙原子长距离移动。

(1)聚焦效应。

从位移阈值能量 E_d 对晶体方向的依赖性中，可以看出聚焦效应的影响。例如，在 fcc 晶格中，在〈100〉和〈110〉方向上发生位移时，位移阈值能量 E_d 最低。由于 PKA 的方向是随机的，因此必须可以在远离密堆积方向相当大的极角范围内进行聚焦。如果需要精确的正面碰撞来产生线性碰撞链，这种现象将没有什么实际意义，因为该概率极低。可以使用钢球模型近似分析沿原子链的聚焦。沿着特定晶体结构的原子之间的距离用 D 表示。图 3.25 给出了这样一行的两个原子，其中碰撞序列由最初以 A 为中心的原子引发。该原子接收能量 T 并以一个角度移动 θ_0 到原子行。虚线圆圈显示原子撞击行中下一个原子时的位置。碰撞球体的半径 R 是从 Born－Mayer 势中获得的。撞击将一些 T 转移到第二个原子上，然后第二个原子以角度 θ_1 向连接 P 和 B 线的方向移动。

除了能量传递之外，如果第一个原子中心移动到两个碰撞原子中点之外，由于这两个原子都位于晶格中，那么这两个碰撞原子也可以传递质量。之前，假设了钢球碰撞。如果假设原子具有柔性，则会发生三件事：(1)钢球模型高估了特定碰撞参数的散射角，会高估聚焦效应；(2)被撞击原子被撞之前受到原子行的干扰，导致原子在移动，D 减小，聚焦效应增强；(3)原子置换成为可能。如图

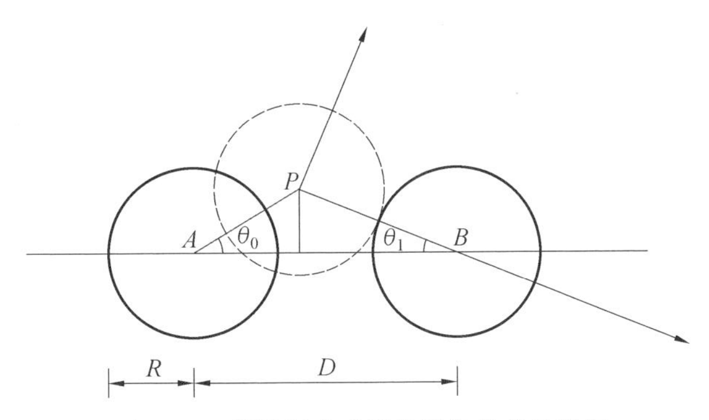

图 3.25　假设钢球碰撞的聚焦效应示意图

3.26所示，随着碰撞过程的进行，原子 A_n 和 A_{n+1} 之间的距离 x 连续减小。

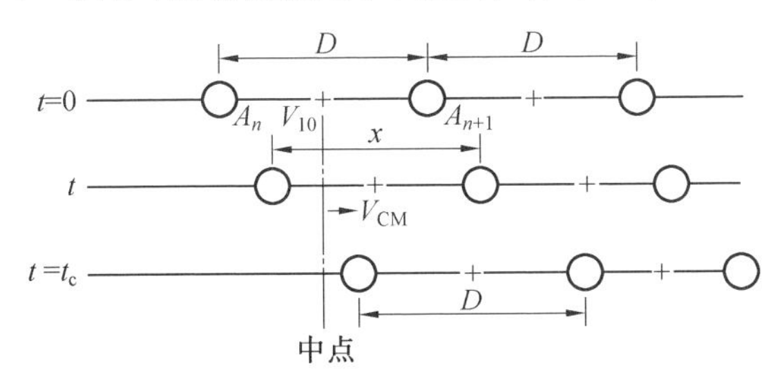

(a) 由左边原子发起的碰撞原子位置

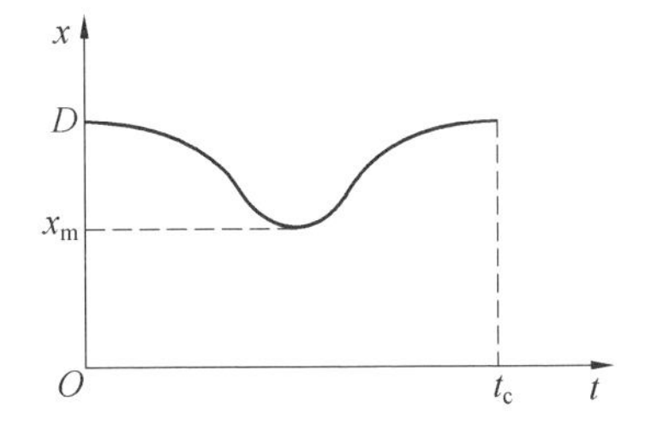

(b) 碰撞过程中 A_n 和 A_{n+1} 原子分离

图 3.26　相互作用势在碰撞过程中持续作用时碰撞链中的正面碰撞

在碰撞分析中，没有考虑周围原子或最邻近原子的影响。由于它们排斥运动中的原子，倾向于充当诱导原子并有助于聚焦过程。这种辅助聚焦的最终结果是增加了碰撞的临界能量，使碰撞更有可能发生。其次，围绕碰撞事件的原子环也倾向于通过碰撞来耗散能量。原子环的振动运动会增强这种效果，随着温度的升高，振动会增加，同时替换链的长度和链中的碰撞次数会减少。周围原子运动的增加会增加碰撞序列的能量损失。当周围的原子有助于碰撞过程时，碰撞能量都会更大。

(2)沟道效应。

沟道效应是指入射粒子在晶格中沿开放方向的长距离移动。图 3.27 给出了入射粒子在晶格中螺旋向下的一个开放沟道示意图。沟道的墙壁由原子组成。如果沟道周围的行是紧密排列的，原子之间的离散排斥力就被“抹去”，原子看起来就像在一个半径为 R_{ch} 的长圆柱管内移动。由 πR_{ch}^2 与沟道横截面积相等可确定 R_{ch} 的值。如果运动原子的横向振荡幅度小于 R_{ch}，则沟道壁提供的势阱在与沟道轴横向上大致呈抛物线形。沟道效应在入射粒子能量较高时更为显著。

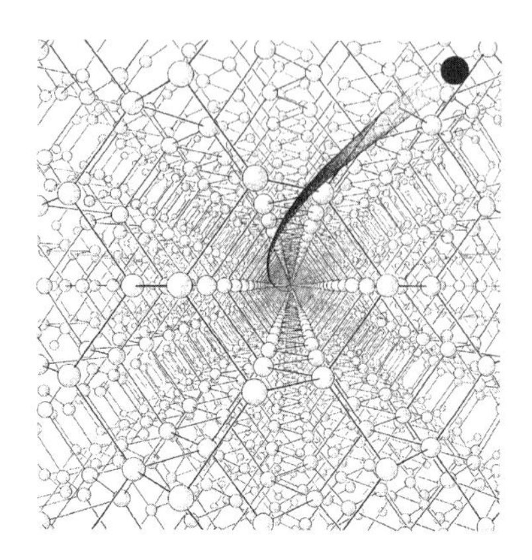

图 3.27　入射粒子在晶格沟道中运动示意图

3.2.3　位移截面和缺陷数量

位移截面为

$$\sigma_{\mathrm{D}}(E_{\mathrm{i}})=\int_{\check{T}}^{\hat{T}}v(T)\sigma(E_{\mathrm{i}},Q_j,T)\mathrm{d}T \tag{3.56}$$

式中，$v(T)$ 是由能量为 T 的 PKA 引起的位移数；$\sigma(E_{\mathrm{i}},Q_j,T)$ 是能量传递截面的一般形式；$\hat{T}$ 和 $\check{T}$ 是最小和最大的传递能量。

下面先使用基本的 K－P 模型结果为每种类型的交互作用确定 $\sigma_{\mathrm{D}}(E_{\mathrm{i}})$，然后再添加修正内容。

弹性散射时，考虑弹性散射的 $\sigma_{\mathrm{s}}(E_{\mathrm{i}},T)$ 为

$$\sigma_{\mathrm{s}}(E_{\mathrm{i}},T)=\frac{4\pi}{\gamma E_{\mathrm{i}}}\sigma_{\mathrm{s}}(E_{\mathrm{i}},\phi) \tag{3.57}$$

在各向同性散射的情况下：

$$\begin{cases}\sigma_{\mathrm{s}}(E_{\mathrm{i}},\phi)=\dfrac{\sigma_{\mathrm{s}}(E_{\mathrm{i}})}{4\pi}\\[2ex]\sigma_{\mathrm{s}}(E_{\mathrm{i}},T)=\dfrac{\sigma_{\mathrm{s}}(E_{\mathrm{i}})}{\gamma E_{\mathrm{i}}}\end{cases} \tag{3.58}$$

因此

$$\sigma_{\mathrm{Ds}}(E_{\mathrm{i}})=\frac{\sigma_{\mathrm{s}}(E_{\mathrm{i}})}{\gamma E_{\mathrm{i}}}\int_{E_{\mathrm{d}}}^{\gamma_{E_{\mathrm{i}}}}v(T)\mathrm{d}T \tag{3.59}$$

非弹性散射时，由于非弹性散射在质心系统中是各向同性的，所以

$$\sigma_{\mathrm{s}j}(E_{\mathrm{i}},Q_j,\phi)=\frac{\sigma_{\mathrm{s}j}(E_{\mathrm{i}},Q_j)}{4\pi} \tag{3.60}$$

$$\sigma_{\mathrm{s}j}(E_{\mathrm{i}},Q_j,T)=\frac{\sigma_{\mathrm{s}j}(E_{\mathrm{i}},Q_{\mathrm{j}})}{\gamma E_{\mathrm{i}}}\left[1+\frac{Q_{\mathrm{i}}}{E_{\mathrm{i}}}\left(1+\frac{1+A}{A}\right)\right]^{-1/2} \tag{3.61}$$

式中，Q_j 是非弹性散射反应能，此时

$$\sigma_{Dsj}(E_i)=\sum_j \frac{\sigma_{sj}(E_i,Q_j)}{\gamma E_i}\left[1+\frac{Q_j}{E_i}\left(1+\frac{1+A}{A}\right)\right]^{-\frac{1}{2}}\int_{\check{T}_j}^{\hat{T}_j} v(T)\mathrm{d}T \tag{3.62}$$

位移缺陷数量为

$$R=\int_{\check{T}_j}^{\hat{T}_j} N\phi(E_i)\sigma_D(E_i)\mathrm{d}E_i \tag{3.63}$$

这是位移率密度或单位时间内每单位体积的位移总数[#/(cm³·s)]。忽略相对 E_i，弹性和非弹性散射引起的位移截面为

$$\sigma_D(E_i)=\frac{\sigma_s(E_i)}{\gamma E_i}\int_{E_d}^{\gamma E_i}\frac{T}{2E_d}\left[1+a_1(E_i)\left(1-\frac{2T}{\gamma E_i}\right)\right]\mathrm{d}T+$$

$$\sum_j \frac{\sigma_{sj}(E_i,Q_j)}{\gamma E_i}\left[1+\frac{Q_j}{E_i}\frac{1+A}{A}\right]^{-1/2}\int_{\check{T}_j}^{\hat{T}_j}\frac{T}{2E_d}\mathrm{d}T \tag{3.64}$$

式(3.63)则变为

$$R=\frac{N_\gamma}{4E_d}\int_{\frac{E_d}{\gamma}}^{\infty}\sigma_s(E_i)E_i\phi(E_i)\mathrm{d}E_i=N\sigma_s\frac{\gamma\hat{E}_i}{4E_d}\Phi \tag{3.65}$$

式中，$\hat{E}_i$ 是平均能量。

3.3 级联损伤

3.3.1 平均自由程

上述讨论级联损伤过程时，没有考虑位移原子的空间排列。假设碰撞产生的每一弗伦克尔(Frenkel)对都被保留了下来，没有发生湮灭过程。然而，这些弗伦克尔对的空间排列，对于湮灭或稳定缺陷数量至关重要。为了理解受损区域的样子，需要知道位移是集中的还是分散的。一个有用参数是位移碰撞的平均自由程，可确定位移发生的距离，以及弗伦克尔对之间的分离距离。根据定义，平均自由程 $\lambda=1/N\sigma$ 和相应的位移截面为

$$\sigma'_d(E)=\int_{E_d}^{E}\sigma(E,T)\mathrm{d}T \tag{3.66}$$

这是能量转移超过 E_d 的截面，可根据晶格原子之间的不同能量转移截面给出。依据等价钢球模型评价 σ'_d 给出

$$\sigma(E,T)=\frac{\sigma(E)}{\gamma E} \tag{3.67}$$

但是 $\gamma=1$，所以代入方程(3.66)得到

$$\sigma'_{\mathrm{d}}(E)=\int_{E_{\mathrm{d}}}^{E}\frac{\sigma(E)}{E}\mathrm{d}T=\sigma(E)\left(1-\frac{E_{\mathrm{d}}}{E}\right) \tag{3.68}$$

其中，$\sigma(E)=4\pi r^2$ 是晶格原子之间的总碰撞截面，因此

$$\sigma'_{\mathrm{d}}(E)=4\pi r^2\left(1-\frac{E_{\mathrm{d}}}{E}\right) \tag{3.69}$$

r 是能量相关的等效钢球半径，用 Born－Mayer 势给出：

$$\sigma'_{\mathrm{d}}(E)=\pi B^2\left(\ln\frac{2A}{E}\right)^2\left(1-\frac{E_{\mathrm{d}}}{E}\right) \tag{3.70}$$

平均自由程 λ 变为

$$\lambda=\frac{1}{N\pi B^2\left(\ln\frac{2A}{E}\right)^2\left(1-\frac{E_{\mathrm{d}}}{E}\right)} \tag{3.71}$$

由 300 keV 和 1 MeV 硅、铜及金的自间隙离子辐照产生的初始反冲原子的平均自由程如图 3.28 所示。在大的反冲能量下，位移是分离的(15 keV 时 100 nm)；但是随着反冲能量的减小，反冲原子间距接近本征原子间距，在这个点上沿着反冲路径的每个原子都被移位。

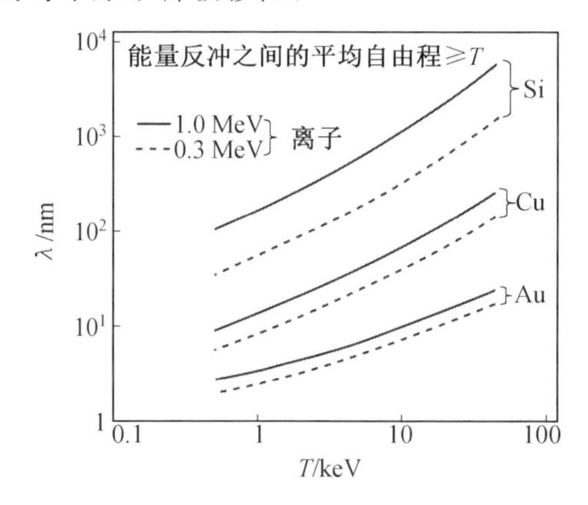

图 3.28　300 keV 和 1 MeV 自间隙离子辐照初始反冲原子平均自由程

3.3.2　初始反冲原子谱

位移平均自由程的分析有助于对缺陷空间分布的初步了解。Brinkman 是第一个将级联缺陷描绘成一个位移尖峰的学者。这个尖峰是被间隙原子壳包围的高密度空位团簇，如图 3.29 所示。Seeger 修改了该过程，以说明晶体结晶度、聚焦效应、沟道效应以及置换效应等的影响，并将空位区称为耗尽区，如图 3.30 所示。

沉积能量深度分布和初始反冲原子谱是用于描绘损伤能量分布的两个关键参量。沉积能量深度分布 $F_{\mathrm{D}}(x)$，由下式定义：

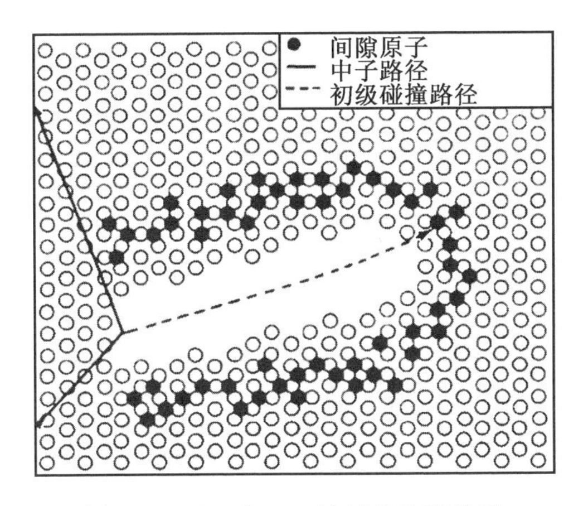

图 3.29 Brinkman 绘制的位移峰值

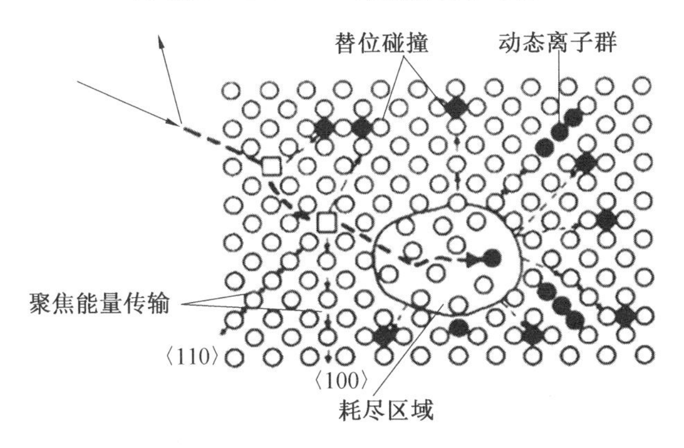

图 3.30 修正版的 Brinkman 位移尖峰

$$F_{\mathrm{D}}(x)\mathrm{d}x = \mathrm{d}E = NS_{\mathrm{n}}E(x)\mathrm{d}x \tag{3.72}$$

使用幂律势给出核阻止本领和射程，得到 $F_{\mathrm{D}}(x)$ 的简单形式：

$$F_{\mathrm{D}}(x) = \frac{T}{2mR}(1 - x/R)^{\frac{1}{2m}-1} \tag{3.73}$$

式中，T 是 PKA 能量；R 是 PKA 射程；$m = 1/s$，其中 s 为幂律指数。

如果 $N_{\mathrm{d}}(x)$ 是深度 x 处单位深度的位移数，则使用修正的 K－P 模型，$\kappa = 0.8$，用 $F_{\mathrm{D}}(x)$ 代替 E_{D}，可以给出

$$\frac{N_{\mathrm{d}}(x)}{\phi} = \frac{0.8F_{\mathrm{D}}(x)}{2E_{\mathrm{d}}} \tag{3.74}$$

即单位长度上位移率，以 dpa 为单位，其深度函数为

$$\mathrm{dpa}(x) = \frac{N_{\mathrm{d}}(x)}{N} = \frac{0.4F_{\mathrm{D}}(x)}{NE_{\mathrm{d}}}\phi \tag{3.75}$$

在反冲原子射程末端产生的总 dpa，可用损伤能量 E_{D} 代替 $F_{\mathrm{D}}(x)$ 来估算：

$$\text{dpa} \cong \frac{\phi 0.4 E_D}{NRE_d} \tag{3.76}$$

这里有一个重要概念是初始反冲原子谱。辐射过程中产生的能量在 T 和 $T+\mathrm{d}T$ 之间的反冲原子密度是辐射损伤中的一个重要量。反冲原子密度取决于入射粒子的能量和质量，是靶材物质位移损伤程度的重要参量。反冲原子密度作为反冲原子能量的函数，被称为初始反冲原子谱，计算公式如下：

$$P(E_i, T) = \frac{1}{N}\int_{E_d}^{T} \sigma(E_i, T')\mathrm{d}T' \tag{3.77}$$

该参数是最小位移能量 E_d 和能量 T 之间的反冲原子分数，N 是初始反冲原子总数，$\sigma(E_i, T')$ 是能量为 E_i 粒子产生能量为 T 反冲原子的截面。图 3.31 给出了不同质量的 1 MeV 粒子入射到铜靶上的反冲原子谱。由图可见，入射粒子的质量越高，反冲原子的能量越高，但差异有限。

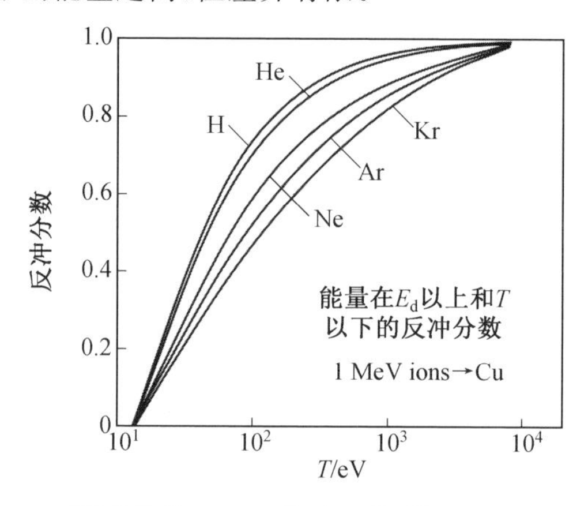

图 3.31　不同质量的 1 MeV 粒子入射到铜靶上的反冲原子谱

对于最终产生的缺陷状态来说，最重要的不是特定能量反冲原子的数量，而是特定能量反冲原子所产生的损伤能量的比重。这个量可通过每个反冲原子产生的缺陷数量或损伤能量，来“加权”反冲原子谱给出：

$$W(E_i, T) = \frac{1}{E_D(E_i)}\int_{E_d}^{T} \sigma(E_i, T')E_D(T')\mathrm{d}T' \tag{3.78}$$

式中，$E_D(T')$ 是由能量为 T' 的反冲原子产生的损伤能量：

$$E_D(E_i) = \int_{E_c}^{\hat{T}} \sigma(E_i, T')E_D(T')\mathrm{d}T' \tag{3.79}$$

$$\hat{T} = \gamma E_i \tag{3.80}$$

对于库仑作用和钢球作用的极端情况，不同的能量传递截面为

$$\sigma_{\text{Coul}}(E_i, T) = \frac{\pi M_1 (Z_1 Z_2 \varepsilon^2)^2}{E_i T^2} \tag{3.81}$$

另外

$$\sigma_{HS}(E_i, T) = \frac{A}{E_i} \tag{3.82}$$

忽略电子激发，允许 $E_D(T)=T$，代入方程。将式(3.81)和式(3.82)转化为式(3.78)，可给出每种相互作用的加权平均反冲原子谱：

$$W_{Coul}(T) = \frac{\ln T - \ln \check{T}}{\ln \hat{T} - \ln \check{T}} \tag{3.83}$$

另外

$$W_{HS}(T) = \frac{T^2 - \check{T}^2}{\hat{T}^2} \tag{3.84}$$

式中，$\check{T} = Ed$。

对于 1 MeV 各种粒子对铜辐照产生的反冲原子谱，如图 3.32 所示。库仑相互势是质子辐照的良好近似，而钢球相互势是中子辐照的良好近似。库仑力延伸到无穷大，并随着粒子接近靶材而缓慢增加；在钢球相互作用中，入射粒子和靶材原子不会“感觉”到彼此，直到它们达到钢球半径，此时排斥力达到无穷大；屏蔽库仑势最适合重离子辐照。库仑相互作用会产生许多低能量的 PKA，而钢球相互作用产生的 PKA 较少但能量较高。图 3.32 中不同类型辐照的 $W(T)$ 差异较大。虽然重离子辐照比轻离子辐照更接近于重复中子辐照的反冲原子分布，但分布的尾部也不相同。这并不意味着离子辐照不能很好地模拟中子辐照损伤，但这确实意味着不同类型的粒子辐照损伤是不同的，在评估粒子辐射引起的材料器件性能和功能变化时需要加以考虑。

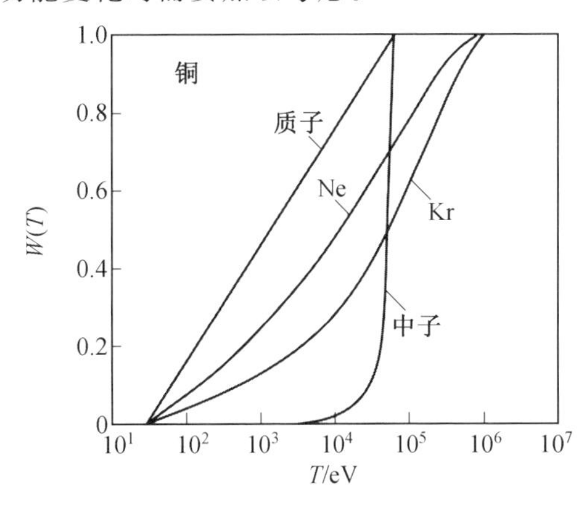

图 3.32　1 MeV 粒子对铜辐照的加权反冲原子谱

图 3.33 阐示了不同类型粒子辐照造成镍产生不同位移损伤模式。电子、质

子等轻离子辐照会产生孤立的弗伦克尔对或小团簇损伤，而重离子和中子辐照会产生大团簇损伤。对于能量为 1 MeV 的粒子，质子辐照产生的反冲原子平均能量为 60 eV；一半数量的反冲原子能量小于 1 keV；对于 Kr 离子辐照相应的能量分别为 5 keV 和 30 keV。因为屏蔽库仑势控制着带电粒子的相互作用，反冲原子的能量更低。对于非屏蔽库仑相互作用，产生的反冲原子能量随 $1/T^2$ 变化。因中子以钢球模型与靶材原子相互作用，所以产生反冲原子能量的概率与反冲原子能量无关。

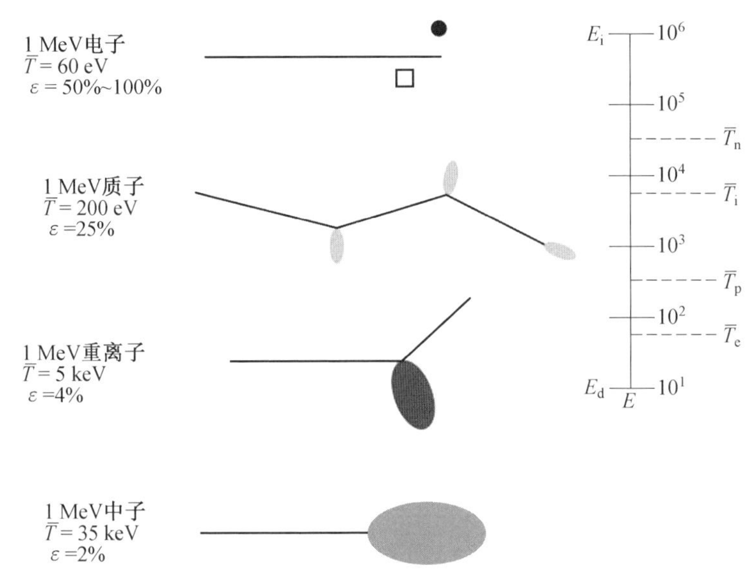

图 3.33　不同类型的 1 MeV 粒子入射到镍上的损伤形态、位移率和反冲原子平均能量的差异

3.3.3　计算机模拟

通过解析方程的途径，入射粒子对靶材所造成的空间和时间相关的损伤情况，只能达到上述的精确程度。利用高精度仪器可以对辐射诱导缺陷进行测试，诸如透射电子显微镜、X 射线散射谱、小角中子散射谱和正电子湮没谱等。但是这些测试方法，在空间上不具备针对单个缺陷测试的分辨率，在时间上也无法捕捉缺陷的形成与演化状态。为了更好地阐释辐射诱导缺陷，尤其是级联缺陷在空间和时间上的形成和演化过程，必须借助于计算机模拟仿真手段。目前主要有 3 种手段模拟缺陷的形成和演化行为：二元碰撞近似(BCA)方法、分子动力学方法和动力学蒙特卡洛(KMC)方法。

1. 二元碰撞近似(BCA)方法

BCA 模拟有利于进行大量的级联碰撞统计。BCA 模拟过程中，每一次碰撞只按先后顺序考虑两个碰撞原子之间的相互作用，仅计算具有较高能量的原子，

效率较高。BCA方法为两体碰撞提供了一个很好的近似，因为在碰撞能量远高于原子位移能量时，被忽略的多体相互作用对原子轨迹几乎没有贡献。在能量接近或小于位移能时，可通过计算得到级联碰撞的径迹特征，如置换碰撞序列和聚焦碰撞效应。在20 keV以上的临界反冲能量时，级联碰撞可能造成一个以上的辐射损伤区域。因为反冲原子的高能碰撞之间的平均自由程随着能量的增加而增加，所以更高能量的级联碰撞将由多个损伤区域或子级联碰撞区组成。由于碰撞能量较高，这些损伤区域或子级联碰撞在空间分布中被很好地分隔。PKA或二次碰撞粒子由于沟道效应，也会导致子级联碰撞。

存在两种不同的BCA模型，分别为晶靶模型和蒙特卡洛模型。晶靶模型被称为BC或二元晶体模型，与分子动力学模型(MD)类似，将所有原子分配到明确定义的初始位置。没有长程有序的非晶固体材料模型被称为蒙特卡洛模型(MC)，使用随机方法来定位目标原子和确定碰撞参数。MC模型类似于分析理论中用来跟踪靶材介质中中子数的输运理论模型。

BC模型的典型例子是MARLOW程序。该程序对晶体目标建模，对晶体对称性或化学成分没有限制。所有碰撞参数都是根据原子位置计算的。有几种原子间相互作用势可供选择来描述原子碰撞。非弹性能量损失可以包括在局部或非局部形式，但是能量损失仅限于速度比 $E^{1/2}$ 范围内的能量。图3.34给出了利用MARLOW程序模拟的缺陷空间结构，该模型中靶材为Cu，反冲原子能量为200 keV。这是一个能量较高的级联反应，只有在聚变反应堆中高能中子作用下才能产生。PKA反冲原子为右下角箭头所示，以200 keV的能量向左移动。暗球体是位移的原子，亮球体是晶格的空位。整个级联区由几个子级联区域组成。

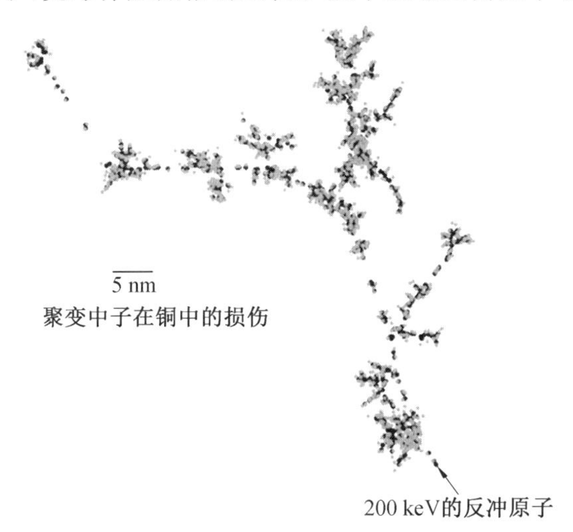

图3.34　在MARLOW中使用二元碰撞近似模拟了铜中200 keV反冲原子级联碰撞过程

第二个例子,给出了级联碰撞在空间中扩展情形。在 0 K 温度的 bcc 晶向铁材料中,经 5 keV PKA 原子作用后,反冲原子轨迹及间隙原子和空位的最终分布如图 3.35 所示。图中球体包含 30 个晶格原子位置,这些位置处的所有空位和空隙原子都被假定为自发重组。在图 3.35(a)中,尖峰中心的二次撞击全部经历了沟道效应。这就使得级联缺陷可能延伸到图 3.35(b)所示晶格的右上半部。实际上,图 3.35(b)对角线右上角的所有损伤均是由二次撞击的沟道效应造成的。

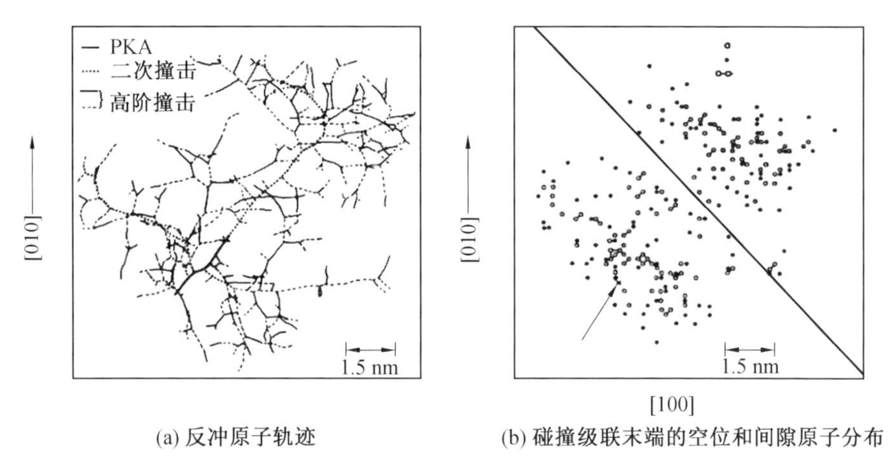

(a) 反冲原子轨迹　　(b) 碰撞级联末端的空位和间隙原子分布

图 3.35　由 bcc 铁材料中 5 keV 反冲原子产生的位移尖峰模拟(所有损伤都投射到[001]面)

SRIM 程序是另一个经典的 BCA 方法程序,它使用蒙特卡洛技术来描述入射粒子的轨迹和该粒子在固体中造成的损伤,所以该程序没有考虑晶格原子位置。SRIM 程序中,最大撞击参数和与之相关的平均碰撞自由程由材料密度决定。随机方法用于选择每次碰撞的碰撞参数,并确定散射平面。散射角由一个拟合解析公式确定,代表 ZBL 势的散射。非弹性能量基于有效电荷形式,使用随代码分布的表格。图 3.36 给出了 3 MeV 质子入射硅靶的计算模拟结果。图 3.36(a)给出了 10 000 个入射粒子的轨迹(MC 运行),图 3.36(b)则示出了入射离子浓度和位移数量的深度分布曲线。

2. 分子动力学方法

分子动力学方法(MD)是用于描述级联碰撞的第二种主要方法。MD 是一种在适当尺度上模拟原子系统密集型计算方法,可模拟位移级联碰撞,并提供级联碰撞中原子相互作用的最真实描述。选取真实的原子间交互作用势和适当的边界条件,级联碰撞中所有原子的演化过程,可通过级联碰撞过程的各个阶段来描述。原子间交互作用势的解析形式,需要将原子上的力描述为其与系统中其他原子距离的函数。为了获得稳定的晶格构型,必须考虑吸引力和排斥力。在

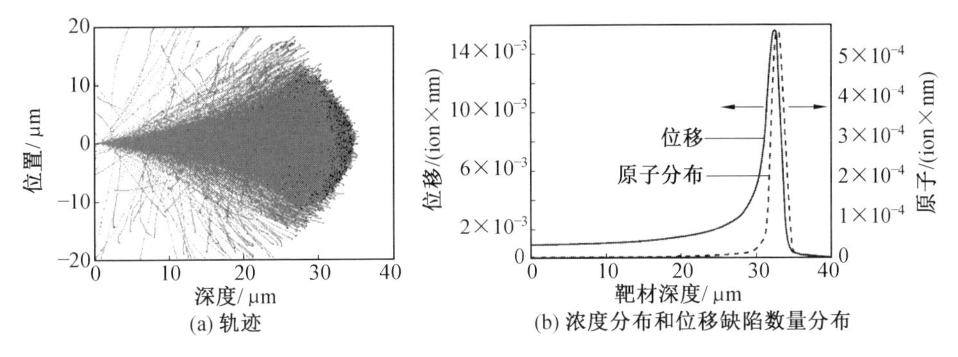

图 3.36　SRIM 程序模拟的 3 MeV 质子损伤情况

分子动力学模拟中，被模拟的原子系统的总能量是通过对所有原子求和来计算的。原子上的力被用来根据 $F=ma$ 计算加速度，得到原子的运动方程。计算机程序以非常小的时间步长数值求解这些方程，然后在时间步长结束时重新计算力，以应用于下一个时间步长的计算中。重复该过程，直到达到预期状态。MD 模拟中的时间步长必须非常小（$5\times10^{-15}\sim10\times10^{-15}$ s），因此 MD 模拟通常运行不超过 100 ps。随着初始反冲原子动能 E 的增加，需要越来越大的晶胞模型来包含该事件。晶胞的大小大致与反冲原子动能 E 成正比。所需计算时间大致为 E^2。对计算时间的要求限制了 MD 模拟的统计能力。然而，该方法提供了原子水平上损伤过程空间分布的详细视图，是其他技术所不能提供的。

级联碰撞模拟起始于待研究系统的一组原子的热平衡计算。该过程允许确定温度，以模拟晶格振动。接下来，通过给其中一个原子指定动能和初始方向开始级联碰撞的模拟。必须运行几个级联碰撞过程，以便获得任意能量和温度下原子系统的平均行为。其中，用于分子动力学模拟的一个经典程序是 Finnis 编写的 MOLDY。该程序使用由 Finnis 和 Sinclair 开发的原子间作用势，后来由 Calder 和 Bacon 修改用于级联碰撞模拟。该程序只描述了原子之间的弹性碰撞，没有考虑电子激发和电离等能量损失机制。分子动力学模拟中给出的 PKA 能量是对应于方程中给出的位移能量 E_D 值的能量，如式(3.54)。图 3.37 给出了在 100 K 温度条件下，1 keV 反冲原子的级联碰撞过程中的典型点缺陷分布。图 3.37(a)为无序点的初始 PKA 分布，图 3.37(b)为级联碰撞重组后的级联团簇。在 0.18 ps 和 9.5 ps 之间，初始 PKA 缺陷会大幅减少。这一结果表明，由 PKA 引起的实际损伤远小于由 K－P 模型计算的总位移量。虽然级联各阶段的静止图像有助于理解级联如何发展，但通过直接观察级联的时间演变，可以获得更好理解缺陷的演化状态。

3. 动力学蒙特卡洛(KMC)方法

辐射诱导缺陷模拟仿真的目标是模拟入射粒子与靶材原子交互作用期间和

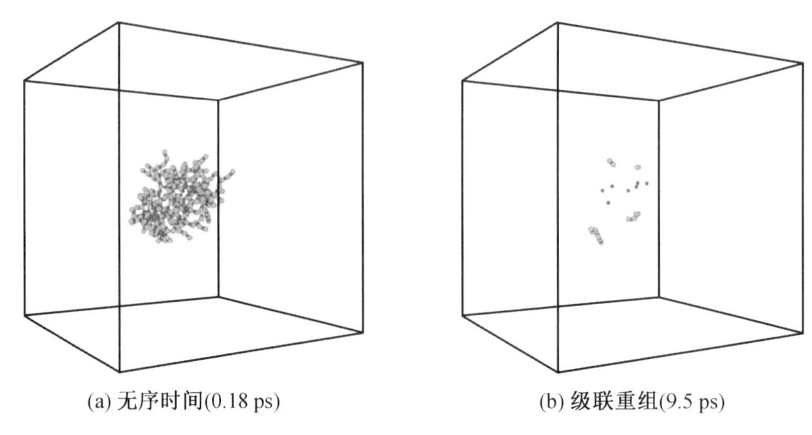

图 3.37　1 keV MD 模拟的典型点缺陷构型

之后，整个靶材原子系统的动态演化过程。这类原子模拟方法中最强大的工具是分子动力学。整合经典的运动方程，系统的行为自然出现，不需要用户的直觉或进一步的输入。然而，其严重的限制是精确的积分需要足够短的时间步长来解决原子振动。因此，总模拟时间通常被限制在不到 1 ns，而实际碰撞过程（例如，级联碰撞事件之后的缺陷扩散和湮灭）通常发生在更长时间尺度上，这就是“时间尺度问题”。

动力学蒙特卡洛（KMC）方法试图利用由从一个原子系统状态到另一个原子状态的扩散跳跃的组合来克服 MD 方法的限制，以完成原子系统的长期动力学模拟仿真。这些状态到状态的转换被直接处理，而不是沿着每个振动周期的轨迹进行。给定一组连接系统状态的速率常数，KMC 提供了一种通过状态空间动态传播正确的粒子输运轨迹的方法。如果速率目录构建得当，KMC 动力学可给出系统精确的从状态到状态的演化。从这个意义上说，KMC 在统计上与长时间的分子动力学模拟没有区别。KMC 是时间中尺度上进行动态预测的最强有力的方法，不需要求助于模型假设，还可用于为更高级别的处理（如速率理论模型或有限元模拟）提供输入和/或验证。此外，即使在可行的更精确的模拟情况下（例如，使用加速分子动力学或动态蒙特卡洛），KMC 的极高效率也使其非常适合在不同条件下进行快速扫描，例如，用于模型研究。因此，KMC 可以达到更长的时间尺度的模拟仿真，通常是几秒钟，甚至更长。

总体而言，MD 和 KMC 方法涵盖了辐射诱导缺陷的时间跨尺度模拟，如图 3.38 所示。MD 模拟在 ns 范围内是实用的，而 KMC 模拟将该范围扩展到第二种状态。在这个时间尺度之后会发生很多事情，这通常使用速率理论来建模。

4. 级联碰撞阶段

级联碰撞的最终状态极其重要，因为级联碰撞的最终状态是缺陷扩散、聚集

图 3.38　辐射损伤演化的时间尺度及相应的模拟方法

和稳定缺陷形成的起点，这些因素是宏观辐照效应的基础。图 3.39 给出了级联缺陷初始阶段和最终状态的示意图。由图可见，缺陷状态在 2 ps(图 3.39(a))和 18 ps(图 3.39(b))之间已经产生非常大的变化。级联碰撞具体可分为如下阶段：(1)碰撞；(2)热尖峰形成；(3)淬灭；(4)退火。

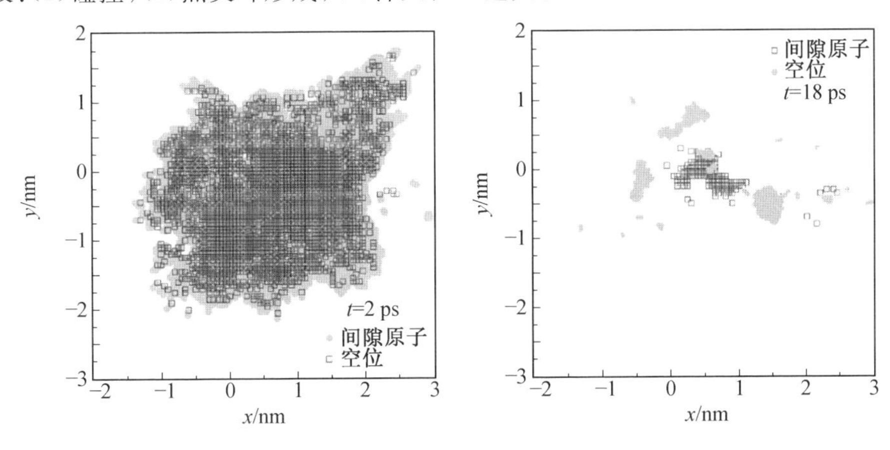

图 3.39　级联缺陷初始阶段和最终状态的示意图

在碰撞阶段(1)，初始反冲原子会引发一连串的位移碰撞，这种碰撞一直持续到没有原子含有足够的能量来产生进一步的位移。当这一阶段结束时(持续时间<1 ps)，位移损伤由高能离位间隙原子和空位组成，但是，稳定的晶格缺陷还没有来得及形成。在碰撞阶段(2)，热尖峰会形成。位移原子的碰撞能量在高沉积能量密度区域的相邻原子之间共享。尖峰的发展需要大约 0.1 μs，尖峰可能占据几个能量足够高的区域，使得原子像熔化的材料。当能量转移到周围的原子时，熔融区返回到冷凝或淬灭阶段(3)，热力学平衡建立(10 ps)。淬灭阶段可能需要几个 ps，在此期间，稳定的晶格缺陷形成点缺陷或缺陷簇。但这一阶段的缺陷总数远远少于碰撞阶段位移的原子数。退火阶段涉及缺陷的进一步重组和相互作用，并通过可移动晶格缺陷的热激活扩散而发生。根据定义，退火阶段(4)持续到所有可移动缺陷逃离级联区域或者在其中发生另一个级联。因此，时间尺度从纳秒到几个月不等，具体取决于温度和辐射条件。

5. 辐射诱导缺陷演化仿真软件

空间辐射环境中的高能带电粒子会对材料和器件造成电离和位移损伤，导致性能退化和失效，直接影响航天器在轨服役寿命和可靠性。课题组自主研发的“辐射诱导缺陷演化仿真软件”(ERETACD. Evo)是为研究粒子辐照诱导缺陷演化行为和损伤机制人员开发的应用软件，能够实现不同属性辐照源在材料和器件中诱导二次粒子分布、跨时间和空间动力学演化仿真功能，并计算辐射诱导缺陷种类和浓度分布，实现缺陷演化→缺陷性质→器件电性能一体化仿真，如图3.40所示。

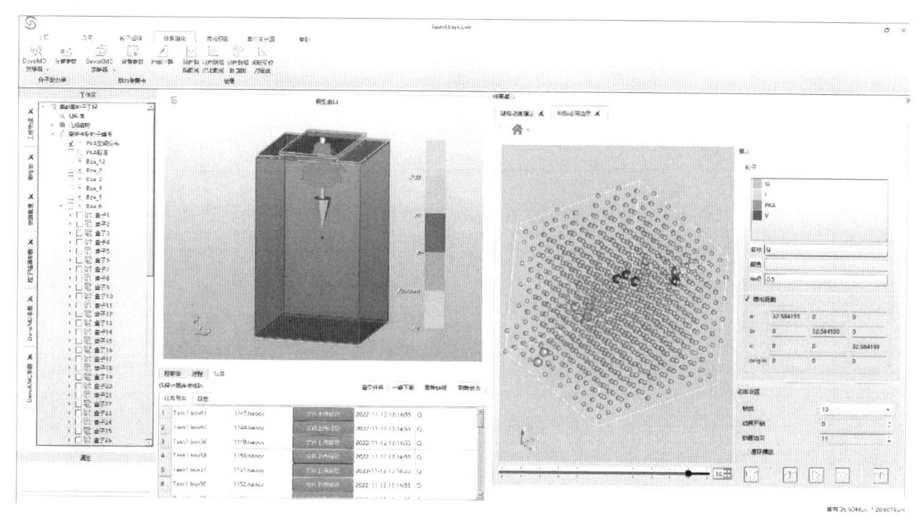

图 3.40　辐射诱导缺陷演化仿真软件界面

主要功能包括：

(1)器件结构建模与格式兼容。可自建材料与器件模型，如 BJT、MOS 和 FinFET 等，兼容 GDML 和 STP 格式文件导入。

(2)粒子辐照模拟与不同属性辐照源定义。考虑不同粒子种类、能量、注量、注量率以及掺杂等因素影响下，模拟 PKA 等二次粒子的空间分布、LET、NIEL 以及电子—空穴对等参数。

(3)基于 PKA 区域细化建模技术实现 MC—MD 跨空间尺度动力学模拟。自动识别构建的 BOX 将为 MD 计算所用原子结构提供建模基础，其内部 PKA 分布将初始化 MD 演化计算过程。

(4)基于空间坐标映射技术建立 MD—KMC 跨时间尺度演化模拟桥梁。成功突破了 ps 级 MD 演化模拟的局限，实现真实时间尺度动力学演化模拟。最终实现缺陷动力学实时演化三维显示、多种缺陷三维空间分布、缺陷浓度统计分布以及间隙原子—空位对浓度分布等计算功能。

(5)基于 PKA 能谱和机器学习方法的缺陷演化高效计算模拟；两种高效模拟方法较大程度上简化了 MC－MD－KMC 计算流程，且保持较高的计算精度。

(6)具备丰富的单任务计算功能，包括 MD、KMC、机器学习等，同时兼容 LAMMPS 和 MMonCa 等常用软件，满足用户任意尺度演化模拟的需求。

3.4　辐射诱导缺陷模拟仿真

随着计算机硬件的发展和并行计算效率的不断提升，应用密度泛函理论(DFT)对半导体材料及缺陷性质进行研究已经成为有效的手段，本节将介绍我们利用自己开发的缺陷性质计算软件对几种常见半导体缺陷结构和性质计算的结果。考虑到计算效率和精度的平衡，在全部计算过程中，采用杂化泛函的方法计算缺陷形成能，即含有缺陷的超胞结构优化采用半局域泛函 SCAN，应用 HSE06 混合泛函求解 Kohn－Sham 方程。结构弛豫的能量收敛标准和力收敛标准分别为 0.001 eV/Å 和 10^{-6} eV。网格截断能设置为 400 eV。在应用 HSE 泛函时，改变 Hartree－Fock 交换的比例以重现实验带隙。通过将不同泛函组合的方法计算结果详细对比分析，认为这种 SCAN＋HSE06 组合的方法对绝大多数半导体材料预测的结果是合理的。

3.4.1　硅单晶材料

尽管目前可用的半导体种类繁多，但多年来，硅一直是价格最实惠、应用最广泛的半导体。作为现今最主要的半导体材料，硅在电子元器件领域占有举足轻重的地位。正是由于硅半导体的广泛使用，硅基器件的可靠性问题令人十分关注。比如在材料的生长、器件制备和服役过程中均会导致缺陷的引入。这些缺陷的产生对器件可靠性有至关重要的影响。了解这些缺陷的性质有助于人们从设计和生产的角度提高器件的性能和可靠性水平。利用第一性原理计算方法可以对材料中缺陷的性质进行预测。

硅晶体为金刚石结构以共价键结合，每一个硅原子周围都有 4 个按照正四面体分布的硅原子。这种结构可以看成是两套面心立方的布拉菲格子沿着单胞立方体对角线的方向移动 1/4 距离套构而成。每个原胞有两个不等价的硅原子，每个晶体学单胞含有 8 个硅原子。

硅的本征缺陷包括单空位缺陷和双空位缺陷，结构示意图以及形成能如图 3.41 所示。

对硅单空位缺陷(V_{Si})，即在硅晶体中的某个正常晶格点处缺少了一个原子，缺陷邻近的 4 个硅原子形成 4 个悬挂键，每一个硅原子上有一个未配对的价电

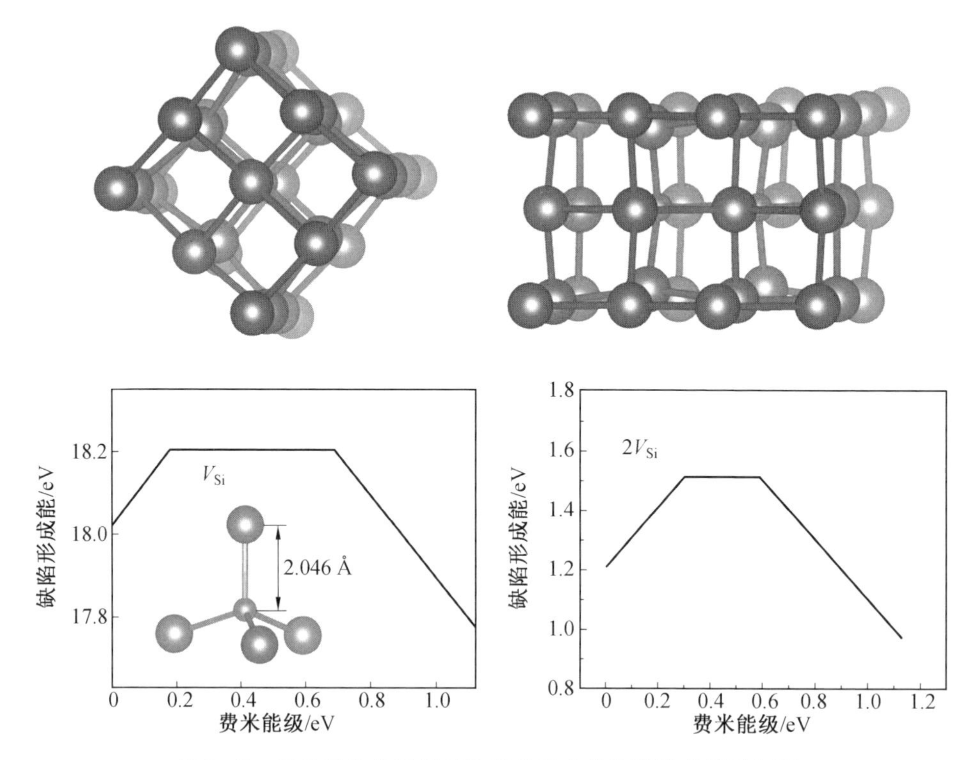

图 3.41 硅单双空位缺陷结构及单双空位缺陷形成能示意图

子。若这个缺陷结构具有正四面体对称性，4 个悬挂键构造单电子的 a_1 及 t_2 对称性轨道，如图 3.42(a)所示中性空位时，有两个电子占据在 a_1 轨道上，两个电子占据在能量较高的 t_2 轨道上。然而，t_2 轨道是一个三重简并的能级，会出现能量简并的多种排布方式，因此分子就必须自发地扭曲，使其自身对称性破缺，降低能量，即缺陷结构按图中箭头所示的方式振动，发生 Jahn—Teller 畸变。对称性从 T_d 降低为 D_{2d}(图 3.42(b)、(c))，三重简并轨道劈裂为二重简并 e 轨道和一个非简并的 b_2 轨道，此时两个电子占据 a_1 轨道，两个电子占据 b_2 轨道，都是非简并态。如果再引入一个电子，即单空位带一个电子负电量的体系，此时又将产生两种能量简并的排布方式，于是将会产生一个新的 Jahn—Teller 畸变。与单空位类似，对硅双空位缺陷($2V_{Si}$)，缺陷结构具有 D_{3d} 对称性。根据缺陷带电情况不同，也会发生能级劈裂。从缺陷形成能可以看出，单空位形成能高，不容易形成，双空位具有较低的缺陷形成能，是硅中最为常见的本征缺陷，这已经被大量实验所证实。

C_{Si}、H_{Si}、P_{Si}、B_{Si} 和 O_{Si} 结构的形成能曲线如图 3.43 所示。P 和 B 通常作为硅半导体中的掺杂元素，B_{Si} 释放一个空穴带负电，可以作为 p 型掺杂，P_{Si} 释放一个电子带正电作为 n 型掺杂。C_{Si} 和 H_{Si} 两个结构均在 n 型 Si 中带负电而 p 型 Si

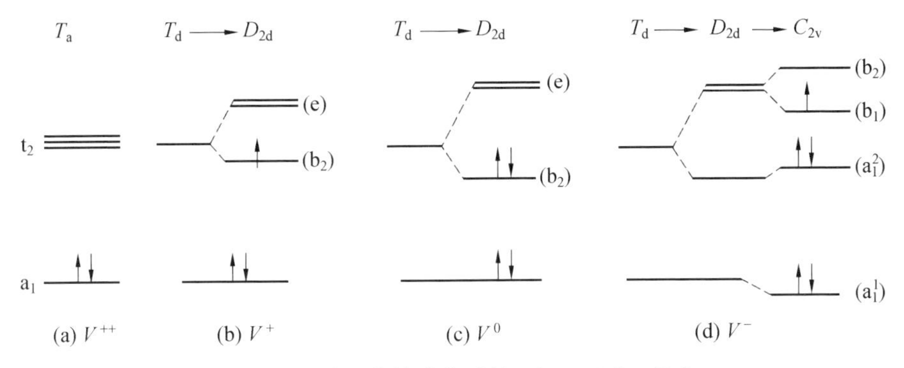

图 3.42　硅单空位缺陷分子的 Jahn－Teller 效应

中带正电。这两种缺陷结构均属于深能级缺陷，会对器件中的载流子进行俘获导致器件动态性能下降。O_{Si}结构也拥有一个深能级，在 n 型 Si 中带负电而 p 型 Si 中为中性，并且该结构形成能非常低，相较于 C_{Si} 和 H_{Si} 缺陷结构，具有更高的饱和浓度，非常容易在制备和服役中引入。C、O、B 和 P 原子替代 Si 后均在间隙中心位置。由于间隙 C、O 和 B 原子体积小于 Si 原子，替代后周围的 Si 原子会向间隙原子偏移。从图 3.44 可以看出，$[B_{Si}]^-$ 结构中周围 Si 原子发生明显偏移。结构弛豫后，Si—B 间距为 2.069 Å，而无缺陷 Si 中 Si—Si 间距为 2.35 Å。$[P_{Si}]^+$ 结构中则无明显结构畸变。H_{Si} 缺陷结构中 H 原子不处于间隙中心，$[H_{Si}]^+$ 结构中，H 原子会偏离中心向一个 Si 原子靠拢成键，而 $[H_{Si}]^-$ 结构中，H 偏离中心和 3 个 Si 原子成键，这里 H 与 3 个 Si 原子等间距。

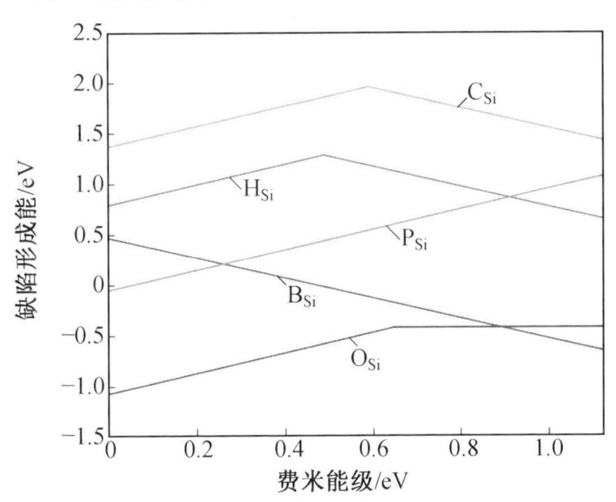

图 3.43　不同杂质替代缺陷形成能曲线

C_i、P_i、B_i、Si_i、H_i 和 O_i 结构的形成能曲线如图 3.45 所示。从形成能大小可以看出，C_i、P_i、B_i 和 Si_i 间隙缺陷通常比替代缺陷更难形成。但是 O 和 H 间隙原子具有非常低的形成能。这意味着 O 原子和 H 原子间隙在硅晶体中可能具

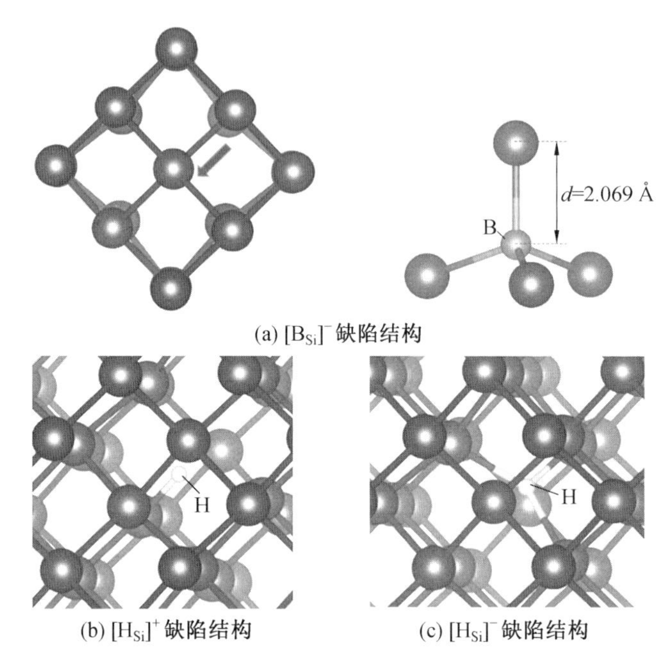

(a) $[B_{Si}]^-$缺陷结构

(b) $[H_{Si}]^+$缺陷结构　　(c) $[H_{Si}]^-$缺陷结构

图 3.44　缺陷结构(除标注原子外,其余为 Si 原子)

有相当高的饱和浓度。H 间隙原子结构是一种深能级缺陷,在 n 型 Si 中带负电而 p 型 Si 中带正电。O 间隙原子则更容易形成中性结构。

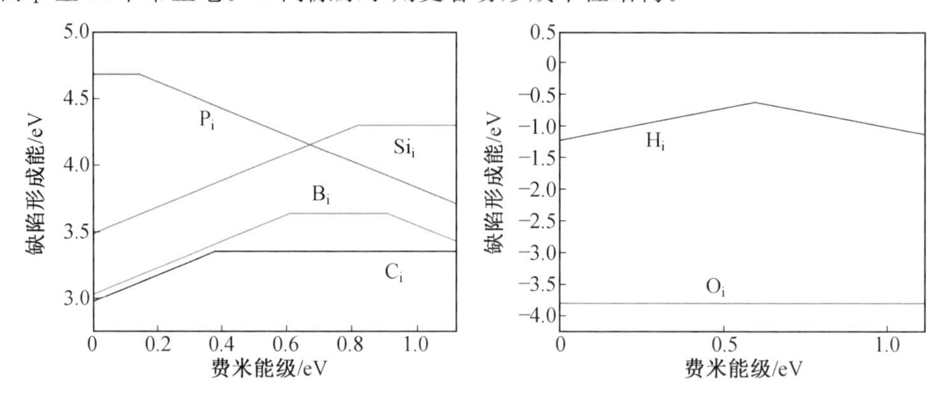

图 3.45　C_i、P_i、B_i、Si_i、H_i 和 O_i 结构的形成能曲线

$C_{Si}-V_{Si}$、$H_{Si}-V_{Si}$、$P_{Si}-V_{Si}$、$B_{Si}-V_{Si}$、$O_{Si}-V_{Si}$和 $V_{Si}-V_{Si}$结构的形成能曲线如图 3.46 所示。其中 $C_{Si}-V_{Si}$、$H_{Si}-V_{Si}$、$P_{Si}-V_{Si}$和 $B_{Si}-V_{Si}$形成能相对较高并且均为深能级缺陷,$O_{Si}-V_{Si}$和 $V_{Si}-V_{Si}$的形成能较低。$V_{Si}-V_{Si}$是在辐射损伤中最常见的本征缺陷之一,而 V_{Si}则在结构上不稳定,容易发生扩散形成稳定的 $V_{Si}-V_{Si}$缺陷。利用 DLTS 技术可以测定由位移损伤导致的$[V_{Si}-V_{Si}]^{+/0}$($E_V+0.173$ eV)和$[V_{Si}-V_{Si}]^{0/-}$($E_C-0.41$ eV),计算结果和实验测试结果误差

在0.1 eV以内。$O_{Si}-V_{Si}$结构具有两种电荷态，在n型Si中带负电而p型Si中为中性。O原子会偏离Si空位的中心区域，与相邻的两个Si原子成键，相邻Si空位周围的Si原子会向空位区域靠拢。其结构如图3.47所示。

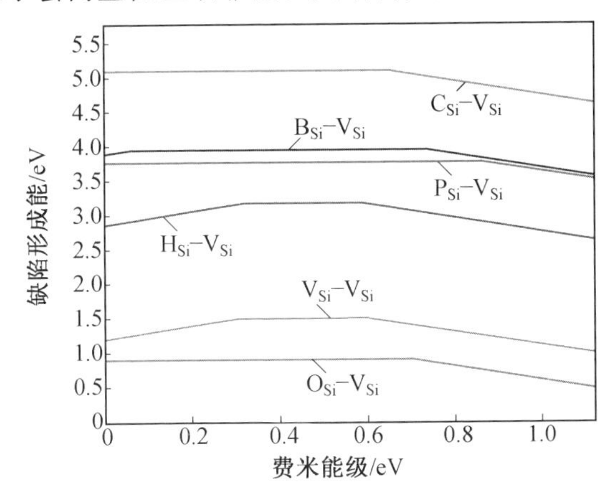

图3.46 $C_{Si}-V_{Si}$、$H_{Si}-V_{Si}$、$P_{Si}-V_{Si}$、$B_{Si}-V_{Si}$，$O_{Si}-V_{Si}$和$V_{Si}-V_{Si}$结构的形成能曲线

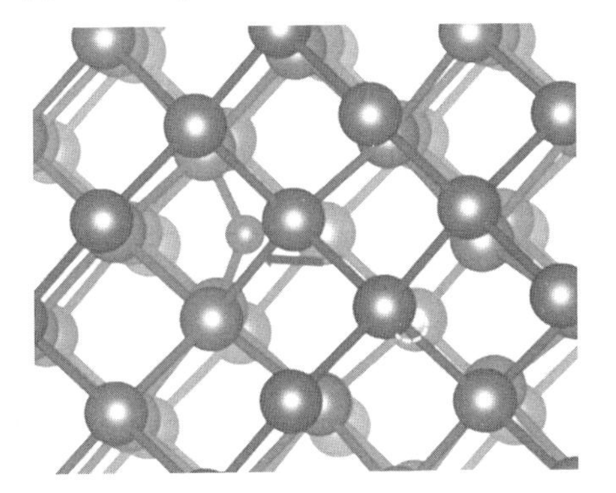
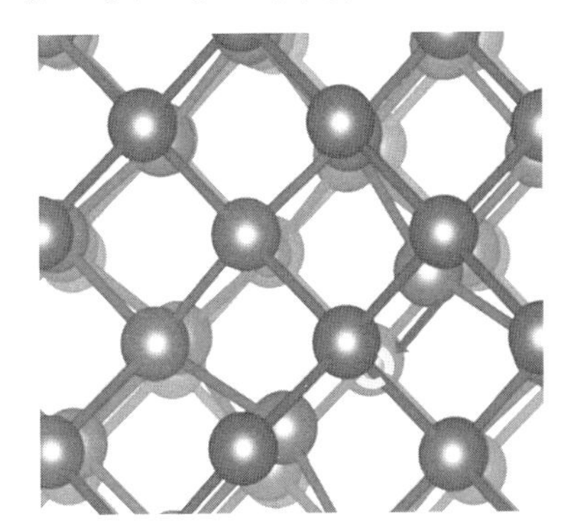

图3.47 $O_{Si}-V_{Si}$缺陷结构示意图

$C_{Si}-O_{Si}$、$H_{Si}-P_{Si}$、$O_{Si}-B_{Si}$、$H_{Si}-H_{Si}$、$O_{Si}-P_{Si}$、$O_{Si}-H_{Si}$、$H_{Si}-B_{Si}$、$O_{Si}-O_{Si}$、$C_{Si}-C_{Si}$、$C_{Si}-H_{Si}$、$C_{Si}-P_{Si}$、$C_{Si}-B_{Si}$和$P_{Si}-H_{Si}$等缺陷结构的形成能曲线，如图3.48所示。其中部分双杂质替代缺陷具有相当低的形成能，如包含$O_{Si}-$和$H_{Si}-$的团簇形成能均较低，而包含$C_{Si}-$的缺陷团簇则形成能较高。

$O_{Si}-O_{Si}$缺陷团簇具有最低的形成能，其结构如图3.49(a)所示。其中两个O原子均偏离缺陷中心位置和附近的3个Si原子成键。这3个O—Si键长度相等，均为1.9 Å，O原子之间的间距为3.4 Å。$H_{Si}-H_{Si}$结构如图3.49(b)所示。两个H原子偏移Si空位中心，分别朝相反的方向与一个Si原子成键。$C_{Si}-C_{Si}$团簇具有最高的形成能，其结构如图3.49(c)所示。$C_{Si}-C_{Si}$团簇和$O_{Si}-O_{Si}$团簇结构一致，两个C原子朝相反的方向偏离Si空位中心和周围3个Si原子成

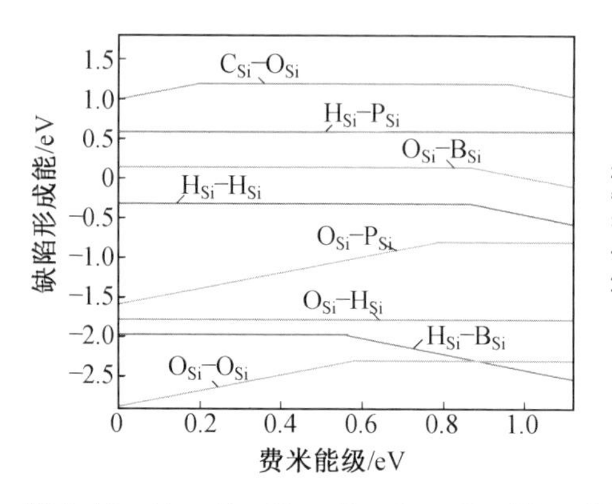

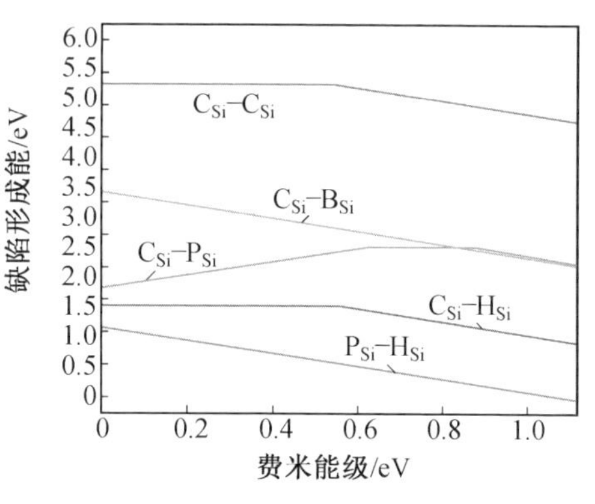

图 3.48 $C_{Si}-O_{Si}$、$H_{Si}-P_{Si}$、$O_{Si}-B_{Si}$、$H_{Si}-H_{Si}$、$O_{Si}-P_{Si}$、$O_{Si}-H_{Si}$、$H_{Si}-B_{Si}$、$O_{Si}-O_{Si}$、$C_{Si}-C_{Si}$、$C_{Si}-H_{Si}$、$C_{Si}-P_{Si}$、$C_{Si}-B_{Si}$和 $P_{Si}-H_{Si}$等缺陷结构的形成能曲线

键。这 3 个 C—Si 键长度相等,均为 1.8 Å,O 原子之间的间距为 3.3 Å。对比可见,这两种结构产生的晶格畸变相似,但是形成能相差较大,这可能是由于不同的电子结构导致的。除了 B_{Si}和 P_{Si}可以作为掺杂的结构,其他缺陷结构大部分在硅中形成深能级缺陷。比较不同缺陷结构的形成能的大小,和 O、H 有关的缺陷结构大多形成能较低,容易大量存在。

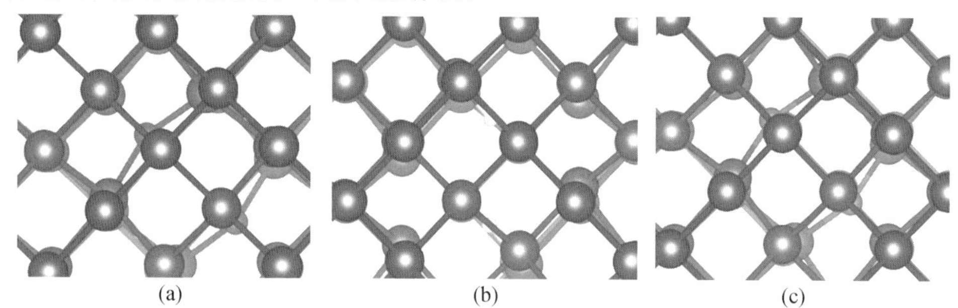

图 3.49 $O_{Si}-O_{Si}$、$H_{Si}-H_{Si}$和 $C_{Si}-C_{Si}$缺陷团簇结构

系统地将硅中各类缺陷的跃迁能级加以总结,如图 3.50 所示。

3.4.2 GaN 单晶材料

以硅(Si)和砷化镓(GaAs)为代表的第一、二代半导体材料应用范围广泛且技术十分成熟,但是由于材料本身的缺点,Si 基和 GaAs 基半导体器件在高温、功率及频率特性上受到了很大的限制。近年来,以氮化镓(GaN)等为代表的第三代宽禁带半导体材料的出现弥补了第一、二代半导体材料的短板,成为半导体领域新兴的研究热点。GaN 基半导体材料具有宽带隙、高饱和电子速度、耐高压、耐高温、抗辐照等突出优点,是制备高温、高功率、高频和抗辐照电子器件及短波长、大功率光电子器件的理想材料。今后和未来一段时间,宽带隙半导体必

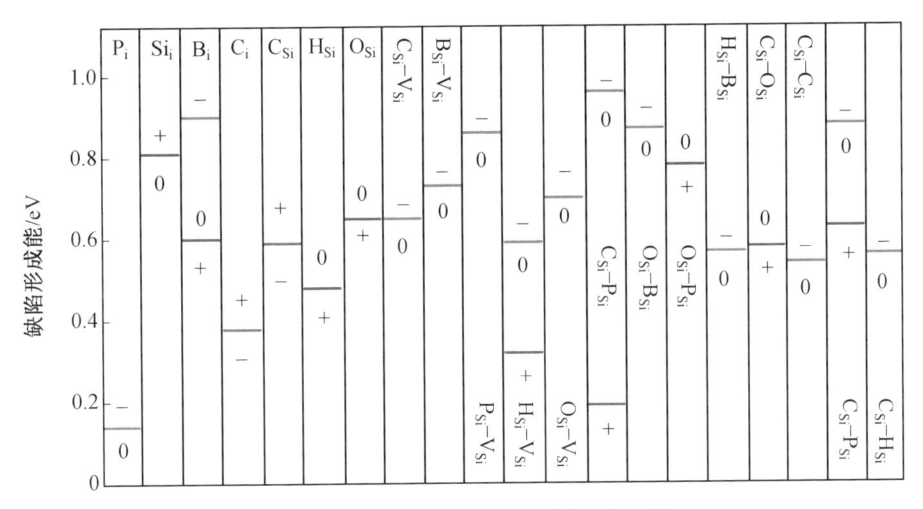

图 3.50　硅中常见杂质缺陷的能级位置分布

将成为制造大功率微波武器、雷达、电子战设备、核武器，以及航空飞行器、坦克等武器系统的核心电子器件，同时成为航空航天、信息通信、电力电站和电力机车、石油、冶金等国民经济主要领域以及影响国家安全的核心电子器件。

氮化镓作为一种化合物半导体材料，其中产生的缺陷种类远比硅中要丰富。由于其较大的禁带宽度，传统的 DLTS，$1/f$ 噪声等缺陷分析设备探测能力受到限制。因此，利用模拟计算的方法研究氮化镓中的缺陷结构是一种很好的途径。本节概述了氮化镓中常见的本征缺陷、杂质缺陷以及这些缺陷和 H 组成的团簇缺陷结构。

N 空位通常被认为是形成天然 n 型 GaN 的原因，但这些本征缺陷的高形成能表明在热平衡下它们的浓度很低。在生长过程中，只有形成能较低的缺陷才会大量存在。然而，在空间或核辐射环境中，会形成相当大的本征缺陷，这被认为是器件性能下降的原因。

图 3.51 中示出了 Ga 空位（V_{Ga}）、N 空位（V_N）的形成能。随着费米能级的变化，V_{Ga} 有 5 个不同的电荷态，而 V_N 只有两个不同的电荷态。当费米能级接近价带顶时，V_{Ga} 捕获一个空穴形成正电荷态 V_{Ga+1}，而接近导带底时，捕获 3 个电子形成负电荷态 V_{Ga-3}。V_N 在所有情况下都是正电荷态，在接近价带时是 +3 电荷态，其他情况下是 +1 电荷态。

由 Ga 空位和 H 形成的复合缺陷会降低形成能，而 N 空位和 H 复合会增加形成能。这意味着 Ga 空位在平衡状态下会与 H 自发结合。此外，当 Ga 空位与 H 结合时，除了形成能降低，n 型 GaN 中的电荷态将从 −3 变为 −2，这将改变器件中的电场分布。图 3.52(a)和(b)分别绘出了$[V_{Ga}-H]^{-2}$和$[V_N-H]^{+1}$的结构，可以看出，H 将偏离空位中心并与周围原子键合。

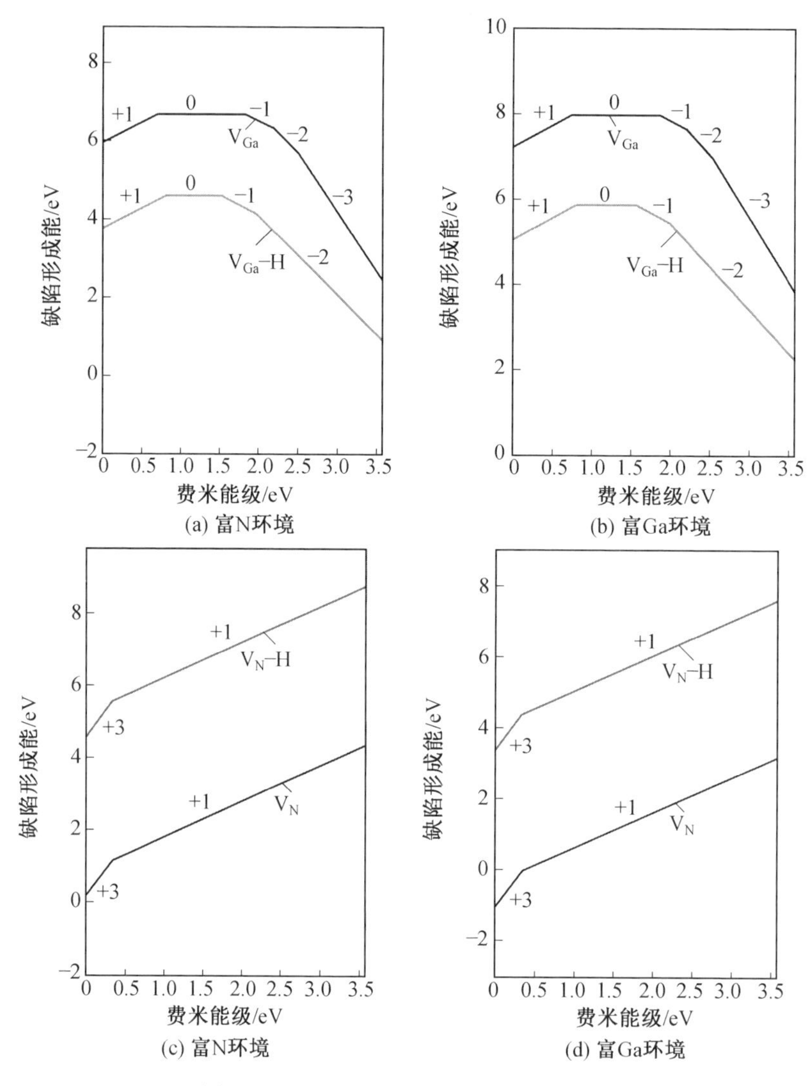

图 3.51　Ga 空位和 N 空位的缺陷形成能

对于 Ga 空位和 N 空位形成的双空位缺陷，由于种类繁多，只讨论其中的一部分结构。图 3.53 是双空位 $V_{Ga}-V_{Ga}$ 的结构，涉及两种构型，同一个 N 原子最近邻的两个 Ga 原子空位和不在同一个 N 原子周围的两个 Ga 空位。

上述双空位缺陷的形成能如图 3.54 所示，相比两个结构，在 +1 和 0 电荷态时形成能比较相近，而在 −1 和 −2 出现了差异，连在同一个 N 原子上的两个 Ga 空位形成能较低。由于其更高的形成能，在材料生长中 $V_{Ga}-V_{Ga}$ 的浓度要比 V_{Ga} 低很多，但它在极端条件下仍然会出现。根据计算结果，与 H 原子结合会使形成能大致降低 2 eV，与 Ga 空位类似，H 原子不会稳定存在于 Ga 中心处，而是

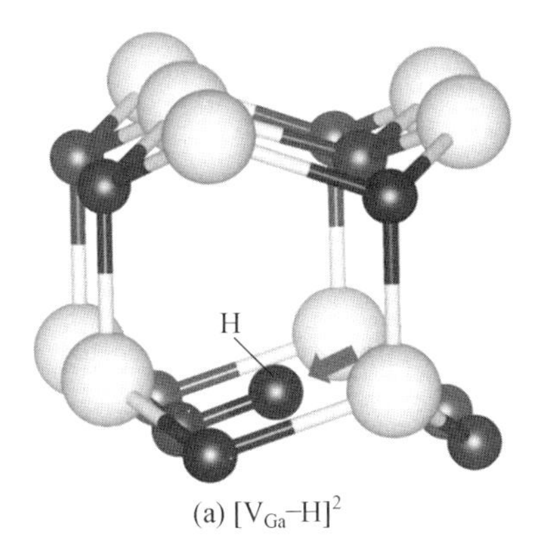

(a) $[V_{Ga}-H]^{2}$

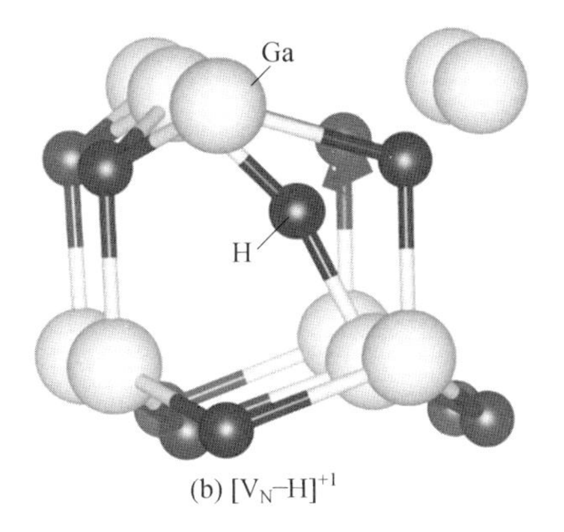

(b) $[V_N-H]^{+1}$

图 3.52 结构$[V_{Ga}-H]^{-2}$和$[V_N-H]^{+1}$(黑色球除标注外,其余为 N 原子)

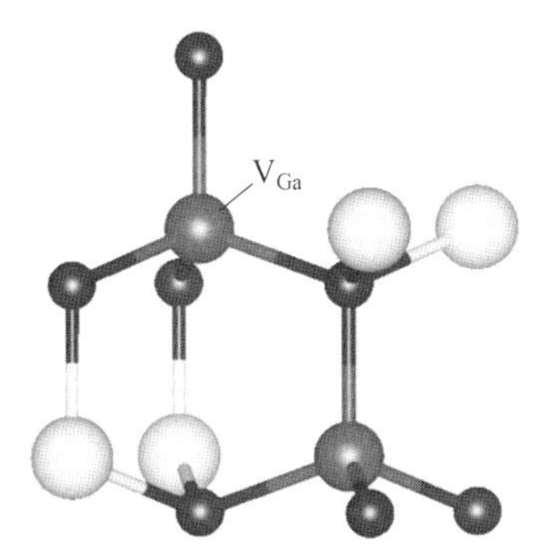

(a) 两个Ga空位连在同一个N原子上

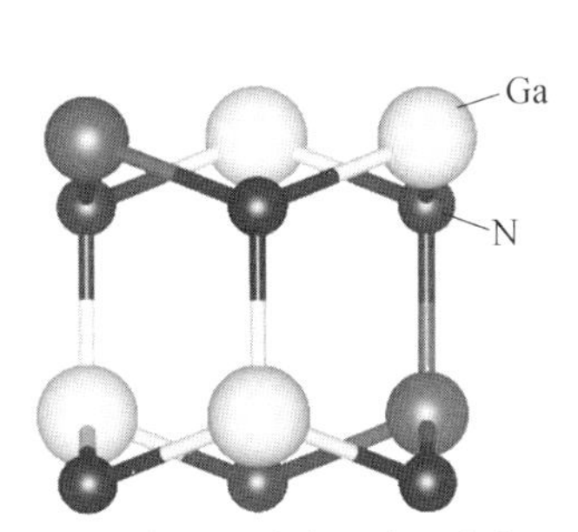

(b) 两个Ga不共享一个N原子

图 3.53 V_{Ga}双空位结构

会靠近周围的 N 原子。

与 $V_{Ga}-V_{Ga}$类似,V_N-V_N 也研究了两种不同的结构,包括共享同一 Ga 原子和不共享同一 Ga 原子的两个氮空位。这两种结构的形成能如图 3.55 所示,当费米能级接近价带顶时,两种结构的形成能相同,而在接近导带时,连在同一个 Ga 原子的两个 N 空位形成能更低。当费米能级低于 $E_V+0.7$ eV 时,V_N-V_N-H 的形成能比 V_N-V_N 更低,因此,改变费米能级可能导致脱氢或氢的复合。另一个不同点是 V_N-V_N-H 在 p 型 GaN 中是+3 电荷态而 V_N-V_N 是+2电荷态。

如图 3.56(a)和(b)所示,同样考虑了两种 $V_{Ga}-V_N$ 结构,在完全弛豫之后,计算了它们的缺陷形成能,如图 3.57(a)所示。当费米能级接近价带时,BC 位置的形成能略低于 AB 位置的,当费米能级接近导带时,两种结构中的形成能相似。考虑了 $V_{Ga}-V_N$ 中两种加 H 的结构,在 Ga 空位中加 H($H_{Ga}-V_N$)和在 N 空位中加 H(H_N-V_{Ga}),并在图 3.57(b)中示出了它们的缺陷形成能。发现 H 在 Ga 空位和 N 空位中这两种结构都会降低形成能,而 $H_{Ga}-V_N$ 的形成能要低于

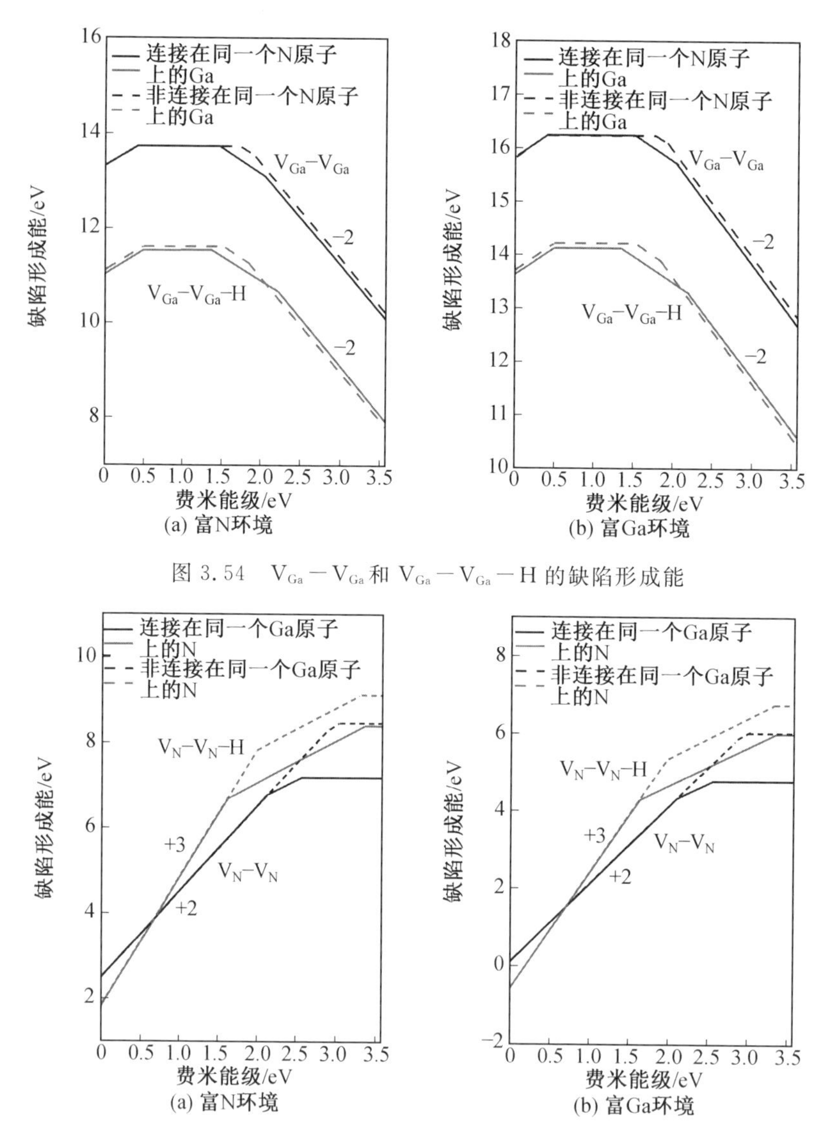

图 3.54　$V_{Ga}-V_{Ga}$和 $V_{Ga}-V_{Ga}-H$ 的缺陷形成能

图 3.55　V_N-V_N和 V_N-V_N-H 的缺陷形成能

H_N-V_{Ga}的形成能，这意味着 H 在稳态下优先结合到镓空位。

对于 H_i 缺陷的 +1 电荷态，最稳定的位置如图 3.58(a)所示。H 和 N 之间的距离(d_{H-N})是 1.01 Å，而 H 和 Ga(d_{H-Ga})之间的距离为 1.93 Å。Ga 原子被 H 原子向下推接近 3 个 N 原子形成的平面上。对于 0(中性)和 −1 电荷态，H 取八面体填隙位置。图(b)、(c)分别是 0 和 −1 电荷态的结构。对于中性态，H 和 N 的平均距离是 2.28 Å，而对于 −1 电荷态，H、N 之间的平均距离是 2.33 Å。

针对不同电荷状态下 H_i 的形成能计算结果如图 3.59 所示。H_i^{+1} 在 VBM

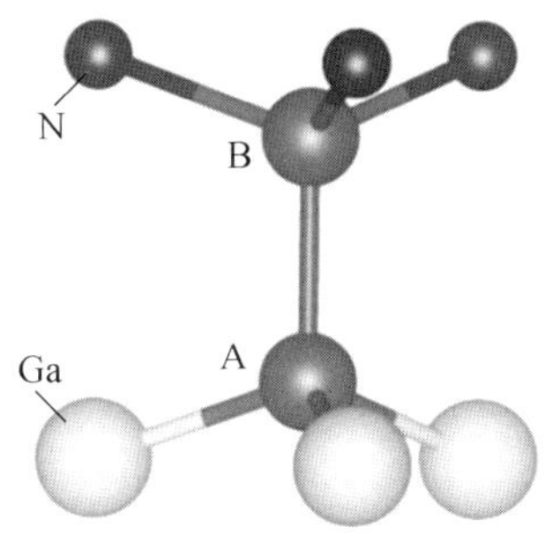

(a) 空位在A和B的位置

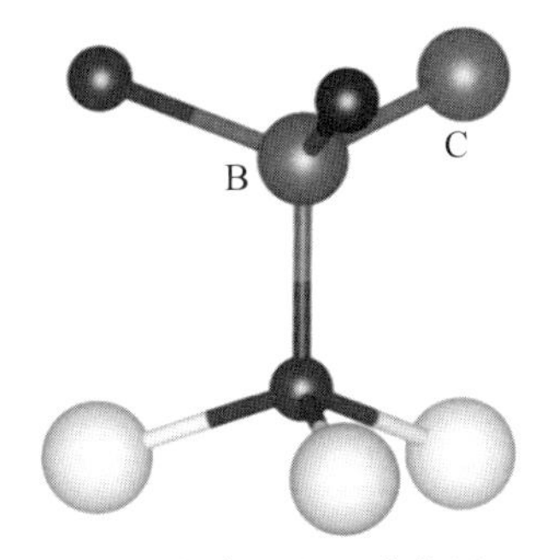

(b) 空位在B和C的位置

图 3.56　$V_{Ga}-V_N$ 的结构

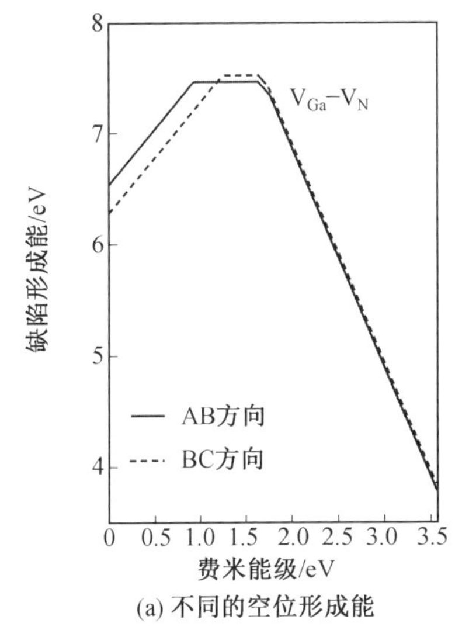

(a) 不同的空位形成能

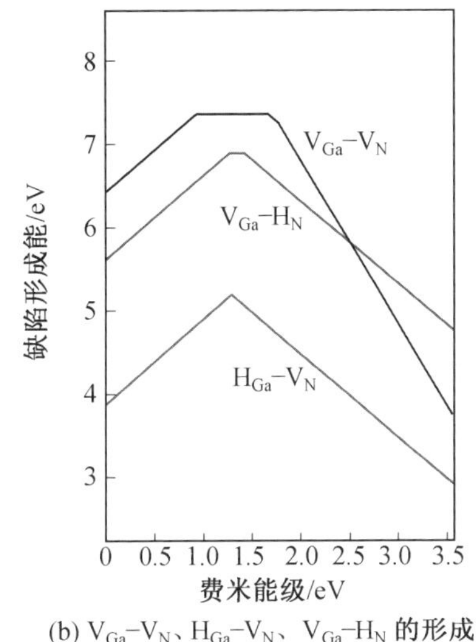

(b) $V_{Ga}-V_N$、$H_{Ga}-V_N$、$V_{Ga}-H_N$ 的形成能

图 3.57　GaN 中不同类型缺陷的形成能

2.95 eV以内是最稳定的状态，而当费米能级大于 2.95 eV 时，H_i^{-1} 成为最稳定的状态。考虑 H_2 分子作为 GaN 内氢间隙的一种可能形式。选择八面体和四面体位置作为 H_2 分子的初始位置，并设定其完全弛豫。可以发现，在所有费米能级下，只有中性电荷态是最稳定的，如图 3.59 中 H_2 线所示。其结构如图 3.58(d)所示，H_2 平行于晶体的 001 方向。H_2^0 的形成能比 H_i^0 更低，但却不是最稳定的状态，因为它的形成能一直高于 H_2^{+1} 和 H_2^{-1}。事实上，在应力、高压或高温下进行氢处理后，器件和材料中的缺陷会与氢相互作用。

一个相关的问题是，此类复合物是否可能在氮化镓中形成。表 3.2 列出了上述所有缺陷在 n 型条件下($E_F=3.5$ eV)的形成能以及复合缺陷的结合能。由表可见，$(V_{Ga}-V_{Ga})^{2-}$ 和$(V_N-H)^+$ 缺陷对的结合能为负，这意味着这两个缺陷在平衡状态下不会自发产生，然而，复合物的形成并不总是在平衡条件下发生，

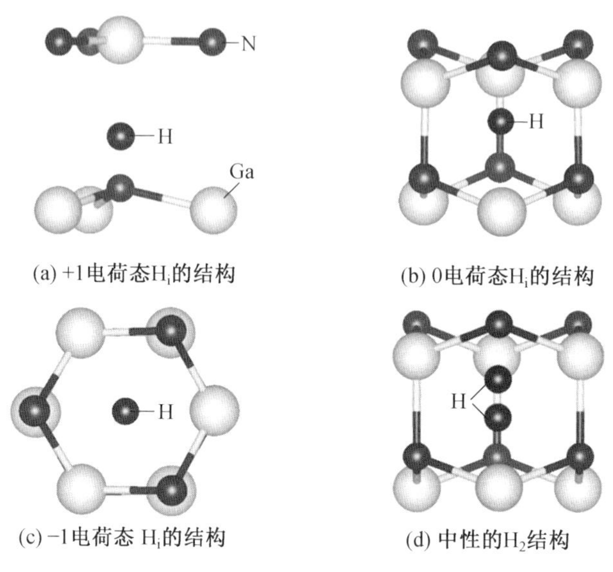

图 3.58　不同含 H 缺陷结构

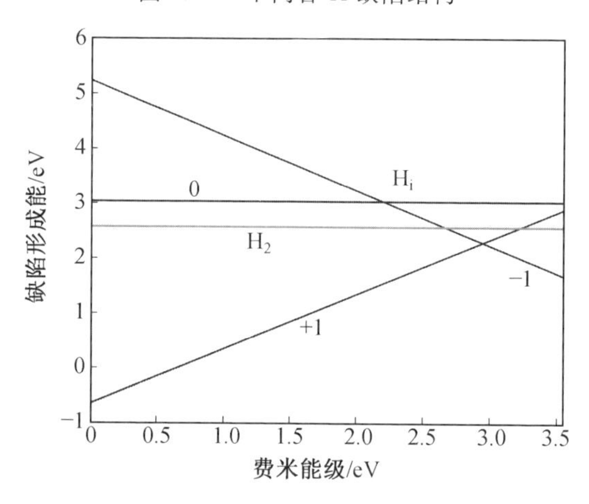

图 3.59　H_i和 H_2的缺陷形成能

在生长、辐射或注入过程中，当其中一种成分基本上冻结时，会出现特殊情况。这些复合物不稳定，可能在退火或电离效应中分离开来。后者被发现激活了AlGaN/GaN HEMT 中的缺陷。$(V_{Ga}-H)^{2+}$ 表现出极小的形成能和很大的结合能，具有该特性的缺陷可能稳定并且浓度较大。一般来说，GaN 中的双空位具有较高的形成能，并且在平衡状态下的浓度预计会非常低，这与硅中的情况相反，但是这些缺陷在辐射或其他极端环境下需要加以考虑，H 与大多数缺陷的结合可以降低形成能，复合物也可以稳定存在。

表 3.2 本征缺陷以及含 H 缺陷的形成能与结合能

缺陷类型	缺陷形成能/eV	缺陷结合能/eV
V_{Ga}^{3-}	2.5	
V_N^+	4.4	
$(V_{Ga}-V_{Ga})^{2-}$	10.1	−0.19
$(V_N-V_N)^0$	7.16	1.72
$(V_{Ga}-V_N)^{2-}$	3.8	3.07
$(V_{Ga}-H)^{2-}$	0.92	4.62
$(V_N-H)^+$	8.74	−1.35
$(V_{Ga}-V_{Ga}-H)^{2-}$	7.92	5.18
$(V_N-V_N-H)^0$	8.38	1.81
$(H_{Ga}-V_N)^-$	2.91	3.78
$(V_{Ga}-H_N)^-$	4.78	1.91

GaN 中几种常见的杂质缺陷和含 H 填隙材料的复合缺陷，如 C_N、C_{Ga}、C_N-H_i 和 $C_{Ga}-H_i$ 的缺陷形成能如图 3.60 所示。可以看出，在费米能级接近价带顶时 C_N 的形成能要低于 C_{Ga}，而当费米能级接近导带时 C_N 的形成能更高。这意味着不同生长条件下的缺陷浓度将随平衡条件而变化。在 n 型 GaN 中，与 H 结合后，C_N 的形成能增加，负电荷态 C_N^- 变成了中性态$(C_N-H)^0$，这可能是氮化镓材料或 HEMT 器件中钝化的一种可能条件，导致阈值电压负偏移。相反，C_{Ga} 缺陷在结合 H 后形成能降低，正的电荷态 C_{Ga}^{+1} 变成了中性态$(C_{Ga}-H)^-$。在 p 型 GaN 中，$(C_{Ga}-H)^{2+}$ 比 C_{Ga}的形成能更低，因此当材料中同时存在 H 和 C 缺陷时，$(C_{Ga}-H)^{2+}$ 缺陷的形成需要考虑。跃迁能级 $C_N(-/0)$和 $C_N-H_i(-/0)$ 分别为 $E_V+0.23$ eV 和 $E_V+0.1$ eV，而其他缺陷结构的跃迁能级都是带隙中的深能级。

O_N、O_{Ga}、O_N-H_i和 $O_{Ga}-H_i$ 的缺陷形成能如图 3.61 所示，由图可见，无论是富 N 还是富 Ga 条件下，在能量上 O_N 比 O_{Ga}更容易形成，因此，氧杂质通常以 O_N 的形式存在。与 H 结合后，O_N 的形成能增加，O_N 的跃迁能级$\varepsilon(+1/0)$位于 $E_C-0.25$ eV 并且在 n 型 GaN 中表现为较浅的施主缺陷，而与 H 结合后，跃迁能级会变得更深($E_C-1.65$ eV)。这种转换被认为是 GaN HEMT 器件钝化和电离的原因之一。当费米能级接近导带时，O_{Ga}带负电，缺陷与 H 的结合将降低其形成能，然而，由于其形成能较高，在稳态生长下浓度较低。

Si_N、Si_{Ga}、Si_N-H_i和 $Si_{Ga}-H_i$ 的缺陷形成能如图 3.62 所示，可以看到，无论

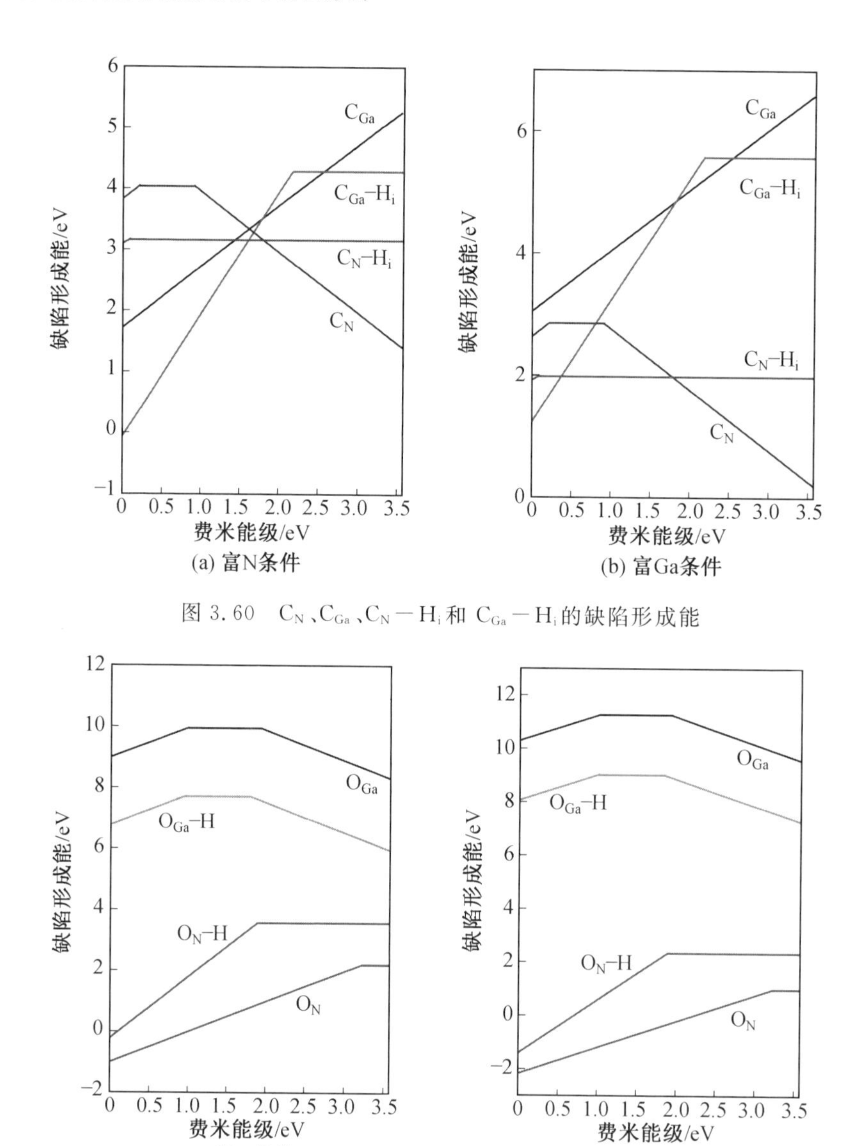

图 3.60 C_N、C_{Ga}、C_N-H_i和 $C_{Ga}-H_i$的缺陷形成能

图 3.61 O_N、O_{Ga}、O_N-H_i和 $O_{Ga}-H_i$ 的缺陷形成能

是富 N 还是富 Ga 条件下，Si_{Ga}都比 Si_N 具有更低的形成能，且无论是 n 型还是 p 型 GaN 中，Si 杂质都更容易以 Si_{Ga}的形式存在，由于形成能很低，其浓度可能很大。Si_{Ga}的跃迁能级位于 $E_C-0.25$ eV，是一个浅施主缺陷，而当与 H 结合后，它的形成能升高且跃迁能级变深 E_C-2 eV，同样 Si_N 缺陷在结合 H 后形成能也增高了。

上述缺陷和复合物在 n 型条件下($E_F=3.5$ eV)的形成能与结合能见表 3.3。

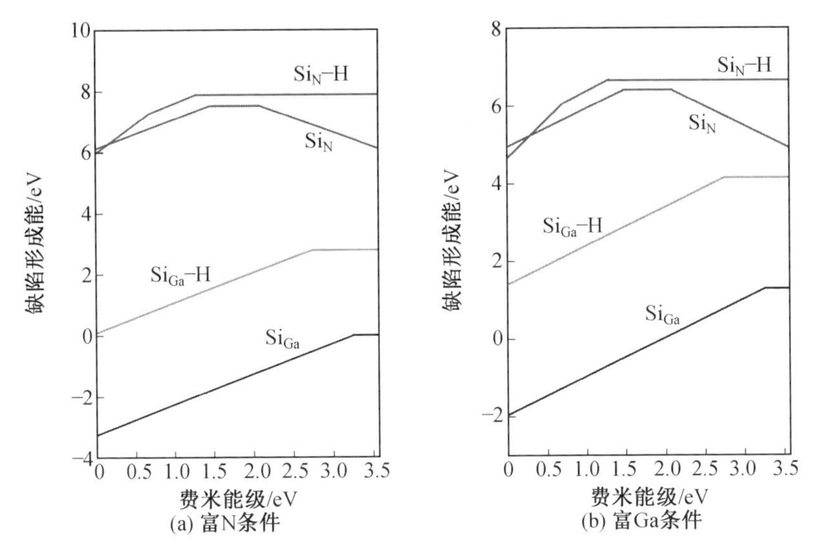

图 3.62 Si_N、Si_{Ga}、Si_N-H_i 和 $Si_{Ga}-H_i$ 的缺陷形成能

C_N^-、O_N^0 和 Si_{Ga}^0 都表现出比其他缺陷更低的形成能，而这 3 种缺陷在引入 H 之后形成能升高，$(C_N-H_i)^0$ 和 $(O_N-H_i)^0$ 表现出较低的结合能和不是很高的形成能。在 n 型材料中，这两种缺陷在脱氢后会从中性变为负电荷。在 GaN HEMT 器件的电离损伤中，器件的阈值电压负移和二维电子气浓度增加，这两种缺陷的脱氢可能是电离损伤的原因之一。

表 3.3 杂质缺陷以及复合缺陷的形成能与结合能

缺陷类型	缺陷形成能/eV	缺陷结合能/eV
C_N^-	1.4	—
C_{Ga}^+	5.28	—
O_N^0	2.19	—
O_{Ga}^-	8.36	—
Si_N^-	6.13	—
Si_{Ga}^0	0.01	—
$(C_N-H_i)^0$	3.16	1.13
$(C_{Ga}-H_i)^0$	4.28	2.69
$(O_N-H_i)^0$	3.56	1.68
$(O_{Ga}-H_i)^-$	5.97	4.08
$(Si_N-H_i)^0$	7.9	1.12
$(Si_{Ga}-H_i)^0$	2.82	0.23

GaN 半导体材料中主要缺陷跃迁能级如图 3.63 所示。

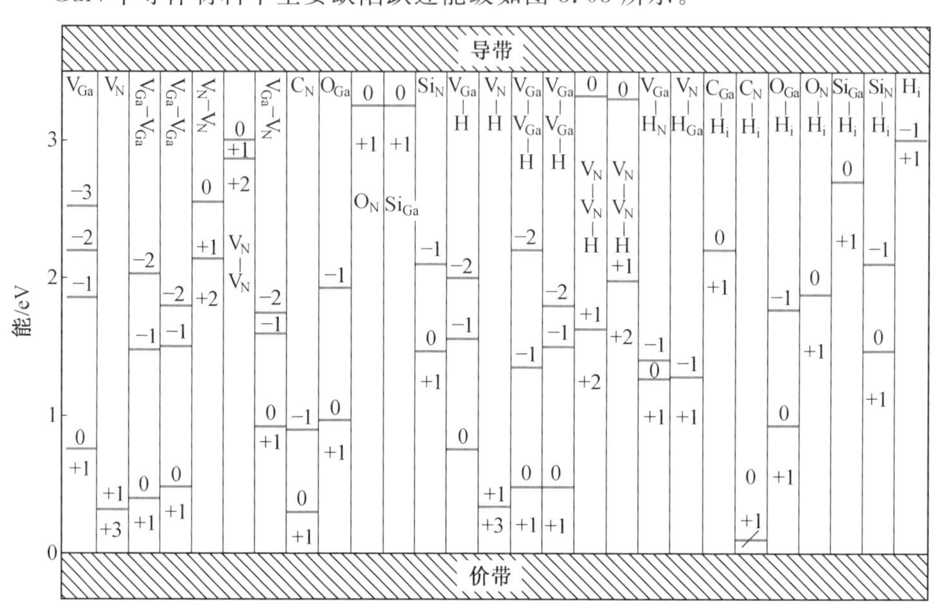

图 3.63 GaN 带隙中空位缺陷的电荷跃迁能级

3.4.3 Ga_2O_3 单晶材料

电子设备中的信息传递主要源于自由载流子传输，这不可避免地被半导体中存在的缺陷所捕获。点缺陷，尤其是高电活性缺陷，对材料的电学和光学性能及器件应用具有决定性的影响。材料的大临界场强可因缺陷的存在而破坏，深能级缺陷会严重降低深紫外透明导电氧化物（TCOs）的光学性能，因此，研究这些缺陷对于揭示它们对（光）电子器件性能和可靠性的影响是必要的。β 相氧化镓的优异特性催生了应用潜力巨大的器件，如高压场效应晶体管、日盲紫外光电探测器等。$\beta-Ga_2O_3$ 晶体在生长过程中容易形成各种本征缺陷，如 V_O、V_{Ga}、O_i、Ga_i等，通常将非掺杂引入的缺陷称为本征缺陷。考虑到 $\beta-Ga_2O_3$ 未来在空间环境中的实际应用，高能粒子辐照会诱发更复杂的缺陷而影响设备的可靠性。第一性原理计算已被用来有效地模拟 $\beta-Ga_2O_3$ 中的缺陷。但在过去的几十年里，辐照诱导缺陷复合物的重要性一直被忽视，在今后的缺陷表征研究中值得特别关注。

$\beta-Ga_2O_3$ 具有两个不等价的 Ga 位点（$Ga_{Ⅰ}$，$Ga_{Ⅱ}$）和 3 个不等价的 O 位点（$O_{Ⅰ}$，$O_{Ⅱ}$，$O_{Ⅲ}$），因此本征缺陷（点缺陷和涉及它们的复合物）比传统半导体更复杂。为了更好地分析它们，可归类为四面体配位 $Ga_{Ⅰ}$（连接 1 个 $O_{Ⅰ}$，2 个 $O_{Ⅱ}$，1 个 $O_{Ⅲ}$）、八面体配位 $Ga_{Ⅱ}$（连接 2 个 $O_{Ⅰ}$，1 个 $O_{Ⅱ}$，3 个 $O_{Ⅲ}$）、三配位 $O_{Ⅰ}$（连接 2

个 $Ga_{Ⅰ}$，1 个 $Ga_{Ⅱ}$）、$O_{Ⅱ}$（连接 2 个 $Ga_{Ⅱ}$，1 个 $Ga_{Ⅰ}$）和四配位 $O_{Ⅲ}$（连接 3 个 $Ga_{Ⅱ}$，1 个 $Ga_{Ⅰ}$），分别如图 3.64 所示。单空位缺陷，包括 $V_{OⅠ}$、$V_{OⅡ}$、$V_{OⅢ}$、$V_{GaⅠ}$ 和 $V_{GaⅡ}$。根据材料结构对称性，可构建出 6 个不等价的 O 双空位，包括：$V_{OⅠ}-V_{OⅠ}$、$V_{OⅠ}-V_{OⅡ}$、$V_{OⅠ}-V_{OⅢ}$、$V_{OⅡ}-V_{OⅡ}$、$V_{OⅡ}-V_{OⅢ}$ 和 $V_{OⅢ}-V_{OⅢ}$，Ga 双空位只有一种 $V_{GaⅠ}-V_{GaⅡ}$，6 个不等价的 Ga—O 双空位，包括 $V_{GaⅠ}-V_{OⅠ}$、$V_{GaⅠ}-V_{OⅡ}$、$V_{GaⅠ}-V_{OⅢ}$、$V_{GaⅡ}-V_{OⅠ}$、$V_{GaⅡ}-V_{OⅡ}$ 和 $V_{GaⅡ}-V_{OⅢ}$，6 个不等价的 Ga—O 三空位，包括 $V_{GaⅠ}-2V_{OⅠ}$、$V_{GaⅠ}-2V_{OⅡ}$、$V_{GaⅠ}-2V_{OⅢ}$、$V_{GaⅡ}-2V_{OⅠ}$、$V_{GaⅡ}-2V_{OⅡ}$ 和 $V_{GaⅡ}-2V_{OⅢ}$。

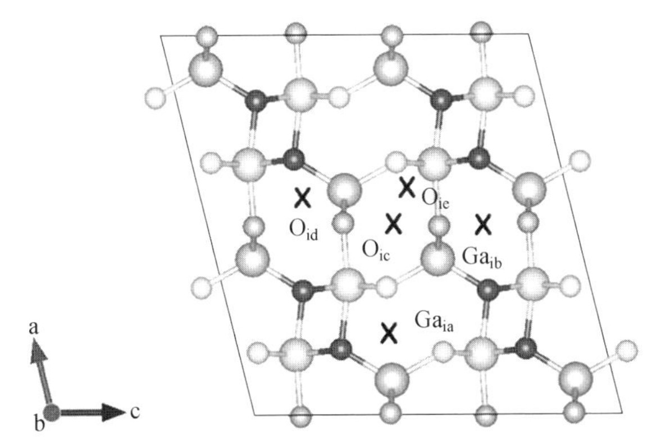

图 3.64　[010] 晶向的 $\beta-Ga_2O_3$ 超胞

（以黑线勾勒，共包含 160 个原子。用不同颜色突出显示晶体学上不等价的 Ga 和 O 位点，$Ga_{Ⅰ}$ 为蓝色，$Ga_{OⅡ}$ 为绿色，$O_{Ⅰ}$ 为紫色，$O_{OⅡ}$ 为黄色，$O_{OⅢ}$ 为红色）（彩图见附录）

$\beta-Ga_2O_3$ 中空位形成能和跃迁能级计算结果如图 3.65 所示。可以看出，由于不等价位点的几何形状和局域环境不同，每个空位都表现出不同的结果。在整个禁带宽度内，O 空位在富 Ga 极限下的形成能远低于富 O 极限下，如图 3.65(a)、(b)所示。高浓度的 O 空位可以通过提供电子来补偿受体，这可能是难以获得性能良好的 p 型$\beta-Ga_2O_3$ 的原因。预测存在两个稳定的带电状态，相比之下，中性态时 $V_{OⅠ}$的形成能低于 $V_{OⅡ}$ 和 $V_{OⅢ}$ 的形成能，而在 +2 电荷态下则相反。当费米能级接近价带最大值(VBM)时，其优选的电荷态为 +2，并随着费米能级的升高变为中性。$V_{OⅠ}$、$V_{OⅡ}$ 和 $V_{OⅢ}$ 的 $\varepsilon(+2/0)$ 跃迁能级被确定为比 VBM 高 2.40 eV、3.06 eV 和 3.20 eV，暗示它们俘获空穴的能力不同。作为负 U 中心的典型例子，它们的 +1 电荷态在热力学上不稳定，$U=\varepsilon(+1/0)-\varepsilon(+2/+1)$，分别为 −0.53 eV、−0.36 eV、−0.49 eV。相反，Ga 空位更容易在富 O 极限下形成。相比之下，$V_{GaⅠ}$的形成能低于 $V_{GaⅡ}$，表明在实验中易优先生成 $V_{GaⅠ}$。它们的 0、−1、−2 和−3 电荷态在带隙内是稳定的，对于 $V_{GaⅠ}$，跃迁能级 $\varepsilon(0/-1)$、 ε(−1/−2)、ε(−2/−3)比导带最小值(CBM)分别低 2.62 eV、2.45 eV 和 2.05 eV。V_{GaII} 的相应能级则分别比 CBM 低 3.51 eV、2.74 eV 和 2.46 eV。由于配位结构不同,上述跃迁能级位置差异很大,表明俘获电子的能力存在差异。作为深能级缺陷,O 空位和 Ga 空位理论上可以作为电子一空穴复合中心产生补偿效应,这可以利用光致发光(PL)和深能级光谱(DLOS)进行实验证实。

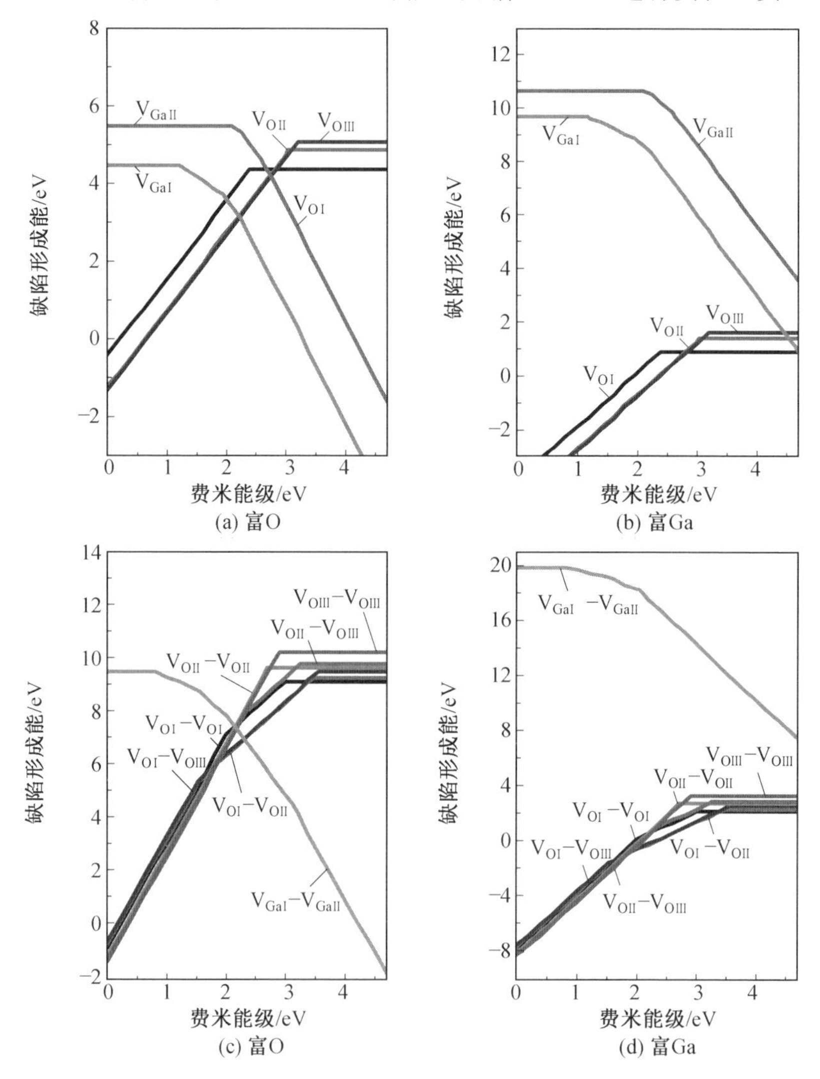

图 3.65 富 O 和富 Ga 条件下 β−Ga_2O_3 中空位缺陷形成能随费米能级的变化(包括单空位、氧双空位、镓双空位、镓一氧双空位和镓一氧三空位。线的斜率代表电荷状态,斜率变化意味着电荷状态的转变)(彩图见附录)

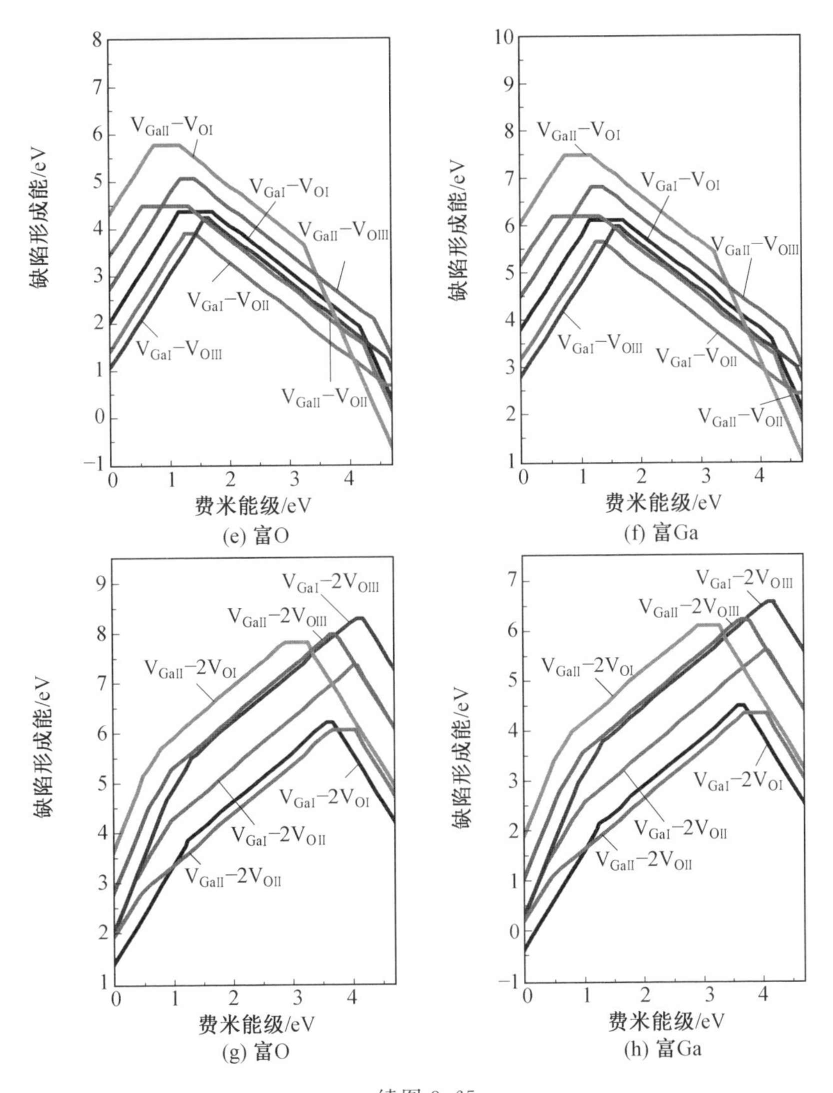

续图 3.65

复合空位缺陷中，富 Ga 极限下的氧双空位具有最低的形成能，如图 3.65(d)所示。在中性态下，$V_{OIII}-V_{OIII}$ 的形成能略高于其他空位，而 +4 电荷态下不等价位点的形成能几乎相同。随着费米能级的升高，$V_{OI}-V_{OI}$、$V_{OI}-V_{OII}$、$V_{OI}-V_{OIII}$ 和 $V_{OII}-V_{OIII}$ 的电荷态跃迁直接从 +4、+2 到 0，这意味着孤立氧空位的负 U 行为全部保留。而 $V_{OII}-V_{OII}$ 和 $V_{OIII}-V_{OIII}$ 可以直接从 +4 电荷态转变为 0 电荷态。它们的 ε(+4/+2)、ε(+2/0) 和 ε(+4/0) 能级远低于 CBM，显然不能在稳态下通过热激发向导带提供电子。此外，富 O 极限下氧双空位和富 O 或富 Ga 极限下镓双空位的形成能都非常高，因此在材料中的密度可以忽略不计。

不等价镓一氧双空位和三空位之间可能存在能量势垒，导致它们的形成能不重叠，如图 3.65(e)～(h)所示。它们在 p 型样品中可以带正电，在 n 型样品中可以带负电，形成能介于 0～8 eV 之间。镓一氧双空位中，$V_{GaI}-V_{OIII}$ 最容易在 +2 电荷态下形成，而 $V_{GaI}-V_{OII}$ 和 $V_{GaII}-V_{OI}$ 分别在 −1 和 −3 电荷态下最容易形成。在中性态下，$V_{GaII}-V_{OI}$、$V_{GaII}-V_{OIII}$ 和 $V_{GaII}-V_{OII}$ 的形成能比其他构型高，更难形成。镓一氧双空位结合了双重供体和三重受体，人们可能期望它充当单一受体。然而，因为保留了氧空位的负 U 行为，所以带隙上部的电荷态从 −1 转变至 −3($V_{GaI}-V_{OII}$ 除外)，ε(−1/−3)能级分别比 CBM 低 0.53 eV、0.10 eV、1.44 eV、0.48 eV 和 0.26 eV。镓一氧三空位可以电离为 +3($V_{GaI}-2V_{OI}$、$V_{GaII}-2V_{OII}$ 不能)、+2、+1、0 和 2−电荷态，产生多个过渡能级。其中，最容易形成的是 $V_{GaI}-2V_{OI}$ 和 $V_{GaII}-2V_{OII}$，而 $V_{GaI}-2V_{OIII}$、$V_{GaII}-2V_{OIII}$、$V_{GaII}-2V_{OI}$ 和 $V_{GaI}-2V_{OII}$ 的形成能远高于它们。$V_{GaI}-2V_{OII}$、$V_{GaI}-2V_{OIII}$、$V_{GaII}-2V_{OI}$ 和 $V_{GaII}-2V_{OIII}$ 的 ε(+3/+2)能级位于 VBM 上方 0.37 eV、0.90 eV、0.51 eV 和 0.57 eV，$V_{GaI}-2V_{OI}$、$V_{GaII}-2V_{OII}$ 的 ε(+2/+1)能级位于 VBM 上方 1.25 eV 和 0.45 eV，表明它们对少数载流子的寿命有害。结合不等价空位缺陷的形成能和跃迁能级的差异，显而易见，$\beta-Ga_2O_3$ 中的缺陷比预期的要复杂得多。

表 3.4 总结了其在各种电荷态下的计算结果。发现随着氧双空位上的净电荷由中性变为正，近邻 Ga 离子表现出向内和显著的向外弛豫(达到 48.39%～77.05%)，在其他研究中也观察到了类似的弛豫。其中，对称 $V_{OI}-V_{OI}$、$V_{OII}-V_{OII}$ 和 $V_{OIII}-V_{OIII}$ 诱导两个近邻 Ga 离子发生完全相同的弛豫。由于中性镓一氧双空位形成的大开放空间，具有小离子尺寸的近邻 O 离子可以略微向空位弛豫，但近邻 Ga 离子将被显著排斥。在与 V_{GaII} 相关双空位中，近邻 Ga 离子表现出 23.80%、26.75% 和 26.61% 的向外弛豫，而 V_{GaI} 相关双空位的近邻 Ga 离子向外弛豫仅为 6.02%、6.99% 和 6.12%。当镓一氧双空位带 −3 电荷时，近邻 Ga 离子会因静电引力而向内弛豫。在中性镓一氧三空位的情况下，V_{GaOII} 相关的三空位也发生更明显的 Ga 离子向外弛豫(达到 44.26%～54.64%)和 O 离子向内弛豫。然而，$V_{GaI}-2V_{OI}$ 中近邻 Ga 离子的向外弛豫也不容小觑，可达 43.72%。随着正电荷态的增加，较大的静电斥力导致近邻 Ga 离子的向外弛豫幅度更大，尤其是 $V_{GaII}-2V_{OII}$ 和 $V_{GaII}-2V_{OIII}$，可以引起两个近邻 Ga 离子发生变化。八面体结构的 Ga_{II} 连接到 6 个近邻 O 离子，因此 Ga_{II} 的损失导致更多的悬空键。涉及 Ga_{II} 离子的缺陷比涉及 Ga_{I} 离子的缺陷引起更大的晶格畸变，因此可以解释它们在图中相对较高的形成能。改变空位缺陷的电荷状态会导致晶格发生显著的结构变化，这可能与带隙中缺陷电子态的变化有关。

表3.4　每个空位缺陷周围的结构弛豫和从缺陷位置到相邻Ga离子的距离百分比(空位缺陷的不同电荷态显示在括号中。+表示离子靠近,−表示离子远离,粗体离子在缺陷结构中被去除)

	NN	距离变化百分比(缺陷电荷态)	
$V_{O\,I}-V_{O\,I}$	Ga14(Ga22)−**O87(O95)**	−4.37(0)	+58.47(+4)
$V_{O\,I}-V_{O\,II}$	Ga14−**O10**	−17.49(0)	+77.05(+4)
$V_{O\,I}-V_{O\,III}$	Ga14−**O46**	−18.28(0)	+70.97(+4)
$V_{O\,II}-V_{O\,II}$	Ga14(Ga22)−**O10(O18)**	−16.94(0)	+53.55(+4)
$V_{O\,II}-V_{O\,III}$	Ga14−**O10**,Ga17−**O49**	−18.03,−17.74(0)	+60.11,+53.23(+4)
$V_{O\,III}-V_{O\,III}$	Ga9(Ga17)−**O41(O49)**	−18.28(0)	+48.39(+4)
$V_{Ga\,I}-V_{O\,I}$	Ga50−**Ga27**	+6.02(0)	−10.84(−3)
$V_{Ga\,I}-V_{O\,II}$	Ga48−**Ga27**	+6.99(0)	−13.68(−3)
$V_{Ga\,I}-V_{O\,III}$	Ga60−**Ga27**	+6.12(0)	−54.13(−3)
$V_{Ga\,II}-V_{O\,I}$	Ga27−**Ga50**	+23.80(0)	−6.02(−3)
$V_{Ga\,II}-V_{O\,II}$	Ga27−**Ga63**	+26.75(0)	−20.97(−3)
$V_{Ga\,II}-V_{O\,III}$	Ga27−**Ga60**	+26.61(0)	−15.90(−3)
$V_{Ga\,I}-2V_{O\,I}$	Ga19−**O82**	+43.72(0)	+28.42(+3)
$V_{Ga\,I}-2V_{O\,II}$	Ga19−**O23**	+16.39(0)	+41.53(+3)
$V_{Ga\,I}-2V_{O\,III}$	Ga19−**O51**	+7.53(0)	+44.62(+3)
$V_{Ga\,II}-2V_{O\,I}$	Ga19−**O67**	+44.26(0)	+59.56(+3)
$V_{Ga\,II}-2V_{O\,II}$	Ga19−**O23**,Ga27−**O31**	+54.64,0(0)	+48.09,+48.09(+3)
$V_{Ga\,II}-2V_{O\,III}$	Ga27−**O59**,Ga19−**O51**	+46.24,0(0)	+44.62,+44.62(+3)

从图3.66中空位缺陷结合能可以发现,氧双空位具有最低的结合能,在−1.5~1 eV之间。其中,$V_{O\,I}-V_{O\,I}$、$V_{O\,I}-V_{O\,II}$、$V_{O\,I}-V_{O\,III}$和$V_{O\,II}-V_{O\,III}$在费米能级处于带隙中心时稳定,但当费米能级接近价带顶时不稳定,而$V_{O\,II}-V_{O\,III}$和$V_{O\,III}-V_{O\,III}$在整个带隙内都是不稳定的。氧双空位在富Ga极限下具有极低的形成能,但由于其不稳定性,很容易重新分离成两个孤立的氧空位。镓双空位的结合能在n型样品中可达−4 eV左右,其形成能高,既不利于形成,也不稳定。当费米能级处于带隙中心时,镓−氧双空位和三空位的结合能高达6~8 eV。对于镓−氧双空位,与$V_{Ga\,II}$相关的缺陷比与$V_{Ga\,I}$相关的缺陷具有更高的结合能。在镓−氧三空位中,结合能最高的依次是$V_{Ga\,II}-2V_{O\,II}$、$V_{Ga\,I}-2V_{O\,I}$、

$V_{GaII}-2V_{OI}$、$V_{GaII}-2V_{OIII}$、$V_{GaI}-2V_{OII}$ 和 $V_{GaI}-2V_{OIII}$。即使在 n 型或 p 型样品中，镓一氧复合空位的结合能范围也在 0～4 eV，因此具有高的热稳定性。考虑到镓空位和氧空位的受体和供体特性，可以想象它们会迁移和络合以形成稳定的空位对，从而使其高结合能合理化。尽管它们具有大晶格畸变和高形成能，但仍可能在辐照或离子注入后产生，并在 $\beta-Ga_2O_3$ 的辐照损伤中起重要作用。

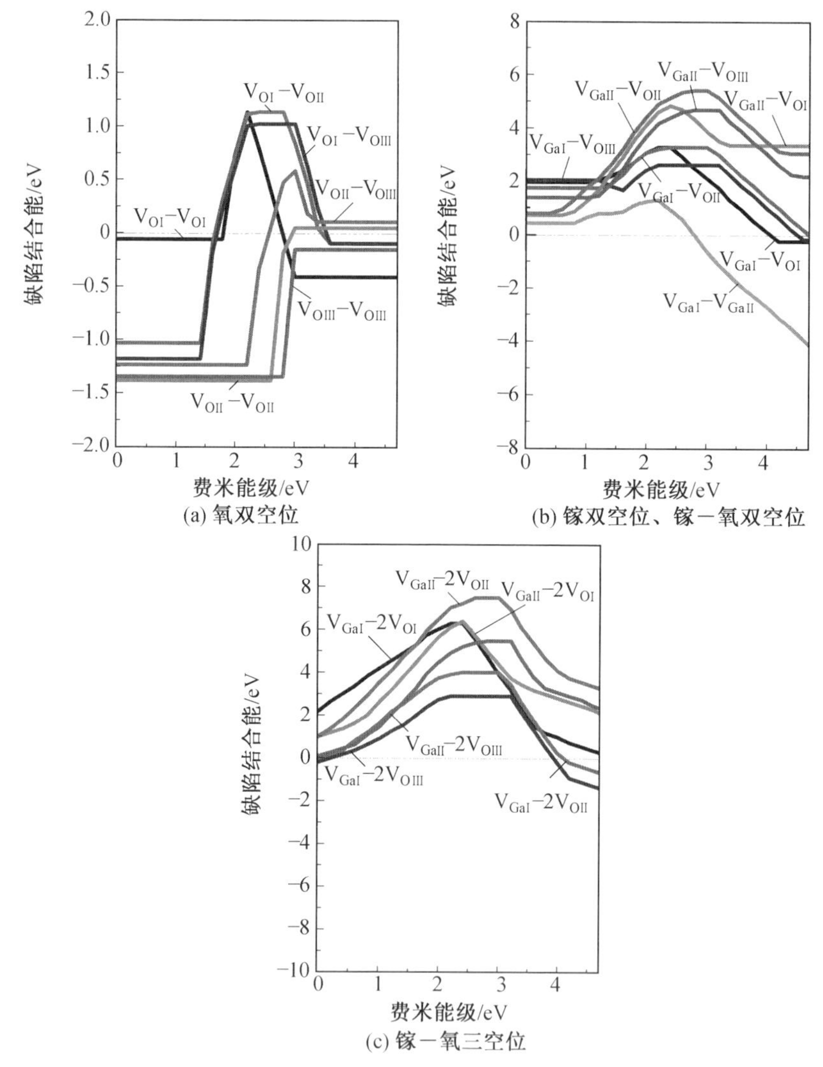

图 3.66 $\beta-Ga_2O_3$ 中空位缺陷的结合能 E_b 随费米能级的变化

根据以上计算结果，$\beta-Ga_2O_3$ 主要缺陷跃迁能级被列在图 3.67 中。

间隙位置非常随机，因此根据 Jared M J 等人提供的 STEM 实验结果进行了计算。Ga_i 有两个可能的位点（定义为 Ga_{ia}、Ga_{ib}），O_i 有三个可能的位点（定义

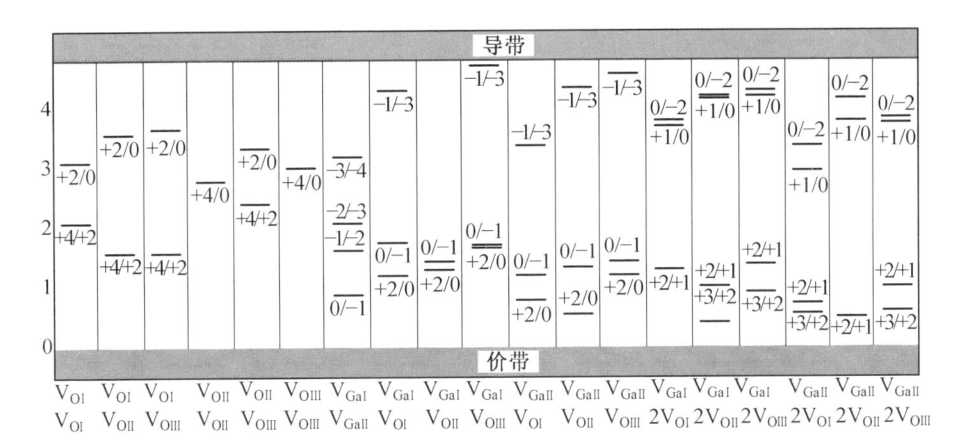

图 3.67　$\beta-Ga_2O_3$带隙中空位缺陷的电荷跃迁能级

为 O_{ic}、O_{id}和 O_{ie})，Ga_i和 O_i在室温下具有高迁移率，因此在每个位点的[010]晶向上选择三个等距位置进行计算。计算得到 $\beta-Ga_2O_3$中间隙缺陷的形成能和跃迁能级如图 3.68 所示。可以发现，在[010]晶向上，每个不等价位点处三个位置的形成能是相同的。O_i具有对应于不等价位点的不同形成能和跃迁能级。其中，中性 O_{id}的形成能远低于 O_{ic}和 O_{ie}，在富 O 条件下更容易形成。O_{id}的 ε(0/−2)和 O_{ic}中的 ε(0/−1)、ε(−1/−2)过渡态分别比 CBM 低 0.79 eV、1.24 eV 和 0.64 eV，意味着它们可产生空穴来补偿具有 n 型掺杂的额外载流子。另一方面，它们在 VBM 附近是中性的，因此不会触发本征 p 型掺杂。O_{ie}几乎不发生电离并且具有极高的形成能，因此预计其平衡浓度极低并且不太可能与 $\beta-Ga_2O_3$的性质相关。此外，O_i可以在室温下迅速扩散或与氧空位等一起湮灭，因此它可能仅有助于短寿命的载流子补偿效应。不等价位点 Ga_i的形成能和跃迁能级完全相同。它们的 ε(+3/+1)能级位于 VBM 上方 3.93 eV 处，在富 Ga 条件下往往具有较高的平衡浓度。与 O_i和 V_O弗伦克尔对湮灭类似，Ga_i也有望在更高温度(400 K)下扩散并与 Ga 空位一起湮灭，这也是载流子恢复动力学的关键因素。结果还发现，O_i^{1-}(O_{id}位点)和 Ga_i^{2+} 是亚稳态的，会立即转变为其他电荷状态，表明 O_i^{1-} 和 Ga_i^{2+} 表现出负 U 特性，U 分别为 −0.48、−0.89 eV。

以往的研究中，本征反位缺陷通常被认为是高能缺陷。为此，计算了不同电荷态的反位缺陷形成能，如图 3.69 所示，由此可以确定它们的跃迁能级和结合能。

如图 3.69 所示，三个不等价 Ga_O位点都表现出与 Ga_i相似的施主行为，其中 Ga_{OII} 最容易形成，而 Ga_{OI} 具有最高的形成能。它们的 ε(+3/+1)能级分别位于 VBM 上方 3.09 eV、3.82 eV 和 3.67 eV，Ga_{OI}还可以产生一个距离 CBM 仅

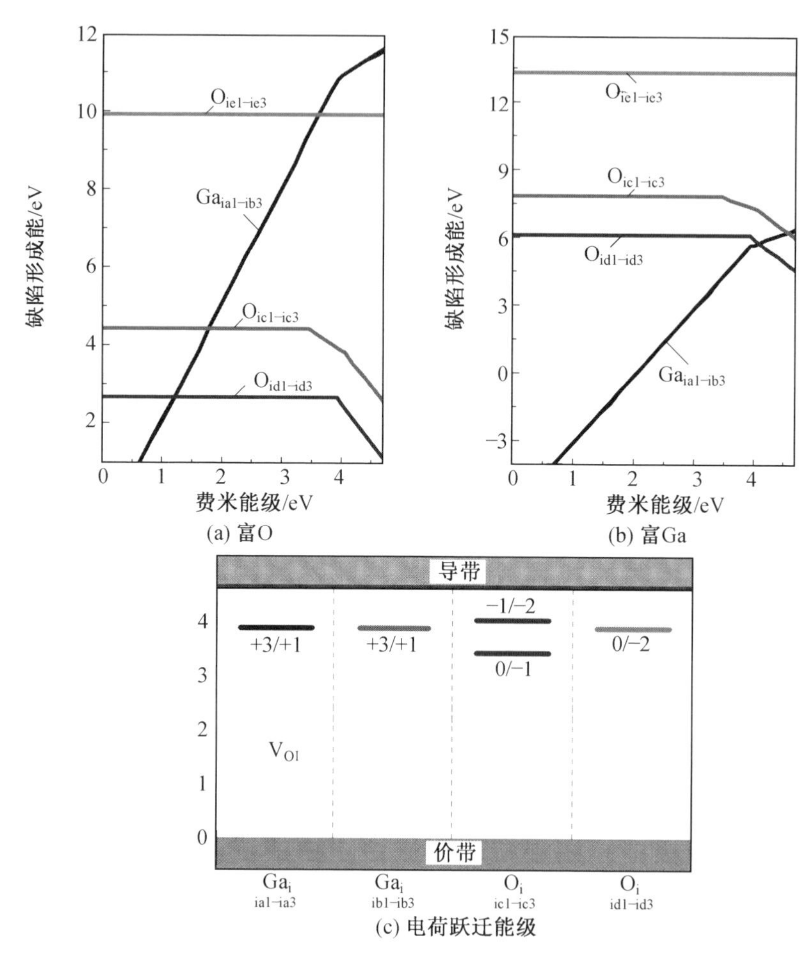

图 3.68　富 O、富 Ga 条件下 $\beta-Ga_2O_3$ 中间隙缺陷的形成能随费米能级的变化和在带隙中的电荷跃迁能级（ia、ib、ic、id、ie 代表不同的间隙位点，1～3 是同一位点的 3 个等距位置）

0.12 eV 的 ε(+1/0)能级。由两个 Ga_{OII} 组成的 Ga_O-Ga_O 可以在位于 VBM 上方 1.15 eV、2.71 eV、3.29 eV 和 4.04 eV 处产生 ε(+7/+5)、ε(+5/+3)、ε(+3/+1)和 ε(+1/0)能级。在富 Ga 极限下，Ga_O 和 Ga_O-Ga_O 在 p 型 $\beta-Ga_2O_3$ 中均具有极低的形成能，对少数载流子寿命有害。作为两性缺陷，当费米能级分别接近 VBM 和 CBM 时，O_{Ga} 分别充当单供体和三受体。对于更容易形成的 O_{GaI}，ε(+1/0)、ε(0/−1)和 ε(−1/−3)能级分别位于 CBM 下方 3.49 eV、3.01 eV和 0.24 eV。相应地，O_{GaII} 的这些能级位于 CBM 下方 3.54 eV、3.11 eV 和 0.81 eV。由两个 O_{GaI} 组成的 $O_{Ga}-O_{Ga}$ 可以产生供体能级 ε(+2/+1)、ε(+1/0)和受体能级 ε(0/−1)、ε(−1/−3)、ε(−3/−5)，分别位于 VBM 上方

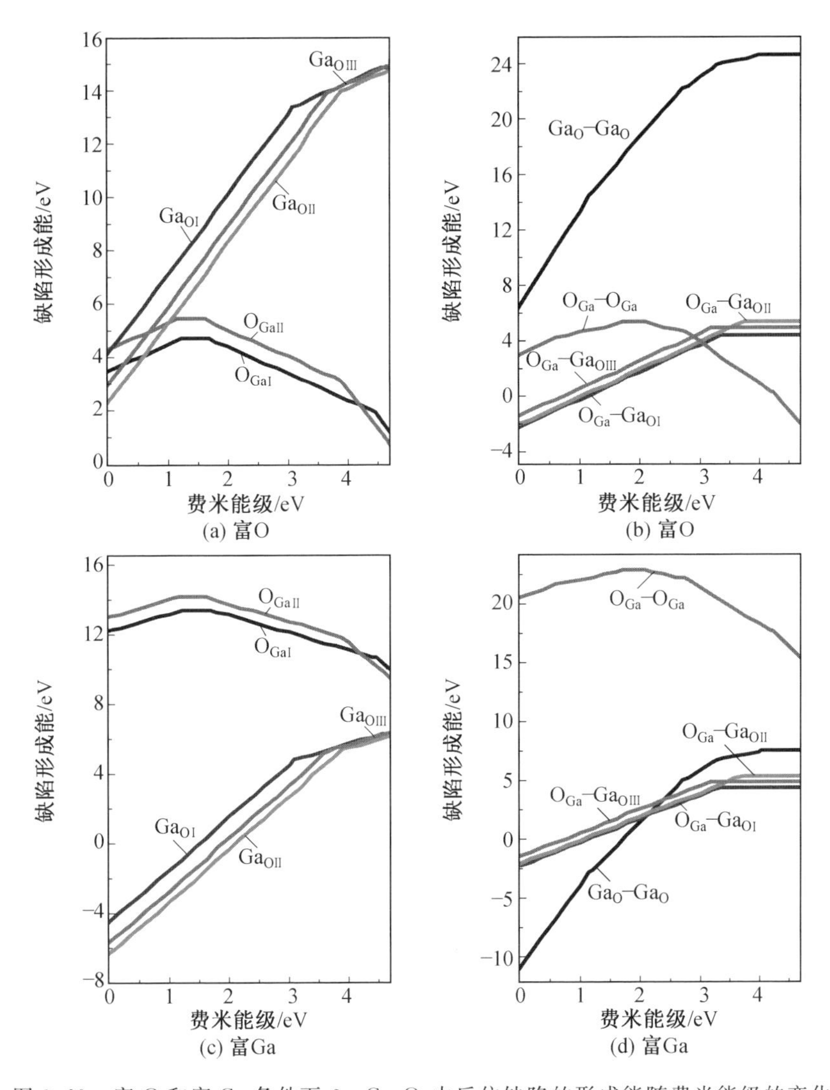

图3.69 富O和富Ga条件下β—Ga_2O_3中反位缺陷的形成能随费米能级的变化

0.58 eV、1.73 eV和CBM下方2.62 eV、1.95 eV、0.46 eV。由于O_{Ga}具有不依赖于化学势的高形成能，因此O_{Ga}—O_{Ga}在富O条件下的n型β—Ga_2O_3中具有较低的形成能，预测可能存在。不等价O_{Ga}—Ga_O位点的形成能略有不同，在p型β—Ga_2O_3中很容易形成，因此具有补偿受主的能力。它们的ε(+2/0)能级分别位于VBM上方3.34 eV、3.75 eV和3.19 eV，因为太深而无法在n型导电性中发挥作用。富O极限下Ga_O、Ga_O—Ga_O和富Ga极限下O_{Ga}、O_{Ga}—O_{Ga}都具有极高的形成能，同样适用于富O极限下Ga_i和富Ga极限下V_{Ga}。可以用Ga和O的共价半径不匹配来解释，即引入或取代大的Ga原子时，晶格畸变大，导致周

围其他原子远离缺陷。例如，发现 Ga_O-Ga_O中的反位 Ga 在弛豫后都被相应的V_O排斥。然而，$O_{Ga}-Ga_O$构型例外，其在 +2 电荷态弛豫后，反位 O 或 Ga 向V_O或 V_{Ga}弛豫，表明有变回完美 $\beta-Ga_2O_3$ 的趋势。结合图 3.70(b)中的结合能，可确认具有大畸变的 Ga_O-Ga_O不能稳定存在。$O_{Ga}-Ga_O$构型的高结合能和相对较低的形成能表明它们在 $\beta-Ga_2O_3$ 材料和器件中的作用值得关注。

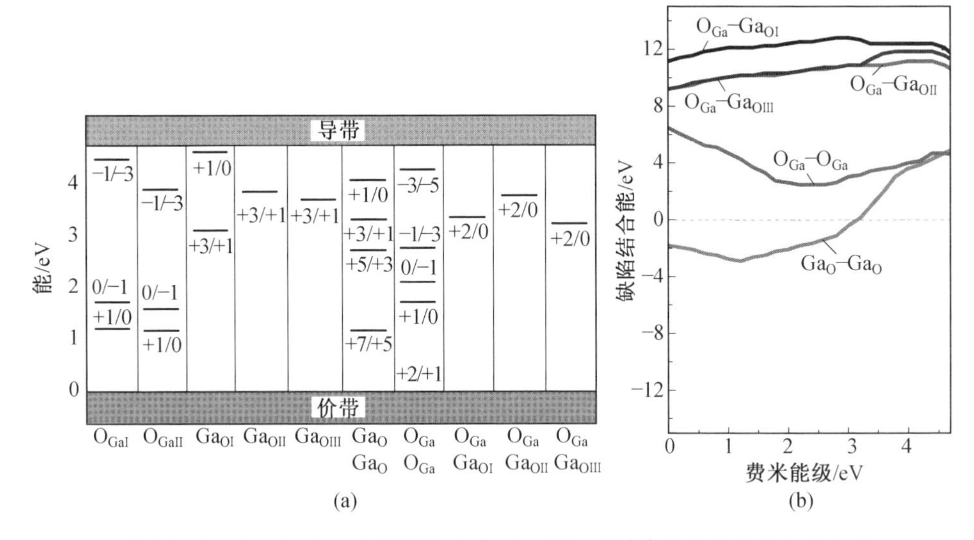

图 3.70 $\beta-Ga_2O_3$ 中反位缺陷的电荷跃迁能级和结合能随费米能级的变化

间隙－空位(I－V)复合物包括 $Ga_i-V_{O\,I}$、$Ga_i-V_{O\,II}$、$Ga_i-V_{O\,III}$、$Ga_i-V_{Ga\,I}$、$Ga_i-V_{GaO\,II}$、$O_i-V_{O\,I}$、$O_i-V_{O\,II}$、$O_i-V_{O\,III}$、$O_i-V_{Ga\,I}$ 和 $O_i-V_{Ga\,II}$，它们的形成能列于图 3.71 中。

如图 3.71 所示，可见 I－V 和 I－A 复合物在富 O 极限下均具有高形成能，因此自发发生的概率不高。富 Ga 极限下，施主缺陷占主导地位，特别是当费米能级接近 VBM 时，电离的 Ga_i-V_O、Ga_i-Ga_O和 O_i-Ga_O构型具有高密度并成为受主补偿的重要来源。Ga_i-V_O构型在带隙内没有引入负电荷态，并且由于Ga_i和 V_O之间的距离，可以比 Ga_O多出现一个 +5 电荷态。Ga_i-V_{OI}的 $\varepsilon(+5/+3)$和 $\varepsilon(+3/+1)$能级位于 VBM 上方 0.81 eV 和 4.37 eV。对于 $Ga_i-V_{O\,II}$和 $Ga_i-V_{O\,III}$，它们分别位于 VBM 上方 1.64 eV、4.30 eV 和 1.46 eV、3.40 eV，意味着它们俘获空穴的能力差异很大。Ga_i-Ga_O构型可以产生 $\varepsilon(+7/+5)$、$\varepsilon(+5/+3)$和 $\varepsilon(+3/+1)$能级，对于 $Ga_i-Ga_{O\,I}$ 和 $Ga_i-Ga_{O\,II}$，这些能级分别比 VBM 高出 0.85 eV、2.50 eV、4.19 eV 和 1.33 eV、2.91 eV、3.78 eV。$Ga_i-Ga_{O\,III}$还可以产生 $\varepsilon(+1/0)$能级，热力学跃迁分别位于 VBM 上方 0.77 eV(+7/+5)、3.16 eV(+5/+3)、3.38 eV(+3/+1)和 4.16 eV(+1/0)。O_i-Ga_O构型

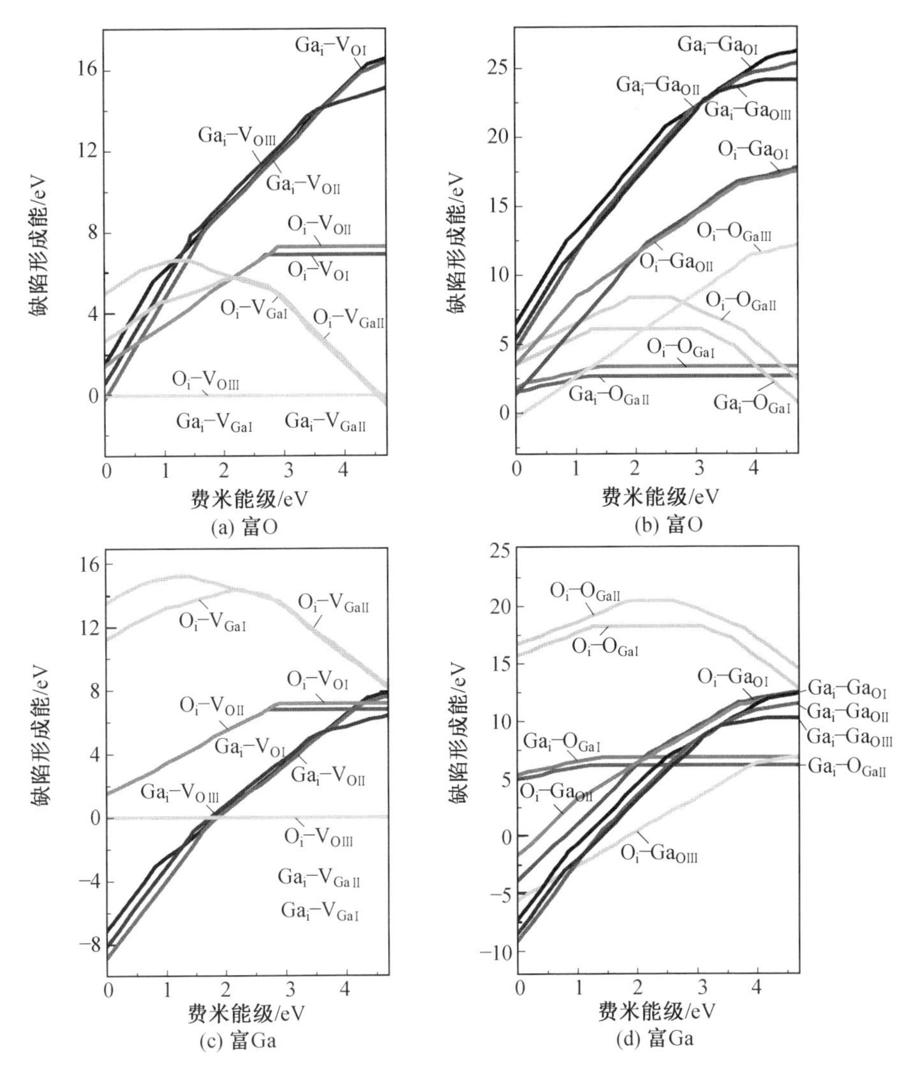

图 3.71　富 O 和富 Ga 条件下 β－Ga_2O_3 中 I－V 和 I－A 复合物的形成能随费米能级的变化(彩图见附录)

具有相对较深的 ε(＋5/＋3)和 ε(＋3/＋1)能级，对于 $O_i-Ga_{OⅠ}$ 和 $O_i-Ga_{OⅡ}$，分别位于 VBM 上方 2.40 eV、3.68 eV 和 1.23 eV、3.71 eV。$O_i-Ga_{OⅢ}$ 的形成能明显低于 $O_i-Ga_{OⅠ}$ 和 $O_i-Ga_{OⅡ}$，与 Ga_{ia} 和 Ga_{ib} 的形成能非常相似且 ε(＋3/＋1)能级与它们仅相差 0.01 eV。除了 $Ga_i-Ga_{OⅢ}$ 在 CBM 以下 0.54 eV 内是中性外，上述缺陷在整个带隙中都是电活性的，这意味着 p 型 β－Ga_2O_3 材料的获取非常困难。此外，$Ga_i-V_{GaⅠ}$、$Ga_i-V_{GaⅡ}$ 和 $O_i-V_{OⅢ}$ 弗伦克尔对的形成能为零(与费米能级无关)，而 $O_i-V_{OⅠ}$、$O_i-V_{OⅡ}$ 的形成能与 $O_i-V_{OⅢ}$ 的形成能完

全不同,呈现深供体特性。

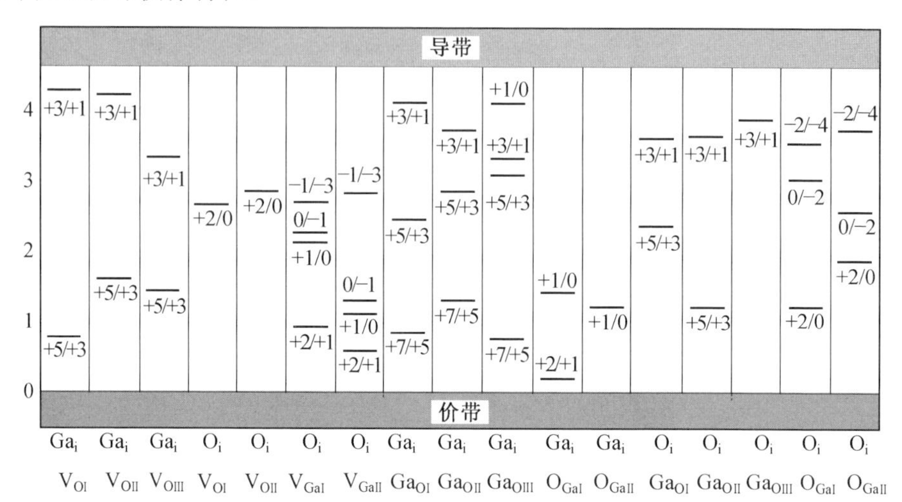

图 3.72 β$-Ga_2O_3$ 带隙 I—V 和 I—A 复合物的电荷跃迁能级

弛豫前后从 I—V 和 I—A 复合物到最近邻的 Ga 离子的键长变化见表 3.5。可以发现,中性 $Ga_i-V_{O\,I}$、$Ga_i-V_{O\,II}$ 和 $Ga_i-V_{O\,III}$ 中近邻 Ga50 离子分别被排斥出 54.86%、61.40% 和 81.45%,而近邻 Ga17 离子的向外弛豫仅为 28.16%、12.87% 和 10.73%。随着正电荷态的增加,较大的静电斥力导致 Ga17 离子的向外弛豫增加至 62.07%、76.00% 和 50.25%。在中性 $Ga_i-Ga_{O\,I}$、$Ga_i-Ga_{O\,II}$ 和 $Ga_i-Ga_{O\,III}$ 弛豫后,Ga_O 中的反位 Ga 偏离相应的 V_O 0.77 Å、1.27 Å、1.61 Å。在 +5 电荷态下,它们的近邻 Ga17 和 Ga50 离子分别向外弛豫 82.82%、73.03%、103.97% 和 50.53%、13.01%、29.09%。如此大的晶格畸变可解释 n 型样品中 Ga_i-V_O 和 Ga_i-Ga_O 构型的极高形成能。在中性和 +5 电荷态下,O_i-Ga_O 构型中近邻 Ga19 离子分别向外弛豫 24.74%、20.61%、62.37% 和 81.13%、17.83%、75.81%。在 $O_i-Ga_{O\,I}$、$O_i-Ga_{O\,II}$ 和 $O_i-Ga_{O\,III}$ 中,O_i 与 $Ga_{O\,I}$、$Ga_{O\,II}$、$Ga_{O\,III}$ 的距离分别为 2.47 Å、3.14 Å 和 1.43 Å。由于 O_i 与 $Ga_{O\,III}$ 距离较近,反位 Ga 被排斥后,O_i 最终可以弛豫回到 $V_{O\,III}$ 附近,因此其形成能低于 $O_i-Ga_{O\,I}$ 和 $O_i-Ga_{O\,II}$。

$Ga_i-V_{Ga\,I}$、$Ga_i-V_{Ga\,II}$ 和 $O_i-V_{O\,III}$ 弗伦克尔对在弛豫后可以恢复为完美晶体,但 $O_i-V_{O\,I}$ 和 $O_i-V_{O\,II}$ 则不能。当 Ga_i 与 $V_{Ga\,I}$、$V_{Ga\,II}$ 之间的距离为 1.77 Å 和 1.74 Å 时,Ga_i 不能在间隙位点以亚稳态存在。当 O_i 和 $V_{O\,III}$ 之间的距离为 0.84 Å时,O_i 可以弛豫回 $V_{O\,III}$,而 O_i 和 $V_{O\,I}$、$V_{O\,II}$ 之间的距离增加到 2.16 Å 和 3.09 Å 时,存在势垒阻止了 O_i 弛豫到相应的 V_O,因此小半径的 O 离子可以以亚稳态存在。这就解释了不同弗伦克尔对的形成能不同。

表3.5 每个I—V和I—A复合物周围的结构弛豫以及从缺陷位置到相邻Ga离子的距离变化百分比(+表示离子靠近,—表示离子远离,I表示缺陷结构中的间隙位置)

	NN	距离变化百分比(缺陷电荷态)	
$Ga_i-V_{O\,I}$	I—Ga17,I—Ga50 I—Ga19(Ga27)	+28.16,+54.86 —3.23(0)	+62.07,+41.71 +18.10(+5)
$Ga_i-V_{O\,II}$	I—Ga17,I—Ga50 I—Ga22	+12.87,+61.40 —5.77(0)	+76.00,+13.88 +23.19(+5)
$Ga_i-V_{O\,III}$	I—Ga17,I—Ga50	+10.73,+81.45(0)	+50.25,+62.90(+5)
$Ga_i-Ga_{O\,I}$	I—Ga17,I—Ga50 I—Ga19(Ga27)	+21.81,+54.27 —2.43(0)	+82.82,+50.53 +21.46(+7)
$Ga_i-Ga_{O\,II}$	I—Ga17,I—Ga50	+7.17,+21.72(0)	+73.03,+13.01(+7)
$Ga_i-Ga_{O\,III}$	I—Ga17,I—Ga50	+23.11,+39.66(0)	+103.97,+29.09(+7)
$O_i-Ga_{O\,I}$	I—Ga19	+24.74(0)	+81.13(+5)
$O_i-Ga_{O\,II}$	I—Ga19	+20.61(0)	+17.83(+5)
$O_i-Ga_{O\,III}$	I—Ga19	+62.37(0)	+75.81(+5)

从图3.73所示的I—V和I—A复合物结合能可以发现,O_i-V_{GaI}、O_i-O_{GaI}、$O_i-V_{O\,III}$、$O_i-Ga_{O\,I}$、$O_i-Ga_{O\,III}$、Ga_i-V_{Ga}和Ga_i-O_{Ga}等复合物一旦形成就可以稳定存在。Ga_i-V_{GaI}、$Ga_i-V_{Ga\,II}$和$O_i-V_{O\,III}$弗伦克尔对在弛豫后可以湮灭(无缺陷),因此不再考虑。Ga_i-O_{GaI}、$Ga_i-O_{Ga\,II}$中的V_{Ga}和$O_i-Ga_{O\,III}$中的V_O可以为相应的Ga_i和O_i提供弛豫位点,随着费米能级的变化,它们的结合能始终为正,在n型$\beta-Ga_2O_3$中甚至高达8~12 eV,表明它们的热力学稳定性较好。虽然Ga_i-V_O和Ga_i-Ga_O构型在富Ga条件下很容易在p型$\beta-Ga_2O_3$中形成,但它们在p型样品中具有0~—5 eV的负结合能。因此,由于静电排斥和Ga离子的大尺寸效应,它们倾向于解离成孤立的缺陷。综合形成能和结合能,可知仅O_i-Ga_{OI}(在p型$\beta-Ga_2O_3$中)和$O_i-Ga_{O\,III}$是I—V和I—A复合物中的主要类型,其他复合物不能以可观的浓度出现。

反位—空位(A—V)复合物包括$Ga_O-V_{O\,I}$、$Ga_O-V_{O\,II}$、$Ga_O-V_{O\,III}$、Ga_O-V_{GaI}、$Ga_O-V_{Ga\,II}$、$O_{Ga}-V_{OI}$、$O_{Ga}-V_{O\,II}$、$O_{Ga}-V_{O\,III}$、$O_{Ga}-V_{GaI}$和$O_{Ga}-V_{Ga\,II}$,它们的缺陷形成能和跃迁能级如图3.74和图3.75所示。

为了预测A—V复合物是否容易形成并稳定存在,分别计算了它们的形成能、结合能和跃迁能级。Ga_O-V_O构型在富Ga条件下p型样品中具有极低的形成能,产生ε(+5/+3)、ε(+3/+1)能级。对于$Ga_O-V_{O\,II}$和$Ga_O-V_{O\,III}$,这些能级分别位于VBM上方2.00 eV、3.19 eV和1.71 eV、3.67 eV。$Ga_O-V_{O\,I}$还可

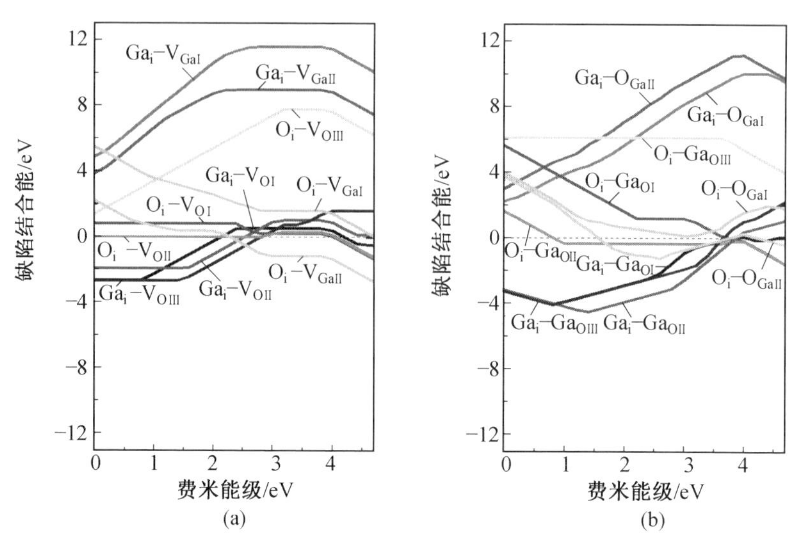

图 3.73 β−Ga_2O_3 中 I−V 和 I−A 复合物的结合能 E_b 随费米能级的变化

以产生 ε(+1/0)能级，热力学跃迁位于 VBM 上方 1.37 eV(+5/+3)、3.61 eV(+3/+1)和 4.34 eV(+1/0)。在富 O 或 Ga 条件下，Ga_O−V_{Ga}构型在 p 型样品中很容易形成。对于两个不等价位点，ε(+2/0)能级分别位于 VBM 上方 3.11 eV 和 3.19 eV，这可能是限制 p 型掺杂的重要因素。富 O 极限下，当费米能级接近 CBM 时，O_{Ga}−V_O和 O_{Ga}−V_{Ga}构型在能量上有利，因此可以在导带中捕获电子。O_{Ga}−V_{OI}可以产生多个能级，其中 ε(+3/+2)、ε(+2/+1)、ε(+1/0)位于 VBM 上方 0.07 eV、1.23 eV、1.71 eV，ε(0/−1)、ε(−1/−3)位于 CBM 下方 2.25 eV 和 2.50 eV。对于 O_{Ga}−V_{OII}，ε(+3/+2)、ε(+2/+1)、ε(+1/−1)、ε(−1/−3)能级分别位于 VBM 上方 0.27 eV、0.93 eV、2.15 eV 和 2.32 eV。与 O_{Ga}−V_{OI}和 O_{Ga}−V_{OII}相比，O_{Ga}−V_{OIII}在 n 型样品中更难形成，且不能产生−3 电荷态，它的 ε(+3/+2)、ε(+2/+1)、ε(+1/0)、ε(0/−1)能级位于 VBM 上方 1.04 eV、1.34 eV、2.01 eV 和 2.82 eV 处。O_{Ga}−V_{Ga}构型产生 3 个跃迁，O_{Ga}−V_{GaI}的 ε(0/−2)、ε(−2/−4)、ε(−4/−6)能级和 O_{Ga}−V_{GaII}的 ε(+1/0)、ε(0/−2)、ε(−2/−4)能级分别位于 CBM 下方 2.85 eV、1.63 eV、0.21 eV 和 4.36 eV、3.16 eV、2.44 eV。结合图 3.74(c)的结合能可知，除了 Ga_O−V_O在 p 型 β−Ga_2O_3 中不能稳定存在外，其他 A−V 复合物一旦形成就不太可能解离。Ga_O−V_{Ga}、O_{Ga}−V_O在富 O 或富 Ga 极限下，O_{Ga}−V_{Ga}在富 O 极限下都可能具有可观的浓度，它们在 β−Ga_2O_3材料和器件中的作用应受到高度重视。

观察弛豫后的局域结构，发现在 +2 电荷态弛豫后，Ga_O−V_{GaI}中的反位 Ga 被 V_O排斥，Ga_O−V_{GaII}中的反位 Ga 可以稳定在 V_O附近，但会排斥 Ga22 离子。Ga_O−V_{GaI}中反位 Ga 的弛豫位置与 Ga_O−V_{GaII}中 Ga22 离子的相同，因此它们

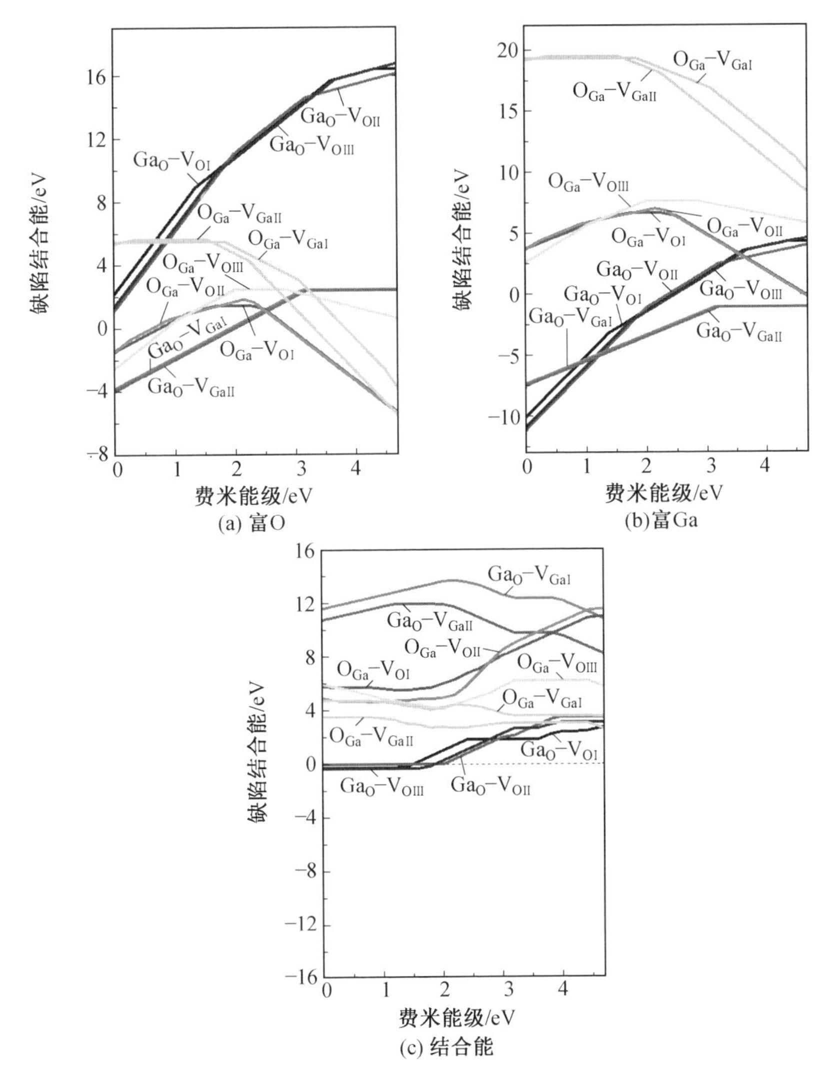

(a) 富O　　(b)富Ga

(c) 结合能

图 3.74　富 O、富 Ga 条件下 A—V 复合物的形成能和结合能 E_b 随费米能级的变化(彩图见附录)

具有相同的晶格结构,这解释了它们一致的形成能。在 −3 电荷态弛豫后,$O_{Ga}-V_{OⅠ}$ 和 $O_{Ga}-V_{OⅡ}$ 的反位 O 倾向回到 V_O 而成为点缺陷 V_{Ga},而 $O_{Ga}-V_{OⅢ}$ 在 −1 电荷态弛豫后不能变成 V_{Ga}。因此,$O_{Ga}-V_{OⅢ}$ 的形成能与 $O_{Ga}-V_{OⅠ}$ 和 $O_{Ga}-V_{OⅡ}$ 的形成能完全不同。

带隙中具有局域态的缺陷可以控制 β−Ga_2O_3 的电学性质,这些电活性中心可以通过深能级瞬态谱(DLTS)和深能级光谱进行实验观测。在过去几十年来,由于引入了混合泛函,第一性原理计算在改进半导体电荷态跃迁水平的预测方

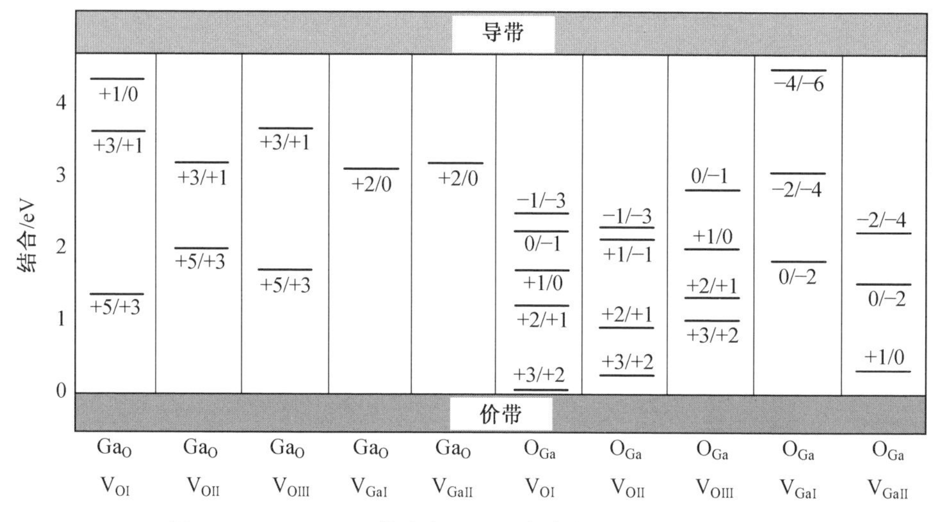

图 3.75　$\beta-Ga_2O_3$ 带隙中 A－V 复合物的电荷跃迁能级

面取得了重大进展，有利于在计算量和测量量之间进行直接比较。然而，由于计算的多个热力学跃迁能级非常相近，在与 DLTS 或 DLOS 实测的活化能进行比较时必须小心。此外，受缺陷形成能的限制，在进行比较时还需考虑实际的化学环境。

实测 DLTS 和 DLOS 数据与计算的跃迁能级之间的比较见表 3.6，这对于解释实验观察结果非常有用。之前的分析发现，本征缺陷 $O_{Ga}-V_O$ 和 $O_{Ga}-V_{Ga}$ 容易出现在富 O 条件下的 n 型 $\beta-Ga_2O_3$ 中（产生空穴），而 V_O、Ga_i、Ga_O、O_i-Ga_O、$O_{Ga}-Ga_O$、Ga_O-V_{Ga} 容易出现在富 Ga 条件下的 p 型 $\beta-Ga_2O_3$ 中（产生电子）。当费米能级接近导带时，Ga_{OI} 计算的 $\varepsilon(+1/0)$ 跃迁能级和 $O_{Ga}-V_{GaI}$ 计算的 $\varepsilon(-4/-6)$ 能级可能对应于实验能级 $E_C-0.12\sim0.28$ eV。然而，Ga_{OI} 的形成能在 n 型样品中非常高，因此排除了这种可能性。此外，相关工作将 $E_C-0.12\sim0.28$ eV 归因于 Ge 和 Si 等外部杂质。计算得到的 Ga_i、Ga_{OII} 和 O_i-Ga_{OIII} 的 $\varepsilon(+3/+1)$ 能级可能对应于 $E_C-0.74\sim0.82$ eV，这些缺陷可以通过辐射或离子注入在 n 型样品中产生。计算得到的 Ga_{OIII}、O_i-Ga_{OI}、O_i-Ga_{OII} 的 $\varepsilon(+3/+1)$ 能级和 $O_{Ga}-Ga_{OII}$ 的 $\varepsilon(+2/0)$ 能级可能对应于 $E_C-0.95\sim1.1$ eV，其中 $O_{Ga}-Ga_{OII}$ 具有最低的形成能和最高的概率。也有研究者将 $E_C-0.74\sim0.82$ eV 和 $E_C-0.95\sim1.1$ eV 的实验能级归因于 Fe、Sn、Co、Ti、H 等掺杂或杂质缺陷。V_{OIII}、Ga_O-V_{GaII} 和 $O_{Ga}-Ga_{OI}$ 只能产生 $\varepsilon(+2/0)$ 能级，位于 $E_C-1.2\sim1.48$ eV 范围内。V_{OI} 的 $\varepsilon(+2/0)$ 能级、O_i-Ga_{OI} 的 $\varepsilon(+5/+3)$ 能级和 $O_{Ga}-V_{OI}$、$O_{Ga}-V_{OII}$ 的 $\varepsilon(-1/-3)$ 能级位于 $E_C-2.0\sim2.3$ eV 范围内，但 O_i-Ga_{OI} 在此范围内具有较高的形成能，因此形成可能性较低。$O_{Ga}-V_{GaII}$ 的 $\varepsilon(0/-2)$ 能

级在 $E_C-3.1\sim3.25$ eV 范围内，$O_{Ga}-V_{Ga\,II}$ 的 $\varepsilon(+1/0)$ 能级和 $O_{Ga}-V_{O\,II}$ 的 $\varepsilon(+3/+2)$ 能级在 $E_C-4.37\sim4.48$ eV 范围内。在 p 型 $\beta-Ga_2O_3$ 中，$O_{Ga}-V_{Ga\,II}$ 具有极高的形成能，因此排除了上述可能性。其他研究也表明 $E_C-4.37\sim4.48$ eV 与自陷空穴(STH)有关。

表 3.6　$\beta-Ga_2O_3$ 中所考虑缺陷的电荷跃迁能级(E_C 表示导带边缘的能量)

实验值		理论值		
能级/eV	缺陷类型	能级/eV	跃迁能级	缺陷类型
$E_C-0.12\sim0.28$	Ge_{Ga}、Si_{Ga}	$E_C-0.24$	$\varepsilon(-1/-3)$	$O_{Ga\,I}$
		$E_C-0.12$	$\varepsilon(+1/0)$	$Ga_{O\,I}$
		$E_C-0.26$	$\varepsilon(-1/-3)$	$V_{Ga\,II}-V_{O\,III}$
		$E_C-0.21$	$\varepsilon(-4/-6)$	$O_{Ga}-V_{Ga\,I}$
$E_C-0.40$	point defects	$E_C-0.40$	$\varepsilon(+3/+1)$	$Ga_i-V_{O\,II}$
		$E_C-0.36$	$\varepsilon(+1/0)$	$Ga_O-V_{O\,I}$
		$E_C-0.46$	$\varepsilon(-3/-5)$	$O_{Ga}-O_{Ga}$
$E_C-0.55\sim0.63$	Fe_{Ga}、Co_{Ga}	$E_C-0.64$	$\varepsilon(-1/-2)$	O_{ic}
		$E_C-0.53$	$\varepsilon(-1/-3)$	$V_{Ga\,I}-V_{O\,I}$
		$E_C-0.61$	$\varepsilon(0/-2)$	$V_{Ga\,I}-2V_{O\,II}$
		$E_C-0.61$	$\varepsilon(+1/0)$	$V_{Ga\,I}-2V_{O\,III}$
		$E_C-0.65$	$\varepsilon(0/-2)$	$V_{Ga\,II}-2V_{O\,II}$
		$E_C-0.54$	$\varepsilon(+1/0)$	$Ga_i-Ga_{O\,III}$
		$E_C-0.55$	$\varepsilon(0/-2)$	O_i-O_i
$E_C-0.74\sim0.82$	Sn_{Ga}、V_O、Fe_{Ga} Ga_O、$V_{Ga}-H$、V_{Ga}^i	$E_C-0.79$	$\varepsilon(0/-2)$	O_{id}
		$E_C-0.77$	$\varepsilon(+3/+1)$	Ga_i
		$E_C-0.81$	$\varepsilon(-1/-3)$	$O_{Ga\,II}$
		$E_C-0.88$	$\varepsilon(+3/+1)$	$Ga_{O\,II}$
		$E_C-0.76$	$\varepsilon(+3/+1)$	$O_i-Ga_{O\,III}$
$E_C-0.95\sim1.1$	Fe_{Ga}、Co_{Ga}、V_O Ti_{Ga}、含 H 缺陷	$E_C-1.03$	$\varepsilon(+3/+1)$	$Ga_{O\,III}$
		$E_C-1.09$	$\varepsilon(+1/0)$	$V_{Ga\,I}-2V_{O\,I}$
		$E_C-0.99$	$\varepsilon(0/-2)$	$V_{Ga\,I}-2V_{O\,I}$
		$E_C-1.01$	$\varepsilon(+1/0)$	$V_{Ga\,II}-2V_{O\,II}$
		$E_C-1.06$	$\varepsilon(+1/0)$	$V_{Ga\,II}-2V_{O\,III}$
		$E_C-0.96$	$\varepsilon(0/-2)$	$V_{Ga\,II}-2V_{O\,III}$
		$E_C-1.02$	$\varepsilon(+3/+1)$	$O_i-Ga_{O\,I}$
		$E_C-0.99$	$\varepsilon(+3/+1)$	$O_i-Ga_{O\,II}$

续表3.6

实验值		理论值		
$E_C-0.95\sim1.1$	Fe_{Ga}、Co_{Ga}、V_O Ti_{Ga}、含 H 缺陷	$E_C-1.08$	$\varepsilon(-2/-4)$	O_i-O_{GaI}
		$E_C-0.90$	$\varepsilon(-2/-4)$	O_i-O_{GaII}
		$E_C-1.09$	$\varepsilon(+3/+1)$	Ga_O-V_{OI}
		$E_C-1.03$	$\varepsilon(+3/+1)$	Ga_O-V_{OIII}
		$E_C-0.95$	$\varepsilon(+2/0)$	$O_{Ga}-Ga_{OII}$
$E_C-1.2\sim1.48$	$V_{Ga}-H$、V_O	$E_C-1.50$	$\varepsilon(+2/0)$	V_{OIII}
		$E_C-1.24$	$\varepsilon(0/-1)$	O_{ic}
		$E_C-1.23$	$\varepsilon(+2/0)$	$V_{OI}-V_{OII}$
		$E_C-1.46$	$\varepsilon(+2/0)$	$V_{OII}-V_{OIII}$
		$E_C-1.43$	$\varepsilon(0/-2)$	$V_{GaII}-2V_{OI}$
		$E_C-1.30$	$\varepsilon(+3/+1)$	Ga_i-V_{OIII}
		$E_C-1.32$	$\varepsilon(+3/+1)$	Ga_i-Ga_{OIII}
		$E_C-1.51$	$\varepsilon(+2/0)$	Ga_O-V_{GaII}
		$E_C-1.41$	$\varepsilon(+3/+1)$	Ga_O-Ga_O
		$E_C-1.36$	$\varepsilon(+2/0)$	$O_{Ga}-Ga_{OI}$
$E_C-2.0\sim2.3$	V_O或 V_{Ga} $2V_{Ga}-Ga_i$	$E_C-2.30$	$\varepsilon(+2/0)$	V_{OI}
		$E_C-2.05$	$\varepsilon(-2/-3)$	V_{GaI}
		$E_C-2.20$	$\varepsilon(+5/+3)$	Ga_i-Ga_{OI}
		$E_C-2.30$	$\varepsilon(+5/+3)$	O_i-Ga_{OI}
		$E_C-2.09$	$\varepsilon(0/-2)$	O_i-O_{GaII}
		$E_C-2.20$	$\varepsilon(-1/-3)$	$O_{Ga}-V_{OI}$
		$E_C-2.38$	$\varepsilon(-1/-3)$	$O_{Ga}-V_{OII}$
$E_C-3.1\sim3.25$	V_O或 V_{Ga}	$E_C-3.11$	$\varepsilon(0/-1)$	O_{GaII}
		$E_C-3.17$	$\varepsilon(+4/+2)$	$V_{OI}-V_{OII}$
		$E_C-3.20$	$\varepsilon(+4/+2)$	$V_{OI}-V_{OIII}$
		$E_C-3.12$	$\varepsilon(+2/0)$	$V_{GaI}-V_{OIII}$
		$E_C-3.06$	$\varepsilon(0/-1)$	$V_{GaI}-V_{OIII}$
		$E_C-3.06$	$\varepsilon(+5/+3)$	Ga_i-V_{OII}
		$E_C-3.24$	$\varepsilon(+5/+3)$	Ga_i-V_{OIII}
		$E_C-3.25$	$\varepsilon(+1/0)$	Ga_i-O_{GaI}
		$E_C-3.16$	$\varepsilon(0/-2)$	$O_{Ga}-V_{GaII}$

续表3.6

实验值		理论值		
$E_C-4.37\sim4.48$	STH、V_{Ga}	$E_C-4.33$	$\varepsilon(+3/+2)$	$V_{GaI}-2V_{O\mathrm{II}}$
		$E_C-4.49$	$\varepsilon(+2/+1)$	Ga_i-O_{GaI}
		$E_C-4.43$	$\varepsilon(+3/+2)$	$O_{Ga}-V_{O\mathrm{II}}$
		$E_C-4.36$	$\varepsilon(+1/0)$	$O_{Ga}-V_{Ga\mathrm{II}}$

3.4.4　SiC 单晶材料

SiC(碳化硅)因其优异的物理性能,如宽带隙、高临界电场、高饱和电子漂移速度和高导热性,作为能够实现低损耗和大功率器件的半导体材料受到越来越多关注。常见的 SiC 晶型有 3C、4H 和 6H,其中 4H－SiC 由于在室温下有较高的电子迁移率(1 000 $cm^2\cdot V^{-1}\cdot s^{-1}$)和较大的禁带宽度(3.26 eV)而适合用于制备功率器件。由半导体材料制备而成的电子器件由于生长条件、掺杂工艺以及带电粒子辐照等因素的作用,导致 SiC 中存在大量的缺陷,这些缺陷的存在会影响器件的性能和寿命。因此,研究 SiC 单晶中的缺陷性质有重要的意义。SiC 器件内部的缺陷对器件性能和寿命的作用机理需要深入分析。此外,光量子比特可通过线性光学元件实现精确调控,具有很好的相干性和光速传播等优势,是量子计算和量子通信的绝佳选择。高品质单光子源是实现光量子比特的基础。近年来,人们发现 SiC 在量子计算领域也有着广阔应用前景。例如研究人员对金刚石中的 NV 心和 4H－SiC 中的 Si 空位等单光子点的报道,这意味着可以实现单个电子自旋的相干控制。固体缺陷单光子源精确模拟可为实际制备提供理论指导,有望实现新型固体缺陷单光子源发掘与应用,提高制备效率,降低试验成本。综上所述,对 SiC 中的缺陷性质的计算在 SiC 功率器件的制造与应用以及量子通信领域都有重要意义。Hiroki Nakane 等人利用光诱导电流瞬态光谱(PICTS)和电子顺磁共振(EPR)研究了 4H－SiC 中的辐照诱导缺陷,揭示了在不同温度下退火的 4H－SiC 中,V_C、V_{Si}、V_C-V_{Si} 和 V_C-C_{Si} 为主要缺陷,且经分析后认为 4H－SiC 中能级为 $E_C-1.1$ eV 的峰为 V_C-C_{Si} 的在(+1/0)的电荷转移能级。4H－SiC 中的碳空位(V_C)和硅空位(V_{Si})均具有两个不等价的位点(h,k),因此 4H－SiC 的本征缺陷(点缺陷以及与它们相关的复合物)相较于传统半导体更为复杂。

本部分内容包括 4H－SiC 中的本征空位和取代空位的系统分析。4H－SiC 中的 Si 和 C 原子以共价键相结合,除去在平行于 c 轴已配对的,根据 Si 原子剩下的 3 个共价键与 C 原子剩下的 3 个共价键方向是平行还是扭转了 180°,可把 Si－C 键分为 h(六方密堆积)和 k(立方密堆积)两类,如图 3.76 所示。4H－SiC

的堆叠次序从下到上为khhk，每个原胞中分别含有4个硅原子和4个碳原子，它们处于h－位和k－位的比例为1∶1。

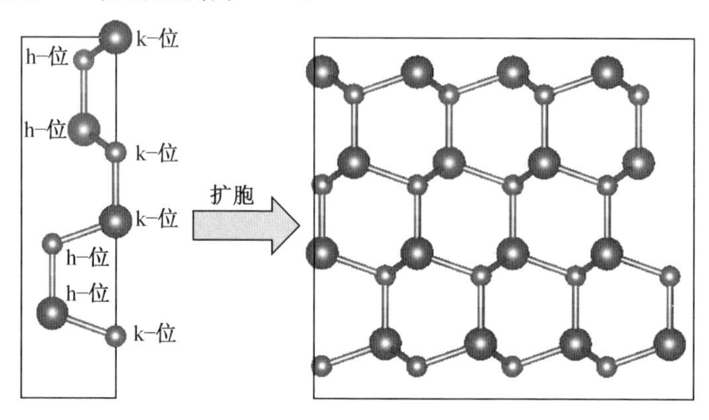

图3.76　4H－SiC单胞(左)和超胞(右)的结构

由图3.77可知，在4H－SiC的空位缺陷类型中，V_{Si}、V_C-V_{Si}和V_C-C_{Si}的形成能相对较高，在富碳情况下，V_C和$V_{Si}-Si_C$的形成能较高，在富硅情况下，V_{Si}和V_C-C_{Si}的形成能更高，且V_C和$V_{Si}-Si_C$的形成能较低且电荷转移能级相似。对比结构优化后的结果如图3.78所示，$V_{Si}-Si_C$(即一个硅空位和一个与其相邻的硅替碳构成的复合缺陷)中V_{Si}附近的硅反位原子将会向着硅空位位移，最后形成一个碳空位。同时注意到，处于0电荷态的$V_{Si}-Si_C$(kh)形成能要比碳空位的形成能低约0.4 eV，其具体原因有待进一步讨论。相似的情况也发生在V_C-C_{Si}中，当一个碳空位和一个与其相邻的碳替硅构成的组合缺陷在结构优化后，碳替硅反位缺陷中的碳原子将向碳空位迁移，最终形成一个硅空位，但是和V_C-C_{Si}有所不同，$V_{Si}-Si_C$的缺陷形成能与V_{Si}有着显著的差异，并且不同晶格类型的$V_{Si}-Si_C$在ε(0/－1)的电荷转移能级的差异较大，在$E_C-0.39\sim0.65$ eV之间，而$V_{Si}-Si_C$在ε(＋1/0)的电荷转移能级约为1.1 eV。V_{Si}(h,k)ε(－3/－2)的在禁带中的位置为$E_C-0.4$ eV，V_{Si}(h,k)ε(－2/－1)的在禁带中的位置约为$E_C-0.8$ eV，这两种缺陷被认为是4H－SiC DLTS谱中的S1和S2心。已有研究结果认为－1电荷态的V_{Si}在4H－SiC中可以作为稳定的单光子源，S1和S2是由同一缺陷的不同电荷态的转移引起的。第一性原理计算结果表明，硅空位在ε(－1/－2)的电荷转移能级差异较大，V_{Si}(h)在ε(－1/－2)为0.61 eV，V_{Si}(k)在ε(－1/－2)为0.76 eV，而V_{Si}(h,k)在ε(－2/－3)则为0.4 eV。如图3.79和图3.80所示，实验结果表明S1峰包含来自两种缺陷中心的贡献，这被认为是V_{Si}(h)和V_{Si}(k)，由此可知第一性原理计算得到的结果与V_{Si}的实验结果有很好的一致性。碳空位一直被认为是4H－SiC中的Z1/Z2心，计算结果表明，V_C(h,k)缺陷ε(－1/0)能级在禁带中的位置分别为$E_C-0.67$ eV和$E_C-0.64$ eV，并

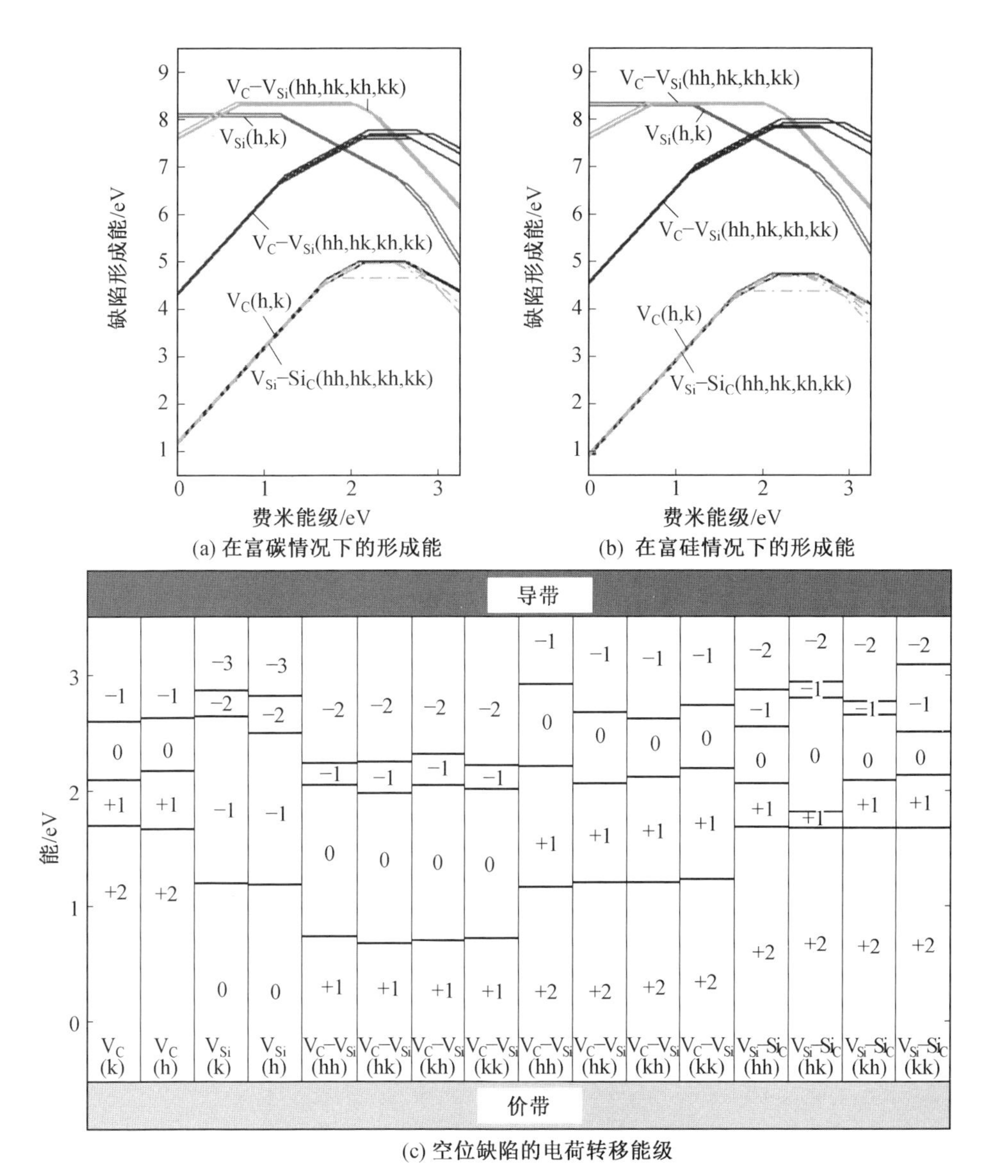

(a) 在富碳情况下的形成能　　(b) 在富硅情况下的形成能

(c) 空位缺陷的电荷转移能级

图 3.77　4H−SiC 中的空位缺陷形成能(彩图见附录)

且在对比 $V_{Si}-Si_C$ 的电荷转移能级的时候发现，尽管 $V_{Si}-Si_C$ 会转变为 V_C，但是它们的形成能仍有细微的差异。Ivana Capan 等人结合 Laplace−DLTS 和 DFT，针对 4H−SiC 中 h 位和 k 位的双负电荷碳空位开展研究，使用 Laplace−DLTS，发现两个以前未知的晶格不等效发射，即在传统 DLTS 于 n 型 4H−SiC 中通常观察到的 290 K 处的宽 $Z_{1/2}$ 峰，该峰由两个峰组成(图 3.81)。根据电子发射速率可知，这两个峰的激活能分别为 0.58 eV 和0.65 eV。C. G. Van de

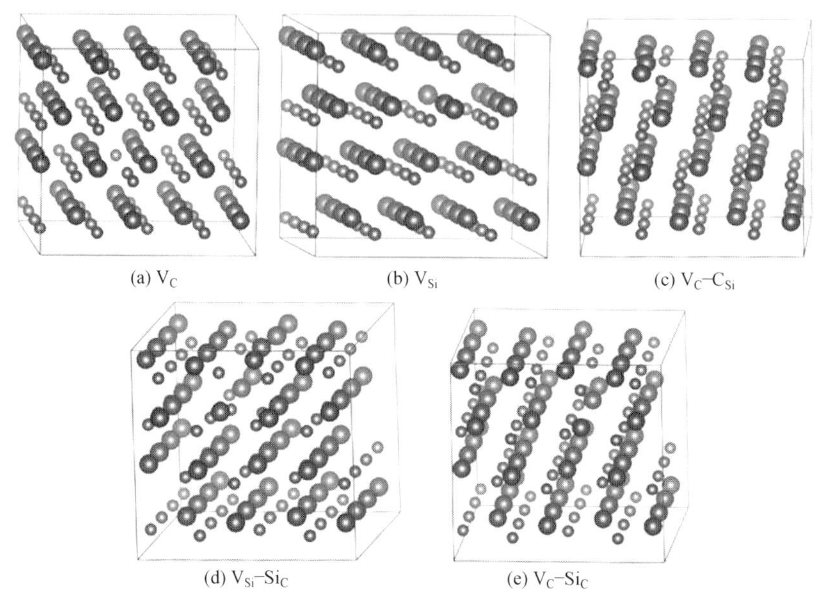

图 3.78 4H—SiC 优化后的晶体结构

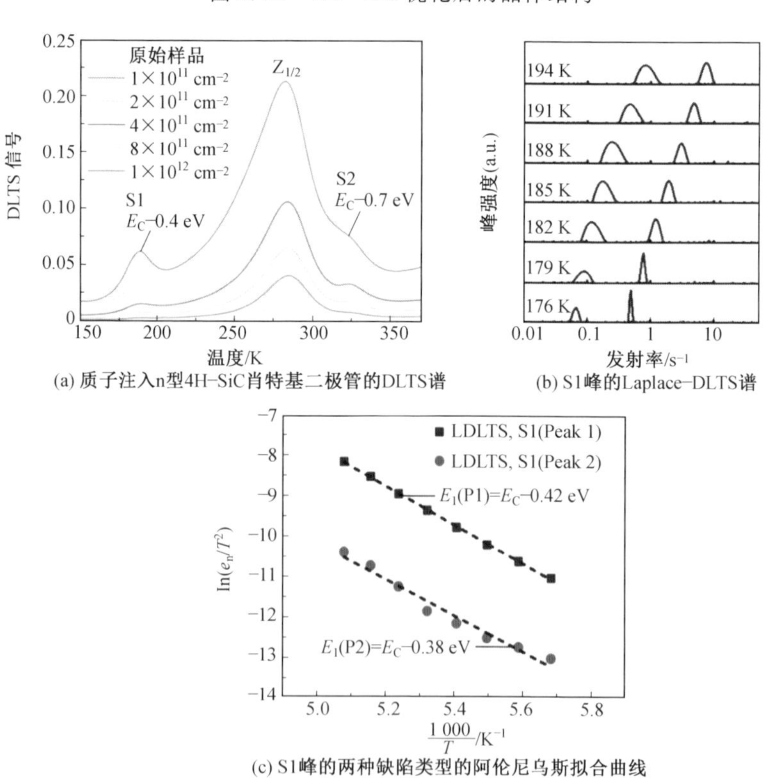

图 3.79 4H—SiC 中 V_{Si} 的电荷转移能级的试验表征与分析(彩图见附录)

Walle 等人针对碳化硅中的空位缺陷曾进行过第一性原理计算，其结果表明，4H－SiC中的 V_C-V_{Si} 和 NV 心的形成能均较高，这说明在平衡条件下这两种缺陷浓度较低。由于碳化硅的生长温度超过 1 600 ℃，单空位在生长过程中经充分演化，倾向于与其他缺陷相结合形成复合缺陷。此外，双空位也可以通过退火和离子注入形成。在费米能级为 0.9～2.1 eV 之间时，处于电中性的双空位是最稳定的，这也是与试验值相吻合的。

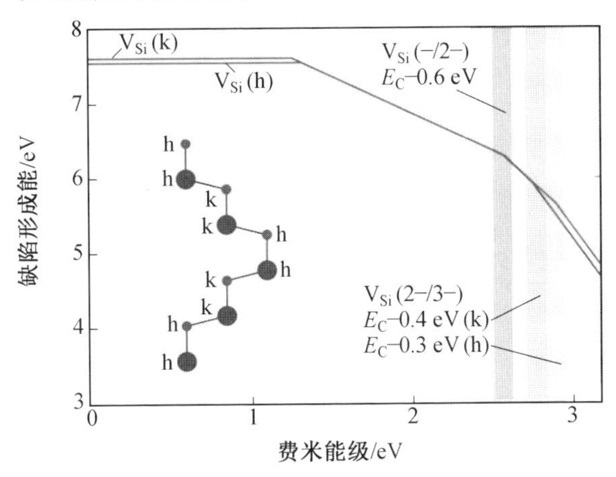

图 3.80　富 Si 条件下 V_{Si} 的形成能

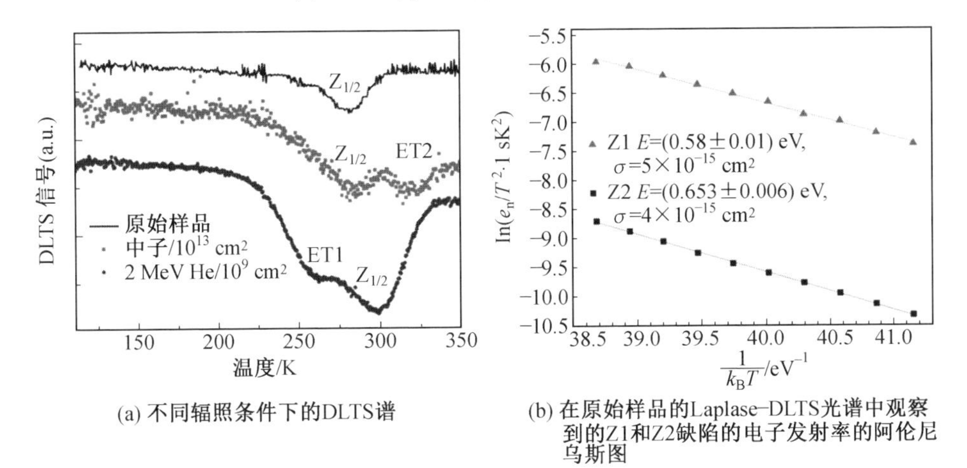

(a) 不同辐照条件下的DLTS谱

(b) 在原始样品的Laplace–DLTS光谱中观察到的Z1和Z2缺陷的电子发射率的阿伦尼乌斯图

图 3.81　不同辐照条件下的 DLTS 谱及在原始样品的 Laplace－DLTS 光谱中观察到的 4H－SiC 中 Z1 和 Z2 缺陷的电子发射率的阿伦尼乌斯图

下面研究 4H－SiC 的本征反位缺陷(如 Si_C、C_{Si}、$C_{Si}-Si_C$)，例如故意掺杂元素引起的替位缺陷(如 N_C、Al_{Si})以及一些杂质元素导致的替位缺陷(如 H_C、O_{Si})等。由图 3.82(a)和(d)可知，4H－SiC 中的本征替位原子以非电活性为主，尤其是在靠近导带处，均以 0 电荷态为能量最低状态。$C_{Si}-Si_C$ 的形成能最高，Si_C 的

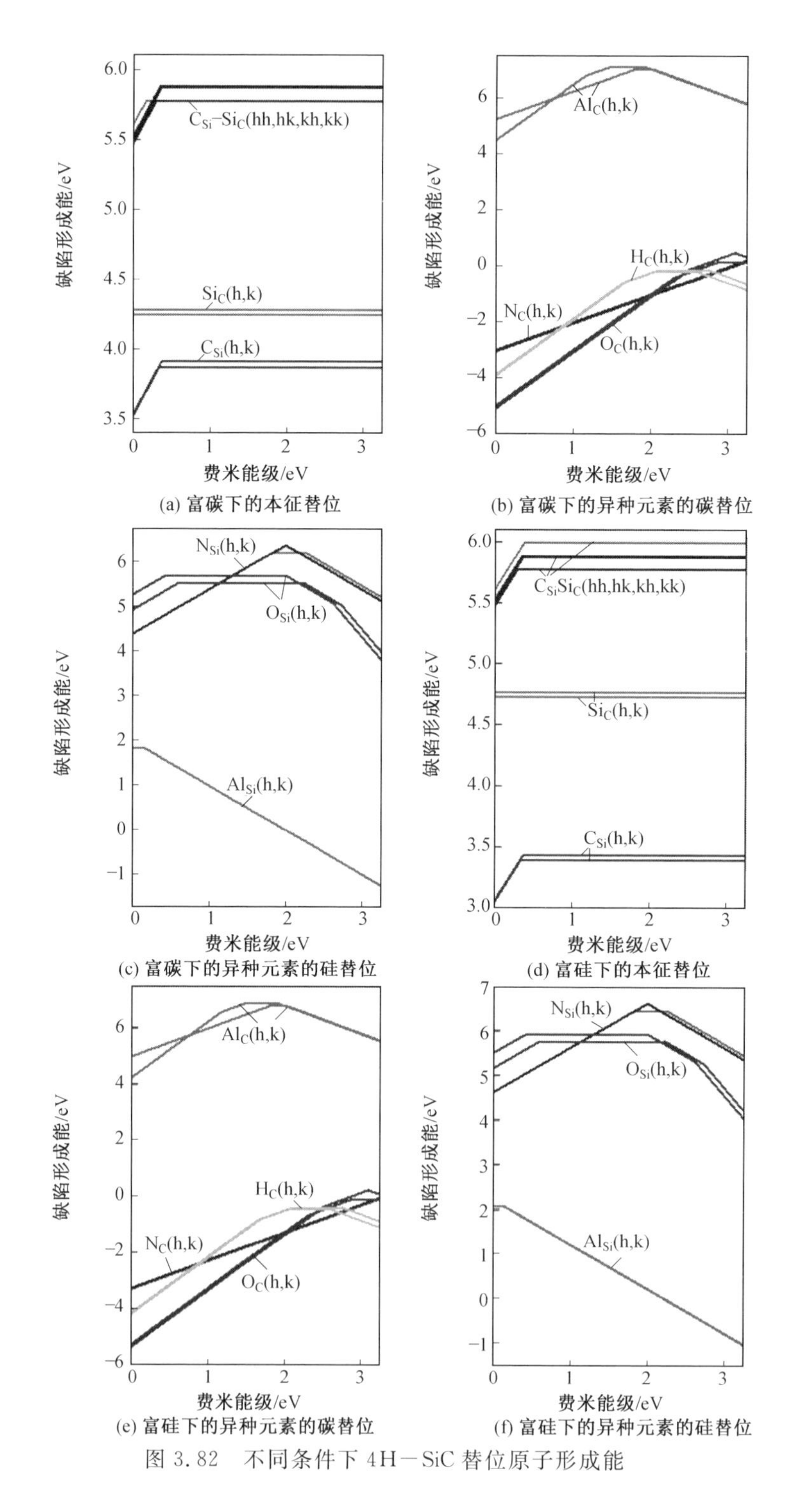

图 3.82　不同条件下 4H－SiC 替位原子形成能

形成能次之，C_{Si}的形成能最小，考虑到Si原子的半径比C原子的半径要大，C_{Si}－Si_C和Si_C将会导致较大的晶格畸变，而C_{Si}导致的晶格畸变相对较小，故形成能最小，如图3.83所示。当异种原子在4H－SiC中以替位原子存在时，其原子半径越大，导致的晶格畸变就越大，这些结构在4H－SiC中可能不是稳定的。由图3.82(b)和(e)可知，Al_C的形成能要比N_C、H_C和O_C的形成能更大，而N_C、H_C和O_C的形成能差异不大，其中N_C为非电活性缺陷，在禁带中始终以＋1电荷态存在，这与N元素作为n型掺杂剂的事实相符合。O原子在禁带中是以－2为主，在靠近导带低处的ε(－2/－1)电荷转移能级分别为E_C－0.8 eV和E_C－1.03 eV。为此，我们考察了不同氢原子个数对碳空位的作用，如图3.84所示。可见氢元素对V_C有着显著的钝化作用，当有一个氢原子在V_C中时，形成能下降了2.1 eV，当有2个氢原子时，形成能下降了4.4 eV。V_C、H_C和$(H_2)_C$的ε(0/－1)分别为E_C－0.65 eV、E_C－0.53 eV和E_C－0.63 eV。已有的研究表明氢气气氛中退火对延长p型轻掺杂4H－SiC载流子寿命有着显著的效果，无论是在室温下还是在高温下退火，氢气对载流子寿命均有显著的增强效果。魏苏

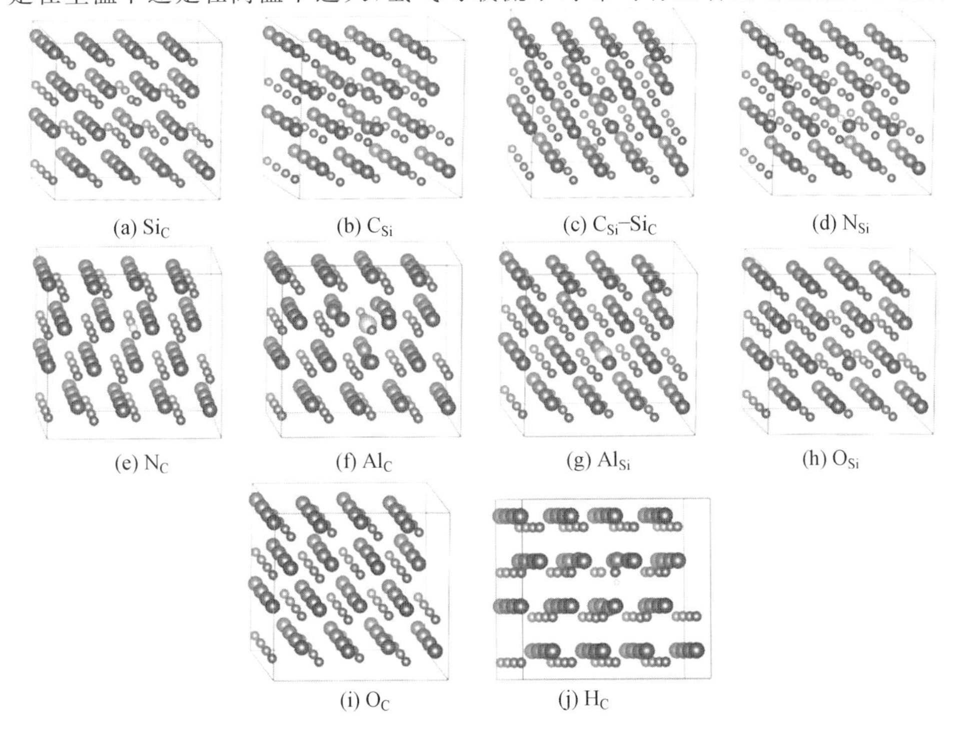

图3.83 4H－SiC优化后的晶体结构(彩图见附录)

(其中蓝色为Si原子，棕色为C原子，白色为N原子，浅绿色为Al原子，红色为O原子，浅棕色为H原子)

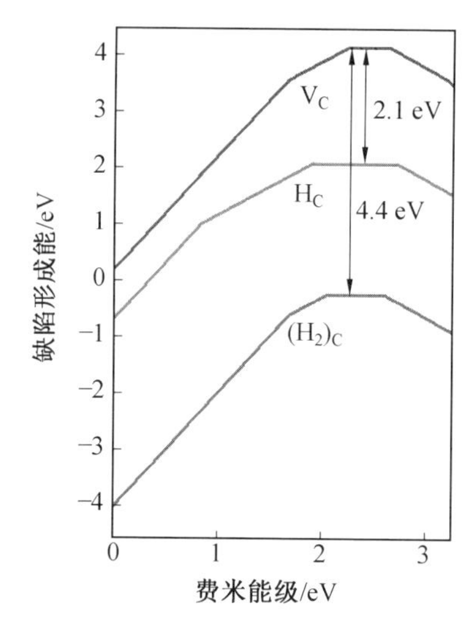

图 3.84　氢元素对碳空位的形成能的影响

准等人对 H 元素在 4H－SiC 中的碳空位的钝化机制开展了研究，采用不同个数的氢原子对 4H－SiC 中的 V_C 进行钝化，发现碳空位中的氢原子更倾向于形成高对称的三心和双心缺陷的复合物，并通过形成 V_C＋4H 复合缺陷以钝化 4H－SiC 带隙内所有的 V_C 电活性的能级。如图 3.82(c)和(f)所示，对硅替位而言，与碳替位的形成能相反，Al_{Si} 的形成能要远小于 N_{Si} 和 O_{Si}，且在禁带中以－1 电荷态为主，这是由于 Al 原子最外层有 3 个电子，且 Al 原子半径与 Si 原子半径大小接近，导致的晶格畸变相对较小，这也与 Al 元素作为 4H－SiC 的 p 型掺杂剂相吻合。Takuma Kobayashi 等人针对 4H－SiC 中的本征缺陷进行了一系列理论计算，其得到的 Si_C 和 C_{Si} 形成能与我们的计算结果有一定的出入。Kobayashi 的结果表明 C_{Si} 为非电活性缺陷，形成能约为 2.7 eV，我们的计算结果显示 C_{Si} 的形成能为 3.4 eV；Kobayashi 的结果表明 Si_C 的形成能约为 4.4 eV，我们的计算结果显示 Si_C 为非电活性缺陷，形成能为 4.7 eV。总体而言我们的结果还是相对一致的，导致差异的原因可能是几何结构优化采用的泛函的不同或在计算细节的不同。SiC 中主要替位缺陷的跃迁能级列于图 3.85(a)中。

对于 4H－SiC 中的本征间隙原子如 Si_i、C_i，常用掺杂元素的间隙原子（如 N_i、Al_i），常见杂质元素（H_i、O_i）的间隙原子进行了形成能和电荷转移能级的计算。如图 3.85(b)、(c)所示，在对间隙原子进行计算时考虑了两种情况，分别是靠近 h 格点和 k 格点的情况。考察了 4H－SiC 中的本征间隙原子（Si_i，C_i）、常见杂质间隙原子（O_i，H_i）以及掺杂间隙引入的间隙原子（N_i，Al_i）的形成能和电荷转移能级，如图 3.86 所示。可以看到随着原子半径的减小，间隙原子的形成能逐渐降低。由于氢原子半径小，所以间隙氢原子的形成能最低，结构较为稳定，

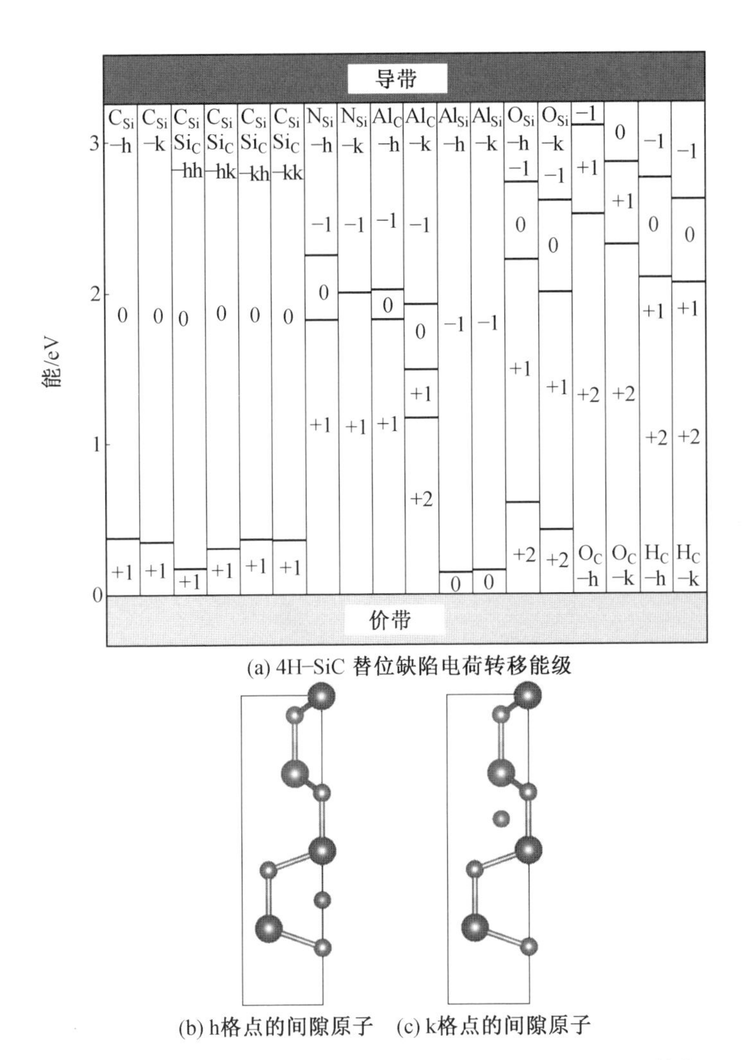

(a) 4H-SiC 替位缺陷电荷转移能级

(b) h格点的间隙原子　(c) k格点的间隙原子

图 3.85　4H－SiC 替位缺陷电荷转移能级及间隙原子的初始位置

而 Al_i、C_i 和 Si_i 由于原子半径大，将导致较大的晶格畸变，因此相应的间隙原子的形成能较高。在对缺陷结构进行优化后，通过对比间隙原子形成能最低时的带电态的几何结构，发现间隙碳原子 C_i 可与邻近的碳原子形成一种哑铃状的碳二聚体，而间隙 Si 原子则将与其邻近的 Si 原子相结合，造成较大的晶格畸变；Al 原子半径要比 Si 原子半径更大，对其周围的 C 原子和 Si 原子有着较强的排斥，也将导致较大的晶格畸变；H、N 的原子半径相对较小，导致的晶格畸变也相对较小，可以在原子间稳定存在，如图 3.87 所示。Ivana Capan 等人结合第一性原理计算和 DLTS 谱(深能级瞬态电容谱)，同时认为 4H－SiC 中的 M 心是碳间隙，Capan 认为间隙碳原子在 4H－SiC 中有 4 种构型，在不同退火和电应力条件下，可以相互转换。结合所观察到的 M 心的所有特征，包括电荷态、双稳态、退火、重构动力学和电子跃迁能级，可以推测 M 峰要么被显著的 $Z_{1/2}$ 信号(V_C)所隐藏，要么被 $S_{1/2}$(V_{Si})和 $EH_{1/3}$(未知)所隐藏。这虽然可以解释在 n 型 4H－SiC 中识别 C_i 的困难，但它打破了传统的通过 DLTS 对 4H－SiC 中的缺陷演化的解释。4H－SiC 间隙原子的电荷转移能级如图 3.88 所示。

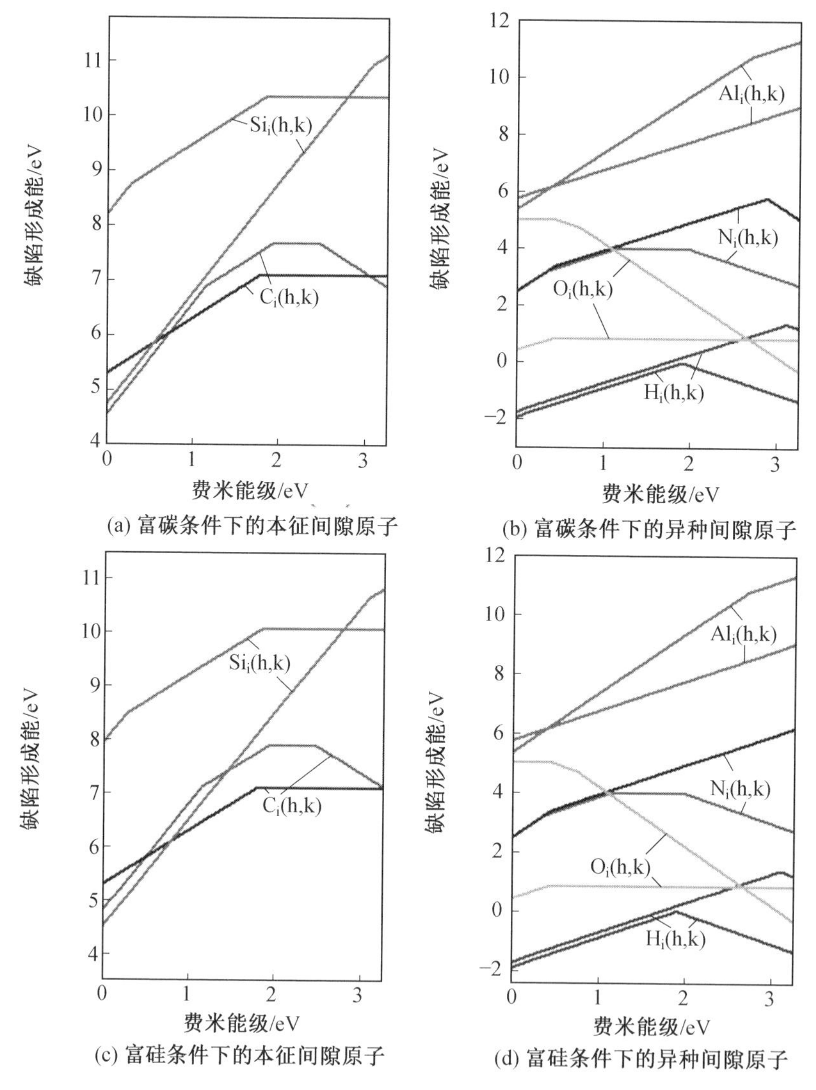

图 3.86　不同条件下 4H－SiC 中的间隙原子

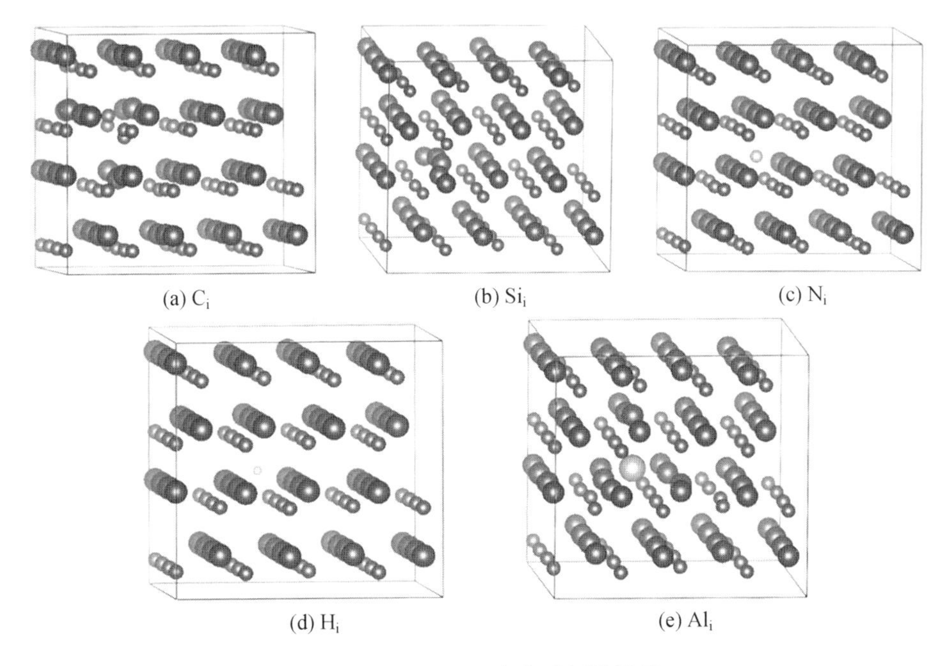

(a) C_i　(b) Si_i　(c) N_i

(d) H_i　(e) Al_i

图 3.87　4H－SiC 中典型间隙原子

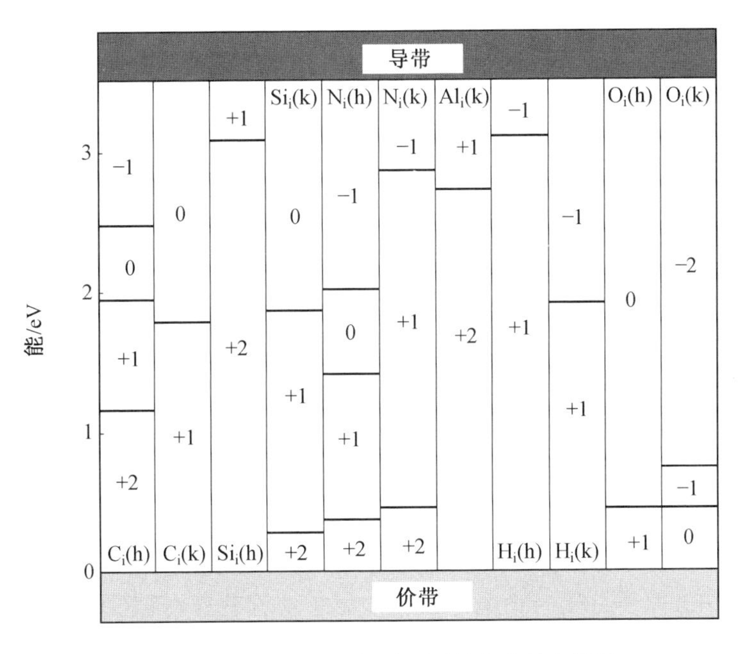

图 3.88　4H－SiC 间隙原子的电荷转移能级

3.4.5 SiO_2 非晶材料

非晶态二氧化硅是光纤纤芯和大多数硅基金属氧化物半导体器件中使用的各种材料的总称。电子元器件在空间应用过程中，由于长期累积的辐射作用，元器件整体功能和性能参数逐渐退化，产生包括 MOS 器件的漏极电流和阈值电压、BJT 器件的直流增益等现象。人们基于大量实验，建立不同模型以探究失效机理。目前所用模型中普遍认为 ELDRS 效应的产生取决于 SiO_2 中的缺陷演化过程。因此研究非晶 SiO_2 内部的缺陷状态具有重要意义。氧空位一直被认为是非晶 SiO_2 的主要固有缺陷，它们以热氧化物中的中性缺陷存在，其浓度取决于加工条件，通常不会造成任何显著的有害影响，具有一定的空间和能量分布。在辐照过程中，它们可以俘获空穴并成为带正电的E′中心，从而导致器件性能退化。目前，理论计算已经揭示了本征氧空位的基本性质。在 SiO_2 中至少观察 3 种存在于室温或室温以上的E′中心，典型特征都是在三重配位硅原子上有一个未配对电子，其形式为 $O_3≡Si\cdot$ 。α—石英晶体中的E'_1中心被认为是氧空位上的俘获空穴，导致不对称弛豫，从而产生的顺磁中心。E'_1中心的未配对电子定位在三配位 Si 原子上，空穴定位在另一个 Si 原子上。Rudra 和 Fowler 对该模型进行了改进，提出氧缺陷附近硅原子发生伞状翻转，形成一个新的 Si—O 键，使得氧原子呈现三重配位，而皱起的硅原子是四配位，如图 3.89 所示。

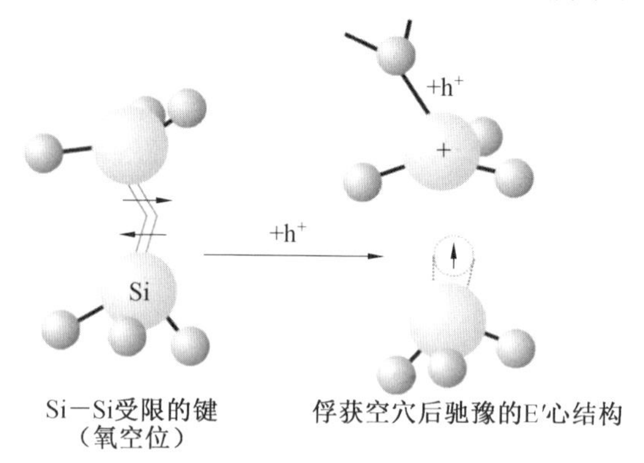

图 3.89 晶体 α—石英和非晶态 SiO_2 中 E'_1 和 E'_γ 中心的模型

E′心的另一种结构是 Griscom 和 Friebele 发现的 E'_δ心（图 3.90）。由 EPR 得到的 g 张量值为 $g_{11}=2.001\,8$，$g_{22}=g_{33}=2.002\,1$。这个信号表明未配对电子不是定域在单个硅原子上。Chavez 等人使用团簇模型进行的理论计算支持缺陷中涉及的两个硅原子共用一个电子。当硅原子对称弛豫时，这种带正电的二聚体构型增加了空穴俘获时 S—Si 键的距离。

实际计算中，为了产生非晶态结构，首先建立一个包含 216 个原子的 β 相超

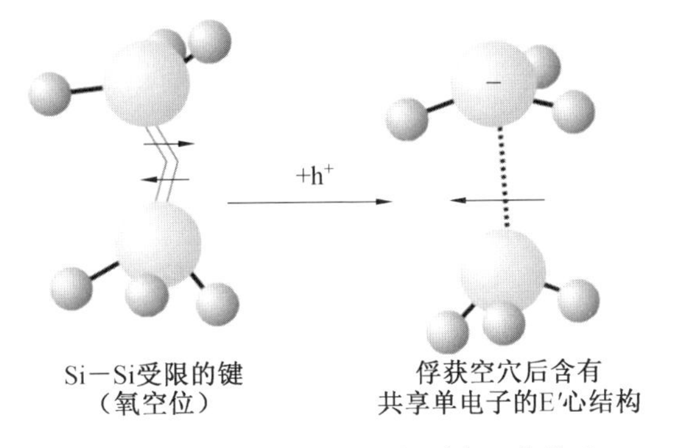

图 3.90 非晶态 SiO_2 中 E_δ' 中心的模型

胞,然后利用分子动力学模拟和 NPT 系综对其进行熔融、高温平衡和低温淬火。具体过程为:以 5×10^{13} K/s(500 K/10 ps)的速率加热到 7 000 K,然后在 7 000 K 下平衡 100 ps,最后以 8×10^{12} K/s(50 K/6 ps)的速率淬火到 0 K。通过静态计算,进一步优化了 a－SiO_2 结构的最终构型,如图 3.91 所示。为生成包含不同局部构型的结构模型,在经典模拟中使用了长达 5 ns 的 10 个猝灭时间。将获得的非晶结构再利用 DFT 方法进一步进行结构弛豫,优化得到的结构如图 3.91 所示。

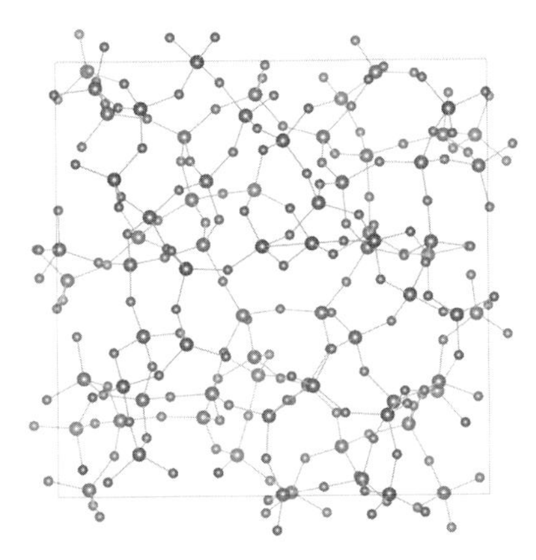

图 3.91 非晶态 SiO_2 的结构模型

非晶二氧化硅结构中 Si 原子邻近的 4 个 O 原子组成 SiO_4 四面体结构,SiO_4 四面体结构单元共顶点,两个 Si 原子共用一个 O 原子,且体系内部的 Si 原子和 O 原子配位数固定。多个四面体相互连接,Si—O—Si 键角的分布是连续的,差值约为 60°,由此导致了键角结构的扭曲和连续变化,整体结构表现出近程有序而长程无序。非晶二氧化硅材料视为由不同尺寸的$(Si—O)_n$ 元环构成的无规则拓扑结构,其中 n 表示 Si 原子的数量且决定着元环结构尺寸,体系中主要以 3～7元环为主,在本节所模拟的非晶二氧化硅晶格参数 $a=b=16.49$ Å,$c=$

12.09 Å。

(ODC,≡Si—Si≡)缺氧型空位缺陷、(POR,≡Si—O—O)过氧型缺陷和(NBOHC,≡Si—O)非桥连氧空位缺陷构型具体的结构参数如图 3.92 所示。根据图 3.93 的缺陷能级图所示,构建缺陷后,掺杂体系的带隙值基本和本征非晶二氧化硅体系带隙值一样,说明 ODC 缺陷不会改变非晶二氧化硅的电学性质。并且可以发现进入电荷态时,体系发生能级劈裂,对于自旋向下来说,在费米能级附近产生杂质能级。

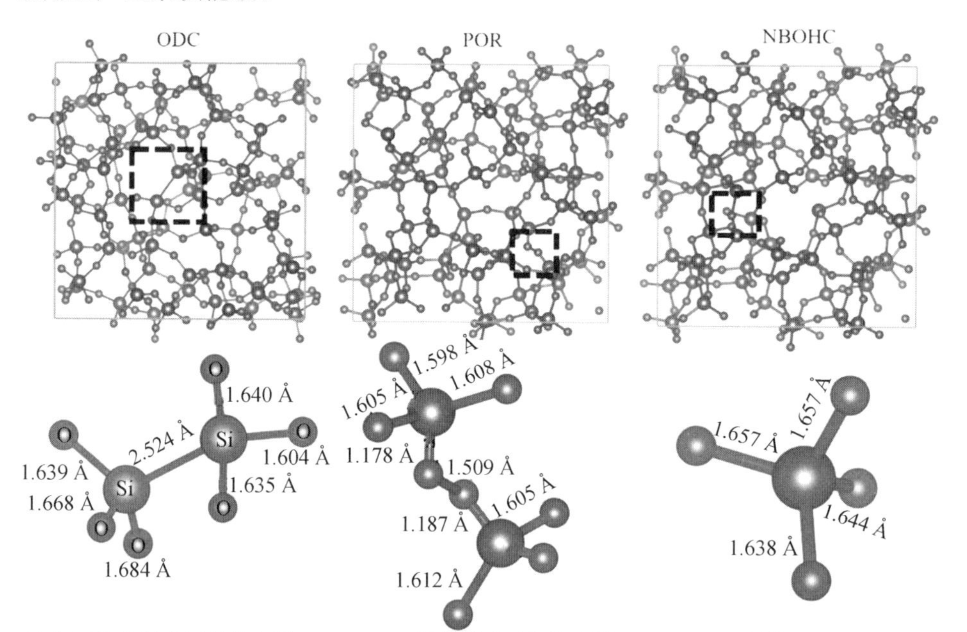

图 3.92 各种空位缺陷构型的结构参数

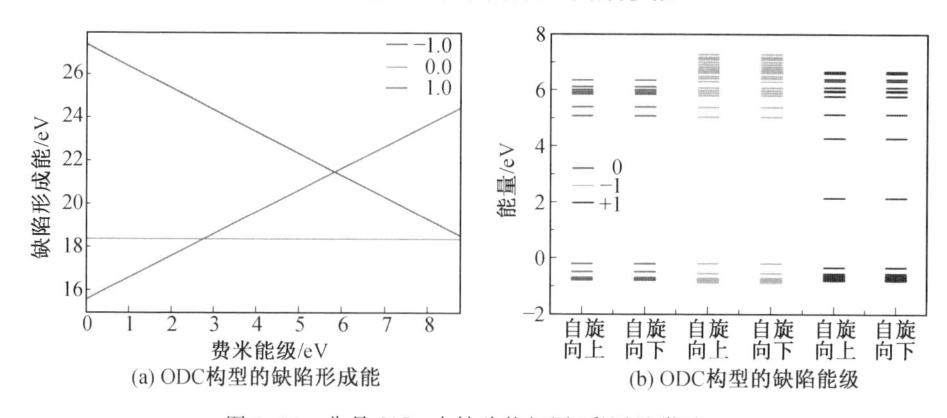

图 3.93 非晶 SiO_2 中缺陷能级图(彩图见附录)

针对不同缺陷构型，包括5种ODC结构、3种POR结构和2种NBOHC结构，计算它们的缺陷形成能，展示于图3.94中。可以发现，对于ODC结构，它在2～4 eV的浅能级处存在一个转换能级，而对于POR构型，它的转换能级位于4.5 eV位置处，属于深能级；至于NBOHC构型，则不存在中性态，这是由于中性态的能量大于缺陷态的能量。图3.95显示了10种不同体系的转换能级分布。

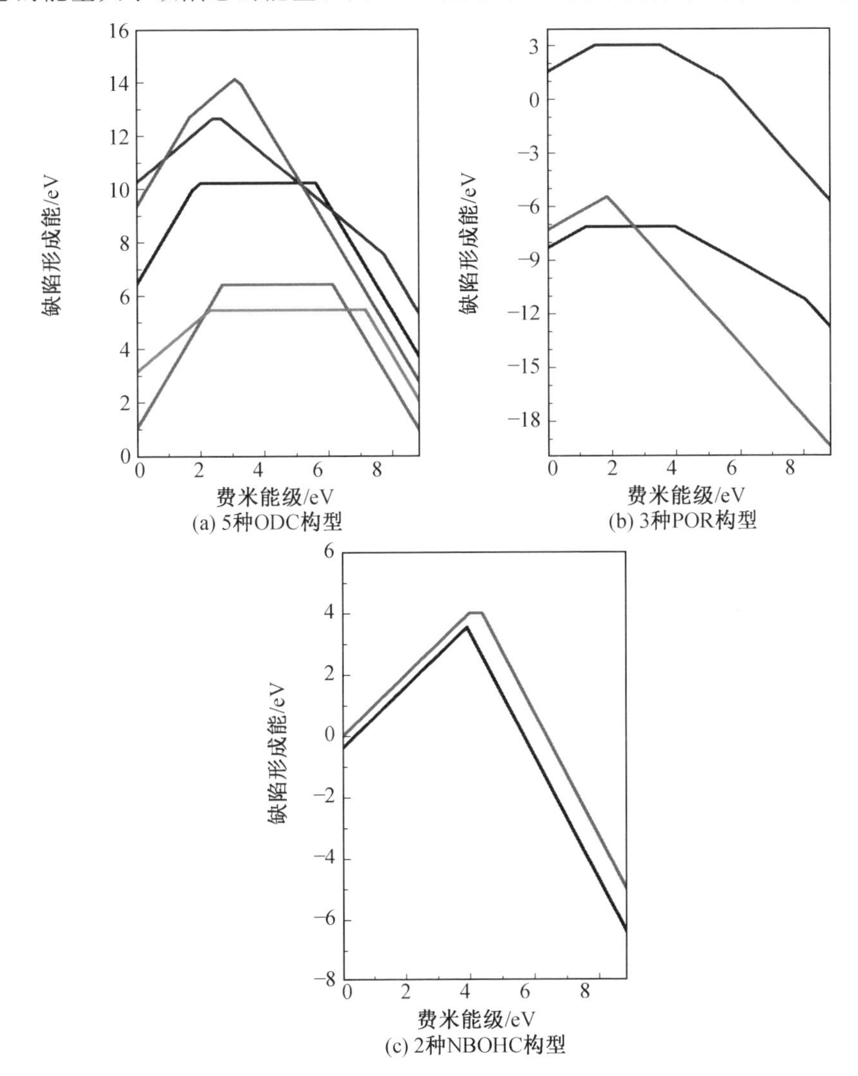

图3.94 非晶二氧化硅的缺陷形成能相对费米能级的变化

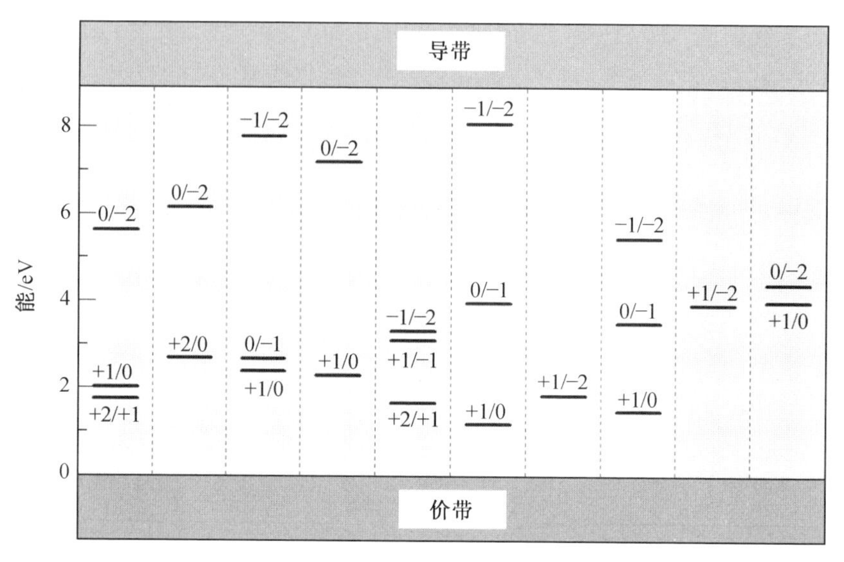

图 3.95 非晶二氧化硅缺陷的转换能级分布(红色为 ODC,黄色为 POR,蓝色为 NBOHC(彩图见附录))

在 SiO_2 的制造工艺过程中,除了会引入本征空位缺陷外,还不可避免地引入了大量氢气,这些氢气分子同样会影响辐照导致的性能退化。如图 3.96 所示,中性氢分子一般居于非晶二氧化硅蜂窝状的空间内,2 个 H 以 1 个 H_2 形式位于氧空位缺陷附近的间隙内,H—H 键长为 0.751 Å,氧空位缺陷处的平均 Si—O 键长为 1.654 Å。当含氧缺陷俘获电荷以后,H_2 倾向于在带电氧空位处发生裂解,形成单氢化和双氢化空位缺陷。在双氢化空位缺陷中,2 个 H 分别以离子的形式与氧空位缺陷 Si 相互结合并构成正四面体,Si—H 键长分别为 1.462 Å和 1.473 Å。单氢化空位缺陷中,H 离子与氧空位缺陷中的一个 Si 相连接并构成正四面体,根据局部环境不同,Si—H 键长在 1.480～1.490 Å 范围内。

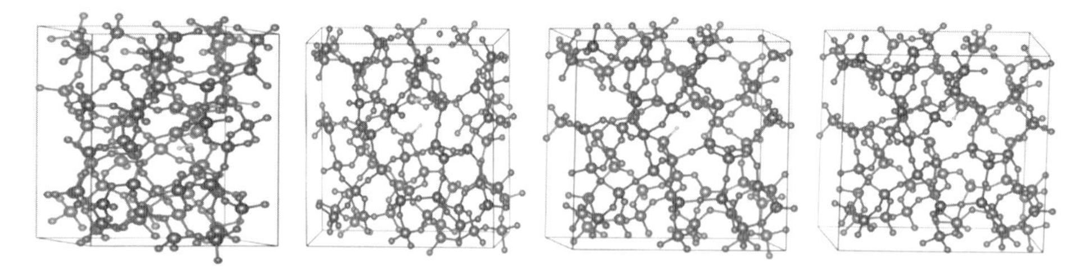

图 3.96 非晶 SiO_2 氧空位含间隙氢分子(H_2)缺陷、氧空位含双氢($2H^-$)、缺陷空位含单氢(H^-)缺陷的结构示意图(彩图见附录)

非晶 SiO_2 氧空位含氢(单氢/双氢)缺陷在不同电荷态下的形成能随费米能级的变化和跃迁能级,计算结果如图 3.97 所示。在整个禁带宽度内,H 在不同位置的单氢缺陷结构具有相同的电荷态转变(+1/0 和 0/−2)以及不同的电荷

跃迁能级。例如，H_1 结构的跃迁能级分别为 3.088 eV(+1/0)和 3.475 eV(0/−2)，而在 H_2 结构中的跃迁能级则分别为 3.108 eV(+1/0)和 3.926 eV(0/−2)。对于双氢缺陷结构而言，氢以氢分子和氢离子两种形式存在时，其电荷跃迁能级也有明显的差异性。比如，当 H 以中性态的氢分子形式存在时，电荷跃迁仅发生在正的电荷态下，则电荷跃迁能级分别为 0.707 eV(+2/+1)和 1.389 eV(+1/0)；而若 H 以负氢离子形式存在时，电荷跃迁则发生在负的电荷态下，即电荷跃迁能级为 7.762 eV(0/−2)。

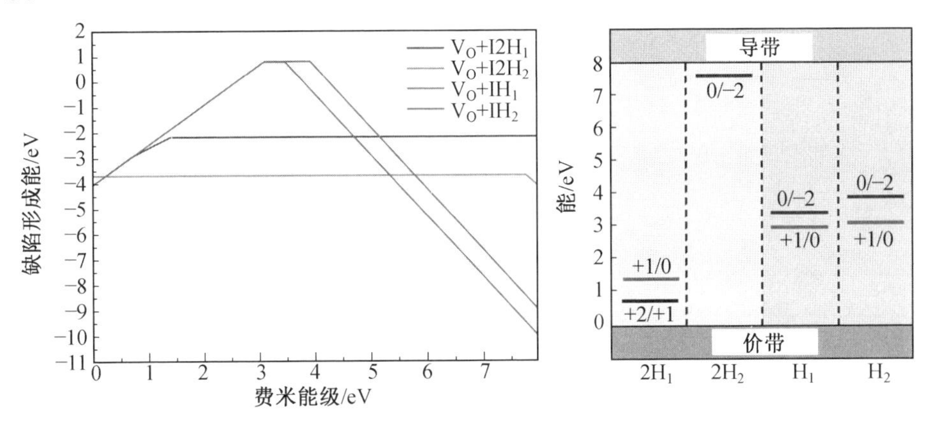

图 3.97　非晶 SiO_2 氧空位含氢缺陷的形成能随费米能级的变化(左图)和电荷跃迁能级(右图)(其包括单氢(H^-)、双氢(H_2/$2H^-$)缺陷，不同线的斜率代表电荷状态，斜率变化意味着电荷状态发生转变)

被辐照二氧化硅器件或材料中，还可能出现双空位缺陷，当空位和间隙杂质原子相邻时，可能会形成缺陷−杂质复合物。因 B、Al 原子与 Si 原子半径大小接近，容易掺杂，杂质取代 Si 原子的位置与周围 4 个桥氧键连接，掺杂位置处结构发生明显畸变，如图 3.98 所示。由于 B 元素原子半径小于 Al 元素原子半径，因此 B—O 键长小于 Si—O 键长而 Al—O 键长大于 Si—O 键长。由图 3.99 可以看到，掺杂 B、Al 原子后，掺杂体系的带隙值基本和本征非晶二氧化硅体系带隙值一样，保持在 6.2 eV 左右；说明至少在一定掺杂浓度范围内，单原子 B、Al 掺杂不会改变非晶二氧化硅的电学性质。

图 3.100 和图 3.101 显示了 B、Al 掺杂对局部氧空位缺陷(ODC)和过氧连接缺陷(POL)结构和体系电学性质的影响。对于 B−ODC 体系，B 掺杂处氧空位缺陷的存在导致 B 与周围 3 个 O 成键，成键后的 B—O 键长为 1.38 Å；小于无缺陷的 B 掺杂体系；B−ODC 体系的带隙值为 6.9 eV，较大的结构畸变对体系带隙值影响很大。当在 B 掺杂体系中构造 POL 缺陷时，如图 3.101(d)所示，结构畸变不仅发生在掺杂原子处，同时近邻的 Si—O 键也因缺陷的存在发生断键，B—O键长变化不大，仍为 1.38 Å，但体系的带隙值大幅降至5.3 eV。

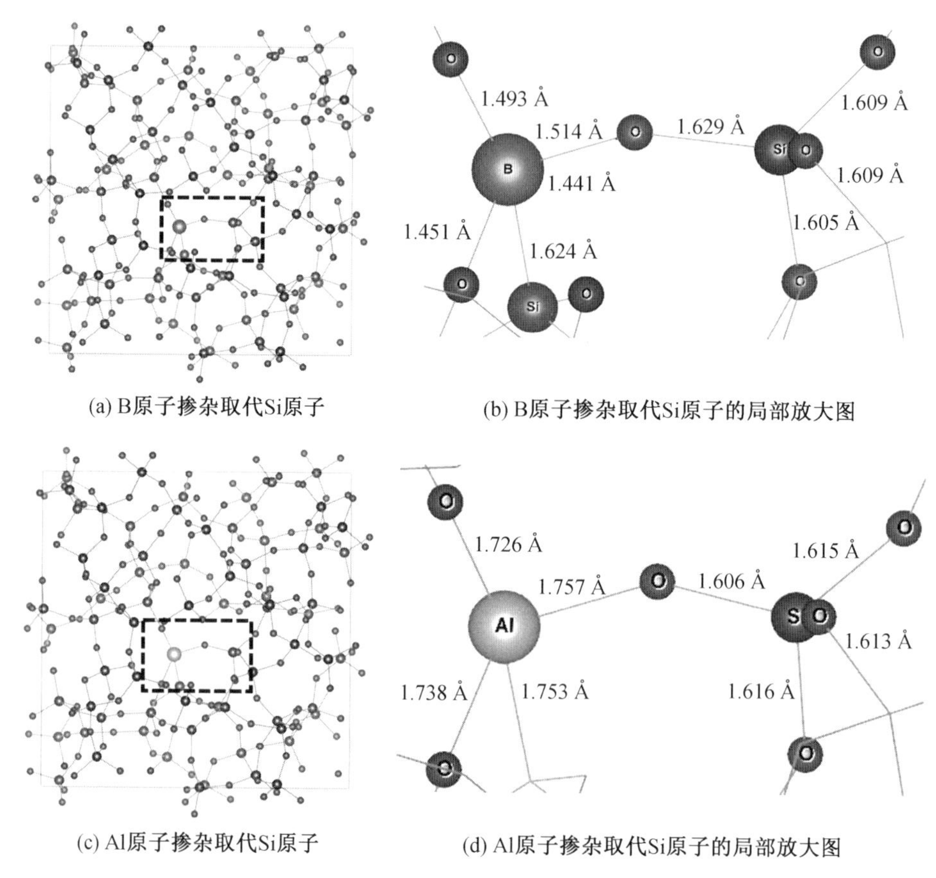

(a) B原子掺杂取代Si原子　(b) B原子掺杂取代Si原子的局部放大图

(c) Al原子掺杂取代Si原子　(d) Al原子掺杂取代Si原子的局部放大图

图 3.98　非晶 SiO_2 中典型掺杂位置结构

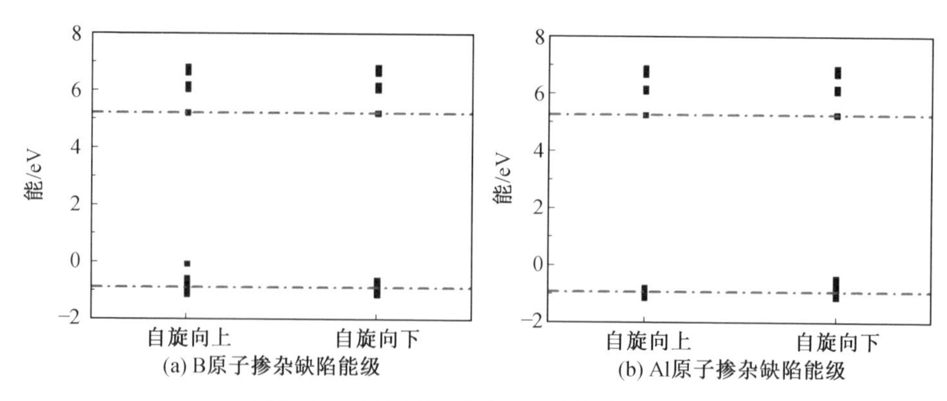

(a) B原子掺杂缺陷能级　(b) Al原子掺杂缺陷能级

图 3.99　非晶 SiO_2 中典型掺杂缺陷能级图

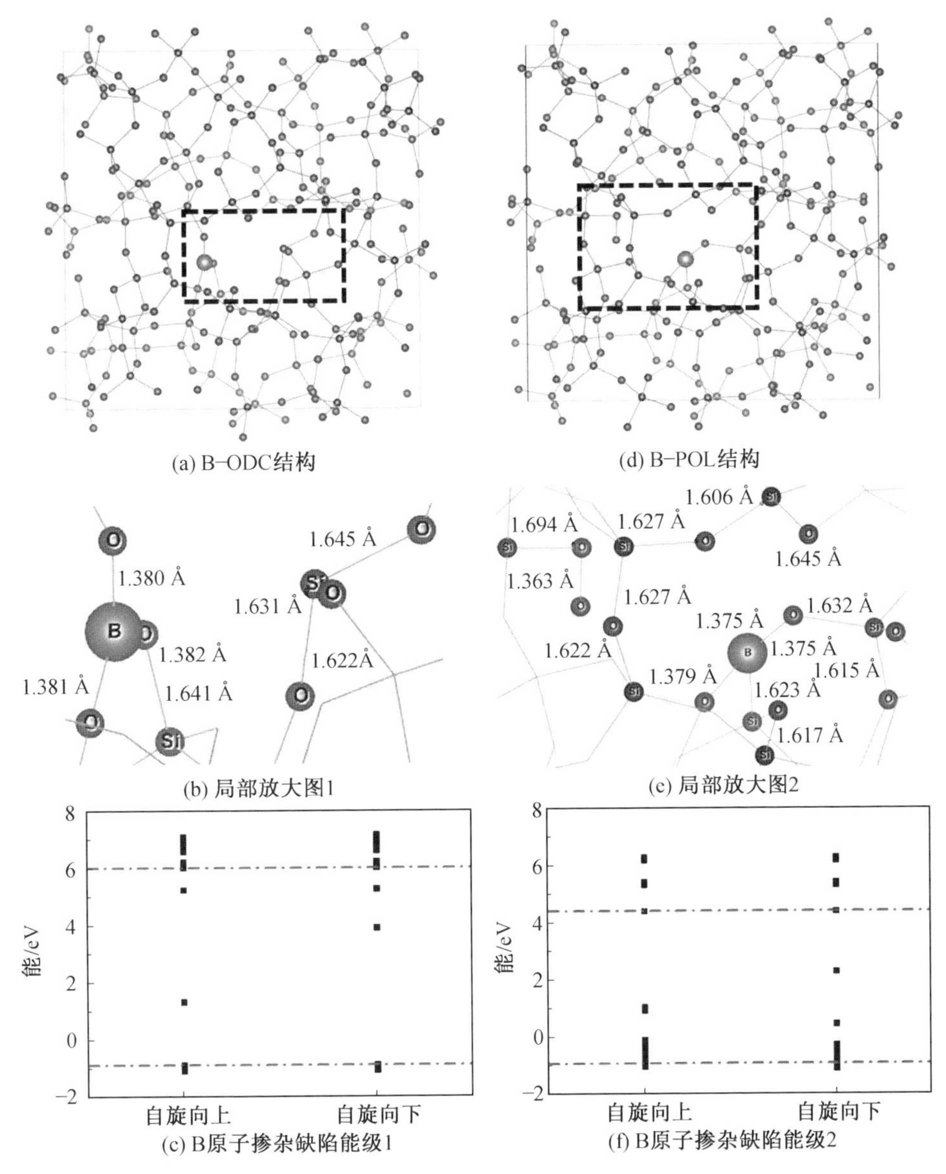

图 3.100　B 掺杂对 ODC 和 POL 结构和体系电学性质的影响

同样，对于 Al 缺陷体系，ODC 和 POL 型缺陷都会使得 Al—O 键长变短，分别为 1.69 Å 和 1.71 Å，结构畸变导致电子结构重排，带隙值分别为 6.9 eV 和 6.0 eV。此外，通过比较缺陷能级图还可发现，B/Al 掺杂的缺陷型非晶二氧化硅均表现出了一定的磁性，杂质原子掺杂和缺陷共存对于非晶二氧化硅在结构参数、性能调控方面有着很大作用。

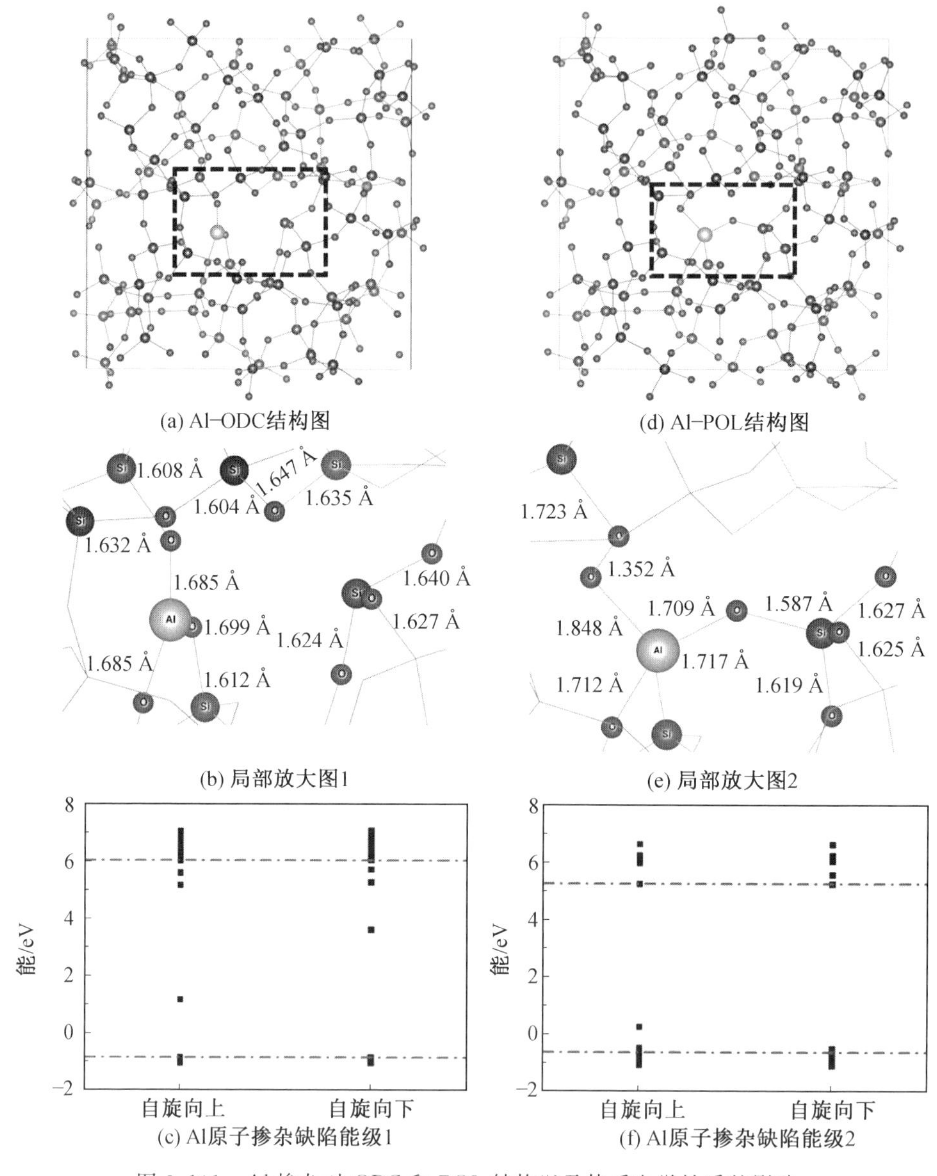

图 3.101 Al 掺杂对 ODC 和 POL 结构以及体系电学性质的影响

3.4.6 半导体缺陷仿真分析软件

在材料生长和使用过程中，除了材料的本征缺陷外，还会生成杂质缺陷、复合缺陷等缺陷，缺陷与掺杂直接决定半导体中载流子的类型、浓度、传输以及光生载流子的非辐射复合效应。因此，通过引入掺杂原子(通常浓度非常低)，可达到对主体材料的性能进行有效调控的目的，并推动半导体行业的巨大发展。然

而,无意引入的杂质或缺陷会对设备的性能和使用寿命产生不利影响。

真实半导体中存在的缺陷种类繁多,浓度各异,使得缺陷表征实验难以进行,特别是单个点缺陷性质的实验表征非常困难。虽然有时缺陷性质有可能通过实验来获得详细的表面缺陷原子结构的特征数据,但获得这样的描述性规律信息通常仍然具有很大的挑战性。通过第一性原理密度泛函理论(DFT)计算可以从原子尺度详细了解各类缺陷的结构和电子性质,因而密度泛函理论与模拟计算在缺陷性质研究中扮演着重要的角色,相关的理论计算结果对于实验研究有着直接、重要的指导意义。在物理上,用来表征半导体掺杂性能的几个关键性参数分别是缺陷形成能、离位阈能及离化能等。缺陷形成能和离位阈能可用来表征缺陷结构的稳定性以及缺陷形成的难易程度,而离化能则代表电子或者空穴在缺陷能级上发生跃迁所需要克服的能量,可以用来表征缺陷俘获电荷的能力大小。

在绝大多数此类缺陷性质计算均采用超单胞方法,即将点缺陷嵌入到包含宿主材料的超单元结构中。相关缺陷性质计算中面临的主要挑战是:

(1)半局域交换关联泛函近似。例如,广义梯度近似泛函(GGA)在一定程度上会严重低估禁带带隙的宽度,从而使得高效精确的密度泛函理论(Density Functional Theory,DFT)方法组合应用变得至关重要。

(2)应用具有有限尺寸缺陷超晶格的周期性边界条件来模拟点缺陷,使得缺陷与其自身的“图像”产生相应的交互作用,从而导致其偏离了在极限稀释形成能公式中做出的关键性假设。因此,在计算带电点缺陷时,需要在有限尺寸的超晶格假设中引入静电势校正项。与此同时,静电势校正的应用不仅需要解决由缺陷波函数间的相互作用势所诱发的共轭效应问题,还需要用户有丰富专业的模拟经验。此外,由于缺陷性质及校正计算中涉及大量的预处理和后处理步骤,通常其对计算资源要求较高并且过程烦琐。

为了解决以上这些问题,课题组自主研发了“半导体缺陷仿真分析软件”(ERETCAD.DEF),并可以在材料探索和设计的背景下扩展其相应的应用功能(图3.102)。可通过自动设置、计算和分析半导体和绝缘体中孤立的内部和外部点缺陷(空位、反位、替换和间隙)的性质,确定不同缺陷电荷状态的相对稳定性。在该软件中,为了最小化由周期性边界条件所引起的缺陷形成能量的误差,引入目前最准确的校正方法(FNV)。同时,为了能够和实验数据结果进行直接对照,该软件还开发了可以进行深能级瞬态谱和荧光光谱模拟的功能,包含能够按照实际工艺条件自动进行非晶结构和半导体/绝缘层自动建模及结构分析的功能方法。材料相关性质的计算可利用实空间电子结构算法,采用高精度杂化泛函对缺陷和界面性质进行快速、精确预测。软件界面友好,方便不同基础用户灵活使用。

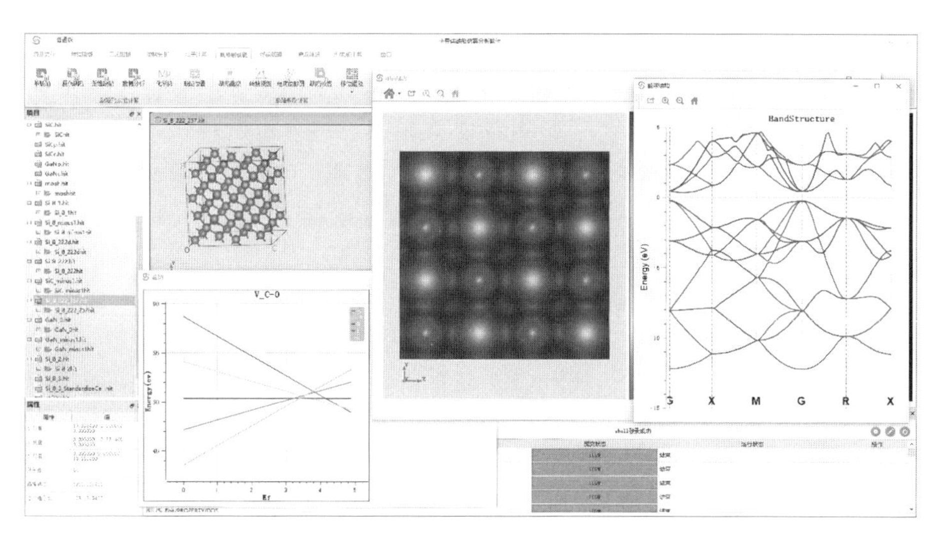

图 3.102　半导体缺陷仿真分析软件界面

本软件的主要功能涉及基于量子力学理论的密度泛函理论(DFT)计算方法,其通过求解薛定谔方程,获得描述电子运动的相关波函数,进一步模拟材料的相关性质,例如,缺陷性质、力学性质、光电性质等。而在复杂体系建模过程中,则主要应用基于经典力学的分子动力学(Molecular Dynamics,MD)计算方法。该软件适用于半导体材料和器件科学研究及其实际工程应用的广大用户使用,但也不仅限于此。使用本软件的用户需掌握密度泛函理论及分子动力学的相关基础理论知识,熟悉 Windows 及 Linux 系统的基本操作命令,并且最好能够有一定的理论数值模拟实践操作基础。

半导体缺陷仿真分析软件是一个用C++语言编写的软件包,其面向不同专业背景的工程用户,旨在通过方便友好的用户界面,应用多种不同计算方法的有效结合,解决在半导体行业领域中存在的科学和应用问题,最大限度地使得数值模拟和真实的工程工艺以及应用建立联系,为材料、物理、化学和电子等行业可应用的材料和器件设计提供理论指导。本软件突破了辐射感生产物自动识别、辐射感生产物演化模拟和基于真实工艺的非晶和界面建模等关键技术,实现了缺陷性质的流程化、自动化计算,解决了传统求解方法过程烦琐、参数选取高度依赖用户经验等问题,是目前唯一一款具有可视化操作界面的缺陷性质模拟软件。

软件的主要功能模块包括以下几个部分:

(1)结构建模。可根据用户使用需求,快速实现材料本征结构和单一缺陷结构的自动化建模过程,也可通过相关已知参数手动创建计算缺陷性质所需的简单缺陷及复杂缺陷结构模型。基于组态识别技术,能够实现半导体缺陷结构的自动建模功能。可自定义构建或外部导入半导体微观结构,考虑单元结构的重复数以及目标缺陷类型,对不同种类半导体的单空位、单间隙和单置换等点缺陷

进行自动建模。在此基础上,可实现双空位、空位一杂质等复杂结构缺陷的建模。

(2)工艺建模。基于活化分子调控筛选技术,通过模拟仿真相应的非晶生长环境及工艺方法,自动化生成不同工艺方法及环境条件下的非晶结构模型,实现了器件钝化层初始缺陷和辐射诱导缺陷性质的模拟仿真。可设置氧化温度、水氧比例、生长压力、气体流速等工艺参数。

(3)结构分析。本功能可结合结构建模、工艺建模功能,实现对单晶结构、非晶结构、缺陷结构等结构的分析,如键长、键角、二面角、缺陷类型、缺陷数目等结构参数的分析,可分析工艺过程中的键长、键角和缺陷结构等。

(4)电子计算。基于平面波近似密度泛函理论方法,可实现对不同类型结构(单晶、非晶、界面等)电子性质的精确计算,并进行能带结构、态密度、势函数和电子密度的总体显示和投影显示。

(5)缺陷形成能。基于缺陷性质模拟仿真的自校正、自收敛技术,实现了缺陷形成能、转换能级和俘获截面的精准计算。缺陷结构可通过自动建模功能或自定义功能实现。

(6)俘获截面。可实现不同缺陷类型结构的俘获截面计算。

(7)宏观性质。可实现从微观结构出发,基于第一性原理计算的非辐射和辐射复合理论,预测材料所具有的宏观性质特性,实现了不同种类缺陷的宏观效应评估,包括介电性质、深能级瞬态谱和光致发光谱的模拟仿真。

本章参考文献

[1] FRENCH A P, TAYLOR E F, BROWN L S. An introduction to quantum physics[J]. Norton, 1978, 47(1): 18-23.

[2] GAYOU, OLIVIER. Measurement and detection of radiation[J]. Medical Physics, 2012, 39(7): 4618-4618.

[3] CAPAN I, BRODAR T, PASTUOVIĈ Ž, et al. Double negatively charged carbon vacancy at the h-and k-sites in 4H-SiC: Combined Laplace-DLTS and DFT study[J]. Journal of applied physics, 2018, 123(16): 161597.

[4] GAYOU, OLIVIER. Measurement and detection of radiation. [J]. Medical Physics, 2012, 39(7): 4618-4618.

[5] RODBELL, K. P, HEIDEL, et al. Low-energy proton-induced single-event-upsets in 65 nm Node, silicon-on-insulator, latches and memory cells[J]. IEEE Transactions on Nuclear Science, 2007, 2474-2479.

[6] HAMM R N, TURNER J E, WRIGHT H A, et al. Heavy-ion track structure in silicon[J]. IEEE Transactions on Nuclear Science, 1979, 26(6): 4892-4895.

[7] STAPOR W J,MCDONALD P T,KNUDSON A R,et al. Charge collection in silicon for ions of different energy but same linear energy transfer(LET) [J]. Nuclear Science IEEE Transactions on,1988,35(6):1585-1590.

[8] MURAT M, AKKERMAN A, BARAK J. Electron and Ion tracks in silicon: spatial and temporal evolution[J]. IEEE Transactions on Nuclear Science,2009,55(6):3046-3054.

[9] YANEY D S, NELSON J T, VANSKIKE L L. Alpha-particle tracks in silicon and their effect on dynamic MOS RAM reliability [J]. IEEE Transactions on Electron Devices,1979,26(1):10-16.

[10] KINCHIN G H, PEASE R S. The displacement of atoms in solids by radiation[J]. Reports on Progress in Physics,1955,18:1-51.

[11] LINDHARD J,SCHARFF M. Energy dissipation by ions in the kev region [J]. Physical Review,2008,124:128-130.

[12] STRVNER W S,NEUFELD J. Disordering of solids by neutron radiation [J]. Physical Review,1955,97:1626-1646.

[13] NORGETT M J,ROBINSON M T,TORRENS I M. A proposed method of calculating displacement dose rates[J]. Nuclear Engineering & Design, 1975,33:50-54.

[14] CAI W, LI J, YIP S. Molecular dynamics. in: RJ. Konings (Ed.), comprehensive nuclear materials[M]. Oxford: Elsevier,2012: 249-265.

[15] JANSEN T. An introduction to Kinetic Monte Carlo simulations of surface reactions[M]. Heidelberg: Springer,2012: 37-72.

[16] LESAR R. Introduction to computational materials science: fundamentals to application[M]. Cambridge: Cambridge university press,2013: 183-194.

[17] 陆大廉,冯承天. 姜一泰勒效应[J]. 自然杂志,1986,10(1): 7-12.

[18] WANG Z,WANG G,LIU X,et al. Two-dimensional wide band-gap nitride semiconductor GaN and AlN materials: properties, fabrication and applications[J]. Journal of Materials Chemistry C,2021,9:17201-17232.

[19] WANG Z,CHEN X,REN F F,et al. Deep-level defects in gallium oxide [J]. Journal of Physics D Applied Physics,2021,54:043002.

[20] BATHEN M E,GALECKAS A,MÜTING J,et al. Electrical charge state identification and control for the silicon vacancy in 4H-SiC [J]. NPJ Quantum Information,2019,111:1-9.

[21] WAS G S. Fundamentals of radiation materials science: metals and alloys [M]. Berlin: Springer,2016.

第4章

缺陷表征与分析方法

随着半导体技术及产业的快速发展，半导体参数测试成为一个十分重要的研究领域。半导体材料是信息产业的基础，是微电子、光电子以及太阳能等工业的基石，对国家工业、科技和国防的发展具有至关重要的意义。毫无疑问，半导体材料的电学性能、光学性能和机械性能将会影响半导体器件的性能和质量，而半导体材料这些性能又取决于其掺杂和晶格的完整性，因此，半导体材料性能和结构的测试和分析，是半导体材料研究、开发的重要内容。

目前，我国以微电子工业为代表的高科技产业蓬勃发展，已经成为国际微电子的主要产业基地之一；同时，作为我国的太阳能产业、发展迅速，数百家太阳能电池器件和材料企业涉及其中，太阳能电池产量已经居世界第一位；作为重要的新兴高科技产业；另外，我国半导体照明等光电子和其他新型半导体材料、器件产业也方兴未艾。因此，半导体材料的研究、开发和应用，成为国家科技、工业和国防领域优先发展的重要方向。随着技术的进步，无论是半导体材料的测试技术、测试原理，还是应用领域，都将会有很大的变化和发展。

本章主要描述半导体材料的测试分析技术，介绍各种测试技术的基本原理，主要包括载流子浓度(电阻率)、少数载流子寿命、发光等性能以及杂质和缺陷的测试，测试分析技术涉及四探针电阻率测试、微波光电导衰减测试、霍尔效应测试、红外光谱测试、深能级瞬态谱测试、正电子湮没测试、荧光光谱测试等。

4.1 半导体材料参数测试

4.1.1 电阻率测试

1. 概述

半导体的电阻率介于金属和绝缘体之间，电阻率的大小取决于半导体的载流子浓度和载流子迁移率。对于掺杂浓度不均匀的扩散区，往往采用平均电导率的概念描述不同扩散浓度分布下的电导率，如高斯分布或余误差分布。半导体材料类型、掺杂水平、温度各异，其电阻率可能不同。

(1)电阻率与半导体材料晶向之间的关系。

对于各向异性的晶体，电导率是一个二阶张量。像 Si 这类具有立方对称性的晶体，其电导率可以简化为一个标量的常数，其他二阶张量的物理量都有类似特性。另外，在拉制无位错单晶时，往往会由于籽晶晶向偏离角较大，或者由于籽晶夹头轴线与籽晶轴轴线不一致等，因此晶体生长晶向发生偏离。若生长的无位错硅单晶的外观具有明显变形，晶片电阻率均匀度也会随之下降。

(2)电阻率与掺杂水平之间的关系。

在纯净的半导体中，掺入极微量的杂质元素，就会使电阻率发生极大变化。如在纯硅中掺入百万分之一的 B 元素，其电阻率就会从 214 000 Ω·cm 减小到 0.4 Ω·cm，也就是硅的导电能力提高了五十多万倍。正是通过这种掺入某些特定杂质元素的方法，可实现对半导体的导电能力的精确调控，制造出不同电阻率特性、类型的半导体器件。可以说，几乎所有的半导体器件都是用掺入特定杂质半导体材料的方法制成的。

(3)电阻率与温度之间的关系。

温度对电阻率的影响主要是因为半导体中载流子浓度和迁移率随温度而变化的关系。对于本征半导体材料，电阻率主要由本征载流子浓度决定。随着温度上升，半导体材料的载流子浓度会增加。在室温附近，硅的温度每增加8 ℃，载流子浓度就会增加 1 倍，迁移率仅略有下降，而电阻率将相应地降低一半左右；锗的温度每增加 12 ℃，载流子浓度增加 1 倍，它的电阻率也将降低一半。本征半导体的电阻率随着温度增加而单调下降，这是半导体区别于金属的一个重要特征。

对于杂质半导体材料，电阻率会受到杂质电离和本征激发两个因素的影响。同时，还会受到电离杂质散射和晶格散射两种散射机构的影响。因而，杂质半导

体的电阻率随着温度变化的情况比较复杂。在低温情况下,半导体的本征激发可以忽略,载流子主要由杂质电离提供,随着温度的增加,施主或受主杂质不断电离,载流子浓度呈指数式增大。散射主要由电离杂质控制,电离杂质散射作用减弱,迁移率随着温度升高也将增大,所以这时电阻率随着温度的升高而下降。在室温情况下,施主或受主杂质已经完全电离,本征激发不明显,载流子浓度基本不变,但由于晶格振动加剧,晶格振动散射成为主要矛盾,导致声子散射增强。此时迁移率将随着温度的升高而降低,因此电阻率将随着温度的升高而增大。在高温情况下,本征激发开始起主要作用,载流子浓度将指数式地快速增大,虽然这时晶格振动散射越来越强,迁移率随着温度的升高而降低,但这种迁移率降低的作用不如载流子浓度增大的强,所以最终是电阻率随着温度的升高而下降。半导体电阻率表现出与本征半导体低温情况下类似的特性。

半导体的本征激发变得明显,其产生的载流子对电导率起重要影响作用时对应的温度,往往就是所有以 pn 结作为工作基础的半导体器件的最高工作温度。该温度的高低与半导体的掺杂浓度有关,掺杂浓度越高,因杂质电离导致的多数载流子浓度越大,则本征激发需要更高的温度才能激发出足够载流子发挥重要作用,即半导体器件的最高工作温度也就越高。所以,若要求的半导体器件温度稳定性越高,其掺杂浓度就应该越大。温度的细微变化,可从半导体电阻率的明显变化上反映出来。利用半导体的这一热敏特性,可以制作各种感温元件,用于温度测试和控制系统。值得注意的是,各种半导体器件都存在热敏特性,因此外界环境温度变化时刻影响着电阻率的变化,进而影响到器件的工作稳定性。

2. 四探针测试法

电阻率是半导体材料常见的测试参数之一。测试电阻率的方法很多,如二探针法、三探针法、四探针法、电容—电压法、扩展电阻法等。其中,四探针法是一种经常采用的标准方法,在半导体电阻率测试中尤为常见,其主要优点在于设备简单、操作方便、精确度高,并且对样品几何尺寸无严格要求。用四探针法测试电阻率还有一个非常大的优点,即不需要校准。

四探针法的测试示意图如图 4.1 所示。前端为针状,一般采用金属钨制成,1、2、3、4 号金属探针,1、4 号探针和高精度的直流稳流电源相连,2、3 号探针与高精度数字电压表、毫伏计或电位差计相连。4 根探针有两种排列方式,一是 4 根针排列成一条直线,称为直线型方法,如图 4.1(a)所示,探针间可以是等距离也可以是非等距离的;二是 4 根探针呈正方形或矩形排列,如图 4.1(b)所示。由稳流电源和电压表测试的电流和电压参数数值,可以计算得到被测样品的电阻率为

$$\rho = C\frac{V}{I} \tag{4.1}$$

式中，C 为探针系数，是与被测样品几何尺寸以及探针间距有关的一个修正因子。

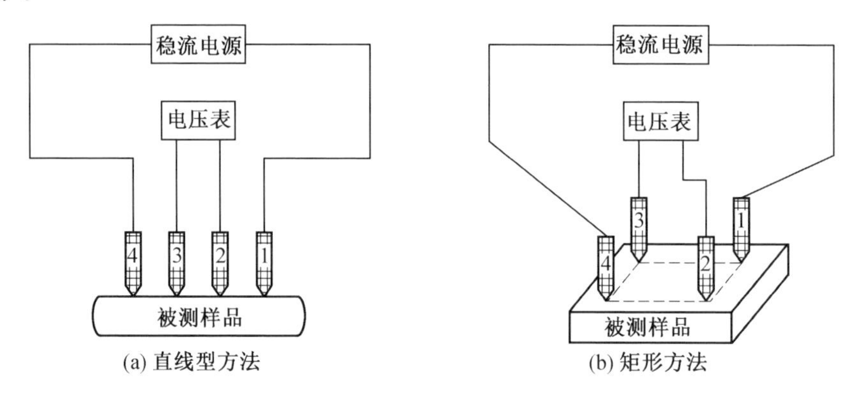

图 4.1　四探针法的测试示意图

对于大块状或板状测试样品，由于其尺寸远大于探针间距，上述两种探针排布方式都可以采用。而对于细条状或细棒状试样，使用第一种方式更为有利。当稳流源通过探针 1、4 提供给测试样品一个稳定的电流时，在探针 2、3 上会测得一个电压值差 V_{23}。对于图 4.1(a)中探针排布形式，其等效电路如图 4.2 所示。稳流电路中的导线电阻 R_1、R_4 及探针与样品的接触电阻 R_2、R_3 与被测电阻 R 串联在稳流电路中，不会影响测试的结果。R_1、R_4、R_5、R_8 为导线电阻，R_2、R_3、R_6、R_7 为接触电阻，R_0 为数字电压表内阻，R 为被测样品电阻。在测试回路中，R_5、R_6、R_7、R_8 和数字电压表内阻 R_0 串联，其串联总电阻 $R_0+R_5+R_6+R_7+R_8$ 在电路中与被测电阻 R 并联，其总电阻 R_S 为

$$R_S=\frac{R(R_0+R_5+R_6+R_7+R_8)}{R+R_0+R_5+R_6+R_7+R_8} \tag{4.2}$$

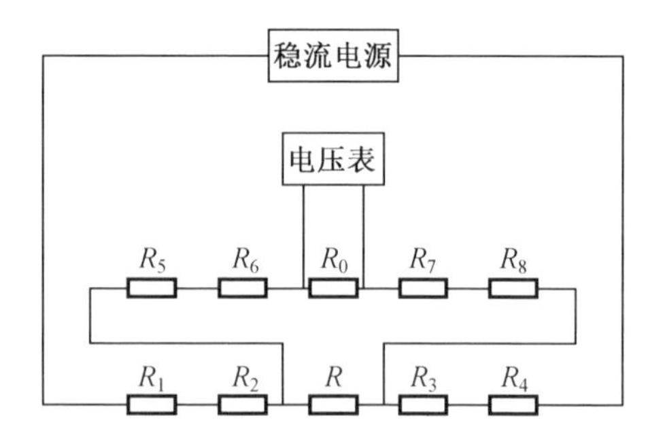

图 4.2　四探针法测试电阻的等效电路图

当被测电阻很小，如小于 1 Ω，而电压表内阻很大时，R_5、R_6、R_7、R_8 和 R_0 对实验结果的影响在有效数字以外，则测试结果就可看作足够精确。对于在半无穷大样品上的点电流源，若样品的电阻率 ρ 均匀，引入点电流源的探针其电流强

度为 I,则所产生的电力线具有球面的对称性,即等位面为一系列以点电流为中心的半球面,如图 4.3 所示。

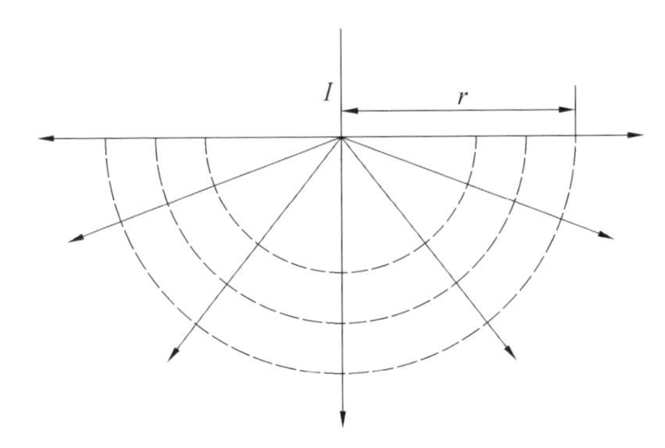

图 4.3　半无穷大样品点电流源的半球等位面

在以 r 为半径的半球面上,电流密度 J 的分布是均匀的

$$J=-\frac{I}{2\pi r^2} \tag{4.3}$$

由电阻率 ρ 与电流密度 J 可得到这个半球面上的电场强度 E 为

$$E=J\rho=-\frac{I\rho}{2\pi r^2} \tag{4.4}$$

由电场强度和电位梯度以及球面对称关系,可以得到

$$E=-\frac{\mathrm{d}\psi}{\mathrm{d}r} \tag{4.5}$$

$$\mathrm{d}\psi=-E\mathrm{d}r=-\frac{\rho I}{2\pi r^2}\mathrm{d}r \tag{4.6}$$

取 r 为无穷远处的电位为零,则有

$$\int_0^{\psi(r)}\mathrm{d}\psi=\int_\infty^r-E\mathrm{d}r=-\frac{\rho I}{2\pi}\int_\infty^r\frac{\mathrm{d}r}{r^2} \tag{4.7}$$

$$\psi(r)=\frac{\rho I}{2\pi r} \tag{4.8}$$

式(4.8)是半无穷大均匀样品上离点电流源距离为 r 的点处电位与探针流过的电流和被测样品电阻率的关系式。对于图 4.4 所示的情况,4 根探针位于样品中央,电流从探针 1 流入,从探针 4 流出,则可将 1 和 4 探针视为点电流源,由式(4.8)可知,2 和 3 探针的电位分别为

$$\psi_2=\frac{\rho I}{2\pi}\left(\frac{1}{r_{12}}-\frac{1}{r_{24}}\right) \tag{4.9}$$

$$\psi_3=\frac{\rho I}{2\pi}\left(\frac{1}{r_{13}}-\frac{1}{r_{34}}\right) \tag{4.10}$$

2、3 探针之间的电位差为

$$V_{23}=\psi_2-\psi_3=\frac{\rho I}{2\pi}\left(\frac{1}{r_{12}}-\frac{1}{r_{24}}-\frac{1}{r_{13}}+\frac{1}{r_{34}}\right) \tag{4.11}$$

由此,得出样品的电阻率为

$$\rho=\frac{2\pi V_{23}}{I}\left(\frac{1}{r_{12}}-\frac{1}{r_{24}}-\frac{1}{r_{13}}+\frac{1}{r_{34}}\right)^{-1} \tag{4.12}$$

式(4.12)就是利用直流四探针法测试电阻率的公式。只需测出流过1、4探针的电流 I,以及2、3探针间的电位差 V_{23},代入4根探针的间距,就可以求出该样品的电阻率 ρ。实际测试中,最常用的是直线型四探针,如图4.5所示,即4根探针的针尖位于同一直线上,并且间距相等,设 $r_{12}=r_{23}=r_{34}=S$,则可得到

$$\rho=2\pi S\frac{V_{23}}{I} \tag{4.13}$$

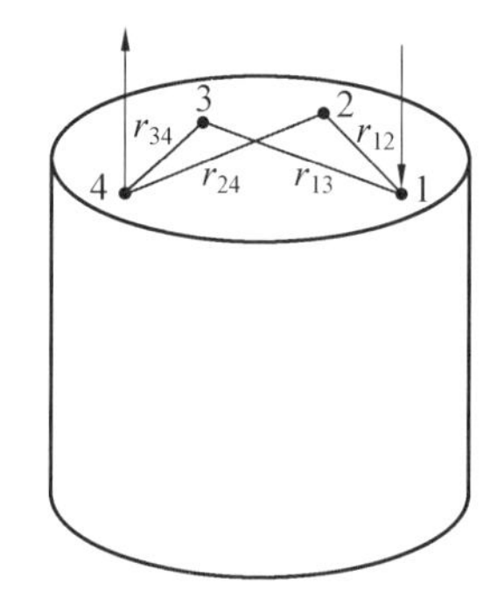

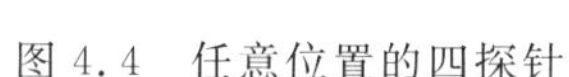
图4.4 任意位置的四探针

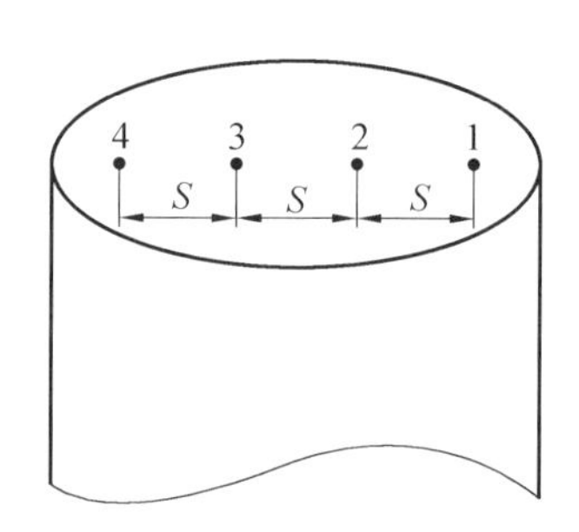

图4.5 直线型四探针

需要指出的是,式(4.13)是在半无限大样品的基础上推导出的,实际应用中必须满足样品厚度和边缘与探针之间的最近距离大于4倍探针间距这两个条件,这样才能使该式具有足够精确度。如果被测样品不是半无穷大,对于横向尺寸一定具有一定厚度的样品,进一步的分析表明,在四探针法中只要对公式引入适当的修正系数 C_0 即可,此时电阻率为

$$\rho=\frac{2\pi S V_{23}}{C_0 I} \tag{4.14}$$

另一种情况是极薄样品,极薄样品是指样品厚度 d 比探针间距小很多,而横向尺寸为无穷大的样品。这时从探针1流入和从探针4流出的电流,其等位面近似为圆柱面,高为 d。任一等位面的半径设为 r,类似于上面对半无穷大样品的推导,很容易得出当 $r_{12}=r_{23}=r_{34}=S$ 时,极薄样品的电阻率为

$$\rho=\frac{\pi}{\ln 2}d\frac{V_{23}}{I}=4.532d\frac{V_{23}}{I} \tag{4.15}$$

式(4.15)说明,对于极薄样品,在等间距探针情况下,探针间距和测试结果无关,电阻率和被测样品的厚度 d 成正比。半导体工艺中普遍采用四探针法测试扩散层的薄层电阻,由于反向pn结的隔离作用,扩散层下的衬底可视为绝缘

层，对于扩散层厚度（即结深 x_j）远小于探针间距 S，而横向尺寸无限大的样品，薄层电阻率为

$$\rho=\frac{\pi}{\ln 2}x_j\frac{V_{23}}{I}=4.532x_j\frac{V_{23}}{I} \tag{4.16}$$

实际工作中，直接测试扩散层的薄层电阻，即方块电阻。它是表面为正方形的半导体薄层在电流方向所呈现的电阻，如图 4.6 所示。因此，方块电阻为

$$R_{\square}=\frac{\rho}{x_j}=4.532\ 4\frac{V_{23}}{I} \tag{4.17}$$

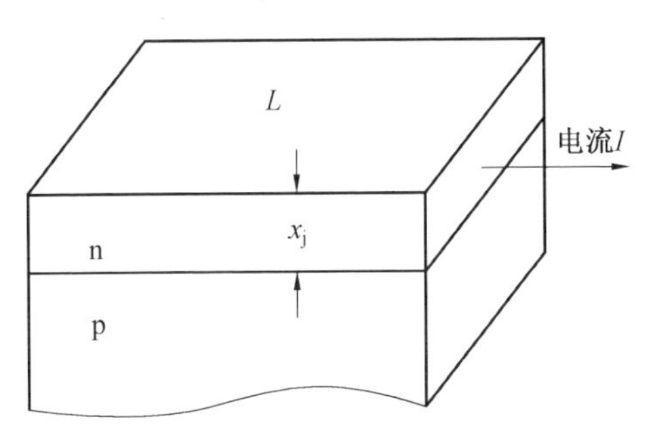

图 4.6　薄层电阻示意图

实际的扩散层尺寸一般不很大，并且实际的扩散层又有单面扩散与双面扩散之分，因此，需要对电阻公式进行修正，修正后的公式为

$$R_{\square}=\frac{\rho}{x_j}=C_0\frac{V_{23}}{I} \tag{4.18}$$

式中，C_0 为探针修正系数；$R_{\square}$ 的单位为欧姆/方块，通常用符号表示为 Ω/□。

3. 影响因素

四探针法测试电阻率的一个重要特点是测试系统与待测半导体样品之间的连接非常简便，只需将探头压在样品表面确保探针与样品接触良好即可，无须将导线焊接在测试样品的表面，这在不允许破坏测试样品表面的电阻试验中优势明显。

但还有几种因素可能会使测试这些材料电阻率的工作复杂化，其中包括与材料实现良好接触的问题。目前，已经有专门的探头来测试半导体晶圆片和半导体棒的电阻率。这些探头通常使用硬金属（如钨），将其磨成一个探针。在这种情况下接触电阻非常高，应当使用四点同线的直线型探针测试法或者四线隔离的任意型、方块型探针测试法。其中两个探针提供恒定的电流，另外两个探针测试一部分样品上的压降。然后利用被测电阻的几何尺寸因素，就可以计算出电阻率。这种测试有一些事项需要加以注意，如对探针和测试引线进行良好的屏蔽，这么做主要有以下三方面原因。

①电路涉及高频、高阻抗，所以容易受到静电及电磁干扰。

②半导体材料上的接触点不一定是欧姆接触，所以可能存在 pn 结效应，从而对吸收的信号进行整流，并作为直流偏置显示出来。

③材料可能存在的光敏感特性。

4.1.2 导电类型测试

半导体的导电过程涉及电子和空穴两种载流子。多数载流子是电子的半导体，称为 n 型半导体；多数载流子是空穴的半导体，称为 p 型半导体。半导体导电类型的确定就是通过测试半导体材料中多数载流子的类别，进而确定半导体的导电类型。常用的半导体导电类型的测试方法有冷热探针法、单探针点接触整流法和霍尔效应测试法等。

1.冷热探针法

冷热探针法是利用材料的温差电效应，即半导体的热电效应的原理，将一热一冷、温度不同的两根探针与半导体材料的表面接触。热探针接触处由于热激发产生大量载流子，冷探针接触处由于温度低，载流子数量会极少。这样，由于存在载流子的浓度梯度，载流子可由热探针处的高浓度区向冷探针处的低浓度区扩散，载流子的运动又引起电位的变化。

p 型半导体主要是靠多数载流子一空穴导电。在未施加冷热探针之前，空穴均匀分布，半导体中处处都显示出电中性。当半导体上施加冷热探针后，热探针端激发的载流子浓度高于冷探针端的载流子浓度，从而形成了一定的浓度梯度。于是，在浓度梯度的影响下，热探针端的空穴就向冷探针端做扩散运动。随着空穴不断扩散，在冷探针端产生空穴的积累，因而带上了正电荷，同时在热探针端因为空穴的欠缺，即电离受主的出现，而带上了负电荷。上述正负电荷的出现便在半导体内部形成了由冷探针端指向热探针端的电场。因此，冷探针端的电势便高于热探针端的电势，冷热探针两端形成了一定的电势差。相反，如果材料是 n 型，则多数载流子电子会由于浓度差由热探针向冷探针扩散，则导致冷探针处相对于热探针处电势降低。

从能带的角度来看，在没有接入探针前，半导体处于热平衡状态，体内温度处处相等，主能带是水平的，费米能级也是水平的。在接入探针以后，对于 p 型半导体，由于冷探针端电势高于热探针端电势，所以冷探针端主能带相对于热探针端主能带向下倾斜，同时由于热探针端温度高于冷探针端，故热探针端的费米能级相对于冷探针端的费米能级来说，距离价带更远。

基于上述原理，可以在冷热两个探针间外接电压表或检流计形成一闭合回路，然后根据电压表或检流计显示的电压或电流方向，来确定所测材料的导电类

型。利用冷热探针法测试半导体导电类型的原理图如图 4.7 所示。

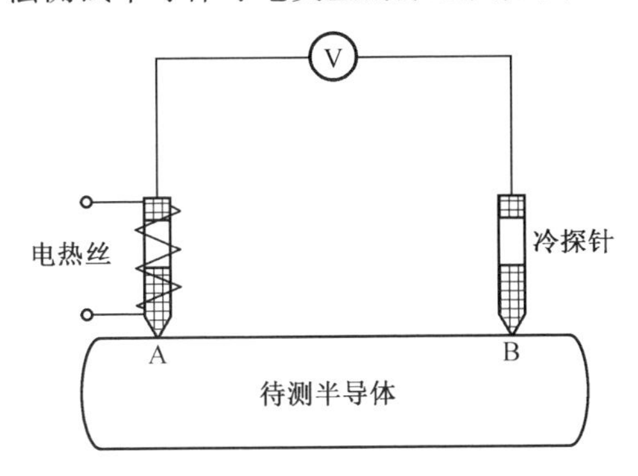

图 4.7　冷热探针法测试半导体导电类型的原理图

2. 单探针点接触整流法

单探针点接触整流法是利用金属和半导体接触的整流特性来实现的。通常,金属和半导体的接触可以分为两种情况:欧姆接触和整流接触。当金属和半导体接触时,半导体一边的能带发生弯曲,形成多数载流子的势垒,构成界面阻挡层,若外加电压于金属,将改变阻挡层的势垒,半导体和金属没有统一的费米能级,不再处于平衡状态,此时将会在金属和半导体之间存在多数载流子电流,这就出现整流特性。但是,如果所形成的多数载流子的势垒区很窄,载流子就可以依靠隧道效应从势垒底部通过,使整流特性遭到破坏,从而得到欧姆接触特性。

图 4.8 是单探针点接触整流法测试半导体导电类型的原理图。图中被测样品是一个 p 型半导体单晶棒,交流调压器一端接地,并且与半导体的欧姆接触电极相连。为了实现良好的欧姆接触,接触处一般设置成大面积、高复合接触的情况。另一端经检流计与钨探针相连,钨探针的尖端与半导体样品实现点接触,即整流接触。

钨探针与 p 型半导体之间为整流接触,零偏压时半导体一边就已经存在空穴的势垒。正向偏置时,空穴的势垒将会降低,p 型半导体中的多数载流子——空穴就会流向金属。但是,由于空穴是假想的一种正电粒子,所以实际上是金属中的电子通过金属探针向半导体中流入,从而形成方向相反的正向电流。反向偏置时,半导体一边空穴的势垒增高,金属与半导体接触处将没有电流流过。

如果图 4.8 中调压器的交流电源处于正半周,则钨探针为正,半导体为负。从上述分析可知,金属与 p 型半导体接触处反向偏置,检流计中没有电流流过;如果调压器的交流电源处于负半周,则钨探针为负,半导体为正,金属与 p 型半导体接触处正向偏置,检流计中有正向电流流过。如果把正半周和负半周的作用叠加起来,那么检流计的指针应该向左偏转。如果被测试的样品不是 p 型,而是 n 型,那么检流计的指针就应该向右偏转。因此,根据检流计指针偏转的方向就可以判定半导体的导电类型。

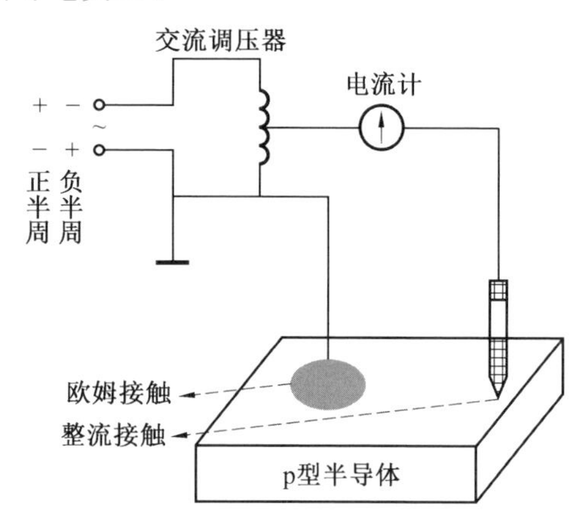

图 4.8 单探针点接触整流法测试半导体导电类型的原理图

图 4.9 给出了另一种点接触整流法测试半导体导电类型的装置图。图中 p 型半导体的下面电极做成欧姆接触,上面是做成钨探针点接触。交流调压器的接地端经一电流取样电阻 R 与 p 型半导体的下电极相连,另一端经钨探针与 p 型半导体实现点接触。示波器的 x 轴输入采集的是 p 型半导体上下两端的交流电压信号,y 轴输入采集的是流经半导体和探针接触的电流信号。当交流调压器输出的交流电压处于正半周时,探针为正,欧姆接触为负,金属与 p 型半导体接触处于反向偏置,流过取样电阻 R 上的电流为零,y 轴的输入信号也为零,示波器的曲线是水平的;当交流调压器输出的交流电压处于负半周时,探针为负,欧姆接触为正,金属与 p 型半导体接触处于正向偏置,流过取样电阻 R 上的电流不为零,y 轴的输入信号也不为零,其输出波形向下倾斜。如果把 p 型半导体换成 n 型半导体,则情况正好相反。调压器输出交流电压处于正半周时,金属与 n 型半导体接触为正向偏置,取样电阻 R 上有电流流过,示波器的波形向上倾斜。而处于负半周时,金属与 n 型半导体接触为反向偏置,取样电阻 R 上没有电流流过,y 轴输入信号为零,曲线则是水平的。

3. 霍尔效应测试法

1879 年,霍尔(Edwin H. Hall)发现通电的导体在磁场中出现横向电势差,这就是霍尔效应(Hall effect)。之后人们又发现半导体的霍尔效应比导体大几个数量级,从而引起人们对它的重视和深入研究。至今,霍尔系数和电导率的测量已经成为研究半导体材料的主要方法之一。通过测量半导体材料的霍尔系数和电导率,可以得到材料的导电类型、载流子浓度和载流子迁移率等主要参数。若能测得霍尔系数和电导率随温度变化的关系,还可以得出半导体材料的杂质

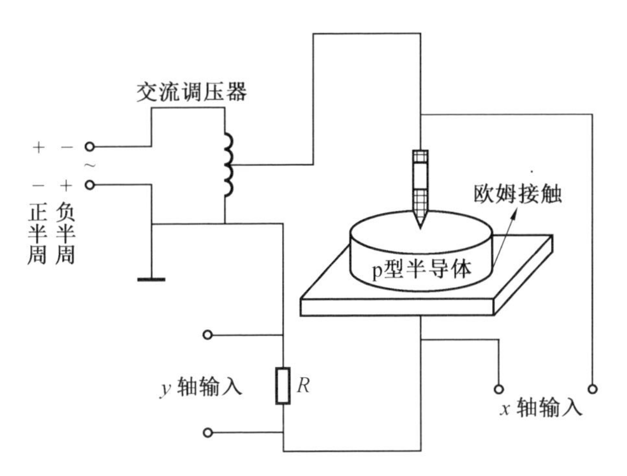

图 4.9　点接触整流法测试半导体导电类型的原理图

电离能、禁带宽度和杂质补偿度。

霍尔效应测试法有 3 个突出优点，即设备相对简单、测试结果容易解读、动态范围宽。如果只是为满足最低的要求，仅需要一个电流源、一个电压表和一个尺寸合适的磁体，就可以进行基本的霍尔效应测试了。利用霍尔效应测试计算得到的载流子浓度，精度在 20%以内，测试范围是 $10^{14} \sim 10^{20}\ \mathrm{cm}^{-3}$。同时，依据霍尔电压的极性可以明确地确定半导体的导电类型(n 型或 p 型)。

与霍尔效应用途相近的测试方法有：①电容一电压($C-V$)测试，可确定载流子浓度；②热电探针(TEP)测试，可确定载流子类型；③磁阻(MR)测试，可确定迁移率。这几种方法相比较，$C-V$ 测试的优点是可以提供样品深度分布信息，缺点是需要形成肖特基势垒；TEP 测试需要形成温度梯度，并且其最终结论有时是不确定的；MR 只能用于在高迁移率或者强磁场强度情况的测量。

某一导体或者半导体材料处在互相垂直的磁场和电场中时，会在样品中产生一个横向的电势差，这个电势差的方向与电流和磁场方向垂直，这种现象即霍尔效应。显然，霍尔效应的产生与带电粒子在电场和磁场作用下的运动密切相关。如图 4.10 所示，互相垂直的电场(E)和磁场(B)同时施加在一个矩形半导体样品上，样品长宽高分别为 a、b 和 d。为讨论问题方便，仅考虑杂质完全电离的情况，此时样品中参与导电的主要是多数载流子，对于 n 型半导体来说是电子，而对 p 型半导体来说是空穴。在外加电场的作用下，半导体中的载流子发生定向漂移运动，并且假设所有载流子的漂移速度相等。因此，当载流子在互相垂直的电场和磁场中运动并形成电流时，将受到沿着 y 或者 $-y$ 方向的洛伦兹力的作用，载流子会在与 y 方向垂直的两个面上积累，从而在 y 方向上建立起霍尔电场。显然，该霍尔电场相对于载流子产生的电场力与洛伦兹力的方向是相反的，最终，这两种力会达到平衡状态，意味着已经建立起稳定的霍尔电场，并且在 y

方向上不再有电流。需要注意的是，此时半导体中的电场已不再沿着 x 方向，而是向 y 方向偏离一定的角度，这个电流和电场之间的夹角称为霍尔角。霍尔电场强度 E_H 与电流密度 J 和磁感应强度 B 的乘积成正比，即

$$E_H = R_H J B \tag{4.19}$$

式中，R_H 称为霍尔系数。在定义了霍尔电场的正负方向后，霍尔系数将有正负之分。

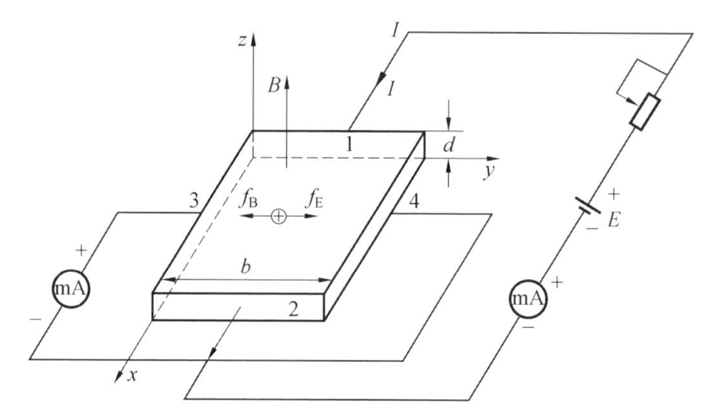

图 4.10　霍尔效应测试示意图

在图 4.10 中，若电流沿着 x 轴的正方向，磁场沿着 z 轴的正方向，则对于 p 型半导体来说，霍尔电场沿着 y 方向(定义为正方向)，此时的 $E_H>0$，与此对应的 $R_H>0$；与之相反，对于 n 型半导体来说，此时的 $E_H<0$，$R_H<0$。因此，从霍尔系数的正负就可以判断半导体材料的导电类型。

4. 影响因素

在温差电效应中，温差电势随着掺杂浓度的增加而减小，也就是说，掺杂浓度越低，电阻率越高，温差电效应越大。尽管温差电效应很大，但电阻率也大，所以温差电流较小。检流计检测的是电流，所以冷热探针法对于低阻样品有较高的灵敏度。但是如果检测的是温差电势的极性，则可以检测较高电阻率的材料。至于点接触整流法，其在测定半导体的导电类型时往往不适用于低阻材料，因为金属与低阻材料接触易于形成隧道效应，而导致欧姆接触，使整流效应不明显。

准确判断一个单晶材料的导电类型是非常重要的，这是制作半导体器件的原始依据。每一种测试方法都有一定的电阻率范围，超出这个范围就可能出现较大的测试误差。因此在测试半导体的导电类型之前，首先应该判断该材料电阻率的大致范围，然后确定采用何种测试方法。

此外，在测试半导体的导电类型时要注意表面效应，防止表面出现反型层。通常需要粗磨表面或打砂处理。半导体表面对外界环境十分敏感，表面如果沾上阴、阳离子，就可能在表面感应出反型层，从而导致测试误差。因此，测试导电

型号时不宜用抛光面或腐蚀表面。

用点接触法测半导体的导电类型时，要注意大面积的欧姆接触，使用薄的软铅皮或软的金镓合金可以得到良好的欧姆接触，在欧姆接触处用力压紧，而连接整流接触的金属探针处压力要小。半导体表面在周围电磁场的作用下可能出现反型层，影响测试的准确性，因此，测试时最好加以电磁屏蔽。另外，光照会产生光电流，引起光生电动势，这一点也应引起重视。

用冷热探针法测试半导体的导电类型时，热笔的温度既不能太高，又不能太低。对于锗材料，由于禁带很窄，冷笔需用液氮供冷（78 K）；硅材料禁带较宽，热笔的温度可以高一些（50 ℃上下），但也不能太高（以不出现本征激发为限）。热笔上的氧化物在测试时应予以去除。测试时，冷热探针都应压紧，否则会引起较大的测试误差。

测试半导体的导电类型时，若发现局部区域侧有所偏离，可以用腐蚀方法显示该区域的导电类型分布情况。具体操作方法是在氢氟酸中加入1%硝酸，然后将被测单晶放入腐蚀20 min取出，半导体p区显黑色，n区显白色。

4.1.3　氧化膜厚度测试

在半导体平面工艺中，氧化膜薄膜的厚度与质量对半导体器件的成品率和性能有重要影响。如ZnO薄膜的厚度对其自身的方块电阻和透光性都有很大的影响。另外，半导体器件表面常常需要覆盖氧化膜，用来防止受到杂质离子的污染，以及起到电绝缘的作用，从而使半导体器件能够处于稳定的工作状态。因此需要对氧化膜的厚度和质量做必要的检测。

测试氧化膜厚度的方法有很多。若精度要求不高，可采用比色法、腐蚀法等；若精度要求较高，可用光干涉法、电容电压法、高频涡流法等；若精度要求非常高，则可以采用椭偏光法等。下面对颜色对比法、光干涉法等主要方法进行介绍。

1. 颜色对比法

由于氧化膜的厚度不同，在垂直光照射下，由于光的干涉作用就会呈现不同的颜色。通过记录照射光的干涉次数，就能根据颜色估测出氧化膜的厚度。氧化膜厚度与颜色的对比关系值见表4.1。

值得注意的是，氧化膜的颜色随厚度呈现周期性变化，即对于同一种颜色，可能对应多种厚度，因此这种测量方法可能存在一定误差。另外，实验表明这种方法适合于测试厚度在1 000～7 000 Å之间的氧化膜，当厚度超过7 500 Å时，颜色变化将不太明显。

表 4.1　氧化膜厚度与颜色的对比关系

氧化膜颜色	氧化膜厚度/Å			
	1 次干涉	2 次干涉	3 次干涉	4 次干涉
灰色	100	—	—	—
黄褐色	300	—	—	—
棕色	500	—	—	—
蓝色	800	—	—	—
紫色	1 000	2 750	4 650	6 500
深蓝色	1 500	3 000	4 900	6 850
绿色	1 850	3 300	5 200	7 200
黄色	2 100	3 700	5 600	7 500
橙色	2 250	4 000	6 000	—
红色	2 500	4 300	6 250	—

2. 光干涉法

光干涉法是借助氧化膜台阶上干涉条纹的数目来表征氧化膜的厚度，它是将氧化膜腐蚀出一个斜面，如图 4.11 所示。当用单色光照射氧化层表面时，由于 SiO_2 是透明介质，所以入射光将分别在 SiO_2 表面和 SiO_2-Si 界面处发生反射，根据光的干涉原理，当两束相干光的光程差为半波长的偶数倍，即为 $k\lambda(k=0,1,2,3,\cdots)$ 时，两束光的相位相同，互相加强，因而出现亮条纹。当两束相干光的光程差为半波长的奇数倍，即为 $(2k+1)/2\lambda$ 时，两束光的相位相反，因而互相减弱，出现暗条纹。由于整个 SiO_2 台阶的厚度是连续变化的，因此，将出现明暗相间的干涉条纹。相邻条纹间对应的 SiO_2 氧化膜厚度为

$$\Delta X=\frac{\lambda}{2n} \tag{4.20}$$

根据式(4.20)，就可以得到氧化膜的厚度为

$$X=m\frac{\lambda}{2n} \tag{4.21}$$

式中，X 为氧化膜的厚度；m 为干涉条纹数；λ 为入射光波长；n 为氧化膜的折射率。光干涉法直观性好、抗空气扰动性强、稳定性高、简单便捷，比较适合测试厚度在 200 nm 以上的氧化膜。

3. 高频涡流法

高频涡流法不仅适合于测试氧化膜的厚度，而且可测试金属镀层的厚度、薄

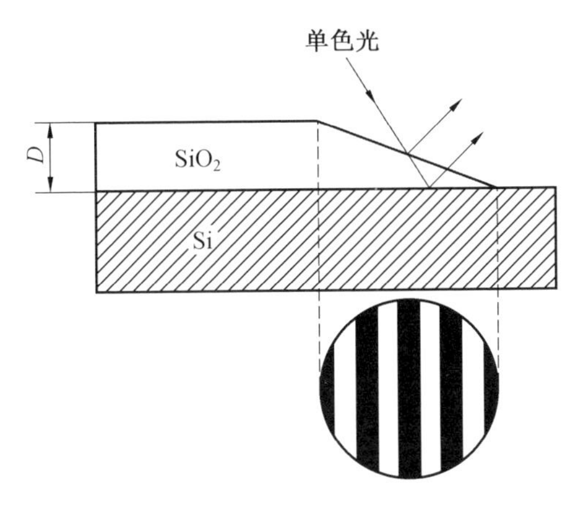

图 4.11　光干涉法测量 SiO_2 氧化膜厚度

片和管壁的厚度，在利用两种以上的频率进行测试时，还可以对复合镀层的每一层厚度进行测试。如图 4.12 所示，载有高频电流的线圈，在其周围空间建立有高频磁场 H_P，若有金属导体置于此高频磁场中，由于高频磁场的作用，金属导体内部将感应而产生涡流。此涡流所产生的磁场 H_S 又将反作用于线圈所产生的磁场，从而使线圈的阻抗发生改变。线圈的阻抗变化与金属导体的电阻率、磁导率、几何尺寸、线圈的几何形状、电流频率以及金属导体与线圈的距离有关。如果控制其他参数不变，使线圈阻抗只和金属导体与线圈的距离有关，将线圈放在金属导体的氧化膜上，则测得的金属导体与线圈的距离就是氧化膜的厚度，即可利用涡流现象进行厚度测试。通常涡流测厚采用圆柱形或平面螺旋形的线圈进行。

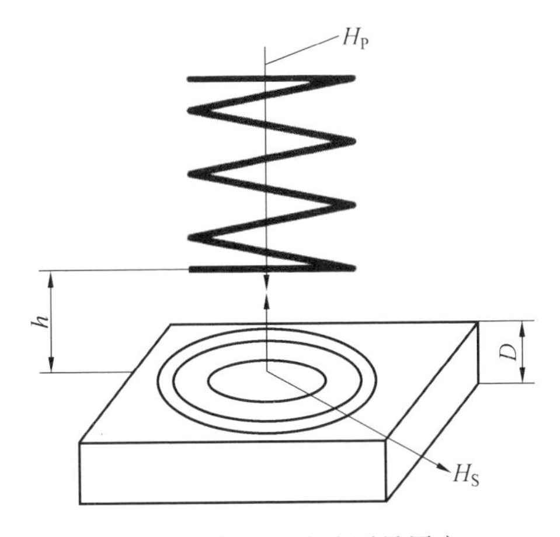

图 4.12　高频涡流法测量厚度

4. 椭偏光法

偏振是各种矢量波共有的一种特性。对于各种矢量波,偏振系指用一个常矢量来描述空间某一个固定点所观测到的矢量波(如电场、应变、自旋)随时间变化的特性。光波是一种电磁波,电磁场中的电矢量就是光波的振动矢量,其振动方向与传播方向垂直。电矢量在与光传播方向垂直的平面内按一定的规律呈非对称的择优振动取向,这种偏于某一方向电场振动较强的现象被称为光偏振。正对着光的传播方向观察,电矢量的方向不随时间变化。大小随着相位有规律变化的光为线偏振光或平面偏振光,它在与光的传播方向垂直的平面上,其轨迹为一条直线;若电矢量的大小始终不变,方向随时间规则变化,其端点轨迹为圆形,则为圆偏振光;若电矢量的大小和方向都随时间规则变化,其端点轨迹呈椭圆形,则为椭圆偏振光。如果光呈现出各方向振幅相等,且不在某一方向择优振动,这种光就是自然光;将自然光与线偏振光混合时,呈现沿某一方向电场振幅较大,而与其正交的方向电场振幅较弱但不为零的特性,这种光就是部分偏振光。用于产生线偏振光的元件称为起偏器。用于检验和分析光的偏振状态的元件称为检偏器。虽然两者的名称不同,但起偏器和检偏器都具有相同的物理结构和光学特性,在使用中可互换,仅根据其在光学系统中所扮演的角色而被赋予不同的名称。

反射式椭圆偏振光谱测量的工作原理:按照光学系统所能处理的光波的基本性质来划分光学系统是常用的方法,椭偏仪就属于这类光学系统,其中光的偏振表示经此系统内的光学元件处理过的光波的基本性质,这类光学系统称为偏振系统。在椭偏仪中,偏振光束是通过一系列能产生特定偏振状态的光学元件来进行传播的。偏振光学系统通常由起偏器、延迟器和旋光器组成。

利用椭偏测量的原理和方法,能够得到偏振态发生变化的某光学系统的有关信息。作为探针的偏振光波,能够可控与待测光学系统发生相互作用,从而改变光波的偏振态。测量偏振的初态和终态,或反复测量适当数目的不同初态(如利用系统的琼斯或密勒矩阵),就能确定所研究系统对偏振光的变换规律。系统内光与物质的相互作用通过光的电磁学理论描述。图 4.13 为普通椭偏仪的系统框图,该系统的主要子系统分别为光源、可调起偏器、待测光学系统、可调检偏器和光电探测器。如果光波与光学系统间的相互作用为线性且频率不变的,那么光学系统可通过一种或多种方式与担当探针角色的光波偏振态发生变化。

①反射或折射:光波在两个不同的光学介质界面上发生反射或折射时,偏振态发生突变。与入射面平行和垂直的两种线偏振光分别有不同的菲涅耳反射或透射系数。

②透射:当光束通过一各向异性介质(折射率、吸收率或两者,均存在各向异

性)时,偏振态发生连续变化。

③散射:当光波穿过因存在散射中心而其折射率具有空间不均匀性的介质时,便发生散射。

图 4.13　普通椭偏仪的组成系统框图

反射和透射不会大大影响原光束的准直性,但散射伴随着散射能量在较大的立体角范围内重新分布。根据改变光波的偏振态的作用方式,可将椭偏测量方法分为 3 类:反射或表面椭偏测量法、透射椭偏测量法(偏振测量法)以及散射椭偏测量法。尽管许多测量方法的基本原理都相同,但上述分类之间有较大差异。光度椭偏测量法是利用探测光随偏振态(如方位角、相位延迟或入射角)变化的规律而建立的,由光度椭偏仪得到的原始数据包括在预定条件下取得的光强度(光流)信号,光度椭偏仪分为静态光度椭偏仪和动态光度椭偏仪。静态光度椭偏仪的待测信号(通常是直流信号,除非用斩光器切断光源光束)是在椭偏仪各元件的预定位置处被记录下来。使用动态光度椭偏仪,则让参量中的一个或几个随时间做周期变化,而后对待测信号进行傅里叶分析。

对于两种光学各向异性的均匀介质构成的理想光学界面(图 4.14),入射光在该界面发生反射或折射时,因入射面平行和垂直的两个线偏振光分别有不同的菲涅耳反射或透射系数,所以反射波或透射波的偏振态也会发生相应改变。图 4.15 为反射式椭圆偏振光谱仪的工作原理图,其中 P_0、P 和 A 是偏振器件。P_0 为固定起偏器,其作用是使入射光的初始偏振态被固定在 S 方向振动,可有效克服来自光源偏振性的影响。P 和 A 分别为可旋转的起偏器和检偏器,它们的初始偏振方位角均沿 S 方向,A 的转速是 P 的 2 倍。从起偏器 P 出射的光经过样品表面反射后透过检偏器 A 进入探测器,ϕ 是入射角,光的入射面与 S 方向垂直。

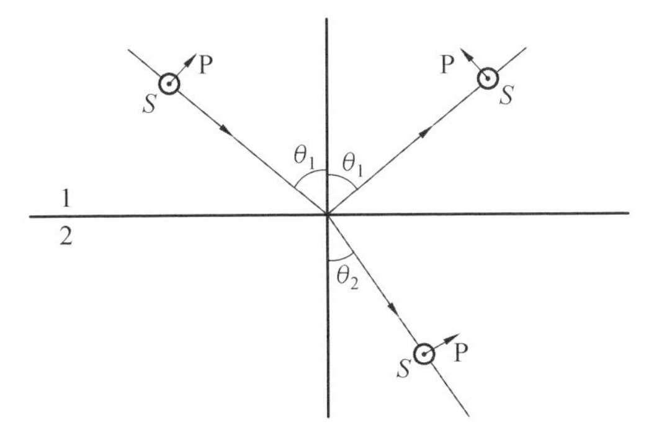

图 4.14　光束在两介质界面的反射和折射图

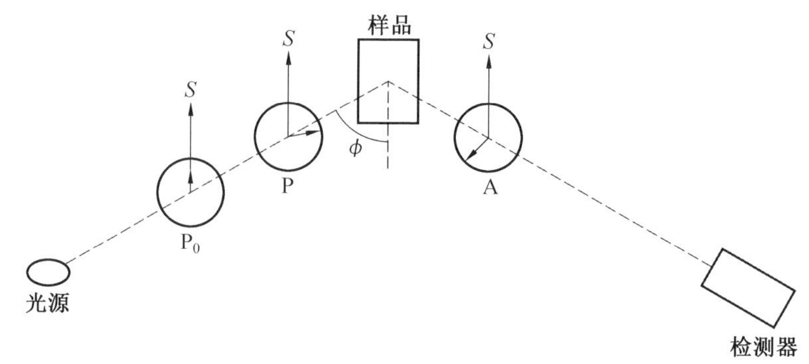

图 4.15 反射式椭圆偏振光谱仪的工作原理示意图

4.1.4 pn 结结深测试

1. 磨角和滚槽法

平面工艺制造晶体管和集成电路时，一般采用扩散法制备 pn 结。将 pn 结材料表面(发生扩散一侧)到 pn 结界面的距离称为 pn 结结深，一般用 X_j 表示。如果 pn 结结深比较大(例如大功率器件的 pn 结)，可直接剖开硅片，进行显结后在显微镜下测试结深。但在集成电路中结深一般在微米数量级，测试比较困难，对此通常采用磨角法和滚槽法进行测试。

(1)磨角法。

把硅片固定在特制的磨角器上，利用磨角器磨出如图 4.16 所示的斜面，这样使得测试面得到了放大。磨出的角度 θ 一般是 $1^\circ \sim 5^\circ$。然后用无水硫酸铜和氢氟酸的混合液进行染色。硅的电化学势比铜高，所以硅可以将铜置换，使得 pn 结的表面染上铜，呈现红色。又因为 n 型硅比 p 型硅的电化学势高，所以在适当的时间内，可以在 n 型区域染上铜并显示红色，而 p 型区域则不显示红色。最后测试染色区域的长度就可以计算出结深。若测得红色部分的斜面长度为 a，则可得 p 区深度，即结深为

$$x_j = a\sin\theta \tag{4.22}$$

值得注意的是，pn 结显示的清晰度和结深测试的精度与磨角的工艺水平密切相关，因此精磨的斜面应该平整光洁，而且斜面与表面的交线平整清晰。

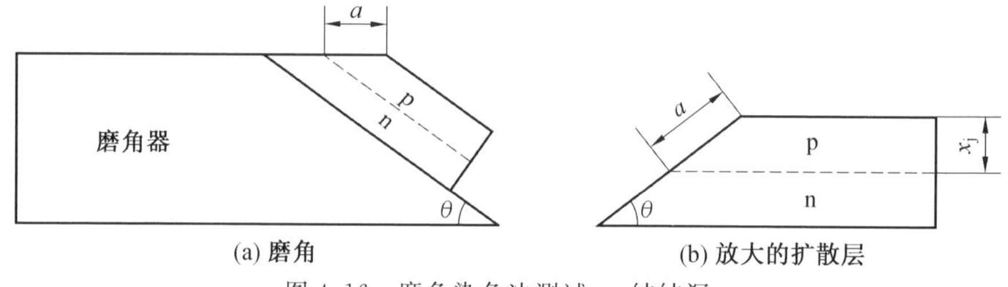

图 4.16 磨角染色法测试 pn 结结深

(2)滚槽法。

滚槽法测试结深如图 4.17 所示,滚槽的半径为 R,滚槽线与扩散层表面、底面的交界线分别为 $2a$ 和 $2b$,则可计算出结深为

$$x_j=\frac{(a+b)(a-b)}{2R} \tag{4.23}$$

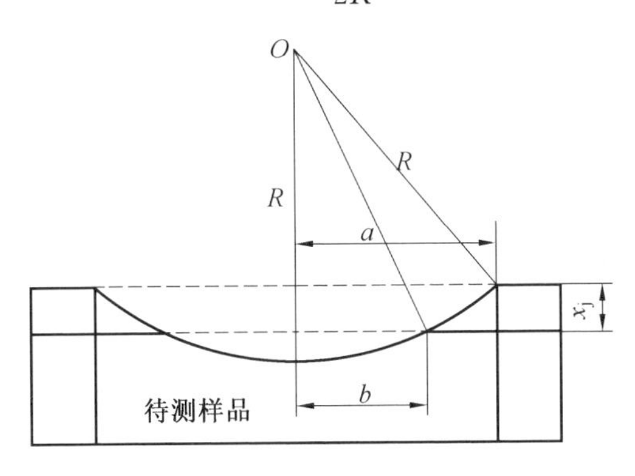

图 4.17　滚槽法测试结深

2. 电容电压测试

金属一半导体结构的肖特基二极管、检波管、变容管等,具有势垒电容随两端反向电压而呈现非线性变化的特点,这种非线性变化恰好与半导体中掺杂浓度随结深的分布有关。$C-V$(电容一电压)法可测得半导体 pn 结中的杂质分布,这种方法具有原理简单、操作方便、测试精度高等优点。

当半导体材料形成 pn 结时,在结的交界面就形成空间电荷区。这时在 pn 结上外加变化的反向电压时,空间电荷区也随着发生变化。即 pn 结具有电容效应,称作势垒电容,其电容值正比于面积,反比于空间电荷区厚度(相当于平行板电容器两极板的间距),用公式表示为

$$C=\frac{A\varepsilon_{rs}\varepsilon_0}{X} \tag{4.24}$$

式中,A 为结面积;ε_{rs} 为相对介电常数;X 为某一直流偏压下耗尽层宽度。

使用 $C-V$ 测试仪等测出势垒电容后,由式(4.24)可得空间电荷区厚度为

$$x_{pn}=\frac{A\varepsilon_{rs}\varepsilon_0}{C} \tag{4.25}$$

平行板电容和 pn 结势垒电容的主要区别在于,前者的极板间距为常数,后者的 pn 结空间电荷区宽度不是常数,且随外加电压的变化而变化。因此,由式(4.24)可知,pn 结势垒电容是偏压的函数 $C(V)$。二极管势垒电容是指在一定直流偏压下,电压有微小变化 ΔV 时,相应电荷变化量 ΔQ 与 ΔV 的比值,称为微分电容,其微分形式为

$$C=\frac{\Delta Q}{\Delta V} \tag{4.26}$$

基于“耗尽层近似”，单边突变结耗尽层基本上存在于低掺杂一边。对于肖特基结，其具有和单边突变结类似的情况，则电荷的变化为

$$\mathrm{d}Q=AN(x)q\mathrm{d}x \tag{4.27}$$

式中，$N(x)$为耗尽层边缘处受主(或施主)杂质的浓度。所以有

$$C=\frac{\Delta Q}{\Delta V}=AN(x)q\frac{\mathrm{d}x}{\mathrm{d}V} \tag{4.28}$$

由式(4.28)得到

$$\frac{\mathrm{d}x}{\mathrm{d}V}=\frac{C}{AN(x)q} \tag{4.29}$$

将式(4.29)代入式(4.24)，并对电压V求导数得到

$$\frac{\mathrm{d}C}{\mathrm{d}V}=\frac{\mathrm{d}C}{\mathrm{d}x}\frac{\mathrm{d}x}{\mathrm{d}V}=-\frac{A\varepsilon_{\mathrm{rs}}\varepsilon_0}{x^2}\frac{\mathrm{d}x}{\mathrm{d}V} \tag{4.30}$$

将式(4.26)和式(4.29)代入式(4.30)，得到浓度表达式为

$$N(x)=-\frac{C^3\mathrm{d}V}{A^2\varepsilon_{\mathrm{rs}}\varepsilon_0 q\mathrm{d}C} \tag{4.31}$$

从式(4.31)可看到，当测得电容C、微分电容$\mathrm{d}V/\mathrm{d}C$和结的面积A后，可知耗尽层边缘处的杂质浓度$N(x)$。在不同的外加偏压下，耗尽层宽度不同，进行测试和计算，就能得到掺杂浓度随结深的分布。通常，测试中与n型硅接触的是汞或者钨探针。当探针和n型硅接触时，将会在n型硅一侧形成肖特基势垒，耗尽层基本在n型硅一侧，可以分别求出耗尽层的厚度、掺杂浓度在n型硅中的纵向分布。测试中一般采用高频$C-V$测试仪、函数记录仪及汞探针测n型硅外延层的杂质分布，其测试原理图如图4.18所示，测试装置及曲线如图4.19所示。

图4.18　$C-V$测试仪试验测试原理图

当高频小信号电压加到被测势垒电容为C的待测样品和输入阻抗为R的接收机上时，高频信号电压就被C和R以串联形式分压，如果在样品两端再加上反向直流偏压，势垒电容将随着反向偏压的增大而减小，容抗将随着反向偏压增大而增大。那么随着反向偏压的增大，C两端的高频电压随之增大，R两端的高频电压随之减小。如果将R两端信号电压的变化进行高增益放大后经混频、中增益放大、检测，并送入函数记录仪的y轴上，该直流偏压的变化就可以反映样品势垒电容的变化。另外，将加在样品两端的直流偏压经分压后加在函数记录仪的x轴上。此时在函数记录仪上可直接描绘出样品的$C-V$特性曲线。

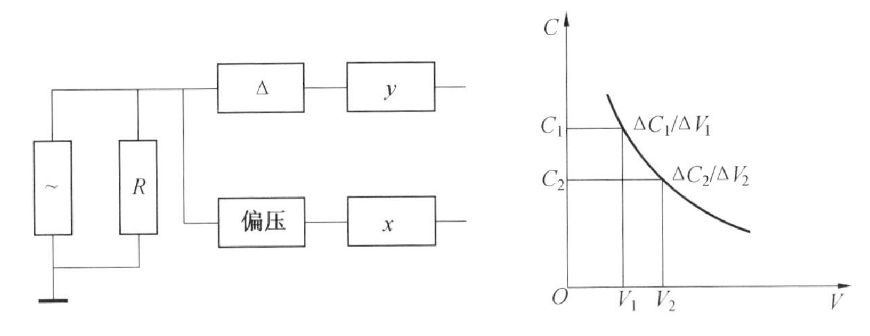

图 4.19　$C-V$ 特性试验装置及曲线

4.1.5　非平衡少数载流子寿命测试

1. 概述

少数载流子寿命是半导体材料的一个重要参数，也是评价半导体材料质量的一个基本参数。早在 20 世纪 50 年代，Shockley 和 Hall 等就大量研究过少数载流子的复合理论，随着半导体材料的广泛应用，其测试分析技术也一直受到人们的关注，如直流光电导衰减技术、表面光电压技术、交流光电流的相位技术和微波光电导率的衰减技术等多种技术得到发展并被广泛应用。但是，由于不同测试技术在光（电）注入量、测试频率、温度等参数上存在差别，同一半导体材料在不同测试设备上的测试值往往相差很大，误差范围甚至达到 100% 以上。因此，准确测量半导体材料少子寿命是人们关注的重点。

半导体材料的少数载流子寿命不仅可以表征半导体材料的质量，还可以评价器件制造过程中的质量控制，如集成电路公司利用载流子寿命来表征工艺过程的金属沾污程度，并探究造成器件性能下降的原因。因此，随着半导体器件工艺的发展，对半导体材料少数载流子寿命的测试设备要求越来越高，从早期的对块状体材料的接触式测量，逐渐发展到对片状材料的无破坏、无接触和无污染的在线检测。

总体而言，少数载流子寿命的测试及应用经历了一个漫长的发展过程。理论上，从只简单地应用载流子复合机制到综合考虑测试结果的多种影响因素；应用上，从单纯地以少子寿命值作为半导体材料的一个参数，到利用于监控半导体器件的生产；测试设备上，从设备简陋和操作复杂，到设备精密和操作简单，而且对样品无接触、无破坏和无污染。

2. 少数载流子寿命

在一定温度下，处于热平衡状态的半导体材料的载流子浓度是一定的。这种处于热平衡状态下的载流子浓度，称为平衡载流子浓度。通常，用 n_0 和 p_0 分别表示平衡电子浓度和空穴浓度。本征载流子浓度 n_i 只是温度 T 的函数。因此，在非简并情况下，无论掺杂多少，平衡载流子浓度 n_0 和 p_0 必定满足 $n_0p_0=n_i^2$，这也是非简并半导体是否处于热平衡状态的判据式。

然而，半导体材料的热平衡状态是相对的、有条件的。如果对半导体材料施加外界作用，破坏了热平衡的条件，这就迫使它处于与热平衡状态相偏离的状态，称为非平衡状态。此时载流子浓度不再是 n_0、p_0，可以比它们多出一部分，这些比平衡状态多出来的载流子称为非平衡载流子。非平衡载流子分为非平衡多数载流子和非平衡少数载流子，如对于 n 型半导体材料，多出来的电子就是非平衡多数载流子，多出来的空穴则是非平衡少数载流子；对 p 型半导体材料则相反。

产生非平衡载流子的方法有很多，可以用光照，也可以用电注入或其他能量传递的方式。例如，对于 n 型半导体，当没有光照时，电子和空穴的平衡浓度分别是 n_0 和 p_0，且 $n_0\geqslant p_0$。当用适当波长的光照射该半导体时，只要光子的能量大于该半导体的禁带宽度，光子就能够把价带上的电子激发到导带上去，产生电子—空穴对，使导带比平时多出一部分电子 Δn，价带比平时多出一部分空穴 Δp，Δn 和 Δp 分别是非平衡多数载流子和非平衡少数载流子的浓度，其能带结构如图 4.20 所示。对 p 型材料，反之亦然。用光照产生非平衡载流子的方法，称为非平衡载流子的光注入。光注入时：

$$\Delta n=\Delta p \tag{4.32}$$

当用电的方法产生非平衡载流子时，称为非平衡载流子的电注入。如 pn 结正向工作时外加电场，就是最常见的电注入方法。此外，当金属探针与半导体接触时，也可以用加电的方法注入非平衡载流子。如用四探针测试电阻率时，就是通过探针与半导体接触时在半导体表面注入电子，从而得到样品的电阻率。

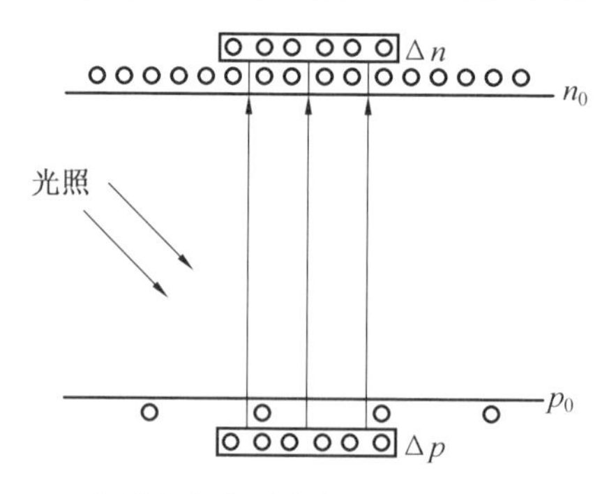

图 4.20 光照产生非平衡载流子的能带结构示意图

在一般情况下，注入的非平衡载流子浓度比平衡时的多数载流子浓度小很多，如对 n 型材料，$\Delta n\leqslant n_0$，$\Delta p\leqslant n_0$，满足这个条件的注入称为小注入。如 1 Ω·cm 的

n型硅中，$n_0 \approx 5.5\times10^{15}\ cm^{-3}$，$p_0 \approx 3.1\times10^{4}\ cm^{-3}$，若注入的非平衡载流子浓度$\Delta n = \Delta p = 10^{10}\ cm^{-3}$，此时$\Delta n \leqslant n_0$，$\Delta p \leqslant n_0$，则属于小注入；但是，此时$\Delta p$几乎是$p_0$的$10^6$倍。上述例子说明，即使是在小注入的情况下，非平衡少数载流子浓度也可以比平衡少数载流子浓度大很多，因此它的影响就显得十分重要，而相对来说，非平衡多数载流子的影响则可以忽略。所以，往往非平衡少数载流子对材料和器件起着重要的、决定性的作用。通常说的非平衡载流子一般都是指非平衡少数载流子，简称少数载流子或者少子。然而有时，注入的非平衡载流子浓度与平衡时的多数载流子浓度可比，甚至超过平衡时的多数载流子，如对n型材料，如果Δn或Δp与n_0在同一数量级，此时的注入就称为大注入。这时非平衡多数载流子的影响不能忽略，应考虑非平衡多数载流子和非平衡少数载流子的共同作用。

非平衡载流子并不能一直稳定地存活下去，当产生非平衡载流子的外界作用撤除以后，它们要逐渐衰减以致消失，最后载流子浓度恢复到平衡时的值。但是非平衡载流子并不是立刻全部消失的，而是有一个过程，即它们在导带或价带有一定的生存时间，有的长些，有的短些，这与半导体的禁带宽度、体内缺陷等因素有关。非平衡载流子的平均生存时间称为非平衡载流子的寿命，用τ表示。

载流子的寿命分为两大类，分别是复合寿命和产生寿命。复合寿命τ_R应用于多余的非平衡载流子由于复合而发生衰减的情况，如正向偏置的二极管。产生寿命τ_G应用于只存在极少量的非平衡载流子产生，但要达到平衡态的情况，如空间电荷区、反向偏置二极管或MOS器件等。图4.21分别给出了正向偏置下复合寿命和反向偏置下产生寿命的示意图。

载流子的复合和产生可发生在块体内，此时分别用体复合寿命τ_R和体产生寿命τ_G表示；也可发生在表面，此时用表面复合速率s_R和表面产生速率s_G表示，如图4.21所示。当然，任何半导体材料和器件都包含体内和表面，因此复合或产生寿命是受体寿命和表面寿命共同影响的，而且往往两者很难区分。下面讨论的载流子寿命只局限于复合寿命。载流子的复合机制可以分为SRH复合、辐射复合以及俄歇(Auger)复合三大类，而俄歇复合又可以分为直接俄歇复合和间接俄歇复合两种，如图4.22所示。

(1)SRH(Shockley－Read－Hall)复合或多光子复合，如图4.22(a)所示。此时电子－空穴对通过深能级复合，复合时释放出来的能量一般被晶格振动或光子吸收。SRH复合寿命可表示为

$$\tau_{SRH} = \frac{\tau_p(n_0 + n_1 + \Delta n) + \tau_n(p_0 + p_1 + \Delta p)}{n_0 + p_0 + \Delta n} \tag{4.33}$$

式中，p_0、n_0分别是平衡空穴、电子浓度；Δn、Δp是多余的非平衡载流子浓度；n_1、p_1、τ_p、τ_n分别由下式定义：

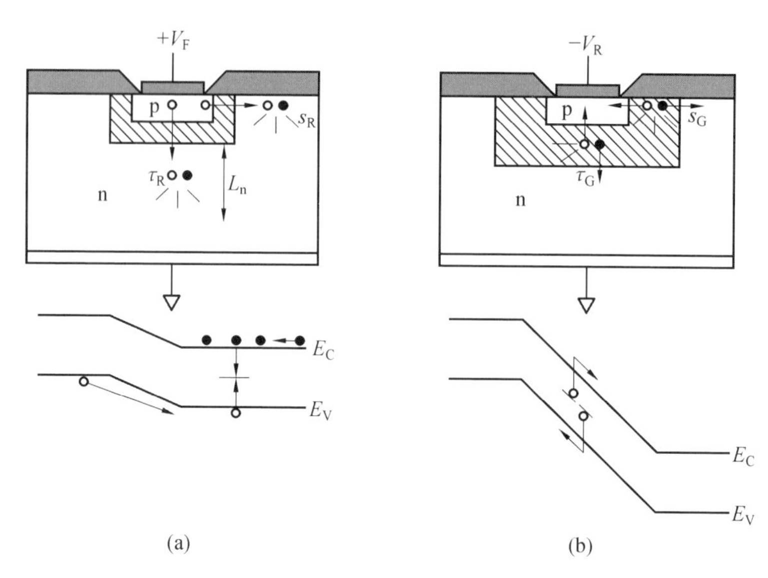

图 4.21　正向偏置下复合寿命和反向偏置下产生寿命的示意图

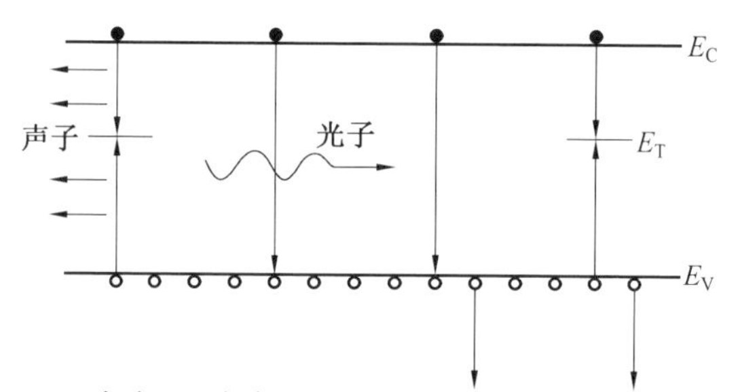

(a) SRH复合　(b) 辐射复合　(c) 直接俄歇复合　(d) 间接俄歇复合

图 4.22　各种载流子复合机制示意图

$$n_1 = n_i e^{(E_T - E_i)/kT} \tag{4.34}$$

$$p_1 = n_i e^{-(E_T - E_i)/kT} \tag{4.35}$$

$$\tau_p = \frac{1}{\sigma_p v_{th} N_T} \tag{4.36}$$

$$\tau_n = \frac{1}{\sigma_n v_{th} N_T} \tag{4.37}$$

式中，v_{th}是载流子热运动速度。

只要半导体内存在杂质或缺陷，SRH 复合总存在。对于间接带隙半导体，SRH 复合更为重要。SRH 复合寿命与缺陷能级的密度和俘获截面成反比，而与能级位置直接相关。但是若能级接近禁带中心，则 SRH 相对较大。

(2)辐射复合，如图 4.22(b)所示。此时电子、空穴通过带间复合，复合时释放出来的能量被光子吸收，复合寿命可表示为

$$\tau_{\mathrm{rad}}=\frac{1}{B(n_0+p_0+\Delta n)} \tag{4.38}$$

式中，B 为复合系数。

由式(4.38)可知，辐射复合寿命反比于载流子浓度，这是由于辐射复合过程是通过价带上的空穴和导带上的电子复合实现。

辐射复合较易发生在直接能带半导体，即导带最低点对应的 k 值与价带最高点对应的 k 值相同，如 GaAs、InP 材料。辐射复合过程不需要光子、声子的参与，也不依赖于杂质浓度，复合时释放出来的能量被光子吸收。但是对于半导体硅这类间接能带结构的半导体材料，辐射复合则几乎不起作用。

(3)俄歇复合，如图 4.22(c)和(d)所示。此时复合所释放出来的能量被第三个载流子吸收，由于复合过程与 3 个载流子有关，因此俄歇复合寿命反比于载流子浓度的平方。对于 p 型半导体，俄歇复合寿命可表示为

$$\tau_{\mathrm{Auger}}=\frac{1}{C_{\mathrm{p}}(p_0^2+2p_0\Delta n+\Delta n^2)} \tag{4.39}$$

式中，C_{p} 是俄歇复合系数。

俄歇复合可发生在直接或间接能带半导体中，载流子浓度越高，俄歇复合越易发生。对于窄禁带半导体(如 HgCdTe)，俄歇复合也很重要。

当半导体内存在杂质能级时，辐射复合或俄歇复合也同样发生，此时它们可借助于杂质能级。由上述复合机制可知，对于半导体硅材料，当载流子浓度较高时，以俄歇复合为主；当载流子浓度较低时，以 SRH 复合为主；辐射复合在任何情形下都不起主导作用。

3.测试原理和技术

(1)少数载流子寿命的测试。

通常，少数载流子寿命测量包括非平衡载流子的注入和检测两个基本过程。最常用的注入方法是光注入和电注入，而检测非平衡载流子的方法很多，如探测电导率的变化、探测微波反射或透射信号的变化等，不同的组合也就形成了多种少子寿命测试的方法，表 4.2 给出了几种主要的少子寿命测试技术。

(2)直流光电导衰退法。

直流光电导衰退(Photo Conductivity Decay，PCD)法是利用直流电压衰减曲线来探测半导体材料的少子寿命。通常，半导体材料在光注入下，会导致电导率增大，即引起附加电导率：

$$\Delta\sigma=\Delta nq\mu_{\mathrm{n}}+\Delta pq\mu_{\mathrm{p}}=\Delta nq(\mu_{\mathrm{n}}+\mu_{\mathrm{p}}) \tag{4.40}$$

表 4.2　非平衡载流子寿命测试的主要技术

少子注入方式	测试方法	测定量	测量范围	特性
光注入	直流光电导衰退	τ	$\tau > 10^{-7}$ s	τ 的标准测试方法
	表面光电压法	$L(\tau_B)$	$1<L<500$ μm	吸收系数 α 值要精确
	交流光电流的相位	τ_B	$\tau_B > 10^{-8}$ s	调制光的正弦波
	微波光电导率的衰减特性	τ	$\tau > 10^{-7}$ s	非接触法
	红外吸收法	τ	$\tau > 10^{-5}$ s	非接触法，光的矩形波调制
电子束	电子束激励电流(SEM)	$\tau_{B,s}$	$\tau > 10^{-9}$ s	适于低阻
pn 结	二极管反向恢复法	τ	$\tau > 10^{-9}$ s	适于低阻，测量精度高
MOS 器件	MOS 电容的阶梯电压响应	$\tau_{B,s}$	$\tau_B > 10^{-11}$ s	τ_B 和 τ_s 分离
	MOS 沟道电流	τ_B	10^{-14} s $<\tau<10^{-3}$ s	氧化膜厚度约 5 nm
	自反型层流出的电荷	τ_B	$\tau > 10^{-7}$ s	测耗尽层层外的区域

直流光电导衰退基本测试原理如图 4.23 所示，图中电阻 R 比半导体的电阻 r 大很多，因此无论光照与否，通过半导体的电流 I 几乎是恒定的。因此，半导体上的电压降 $\Delta V = I\Delta r$。设平衡时半导体的电导率为 σ_0，光照引起附加电导率 $\Delta\sigma$，小注入时 $\Delta\sigma + \sigma_0 \approx \sigma_0$，因而电阻率的改变为

$$\Delta\rho = 1/\sigma - 1/\sigma_0 = -\Delta\sigma/(\sigma\sigma_0) \approx -\Delta\sigma/\sigma_0^2 \tag{4.41}$$

则电阻的改变为

$$\Delta r = \Delta\rho l/s \approx [-l/(s\sigma_0^2)]\Delta\sigma \tag{4.42}$$

式中，l、s 分别为半导体材料的长度和横截面积。

由上面的推导可知 $\Delta r \propto \Delta\sigma$，而 $\Delta V = I\Delta r$，故 $\Delta V \propto \Delta\sigma$，因此 $\Delta V \propto \Delta\rho$。

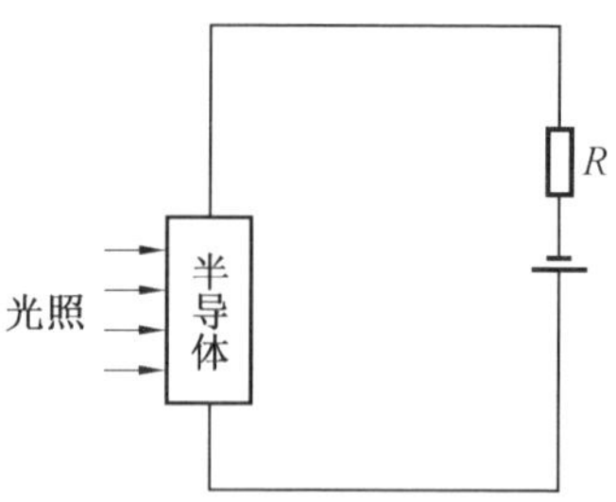

图 4.23　直流光电导衰退基本测试原理示意图

所以从示波器上观测到的半导体电压降的变化直接反映了附加电导率的变化，也间接检测了非平衡少数载流子的注入和消失。实验表明，光照停止后，Δp 随时间按指数规律减少，τ 是非平衡载流子的平均生存时间，即非平衡载流子的寿命，显然 $1/\tau$ 就可以表示单位时间内非平衡载流子的复合概率。通常把单位

时间、单位体积内净复合消失的电子一空穴对数称为非平衡载流子的复合率，$\Delta p/\tau$ 就代表复合率。

假定一束光在一块 n 型半导体内部均匀地产生非平衡载流子 Δn 和 Δp，在 $t=0$时刻，光照突然停止，Δp 将随时间变化，单位时间内非平衡载流子浓度的减少应为$-\mathrm{d}\Delta p(t)/\mathrm{d}\tau$，这是由复合引起的，应当等于非平衡载流子的复合率，即

$$-\mathrm{d}\Delta p(t)/\mathrm{d}\tau=\Delta p/\tau \tag{4.43}$$

小注入时，τ 是一恒量，与 $\Delta p(t)$ 无关。式(4.43)的通解为

$$\Delta p=C\mathrm{e}^{-\frac{t}{\tau}} \tag{4.44}$$

设 $t=0$ 时，$\Delta p(t)=\Delta p_0$，将 $C=\Delta p_0$ 代入式(4.44)，则

$$\Delta p=\Delta p_0\mathrm{e}^{-\frac{t}{\tau}} \tag{4.45}$$

此处可描述非平衡载流子浓度随时间按指数衰减的规律，如图 4.24 所示。由图可知，少子寿命标志着非平衡载流子浓度减小到原值的 $1/e$ 所经历的时间。

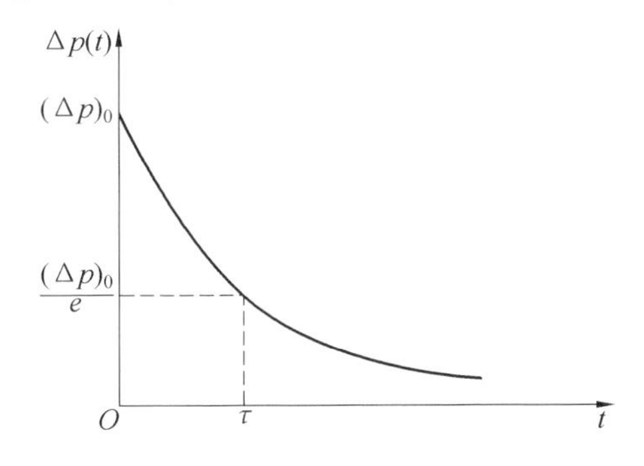

图 4.24　非平衡载流子随时间衰减示意图

图 4.25 为直流光电导衰退法测试少子寿命的装置结构框图，主要包括光学和电学两大部分。光学系统包括光源、光阑、透镜和滤光片，需要能给出一个具有很短切断时间的光脉冲，并具有合适的光强度和波长。

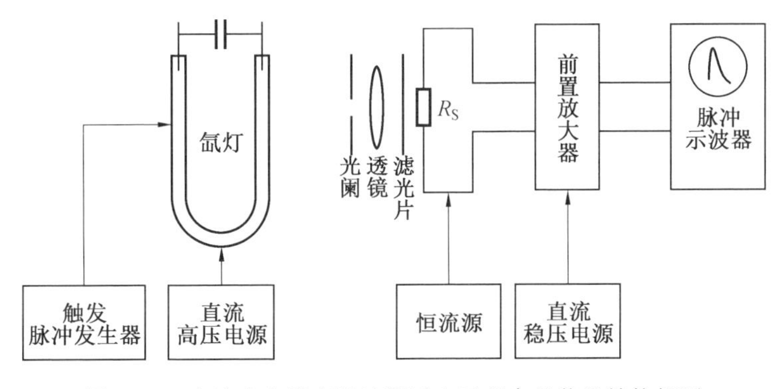

图 4.25　直流光电导衰退法测试少子寿命的装置结构框图

比较常用的脉冲光源系统包括机械斩波器、转镜系统、短持续期的弧光或氙灯闪光灯等。近年来，由于激光的迅速发展，大功率固体激光器也被用作光源。在上述光源中，性能比较优越和常用的是氙灯闪光灯。工作时，通常在氙灯上并联一电容器，利用直流高压将电容器充电到数千伏，然后使用触发脉冲使之通过氙灯放电，这种光源的切断时间一般在几微秒的数量级，且光强很强，频率也较宽，从可见光到近红外都有，是一种比较理想而方便的光源，可满足锗和硅材料寿命测试要求。为了增加光强，提高照在样品表面上的光强度，通常使用反射镜和透镜来聚焦，否则信噪比会下降。在光的波长方面，由于大于吸收边的波长的辐射不产生自由的电子—空穴对，只有波长小于 1.1 μm（对 Si 材料）或 1.7 μm（对 Ge 材料）的光，对载流子的产生率才起决定作用。光学滤光片用与样品相同的材料制作，其厚度一般在 1～2 mm，两面抛光。由于 Ge、Si 材料的高折射率，放置时要注意与样品被照面保持平行，以便有足够的贯穿光照在样品上，确保在样品整个厚度内有一个适当的均匀的吸收。光阑用来改变光的强弱，以控制样品中产生的光电导信号的大小。

电学系统主要包括恒流源、宽频带前置放大器以及用以显示波形的脉冲示波器等。恒流源是为了达到恒流的目的，其内阻 R_C 应十倍于样品电阻 R，而且要求 R_C 是低噪声的。恒流源中的电源用干电池或交流整流电源均可，要能够反向，以便在两种极性的情况下都能够观测光电导信号。在从反向电流取信号时，要注意使显示出来的图形朝上而不是倒立，以便于观测。此外，示波器应有一标准时间基线，能够由所研究的信号触发或由外信号触发。

(3)高频光电导衰退法。

高频光电导衰退法是在直流光电导衰退法的基础上发展起来的一种方法，它不需要切割样品，测量起来简便迅速。但此法基于电容耦合，所以它对所测样品的直径和电阻率都有一定的要求。

高频光电导测试的装置和原理基本与直流光电导相似，只是用高频电源代替了直流电源，如图 4.26 所示。通过样品与电极间的电容耦合，将所得到的光电导信号调制在高频载波上，通过检波将信号提取。一般情况下，光电导信号可以从取样电阻取出，也可以直接从样品两端取出调制，后者的噪声更小。测量时，一般利用 30 MHz 左右高频电源，加载在样品的两端，其高频电压为 $V_0 \sin \omega t$，V_0 为高频电压的幅值。然后，光照射到样品上，样品中产生非平衡少数载流子，电导率增加，同时样品的电阻减小，因此样品两端的高频电压值下降，使得样品两端的高频信号得到调制。为了改善测试效果，样品与电极之间可抹上水以增加两者间的耦合，还可在回路中串入一个可变电容以改善线路的匹配，增大光电导信号。

当停止光照后，样品中的非平衡载流子就按指数规律衰减，逐渐复合而消

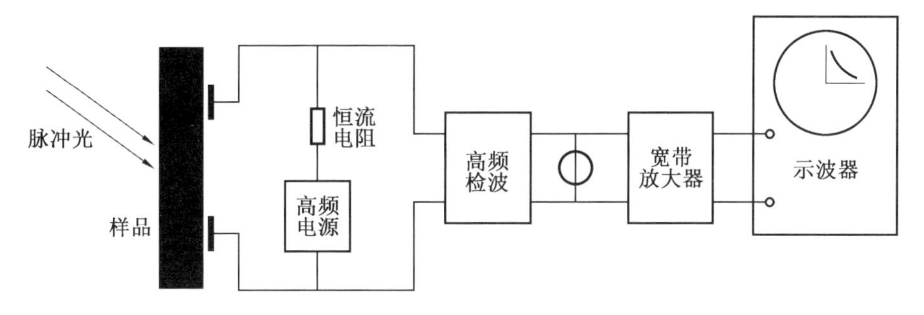

图 4.26　高频光电导衰退法测试装置结构框图

失，因此样品两端的高频电压幅值就逐渐回到无光照时的水平。由此可见，高频光电导衰减的工作原理就像调幅广播，只是调幅广播中的音频信号被光电导衰减信号取代。所以，可以采用与调幅广播相同的原理对高频光电导信号进行解调，最简单的就是用二极管检波加上电容滤波。

从高频调幅波解调下来的光电导衰减信号很小，必须经过宽频带放大器放大。测量时，一般将放大后的信号加到脉冲示波器的 y 轴，接上同步信号后即可在荧光屏上显示出一条按指数衰减的曲线，这样便可以通过这条衰减曲线测得样品的少子寿命。

在光学系统方面，与直流光电导衰退法的光学系统基本相同，也是使用氙灯作为光源，但采用了一个冷阴闸流管作为闸门控制。在触发脉冲产生后，经一脉冲变压器升高电压，然后送到氙灯的控制极。氙灯两端所加的直流电压一般在 3 000 V左右，太高了氙灯容易自激放电，使光强变动太大；太低了又使氙灯不易闪光。除此之外，高频光电导衰退法测试少子寿命时还应注意以下几个问题：

①严格控制在注入比≤1%的范围内。特别是对于那些对注入大小很敏感的样品，要注意其寿命值随注入大小的变化，应取减小注入时寿命值已基本不变时的值，以免误读。对于电阻率很高的样品棒，要特别注意注入比的控制。因为此时光电导信号往往很大，易使所测数据读数偏大。

②衰退曲线的初始部分为快衰退，在测量过程中应剔除。快衰退常常是由表面复合所引起的，用硅滤光片把非贯穿光去掉，往往可以使之消除。另外，读数时要先将信号幅度的头部(大约幅度的前 1/3)去掉，再开始读数。

③陷阱效应。在有非平衡载流子出现的情况下，半导体中的某些杂质能级中所具有的电子数，也会发生变化，导致载流子的积累，这种积累非平衡载流子的效应称为陷阱效应。通常，电子数的增加可看作积累了电子，电子数的减少可看作积累了空穴。一般情况下，落入陷阱的非平衡载流子常常要经过较长时间才能逐渐释放出来，因而造成了衰退曲线后半部分的衰退速率变慢，即所谓“拖尾巴”，这也会影响少子寿命的准确测量。

④衰减曲线"平顶"现象。造成这种现象的原因有两个：一是高频振荡电压过大，通过减小高频振荡器的输出功率即可好转；二是闪光灯的光强比较强，减小闪光灯的放电电压，或者加放硅滤光片，减小光阑的孔径灯，均能把波形矫正过来。

高频光电导衰退法测试少子寿命值的下限是 10 μs 左右(这是由光脉冲的切断时间决定的)，上限是几千微秒。由于受到脉冲光强度的限制，一般要求单晶棒的电阻率大于 10 Ω · cm，太低的电阻率将使光电导信号微弱到无法观测。

(4)表面光电压法。

当光照射在没有 pn 结的半导体材料时，表面会产生类似于在 pn 结上建立的光电压。用电容耦合表面，可以不直接接触样品而检测这一电压，并用于测量非平衡少数载流子的扩散长度，然后通过公式 $L=\sqrt{D\tau}$，计算得到少子寿命。

在采用表面光电压法测量少子寿命时，载流子平衡数目的表示式与光电导法类似，但是只有在离表面距离小于一个扩散长度范围内产生的载流子才对光电压有贡献。理论推导可得扩散长度内产生的载流子浓度为

$$\Delta p=\frac{\beta\varphi(1-R)}{D/L+S}\frac{\alpha L}{1+\alpha L} \tag{4.46}$$

式中，R 是反射系数；φ 是光强；S 是表面复合速度；β 是光子转化为电子一空穴对的效率；α 是表面光电压的函数。表面光电压 V_s 是作为 Δp 的函数测量的，即 $V_s=f(\Delta p)$，或者反过来 $\Delta p=f(V_s)$。由此，光强 φ 可用 V_s 表示，即

$$\varphi=f(V_s)M\left(1+\frac{1}{\alpha L}\right) \tag{4.47}$$

式中，$M=\dfrac{S+D/L}{\beta(1-R)}$。

对于给定的样品，只要波长的改变不至于显著影响 β 和 R 的数值，M 可以看成是常数。M 是通过波长改变而变化的，可调节 φ 到给出相同的 V 值，即 $f(V_s)$ 也保持为常数。在这种情况下，只要在测量中改变波长，作出 φ 对于 $1/\alpha$ 的图(图 4.27)，并外推到 $\varphi=0$，就能得到 L，即 $1+1/\alpha L=0$。图 4.28 是表面光电压法测试方法结构框图。在测量时可以用单色仪，也可以用一系列的干涉滤波片来改变光的波长，后者的优点是能够低成本地提供大面积光照。另外，也可以使用波长可调的激光器作为光源。

表面光电导测试时，需注意以下几个问题：

①为了使图 4.27 中测得的截距值能代表体扩散长度，外延层或单晶样品的厚度必须大于扩散长度的 4 倍。如果外延层厚度小于截距值的一半，则截距值代表衬底的有效扩散长度；当外延层厚度在 0.5～4 倍截距值之间时，只能利用截距值估算体扩散长度。

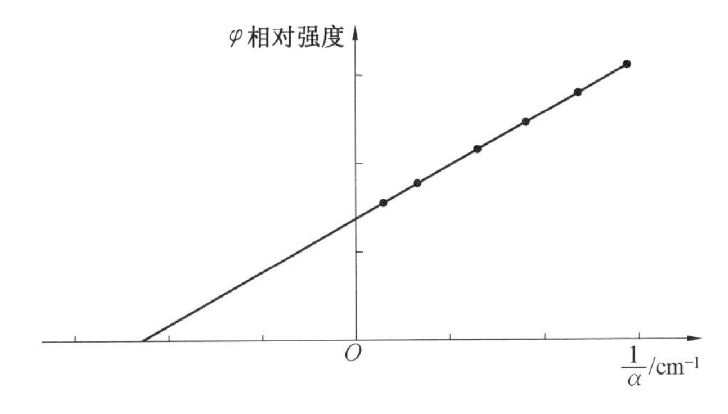

图 4.27　表面光电压法测试曲线示意图

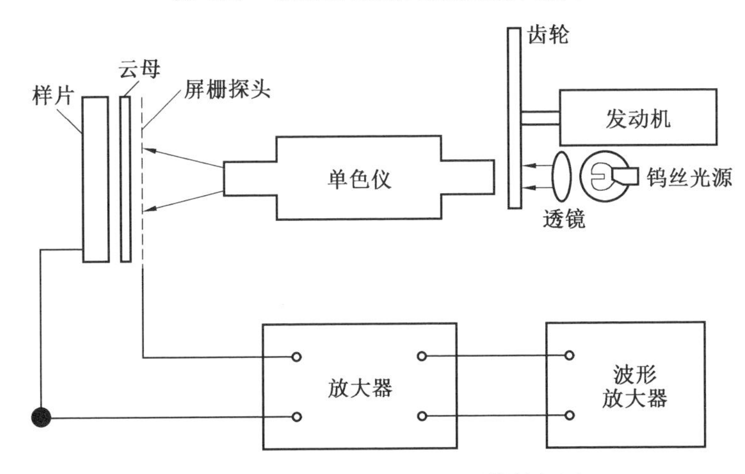

图 4.28　表面光电压法测试的结构框图

②在图 4.27 中，由于作图时要用到 α 值，所以吸收系数 α 作为波长的函数要已知，而且这个函数值的精确度直接影响着扩散长度测量的准确性。值得注意的是，如样品表面受到压力，其吸收系数将与未受压力时不同。

③样品背面要做成欧姆接触，并且要避免光照，否则有可能产生丹倍电势差叠加在表面光电压信号上。但是由于丹倍电势差与光强、吸收系数的关系与表面光电压相同，所以不会影响测量结果。另外，这个电势差也可以通过样品背面研磨或吹砂在某种程度上消除。

④样品一屏栅组合必须是无振动的，否则将在载波频率处发生电容调制。而且，检波电容器板需要用很细的金属网或者用蒸发法沉积的半透明的金属膜，以便保证光通过。

表面光电压法是一种少有的表面复合不影响所测量少子寿命值的方法，这一方法也适用于有大量多数载流子和中等程度少子陷阱的情况。虽然这一方法对于 Δp、Δn 和 n、p 的比例也有一定限制，但一般来说，不像其他几种方法那么严格。最重要的是，这种测量技术要求样品的厚度必须约大于4倍的扩散长度。

(5)少子脉冲漂移法。

少子脉冲漂移法测试少子寿命很早就被提出，其基本原理是基于肖克莱—海恩斯实验，如图4.29所示。

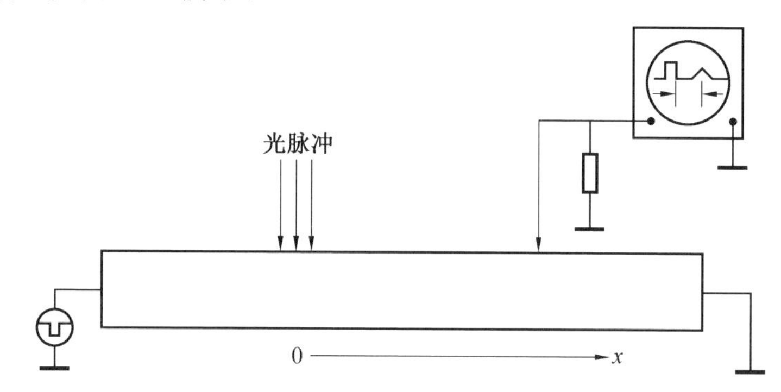

图4.29　肖克莱—海恩斯实验的结构示意图

在一块均匀的n型半导体材料中，用局部的光脉冲照射会产生非平衡载流子，如果没有外加电场，当脉冲停止后，空穴随时间的变化可由下式表示：

$$\Delta p=\frac{B}{\sqrt{t}}\exp\left[-\left(\frac{x^2}{4D_{\mathrm{p}}t}+\frac{t}{\tau_{\mathrm{p}}}\right)\right] \tag{4.48}$$

式中，D_{p} 为空穴的扩散系数；t 为脉冲停止后经过的时间；x 为相对脉冲注入点的坐标，向右为正。

式(4.48)对 x 从 $-\infty$ 到 ∞ 积分后，再令 $t=0$ 时，就可得到单位面积上产生的空穴数 N_{p}，即 $B\sqrt{4\pi D_{\mathrm{p}}}=N_{\mathrm{p}}$，代入式(4.48)，从而得到

$$\Delta p=\frac{N_{\mathrm{p}}}{\sqrt{4\pi D_{\mathrm{p}}t}}\exp\left[-\left(\frac{x^2}{4D_{\mathrm{p}}t}+\frac{t}{\tau_{\mathrm{p}}}\right)\right] \tag{4.49}$$

式(4.49)表明，在没有外加电场时，光脉冲停止以后，注入的空穴由注入点向两边扩 散，同时不断发生复合，其峰值随时间下降，如图4.30(a)所示。

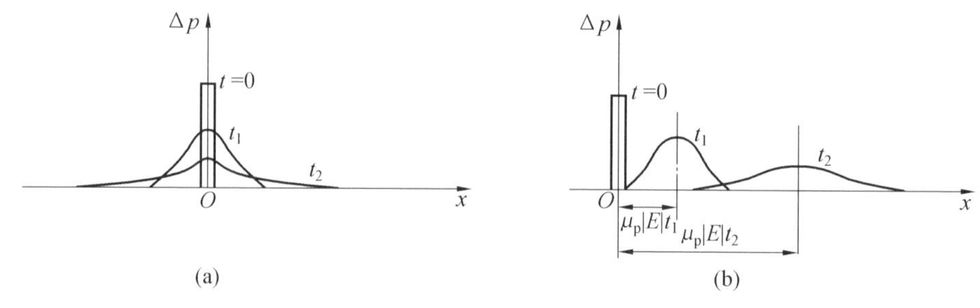

图4.30　在无外加电场和有外加电场下，非平衡载流子随时间变化示意图

如果对样品施加一个均匀的电场，则

$$\Delta p=\frac{N_{\mathrm{p}}}{\sqrt{4\pi D_{\mathrm{p}}t}}\exp\left[-\left(\frac{(x-\mu_{\mathrm{p}}|E|t)^2}{4D_{\mathrm{p}}t}-\frac{t}{\tau}\right)\right] \tag{4.50}$$

式(4.50)表明，施加外电场时，光脉冲停止后，整个非平衡载流子“包”以漂移速度 $\mu_{\mathrm{p}}|E|$ 向样品的负端运动，同时也像不加电场一样，非平衡载流子要向外扩散并进行复合，如图 4.30(b)所示。

而且，由式(4.50)可知，脉冲高度与 $1/\sqrt{D_{\mathrm{p}}t}\,\mathrm{e}^{-\frac{t}{\tau}}$ 成正比，脉冲宽度与 $\sqrt{D_{\mathrm{p}}t}$ 成正比，脉冲的最大值发生在时刻 $t=x/\mu$。因此，原则上只要测出以上峰型的参数，就可以同时确定扩散系数、漂移迁移率和寿命。当然，实际情况远非上述那么简单，陷阱的存在会影响曲线的对称性，引起长的拖尾，而且集电极的非线性使得集电电流并不是始终与少数载流子浓度成正比，特别是在低注入水平时。

(6)微波光电导衰退法。

微波光电导衰退(Microwave Photoconductivity Decay，μ－PCD)法测试少子寿命，主要包括激光注入产生电子一空穴对和微波探测信号的变化两个过程。激光注入产生电子一空穴对，导致样品电导率增加，当撤去外界光注入时，电导率随时间指数衰减，这一趋势间接反映少数载流子的衰减趋势。从而通过观测电导率随时间变化的趋势就可以得到少数载流子的寿命，其原理与直流或高频光电导法相似。而用微波信号探测电导率的变化，是依据微波信号的变化量与电导率的变化量成正比的原理。

最早提出用微波信号探测半导体中少数载流子寿命的是 A. P. Ramsad 等人，他们用探针电注入或光注入的方法在锗内产生非平衡载流子，通过探测微波吸收信号的衰减来反映少数载流子的衰减趋势，从而得到少数载流子的寿命。与传统的直流光电导衰减法相比较，微波探测得到的少子寿命值不但能保证偏差很小，而且可以避免欧姆电极制备的难题，特别是对于那些性能不太了解的半导体材料。因为在传统的直流光电导衰减法中，欧姆电极制备是一个很大的挑战。因而他们认为用微波方法探测半导体中的少子寿命，与传统方法相比具有很大的优势。

然而，H. A. Atwater 通过理论推导，认为这种方法存在很大的局限性。他认为，要使微波衰减信号正比于载流子的衰减信号，需满足以下条件：首先样品要足够薄，但这将导致表面复合影响增大，使测试寿命偏离体寿命；其次要保证小注入条件，这主要是根据 Schokley 等的理论，只有在小注入下，少数载流子寿命才按指数形式衰减。可能正是由于 Atwater 对这种方法存在异议，在很长一段时间里，微波探测在少子寿命测试方面的应用并没有引起广泛的关注。之后，Kalikstein 等虽然也曾用微波探测方法研究 ZnS、CdS 等磷光体粉末中多余的载流子，但人们真正开始用微波探测半导体中少数载流子寿命是在 20 世纪 80 年代初，Warman 及其合作者利用微波信号探测了低电导率的半导体中载流子的衰减过程，此后，M. Kunst 等根据 Warman 的研究原理，延伸了应用范围，使之能应用于任意电导率的半导体材料。从此，微波光电导测试少子寿命技术得到广泛应用。

一般采用微波反射信号来探测样品电导率信号的变化，因为相比于微波透射或吸收信号，微波反射信号不易受样品形状和尺寸的影响，基本测试装置结构如图 4.31 所示。

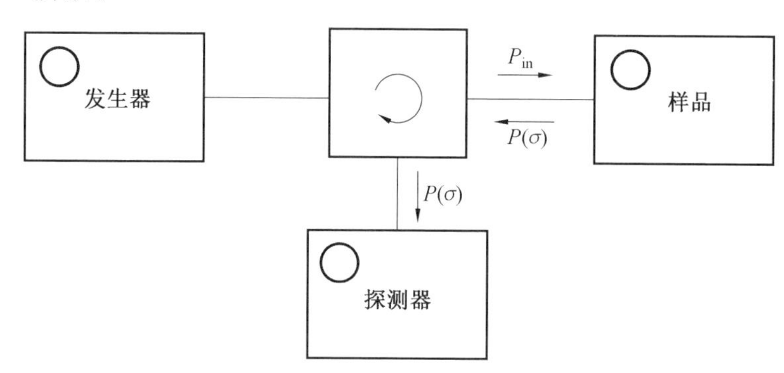

图 4.31　微波反射信号测试装置基本结构图

由于微波信号在空气中传播损失极小，因此可以忽略其影响。那么，假设当样品电导率从 σ 变化到 $\sigma+\Delta\sigma(t)$ 时，微波反射信号将改变 ΔP，则

$$\frac{\Delta P}{P_{in}}=\frac{P(\sigma+\Delta\sigma)-P(\sigma)}{P_{in}}=R(\sigma+\Delta\sigma)-R(\sigma) \tag{4.51}$$

式中，P_{in} 是微波入射强度；$P(\sigma)$ 是微波反射强度；$R(\sigma)$ 是反射率。

在电导率变化量很小的情况下，反射率的变化可以用泰勒展开式表示，即

$$\frac{\Delta P}{P_{in}}=[\delta R(\sigma)/\delta\sigma]_{\sigma}\Delta\sigma \tag{4.52}$$

由于在实验中，测量微波反射信号的强度相对方便，则上式可转变为

$$\Delta P/P(\sigma)=A\Delta\sigma \tag{4.53}$$

式中，A 是比例系数。

要使式(4.53)成立，$\Delta P/P(\sigma)$ 不能过大，一般在 $\Delta P/P(\sigma)\leqslant 0.03$ 的条件下。但电导率较大的变化引起微波反射信号的变化是较小的，因此电导率可以在很大的范围内变化，而且式(4.53)对样品电导率非均匀变化的情况也适用，这时 A 和 $\Delta\sigma$ 取平均值。

一般情况下，测试时只考虑被样品吸收和反射的微波信号，由于微波透射信号相 对较弱，可以忽略不计。因此，微波信号发射强度为

$$P(\sigma)=P_{in}-P_{abs}(\sigma) \tag{4.54}$$

式中，P_{abs} 是样品的微波信号吸收强度。对于任意的电导率 $\sigma(x,y,z)$，微波信号被样品的吸收强度可以用下式表示：

$$P_{\mathrm{abs}}(\sigma)=\frac{1}{2}\iiint\sigma(x,y,z)\mid E(x,y,z,\sigma)\mid^{2}\mathrm{d}x\mathrm{d}y\mathrm{d}z \tag{4.55}$$

其中,电场强度 E 是一个与样品位置和电导率有关的量。则式(4.53)可表示为

$$\frac{\Delta P}{P(\sigma)}=\frac{1}{R(\sigma)}\frac{1}{2P_{in}}(-\Delta\sigma(t))\iiint\mid E(x,y,z,\sigma)\mid^{2}\mathrm{d}x\mathrm{d}y\mathrm{d}z-\sigma\Delta\sigma(t)\iiint\frac{\delta\mid E(x,y,z,\sigma)\mid^{2}}{\delta\sigma}\mathrm{d}x\mathrm{d}y\mathrm{d}z \tag{4.56}$$

其中比例系数 A 可表示为

$$A=\frac{1}{R(\sigma)}\frac{1}{2P_{in}}\left(-\iiint\mid E(x,y,z,\sigma)\mid^{2}\mathrm{d}x\mathrm{d}y\mathrm{d}z-\sigma\iiint\frac{\delta\mid E(x,y,z,\sigma)\mid^{2}}{\delta\sigma}\mathrm{d}x\mathrm{d}y\mathrm{d}z\right) \tag{4.57}$$

由式(4.57)可知,微波反射率的变化来自两个方面。一方面,样品电导率的增加导致微波信号被样品吸收增加,反射信号减弱,为负作用。这体现了等号右边括号里的第一项,此时探测到的微波信号衰减曲线如图 4.32(a)所示。另一方面,电导率的变化导致电场强度平方项的变化,为正作用。这体现了等号右边括号内的第二项,此时探测到的微波信号衰减曲线如图 4.32(b)所示。

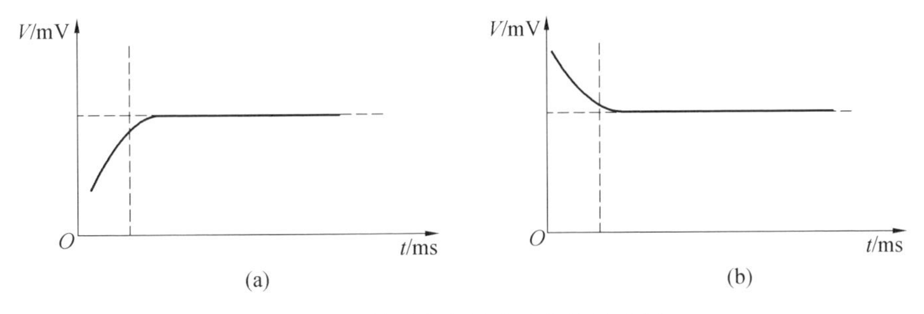

图 4.32　微波光电导衰减曲线示意图

一般对于低电导率的样品,只考虑第一项,即

$$\frac{\Delta P}{P(\sigma)}=\frac{-1}{2P_{in}R(\sigma)}\iiint\mid E(x,y,z)\mid^{2}\Delta\sigma\mathrm{d}x\mathrm{d}y\mathrm{d}z \tag{4.58}$$

此时 A 为负。而对于高电导率的样品,微波信号穿透样品深度较浅,主要考虑第二项,即

$$\frac{\Delta P}{P(\sigma)}=\frac{1}{2P_{in}R(\sigma)}\sigma\Delta\sigma\iiint-\frac{\delta\mid E(x,y,z,\sigma)\mid^{2}}{\delta\sigma}\mathrm{d}x\mathrm{d}y\mathrm{d}z \tag{4.59}$$

此时 A 为正。因此随着电导率逐渐变大,比例系数经历从负到正的变化。

一般在测试时,输出信号是电压变化量而不是微波反射率的变化量,而电压与微波反射信号的关系式为

$$P=\mathrm{const}\ V^{n} \tag{4.60}$$

因此,当微波信号发生微小变化时,将导致输出电压的微小变化,两者是线

性关系，即

$$\Delta P/P = n(\Delta V/V) \tag{4.61}$$

这样就可以通过电压变化趋势来间接反映少子变化趋势。微波信号探测光电导衰减与一般的直流、交流光电导衰减技术相比，是一种无接触、无破坏的测试手段，可以避免接触带来的影响，尤其对一些性能不是很了解、做欧姆接触比较困难的半导体样品。此外，微波探测还可以提高测试频率，一般能达到几至几百 GHz，而普通的光电导衰减法，即便是高频交流法，最多也只能达到几百 MHz。高的频率既可以缩短测试时间，一般测试一个 8 in 的硅片，只需 10～20 min；同时可以通过提高时间分辨率，分辨率可以达到 ns 数量级。另外，微波探测允许大注入条件，由此可以扩大少数载流子注入量的范围。

4.2 半导体器件参数测试

4.2.1 肖特基二极管测试

1. *I*—*V* 特性测试

肖特基二极管又称点接触二极管，它与 pn 二极管具有类似的整流特性。肖特基二极管通常由金属与 n 型半导体接触而成，且金属的功函数高于半导体。当位于半导体导带底的电子向金属运动时，需要越过高度为 $qV_D = W_m - W_s$ 的势垒；当位于金属的电子向半导体运动时，则需要越过高度为 $q\phi_m = W_m - \chi$ 的势垒。两种势垒在偏压下的变化，对肖特基二极管的电学特性起决定作用。对肖特基二极管施加正向偏压，能够使半导体一侧的势垒高度随着偏压的增加而减少，所以电压增加会使电流增加。对肖特基二极管施加很小的反向偏压时，由于势垒区足够薄，极少量的处于势垒边缘的能量足够高的电子会通过热运动的方式，越过半导体一侧的势垒，不经碰撞地进入金属中。随着反向偏压的增加，在外电场作用下，半导体一侧的势垒高度升高，而金属一侧的势垒高度不变，电子从金属流向半导体，使得电流的绝对值略有增加，形成反向饱和电流。这被称为肖特基二极管的整流特性。

半导体内部的电子只要有足够的能量超越半导体一侧势垒的顶点，就可以自由地通过阻挡层进入金属。同样，金属中能超越金属一侧势垒顶的电子也都能到达半导体内。对于 Ge、Si、GaAs 之类的半导体，由于具有较高的载流子迁移率，载流子的平均自由程较大，在室温下，其肖特基势垒中的电流输运机制主要是多数载流子的热电子发射，所以电流的计算归结为热电子发射理论。

$$J=J_{ST}\left(\exp\frac{qV}{k_0T}-1\right) \tag{4.62}$$

其中

$$J_{ST}=AT^2\exp\left(-\frac{q\phi_{ns}}{k_0T}\right) \tag{4.63}$$

称为饱和电流密度。

当载流子迁移率比较低，使得电子的平均自由程远小于势垒区的宽度时，电子通过势垒区要发生多次碰撞，同时考虑到漂移和扩散运动，需要用扩散理论来描述。

$$J=J_{SD}\left(\exp\frac{qV}{k_0T}-1\right) \tag{4.64}$$

2. 势垒高度及杂质浓度测试

肖特基二极管的势垒高度通常取决于金属的功函数和表面态。通常假设：①金属一半导体紧密接触，其交界层具有原子的线度，而且会建立电势；②在交界面上的表面态是半导体表面的性质，与金属无关。

(1)正向 $I-V$ 法。

中等掺杂半导体的肖特基二极管的理想正反向 $I-V$ 特性为

$$J=J_{ST}\left(\exp\frac{qV}{k_0T}-1\right) \tag{4.65}$$

其中，反向电流密度为

$$J_{ST}=AT^2\exp\left(-\frac{q\phi_{ns}}{k_0T}\right) \tag{4.66}$$

金属一边的势垒高度为

$$q\Delta\phi_{ns}=q\phi_{ns0}-q\phi_{ns} \tag{4.67}$$

则式(4.65)可写成

$$J=A^*T^2\exp\left(-\frac{q\phi_{ns0}}{k_0T}\right)\exp\frac{q(\Delta\phi_{ns}+V)}{k_0T} \tag{4.68}$$

式中，A^* 为有效 Richardson 常数，$A^*=\frac{4\pi qmn^*k_0^2}{h^3}$；$\Delta\phi_{ns}$ 是外电压的函数。当 $V>3kT/q$ 时，式(4.68)就近似为

$$J=J_{ST}\exp\frac{qV}{k_0T} \tag{4.69}$$

由 $\ln J-V$ 曲线，$\ln J-V$ 与 $\ln J$ 轴的截距是 $\ln J_{ST}$，可求得饱和电流密度 J_{ST}。

再由式(4.69)就得到零偏压下的势垒高度为

$$q\phi_{ns0}=k_0T\ln\frac{A^*T^2}{J_{ST}} \tag{4.70}$$

上式包含了镜像力引起的势垒高度的降低量。室温下，取 $A^*=120\ \mathrm{A\cdot cm^{-2}\cdot K^{-2}}$。若 A^* 未知，则需要在不同温度下测量肖特基二极管的正向 $\ln J-V$ 关系，求出每个温度下的饱和电流密度 J_S，则势垒高度 $q\phi_{ns0}$ 就是 $\ln\frac{J_{ST}}{T^2}-\frac{1}{T}$ 关系曲线的斜率，$\ln\frac{J_{ST}}{T^2}$ 轴上的截距就是 $\ln A^*$。用这种方法得到的 $q\phi_{ns0}$ 是 0 K 的势垒高度，其值略大于室温下的 $q\phi_{ns0}$ 值。

(2)$C-V$ 法。

当一个几毫伏的交流电压加到有直流反偏压的二极管上时，耗尽层的电容为

$$C_T=A\sqrt{\frac{\varepsilon_S qN_D}{2(V_D-V_R)}}\tag{4.71}$$

式中，A 为二极管的结面积。假设半导体是均匀掺杂的且不存在氧化层，则式(4.71)可写为

$$-\frac{\mathrm{d}(1/C_T^2)}{\mathrm{d}V}=\frac{2}{\varepsilon_S qN_D A^2}\tag{4.72}$$

如果半导体均匀掺杂，则 $\frac{1}{C^2}-V$ 为一条直线，基于直线的斜率可求得半导体的掺杂浓度为

$$N_D=\frac{2}{\varepsilon_S qA^2}\left[-\frac{1}{\mathrm{d}(1/C_T^2)/\mathrm{d}V}\right]\tag{4.73}$$

从而得到

$$E_n=\frac{k_0 T}{q}\ln\frac{N_C}{N_D}\tag{4.74}$$

式中，E_n 为费米能级在导带下的深度；N_C 为导带有效态密度。

将实验测得的 $1/C^2-V_R$ 直线外推至 $1/C^2=0$ 处，得到截距 V_D，可近似估算出掺杂浓度由直线的斜率 $\frac{2}{\varepsilon_S qN_D A^2}$ 决定。理想的肖特基势垒高度为

$$q\phi_{ns0}=E_n-qV_D\tag{4.75}$$

4.2.2 pn 结势垒及杂质测试

当 pn 结外加电压变化时，空间电荷区的宽度将随之变化，即耗尽层的电荷量随外加电压而增多或减少，这种现象与电容器的充、放电过程相同。耗尽层宽窄变化所等效的电容称为势垒电容 C_T。pn 结外加偏压变化时，扩散区中电荷数量随着变化，由此而产生的电容称为扩散电容，用 C_D 表示。势垒电容与扩散电容之和为 pn 结的结电容 C_j，低频时其作用忽略不计，只在信号频率较高时才考

虑结电容的作用。

电容与电压关系为

$$C=\left|\frac{\mathrm{d}Q}{\mathrm{d}V}\right| \tag{4.76}$$

当 pn 结加反向电压时，C_T 明显随 U 的变化而变化，利用这一特性可制成各种变容二极管。同时利用 pn 结电容随外加电压的变化规律，可确定突变结轻掺杂一侧杂质浓度，或线性缓变结杂质浓度梯度，也可确定 pn 结接触电势差。

pn 结势垒电容的实质是当 pn 结外加正向偏压增加(或反向偏压减小)时，势垒区宽度变窄，空间电荷数量减少，如图 4.33(a)所示。因为空间电荷由不能自由移动的杂质离子组成，所以空间电荷的减少是由于 n 区的电子和 p 区的空穴中和了势垒区中电离施、受主离子，即将一部分电子和空穴存入势垒区；反之，当 pn 结外加正向偏压减少(或反向偏压加大)时，势垒区变宽，空间电荷数量增加，如图 4.33(b)所示。这就意味着有一部分电子和空穴从势垒区中取出。这种载流子在空间电荷区中的存入和取出，如同一个平行板电容器的充与放电。不同的是，pn 结空间电荷区宽度随外加电压变化，如图 4.33 所示。

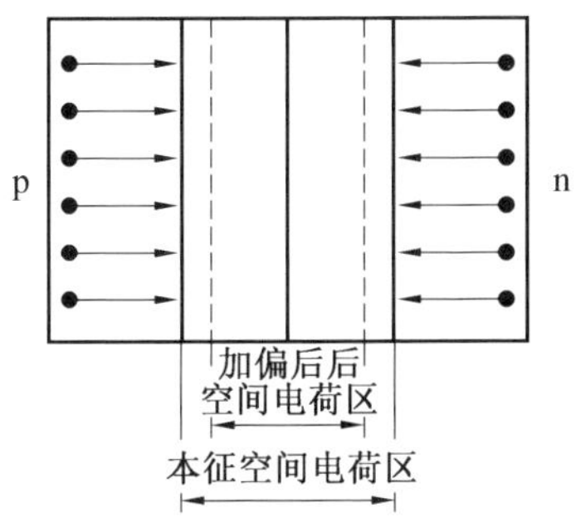

(a) 正向偏压增加（反向偏压减少）

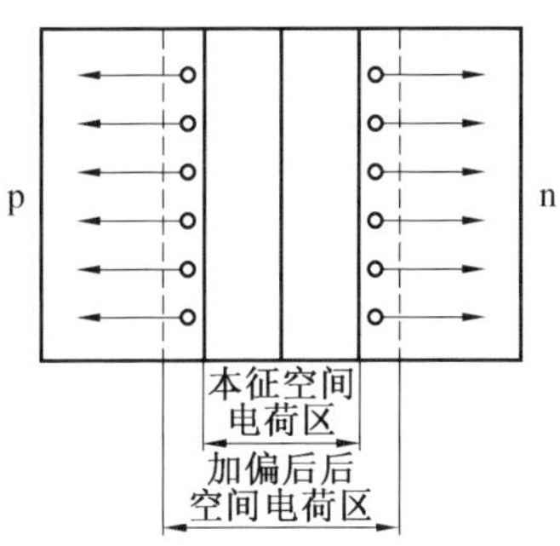

(b) 正向偏压减小（反向偏压加大）

图 4.33　不同条件下的 pn 结势垒电容

由半导体物理可知，对于单边突变结，若 pn 结面积为 A，则势垒电容为

$$C_T=A[q\varepsilon_0\varepsilon_{rs}N_B/2(V_D-V)]^{\frac{1}{2}} \tag{4.77}$$

式中，N_B 为 pn 结轻掺杂一侧杂质浓度；ε_{rs} 为半导体介电常数；ε_0 为真空介电常数。对于线性缓变结，势垒电容为

$$C_T=A[qa_j\varepsilon_0^2\varepsilon_{rs}^2/12(V_D-V)]^{\frac{1}{3}} \tag{4.78}$$

式中，a_j 为杂质浓度梯度。

从式(4.77)和式(4.78)看出，突变结势垒电容和结的面积及轻掺杂一侧杂质浓度有关，线性缓变结势垒电容与结面积及杂质浓度梯度有关。为了减小势垒电容，可以减小结面积和轻掺杂一侧杂质浓度或杂质浓度梯度。另外，还可看出，势垒电容正比于$(V_D-V)^{\frac{1}{2}}$或$(V_D-V)^{\frac{1}{3}}$，这说明反向偏压越大，则势垒电容

越小。

pn 结扩散电容指的是 pn 结外加正向偏压时，电子和空穴在 p 区和 n 区中形成非平衡载流子的积累。当正向偏压增加时，在扩散区中积累的非平衡载流子也增加，即 n 区扩散区内积累的非平衡空穴和与之保持电中性的电子以及 P 区扩散区中积累的非平衡电子和与之保持电中性的空穴均增加，导致扩散区内电荷数量随外加电压变化，形成扩散电容，扩散电容随正向偏压按指数关系增长。

在反向偏压或小的正向偏压作用下，以势垒电容为主；在大的正向偏压作用下，以扩散电容为主。图 4.34 给出了反向偏压作用下的电容变化值，故以势垒电容为主。

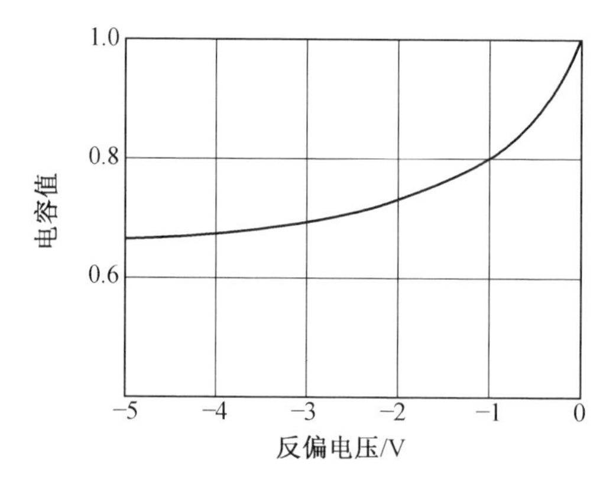

图 4.34　反偏 pn 结 $C-V$ 曲线

对于单边突变结，将式(4.77)两边平方取倒数，得

$$1/C_{\mathrm{T}}^{2}=2(V_{\mathrm{D}}-V)/A^{2}\varepsilon_{0}\varepsilon_{\mathrm{rs}}qN_{\mathrm{B}} \tag{4.79}$$

上式对 V 求微分，得

$$\left|\mathrm{d}(1/C_{\mathrm{T}}^{2})/\mathrm{d}V\right|=2/A^{2}\varepsilon_{0}\varepsilon_{\mathrm{rs}}qN_{\mathrm{B}} \tag{4.80}$$

基于实验可作出 $1/C_{\mathrm{T}}^{2}-V$ 的关系，为一条直线，式(4.80)为直线的斜率。因此，可由斜率求得轻掺杂一侧的杂质浓度 N_{B}，由直线的截距确定 pn 结接触电势差 V_{D}。对于缓变结，将式(4.80)两边平方取倒数得

$$1/C_{\mathrm{T}}^{3}=12(V_{\mathrm{D}}-V)/A^{3}\varepsilon_{0}^{2}\varepsilon_{\mathrm{rs}}^{2}qa_{\mathrm{j}} \tag{4.81}$$

由实验得出 $1/C_{\mathrm{T}}^{3}-V$ 关系曲线，亦为一条直线。

4.2.3 双极晶体管参数测试

双极型晶体管在半导体器件中占有重要的地位，也是组成集成电路的基本元件。了解和测量实际双极型晶体管的各种性能参数，不仅有助于掌握器件的工作机理，还可以分析造成器件失效的原因。下面将介绍双极型晶体管的直流参数、$C_{\mathrm{c}}r'_{\mathrm{bb}}$乘积、开关参数、特征频率、稳态热阻等参数的测试方法。

1. 直流参数测试

双极型晶体管的特性曲线及各种直流参数，可用逐点法测量，也可用半导体管特性图示仪直接测量。半导体管特性图示仪是测量半导体器件直流及低频参数的常见仪器，通过示波管屏幕及标尺刻度，可直接观察各种器件的特性曲线族，准确测量出各种器件的直流参数。

半导体管特性图示仪主要由集电极扫描电源、阶梯波发生器、x 轴和 y 轴放大器、高频高压源电路及低压供电电源几大部分组成，如图 4.35 所示。集电极电源提供被测管 C、E 端的扫描电压，阶梯波发生器供给 B 端信号，通过 x、y 轴放大器将电压及电流调理后供给由高频高压驱动增亮的示波管，显示出被测器件的特性曲线供观测。

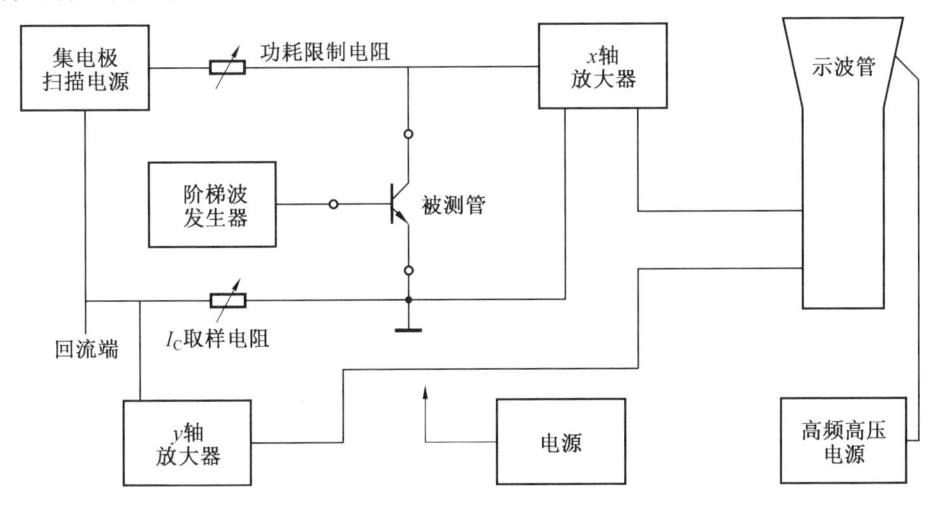

图 4.35　半导体管特性图示仪工作原理方框图

在双极型晶体管 C、E 电极之间加入锯齿波扫描电压，并引入一个小的取样电阻，加到示波器上 x 轴和 y 轴的电压分别为

$$V_x = V_{CE} \tag{4.82}$$

$$V_y = -I_C R_C \tag{4.83}$$

式中，R_C 为取样电阻。

当 I_B 恒定时，在示波器的屏幕上可以看到一条 $I_C - V_{CE}$ 的特性曲线，即晶体管共发射极输出特性曲线。

为了显示一组在不同 I_B 的特性曲线簇 $I_C = f(I_{Bi}, V_{CE})$，需要在 x 轴的锯齿波扫描电压每变化一个周期时，使 I_B 也有一个相应的变化，因此需将输入电压 V_{CE} 调制为能随 x 轴的锯齿波扫描电压变化的阶梯电压。每一个阶梯电压能为基极提供一定的基极电流，不同的阶梯电压 V_{B1}、V_{B2}、V_{B3} 等可相应地提供不同的

恒定基极注入电流 I_{B1}、I_{B2}、I_{B3} 等。只要能使每一阶梯电压所维持的时间等于集电极回路的锯齿波扫描电压周期,就可以在 t_0 时刻扫描出 $I_{C0}=f(I_{B0},V_{CE})$ 曲线,如图 4.36 所示。在 t_1 时刻扫描得到 $I_{C1}=f(I_{B1},V_{CE})$ 曲线等,通常阶梯电压有多少级,就可以相应地扫描出有多少条 $I_C=f(I_B,V_{CE})$ 输出曲线。

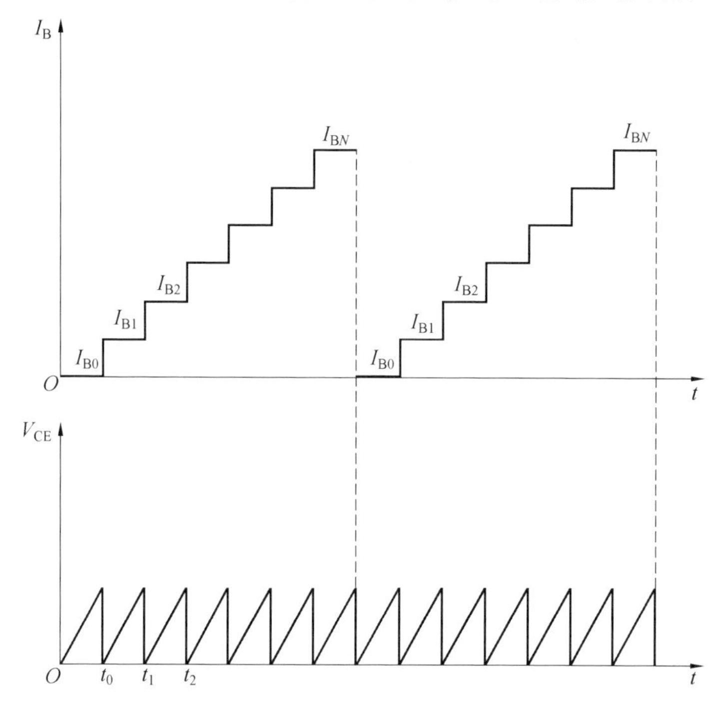

图 4.36　基极阶梯电压与集电极扫描电压间关系

2. $C_c r'_{bb}$ 乘积测试

$C_c r'_{bb}$ 是一个时间参数,其数值的大小表示双极型晶体管的反应速度和最高振荡频率。此参数在各种高频设计、实验和应用领域用得非常多。$C_c r'_{bb}$ 的测试原理是根据测试器件的电压反馈率端进行计算,具体如下:

$$|h_{IB}|=\left|\frac{V_e}{V_c}\right| \tag{4.84}$$

可得

$$\frac{V_e}{V_c}=\frac{r'_{bb}}{1/j\omega C_c}=j\omega C_c r'_{bb} \tag{4.85}$$

所以有

$$\left|\frac{V_e}{V_c}\right|=\omega C_c r'_{bb} \tag{4.86}$$

可推导出

$$C_c r'_{bb} = \frac{1}{\omega}\left|\frac{V_e}{V_c}\right| \tag{4.87}$$

具体测试电路如图 4.37 所示。测试中要满足 $|R| \gg h_{IB}$ 和 $\omega \ll \frac{1}{C_c r'_{bb}}$ 两个条件。在不同注入 I_E 下测试 $C_c r'_{bb}$ 值，就可以绘制出 $C_c r'_{bb}$ 与 I_E 之间的关系曲线。

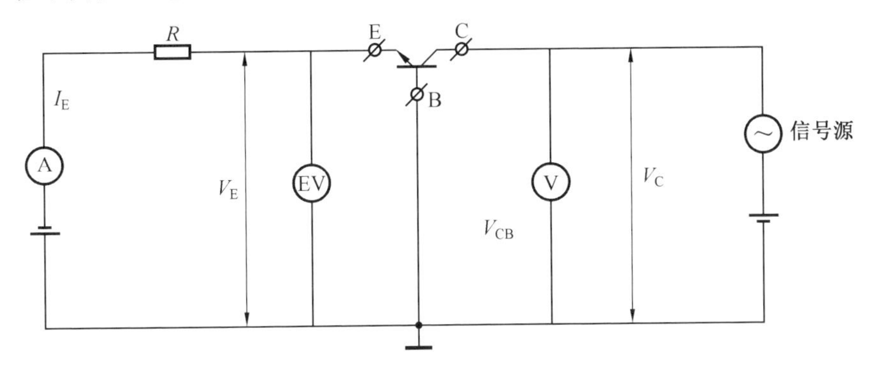

图 4.37　测试电路图

3. 开关参数测试

晶体管开关时间是晶体管开关特性的一个极其重要参数。当晶体管作为开关器件应用时，其开关时间将直接影响电路的工作频率和性能。图 4.38 是一个 npn 晶体管的开关电路示意图，R_L 和 R_B 分别为负载电阻和基极偏置电阻，$-V_{BB}$ 和 $+V_{CC}$ 分别为基极和集电极的偏置电压。

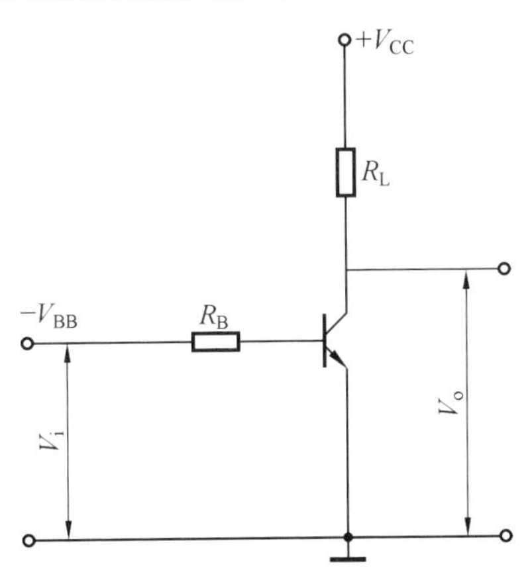

图 4.38　晶体管开关电路示意图

当给晶体管基极输入一个脉冲信号 V_i，基极和集电极电流 I_B 和 I_C 的波形就如图 4.39 所示。当基极无信号输入时，由于负偏压 V_{BB} 的作用，晶体管处于截止状态，集电极只有很小的反向漏电流 I_{CBO} 通过，输出电压接近于电源电压 $+V_{CC}$，此时晶体管相当于一个断开的开关。当给晶体管输入正脉冲 V_B 时，晶体管导通，若晶体管处于饱和状态，则输出电压为饱和电压 V_{CES}，集电极电流为饱和电流 I_{CS}，此时晶体管相当于一个接通的开关。

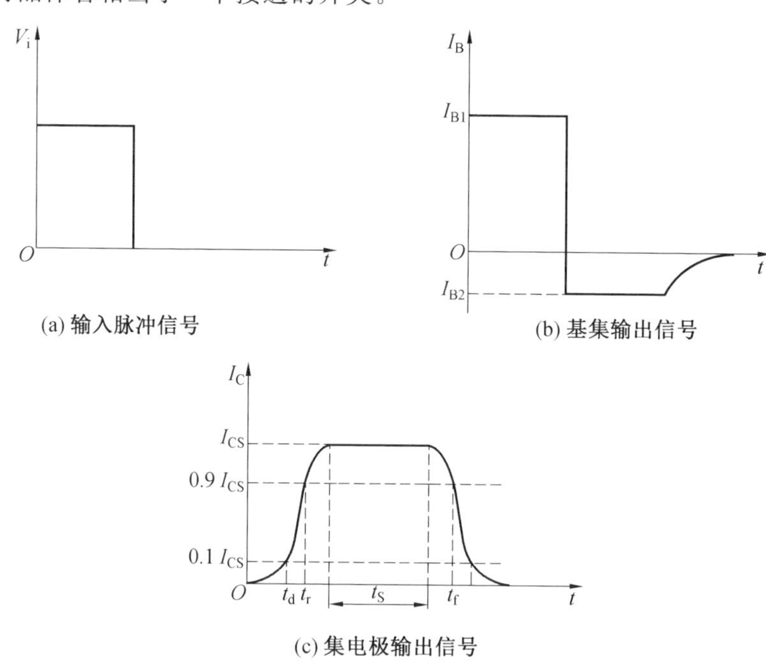

图 4.39　开关晶体管输入、输出波形

由图 4.39 可以看出，当施加输入脉冲 V_i 时，基极输入电流立刻增加到 I_{B1}，但集电极电流要经过一段延迟时间才增加到 I_{CS}；当撤去输入脉冲时，基极电流立刻变到反向基极电流 I_{B2}，而集电极电流仍要经过一段延迟时间才逐渐下降为零。

如果使用示波器测试，可以观察到输入电压和输出电压的波形，如图 4.40 所示。双极型晶体管开关时间参数一般是按照集电极电流 I_C 的变化来定义。延迟时间 t_d 是指从脉冲信号输入 I_C 上升到 $0.1I_{CS}$的时间。上升时间 t_r 是指 I_C 从 $0.1I_{CS}$上升到 $0.9I_{CS}$的时间。存储时间 t_s 是指从脉冲信号撤去到 I_C 下降到 $0.9I_{CS}$的时间。下降时间 t_f 是指 I_C 从 $0.9I_{CS}$下降到 $0.1I_{CS}$的时间。

其中，t_d+t_f 即开启时间 t_{on}，t_s+t_f 即关闭时间 t_{off}，所要测试的开关时间就是该定义下的开关时间，而且按这种定义方法测试开关时间比较方便。测试双极型晶体管开关时间的装置结构组成如图 4.41 所示。利用测试装置就可以在示波器上观察晶体管的输入与输出波形，读出开关时间参数。由于受输入脉冲前后沿的影响以及示波器频宽的限制，此装置只适用于测试开关时间较长的晶体管。

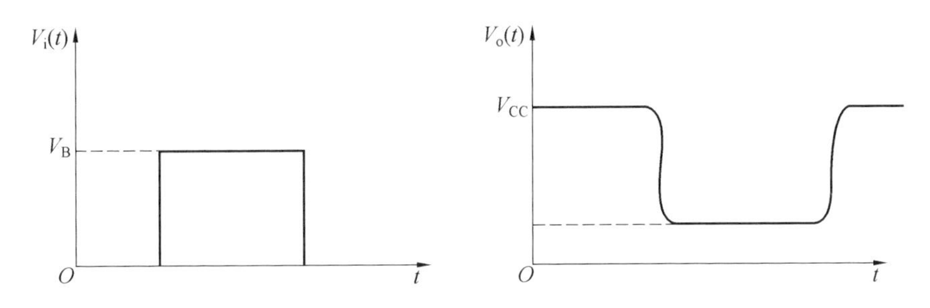

图 4.40　开关晶体管输入、输出电压波形

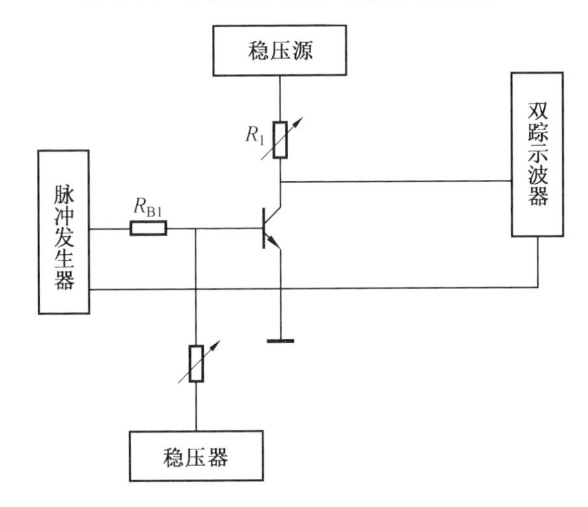

图 4.41　开关时间测试装置结构组成示意图

4. 特征频率测试

晶体管特征频率 f_T 为共发射极组态的电流放大系数 $|\beta|$ 随频率增加而下降到 1 时对应的频率，它反映了晶体管共发射极组态具有电流放大作用的频率极限，是晶体管的一个重要频率特性参数。f_T 主要取决于晶体管的结构设计，也与晶体管工作时的偏置条件密切相关。因此，晶体管的特征频率是指在一定偏置条件下的测试值，通常采用"增益一带宽积"的方法进行测试。

共发射极交流工作下，晶体管发射极电压周期性变化引起发射结、集电结空间电荷区的电荷和基区、发射区、集电区的少子、多子随之不断重新分布，这种现象可视为势垒电容和扩散电容的充放电作用。势垒电容和扩散电容的充放电使由发射区通过基区传输的载流子减少，传输的电流幅值下降；同时产生载流子传输的延时，加之载流子穿越集电结空间电荷区时间的影响，使输入、输出信号产生相移，电流放大系数 β 变为复数，并且其幅值随频率的升高而下降，相位移随频率的升高而增大。因此，晶体管共发射极放大系数 β 的幅值和相位移是频率的函数。

理论上晶体管共发射极放大系数可表示为

$$\beta=\frac{\beta_0\exp(-\mathrm{j}m\omega/\omega_b)}{1+\mathrm{j}\omega/\omega_\beta} \tag{4.88}$$

其幅值和相位角随频率变化的关系分别为

$$|\beta|=\frac{\beta_0}{[1+(f/f_\beta)^2]^{1/2}} \tag{4.89}$$

$$\varphi=-[\arctan(\omega/\omega_\beta)+m\omega/\omega_b] \tag{4.90}$$

可见，当工作频率 $f\ll f_\beta$ 时，$\beta\approx\beta_0$，几乎与频率无关；当 $f=f_\beta$ 时，$|\beta|=\beta_0/\sqrt{2}$，$|\beta|$ 下降 3 dB；当 $f\gg f_\beta$ 时，$|\beta|f=\beta_0 f_\beta$。

根据定义，$|\beta|=1$ 时的工作频率即为特征频率，则有

$$f_T=|\beta|f=\beta_0 f_\beta \tag{4.91}$$

另外，当晶体管共基极截止频率 $f_\alpha<500$ MHz 时，近似有 $f_T\approx f_\alpha/(1+m)$，器件中 $f_T=f_\alpha$。关系式(4.91)表明，当工作频率满足 $f_\beta\ll f\ll f_\alpha$ 时，共发射极电流放大系数与工作频率的乘积是一个常数，该常数即特征频率 f_T，亦称增益一带宽积。同时，也说明了 $|\beta|$ 与 f 成反比，f 每升高一倍，$|\beta|$ 下降一半，在对数坐标上就是 $|\beta|-f$ 的 -6 dB/倍频关系曲线，图 4.42 给出了 $|\beta|$ 随频率变化的关系。

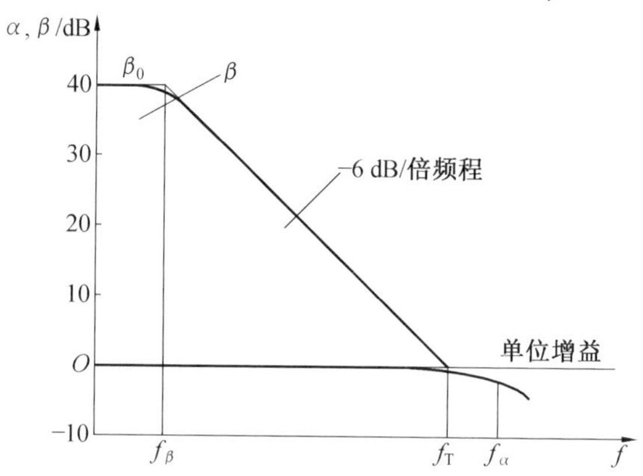

图 4.42 电流放大系数与频率的关系

直接在 $|\beta|=1$ 的条件下测试 f_T 是比较困难的，而在工作频率满足 $f_\beta\ll f\ll f_\alpha$ 的关系时测得 $|\beta|$，而后再乘该测试频率 f，也就是利用图 4.42 的线段就可以在较低频率下求得特征频率，此为常规测试方法的核心思路。

一般情况下，晶体管的集电结势垒电容远小于发射结势垒电容，如果再忽略寄生电容的影响，特征频率可以表示为

$$\begin{aligned}f_T^{-1}&=2\pi(r_e C_{Te}+W_b^2/\lambda D_b+\chi_{mc}/2v_s l+r_{cs}C_{Tc})\\&=2\pi(\tau_e+\tau_b+\tau_d+\tau_c)\end{aligned} \tag{4.92}$$

f_T 是发射结电阻、基区宽度、势垒电容、势垒区宽度等的函数。这些参数虽然主

要取决于晶体管的结构，但也与晶体管的工作条件有关，因此工作偏置条件不同，f_T 也不相等。通常所说的某晶体管的特征频率是指在一定偏置条件下的测试值。图 4.43(a)表示 V_{CE} 等于常数时 f_T 随 I_E 的变化，图 4.43(b)则表示 I_E 等于常数时，f_T 随 V_{CE} 的变化。

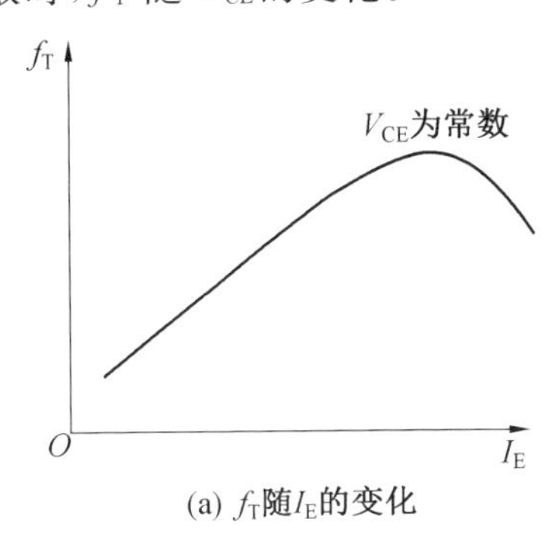

(a) f_T随I_E的变化

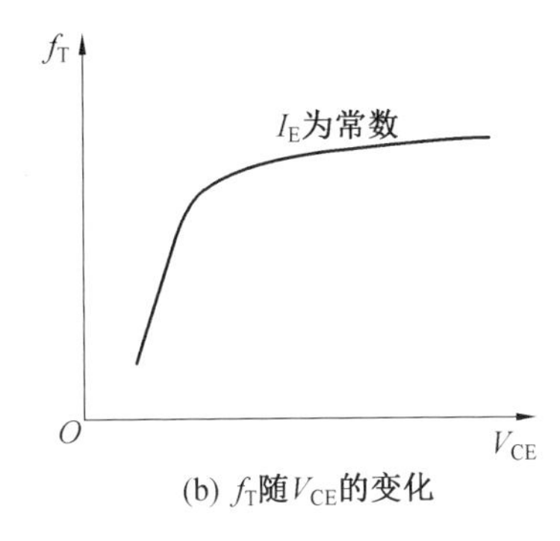

(b) f_T随V_{CE}的变化

图 4.43 f_T 和 I_E、V_{CE}的关系

将关系式 $r_e \approx k_0 T/qI_E$ 代入式(4.92)，得到

$$f_T^{-1} = 2\pi\left(\frac{k_0 T}{q}\frac{1}{I_E}C_{Te} + \tau_b + \tau_d + \tau_e\right) \tag{4.93}$$

一般情况下，在集电极电压一定，$I_E < I_{CM}$ 时，可近似认为 τ_b、τ_d、τ_c 与 I_E 无关，因而通过测试 f_T 随 I_E 的变化，可作出 $1/f_T$ 与 $1/I_E$ 的关系曲线。

图 4.44 为测试装置示意图。其中，信号源提供 $f_\beta \ll f \ll f_\alpha$ 范围内所需要的点频信号电流，电流调节器控制输入基极电流，测试回路和偏置电源提供规范偏置条件，宽带放大器则对输出信号进行放大，显示系统指示 f_T 值。显示系统表头指示的参数是经放大了的信号源电流信号，但经测试前后的校正和衰减处理可转换成相应的$|\beta|$值。其过程和原理如下：测试前“校正”时被测管开路，基极和集电极短接，旋转电流调节旋钮使 f_T 指示表头显示一定值，这样就预置了基极电流。接入被测管测试时 f_T 显示系统表头就指示了经放大了的输入信号电流。由于测试过程中被测的基极电流仍保持在校正时的值，则取二者的比值就确定了$|\beta|$，然后乘信号频率即可得到晶体管的特征频率 f_T。如果测试时取了一定的衰减倍率，那么计算$|\beta|$时将预置的基极电流也缩小同样倍数，其结果不会改变。

目前，f_T 的测试多采用晶体管特征频率测试仪，尽管测试仪的型号不同，但都是依据增益一带宽积的原理而设计的，其结构框图仍可用图 4.44 表示，测试方法也基本与上述相同，差别在于测试仪校正时要预置基极电流使 f_T 显示表头满偏，这实际上是信号源输出一恒定基极电流。因此，测试时必须进行一定倍频的衰减，否则表头会因超满度而无法读数，有的测试仪其衰减倍率设置在仪器面板上，需要预先设定，而有的测试仪则将一定的衰减倍率设定在了仪器内部结构

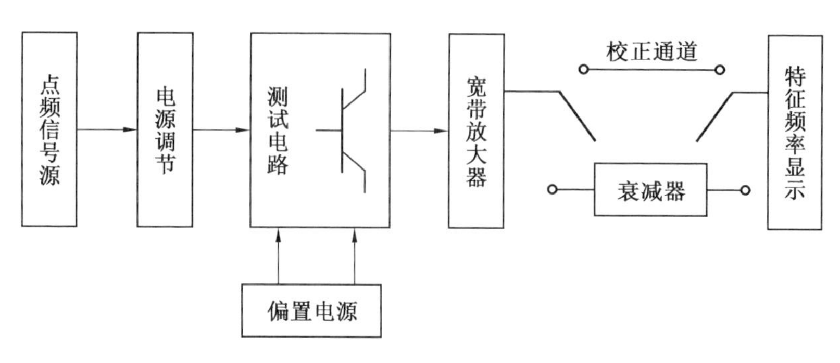

图 4.44　特征频率测试装置示意图

中，测试时无须考虑，正是由于测试仪信号源输给基极电流是定值，所以在显示表头上直接给出了$|\beta| f$值，f_T 可以直接读出。

5. 稳态热阻测试

晶体管在工作时，由于电流的热效应，会消耗一定的功率，引起管芯发热。发热的管芯把热量传到管壳，再散发到周围介质中去。因而晶体管总热阻应分为内热阻与外热阻。此处仅讨论测试晶体管的内热阻。定义

$$R_T = \frac{T_j - T_C}{P_C} \tag{4.94}$$

式中，T_j 为结温；T_C 为壳温；P_C 为功率。

因此，只要测出 T_j、壳温 T_C 及功率 P_C，就可以直接利用公式(4.94)计算出热阻 R_T。P_C 是施加到管子上的功率，由加到管子上的电流源、电压源直接读出 I_E、V_{CE}值，由公式 $P_C = I_E V_{CE}$可计算出功率 P_C。问题的关键是如何测出 T_j 与 T_C，下面对这两个参数的测试进行讨论。

(1)结温测试。

管芯封在管壳内，用温度计直接测试结温难以实现，只有通过测试晶体管某些与结温有关的参数(称为热敏参数)，对结温进行间接测试。热敏参数很多，如 I_{CBO}、V_{BE}、V_{CB}、h_{FE}等，但实际上可用的热敏参数必须满足以下几个条件。

①对温度变化反应灵敏。

②随温度呈线性变化。

③在较长时间内参数稳定。

④同一类型的器件随温度的变化应一致。

测试选取的是集电结正向压降 V_{CB}作为热敏参数，以间接测试结温，该方法称为正向压降法。在小电流密度时，正向电流 I_F 和 pn 结正向压降 V_F、温度 T 的关系为

$$I_F = I_{S0} e^{a(T-T_a) + qV_F/k_0 T} \tag{4.95}$$

式中，I_{S0}为温度是 T_a(K)时的反向饱和电流；a 为常数，其值在 0.05～0.11 K^{-1}

之间。V_F 与 T 是线性关系，如图 4.45 所示，斜率为

$$m=\left.\frac{\partial V_F}{\partial T}\right|_{I_F恒定}=-0.026a \tag{4.96}$$

则 V_F 具有负的温度系数，即温度升高，V_F 下降。

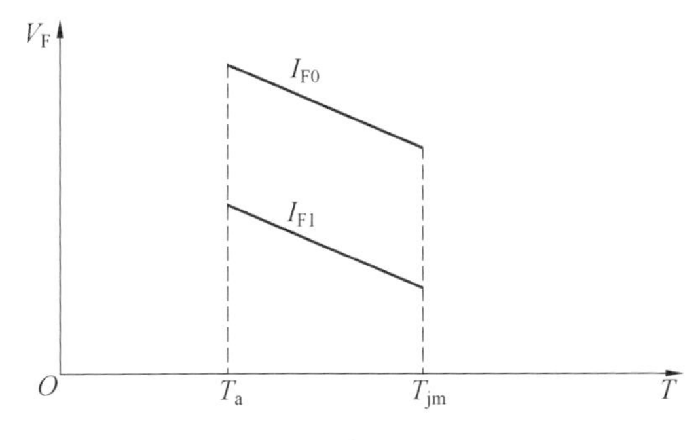

图 4.45　V_F 与 T 的关系

利用 V_F 测得 T_j 时，首先对被测管施加一定的功率 P_C，管芯发热，待温度稳定后，读出 V_F 值，找到 V_F 与 P_C 的关系。然后不施加功率，把被测管放到恒温槽中，使其达到某一温度时，V_F 的数值与施加功率 P_C 时相同，找到 V_F 与 P_C 的关系。这样，很容易就得到 P_C 与 T_j 的关系，也就得到了施加功率 P_C 时造成的结温 T_j，如图 4.46 所示为测试原理方框图。

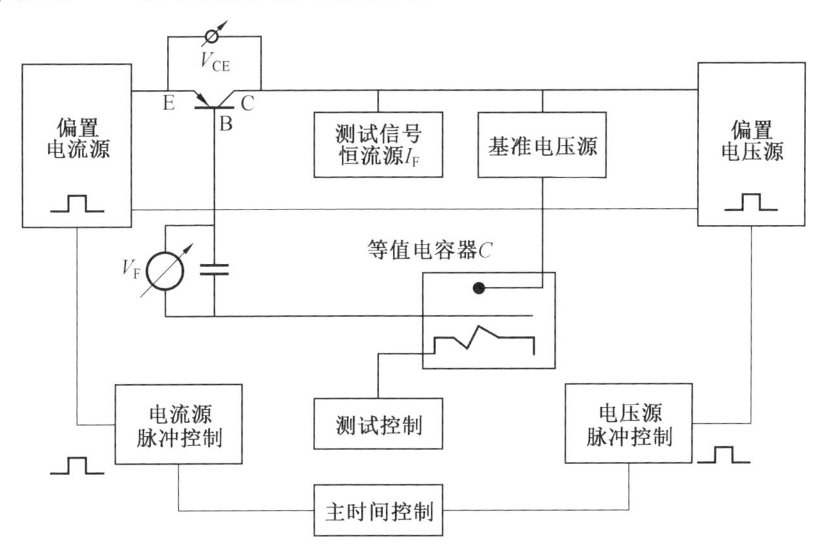

图 4.46　V_F-P_C 测试原理方框图

(2)管壳温度测试。

T_C 对于大功率晶体管来说就是壳温，对于小功率晶体管来说就是环境温度。环境温度用温度计很容易得到，而壳温就不太容易得到。把被测管装在散

热器上，在其和散热器之间插入热偶，对被测管施加功率 P_C 时，管芯发热，引起管壳温度升高，读取电位差计热电偶电势的值 V_1，然后去掉功率源，将晶体管和热偶放入恒温槽中，使得在某一温度下，电位差计热电势的值等于 V_1，此时的恒温槽温度即为施加功率 P_C 造成的壳温 T_C。

4.2.4 MOS 场效应晶体管参数测试

MOS 场效应晶体管与普通的晶体管相比，具有体积小、输入阻抗高、输入动态范围大、抗辐射能力强、低频噪声系数小和热稳定性好等优点。因此，MOS 场效应晶体管被广泛应用于各种电子设备和仪器中，如各种低噪声、高灵敏度的检测仪器、设备的输入级电路。此外，该类器件具有制造工艺简单、集成度高、功耗小等优点，被用于中大规模数字集成电路中。场效应晶体管参数是工艺检测和选择场效应晶体管的重要依据，本节将介绍场效应晶体管参数的测试原理及方法。

1. MIS 结构高频 CV 测试

MOS 场效应晶体管中的 MIS 结构及其等效电路如图 4.47 所示，它类似于金属和介质形成的平板电容器。但是，由于半导体中的电荷密度比金属中的小得多，所以充电电荷在半导体表面形成的空间电荷区有一定的厚度(微米量级)，而不像金属中那样，只集中在一薄层(约 0.1 nm)内。半导体表面空间电荷区的厚度随偏压 V_G 而改变，所以 MIS 电容为微分电容，单位面积电容为

$$C=\frac{\mathrm{d}Q_G}{\mathrm{d}V_G} \tag{4.97}$$

式中，Q_G 是金属栅电极上的电荷面密度。

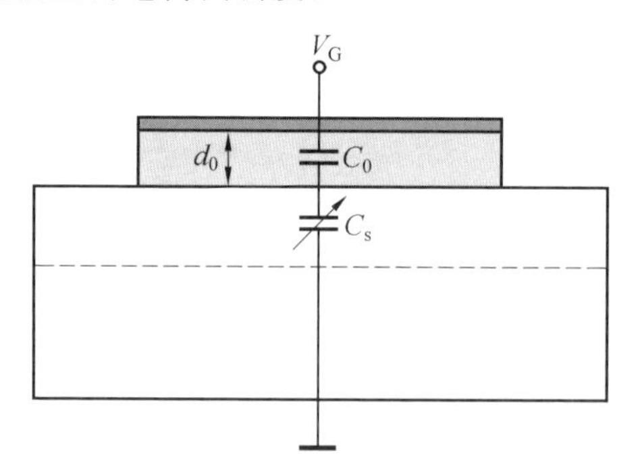

图 4.47 MIS 结构及其等效电路

考虑一理想 MIS 结构电容。理想 MIS 结构必须满足以下条件：①金属与半导体间功函数差为零；②绝缘层内无任何电荷，不导电；③绝缘层与半导体界面处不存在界面态。在 MIS 结构的金属和半导体间加一偏压 V_G 后，一部分电压

V_G 降在绝缘层上，记为 V_{ox}；另一部分降在半导体表面层中，形成表面势 V_s

$$V_G = V_{ox} + V_s \tag{4.98}$$

考虑到半导体表面空间电荷区电荷和金属电极上的电荷数量相等、符号相反，设 $|Q_{sc}|$ 为半导体表面空间电荷区电荷面密度，有

$$|Q_{sc}| = |Q_G| \tag{4.99}$$

将式(4.97)、式(4.98)代入式(4.76)，可得

$$C = \frac{dQ_G}{dV_G} = \frac{dQ_G}{dV_{ox} + dV_s} = \frac{1}{\frac{1}{C_0} + \frac{1}{C_s}} \tag{4.100}$$

即

$$\frac{1}{C} = \frac{1}{C_0} + \frac{1}{C_s} \tag{4.101}$$

式中，C_0 为绝缘层单位面积电容；C_s 为表面空间电荷区电容。

可见 MIS 结构的电容相当于绝缘层电容和半导体空间电荷区电容的串联。对于一固定的 MIS 电容，当外加电压改变时，绝缘层电容为固定值，其大小为

$$C_0 = \frac{\varepsilon_0 \varepsilon_{r0}}{d_0} \tag{4.102}$$

式中，$\frac{\varepsilon_0 \varepsilon_{r0}}{d_0}$ 为绝缘层相对介电常数；d_0 为绝缘层厚度。

空间电荷区电容 C_s 为表面势 V 的函数，随外加偏压 V_G 变化，有

$$C_s = \left| \frac{dQ_{sc}}{dV_G} \right| \tag{4.103}$$

现以 p 型半导体衬底为例，讨论理想 MIS 结构的 $C-V$ 特性。p 型衬底理想 MIS 结构高频 $C-V$ 特性曲线如图 4.48(a)的曲线(1)所示。

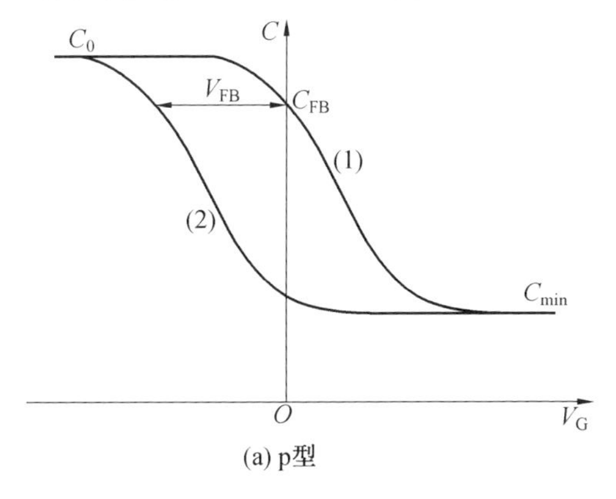

图 4.48　p 型和 n 型半导体衬底 MOS 结构的理想和实际高频 $C-V$ 曲线

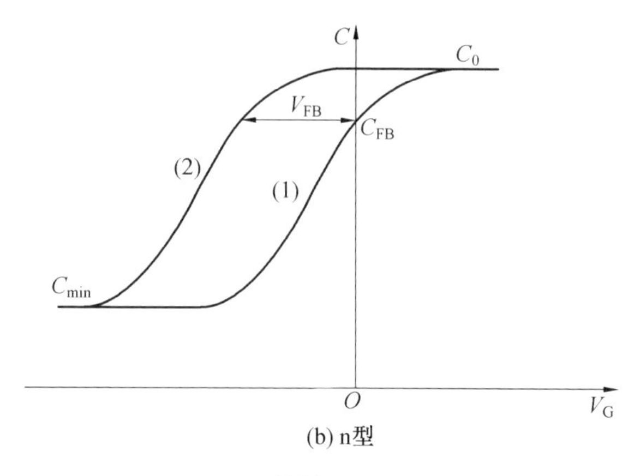

(b) n型

续图 4.48

横坐标 V_G 为在栅上所加的偏压。最大电容为积累区电容 C_0，最小电容 C_{min} 由下式给出：

$$\frac{C_{min}}{C_0}=\frac{1}{1+\frac{2\varepsilon_{r0}}{q\varepsilon_{rs}d_0}\left(\frac{\varepsilon_{rs}\varepsilon_0 k_0 T}{N_A}\ln\frac{N_A}{n_i}\right)^{1/2}} \tag{4.104}$$

式中，ε_{rs}是半导体的相对介电常数。通过式(4.104)，可得到 MIS 结构的最小电容值由衬底掺杂浓度和绝缘层厚度决定。

当 $V_s=0$ 时，半导体表面能带平直，称为平带，平带时的 MIS 电容称为平带电容，记为 C_{FB}。对于给定的 MIS 结构，归一化平带电容由下式给出：

$$\frac{C_{FB}}{C_0}=\frac{1}{1+\frac{\varepsilon_{r0}}{\varepsilon_{rs}}\left(\frac{\varepsilon_{rs}\varepsilon_0 k_0 T}{q^2 N_A d_0^2}\right)^{1/2}} \tag{4.105}$$

归一化平带电容与衬底掺杂浓度 N_A 和绝缘层厚度 d_0 有关。若绝缘层厚度一定，则 N_A 越大，C_{FB}/C_0 也越大，这是由于表面空间电荷层宽度随掺杂浓度 N_A 增大而变薄；若掺杂浓度 N_A 一定，则绝缘层厚度 d_0 越大，C_0 越小，C_{FB}/C_0 也越大。平带时所对应的偏压称为平带电压，记为 V_{FB}。显然，对于理想 MIS 结构，$V_{FB}=0$。

对于实际的 MIS 结构，以金属一二氧化硅一半导体(MOS)为例，由于绝缘层 SiO_2 中总是存在电荷，包括固定电荷和可动电荷，且金属的功函数 W_m 和半导体的功函数 W_s 通常并不相等，所以 V_{FB}一般不为零。若不考虑界面态的影响，假设金属功函数 $W_m<W_s$，则有

$$V_{FB}=-V_{ms}-\frac{Q_{ox}}{C_0} \tag{4.106}$$

式中，V_{ms}是金属一半导体接触电势差，为

$$V_{ms}=\frac{W_s-W_m}{q} \tag{4.107}$$

Q_{ox}是 SiO_2 绝缘层中的等效电荷量，包括固定电荷和可动电荷。等效是指把 SiO_2 中随机分布的电荷对 V_{FB}的影响看成是集中在 Si－SiO_2 界面处的电荷对 V_{FB}的影响。对于铝栅 p 型硅 MOS 结构，V_{ms}大于零，SiO_2 绝缘层内的电荷通常大于零（固定电荷和可动电荷均为正电荷），所以 $V_{FB}<0$。实际 p 型衬底 MOS 结构的高频 $C-V$ 曲线如图 4.48(a)中的曲线(2)所示，实际测试的高频 $C-V$ 曲线（即理想 $C-V$ 曲线）沿负电压轴方向平移 VFB 距离。对于 n 型半导体衬底 MIS 结构的理想和实际高频曲线，如图 4.48(b)所示，可见，n 型衬底高频 $C-V$ 曲线的方向和 p 型衬底的相反。

2. 直流特性测试

（1）$I_{DS}-V_{GS}$关系曲线。

MOS 场效应晶体管是用栅电压控制源漏电流的器件，选定一个漏源电压 V_{DS}，可测得一条 I_{DS}与 V_{GS}关系曲线，对应一组阶梯漏源电压就可测得一族直流输入特性曲线，如图 4.49 所示。每条曲线均可分为 3 个区域，即截止区、饱和区和非饱和区。曲线与 V_{GS}轴交点处 $V_G=V$。曲线中各点切线的斜率即为相应点的跨导 g_m。切线斜率越大，则跨导越大。3 个区域的具体分析为：

①截止区，$V_G-V_T\leqslant 0$，$I_{DS}=0$，跨导 $g_m=0$。

②饱和区，$0<V_{GS}-V_T\leqslant V_{DS}$，$I_{DS}=k\,(V_{GS}-V_T)^2$，特性曲线为 2 次曲线，跨导 $g_m=2k(V_{GS}-V_T)$。

③ 非饱和区，$V_{GS}-V_T>V_{DS}$，$I_{DS}=k[2(V_{GS}-V_T)V_{DS}-V_{DS}^2]$，特性曲线为一直线，所以该区也称为线性区，跨导 $g_m=2kV_{DS}$。此外，还可以在直流输入特性曲线上测定 MOS 场效应晶体管在各工作点上的跨导。

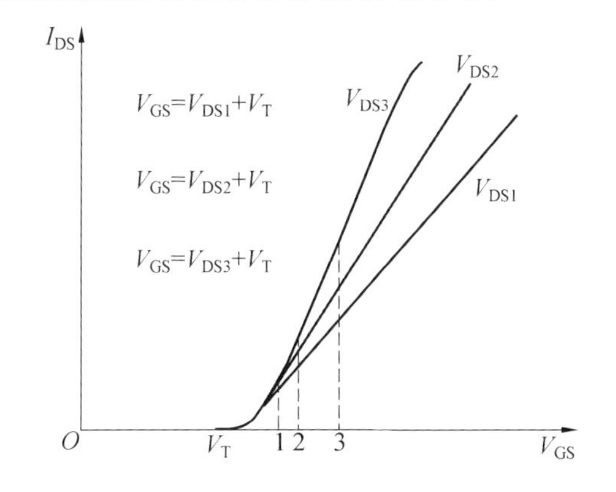

图 4.49 MOS 场效应晶体管直流输入特性曲线

(2)$I_{DS}-V_{DS}$关系曲线。

MOS 场效应晶体管在某一固定的栅源电压下所得 I_{DS}与 V_{DS}的关系曲线即为直流输出特性曲线,对应一组阶梯栅源电压则可测得一族输出特性曲线,具体如图 4.50 所示。每条曲线分 3 个区域。

① $V_{DS}\leqslant V_{GS}-V_T$,非饱和区,曲线斜率逐渐变小,电流增大变缓。

② $V_{GS}-V_T<V_{DS}\leqslant V_{(BR)DS}$,饱和区,几乎为直线,斜率很小。

③ $V_{DS}>V_{(BR)DS}$,击穿区,为陡直上升的曲线。

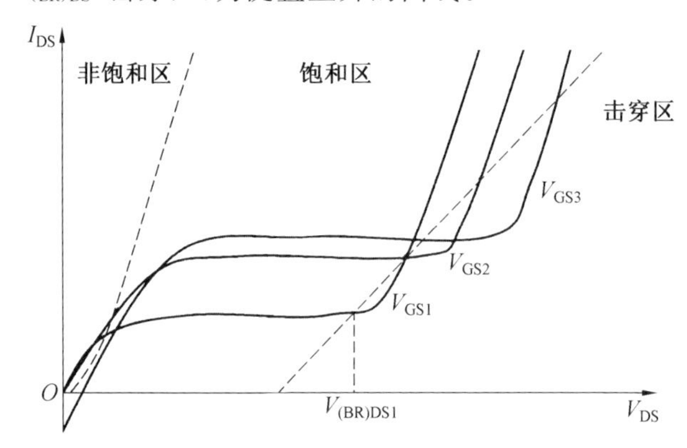

图 4.50 MOS 场效应晶体管直流输出特性曲线

从这组曲线中可测得 MOS 场效应晶体管的直流导通电阻 R_{on}、动态电阻 r_d、平均跨导$\overline{g_m}$及源漏击穿电压 $V_{(BR)DS}$。直流导通电阻 $R_{on}=V_{DS}/I_{DS}$,即曲线中每点(每个工作状态)的导通电阻为这点对应的 V_{DS}和 I_{DS}的比值。在 V_{DS}很小时,特性曲线呈线性,R_{on}为直线斜率的倒数,即

$$R_{on}=1/[2k(V_{GS}-V_T)] \tag{4.108}$$

在临界饱和点

$$R_{on临}=1/[k(V_{GS}-V_T)] \tag{4.109}$$

实际上,导通电阻是随 V_{GS}和 V_{DS}变化的可变电阻。MOS 场效应晶体管动态电阻 $r_d=\partial V_{DS}/\partial I_{DS}|_{V_{GS}}$,曲线中各状态点的动态电阻即为各点切线斜率的倒数。在非饱和区,V_{DS}很小,$r_d=R_{on非}$,在饱和区 R_{on}是一个阻值很大的常数。在图 4.50 中,MOS 场效应晶体管的源漏击穿电压可从特性曲线中直接测出。MOS 场效应晶体管在某一 V_{GS}范围内的平均跨导$\overline{g_m}$也可在特性曲线中直接测出。

$$\overline{g_m}=\frac{I_{DS2}-I_{DS1}}{V_{GS2}-V_{GS1}}|_{V_{GS}} \tag{4.110}$$

(3)开启电压 V_T。

使 MOS 场效应晶体管开始强反型导通时所加的栅源电压称为开启电压,它是受衬底电压 V_{BS}调制的,$V_{BS}=0$ 时的开启电压记为 V_{T0}。测试开启电压的方法

主要有：① 最简单的方法是测试 $I_{DS}-V_{GS}$关系曲线，曲线与 V_{GS}轴的交点处即为开启电压，$V_{T0}=V_{GS}$。但由于亚开启和漏电流问题，这种测试方法不够精确。② 拟合直线法，其可以测得较精确的开启电压。在非饱和区：

$$V_{GS}=\frac{1}{2k}\frac{I_{DS}}{V_{DS}}+V_{T} \tag{4.111}$$

在 V_{DS}很小时测得 $I_{DS}-V_{GS}$关系数据，作$\frac{I_{DS}}{V_{DS}}-V_{GS}$关系的直线，直线在 V_{GS}轴的截距即为开启电压 V_{T0}。

由上述可知，测试平均跨导$\overline{g_{m}}$、动态电阻 r_{d}、源漏击穿电压 $V_{(BR)DS}$、直流导通电阻 R_{on}、开启电压 V 时，问题的关键在于测试 MOS 场效应晶体管的直流输出特性曲线。实际测试时，采用图示仪很容易测得 MOS 场效应晶体管的直流输出特性关系曲线。

3. 输入电容和反馈电容测试

在场效应晶体管的栅源和栅漏电极之间，总有电容 C_{GS}和 C_{GD}存在，另外也必然存在相应的寄生电容。特别是栅漏寄生电容跨接在输入输出之间，实际上形成一个反馈电容。当在器件输出端接入负载后，栅漏寄生电容对输入端的影响就增大，如果这时放大器的放大倍数是 K，则栅漏寄生电容在输入端就等效于一个放大了 $1+k$ 倍的密勒电容，对电路产生很大影响。对于 MOS 场效应晶体管，输入栅源电容 C_{GS}、反馈电容栅漏寄生电容是影响其频率特性的最重要的因素之一。所以正确测试栅源电容 C_{GS}和反馈电容栅漏寄生电容对于准确设计、制造和合理使用 MOS 场效应晶体管都很重要。

可采用 MOS 场效应晶体管电容参数测试仪对器件的电容进行测试。图 4.51示出了 MOS 场效应晶体管电容参数测试仪的原理图。B_{1}为一精密比例变压器，它的次级中心头接地，两边对称。C_{1C}为 0.5 pF 的固定电容器，C_{1A}、C_{1B}、C_{1C}一起组成了 C_{1}，称为差调电容器，其差值范围为 0～1 pF，成线性变化。

C_{GS}表达式为

$$C_{GS}=\frac{\mu_{y}}{\mu_{x}}(C_{1B}+C_{1C}+C_{1A}) \tag{4.112}$$

式中，μ_{x} 为 X_{1}端的电压；μ_{y} 为 X_{10}端的电压。而$\frac{\mu_{y}}{\mu_{x}}$决定量程的选择，$(C_{1B}+C_{1C}+C_{1A})$是差动电容器的读数。只需选择适当的量程，然后转动差调电容器使电桥平衡，由式(4.112)就可以求得被测的电容值。

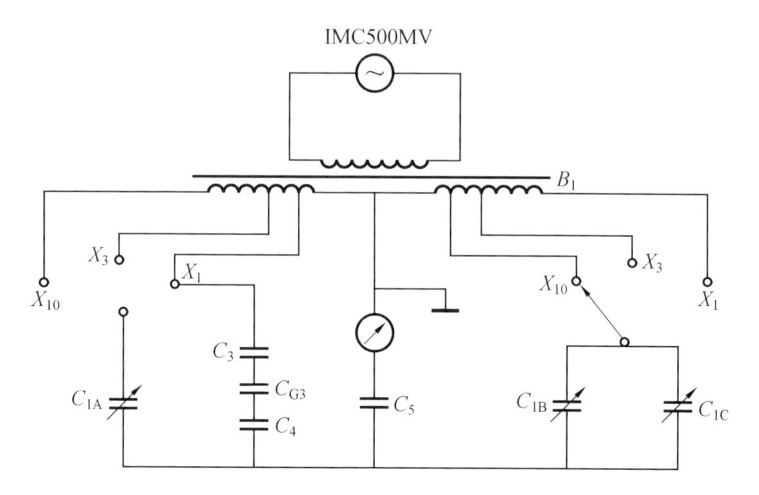

图 4.51 MOS 场效应晶体管电容参数测试仪工作原理图

4. 功率增益及噪声系数测试

(1)功率增益测试。

功率增益 K_P 是 MOS 场效应晶体管的重要参数,是放大器输出端信号功率与输入端信号功率之比,其定义公式为

$$K_P = \frac{P_0}{P_i} \tag{4.113}$$

式中,P_0、P_i 分别为放大器的输出功率和输入功率;K_P 为功率增益值。

在实际测试中,因为测定 P_0、P_i 值比较困难,功率增益的测试回路是输入、输出端基本匹配的一对场效应晶体管进行相对比较的一级高频放大器。当达到最佳匹配时,把求功率比值的问题转化成求电压比的问题来处理,则有

$$K_P(\mathrm{dB}) = 20\log\frac{\mu_0}{\mu_i} \tag{4.114}$$

测试 K_P 时,先使信号无衰减地进行校正,使指示器固定在某一点作为参考点。在测试时,调节图 4.52 中测试回路的微调电容,使指示器读数最大,并拨动挡级衰减器使指示器指针回到参考点。调节中和电路中的中和电容使指示器读数最小,反复调节几次后,就可从图 4.53 中的挡级衰减器上读出功率增益值。

(2)噪声系数 F 测试。

MOS 场效应晶体管噪声的来源有低频噪声、沟道热噪声和诱生栅极噪声。而高频 MOS 场效应晶体管的噪声主要是沟道热噪声和诱生栅极噪声,这两个相关的噪声源可以忽略其相关性,并当作两个独立的噪声源来对待。MOS 场效应晶体管的最小噪声系数为

$$F_{\min} = 1 + 0.053\left(\frac{f}{f_T}\right)^2 + 0.284\left(\frac{f}{f_T}\right)^{1/2} \tag{4.115}$$

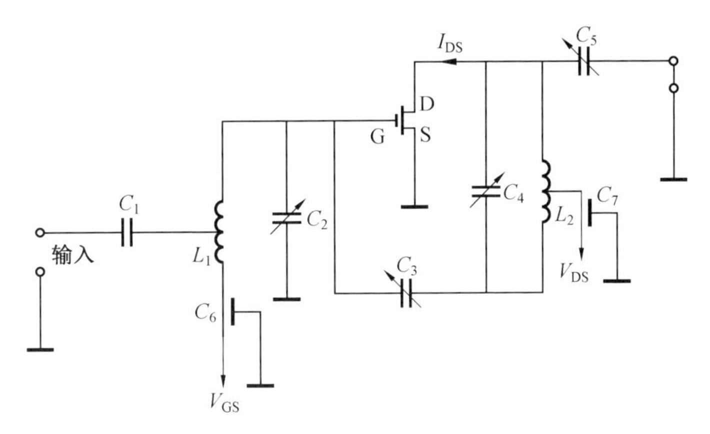

图 4.52　测试盒工作原理图

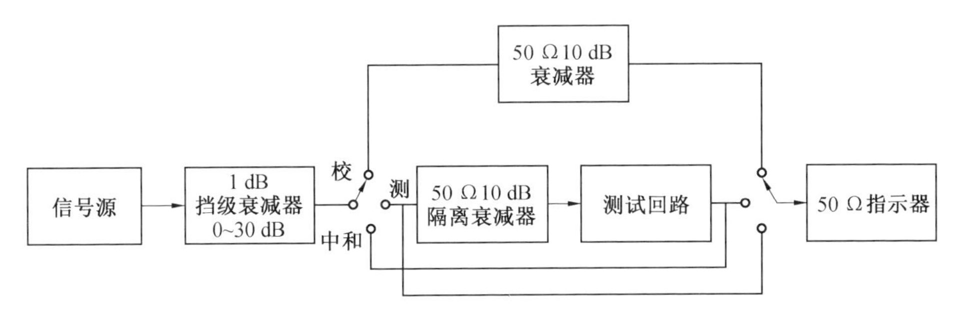

图 4.53　功率增益测试示意图

由于界面态等产生的噪声也可能扩展到高频段，同时还存在其他的寄生因素产生的损耗，因此，实际噪声系数大于 F_{min}。在测试场效应晶体管的噪声系数时，通常使用与晶体管噪声系数定义相同的方法进行测量，即用输入端信噪比与输出端信噪比之比表示，即

$$F=\frac{P_{si}}{P_{ni}}\frac{P_{no}}{P_{so}} \tag{4.116}$$

实际测试这两种噪声的功率比较困难，但将输出的信噪比固定后，可以将测试公式简化，从而给测试带来方便。在输出信噪比为 1 的条件下 $\left(\frac{P_{no}}{P_{so}}=1\right)$，有

$$F=\frac{P_{si}}{P_{ni}}=\frac{eI_{\alpha}\Delta fR_{s}}{2k_{0}T\Delta f}\approx I_{\alpha} \tag{4.117}$$

如果用分贝表示，则有

$$F(\mathrm{dB})=10\log I_{\alpha} \tag{4.118}$$

在取输出信噪比为 1 的条件下，场效应晶体管的噪声系数在大小上正好与噪声二极管的直流分量相等。测试时先不施加噪声二极管产生的噪声，这时仪器内等效内阻产生的热噪声经过放大后在接收机输出表上指针有一定的偏转，

然后将放大噪声衰减 3 dB，即相当于将放大后热噪声减少一半。最后加噪声二极管产生的噪声信号，使输出表指针回到原来不衰减时的位置处，则可保证输出信噪比等于 1。此时，噪声二极管的直流分量大小就是 MOS 场效应晶体管的噪声系数。

4.3 深能级瞬态谱测试

半导体器件的性能严重受到半导体材料中缺陷行为的影响，这些缺陷主要是晶体中的有害杂质原子（如金属杂质）、点缺陷（如空位和各种间隙原子）和一些扩展缺陷（如位错、层错和晶界）等。如果某个有害杂质或晶体缺陷可在半导体材料的禁带中引起深能级，它们就能够俘获电子或空穴，从而促进载流子的复合，进而缩短器件中少数载流子的寿命，降低多数载流子的迁移率，因此这类缺陷通常被称为复合中心或者陷阱中心。在器件制备时，有时会有意引入某些深能级陷阱，以增加基体材料的电阻或者作为复合中心增加器件的开关速度。但是，在大部分情况下，如果在器件制造过程中无意引入了这些深能级陷阱，可能对器件产生致命的影响。所以，研究深能级缺陷的本质和控制它们在半导体材料生长、加工及半导体器件制造过程中的浓度，对提高半导体器件的成品率具有非常重要的意义。

在目前的半导体材料中，特别是硅单晶材料中，这些缺陷的浓度非常低。一般的微观分析方法的检测灵敏度都太低，如电子能谱（EDS）和二次离子质谱（SIMS），很难用于深能级缺陷的检测。而阴极发光谱（CL）和光致发光谱（PL）尽管具有较高的灵敏度，但只能检测具有辐射复合性质的陷阱中心。

目前，检测半导体材料中深能级杂质和晶体缺陷的最有效的一种方法就是深能级瞬态谱（DLTS）。它是 1974 年由 Lang 等发明的，并且率先用于半导体材料中深能级缺陷的检测，其检测灵敏度通常为半导体材料中掺杂剂浓度的万分之一甚至更低。DLTS 可以得出少数载流子或多数载流子陷阱的诸多信息，如陷阱浓度和其深度分布、陷阱上载流子的激活能以及陷阱中心对自由载流子的俘获截面等。一般而言，普通 DLTS 测试系统包含有一个高灵敏度的电容测试仪，可以比较好地反映电容瞬态变化的行为；一个单脉冲或双脉冲发生器，用于快速变化施加在样品上的偏压；一个双门的信号收集器和一个温度可变化的样品台。每种深能级陷阱在 DLTS 的温度扫描谱中表现为一个正值或负值的信号峰，正值和负值信号可用于判断陷阱的类型是少数载流子陷阱还是多数载流子陷阱。这些峰的强度与陷阱的浓度成正比，峰的位置是由 DLTS 测试系统事先设定的率窗值和陷阱本身对载流子的发射速率决定的。通过选择不同的操作参

数，可以得到陷阱中心上载流子的发射速率、激活能以及陷阱中心浓度的深度分布和其对自由载流子的俘获速率。

4.3.1　深能级瞬态谱测试的基本原理

1. 陷阱中心的基本电学性质

在目前实际应用的半导体材料中，总是存在一定的杂质和缺陷。这些杂质可能是人为地掺入以改变材料的特性（如硅中的掺杂剂），也可能是在半导体器件制造过程中被无意引入的。而半导体材料中的缺陷一般是在材料生长过程或器件制造过程中形成的，可以简单分成两大类：①点缺陷，如空位、各种间隙原子；②扩展缺陷，如位错（环）、层错或晶界。由于杂质和缺陷的存在，晶体材料中严格按周期性排列的原子所产生的周期性势场受到破坏，因而可能在半导体材料的禁带中产生能级，根据能级位置的不同可分为浅能级缺陷和深能级缺陷两种。能级位置接近于导带底或价带顶的缺陷，通常被称为浅能级缺陷；而能级位置远离导带底或价带顶的缺陷，则称为深能级缺陷。无论是浅能级缺陷还是深能级缺陷，都能够充当陷阱中心，具有俘获自由载流子的作用，其俘获能力一般用俘获截面来表示。

根据陷阱中心俘获载流子类型的不同，可以把陷阱分为多数载流子陷阱和少数载流子陷阱两种，如在 n 型半导体材料中俘获电子的陷阱就是多数载流子陷阱，而俘获空穴的陷阱就是少数载流子陷阱。被俘获的载流子如果吸收一定的能量，可以从陷阱中心被发射出来，跃迁到导带或价带上重新成为自由载流子，这个过程所需的能量通常称为某个陷阱上束缚载流子的激活能。激活能的大小 E 就是电子（或空穴）跃迁到导带（或价带）上自由能的变化，即

$$E = E_C - E_t \text{（电子陷阱）}$$
$$= E_t - E_V \text{（空穴陷阱）}$$

对于浅能级陷阱，其束缚载流子的激活能一般小于 100 meV，通常在室温甚至在 100 K 以下的温度，陷阱和所束缚的载流子系统都是处于电离状态。而深能级陷阱对自由载流子的俘获能力远远大于浅能级陷阱，其束缚载流子的激活能一般大于 100 meV，所以通常将深能级陷阱定义为真正的陷阱中心。深能级陷阱通常是带电态的，载流子和陷阱中心之间的库仑力作用将影响束缚载流子的结合能。例如，电子束缚在带正电的陷阱中心上的结合能，要大于它在电中性或带负电的陷阱中心上的结合能。如果一个带负电的陷阱中心发射出一个电子形成电中性的陷阱，那么这种陷阱通常称为单受主型陷阱，可表示为（－/0）；一个带正电的陷阱中心发射出一个空穴形成电中性的陷阱，那么这种陷阱称为单施主型陷阱，可表示为（＋/0）。以此类推，可以有多施主陷阱和多受主型陷阱。

2. 陷阱对自由载流子的俘获和发射

要理解 DLTS 测试技术的基本原理，必须先要了解空间电荷区中陷阱中心对自由载流子的俘获和发射行为。如果存在于 n 型半导体材料中的某个陷阱中心的体密度为 N_T，其在禁带中产生的能级为 E_T，那么这个陷阱中心将可能通过俘获或释放自由载流子的方式与导带或价带进行电荷的转移，一般包括 4 种微观过程，如图 4.54 所示。

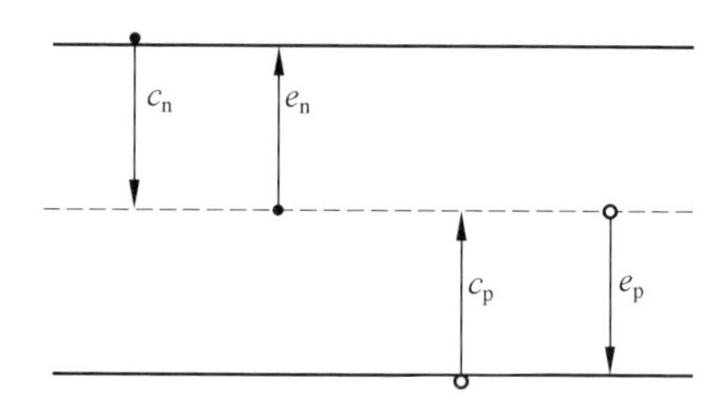

图 4.54　深能级陷阱中心与导带和价带进行电荷转移反应的 4 个微观过程

①陷阱中心从导带俘获电子的过程，俘获率为 c_n；

②陷阱中心发射电子到导带的过程，发射率为 e_n；

③陷阱中心从价带俘获空穴的过程，俘获率为 c_p；

④陷阱中心发射空穴到价带的过程，发射率为 e_p。

通过以上 4 个过程的转换，被自由电子填充的陷阱中心的体密度 N_t 可以表达为

$$\frac{dN_t}{dt}=-(e_n+c_p p)N_t+(c_n n+e_p)(N_T-N_t) \tag{4.119}$$

式中，p 是自由空穴的浓度；n 是自由电子的浓度。

在平衡状态下，即 $\frac{dN_t}{dt}=0$ 时，被电子填充的陷阱中心的浓度为 N_∞，则此时陷阱中心被电子占据的概率可表示为

$$\frac{N_\infty}{N_T}=\frac{c_n n+e_p}{e_n+c_n n+e_p+c_p p} \tag{4.120}$$

由于空间电荷区中自由载流子 n 和 p 的浓度通常很小（自由载流子的耗尽状态），甚至可以忽略，假定此时的陷阱是多数载流子陷阱，即只俘获自由电子的电子陷阱，那么 $c_n \gg c_p$，$e_n \gg e_p$。则式(4.119)可以变换成

$$\frac{dN_t}{dt}=-e_n N_t+c_n n(N_T-N_t) \tag{4.121}$$

下面将具体分析两种特殊的简单情况。

(1)所有的多数载流子陷阱中心开始都是空的，此时电子的俘获是最主要的过程，即 $c_n \gg e_n$。那么在某个时刻 t，由式(4.121)可知，被电子占据的陷阱中心浓

度可表示为

$$N_t(t)=N_T[1-\exp(-c_n nt)],\quad N_t(t)=0 \tag{4.122}$$

(2)所有的多数载流子陷阱中心开始都被电子填充，此时电子的发射是主导过程，即 $e_n \gg c_n$。那么在某个时刻被电子占据的陷阱中心浓度可表示为

$$N_t(t)=N_T[-\exp(-e_n t)],\quad N_t(\infty)=N_T \tag{4.123}$$

由此可见，在陷阱中心俘获自由电子的过程中，被电子填充的陷阱浓度 $N_t(t)$随时间 t 按着指数规律向平衡状态 $N_t(\infty)=N_T$ 变化；而在陷阱中心发射其俘获的电子过程中，被电子填充的陷阱浓度 $N_t(t)$与时间 t 按着指数规律向平衡状态 $N_t(\infty)=0$ 变化。这两种过程的时间常数分别是$(c_n n)^{-1}$和 e_n^{-1}。如果同时考虑这两种过程，那么在热动力学平衡条件下，电子在陷阱中心和导带之间的交换反应是处于平衡状态的，也就是

$$e_n N_t(t)=c_n n[N_T-N_t(t)] \tag{4.124}$$

这里 n 为导带中自由电子的浓度，根据费米统计分布规律

$$\frac{N_t(t)}{N_T}=\frac{1}{1+\exp\dfrac{E_T-E_F}{kT}} \tag{4.125}$$

$$n=N_C\exp\left(-\frac{E_C-E_F}{kT}\right) \tag{4.126}$$

式中，N_C 是导带的态密度，$N_C=2\dfrac{(2\pi m_n^* kT)^{3/2}}{h^3}$；$k$ 是玻尔兹曼常数；m_n^* 是电子的有效质量。

将式(4.125)和式(4.126)代入式(4.124)，同时考虑 $C_n=\sigma_n\langle v\rangle$($\langle v\rangle=\sqrt{\dfrac{3kT}{m_n^*}}$是电子的热速度)，则可以得到电子陷阱中心上电子的发射速率与温度的关系为

$$e_n(T)=AT^2\exp\left(-\frac{E}{kT}\right) \tag{4.127}$$

$$A=\frac{4\sqrt{6}\sigma_n k^2\pi^{3/2}m_n^*}{h^3}=\gamma\sigma_n \tag{4.128}$$

式中，E 是陷阱中心上电子的激活能，$E=E_C-E_T$；σ_n 是陷阱中心对电子的俘获截面，其值通常在原子的尺寸范围，直接反映了陷阱中心对自由载流子俘获的效率；$\gamma=\dfrac{4\sqrt{6}k^2\pi^{3/2}m_n^*}{h^3}$是常数；$h$ 是普朗克常数。

变化式(4.127)的表达形式可以得到 $\ln\dfrac{e_n(T)}{T^2}$与$\dfrac{1}{T}$的直线关系式，即

$$\ln\frac{e_n(T)}{T^2}=-\frac{E}{kT}+\ln\gamma\sigma_n \tag{4.129}$$

这条直线的斜率等于$-\frac{E}{k}$，而其与 $\ln\frac{e_{n;p}(T)}{T^2}$轴的截距等于 $\ln \gamma\sigma_n$。上述直线关系也同样适合少数载流子陷阱中心。

3. 陷阱中心引起的电容瞬态变化

DLTS 测试方法的基本思想是：如果一些深能级陷阱中心存在于半导体材料 pn 结、肖特基结或 MOS 结构的空间电荷区中，则可通过外加反向脉冲电压从一个较低的值向一个较高的值变化，使陷阱中心上被束缚的载流子发生热发射过程，这样必然引起样品电容或电流变化，最终通过测试电容或电流的瞬态变化，来确定深能级中心的能级和浓度。目前，大多数 DLTS 技术都是通过测试空间电荷区电容的瞬态变化行为来研究深能级陷阱的电学行为。

以在 n 型半导体材料上形成的肖特基结为例。当一个反向偏压 V_R 施加到肖特基结上时，空间电荷区的电容值大小主要决定于其中的电荷密度。如果空间电荷区中无深能级陷阱中心存在，则空间电荷区的电容值 C_0 为

$$C_0=A\sqrt{\frac{\varepsilon_{rs}qN_D}{2(V_R+V_d)}} \tag{4.130}$$

式中，A 为肖特基二极管的面积；N_D 是此时空间电荷区中的电荷密度，即掺杂剂浓度，因为空间电荷区中的掺杂剂原子都处于电离状态；ε_{rs} 为半导体材料的介电常数；q 是单位电荷量；V_d 是半导体材料表面肖特基接触在空间电荷区中引起的内建扩散电场。

如果空间电荷区中存在均匀分布的多数载流子（电子）陷阱 N_T，那么陷阱中心束缚电子的电荷密度 N_T 对电容值的影响必须要加到式(4.130)中的 N_D 上。这里需注意：陷阱中心在俘获电子后的电荷极性与空间电荷区中电离的掺杂剂的极性正好相反。假定所有的陷阱中心完全被自由电子填充满，并且 $N_T \ll N_D$，则此时对于电子陷阱中心引起的空间电荷区电容变化 ΔC_0 可表达为

$$\Delta C_0=A\sqrt{\frac{\varepsilon_{rs}q(N_D-N_T)}{2(V_R+V_d)}}-A\sqrt{\frac{\varepsilon_{rs}qN_D}{2(V_R+V_d)}}\approx -C_0\frac{N_T}{2N_D} \tag{4.131}$$

如果陷阱中心是少数载流子（空穴）陷阱，经过相似的分析，则少数自由载流子将陷阱完全填充后引起的空间电荷区电容变化 ΔC_0 可表达为

$$\Delta C_0=A\sqrt{\frac{\varepsilon_{rs}q(N_D+N_T)}{2(V_R+V_d)}}-A\sqrt{\frac{\varepsilon_{rs}qN_D}{2(V_R+V_d)}}\approx C_0\frac{N_T}{2N_D} \tag{4.132}$$

需指出的是，由式(4.131)和式(4.132)可以看出，多数载流子陷阱中心在俘获多数载流子后将引起空间电荷区电容的减小，而少数载流子陷阱中心在俘获少数载流子后将增大空间电荷区的电容值，它们的浓度可近似表达为

$$N_T=\frac{2|\Delta C_0|}{C_0}N_D \tag{4.133}$$

在实际的 DLTS 测试技术中，一个按固定较高频率（一般为 1 MHz）变化的电压通常被施加到肖特基结或 pn 结上，电压值在反向偏压 V_R 和填充脉冲电压 V_P 之间反复变化（$|V_R|>|V_P|$），如图 4.55(a)所示。对于 n 型半导体材料中的多数载流子陷阱中心，如果其在禁带中的能级位置 E_T 位于费米能级 E_f 之下，则反向电压分别为 V_P 和 V_R 时的能带图如图 4.55 所示。由图 4.55 可以看出，在 n 型半导体材料体内的电中性区域，其深能级陷阱中心将全部被电子所占满。而在表面肖特基势垒处形成能带的弯曲，随着与样品表面距离的减小，E_T 越来越接近 E_f，多数载流子陷阱中心束缚的电子逐渐减少。根据耗尽层近似原理，在多数载流子陷阱的能级位置与费米能级相等的深度位置，必然存在一个完全填充状态的陷阱向空陷阱的突然过渡。如果定义以 W_R 和 W_P 表示在相应偏压下的空间电荷区宽度（$W_R>W_P$），那么，在 V_P 和 V_R 之间的反复变化将使得陷阱中心被多数载流子填充的概率也随之发生相应的变化，即在深度为 W_R 和 W_P 之间的陷阱中心不断进行着电子的填充和发射。在施加反向偏压 V_R 的过程中，在空间电荷区主要发生的是陷阱中心上束缚电子的发射行为，此时 $e_n \gg c_n$；而在填充电压脉冲 V_P 过程中，在空间电荷区中主要发生的是陷阱中心对自由电子的俘获行为，此时 $c_n \gg e_n$。在自由载流子被俘获和发射的过程中，被自由电子填充的陷阱中心的浓度 $N_t(t)$ 可分别由式(4.122)和式(4.123)得到。如果填充脉冲的时间宽度足够长，那么在$[W_P, W_R]$的区域范围的陷阱中心将被完全填充，此时空间电荷区的电容可近似为

$$C_P = A\sqrt{\frac{\varepsilon_{rs} q(N_D - N_T)}{2(V_P + V_d)}} \tag{4.134}$$

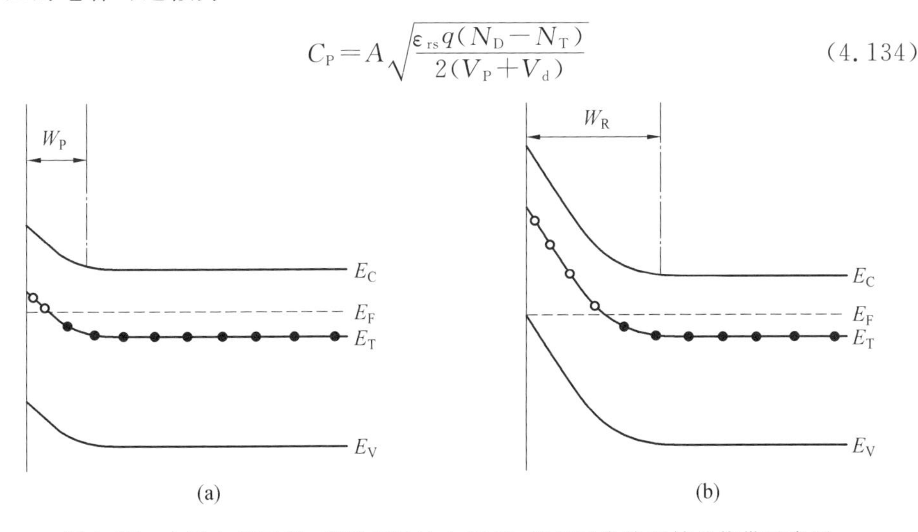

图 4.55　在反向偏压 V_R 和填充脉冲电压 V_P 作用下肖特基结的能带示意图

而当电压突然从 V_P 变化到 V_R 的瞬时，电容也将突然随着电压的改变而减小为

$$C(t=0)=A\sqrt{\frac{\varepsilon_{rs}q(N_D-N_T)}{2(V_R+V_d)}} \tag{4.135}$$

在随后的过程中，随着时间的变化，$[W_P, W_R]$区域范围的陷阱中心束缚的电子将逐渐发射出来，如式(4.123)所示，则空间电荷区中净载流子浓度分布将发生变化，可表达为

$$N_t(t)=N_D-N_T\exp(-e_n t) \tag{4.136}$$

很显然，陷阱中心上被束缚的电子在被发射的过程中将引起空间电荷区的电容变化。图4.56显示了这种电容随时间的变化关系，从图中可以看出，随着时间的延长，电容值趋向于电压值为V_R时的稳态电容C_0。所以，可以得到在不同时刻t，空间电荷区的电容值及电容变化值分别为

$$C(t)=C_0\left[1-\frac{N_T}{2N_D}\exp(-e_n t)\right] \tag{4.137}$$

$$\Delta C=C(t)-C_0=\Delta C_0\exp(-e_n t)=-\frac{C_0 N_T}{2N_D}\exp(-e_n t) \tag{4.138}$$

式(4.137)表明了陷阱中心发射电子的过程引起了空间电荷区的电容随时间逐渐增大的指数瞬态变化规律，式(4.138)则说明电容变化的幅度与陷阱中心的浓度N_T是成正比的。DLTS技术测试得到的信号事实上就是式(4.138)中的ΔC，其信号最大值为

$$S_{max}=(\Delta C)_{max}=--\frac{C_0 N_T}{2N_D} \tag{4.139}$$

而对于少数载流子陷阱中心的情况，可以借助与前面的对多数载流子陷阱中心相似的分析方法，得到它们引起的电容瞬态变化规律如图4.56(c)所示，其表达式为

$$\Delta C=\frac{C_0 N_T}{2N_D}\exp(-e_p t) \tag{4.140}$$

由式(4.139)和式(4.140)可见，对于多数载流子陷阱中心，电容的变化是负值，在DLTS谱中表现为负值的信号峰；而对于少数载流子陷阱中心，电容的变化是正值，在DLTS谱中表现为正值的信号峰。

需要注意的是，对于多数载流子陷阱的填充，当脉冲填充电压作为一个反向电压施加到肖特基结或者pn结上以后，都可以对陷阱中心进行填充。而对于少数载流子陷阱的填充，不同的样品结构需要使用不同的方法；对于pn结，脉冲填充电压作为一个前置电压可实现对其空间电荷层中的少数载流子陷阱中心的填充；而肖特基结是多数载流子器件，通常采用光照或电子束激发产生少数载流子，从而实现对少数载流子陷阱中心的填充。无论多数载流子陷阱还是少数载流子陷阱，其被自由载流子填充的程度是由填充电压脉冲的时间宽度和陷阱中心对自由载流子的俘获系数决定的，其俘获系数与自由载流子的漂移速度和陷

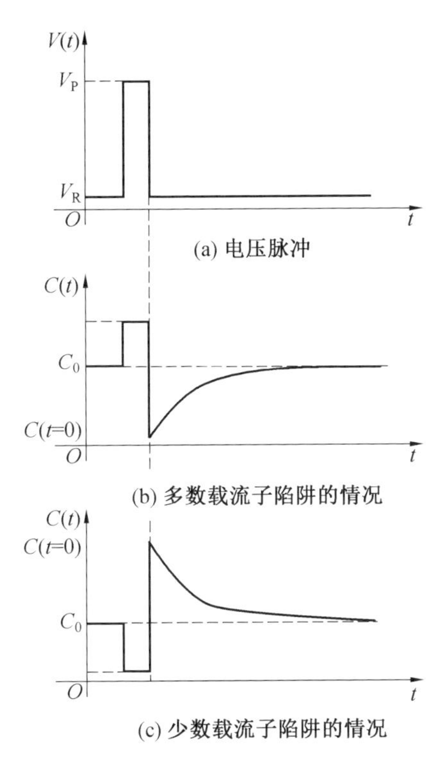

图 4.56　在施加脉冲电压过程中，多数载流子和少数载流子发射造成的电容瞬态变化的示意图

阱俘获截面的乘积成正比。如果填充脉冲的时间长度足够大，那么空间电荷区中的所有陷阱中心将被完全填充，即饱和填充；如果填充电压脉冲的时间长度较小，那么仅仅一部分陷阱中心将被填充。很显然存在一个填充电压脉冲宽度为 t_{capt} 的情况，所测得的电容信号强度对应于最大信号的 $1/e=0.367$，由此可以得到陷阱中心对载流子的俘获系数为

$$c_{n;p}=\frac{N_D}{t_{capt}} \tag{4.141}$$

前面的讨论仅仅给出了一种理想条件下（假设有很多前提条件）处理电容瞬态变化得到的近似结果，而实际情况要远比此复杂，主要问题在于：

(1)不是在所有的情况下，通过脉冲填充电压或光照引起的自由载流子注入都会引起电容的明显变化。例如，对于在任何情况下始终处于禁带中心以下的电子陷阱，电子的注入不会对其产生影响，因为它们始终被电子充满。同样，对始终处于禁带中心以上的空穴陷阱，空穴的注入也不会对其产生影响。另外，如果电子和空穴同时注入空间电荷区，电容瞬态变化的行为要复杂得多，此时电子和空穴的比率和深能级陷阱中心对它们的俘获系数制约这些深能级陷阱中心是

否被完全填充、部分被填充或者保持电离状态。

(2)前面的讨论过程中,假定了半导体材料中仅仅存在单一种类的电子陷阱,而在实际情况下,半导体材料中包含着多种不同的陷阱中心 N_{Ti},如果它们在禁带中引入的能级位置分别为 E_{Ti},则实际的电容瞬态变化应该是这些陷阱中心作用的总和

$$\Delta C(t)=\sum_{i}-\Delta C_{0i}\exp(-e_{n;pi}t),\quad N_{Ti}\ll N_{D} \tag{4.142}$$

式中,$e_{n;pi}$是能级位置为 E_{Ti}的陷阱中心的发射速率;ΔC_{0i}由式(4.139)决定。

(3)假定电活性的掺杂剂和深能级陷阱中心在半导体材料中的浓度分布是均匀的,然而,在实际情况下,这种条件通常是不能被满足的,所以式(4.140)需要通过积分求和得到。

(4)假定了 $N_{T}\ll N_{D}$,但是,当陷阱的浓度不是很小时,在陷阱中心上载流子的发射过程造成的电容的瞬态变化将偏离指数规律。

(5)使用了耗尽层近似方法来分析空间电荷区的电容,而实际上在空间电荷区的边缘存在德拜效应,在此德拜效应区,陷阱中心将发生较慢的非指数规律变化的载流子俘获行为。

上述因素都会对 DLTS 的测试结果产生影响。

4.3.2 深能级瞬态谱测试技术

自从 1974 年 Lang 发明 DLTS 测试方法以来,人们不断努力,研发和改善 DLTS 测试技术,目前,已经发展了多种不同的方法将电容的瞬态变化行为转换成直观的 DLTS 信号。Lang 最先开始使用的是 Boxcar 技术,随后发展了 Lock—in技术;在 1988 年,Weissy 又提出了傅里叶变换 DLTS 测试技术;在 20 世纪 90 年代中期,Dobaczewski 又发明了高分辨的 Laplace 转换 DLTS 测试技术。

1. Boxcar 技术

在 Boxcar 技术中,电容的测量主要选择在陷阱中心上载流子的发射过程中的两个不同时刻 t_1 和 t_2 进行($t_2>t_1$),通常 t_1 和 t_2 的选择决定了 DLTS 测量的率窗。所获得的 DLTS 信号事实上就是在这两个不同时刻测得的电容的差值

$$\Delta C=C(t_1)-C(t_2) \tag{4.143}$$

在实验过程中,由于电容按指数规律瞬态变化的信号会受到系统噪声的影响(如图 4.57 中的曲线(a)所示),为了从噪声中有效地分离出有用的信号,Boxcar 技术需要进行一些必要的数据处理。通常先将输入的电容瞬态变化信号放大,然后与一个权重函数相乘,取其积的平均值作为输出信号。这里的权重函数被定义为(如图 4.57 中曲线(b)所示)

$$
w(t)\begin{cases}1, & t_1<t<t_1+\Delta t \\ -1, & t_2<t<t_2+\Delta t \\ 0, & t<t_1, t>t_2\end{cases} \tag{4.144}
$$

这时 DLTS 输出的信号可表示为

$$
\Delta C=\frac{1}{\Delta t}\int_{t_1}^{t_1+\Delta t} f(t)w(t)\mathrm{d}t+\frac{1}{\Delta t}\int_{t_2}^{t_2+\Delta t} f(t)w(t)\mathrm{d}t \tag{4.145}
$$

这里，$f(t)$事实上就是式(4.137)中的 $C(t)$，积分的区域如图 4.57 中阴影部分所示。

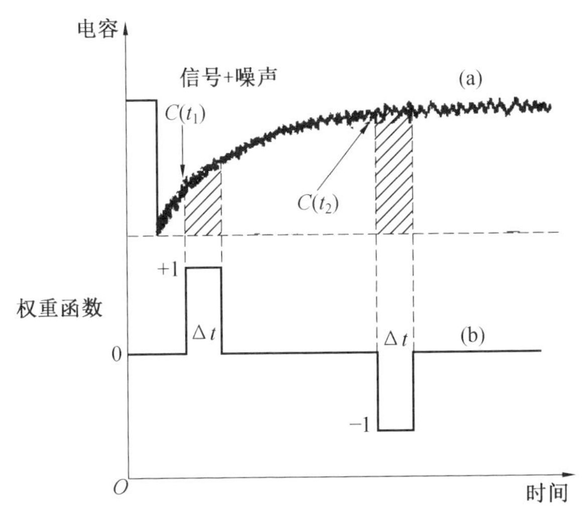

图 4.57　电容瞬态变化和噪声影响的曲线以及 Boxcar 技术中的权重函数

将式(4.137)代入式(4.145)，则可得 DLTS 的输出信号为

$$
\Delta C=C(t_1)-C(t_2)=\frac{N_T C_0}{2N_D}[\exp(-e_n t_2)-\exp(-e_n t_1)] \tag{4.146}
$$

在实际的 DLTS 测试过程中，样品的温度是缓慢升高或降低的，而 DLTS 的输出信号是通过对温度进行扫描得到的。图 4.58 显示了在 Boxcar 技术中 DLTS 信号形成的原理图。因为在陷阱中心上电子的热发射速率 e_n 的大小是由温度决定的，所以温度的变化必将引起陷阱中心上电子的热发射速率的变化，如图 4.58(a)所示。将式(4.146)展开，通过简单分析不难得到：当 $e_n \ll (t_2-t_1)^{-1}$ 和 $e_n \gg (t_2-t_1)^{-1}$时，在 t_1 和 t_2 时刻之间的电容变化都将是非常小的；但是当 $e_n \sim (t_2-t_1)^{-1}$时，电容的变化值 $C(t_2)-C(t_1)$就比较大。这样，对温度的扫描过程中，DLTS 温度谱在某个温度位置 T_1 处将出现一个反映电容变化最大值的信号峰，如图 4.58(b)所示，即当陷阱中心上电子的发射速率为某个值 e_n^{max} 时，测得的 DLTS 信号最大。通过将式(4.146)对 e_n 进行微分，并令$\frac{\mathrm{d}(\Delta C)}{\mathrm{d}e_n}=0$，则可以得到

e_n^{max} 的值为

$$e_n^{max}=\frac{\ln(t_2/t_1)}{t_2-t_1} \tag{4.147}$$

DLTS 测试系统的率窗值一般在测量之前由 t_1 和 t_2 的设定来确定，一般有 3 种不同设定方法：①t_1 值固定，改变 t_2；②t_2 值固定，改变 t_1；③t_1 和 t_2 值都不固定，同时改变 t_1 和 t_2。对于一般的 DLTS 技术，e_n^{max} 的值可在 1～1 000 s^{-1} 之间选择。

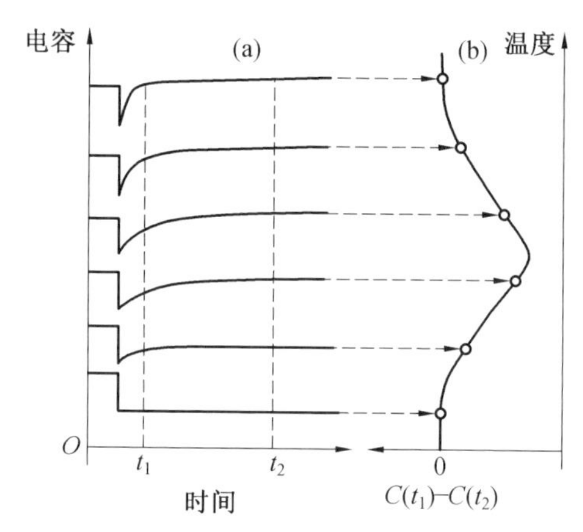

图 4.58　在 Boxcar 技术中通过率窗的选择得到 DLTS 信号谱的示意图

由式(4.129)的关系可以得到

$$\ln\left[\frac{e_n^{max}(T_1)}{T_1}\right]=-\frac{E}{kT_1}+\ln\gamma\sigma_n \tag{4.148}$$

如果改变率窗值，陷阱的 DLTS 信号峰出现的温度位置也将随之变化。通过在不同的率窗条件下绘制电容变化对温度的扫描谱，可以确定发射速率 e_n 与温度的关系，然后由式(4.148)就可以获得陷阱中心上电子的激活能 E 和陷阱中心对电子的俘获截面大小。

将式(4.147)代入式(4.146)，可以得到空间电荷区中电子陷阱中心的浓度为

$$N_T=\frac{2N_D\Delta C_{max}\kappa^{\kappa-1}}{C_0(1-\kappa)} \tag{4.149}$$

这里，$\kappa=\frac{t_1}{t_2}$。所以深能级陷阱的浓度 N_T 可以通过式(4.149)，由 DLTS 谱中峰的信号最大值 ΔC_{max} 估算出来。

2. 双脉冲 Boxcar 技术

双脉冲 Boxcar 技术(D—DLTS)是在单脉冲 Boxcar 技术基础上发展起来的另一种 DLTS 测试技术。图 4.59 显示了 D—DLTS 技术的基本测试原理，主要

是使用双脉冲填充电压(V_{P1} 和 V_{P2})获得两个不同的电容瞬态变化信号,如图 4.59中的曲线(a)所示,然后通过一个率窗的选择得到两个不同的电容变化值,取其差值作为 DLTS 信号输出。这两个填充脉冲电压的幅度是不同的,所以它们对陷阱中心存在的填充区域范围也是不同的,得到的 DLTS 信号来源于[W_{P1},W_{P2}],W_{P1} 和 W_{P2} 是在脉冲电压分别对应 V_{P1} 和 V_{P2} 时的空间电荷区宽度。相对于前面的单脉冲 Boxcar 技术,这种方法可获得较高的测试灵敏度。在使用权重函数(图 4.59 中曲线(b))校正以后得到的 DLTS 输出信号(图 4.59 中曲线(c))为

$$\begin{aligned}\Delta C &= [C(t_1)-C(t_2)]-[C(t_1')-C(t_2')] \\ &= [C(t_1)-C(t_1')]-[C(t_2')-C(t_2)] \\ &= \Delta C(t_1)-\Delta C(t_2)\end{aligned} \tag{4.150}$$

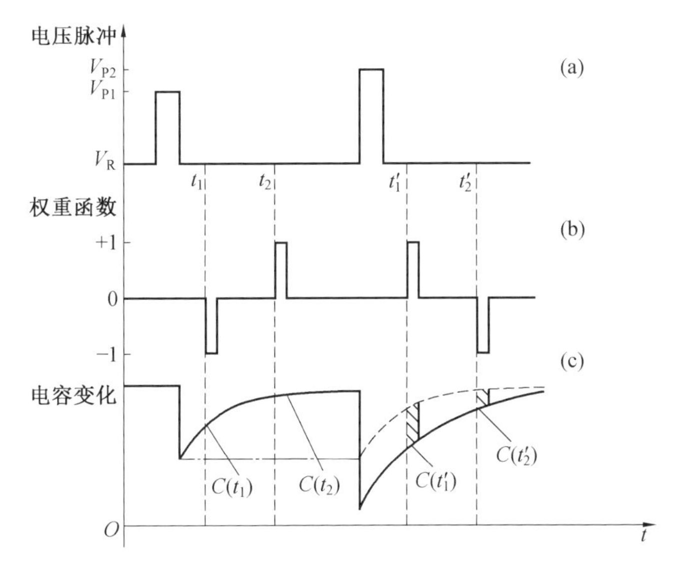

图 4.59　D—DLTS 中的脉冲、校正的权重函数和电容信号采集示意图

在两次填充脉冲结束后,获得 t_1 和 t_1'时刻电容信号的差值 $\Delta C(t_1)$,然后分别经过一定的时间,在 t_2 和 t_2'时刻获得第二次电容的差值 $\Delta C(t_2)$。最后得到的 $\Delta C(t_1)-\Delta C(t_2)$信号与前面单脉冲 Boxcar 技术中的 ΔC 一样,作为输出信号对温度进行扫描,得到 D—DLTS 温度谱,从而获得陷阱的电学特性参数。D—DLTS通常用于研究深能级陷阱的深度分布行为,同时还可有效消除德拜效应对单脉冲 DLTS 测试结果的影响。

3. Lock—in 技术

Lock—in(锁相放大器)技术也是一种使用比较广泛的 DLTS 技术。它通过使用锁相放大器来获取电容变化的信号,具有较好的信噪比。其权重函数是一

个方波形式的函数，如图 4.60 中曲线(a)所示，电压脉冲时间周期由锁相放大器的频率决定。此时，权重函数表达式为

$$w(t)=\begin{cases}1, & 0<t<T/2\\-1, & T/2<t<T\end{cases} \tag{4.151}$$

在实际的 Lock—in 技术中，通常设定一个延迟时间来防止获取的电容信号值的溢出，通常 $t_d=0.1T$，如图 4.60 中曲线(b)所示。与 Boxcar 技术一样，通过对权重函数与电容瞬态变化函数的乘积积分，并取其平均值，积分区域如图 4.60 中曲线(c)中阴影部分所示，得到 DLTS 的输出信号为

$$\Delta C=\frac{2}{T}\int_{t_d/2}^{T/2}f(t)w(t)\mathrm{d}t+\frac{2}{T}\int_{T/2}^{T-t_d/2}f(t)w(t)\mathrm{d}t \tag{4.152}$$

将式(4.137)和式(4.151)代入式(4.152)可得

$$\Delta C=-C_0\frac{N_T}{N_D Te_n}\exp(-e_n T_d)\left\{1-\exp\left[-\frac{(T-2T_d)e_n}{2}\right]\right\}^2 \tag{4.153}$$

通过将式(4.153)对 e_n 微分，可得到 e_n^{max} 与周期 T 的关系为

$$1+T_d e_n^{max}=[1+(T-T_d)e_n^{max}]\exp\left[-\frac{(T-2T_d)e_n}{2}\right] \tag{4.154}$$

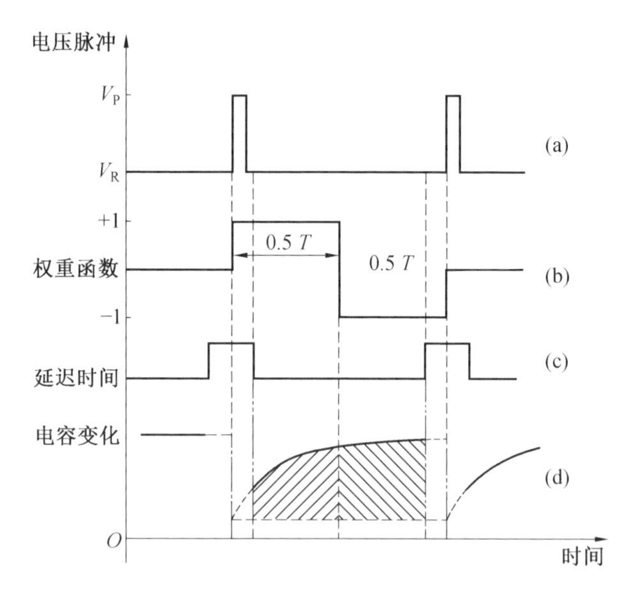

图 4.60 Lock—in 技术中的填充电压脉冲、校正的权重函数、延迟时间和电容变化信号示意图

此时 DLTS 温度谱中必有一个相应的信号峰与陷阱 DLTS 信号的最大值相对应，陷阱的浓度可表达为

$$N_{\mathrm{T}}=-8\frac{N_{\mathrm{D}}\Delta C_{\max}}{C_0} \tag{4.155}$$

通过改变周期 T,可以得到不同的 $e_{\mathrm{n}}^{\max}$ 与 DLTS 信号峰出现的温度位置的关系,随后由式(4.129)得到陷阱上电子的激活能和陷阱中心对自由电子俘获截面的数值。

4. CC－DLTS 技术

CC－DLTS 技术又称为固定电容 DLTS 技术,与其他方法最基本的不同是在陷阱中心对载流子发射过程中保持空间电荷区的电容值始终不变,而施加的电压通过反馈回路控制呈瞬态变化。

前面介绍的建立在 Boxcar 和 Lock－in 技术基础上的 DLTS 测试方法都是在固定的反向偏压条件下进行的,深能级陷阱的信息是通过施加脉冲填充电压以后观察电容的瞬态变化行为得到的。而 CC－DLTS 测试技术是控制电压的改变而始终保持电容不变,所以空间电荷区的宽度始终是不变的,此时电压的变化事实上是直接改变了空间电荷区中的电荷密度。由式(4.135)中电容和电压的关系,可以得到在陷阱中心上电子的发射过程中,空间电荷区的电容 C 和所施加的电压 V 之间的关系为

$$C=A\sqrt{\frac{\varepsilon_{\mathrm{rs}}e[N_{\mathrm{D}}-N_{\mathrm{T}}\exp(-e_{\mathrm{n}}t)]}{2(V+V_{\mathrm{d}})}} \tag{4.156}$$

上式变换为

$$V=\frac{e\varepsilon_{\mathrm{rs}}A^2}{2C^2}[N_{\mathrm{D}}-N_{\mathrm{T}}\exp(-e_{\mathrm{n}}t)]-V_{\mathrm{d}} \tag{4.157}$$

从式(4.157)可以看到,电压随时间是按指数规律瞬态变化的。同样利用电容 DLTS 测试方法的基本原理,选择率窗来观察电压的瞬态变化行为,从而得到 $(\Delta V)_{\max}-\frac{1}{T}$ 的关系,最后求得陷阱中心电子的发射速率 e_{n} 和其激活能 E。

CC－DLTS 技术具有比较高的能量分辨率,能够获得深能级陷阱的空间分布行为,而且可以和 D－DLTS 配合使用。值得提到的是,这个技术最大的好处是使用了一个快速反应的反馈回路,使得 CC－DLTS 系统的电压瞬态变化能够在 0.2 ms 内达到稳定状态。

5. 傅里叶变换 DLTS 技术

从深能级陷阱特性参数的测量和估算角度来讲,建立在 Boxcar 和 Lock－in 技术基础上的 DLTS 测试方法有几个缺点:① 测试一个样品所用的时间过长,需要在不同率窗或频率条件下分别做多次温度扫描才能得到陷阱中心的特性参数。② 用于分析电容瞬态变化的数据点太少,很难完全真实地反映深能级的特性。③ DLTS 温度谱中信号峰的温度位置必须被正确判断。这些因素容易造成

实验结果出现误差。而一种建立在计算机分析系统基础上的新的 DLTS 测试技术——DLTFS(傅里叶变换 DLTS 技术),能对电容瞬态变化的规律进行大量、复杂的分析,可以有效避免上述问题。这种技术不需要去判断信号峰的温度位置,而是仅仅通过一个周期的温度扫描就可以获取深能级陷阱的特性参数,具有明显的优点。

如果假定 n 型半导体材料的肖特基结空间电荷区中存在 n 个多数载流子陷阱中心,那么在停止施加脉冲电压以后,空间电荷区的电容将发生瞬态变化。由式(4.136)不难得到,在 t 时刻,电容值 $C(t)$ 可表达为

$$\left[\frac{C(t)}{C_0}\right]^2=\frac{N(t)}{N_0} \tag{4.158}$$

$$N(t)=N_0-\sum N_i(0)\exp(-e_{in}t) \tag{4.159}$$

式中,C_0 是填充脉冲电压截止时刻空间电荷区的电容;N_0 是填充脉冲电压截止时刻空间电荷区中的净电荷密度;$N(t)$ 是脉冲填充电压截止以后的 t 时刻空间电荷区中的净电荷密度;e_{in} 是第 i 个深能级陷阱上电子的发射速率;$N_i(0)$ 是脉冲填充电压截止时刻第 i 个陷阱中心束缚的载流子浓度。

从式(4.158)和式(4.159)经过推导得到

$$C(t)^2=C_0^2\left[1-\sum_i f_i\exp(-e_{in}t)\right] \tag{4.160}$$

式中,f_i 是第 i 个陷阱中心被自由电子填充的概率,$f_i=\dfrac{N_i(0)}{N_0}$。由于 f_i 通常远远小于 1,所以上式可以近似转换成

$$C(t)=C_0\left[1-\frac{1}{2}\sum_i f_i\exp(-e_{in}t)\right] \tag{4.161}$$

很显然,如果 $n=1$,并且改写 f_i 和 e_{in} 分别为 f 和 e_n,那么

$$C(t)=C_0\left[1-\frac{1}{2}f\exp(-e_nt)\right] \tag{4.162}$$

式(4.162)与式(4.137)是相同的。深能级陷阱的 DLTS 分析无非就是要找到陷阱中心束缚载流子的发射速率和温度的关系,可以通过电容的瞬态变化对时间的微分分析得到,如 Boxcar 和 Lock—in 技术。而 DLTFS 技术是通过在一定的温度下,对瞬态电容进行傅里叶变换分析,来得到陷阱中心束缚载流子发射速率的信息,图 4.61 显示了 DLTFS 测试分析的基本原理。当脉冲电压停止施加以后,在 t_0 时刻第一个瞬态电容值被测量,然后每隔 Δt 时间长度测量空间电荷区的瞬态电容值,一直测量 $K-1$ 次。这里可以定义分析测试的时间周期为 $T_W=(K-1)\Delta t$。然后对在 t_0 到 T_W+t_0 时间段获得的电容数据进行傅里叶变换,可以得到下面的关系式:

$$C(t)=\frac{a_0}{2}+\sum_{n=1}\left[a_n\cos\left(\frac{2\pi nt}{T_{\mathrm{W}}}\right)+b_n\sin\left(\frac{2\pi nt}{T_{\mathrm{W}}}\right)\right] \tag{4.163}$$

式中，a_0、a_n 和 b_n 是傅里叶系数（n 是傅里叶变换函数的级数），可以表示为

$$a_0=\frac{2}{T_{\mathrm{W}}}\int_{t_0}^{t_0+T_{\mathrm{W}}}C(t)\mathrm{d}t=2\left(C_0-\frac{S}{e_{\mathrm{n}}T_{\mathrm{W}}}\right) \tag{4.164}$$

$$a_n=\frac{2}{T_{\mathrm{W}}}\int_{t_0}^{t_0+T_{\mathrm{W}}}C(t)\cos\left(\frac{2\pi nt}{T_{\mathrm{W}}}\right)\mathrm{d}t=2e_{\mathrm{n}}T_{\mathrm{W}}S\left[1-e_{\mathrm{n}}t_0\left(\frac{2\pi nt}{T_{\mathrm{W}}}\right)^2\right]/U_{\mathrm{n}} \tag{4.165}$$

$$b_n=\frac{2}{T_{\mathrm{W}}}\int_{t_0}^{t_0+T_{\mathrm{W}}}C(t)\sin\left(\frac{2\pi nt}{T_{\mathrm{W}}}\right)\mathrm{d}t=2(2\pi n)S(1+e_{\mathrm{n}}t_0)/U_{\mathrm{n}} \tag{4.166}$$

其中

$$U_{\mathrm{n}}=(e_{\mathrm{n}}T_{\mathrm{W}})^2+(2\pi n)^2 \tag{4.167}$$

$$S=\frac{C_0N_{\mathrm{T}}}{2N_0}\exp(-e_{\mathrm{n}}t_0)[\exp(-T_{\mathrm{W}})-1] \tag{4.168}$$

由以上公式可以看出，傅里叶系数事实上是反映陷阱中心被俘获的载流子发射速率 e_{n} 之间关系的函数。这说明了基于电容的瞬态变化规律，发射速率可以通过傅里叶系数的数值计算来确定。

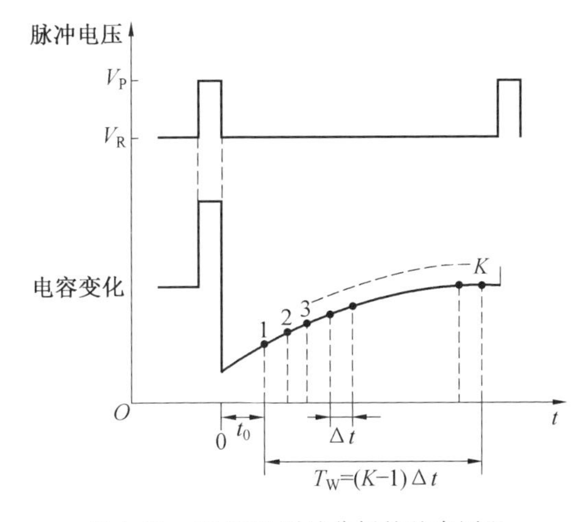

图 4.61　DLTFS 测试分析的基本原理

通常，DLTFS 技术有 4 种方法可确定陷阱中心被束缚的电子的发射速率：① 对实验得到的傅里叶系数与标准系数进行比较，也就是 $a_n/(C_0N/2)$ 或 $b_n/(C_0N/2)$；② 对傅里叶函数中不同级数的系数 b_n 的比值进行比较，即 $b_x/b_y=xU_y/yU_x$；③ 在 $t_0=0$ 的条件下，对傅里叶函数中不同级数的系数 a_n 的比值进行比较，即 $a_x/a_y=U_y/U_x$；④在 $t_0=0$ 的条件下，对傅里叶函数中相同级数的不同系数进行比较，即 $a_n/b_n=eT_{\mathrm{W}}/2\pi n$。利用以上任何一种方法都可以计算陷阱上

电子的发射速率，然后可以估计 S 值，随后可得 C_0 和 N_T 的值。由此可见，发射速率可以通过傅里叶系数的计算得到，而不需像 Boxcar 和 Lock－in 技术那样判断信号峰的温度位置。当进行温度扫描时，基于在每个温度得到的发射率，可以获得深能级陷阱的俘获截面及其所束缚载流子的激活能的信息。

在 DLTFS 实际的测试过程中，在某个温度下，系统首先得到电容瞬态变化行为，然后获取 K 个数据点并且转换成数字信号。通过数值模拟，一些傅里叶系数能够被获得并且存储在计算机里，最后由计算机对发射速率与傅里叶系数之间的关系进行详细的分析。

6. Laplace 转换的 DLTS 技术

普通的 DLTS 测量技术(Boxcar 技术和 Lock－in 技术)都是设法得到一个温度谱线，深能级陷阱在谱线中表现为一个峰。然而，如果两个陷阱中心的能级位置比较接近，那么这些技术很难将它们区分出来，特别对于 DLTS 谱中展宽的、无规则峰形的信号的分析是一个难题。

1994 年，Dobaczewski 发明了 Laplace 变换 DLTS 技术，大大提高了 DLTS 测试的分辨率，其原理是在一个固定的温度下测量空间电荷区电容的瞬态变化而得到深能级的信号。为解释电容的非指数瞬态变化行为，电容的瞬态变化量与发射速率都是持续变化的，而不是根据式(4.142)对各个陷阱中心上载流子的发射速率简单地相加而得到的，即

$$f(t)=\int_0^\infty F(s)\exp(-st)\mathrm{d}s \tag{4.169}$$

式中，$f(t)$是测量的瞬态变化量；$F(s)$是谱密度函数。

Laplace 变换 DLTS 技术的基本思想是：利用数学近似法则，通过测量到的 $f(t)$确定 $F(s)$。从理论上讲，这是一个反 Laplace 变换过程，所以这种 DLTS 测量技术被称为 Laplace 变换 DLTS 技术。对于一个多指数函数 $f(t)$，方程(4.169)仅有一个唯一的解 $F(s)$；但是对于一个伴随着较大噪声的指数函数 $f(t)$，方程(4.169)可能有无数的解，而且这些解值是大不相同的。

为了分离出各个陷阱信号，通常将方程(4.169)变换成矩阵形式，即

$$\boldsymbol{f}=\boldsymbol{KF} \tag{4.170}$$

式中，$\boldsymbol{f}=(f_1,f_2,\cdots,f_{Nf})$是在谱密度函数中 N_f 数据点集的矢量；$\boldsymbol{F}=(F_1,F_2,\cdots,F_{Nf})$是 N_F 数据点集的矢量；$\boldsymbol{K}$ 是一个 $N_f\times N_F$ 的矩阵，然后用 Tikhonov 规划法求得 $\boldsymbol{F}$ 的解。这个求解法则必须满足两个要求：① $\|\boldsymbol{KF}-\boldsymbol{f}\|^2$ 必须是最小的；② $\boldsymbol{F}$ 的解应该是尽可能简单，即 $\boldsymbol{F}$ 必须是平滑曲线，而且谱中包含信号峰的数目最小。因此，要得到最优的 $\boldsymbol{F}$ 解，必须要求 $\|\boldsymbol{KF}-\boldsymbol{f}\|^2+\alpha^2\ \|\boldsymbol{\Omega F}\|^2$ 的值最小，这里 $\boldsymbol{\Omega}$ 是规划矩阵，α 是规划常数。规划矩阵对 $\boldsymbol{F}$ 解的影响可由下式得到：

$$\| \boldsymbol{\Omega F} \|^2 = \int_{s_{\min}}^{s_{\max}} \left(\frac{\mathrm{d}^2 F}{\mathrm{d}s^2} \right)^2 \mathrm{d}s \tag{4.171}$$

$\alpha^2 \| \boldsymbol{\Omega F} \|^2$ 值的大小主要由规划常数 α 决定。如果 α 值太小，可能得到非平滑的解或者无物理意义的解；如果 α 值太大，可能不满足式(4.169)的关系。

$F(s)$的解给出了 Laplace 转换 DLTS 谱，而可能是一个瞬态信号与连续变化的时间常数之间关系的宽谱；而对于含有单个或多个指数瞬态变化的信号，也可以是比较窄的三角形的峰谱。如果含有多个指数瞬态变化的信号，如式(4.169)所示，那么每个峰将分别以发射速率 e_n 为中心，而这个信号峰的面积事实上就表示了 ΔC_{0i} 的大小。

图 4.62 给出了分别用 D－DLTS 技术和 Laplace 转换 DLTS 技术测量相同的样品得到的不同 DLTS 信号谱的对比。可以明显看出，对于相同的深能级陷阱测量，Laplace 转换 DLTS 谱的分辨率要高很多。在 D－DLTS 谱中，深能级陷阱 E_2 几乎被 E_1 覆盖；然而，在 Laplace 变换 DLTS 谱中，可以看到这两种深能级陷阱的发射速率是明显不同的。Laplace 变换 DLTS 谱分辨率的大幅度增加，使人们有机会研究存在于半导体材料禁带中的具有相近深能级位置的不同陷阱中心的电学特性。

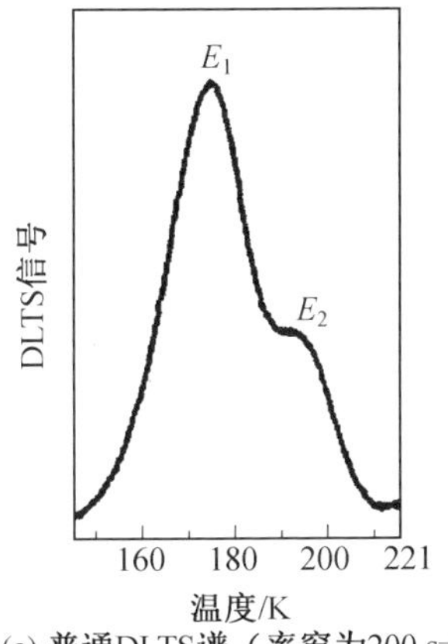

(a) 普通DLTS谱（率窗为200 s^{-1}）

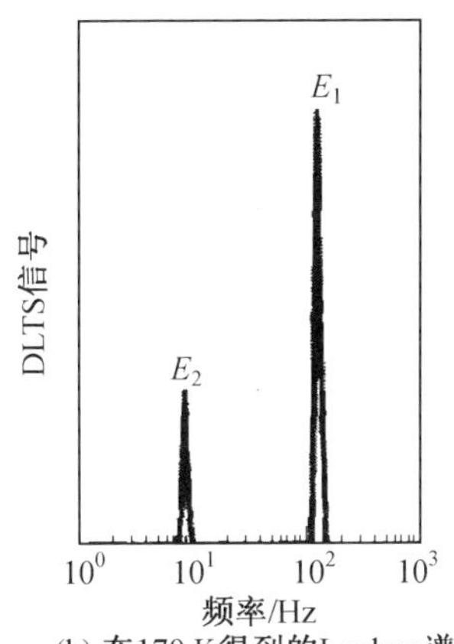

(b) 在170 K得到的Laplace谱

图 4.62　包含 E_1 和 E_2 的 DLTS 谱

7. 光生电导 DLTS 技术

光生电导 DLTS 测试技术(ODLTS)是建立在电导瞬态变化的基础上的，工作原理与一般电容 DLTS 测试技术建立在观察电容瞬态变化上的不同。样品通常不需要准备肖特基结和欧姆接触，所以测试系统中无电极与样品相连，样品的电导信号变化由一个频率为 40 MHz 的振荡器直接反映出来。

ODLTCS 技术的基本思想是：通过一个脉冲光源，在测试的材料中激发出自由载流子，从而周期性地填充深能级陷阱中心。对于一个陷阱中心，在俘获 n 个光生载流子以后，如果陷阱中心上电子的激活能为 E，那么在随后陷阱中心上电子的发射过程中，被电子填充的深能级陷阱浓度与时间的关系可简单表达为

$$\frac{\mathrm{d}N_t(t)}{\mathrm{d}t}=-N_t(t)e_n \tag{4.172}$$

由此可以得到

$$N_t(t)=-N_T\exp(-e_n t) \tag{4.173}$$

式中，N_T是在光脉冲结束以后陷阱中心俘获电子的浓度。如果电子在半导体材料中存在的寿命为 τ_R，一般 τ_R 比陷阱中心电子发射的时间常数要小很多，那么过量的非平衡自由载流子的浓度 Δn 随时间的变化关系为

$$\Delta n=-\frac{\mathrm{d}N_t}{\mathrm{d}t}\tau_R \tag{4.174}$$

通过以上两式，可以得到

$$\Delta n=N_T e_n \tau_R \exp(-e_n t) \tag{4.175}$$

所以，由深能级陷阱引起的样品电导变化行为随时间也是按指数规律变化的。这样，在某个温度下，使用一个 miller 型指数校正器，就可以从瞬态的电导变化行为中直接得到陷阱中心对载流子的发射率。与电容 DLTS 测试技术原理一样，陷阱中心上被束缚的载流子在热发射过程中引起电导的瞬态变化将通过选择率窗提取出来，最终得到反映陷阱中心发射速率随温度变化的 DLTS 信号谱。需注意的是，由于光脉冲产生的过量非平衡载流子事实上为电子和空穴对，所以它们能同时分别对样品中的多数载流子陷阱和少数载流子陷阱进行填充。选择频率为 40 MHz 的振荡器测量电导的瞬态变化，是由于通常在这个频率下，样品的电容和其他的寄生电容可以被忽略，且样品阻抗的电导成分将是振荡器获得的主要信息。

由于 ODLTS 技术不需要欧姆接触，所以它特别适用于测试高阻的半导体材料、掺杂剂被高度补偿的半导体材料和半绝缘体材料。例如，经过高强度中子辐照的硅样品可视为载流子被高度补偿的材料，它具有半绝缘体的性质，所以其中的深能级陷阱很难用普通电容 DLTS 技术表征出来，然而可以用 ODLTS 来研究其中的深能级。图 4.63 显示了经过中子辐照的 n 型直拉硅的典型 ODLTS 谱。

8. 扫描 DLTS 技术

普通的 DLTS 技术只能检测陷阱浓度沿着样品深度方向的分布，不能得到陷阱的空间分布信息，而扫描 DLTS(SDLTS)技术是在结合了 SEM 或 TEM 的电子束激发方法的基础上发展起来的 DLTS 成像技术。图 4.64 显示了 SDLTS 测试系统的基本构造，样品必须是 pn 结或肖特基结，安装到 SEM 或 TEM 的样品台上，样品台的温度可以调节。然后选择一个合适的测试条件，用电子束激发出自由载流子，由 DLTS 测试仪获得在电子束激发区域的深能级陷阱的信号。

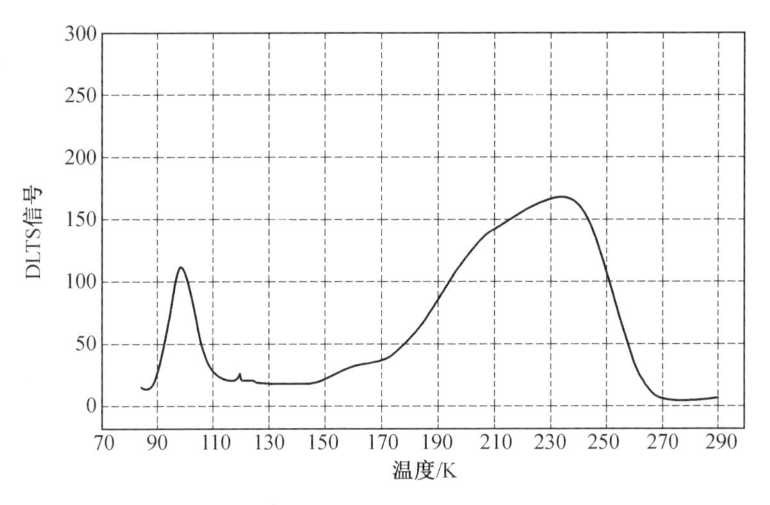

图 4.63　经高强度中子辐照 n 型直拉硅的 ODLTS 谱

SDLTS 信号获得原理与普通 DLTS 相同，只是激发源变成了电子束。世界上第一台 SDLTS 系统是 20 世纪 70 年代由 Petroff 和 Lang 在 STEM 的基础上发展起来的。

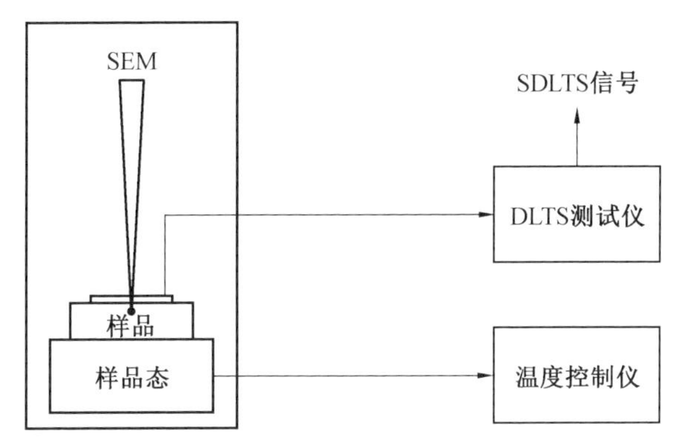

图 4.64　SDLTS 系统示意图

从原理上讲，任何种类的 SEM 和 TEM 都适用于 SDLTS 的测量，只需要做简单的改造。①首先要安装一个电子束 blank 系统，以便能产生较短的电子束激发脉冲，通常至少在微秒范围内。②能够控制电子束倾斜的外部计算机系统。③具有温度可变化的样品台，其温度可以被人为控制。④连接样品的电学反馈回路。为了使电学连接线路尽量短，通常将前置放大器放在离样品腔较近的位置。样品台的温度调节范围应该至少在液氮温度和 400 K 之间，对于电流 SDLTS，因为通常要选用较高的率窗，所以样品台的最高调节温度甚至要高于 400 K，否则检测的深能级的范围有限。

SDLTS 的空间分辨率不仅仅是由电子束斑的直径决定的，而且束流也是非常重要的参数。一般电子束流可以在 2～3 个数量级的范围内进行调节，例如，100 pA～100 nA，这样就要选择合适的束流进行图像扫描，这个过程中束流的稳定性亦非常关键。一般完成一个 SDLTS 图像的扫描需要 1 h 甚至更长时间，在这期间，要求束流的变化不能超过 10%。

SDLTS 的检测灵敏度主要依靠测量系统中的主要部件：电流放大器或电容测试仪。对于电流放大器，电流的噪声应该是非常低的，速度非常快，而且输入阻抗较低，这些要求事实上是有些相互矛盾的。样品与测试系统形成的电容与前置放大器的阻抗产生 RC 振荡，它将被激发电流充满，然后按一定的时间常数根据指数规律释放，这个过程也会加载在真实信号上而被检测出来。只有内部 RC 的时间常数非常低，远远小于陷阱对载流子的释放时间，才可以忽略影响。很显然，如果要使内部 RC 的时间常数非常小，则产生的弛豫电流就是非常大的。对于电容 SDLTS，其测试灵敏度与一般电容 DLTS 一样，决定于电容测试仪中电路桥的灵敏度。

通常 SDLTS 系统都需要与计算机系统连接，主要是为了图像扫描结束后，可以调节图像的对比度和亮度。

4.3.3 深能级瞬态谱测试信号的分析

1. 俘获截面和能级位置的测量

所有的 DLTS 测试技术都可以得到深能级陷阱中心被俘获载流子的发射速率与温度的关系。Boxcar 技术主要是通过在不同的率窗条件下获得陷阱中心被俘获载流子的发射速率与温度的关系；Lock－in 技术主要是通过改变脉冲的周期频率，确定陷阱中心发射速率与信号峰温度位置的关系；傅里叶变换 DLTS 技术通过对电容的瞬态变化规律进行计算得到在各个温度下陷阱中心载流子的发射速率；Laplace 转换 DLTS 技术可以直接测量在不同温度下陷阱中心对载流子的发射速率。根据式(4.129)阐述的电子发射速率与温度的关系

$$\ln\left(\frac{e_{n;p}}{T^2}\right)=\ln(\gamma\sigma_{n;p})-\frac{E}{kT} \tag{4.176}$$

由式(4.176)可以得到反映 $\ln\left(\frac{e_{n;p}}{T^2}\right)$ 与 $1/T$ 关系的直线图，通常这种直线图又称为 Arrhenius 关系图。如果在不同温度下测得陷阱中心载流子的发射速率，则通过式(4.176)可以得到陷阱中心载流子的激活能 E 和对载流子的俘获截面 $\sigma_{n;p}$。

但是如果陷阱中心对自由载流子的俘获存在一个势垒，其俘获截面的大小将随温度而变化的，此时俘获截面可表达为

$$\sigma_{n;p}(T)=\sigma_{n;p}^{\infty}\exp\left(-\frac{E_\sigma}{kT}\right) \tag{4.177}$$

式中，E_{σ} 是陷阱中心俘获自由载流子的势垒；$\sigma_{n;p}^{\infty}$ 是 $T\to\infty$ 时陷阱的俘获截面。

将式(4.177)代入式(4.176)可得到

$$\ln\left(\frac{e_{n;p}}{T^2}\right)=\ln(\gamma\sigma_{n;p}^{\infty})-\frac{E+E_{\sigma}}{kT} \tag{4.178}$$

则此时由 Arrhenius 关系图得到的是 $E_{DLTS}=E+E_{\sigma}$。所以，为了准确得到陷阱中心载流子的激活能 E，必须要知道其俘获自由载流子的势垒 E_{σ}。通常陷阱中心俘获自由载流子的速率 $c_{n;p}$ 正比于其俘获截面，可表达为

$$c_{n;p}=\sigma_{n;p}\langle v_{n;p}\rangle \tag{4.179}$$

式中，$\langle v_{n;p}\rangle$ 是自由载流子的平均热速度，$\langle v_{n;p}\rangle=\sqrt{\frac{3kT}{m_{e;h}^{*}}}$；$\sigma_{n;p}$ 是陷阱中心对自由载流子的俘获截面。

为了测量决定在不同温度下陷阱中心的俘获截面，可将样品在一定温度下退火，同时施加反向偏压，使陷阱中心被俘获的载流子全部发射出去，然后保持全空的陷阱中心状态到不同的温度，再施加脉冲电压填充陷阱中心，检测电容的变化，可得到陷阱中心对自由载流子的俘获速率或俘获截面与温度的关系，再由式(4.177)获得陷阱中心俘获自由载流子的势垒 E_{σ}。

俘获截面的大小通常是在原子的尺寸范围，它反映了陷阱中心对电子的俘获效率。从某种程度上说，陷阱中心的俘获截面值反映了陷阱中心未被载流子占据的缺陷态密度的大小。对于有库仑吸引作用的陷阱，载流子的俘获截面值通常大于 $10^{-14}\,\text{cm}^2$；对于一个中性的陷阱，俘获截面值通常为 $10^{-14}\sim10^{-16}\,\text{cm}^2$；对于有库仑排斥作用的陷阱，俘获截面的值小于 $10^{-17}\,\text{cm}^2$。图 4.65 给出了在 p 型硅中一些金属杂质引起的相关深能级陷阱的 Arrehnius 直线图。

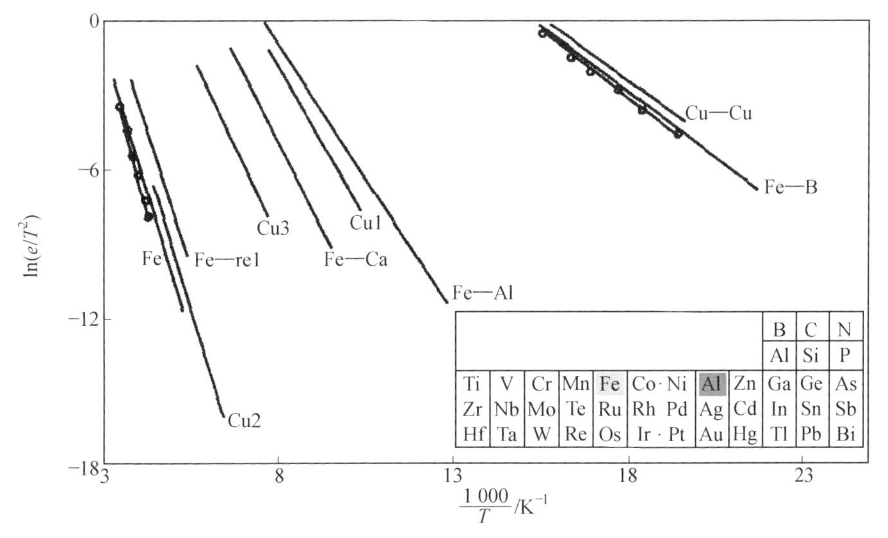

图 4.65　p 型硅中一些金属杂质引起的相关空穴陷阱的 Arrehnius 直线图

图 4.66 是利用栅极脉冲方法测试 3 MeV 质子辐照前后 AlGaN/GaN HEMT 器件的深能级瞬态谱。从图中可以看出，辐照后的样品存在两个信号峰 H1 和 H2。其中 H1 信号在原始样品中已经存在，且 H1 的信号强度与辐照注量无关。H2 缺陷信号在原始样品中不存在，只出现在辐照之后的样品中，并且信号峰的强度随辐照注量增加而增加，这说明 H2 是一种由辐射引入的缺陷信号。图 4.67 是深能级瞬态谱的阿伦尼乌斯拟合曲线。H1 信号对应的能级在 $E_C-0.6$ eV，已经证明是和 Fe 相关的缺陷结构，因此辐照不会改变该缺陷的能级和浓度。而 H2 信号对应的缺陷能级在 $E_C-0.9$ eV 附近，是与 V_{Ga} 有关的缺陷。

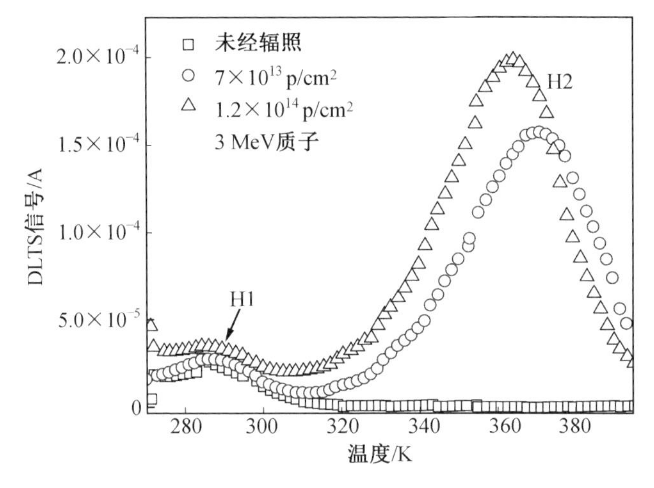

图 4.66　3 MeV 质子辐照前后 AlGaN/GaN HEMT 器件的深能级瞬态谱

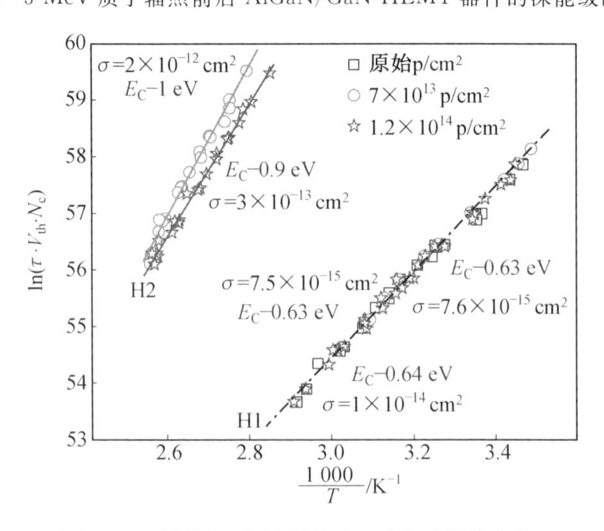

图 4.67　深能级瞬态谱的阿伦尼乌斯拟合曲线

2. 陷阱深度分布的测量

在前面关于 DLTS 原理的介绍中，假定了深能级缺陷在半导体材料中的分布是均匀的。很显然，在某些情况下，深能级缺陷的分布实际上是不均匀的，例如在离子注入过程中引入的缺陷陷阱的深度分布。通过适当的设置，DLTS 技术也可以获得深能级缺陷的深度分布。对于一般的单脉冲 DLTS 技术，其基本思想是变化反向偏压 V_R 和填充脉冲电压 V_p 的值，从而控制 DLTS 检测样品的深度范围[$W(V_P)$；$W(V_R)$]。可以固定 V_R，也可以固定 V_P，改变 V_R 进行测量。如果要对所测得的 DLTS 信号进行仔细分析，必须考虑空间电荷区边缘德拜效应对 DLTS 信号的影响。一个比较好的方法是使用 D—DLTS 测试技术，保持反向偏压不变，两个不同大小的填充脉冲电压 V_P 和 V'_P施加到样品上，测量所得电容值的差值，从而可以得到样品中非常窄区域[$W(V_P)$；$W(V'_P)$]的陷阱浓度，这种方法大大地减少了德拜效应的影响。通常在具有最大 DLTS 陷阱信号的温度下，改变 V_P 和 V'_P的大小，同时固定 $V_P-V'_P$的差值，测得的 DLTS 的信号与 V_P（或 V'_P）的变化关系，事实上就反映了陷阱中心的浓度沿样品深度的分布规律曲线。

3. 电场效应和德拜效应的测量

在 DLTS 测量过程中，施加到肖特基结或 pn 结上的偏压可使空间电荷区的电场强度达到 10^5 V/cm 以上，这样高强度电场的存在必然影响非电中性陷阱中心载流子的发射行为。如果需要准确得到陷阱中心的具体参数，在分析 DLTS 信号时，必须要考虑陷阱中心载流子的发射速率受电场的影响因素，否则获得的深能级陷阱的信息是不准确的。如对于具有库仑吸引作用的陷阱来说，在电场作用下，陷阱中心的库仑势垒将被降低，最终导致陷阱中心载流子的发射速率的增加，这种由于电场的存在促进陷阱中心载流子发射速率增加的效应通常称为 Poole—Frenkel 效应。当一个电子被吸引到一个带正电的陷阱中心时，在均匀电场 E 的作用下，被束缚电子的发射率 $e_n(E,T)$可表达为

$$\ln e_n(E,T)=\ln e_n(0,T)+(\beta/kT)E^{1/2} \tag{4.180}$$

式中，$e_n(0,T)$是电场为 0 时的发射率；β 是常数（ε_{rs} 为半导体材料的介电常数），$\beta=q\sqrt{q/\pi\varepsilon_{rs}}$。

从另一角度来说，陷阱中心载流子的发射是否具有电场效应，可用于判断深能级陷阱中心是否带电及其带电的正负性。通过在不同的反向偏压 V_R 条件下测量陷阱中心被束缚的载流子的发射速率大小，可以得知电场效应的影响真正有多大，图 4.68 显示了测得的某陷阱中心载流子的发射速率与反向偏压产生的电场强度之间的变化关系。然而，这种由于电场促进陷阱中心载流子发射速率的作用是与隧穿效应不同的，后者对于中性陷阱中心也是可能的。对于具有库

仑吸引作用的陷阱中心，在相对比较低的电场作用下，Poole－Frenkel效应是主要的；而在比较大的电场作用下，陷阱中心束缚的载流子的发射速率的增加主要是由声子的隧穿作用引起的，此时，热发射速率与电场强度的平方为指数关系。对于电中性的陷阱中心，无论在大、小电场的情况下，隧穿作用都是主要的。

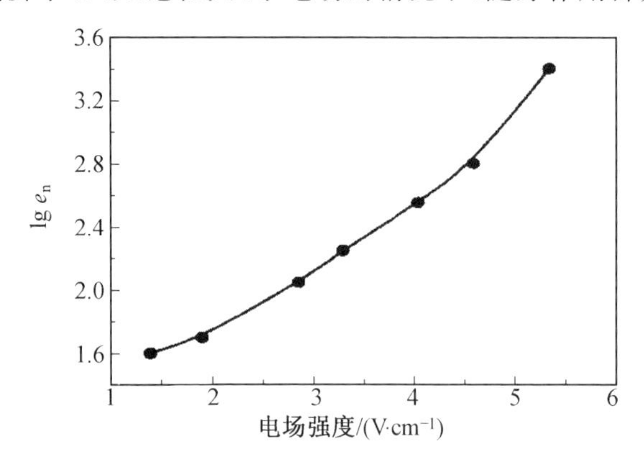

图 4.68　某陷阱中心载流子的发射速率随电场强度的变化关系

另外，在前面介绍DLTS基本理论时，利用了耗尽层近似原理，即假定了空间电荷区中的自由载流子的密度为零，而其边缘自由载流子的浓度突然从零增加到样品体内的浓度。事实上，在空间电荷区的边缘存在一个德拜效应区，其中自由载流子的浓度是从零逐渐过渡到体内的浓度，也就是说，在这个区域存在一定数量的自由载流子，德拜区域的长度为 $L_D=\sqrt{\frac{\varepsilon_{rs}kT}{q^2N_D}}$。所以要非常准确地获得深能级陷阱的电学特性参数，德拜效应也必须被考虑进去。在这个德拜长度的范围内，自由载流子的密度变化非常大，其俘获速率也是不同的。通常，可将陷阱中心俘获自由载流子的过程看成是两个俘获行为叠加的结果，一个是在电中性区域中发生快速的指数规律变化的俘获行为，另一个是在德拜长度区域中发生较慢的非指数规律变化的俘获行为。图4.69显示了在DLTS测量过程中德拜效应存在的一个例子，当反向偏压为6 V时，测得的DLTS信号强度与填充脉冲电压的关系，可以看到当填充脉冲电压达到临界电压－4.5 V以下时，才能获得DLTS信号。

4. 扩展缺陷的DLTS谱特征

在前面所有的讨论中，假定了一个前提，即在DLTS测量过程中，填充脉冲的时间足够长，可以保证填满区域[W_P;W_R]所有的深能级陷阱，这种情况仅仅适用于密度较低的点缺陷陷阱。然而，事实上对于不同类型的陷阱缺陷，具体的情况是大不相同的。如果点缺陷陷阱中心之间是相互影响的，也就是点缺陷的密度非常高，以至于单个能级中心的性质会随着相邻两能级中心的填充状态而变

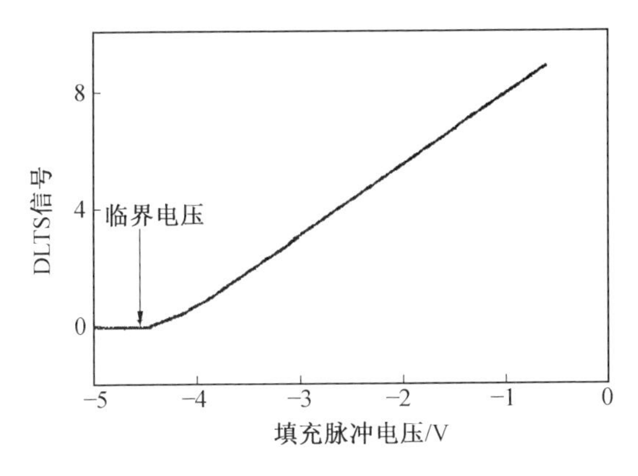

图 4.69 DLTS信号与填充脉冲电压变化关系

化，此时点缺陷陷阱中心的再填充行为必然发生变化。扩展缺陷，如位错、层错、点缺陷聚集体或者界面态等，都属于这种情况。对于这种类型的深能级陷阱中心，其俘获和发射载流子的概率不再是常数，而是随着它被自由载流子填充的比率而变化，此时引起的电容瞬态变化行为是非指数规律特性的，在DLTS谱中产生的相应信号峰可能是较宽的对称的峰形，也可能是一个较宽的非对称的峰形。对于这类较宽的陷阱信号峰的温度位置很难被精确地判断，所以通过Arrhenius直线关系图得到的扩展缺陷陷阱的特性参数通常存在较大的误差。

对于扩展缺陷，可以通过变化填充脉冲时间宽度 t_P 研究深能级陷阱中心的俘获行为，即在相同的偏压下变化填充脉冲时间宽度 t_P，观察电容瞬态信号的最大值 $\Delta C_0(t_P)$ 的变化。在理想情况下，扩展缺陷陷阱中心俘获自由载流子过程的动力学方程可表达为

$$\frac{\Delta C_0^{\max}-\Delta C_0(t_P)}{\Delta C_0^{\max}}=\exp(-c_{n;p}t_P) \tag{4.181}$$

式中，$\Delta C_0^{\max}$ 是对应于陷阱中心被完全充满时的最大电容变化值。因此，深能级的俘获速率 $c_{n;p}$ 能够从信号减小的相对值 $\frac{\Delta C_0^{\max}-\Delta C_0(t_P)}{\Delta C_0^{\max}}$ 与实际填充脉冲时间 t_P 的关系得到，这样可以获得陷阱对自由载流子的俘获截面值 $\sigma_{n;p}$。通过这种方法可以决定在此温度下的扩展缺陷的真实俘获截面，而且可以在不同温度下进行测量，得到深能级陷阱中心的俘获行为与温度的关系。

Shroeder等提出了一个模型，很好地解释了扩展缺陷在不同填充脉冲宽度下DLTS谱的基本变化规律。在这个模型中，扩展缺陷态被看成是由两部分组成的，即缺陷本身的原子结构引起的带状态和它们与点缺陷反应形成的局域态。经过计算机模拟和实验验证，得到扩展缺陷陷阱中这两种缺陷态的DLTS谱的特征如下：

(1)对于扩展缺陷中的局域态。

①脉冲宽度的变化不会引起DLTS信号最大值峰位的变化;

②在不同填充脉冲宽度下得到的DLTS谱线归一化以后,其峰形的高温一侧是重合的;

③随着脉冲宽度的变化,DLTS信号的强度与填充脉冲时间宽度呈指数关系,即 $\Delta C_{max}=\ln(t_P)$。

(2)对于扩展缺陷中的带状态。

①随着填充脉冲时间宽度的增加,DLTS信号的最大值将向低温一侧移动;

②在不同填充脉冲宽度下得到的DLTS谱线,即使不进行归一化处理,其峰形的高温一侧也是重合的;

③DLTS信号的最大值受填充脉冲宽度变化的影响不大。

4.4 光致荧光谱测试

光致荧光(Photoluminescence,PL)是物理系统由于热辐射、光激发或白热化等原因,而产生的电磁辐射光发射的一种现象,又称光致发光。通常,人们可以利用光致荧光谱得到材料的结构、成分和性能等性质,特别适合于分析微量、低浓度的杂质或成分的信息。由于该方法简单、成本低以及灵敏度高,在材料的检测和分析中被广泛采用。一般情况下,光致荧光技术主要用来做定性的分析。

对于半导体材料而言,光致荧光就是通过光激发,在半导体材料中产生电子一空穴对(激子),其寿命取决于材料的晶格、杂质浓度与种类及缺陷等。通常,当半导体材料受到能量等于或是超过其能带能隙的光照射时,就会激发价带电子跃迁到导带,产生的电子一空穴对经由热平衡分布后,半导体材料由激发状态回复到基态,此时电子从导带跃迁到价带或禁带中的杂质能级,便可能产生辐射发射,这一现象可以有效地反映出半导体材料中的能带或杂质的能级。

光致荧光谱对于检测半导体材料的光特性而言,是一种有力又无破坏性的技术,在半导体工业及研究领域广泛应用。通过分析光致荧光谱,可以得知各种半导体材料的带隙、掺杂杂质种类和杂质活化能,可以估算出化合物半导体材料中的组成成分,也可以研究一般物理或电学测量方法很难得到的异质结的内层结构。通过光致荧光的效率测量,还可以研究溅射、抛光或离子轰击造成的半导体材料表面损伤和材料生长过程中造成的结构不完整性。如果结合晶体的能带结构模型,通过光致荧光,还可以研究半导体外延层、超晶格以及其他量子阱结构。此外,对于纳米量子点(Quantum Dots)半导体材料,光致荧光可进行诸如量子点形貌与尺寸、电子在能级间跃迁的光学能量、载流子能量弛豫、载流子寿命

等物理量的测量，适合用来作为纳米材料和器件制备过程中的表征工具。

除了在半导体材料领域的应用之外，光致荧光在环境、制药与食品检测、医学、生物学等领域也被广泛使用。例如，光致荧光可应用于有机材料的定量分析，可以进行芳香物族化合物的检测、蛋白质结构的分析、高分子体系的形成和性能以及分子间能量的传输过程等方面研究。对于碱性卤化物、晶体陶瓷以及玻璃等无机材料，光致荧光也可以用来探测材料的本征特性以及其中的杂质和缺陷。

4.4.1 光致荧光的基本原理

1. 光致荧光基本概念

光致荧光可看作光吸收的逆过程。材料吸收一定波长的光，激发电子从低能级跃迁到高能级，对于原子或分子体系，这种过程体现为基态到受激态的跃迁；而对于半导体晶体而言，则体现为电子从价带到导带的激发（电子一空穴对的产生）。之后，体系会产生诸如晶格或分子的振动与旋转，激发电子会迁移到一个更为稳定的激发态（如导带底或最低分子振动态），产生一个非辐射弛豫过程。图 4.70 显示了半导体晶体和分子系统的光致荧光过程的示意图，从图中可以看出，无论是晶体系统还是分子系统，在接受外界的光能后，电子都会跃迁到高能级，在高能级内电子又会产生非辐射跃迁，处于相对稳定的能级底部的状态。如果耦合截面足够大，电子也可能向更低的能级跃迁，如跃迁到较低的非直接能带或局域化的杂质能级。对于半导体材料而言，也就是形成了一个电子和空穴的束缚态（即激子），或者电子与缺陷或杂质的束缚态（如电子被受主束缚、激子与空位的束缚等）。而处于高能级的电子是不稳定的，经过数皮秒到数十秒的时间之后，电子又会跃迁到原来的低能量的能级，恢复到了基态。对于发光材料，在上述过程中其吸收的能量可能部分或全部在这最终的跃迁中以光的形式释放出来，这就是辐射跃迁，其电子一空穴对的复合就是辐射复合，这个现象称为光致荧光，又可以称为光致发光。如果在上述跃迁过程中，多余的能量以热或者其他形式消耗，这个过程就是非辐射跃迁，其电子一空穴对的复合就是非辐射复合。而在上述的辐射复合过程中，吸收的能量如果以光的形式发射出来（图 4.70），其波长通常会比所吸收入射光的波长要长。而这一波长差就是斯托克斯位移（Stokes shift），即吸收光子能量和发射光子能量之间的差。

光致荧光在有机化学和生物化学领域更多地被定义为荧光（fluorescence）和磷光（phosphorescence）发光。荧光和磷光的区分取决于与其相关的从激发态到基态的辐射复合过程是组态自旋允许跃迁（即激发态和基态具有相同的自旋多重度）还是组态自旋禁戒跃迁（即激发态和基态的自旋多重度不相同）。组态自

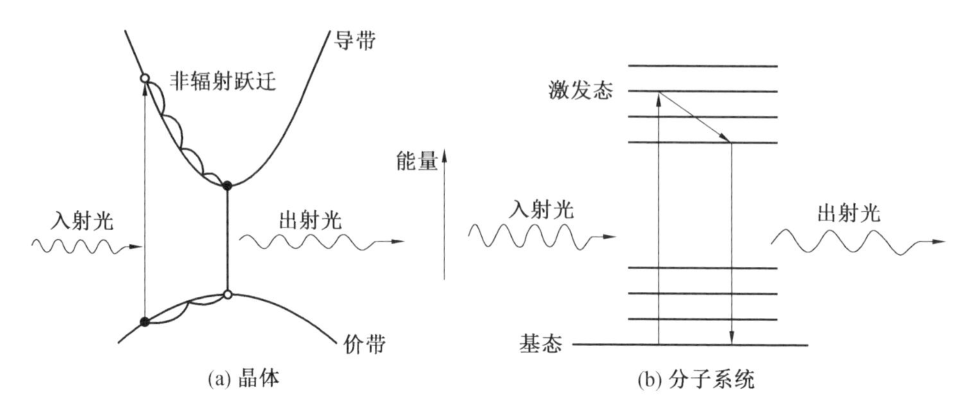

图 4.70　晶体和分子系统光致荧光示意图

旋允许跃迁产生的光定义为荧光;组态自旋禁戒跃迁产生的光则为磷光。而组态自旋禁戒跃迁只能通过非常弱的自旋轨道耦合方式发生,因而其辐射跃迁寿命相比于组态自旋允许跃迁产生的辐射跃迁要长很多。图 4.71 为有机材料通过单态和三重态 Frenkel 激子辐射复合产生荧光和磷光发光示意图。荧光发光过程寿命通常很短(0.1～10 ns),而磷光发光过程寿命则由于自旋选择定则的因素而较长(1 ms～10 s)。而对于无机半导体材料,其光致荧光则可分为本征荧光和非本征荧光。本征荧光主要是由于带间辐射跃迁产生;而非本征荧光则主要是由于杂质、缺陷等产生的辐射跃迁所引起的,包括施主一受主对复合、本征带一浅杂质复合等。

对于不同的半导体材料体系,光致荧光的波长是不同的,从而反映了材料的结构、成分等特征信息。通过探测其光致荧光谱,即波谱与强度的对应关系,就可以了解半导体材料的特性。此外,对于不同的激发系统而言,其特征衰减寿命不同,可能会持续皮秒到数十秒之后恢复到基态。因此,可通过光致荧光的瞬态谱得到能级间耦合以及跃迁辐射的寿命。对于直接带隙的半导体材料,其典型的辐射复合寿命为 10^{-8}～10^{-9} s;对非直接带隙的半导体材料(如硅),其辐射复合寿命则很长,可达毫秒量级。

2. 荧光辐射寿命和效率

由于光致荧光与能量的弛豫机制密切相关,包含的物理过程远比光的吸收过程复杂,而且其发光谱的形状还要受到电子和空穴在能带内分布的影响。因此,为了更好地了解光发射效率和发光谱,必须对荧光发射效率和载流子的热分布有充分的理解。

由图 4.70 和图 4.71 可知,当激发态的电子向下跃迁回到基态时,会有一个光子发射出。这一过程要产生,必须有电子的注入;电子被注入后,经过弛豫,跃迁到一个空态并发射光。而这一过程可发生在导带顶,也可发生在某个分立的

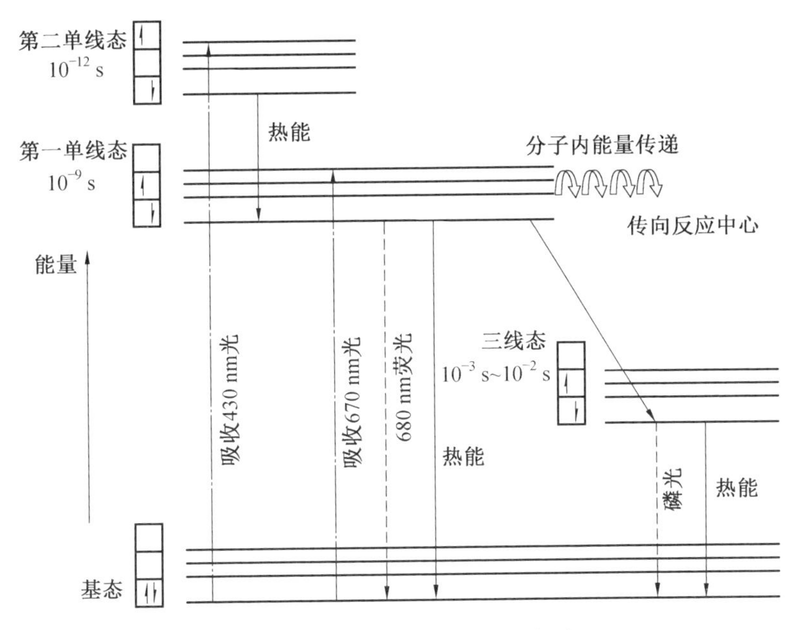

图 4.71　材料辐射复合过程示意图

能级上。但是，由泡利(Pauli)定律可知，只有低能级上存在空态的基础上，这一过程才可以真正发生。当然，也可以通过在低能级上注入空穴的方式来产生辐射复合所需的空位，这种方式往往在电致发光中使用。

一般而言，两个能级间辐射跃迁的自发辐射速率是由爱因斯坦(Einstein)系数 A 所决定的，其表达式为

$$\left(\frac{\mathrm{d}N}{\mathrm{d}t}\right)_{\text{radiative}}=-AN \tag{4.182}$$

式中，N 是高能级的态密度。

由式(4.182)进一步可以得到

$$N(t)=N(0)\exp(-At)=N(0)\exp(-t/\tau_{\mathrm{R}}) \tag{4.183}$$

式中，$\tau_{\mathrm{R}}=A^{-1}$ 为跃迁的辐射寿命。

通常，爱因斯坦系数 A 与决定光吸收能力的系数成比例，这就意味着具有较高吸收系数的跃迁过程有着较高的光发射可能性以及更短的辐射寿命。尽管如此，密切相关的光吸收和光发射过程还是有所不同的，这主要是由起始和最终能级的态密度不同造成的。一个跃迁过程可以有很高的发射概率，但只有在较高能级被占据的情况下，才可能有光出射。

当发生辐射复合时，频率为 ν 的荧光的强度可以表示为

$$I(h\nu)\propto|M|^{2}g(h\nu)\times\text{能级占据因子} \tag{4.184}$$

能级占据因子是表示较高能级被占据和较低能级空着的概率；$|M|^{2}$ 和

$g(h\nu)$则为跃迁概率和跃迁的态密度[其量子跃迁概率可以通过费米黄金定则(Fermi's golden rule)确定]。

从前面的讨论可知，辐射复合发射光并不是电子从激发态跃迁到基态的唯一途径，还存在着非辐射复合的途径。也就是说，电子还可以通过发射声子，以热的形式释放能量；或是与缺陷或杂质等"陷阱"相互作用，进行能量的弛豫。通常非辐射复合是不发光的，但是如果这些非辐射复合的时间极短，也有可能有很少的光能从体系中发射出。而在非辐射过程存在时，两个能级间跃迁的总辐射发射率为

$$\left(\frac{\mathrm{d}N}{\mathrm{d}t}\right)_{\text{total}}=-\frac{N}{\tau_{\mathrm{R}}}-\frac{N}{\tau_{\mathrm{NR}}}=-N\left(\frac{1}{\tau_{\mathrm{R}}}+\frac{1}{\tau_{\mathrm{NR}}}\right) \tag{4.185}$$

式中，τ_{R} 是辐射复合的辐射寿命；τ_{NR}是非辐射复合的辐射寿命。

从式(4.185)和式(4.182)可知，此时荧光效率 η_{R} 为辐射复合发射率$\left(\frac{\mathrm{d}N}{\mathrm{d}t}\right)_{\text{radiative}}$和总的辐射发射率$\left(\frac{\mathrm{d}N}{\mathrm{d}t}\right)_{\text{total}}$之比，其表达式为

$$\eta_{\mathrm{R}}=\frac{\left(\frac{\mathrm{d}N}{\mathrm{d}t}\right)_{\text{radiative}}}{\left(\frac{\mathrm{d}N}{\mathrm{d}t}\right)_{\text{total}}}=\frac{AN}{N(1/\tau_{\mathrm{R}}+1/\tau_{\mathrm{NR}})}=\frac{1}{1+\tau_{\mathrm{R}}/\tau_{\mathrm{NR}}} \tag{4.186}$$

从式(4.186)可知，如果 $\tau_{\mathrm{R}}\ll\tau_{\mathrm{NR}}$，荧光效率为1，也就是可以发射出最大可能数量的光子；如果 $\tau_{\mathrm{NR}}\ll\tau_{\mathrm{R}}$，荧光效率则很小。这就是说，有效的荧光发射需要建立在辐射寿命远小于非辐射寿命的基础之上。

此外，从图4.70中还可以知道，被激发的电子和空穴会首先通过级联式的非辐射方式进行弛豫，通过发射声子来释放能量。通常而言，固体中的电子－声子耦合非常强，而且相比于辐射寿命而言，这一过程发生的时间也非常短(约100 fs)，这就使得电子在辐射复合发射光子前有充足的时间弛豫到导带底。同样，空穴也以相同的方式弛豫到价带顶。因而，在电子和空穴进行复合发射光子前，电子和空穴不得不在导带底和价带顶停留一定的时间，使得它们出现一定的热分布，并在光致荧光谱中通过一定的发光峰峰宽呈现出来。

3. 半导体材料中的辐射复合

半导体中被激发的电子和空穴可以通过辐射复合产生光子，其复合形式多样，如本征的带间复合和自由激子复合；非本征的本征带－浅杂质复合、施主－受主对复合、束缚激子复合和深能级复合等。同时，这些被激发的电子和空穴也可以通过非辐射复合进行跃迁弛豫，如表面复合、俄歇复合以及多声子复合。显然，非辐射复合对发光而言是不利的。这里主要就半导体材料中的辐射复合过程给出简要的介绍。

（1）带间复合。

带间复合（band to band transition）又称自由载流子复合，是指被激发到导带的电子直接与价带中的空穴复合。一般而言，这种复合机制通常在温度较低、材料纯度较高的样品中更为常见。由于各种半导体材料的能带结构不同，可以分为直接带隙和间接带隙，因此这种带间复合也分为直接跃迁和间接跃迁复合两种，如图4.72所示。直接跃迁的跃迁概率要高于间接跃迁，因而对于具有直接带隙的GaAs等半导体材料，其发光效率要远高于锗、硅等间接带隙半导体材料。

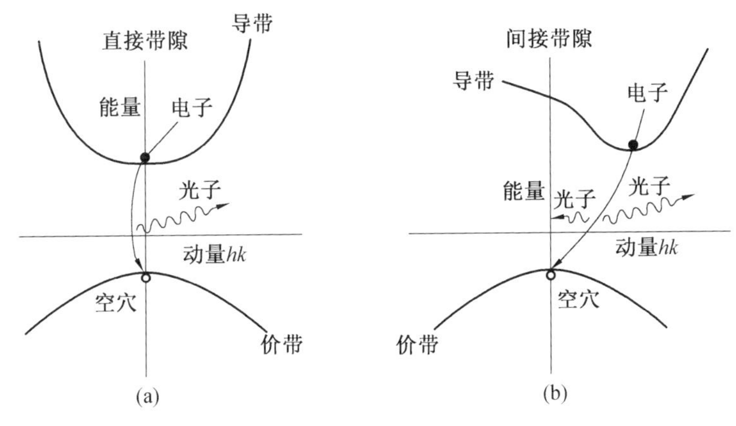

图4.72 电子—空穴对的直接跃迁和间接跃迁复合示意图

根据量子力学，电子、空穴的跃迁过程必须遵守能量和动量的守恒。对于直接带隙半导体材料，由于其导带极小值和价带极大值均位于布里渊区的中心$K=(0,0,0)$处，导带的电子与价带中的空穴复合能够满足动量守恒，产生辐射复合，形成直接跃迁，发出能量为$h\nu \geqslant E_g$（E_g为禁带宽度）的光子，形成发光光谱，如图4.72(a)和图4.73所示。而且，这种直接带隙的带间复合寿命很短，通常为$10^{-8}\sim 10^{-9}$ s。此外，由于半导体材料中的载流子不是完全位于导带底的最低处和价带顶的最高处，存在一定的热分布，这些导带底和价带顶附近的载流子都会参与到带间复合中，因此，带间复合的发光光谱就具有一定的宽度。但是，这种跨越禁带的跃迁的实际价值并不大，因为这种带间复合产生的光子，有可能被半导体材料重新吸收，再次将价带上的电子激发到导带上去。如图4.73所示，给出氮化镓材料在4 K温度下的发射和吸收谱，其中材料的光致荧光是通过倍频铜离子激光器（4.9 eV）来激发的。由图可见，其光致荧光谱是一很窄的靠近禁带宽度能量的发光峰（此温度下氮化镓材料的禁带宽度为3.5 eV），而其吸收谱则表现为大于禁带宽度能量的光全部被吸收。

而对于间接带隙半导体材料而言，由于其导带极小值和价带极大值不在布里渊区的同一点，即这两个状态的 k 值不同，它们的动量也就不同。此时，电子要在这两个不同 k 值的状态进行跃迁，就必须有第三者——声子的参与，才能满足动量守恒(图 4.72(b))，从而形成间接跃迁。因而，这种跃迁的概率要远远低于直接带隙材料的带间跃迁复合的概率，而且其辐射复合寿命也会较长。而且由于声子的发射，其发射的光子的能量大都要小于禁带，因而这些光子能较容易从材料中透射出去，而不会被重新吸收。

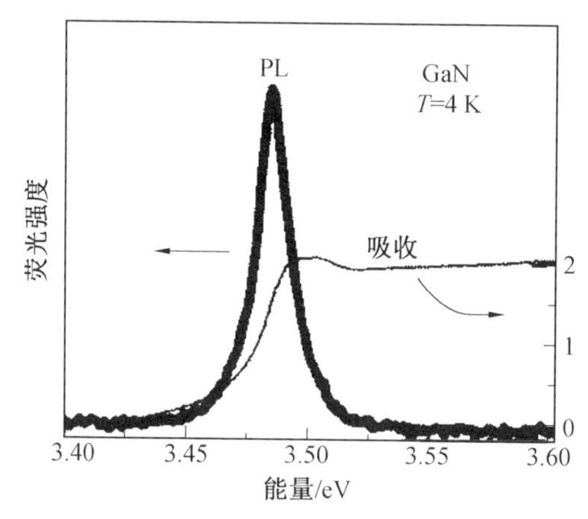

图 4.73 氮化镓材料在 4 K 温度下的光致荧光和吸收谱

(2)自由激子复合。

激子就是电子和空穴由于库仑相互作用而结合在一起的电中性的粒子，也就是束缚在一起的电子一空穴对。自由激子是相对于受到局域化影响的束缚激子而言的，它可以在晶体中作为一个整体运动，但不传输电荷，可认为其位于导带下略小于导带底的能级。在直接带隙中，自由激子的复合也满足动量守恒，其发射光子的能量为

$$h\nu = E_g - E_{ex} \tag{4.187}$$

式中，E_{ex} 为自由激子的电离能，$E_{ex} = \frac{1}{n^2}E_{ex1}$；$E_{ex1}$ 为激子基态的电离能，n 为激发态的量子数。可见，激子光谱由一系列窄的谱线构成，在低温下较纯的半导体材料中才能被观测到。此外，由于激子是由电子一空穴对构成，会有一定的极化强度，因此激子还可能与光子耦合，从而导致激子极化基元效应及激子极化基元的辐射复合发光。

图 4.74 给出了外延 ZnS 薄膜半导体材料的自由激子发光及其随温度变化的光致荧光谱。图 4.74(a)中还同时给出了 ZnS 的吸收谱和激子发射区附近的光谱。对比其吸收和光致荧光谱，可见 326 nm 处的峰就是自由激子的发光峰(图 4.74(a)插图中标为 E_x)，同时图中还标出了中性施主和受主的束缚激子(D°,X)和(A°,X)以及纵向光学声子伴随激子发光峰 E_{x-1} LO。进一步从图中还

可知，随着温度的升高，束缚激子的发光峰猝灭，自由激子的发光强度也下降了，可见温度对于激子复合是有很大的影响的。

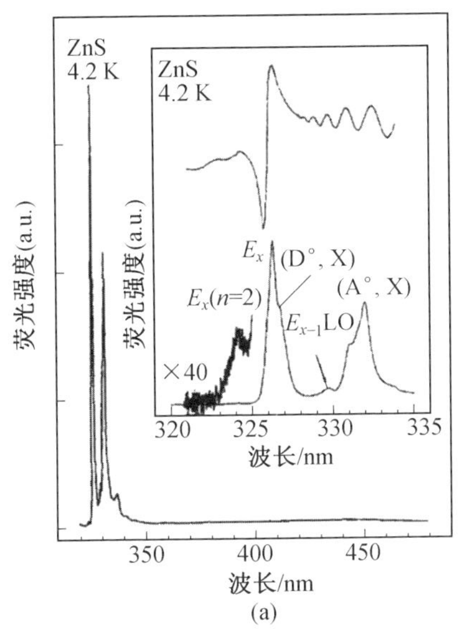

(a)

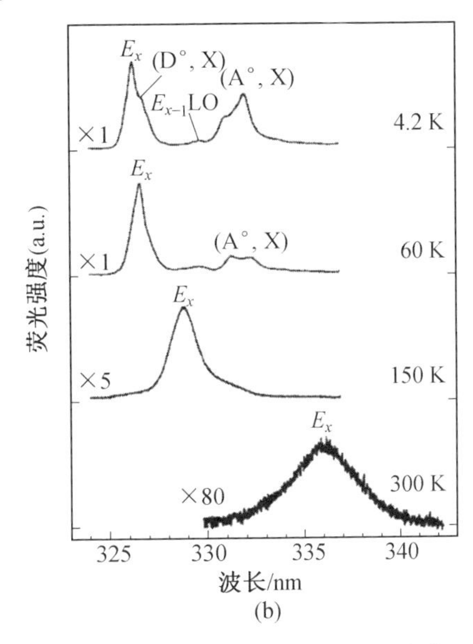

(b)

图 4.74 外延 ZnS 薄膜半导体材料的低温(4.2 K)激子谱及其激子发光随温度的变化

而对于间接带隙材料，由于激子的复合需要能量为 E_p 的声子的参与才能保持动量守恒，因此其发射光子的能量则为

$$h\nu = E_g - E_{ex} - E_p \tag{4.188}$$

图 4.75 显示的是间隙带隙半导体材料高纯硅单晶的低温光致荧光谱，图中 1.097 eV 处的发光峰即为自由激子的发光峰，其复合是通过纵向(LO)或横向(TO)声子辅助来实现的，插图中纵向(LO)和横向(TO)声子辅助发光峰能量相差 1.8 meV，发光强度为 LO∶TO=0.33。

(3)本征带一浅杂质复合。

本征带一浅杂质复合是指导带电子通过禁带中的浅施主能级与价带空穴复合，或者价带的空穴通过浅受主能级与导带电子复合，因而其发射光子的能量要小于禁带宽度。但是，由于这些浅杂质能级的电离能很小(几个 meV)，当杂质浓度较大时，这些杂质能级会并入导带或价带，其辐射发光有时候很难和带间辐射区分开来。

图 4.76 和图 4.77 分别给出了 GaTe 材料在 10 K 温度下的光致荧光谱及其发光峰随温度的变化图。由图可见，GaTe 材料在 10 K 温度下有 3 个光致荧光峰，发光峰的位置都随温度的升高而发生红移，其中 A 和 C 峰趋势基本一致，而发光峰 B 在 50 K 后其红移较大。研究指出，发光峰 A 随温度的变化与吸收峰的温度变化是一致的，是自由激子发光峰，而 B 和 C 峰则分别为带间一受主及施

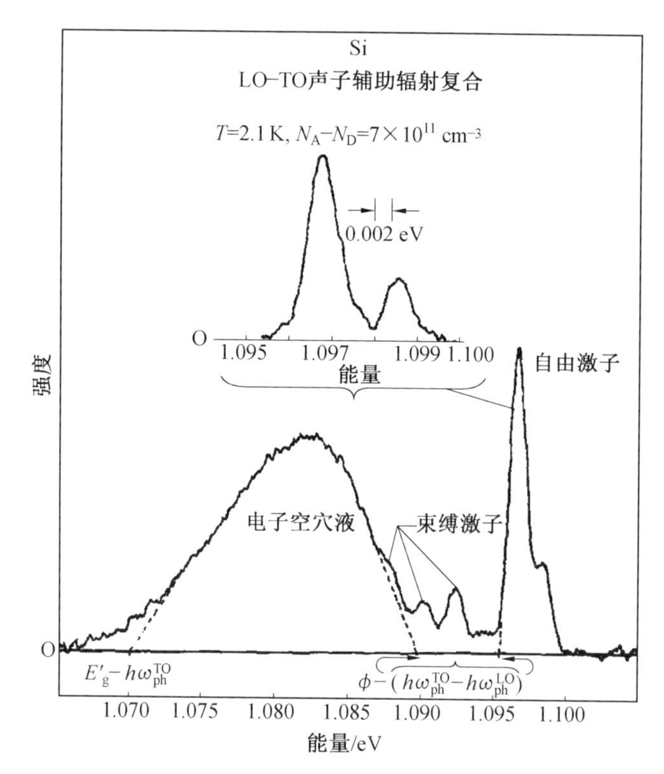

图 4.75　高纯硅单晶材料 LO 声子和 TO 声子辅助辐射复合的低温光致荧光谱

主一受主的发光峰。

此外，随着杂质浓度的增加，带间一浅杂质复合产生的发光峰会逐渐变宽并红移；当掺杂浓度非常高时，杂质能带并入导带或价带，杂质上的电子或空穴不再被局域在施主或受主上，变成了自由载流子，此时的发光峰形不再是玻尔兹曼(Boltzmann)分布，而成为费米一狄拉克(Fermi—Dirac)分布。

(4)施主一受主对复合。

施主一受主对复合，即 D—A 复合，是指施主能级上的电子与受主能级上的空穴之间的复合，其复合发射光子的能量为

$$h\nu = E_{G} - (E_{A} + E_{D}) + \frac{e^{2}}{\varepsilon_{rs} r} \tag{4.188a}$$

式中，ε_{rs}为半导体材料的介电常数；r 为进行复合的施主与受主间的距离。可见 D—A对复合发射的光子能量还与库仑(Coulomb)作用相关。

显然，施主与受主间的距离(r)不是任意的，而是与半导体材料中施主与受主在能级中的位置有关的，因此，D—A 对的辐射复合光谱应为一系列分立的锐利谱线。但是由于杂质间距离的变化范围可以很大，所以 D—A 复合发射光谱会很宽，最近邻的 D—A 对通常发出能量最高、最明锐的谱峰，而距离较远的

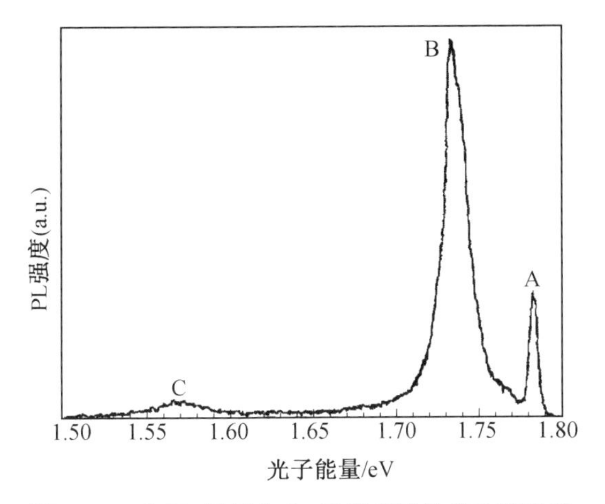

图 4.76　GaTe 材料在 10 K 温度下的光致荧光谱

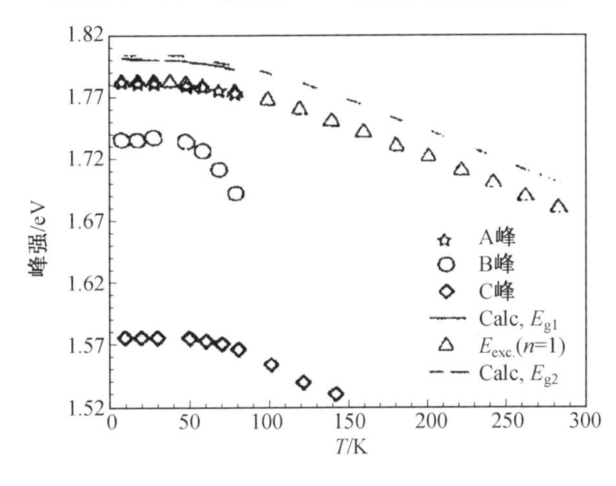

图 4.77　GaTe 材料光致荧光峰 E_{g2}，E_{g1} 能带宽度随温度的变化

D－A对则形成较宽的、能量较低的发光谱带。此外，随着施主和受主距离的变化，其辐射复合的寿命也不同，这就使得其发光谱具有分时效应：即激发停止后，其光衰减过程为发光光谱逐渐向低能方向移动，这主要是由于距离较远的 D－A 对的辐射复合寿命较长造成的。

图 4.78 为三种分子束(MBE)外延生长的重掺氮 ZnSe 薄膜半导体材料的 D－A对光致荧光谱以及样品 A 中 D－A 对光谱随压力的变化。显然，由于局域化的双施主在导带中共振行为产生的 D－A 对的发光峰，随着掺杂浓度的升高而发生了红移；从图 4.78 中的插图可见，随着压力的升高，这一局域化的双施主能级被压入导带，使其 D－A 对的发光发生了猝灭。

(5)束缚激子复合。

半导体晶体中也存在被施主、受主(包括电中性或电离状态)或其他缺陷所

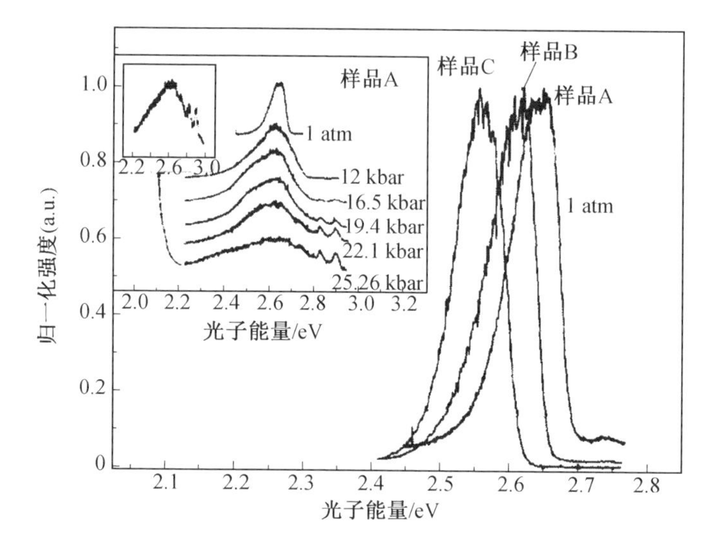

图 4.78　重掺氮自补偿 ZnSe 薄膜材料的 D—A 对光致荧光谱以及样品中 D—A 对发光峰随压力的变化(样品 A、B 和 C 沉积时 rf 功率分别为 180 W、280 W 和 300 W)

束缚住的激子,它们被统称为束缚激子。当束缚激子复合时,也会发射出光子。同自由激子相比,束缚激子发射的光子能量要稍低,谱线宽度也要窄很多。而且,其发光强度也随着束缚中心的浓度而变化。

图 4.79 分别显示的是掺 B(上)和掺 P(下)硅单晶中束缚激子的光致荧光谱。由图可见,掺 B 硅单晶中的束缚激子发射谱是由一系列通过横向光学声子辅助的束缚激子发光峰组成,而掺 P 硅单晶中的束缚激子发射谱则是由一系列无光学声子辅助的束缚激子发光峰组成。图 4.80 则为 GaN 外延层在 2 K 下的光致荧光和吸收谱,图中 X_A、X_B、X_C 为基态激子,而中性施主和中性受主束缚激子则为(D°,X)和(A°,X)。

(6)深能级复合。

深能级复合是指通过禁带中心的深能级进行的复合。通常而言,这种辐射复合的概率非常小。图 4.81 给出了 3 种方法生长的不同厚度的 GaN 材料在 1.30 eV附近的近红外发光谱,这是由深能级中心铁杂质(Fe_{Ga3+}(3d))的 3d 能级间的跃迁所引起的,而铁杂质的存在是 GaN 材料的少子寿命降低的原因,对光电子器件是很不利的。

除了上面介绍的 6 种辐射复合机制外,半导体材料中还可能存在着定域中心上的辐射跃迁、等电子中心上的跃迁等辐射复合。定域中心上的跃迁复合是指在宽禁带半导体材料中,深能级杂质受到激发但不使其电离所产生的辐射跃迁,如 ZnS:Mn 发光体系。而等电子中心上的跃迁复合,则是指在半导体中利用

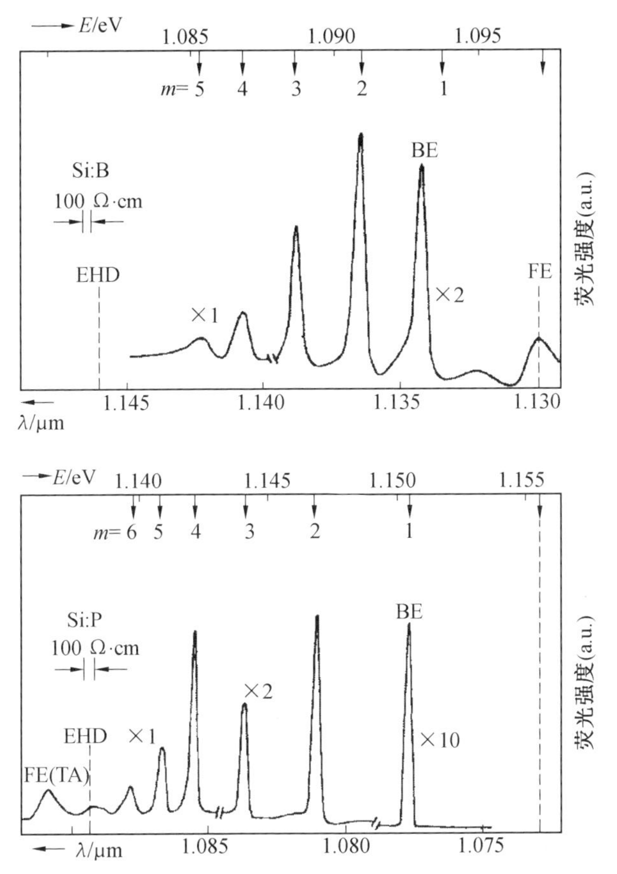

图 4.79 硅中束缚激子的光致荧光谱，B 掺杂单晶硅(上)和 P 掺杂单晶硅(下)

等价原子取代基体原子，来形成等电子中心，通过等电子中心的短程势能俘获电子来带电，并吸引空穴形成辐射复合概率很高的束缚激子的辐射复合机制，如 GaP:N 发光体系。

4.4.2 光致荧光谱测试技术

1. 光致荧光谱特征

通常，光致荧光涉及的激发光和发射光能量主要是在 0.6～6 eV(波长为 200～2 000 nm)范围内，而我们感兴趣的许多电子跃迁也正处在这一范围，同时这一波段范围的光源和探测器也很容易得到。对于更高能级的跃迁而言，通常使用 X 射线光电子谱和俄歇谱，实际上 X 射线荧光谱是荧光光谱在较高能量范围的一种拓展，这时所涉及的不再是可见光和价带电子，而是 X 射线和核层电子了。同样，对于低能级的带间跃迁、分子振动以及分子转动过程，都可应用光致

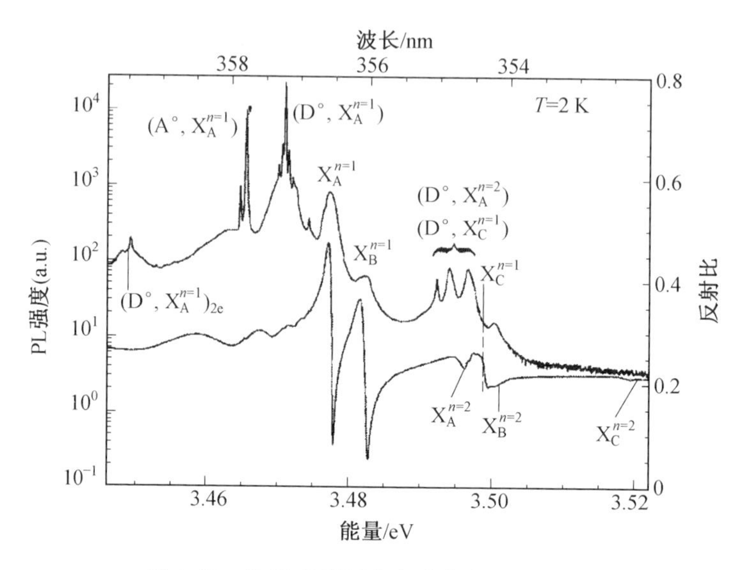

图 4.80　GaN 外延层的光致荧光和吸收谱

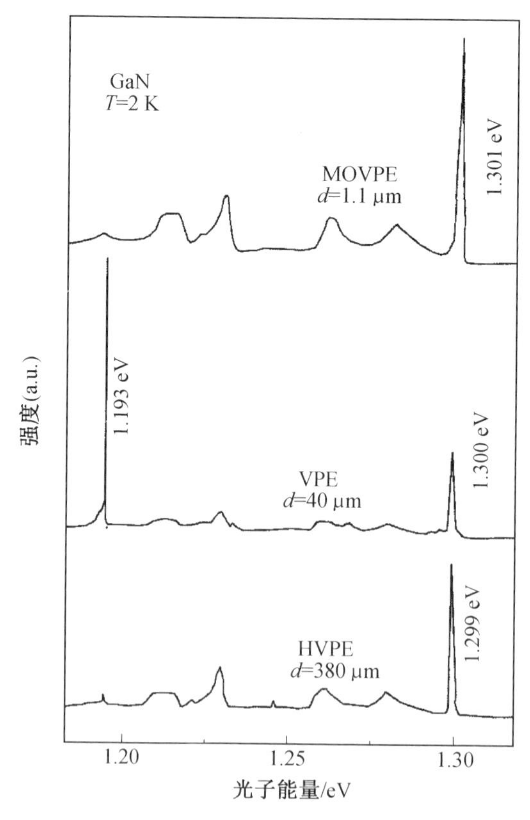

图 4.81　GaN 材料中的深能级复合

荧光测试，但这些过程使用拉曼散射（Raman scattering）和红外吸收（IR absorption）方法研究则更为有效。

光致荧光谱（即发射谱）是以发光峰的强度、线形、峰数和能量为特征，并以已知的条件来探知外加的温度、压力、掺杂、电或磁场、偏光以及入射或发射光与晶体轴的方向等因素对上述特征的影响。通过适当的光致荧光过程，这些频谱特征可以体现为样品的本身参数特性，表 4.3 给出了光谱特征与样品参数的对应关系。当然，在实验中，会有多种机制同时参与光致荧光过程，并影响对光谱的解释。例如，室温下的光致荧光峰会由于温度而产生宽化，而在低温下的发光峰则会变窄，并且由于非辐射复合的减少而使得发光峰的强度增加。因而，对半导体材料中杂质的识别的研究，通常要在低温下进行。

表 4.3　光谱特征与样品参数的对应关系

光谱特征	样品参数
峰能量	化合物识别
	能带/电子能级
	杂质或激子束缚能
	量子阱宽度
	杂质种类
	合金成分
	应力
	费米能级
峰宽	结构或化学纯度
	量子阱界面平整度
	载流子或掺杂浓度
高能带尾斜率	电子温度
偏光	转动张弛次数
	黏质特性

续表4.3

光谱特征	样品参数
峰强	相对数量
	分子比重
	高分子结构
	辐射效率
	表面损伤
	激发态寿命
	杂质或缺陷浓度

图4.82是外延生长的高纯砷化镓半导体材料在液氮(2 K温度)下的光致荧光谱,作为一个例子来表明光致荧光谱对材料特性的表征。从图中可以知道,高能量部分主要是电子—空穴对的复合发光,低于1.5 eV处可以看到导带电子到施主杂质能级的e—A跃迁复合发光峰;而从施主能级在能隙中的位置与碳原子的结合能相当这一点,可以辨别这里的施主杂质是碳原子。同时,光谱中还可以看到施主能级到受主能级的D—A跃迁发光峰,以及在低能位置上的纵向声学模(LO)峰。此外,由于深能级位置束缚电子的复合(如砷化镓中的氧),通常为非辐射复合,因而在光致荧光谱中未能体现出来。

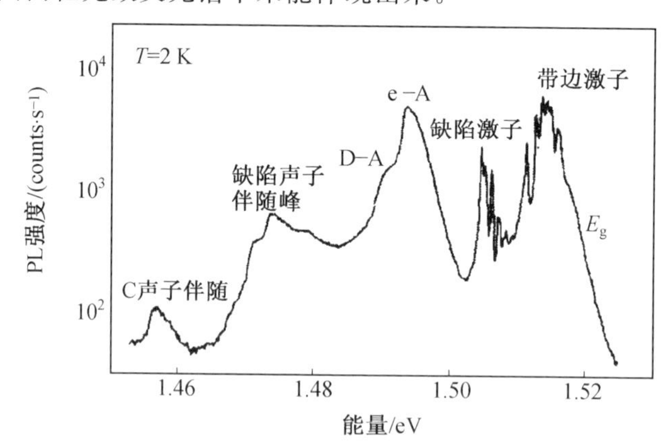

图4.82 MBE生长GaAs薄膜半导体材料2 K温度下的光致荧光谱

光致荧光的应用相当广泛,从成分分析、痕量杂质检测、结构分析(结晶度、键合、外延层)到能量传输机制等,如光致荧光谱可以识别间接带隙材料GaP和直接带隙材料GaAs、InP中浅施主到受主的跃迁,可以检测硅晶体中的硼、磷及其他浅能级杂质,探测极限可达10^{11} cm^{-3}数量级,另外硅表面在10^{10} cm^{-3}量级的铜沾污也可被检测到。下面就5种不同的光致荧光的信号收集和分析方法进行

说明:发射谱、激发谱、瞬态(寿命)分析和面扫描,以及微区荧光光谱。

2. 光致荧光谱类型

(1)发射谱。

发射谱(spectral emission analysis)是指在某一固定波长的激发光作用下,发射荧光在不同波长处的强度分布情况,也就是荧光中不同波长光成分的相对强度。由于激发态和基态有相似的振动能级分布,而且从基态的最低振动能级跃迁到第一电子激发态各振动能级的概率,与由第一电子激发态的最低振动能级跃迁到基态各振动能级的概率相近,因此吸收谱与发射谱呈镜像对称关系。发射谱是光致荧光最为常用的光谱,通过发射光谱的特征峰位置或强度的变化,可以得出半导体材料的很多信息。例如,可以精确地确定超薄 $Al_xGa_{1-x}As$、$In_xGa_{1-x}As$ 和 $GaAs_xP_{1-x}$ 等ⅢA－ⅤA 族化合物的组分 x 值,这是由于这些化合物的能带带隙直接与 x 的量值相关。而对于其他测量方法,当薄膜的厚度很薄时很难进行测量。

对于高纯化合物半导体材料,可以通过低温发射谱评判材料的质量(图 4.82)。同时,材料中的痕量杂质也会产生发光峰,通过发射谱中这些峰的位置可以知道它们的结合能。如果再利用辅助的外加磁场产生与磁场相关的跃迁,形成磁光发射光谱,还可以检测一些特殊的杂质成分,如在 GaAs 材料中的 Be、Mn 和 Zn 等。此外,发射谱中的受主束缚激子的峰位移动和分裂可以用来测量材料中的应力,发射谱中的费米边可以用来测试重掺半导体材料、二维量子阱结构的载流子浓度。

发射谱中发光峰的能量也经常被用来检测半导体量子阱的结构,图 4.83 给出 11 层 $GaAs/Al_{0.3}Ga_{0.7}As$ 量子阱结构的发射光谱。从图中可知,量子阱的厚度为 13～0.5 nm,最后一层仅有两个原子的厚度;每层都会引起一个相对应的很窄的发光峰,而其发光峰的能量则与其厚度相对应;同时,发光峰能量也对层的厚度极为敏感,而发光峰的宽度则对应着层与层之间界面的清晰度。

图 4.84 显示了 In(Ga)As 单量子点材料在不同激发光强度时的发射谱,其两组发光峰分别由量子点中 S 壳和 P 壳内的电子－空穴复合所引起。当激发光源功率较低时,其 1 346 meV 处的发光峰为 S 壳中的电中性激子 X^0 的发光;当激发光源功率升高,在能量低于 X^0 发光峰的方向出现了双激子复合发光峰;在激发光源的能量更高时,发射光谱中则出现了多激子复合发光,而在能量高于 X^0 发光峰方向出现的 X^* 则为单电荷的单激子复合发光。而随着双激子复合的出现,P 壳内的电子－空穴复合发光也被观测到了,并且随着激发功率的升高,其双激子、多激子复合也出现了。

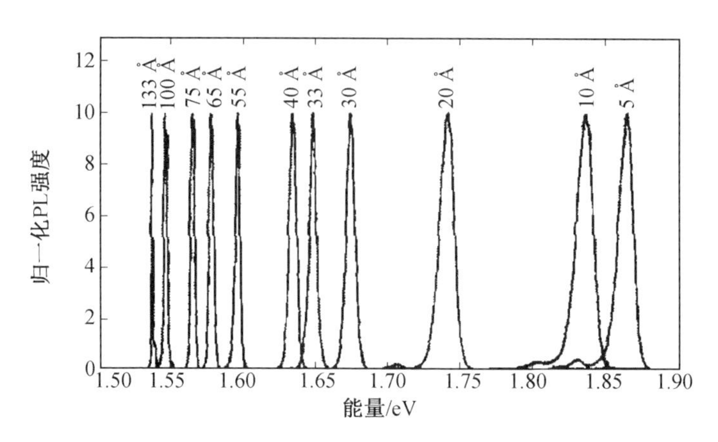

图 4.83 GaAs/$Al_{0.3}Ga_{0.7}As$ 量子阱结构 2 K 下的光致荧光光谱

(2)激发谱。

与发射谱不同,激发谱(PLexcitation spectroscopy)是半导体材料在不同波长的激发光作用下,测得的某一波长处的荧光强度的变化情况,也就是不同波长的激发光的相对效率。半导体材料的激发谱通常是使用可调染料激光器或掺钛蓝宝石激光器作为激发光源,如果激发信号足够强,也可以使用氙灯或石英一卤钨灯与单色仪联用作为激发光源。此时,光谱的强度取决于入射光吸收,以及之后参与光发射的初始激发态和弛豫态间的耦合机制,因此激发谱和吸收谱极为相似。

由于激发谱中有通常不会在发射谱中出现的较高的能级,所以它有着特定的用途。例如,通常只有在非常厚的样品的吸收谱中才能观测到的跃迁,利用激发谱在很薄的样品中就可以观测到。图 4.85 显示的是 30 K 时 GaN 外延层在不同激发能量下的激发谱(实线)及发射谱(虚线),可以看到,以激发能量为 $E_{det}=I_2=3.457$ eV 的光源来激发时,能量为 3.479 eV 的 A 激子和 3.498 eV 处的激子激发跃迁能够很明显地表现出来;而以 $E_{det}=D^{\circ}-A^{\circ}=3.26$ eV 和 $E_{det}=2.3$ eV能量的光源激发时,二者的发光峰很弱;而在发射谱中,就很难发现这两个激子激发跃迁。图 4.86 为图 4.84 中的 In(Ga)As 单量子点材料的激发谱,从图中可见,X^{*} 峰仅在激发能量等于或高于量子阱湿润层(wetting layer)时才出现,这也就说明它是带有电荷的激子的发光。

此外,激发谱也可以用来辅助辨别与化合物有着相同能量发光峰的衬底材料,此时衬底与其上的化合物有着不同的吸收带。对于半导体材料,通过特定的激发增加光致跃迁的强度,激发谱还可以非常有效地分辨出一些特殊杂质的发光峰,特别是起施主作用的杂质。

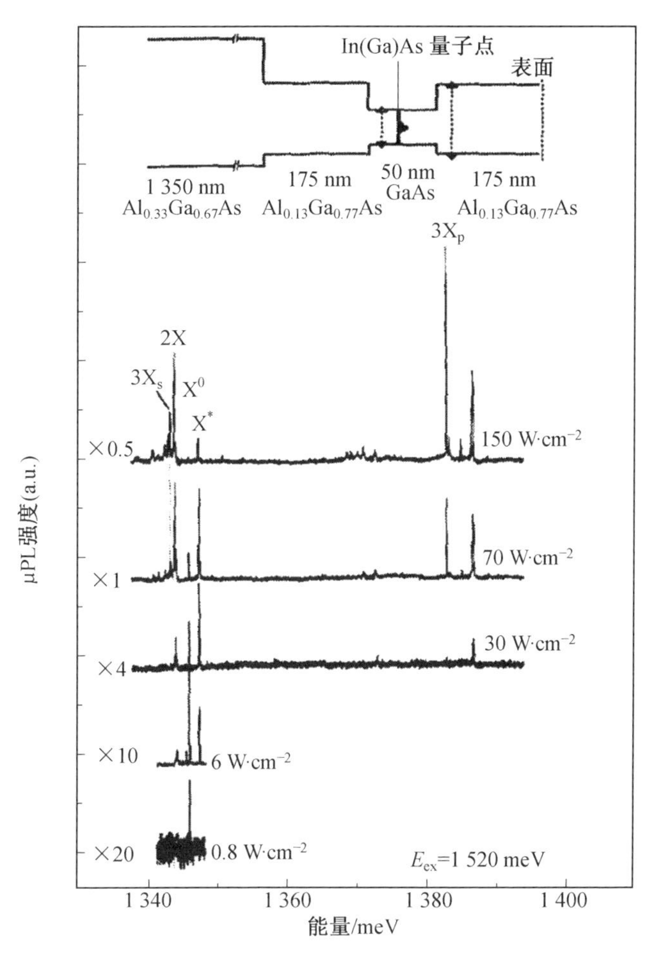

图 4.84 In(Ga)As 单量子点随激发光强度变化的发射谱

(3)瞬态谱。

瞬态谱(time—resolved PL)是指使用脉冲激发,并对选定的波长的光致荧光强度随时间的变化进行观测,可以得到包括非辐射复合在内的电子弛豫和复合的机制。这一过程的时间可能会从数百飞秒量级到数十秒的量级,与此同时,也可以通过对不同时间瞬态谱的积分得到完整的发射谱。

通过对瞬态谱的分析,可以得到载流子随激发态形式的变化、载流子被杂质俘获等过程的信息,甚至可以得到化学反应的过程信息。另外,瞬态谱对激光二极管用ⅢA—ⅤA 族半导体薄层材料的质量和界面的判定也十分有用,质量好的材料制备的激光二极管,其光谱表现为纳秒量级的光致荧光衰减,而质量较差的材料中的非复合中心,则可以快速地耗尽自由载流子,从而导致快速地发光

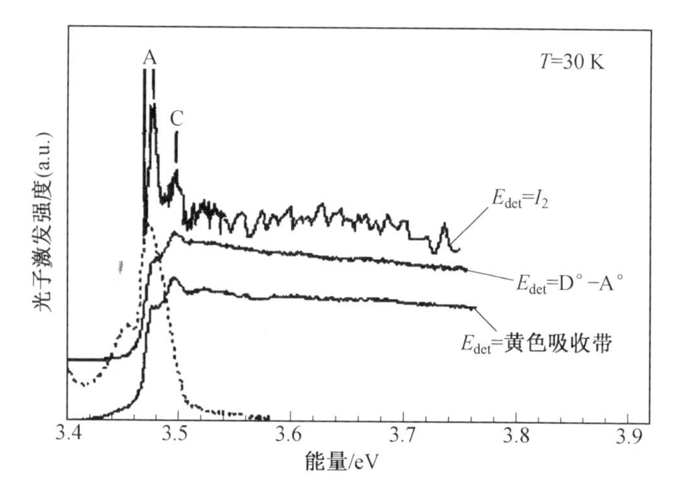

图 4.85　30 K 时 GaN 外延层在不同激发能量下的激发谱(实线)及发射谱(虚线)

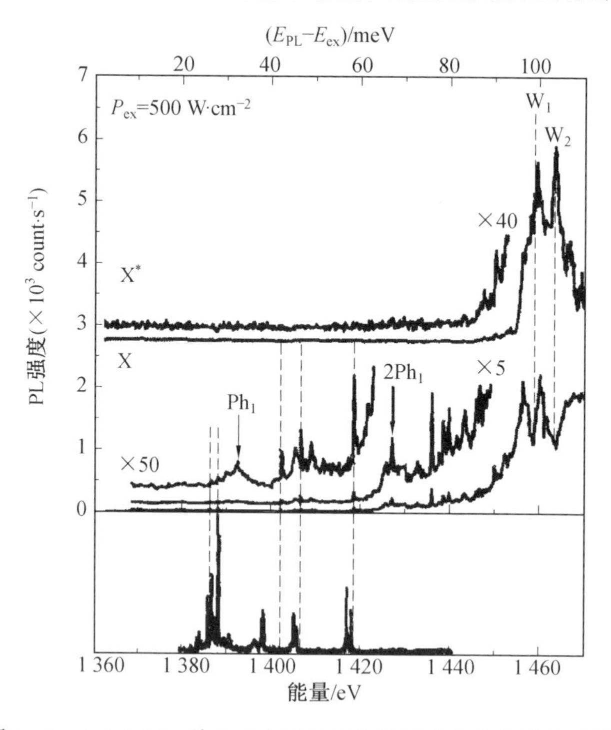

图 4.86　In(Ga)As 单量子点随激发光强度变化的激发发光谱

衰减。

图 4.87 给出了射频溅射沉积的 ZnO 薄膜经不同温度热处理后的瞬态谱，图中可见，其自发辐射(SPE)和受激辐射(SE)寿命都随着热处理温度升高而增加，说明随着热处理温度的升高，ZnO 中的非辐射中心减少了。而图 4.88 是液相外

延生长的 GaN 薄膜 4 K 温度下的时间积分发射谱(图4.88(a))和瞬态谱(图4.88(b)),由图 4.88(a)可以发现,GaN 中的 A 自由激子(FX)的发光在 3.476 eV,而施主束缚激子(I_2)的发光则在 3.47 eV;通过图4.88(b)中 A 自由激子和施主束缚激子的瞬态谱及其指数拟合可以发现,A 自由激子辐射复合寿命为 295 ps,而施主束缚激子的辐射复合寿命为 530 ps,对比 A 自由激子辐射复合理论寿命 300 ps,说明材料中几乎没有非辐射复合中心存在。

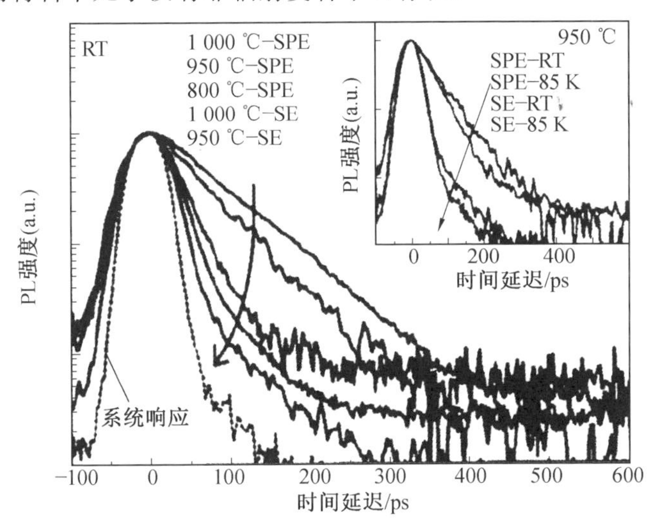

图 4.87 ZnO 薄膜经不同温度热处理后的瞬态谱(插图为 950 ℃热处理样品在室温和 85 K时的瞬态谱)

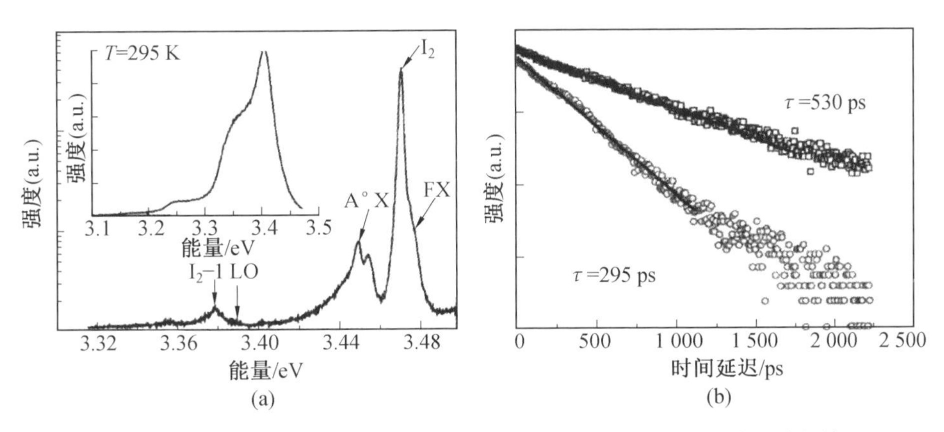

图 4.88 液相外延生长 GaN 薄膜 4 K 温度下的时间积分发射谱和瞬态谱

(4)扫描谱。

扫描谱(PL mapping)是指类似于阴极荧光小区域的成像,测量方法通常是用激光扫描样品,根据样品的某一个特征发光带的强度变化,直接显示样品各位置的发光强度分布。通过对光致荧光强度面分布的分析，可以得到系统三维方向上的信息。对半导体工业而言，光致荧光面扫描可以很方便地显示衬底或外延层中杂质、位错面的分布以及结构的均一性。对于光致荧光扫描，样品的每一点都对应成为一单一的光致荧光波长或完整的发光谱，最终成为由不同强度、峰位或不同宽度的峰构成的曲面。图 4.89 给出了用来分辨杂质的2 in InGaAsP 外延片的光致荧光扫描光谱，通过衬度不同可以发现其中的不同缺陷存在。

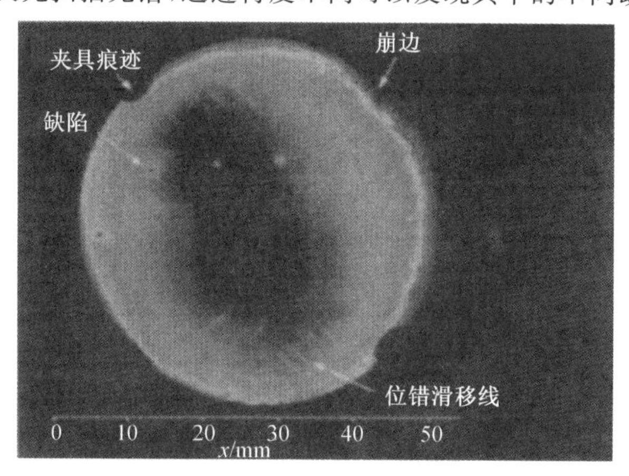

图 4.89　2 in InGaAsP 外延片的荧光扫描光谱

(5)显微、共焦显微荧光光谱。

随着半导体材料和光电子器件的研究所涉及的尺度进入小于光波长的微纳尺寸，光致荧光测试技术也随之发展到微纳的尺度，出现了显微荧光(μPL 或 micro PL)和共聚焦荧光(Co－focal PL)光谱及近场的荧光成像，进而发展到现在的纳米荧光光谱(Nano－Photoluminescence)。为了使荧光光谱的分辨率达到亚微米，可以通过局域化的激发或探测，或者二者的结合来实现。

图 4.90 给出了显微荧光和共聚焦荧光光谱设备的示意图。通过显微荧光和共聚焦荧光光谱可以得到 200～400 nm 的空间分辨率，而通过与近场光学显微镜的结合，空间分辨率还可以达到 200 nm 以下，与此同时，还具有很高的信号收集效率。图 4.91 显示的是 Ⅱ 型 GaAs/AlAs 量子阱的显微荧光成像(图 4.91(a))，以及常规的荧光光谱(图 4.91(b))和显微荧光光谱(图 4.91(c))。从图中可以看出，在常规的荧光光谱中出现的单一发光峰，在显微荧光光谱中变为一系列分立的发光峰，这主要是由显微荧光光谱的高分辨率所带来的。

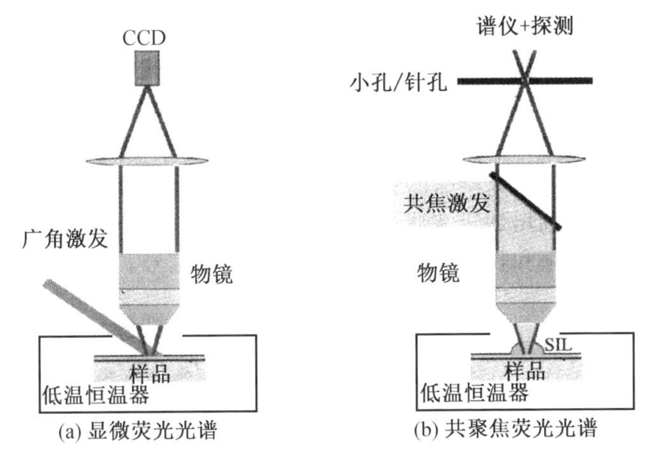

图 4.90 显微荧光和共聚焦荧光光谱示意图

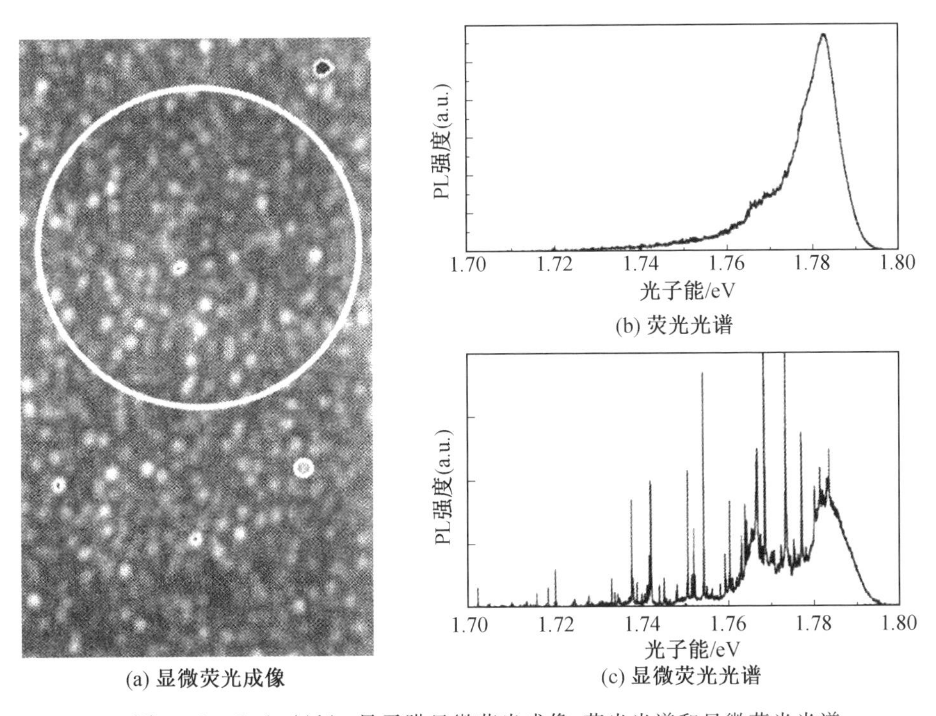

图 4.91 GaAs/AlAs 量子阱显微荧光成像、荧光光谱和显微荧光光谱

本章参考文献

[1] 高融,苏明哲.硅片加工工艺学[M].上海:上海科学技术文献出版社,1985.

[2] VAUGHAN,D E. Four-probe resistivity measurements on small circular specimens[J]. British Journal of Applied Physics,1961,12(8):414.

[3] BOYD G D,GORDON J P. Confocal multimode resonator for millimeter through optical wavelength masers[J]. Bell Labs Technical Journal,1961,40(2):489-508.

[4] KAUFMANN E N. Common concepts in materials characterization[M]. New York: John Wiley & Sons,Inc. 2002.

[5] HALL R N. p-n junctions produced by growth rate variation[J]. Phys Rev,1952,88(1):139-139.

[6] HAYNES J R,SHOCKLEY W. The mobility and life of injected holes and electrons in germanium[J]. Physical Review,1951,81(5):835-843.

[7] SHOCKLEY W,READ W T. Statistics of the recombinations of holes and electrons[J]. Physical Review,1952,87(5):835-842.

[8] HALL R N. electron-hole recombination in germanium[J]. Physical Review,1952,87(2):221-229.

[9] KUNST M,BECK G. The study of charge carrier kinetics in semiconductors by microwave conductivity measurements[J]. Journal of Applied Physics,1986,60(10):3558-3566.

[10] 王少阶,陈志权,王柱.用正电子研究Ⅲ-ⅤA族化合物半导体的缺陷谱[J].武汉大学学报:自然科学版,2000,46(1):6.

[11] SHOCKLEY W,READ W T. Statistics of the recombinations of holes and electrons[J]. Physical Review,1952,87(5):835-842.

[12] NAKAMURA S,SAKASHITA T,YOSHIMURA K,et al. Temperature dependence of free-exciton luminescence from high-quality ZnS epitaxial layers[J]. Japanese Journal of Applied Physics,1997,36(Part 2,No. 4B):L491-L493.

[13] CEPERLEY D M,ALDER B J. Ground state of the electron gas by a stochastic method[J]. Physical Review Letters,1980,45(7):566-569.

[14] MILLER G L,RAMIREZ J V,ROBINSON D. A correlation method for semiconductor transient signal measurements[J]. Journal of Applied Physics,1975,46(6):2638-2644.

[15] IKOSSI-ANASTASIOU K, ROENKER K P. Refinements in the method of moments for analysis of multiexponential capacitance transients in deep-level transient spectroscopy[J]. Journal of Applied Physics, 1987, 61(1): 182-190.

[16] DOBACZEWSKI L, KACZOR P, HAWKINS I D, et al. Laplace transform deep-level transient spectroscopic studies of defects in semiconductors[J]. Journal of Applied Physics, 1994, 76(1): 194-198.

[17] BUNEA G E, HERZOG W D, UNLU M S, et al. Time-resolved photoluminescence studies of free and donor-boundexciton in GaN grown by hydride vapor phase epitaxy[J]. Applied Physics Letters, 1999, 75(6): 838-840.

[18] HIGGS V, CHIN F, WANG X, et al. Photoluminescence characterization of defects in Si and SiGe structures[J]. Journal of Physics Condensed Matter, 2000, 12(49): 10105.

[19] JONES M, ENGTRAKUL C, METZGER W K, et al. Analysis of photoluminescence from solubilized single-walled carbon nanotubes[J]. Physical Review B Condensed Matter, 2015, 71(11): p. 115426. 1-115426. 9.

[20] COHN, A. Spatial distribution of the fluorescent radiation emission caused by an electron beam[J]. Journal of Applied Physics, 1970, 41(9): 3767-3775.

[21] 马如璋，徐祖雄. 材料物理现代研究方法[M]. 北京：冶金工业出版社，1997：52-88.

[22] KAWASUSO A, HASEGAWA M, SUEZAWA M, et al. Annealing processes of vacancies in Silicon induced by electron irradiation: analysis using positron lifetime measurement[C]// Materials Science Forum, 1995: 423-426.

[23] MÄKINEN S, RAJAINMÄKI H, LINDEROTH S. Low-temperature positron-lifetime studies of proton-irradiated silicon[J]. Physical Review B, 1990, 42(17): 11166-11173.

[24] 王柱. 用正电子湮没研究 p 型Ⅲ-ⅤA 族化合物半导体中的缺陷[D]. 上海：复旦大学，1999.

[25] SALVINI G, SILVERMAN A. Physics with matter-antimatter colliders[J]. Physics Reports, 1988, 171(5): 231-424.

[26] 王少阶，陈义龙，李世清，等. BiSrCaCuO 高温超导体中正电子湮没多普勒

展宽谱的温度关系[J]. 科学通报,1990,35(17):3.

[27] BADURA K,BROSSMANN U,R WÜRSCHUM,et al. Thermal vacancy formation in Ni_3Al and γ-TiAl compounds studied by positron lifetime and nearest-neighbour bond models[J]. Materials Science Forum,1995,175-178:295-298.

[28] 杨德仁. 半导体材料测试与分析[M]. 北京:科学出版社,2010.

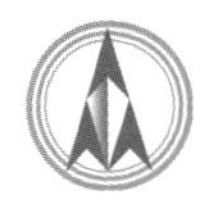

名词索引

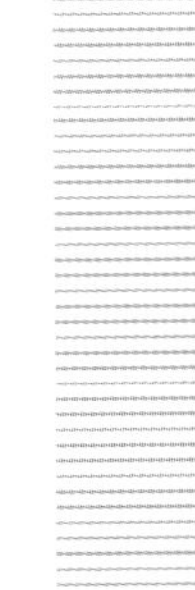

附录　部分彩图

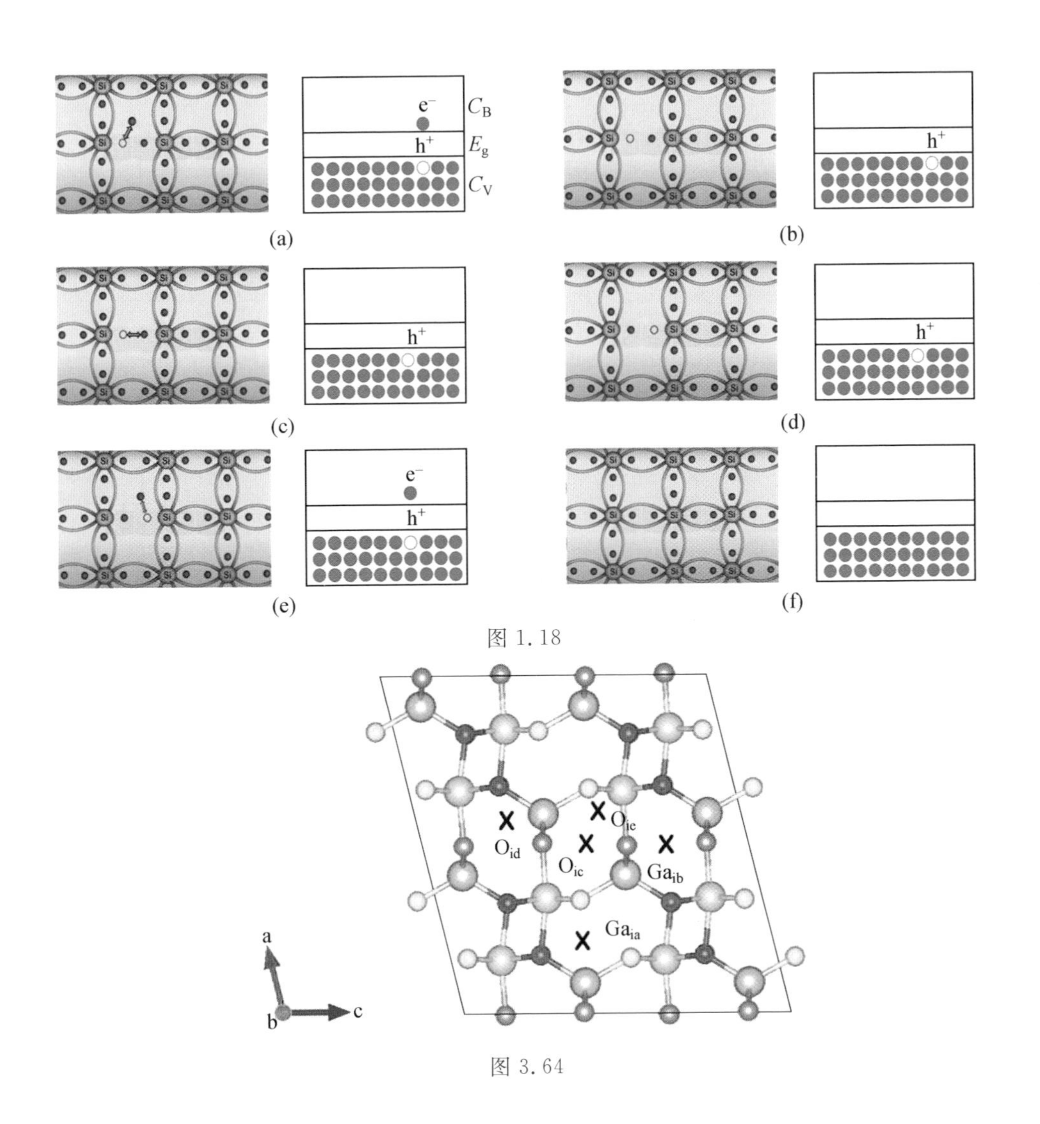

图 1.18

图 3.64

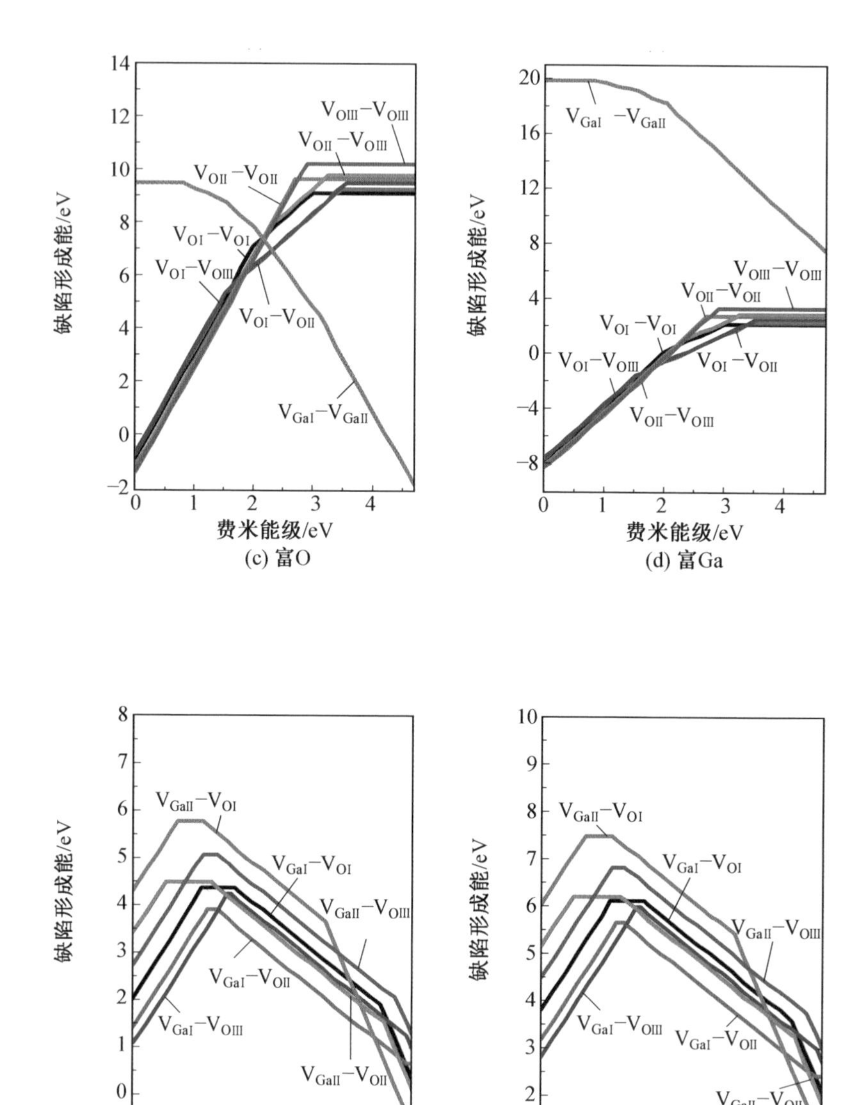

缺陷形成能/eV
费米能级/eV
$V_{OIII}-V_{OIII}$
$V_{OII}-V_{OIII}$
$V_{OII}-V_{OII}$
$V_{OI}-V_{OI}$
$V_{OI}-V_{OIII}$
$V_{OI}-V_{OII}$
$V_{GaI}-V_{GaII}$
(c) 富O
(d) 富Ga
$V_{GaII}-V_{OI}$
$V_{GaI}-V_{OI}$
$V_{GaII}-V_{OIII}$
$V_{GaI}-V_{OII}$
$V_{GaI}-V_{OIII}$
$V_{GaII}-V_{OII}$
(e) 富O
(f) 富Ga

图 3.65

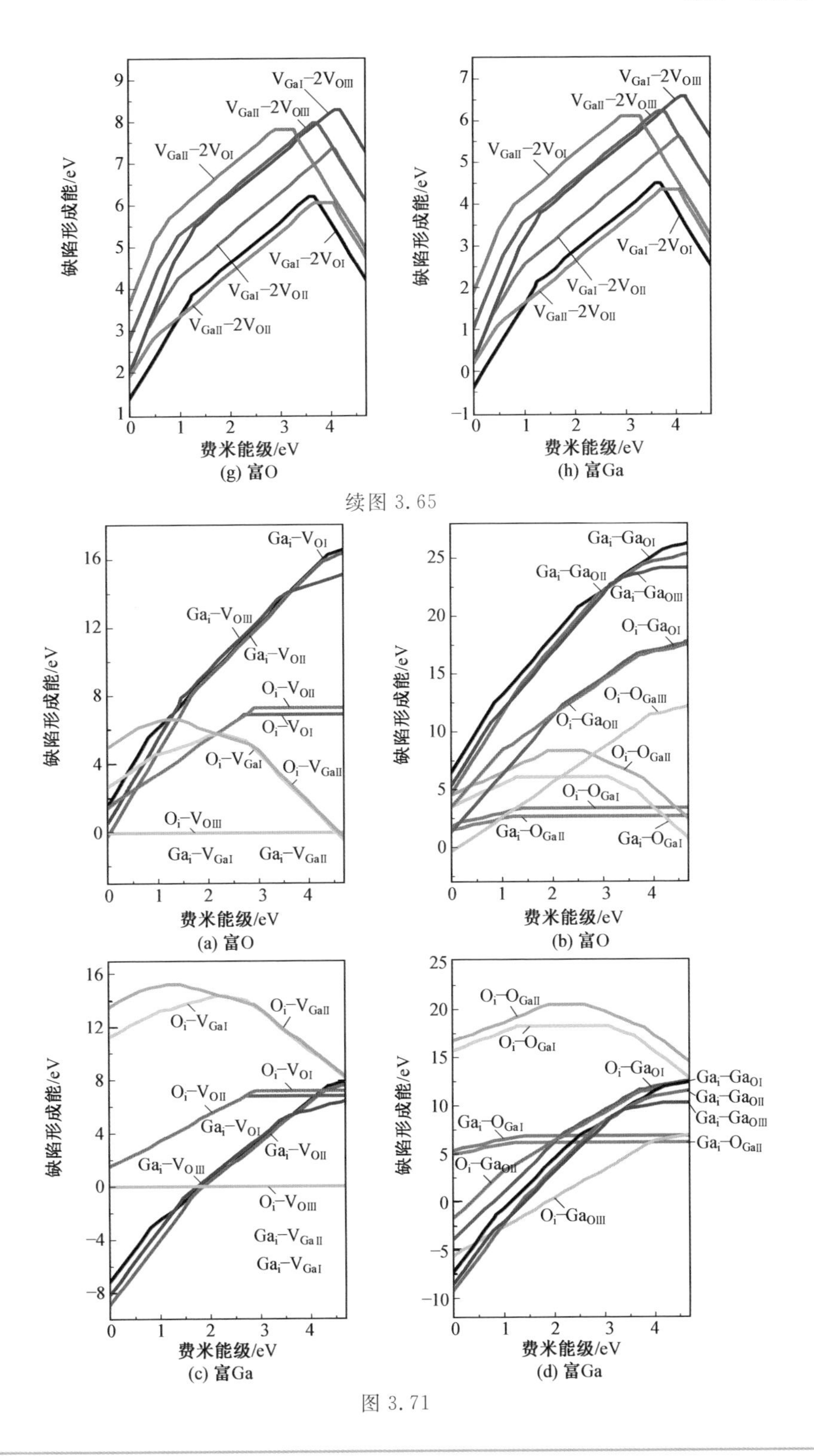

图 3.71

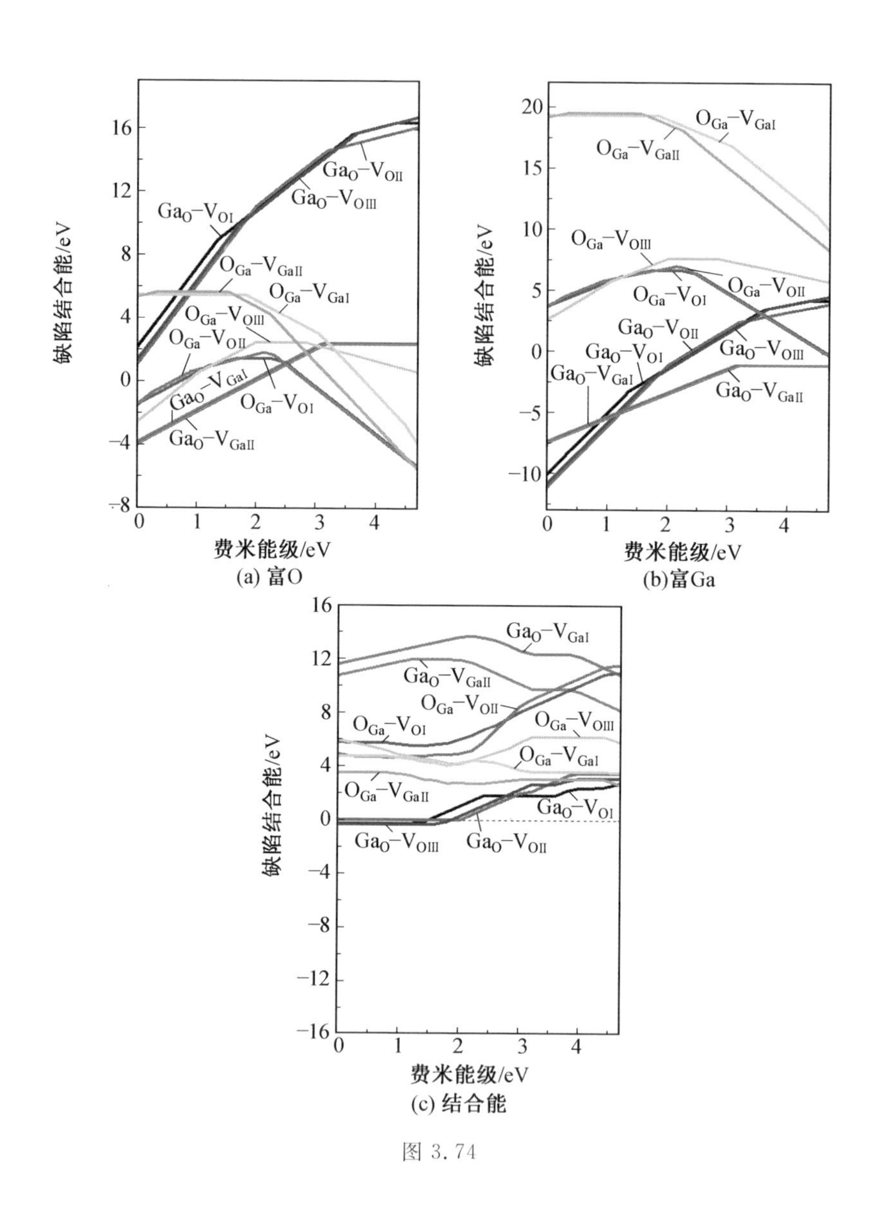
缺陷结合能/eV
费米能级/eV
(a) 富O
(b)富Ga
(c) 结合能
Ga_O-V_{OI}
Ga_O-V_{OII}
Ga_O-V_{OIII}
Ga_O-V_{GaI}
Ga_O-V_{GaII}
$O_{Ga}-V_{OI}$
$O_{Ga}-V_{OII}$
$O_{Ga}-V_{OIII}$
$O_{Ga}-V_{GaI}$
$O_{Ga}-V_{GaII}$

图 3.74

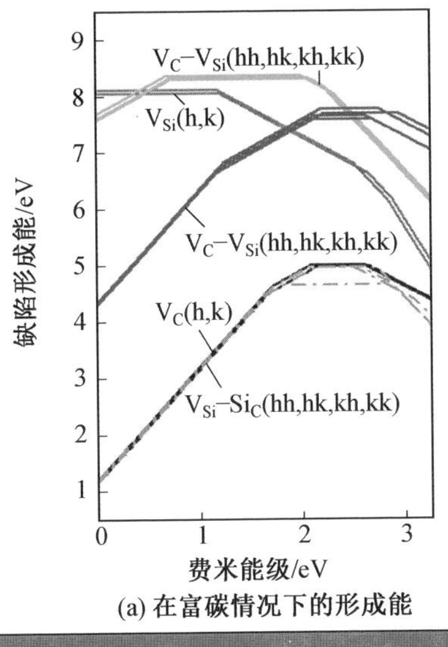

(a) 在富碳情况下的形成能

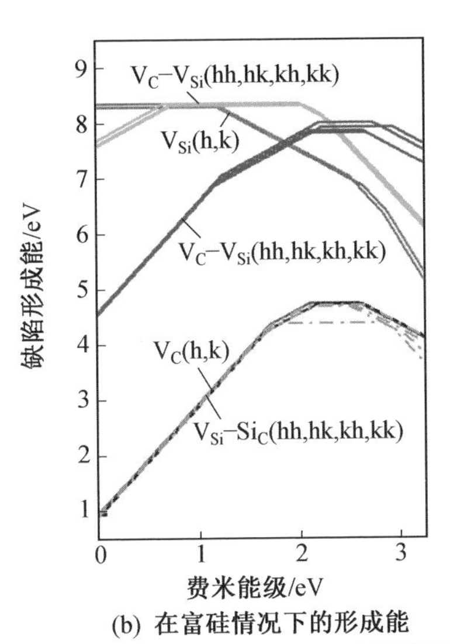

(b) 在富硅情况下的形成能

导带

能/eV

V_C (k)　V_C (h)　V_{Si} (k)　V_{Si} (h)　V_C–V_{Si} (hh)　V_C–V_{Si} (hk)　V_C–V_{Si} (kh)　V_C–V_{Si} (kk)　V_C–V_{Si} (hh)　V_C–V_{Si} (hk)　V_C–V_{Si} (kh)　V_C–V_{Si} (kk)　V_{Si}–Si_C (hh)　V_{Si}–Si_C (hk)　V_{Si}–Si_C (kh)　V_{Si}–Si_C (kk)

价带

(c) 空位缺陷的电荷转移能级

图 3.77

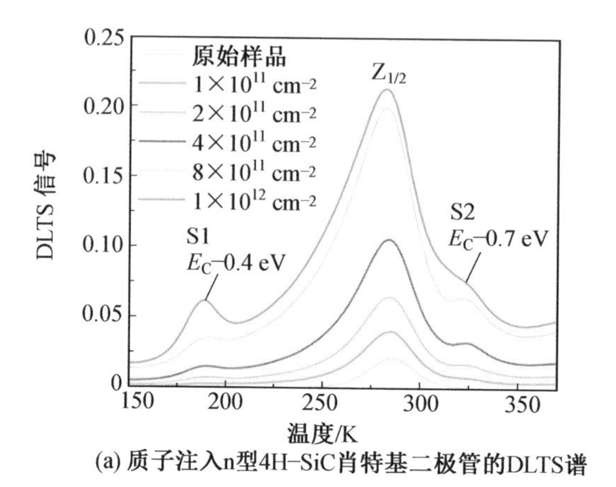

(a) 质子注入n型4H-SiC肖特基二极管的DLTS谱

图 3.79

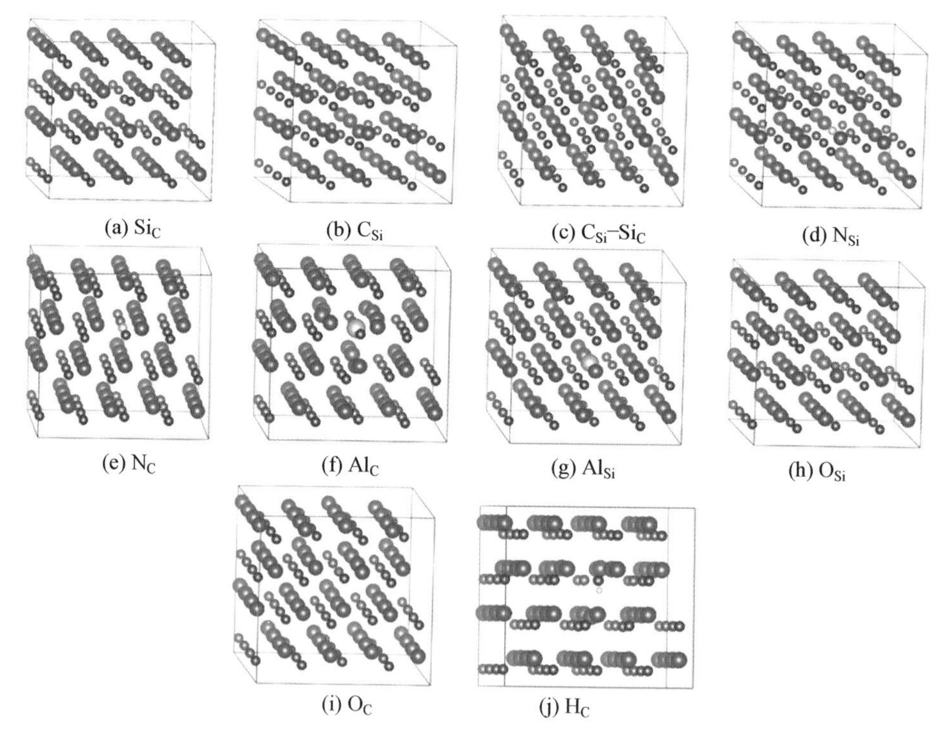

图 3.83

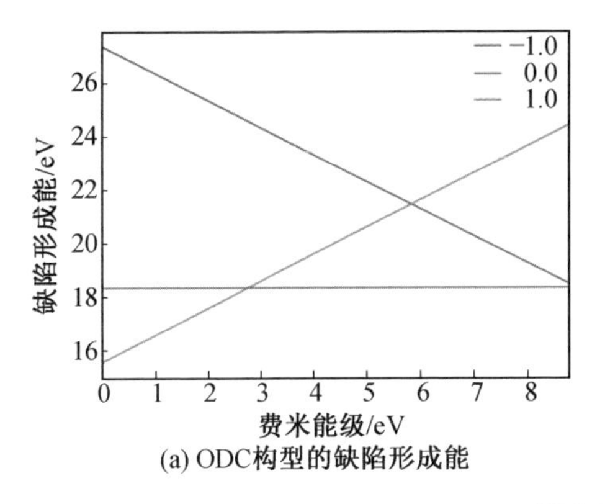

(a) ODC构型的缺陷形成能

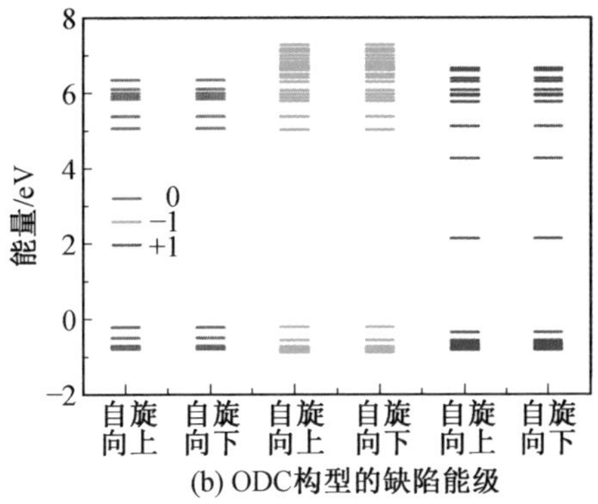

(b) ODC构型的缺陷能级

图 3.93

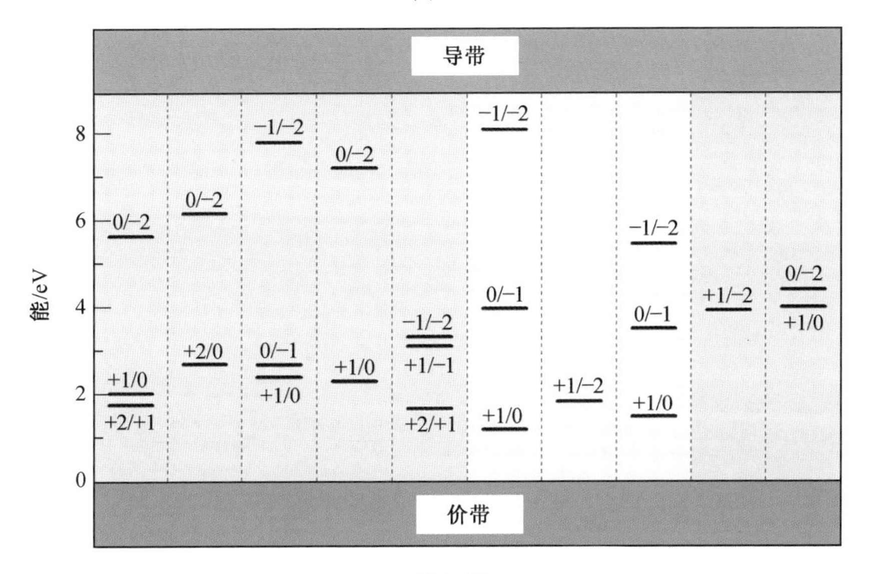

图 3.95

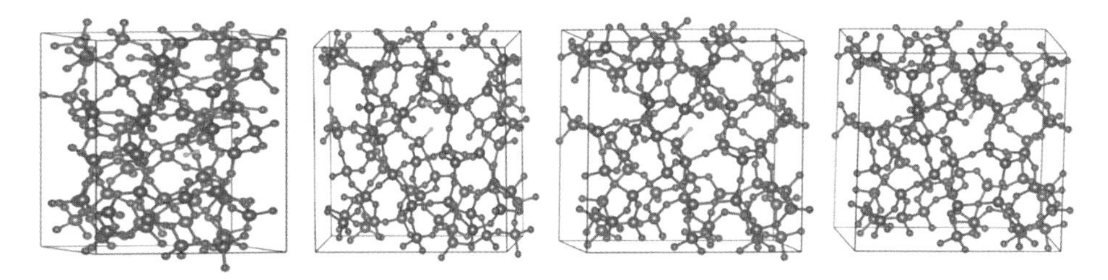

图 3.96